附CAD光盘

10kV及以下变配电工程通用标准系列图集

U0167373

变电配电工程通用标准图集

（上册）

（设计·加工安装·设备材料）

《变电配电工程通用标准图集》编写组 编

中国水利水电出版社
www.waterpub.com.cn
·北京·

内 容 提 要

本系列图集共分四套，每套分上、下册。系列图集分别为：《架空线路与电缆线路工程通用标准图集》《变电配电工程通用标准图集》《电气二次回路工程通用标准图集》《现代建筑电气工程通用标准图集》。系列图集所有图都刻录在CDROM多媒体光盘中，因而可操作性强，不仅具有参考价值，而且具有实际使用价值。

本套书为《变电配电工程通用标准图集》（上、下册）（附CAD光盘）（设计·加工安装·设备材料）。主要内容有第一篇通用技术篇，下设九章，第一章10kV及以下配电网设计，第二章10kV及以下架空配电线路，第三章电力电缆配电线路，第四章10kV/0.4kV变配电所（站），第五章低压电器及低压成套配电设备，第六章新建住宅小区配电工程建设，第七章建筑物内配电工程，第八章电能计量装置，第九章建筑物综合布线系统工程设计；第二篇变电配电工程篇，下设六章，第一章10kV变配电所建筑构造，第二章室内变配电装置，第三章常规室外变配电装置，第四章预装箱式变电站，第五章电力需求侧10kV配电系统，第六章农网变配电工程。

本书可供变电配电工程设计、施工、安装、设备材料购销、运行维护、检修等专业的技术人员和管理人员阅读使用，也可供大专院校相关专业师生参考。

图书在版编目（ＣＩＰ）数据

变电配电工程通用标准图集 ：设计·加工安装·设备材料. 上册 / 《变电配电工程通用标准图集》编写组编. -- 北京 ：中国水利水电出版社，2020.9
（10kV及以下变配电工程通用标准系列图集）
ISBN 978-7-5170-8901-8

Ⅰ．①变… Ⅱ．①变… Ⅲ．①配电系统－电力工程－图集 Ⅳ．①TM7-64

中国版本图书馆CIP数据核字(2020)第182328号

书　名	10kV 及以下变配电工程通用标准系列图集 **变电配电工程通用标准图集** （设计·加工安装·设备材料）（上册）（附 CAD 光盘） BIANDIAN PEIDIAN GONGCHENG TONGYONG BIAOZHUN TUJI
作　者	《变电配电工程通用标准图集》编写组 编
出版发行	中国水利水电出版社 （北京市海淀区玉渊潭南路 1 号 D 座　100038） 网址：www.waterpub.com.cn E - mail：sales@waterpub.com.cn 电话：（010）68367658（营销中心）
经　售	北京科水图书销售中心（零售） 电话：（010）88383994、63202643、68545874 全国各地新华书店和相关出版物销售网点
排　版	中国水利水电出版社微机排版中心
印　刷	天津嘉恒印务有限公司
规　格	210mm×297mm　16 开本　37 印张　1790 千字
版　次	2020 年 9 月第 1 版　2020 年 9 月第 1 次印刷
印　数	0001—2000 册
定　价	**298.00** 元（附光盘 1 张）

前　言

　　到 2020 年，我国要实现国内生产总值和城乡居民收入在 2010 年水平上的"双倍增"，意味着我国 GDP 平均增速达到 7.2%～7.8%。按此预测，到 2020 年，我国全社会用电量达到 8.4 万亿 kW·h，经济社会对于电力的依赖度增加，未来配电网将面临巨大的考验。提升配电网运行水平、建设智能配电网将成为未来电力系统重要的工作之一。本系列图集是为配合《国家发展改革委关于加快配电网建设改造的指导意见》（发改能源〔2015〕1899号）和国家能源局《配电网建设改造行动计划（2015—2020 年）》（国能电力〔2015〕290号）的贯彻落实，满足第一线工程技术人员的急需而编写的。本系列图集从工程实际出发，综合地吸取了全国城乡电网建设与改造的实践经验，系统地归纳了中压电网（10kV、6kV、3kV）和低压电网（380V/220V）的变配电工程的设计范例，设计、施工安装与设备材料三大环节紧密相连，为方便设计人员出图，配备了与图集配套的 CAD 光盘。毫无疑问，本系列图集必将为新一轮城乡电网建设与改造的规范化、标准化、科学化、智能化提供有力的技术支持。本系列图集所遵循的编写原则是：全面、系统、新颖、权威、实用、可用。所有图样均采用新国标图形符号绘制，并遵守计算机辅助绘图规定，选用模数 M 为 2.5mm的网络系统。图集中尺寸单位无标注的均为毫米（mm）。本系列图集所有图都刻录在CDROM 多媒体光盘中，因而可操作性强，不仅具有参考价值，而且具有实用价值。

　　为方便不同专业的读者使用，本系列图集共分四套出版，每套分上、下册。分别为：《架空线路与电缆线路工程通用标准图集》（上、下册）（附 CAD 光盘）（设计·加工安装·设备材料）、《变电配电工程通用标准图集》（上、下册）（附 CAD 光盘）（设计·加工安装·设备材料）、《电气二次回路工程通用标准图集》（上、下册）（附 CAD 光盘）（设计·加工安装·设备材料）、《现代建筑电气工程通用标准图集》（上、下册）（附 CAD 光盘）（设计·施工安装·设备材料）。每本书整体框架分为"篇、章、节"三个层次。每章分为若干节，节下的每一页图纸都有一个唯一的图号。《架空线路与电缆线路工程通用标准图集》分为三篇，即第一篇通用技术篇；第二篇架空线路篇，下设四章，第一章 10kV 及以下裸导线架空配电线路，第二章 10kV 及以下绝缘导线架空配电线路，第三章 10kV 及以下不同电压等级绝缘导线同杆架设配电线路，第四章农网 10kV 配电线路；第三篇电缆线路篇，下设四章，第一章 10kV 及以下电力电缆线路，第二章通信电缆管道敷设，第三章电力电缆头安装，第四章电力电缆线路其他工程。《变电配电工程通用标准图集》分为两篇，第一篇通用技术篇；第二篇变电配电工程篇，下设六章，第一章 10kV 变配电所建筑构造，第二章室内变配电装置，第三章常规室外变配电装置，第四章预装箱式变电站，第五章电力需求侧10kV 配电系统，第六章农网变配电工程。《电气二次回路工程通用标准图集》分为两篇，第一篇通用技术篇；第二篇二次回路篇，下设四章，第一章 10kV 配电设备典型组合系统和继电保护，第二章低压盘、柜及二次回路，第三章低压备用电源和应急电源，第四章电能计量装置。《现代建筑电气工程通用标准图集》分为两篇，第一篇通用技术篇；第二篇建筑电气篇，下设五章，第一章新建住宅小区配电工程，第二章建筑物内电气工程，第三章电气照明节能设计与常用灯具安装，第四章电视、电话、广播及安全防范系统，第五章综合布线系统工程设计与施工。

本图集由王晋生主编。

参加本图集编写工作的有：胡中流、肖芝民、李军华、张丽、王雪、兰成杰、王政、郑雅琴、赵琼、王京伟、王京疆、朱学亮、周小云、古丽华、张文斌、杨军、范辉、李佳辰、李培、胡玉楼、宋荣、卢德民、焦玉林、李禹萱、胡玉明、王彬、裴钰、任毅、陈昌伟、白斌、钟晓玲、王娜、韩宵、李康、许杰、杨惠娟、李晓玲、彭利军、侯华、周艳、王琛、李征、王亭、郭佩雨、王璐、吴艳钟、张文娟。

提供资料并参与部分编写工作和图表绘制工作的还有：叶常容、李建基、张强、张方、高水、石峰、王卫东、石威杰、丁毓山、贺和平、任旭印、潘利杰、程宾、张倩、张娜、李俊华、石宝香、成冲、张明星、郭荣立、王峰、李新歌、尹建华、苏跃华、刘海龙、李小方、李爱丽、胡兰、王志玲、李自雄、陈海龙、李亮、韩国民、刘力侨、任翠兰、张洋、吕洋、任华、李翱翔、孙雅欣、李红、王岩、李景、赵振国、任芳、魏红、薛军、吴爽、李勇高、王慧、杜涛涛、李启明、郭会霞、霍胜木、邢烟、李青丽、谢成康、杨虎、马荣花、张贺丽、薛金梅、李荣芳、马良、孙洋洋、胡毫、余小冬、丁爱荣、王文举、冯娇、徐文华、陈东、毛玲、李键、孙运生、尚丽、王敏州、杨国伟、李红、刘红军、白春东、林博、魏健良、周凤春、黄杰、董小玫、郭贞、吕会勤、王爱枝、孙金力、孙建华、孙志红、孙东生、王彬、王惊、李丽丽、吴孟月、闫冬梅、孙金梅、张丹丹、李东利、王忠民、赵建周、李勇军、陈笑宇、谢峰、魏杰、赵军宪、王奎淘、张继涛、杨景艳、史长行、田杰、史乃明、吉金东、马计敏、李立国、郝宗强、吕万辉、王桂荣、刁发良、秦喜辰、徐信阳、乔可辰、姜东升、温宁、郭春生、李耀照、朱英杰、刘立强、王力杰、胡士锋、牛志刚、张志秋、宋旭之、乔自谦、高庆东、吕学彬、焦现锋、李炜、闫国文、苗存园、权威、蒋松涛、张平、黄锦、田宇鲲、曹宝来、王烈、刘福盈、崔殿启、白侠、陈治玮、李志刚、张柏刚、王志强、史春山、代晓光、刘德文、隋秋娜、林自成、何建新、王佩其、骆耀辉、石鸿侠、皮爱珍、何利红、徐军、邓花菜、吴皓明、曹明、金明、周武、田细和、林露、邹爱华、罗金华、宋子云、谢丽华、刘文娟、李菊英、肖月娥、李翠英、于利、傅美英、石章超、刘雅莹、甘来华、喻秀群、唐秀英、廖小云、杨月娥、周彩云、金绵曾、唐冬秀、刘菊梅、焦斌英、曾芳桃、谢翠兰、王学英、王玉莲、刘碧辉、宋菊华、李淑华、路素英、许玉辉、余建辉、黄伟玲、冠湘梅、周勇、秦立生、曹辉、周月均、张金秀、程淑云、李福容、卿菊英、许建纯、陈越英、周玉辉、周玉兰、黄大顺、曹冻平、蒋兴、彭罗、胡三姣、邓青莲、谢荣柏、何淑媛、高爱华、曹伍满、程淑莲、刘招良、黄振山、周松江、王灿、叶军、李仑兵、金续曾、彭友珍、乔斌、王京开、袁翠云、陈化钢、石威杰、崔元春、崔连秀、张宏彦、周海英、冷化新、初春、张丽、张鹏罡、王立新、曲宏伟、梁艳、王松岩、于福荣、崔连华、潘瑞辉、孙敬东、都业国、孟令辉、张晓东、万志太、方向申、郭宏海、赵长勇、栾相东、迟文仲、仲维斌、莫金辉、莫树森、黄金东、朱晓东、金昌辉、金美华、姜德华、白明、刘涛、万莹、霍云、邢志艳、邵清英、赵世民、初宝仁、王月、汪永华、钱青海、祁菲等。

在图集的编写过程中，我们参阅了大量的图册、图集，以及部分厂商的产品说明书和产品图册，在此谨向文献资料的作者致以诚挚的谢意。

本书可供变电配电工程设计、施工、安装、设备材料购销、运行维护、检修等专业的技术人员和管理人员阅读使用，也可供大专院校相关专业师生参考。

限于作者的水平，图集中难免有不当之处，敬请读者批评指正。

作者

2019 年 10 月

总 目 录

前言

上 册

第一篇 通用技术篇

目 录

第二篇 变电配电工程篇

下　册

第一篇 通用技术篇

一、设计程序

设计部门承接配电工程设计任务，主要以上一级或同级电力主管部门或发展改革委的计划任务书作为依据。按规定，只有接到计划任务书以后，设计部门才能开始设计。投资较小的项目由县（市）电力部门或发展改革委下达计划任务书。投资较大的项目要由地（市）电力部门甚至省（自治区、直辖市）电力部门或发展改革委下达计划任务书。

设计部门接到计划任务书以后即可开始组织设计。首先是搜集必要的原始资料，包括负荷情况、电源情况、气象资料、水文地质资料、配电线路路径沿途情况等。有了足够的基础资料后，就能按计划任务书的要求着手设计。

按常规，设计分两个阶段进行。设计的第一阶段为初步设计，第二阶段为施工设计。只有当初步设计经有关部门批准后，才能进行施工设计。

城乡电网建设与改造是"功在当代、利在千秋"的大事。李克强总理主持的 2013 年 7 月 31 日的国务院常务会议明确指出："提高以人为核心的新型城镇化质量。要按先规划、后建设，先地下、后地上等原则""加强城市配电网建设，推进电网智能化"。国家发展改革委、国家电网公司和南方电网公司对此非常重视。要求设计单位必须采用国产设备和原材料，引导电力企业采用技术先进、质量优良、安全可靠的国产设备，保证工程质量，必须高标准、高质量地完成城乡电网建设改造工程。要高度重视规划设计工作，要严格遵守先规划、后设计、再施工的原则，严禁违反基建程序，搞边勘察、边设计、边施工的"三边"工程。

城乡电网改造工程设计要遵循"安全可靠、经济适用、符合国情、因地制宜"的原则，各项目法人要根据改造工程的实际情况，推行标准设计、典型设计和限额设计。10kV 及以下配电网的具体设计工作由各县（市、区）电力公司负责，由其项目负责人根据批复的规划要求负责审批。

二、初步设计的内容

初步设计的主要任务是确定方案，并为订货提供数据。按规定，只有当初步设计被批准以后才能向供应部门提出订货要求。国家规定，在城乡电网建设与改造所需主要设备产品采购活动中，要按照全国统一市场原则，鼓励公平竞争，反对地方保护和行业垄断，反对低价倾销等不正当竞争行为。城乡电网建设与改造工程所需主要设备产品，应从国家发展改革委审定的《全国城乡电网建设与改造所需主要设备产品及生产企业推荐目录》中择优选用，并建立档案。电力企业要建立规范的城乡电网设备采购制度，全面推行招投标制。

由于初步设计只解决方案问题，所以也就不要求做得很详细。主要是通过初步设计证明方案是可行的，即方案是从全面出发的，统筹兼顾，做到远近结合，以近期为主。工程项目占地少、投资省、采用符合国家现行有关标准的效率高、能耗低、性能先进的电气产品。工程项目便于施工，投产后便于运行和检修。总之可以做到保障人身安全、供电可靠、技术先进和经济合理。

一个配电工程项目的初步设计大致包括以下几部分内容。

（一）说明书

要用简明的文字说明设计的依据，建设的必要性及规模。介绍该方案的占地面积和建筑面积，主结线方案特点，短路电流大小及选用设备情况，所用电、操作电源及保护方案等。

第一章	10kV及以下配电网设计		第一节 设计程序、内容及要求
图号	1-1-1-1	图名	设计程序、内容及要求（一）

（二）计算书

一般包括以下几部分：

（1）短路电流计算及电气设备选择。

（2）配电装置的尺寸确定和校验。

（3）架构受力的计算。

（4）保护装置整定电流的计算和校验。

（三）图纸

1. 功能性文件图纸

（1）概略图。用单线表示法表示系统、分系统、装置、部件、设备、软件中各项目之间的主要关系和连接的简图，俗称主接线图。这是最重要的一张图纸，是所有其他图纸的依据。主接线图除了要表明各种电气设备有相互联系外，还应表明设备的规范、防侵入电波及感应雷的措施、中性点接地方式、电压互感器和电流互感器的配置等。主接线图应反映本期工程和远景的区别，一般用实线表示本期工程，用虚线表示远景工程。

（2）网络图。在地图上表示诸如发电站、变电站和电力线、电信设备和传输线之类的电网的概略图。在配电线路工程中俗称线路路径图。表明配电线路的实际地理位置，跨越的山川、河流、道路、建筑物等。

（3）电路图。表示系统、分系统、装置、部件、设备、软件等实际电路的简图。采用按功能排列的图形符号来表示各元件和联结关系，以表示功能而不需考虑项目的实体尺寸、形状和位置。如二次结线图、继电保护展开图等。

2. 位置文件图纸

（1）总平面图。这是表示建筑工程服务网络、道路工程、相对于测定点的位置、地表资料、进入方式和工区总体布局的平面图。体现在架空配电线路上要出"平断面图"，由此图可以清楚地看出线路经过地段的地形断面情况，各杆位之间地平面相对高差、导线对地距离、弛度及交叉跨越的立面情况。

（2）安装图（平面图）。表示各项目安装位置的图。

（3）安装简图。表示各项目之间连接的安装图。如表明建筑物内采光装置的安装简图等。

（4）布置图。经简化或补充以给出某种特定目的所需信息的装配图。如开关柜列和控制柜列的布置图等。

3. 接线文件图纸

（1）接线图（表）。表示或列出一个装置或设备的连接关系的简图。

（2）单元接线图（表）。表示或列出一个结构单元内连接关系的接线图（表）。

（3）互连接线图（表）。表示或列出不同结构单元之间连接关系的接线图（表）。

（4）端子接线图（表）。表示或列出一个结构单元的端子和该端子上的外部连接图（表）［必要时包括内部接线的接线图（表）］。

（5）电缆图（表）（清单）。提供有关电缆，诸如导线的识别标记、两端位置以及特性、路径和功能（如有必要）等信息的简图（表）（清单）。

4. 项目表

俗称主要设备材料汇总表，这是给设备订货招标直接提供依据的一份资料。它是根据主结线图，线路平断面图及其他图纸制定出来的。要求主要设备准确，没有遗漏。如有要求，还应提出备用设备材料汇总表。

5.安装说明相关文件

（1）安装说明文件。给出有关工程项目所有系统、装置、设备或元件的安装条件以及供货、交付、卸货、安装和测试说明或信息的文件。

（2）试运转说明文件。给出有关工程项目所有系统、装置、设备或元件试运转和启动时的初始调节、模拟方法、推荐的设定值以及为了实现开发和正常发挥功能所需采取措施的说明或信息的文件。

（3）其他文件。如给出有关工程项目的使用说明文件、维修程序说明文件、可靠性和可维修性说明文件、手册、指南、图纸和文件清单等。

（四）工程概预算书

一般由概预算员编制完成，城乡电网建设改造工程实行限额设计。

三、施工设计的内容

初步设计经有关部门审核批准后即可着手施工设计。施工设计应以初步设计为依据，但并不是说初步设计所确定的方案就一点也不能变动。恰恰相反，在施工设计阶段，往往因为认识有了提高，或情况有所变化，会对初步设计做局部的修改，使设计更加合理和完善。

施工设计是施工的依据，重点要表达施工情况。因为通过审核不可避免要有些修改，所以初步设计中的图纸在施工设计阶段还要重新绘出，并要达到施工设计的要求。应详细注明尺寸和所用设备、材料。除了这些图纸外，还应有设备安装图，它是各种设备安装就位的依据。在施工中若遇到非定型产品时，只能通过个别加工的办法解决，还需绘制设备加工图。

由于施工设计的图纸较多，应分成几卷。

如果说初步设计只要求提出主要设备和材料汇总表，在施工设计阶段就要求提出全部设备材料清单。一般在每张图纸上都应附有设备材料表，在每一个部分应有该部分的设备材料汇总表，在总的部分应有设备材料总表。

施工设计也应有说明书，主要说明经过施工设计后对初步设计所提方案又有哪些修改。在计算书中，如果短路电流和设备选择方面没有变化，施工设计就不再出计算书，只对防雷保护和接地网设计与计算两部分提出计算书。

一、中压配电线路设计的一般规定

中压配电线路的规划设计应符合下列规定：

(1) 中心城区宜采用电缆线路，郊区、一般城区和其他无条件采用电缆的地段可采用架空线路。

(2) 架空线路路径的选择应符合图1-1-2-2的要求和高压架空线路路径选择规定。

(3) 电缆的应用条件、路径选择、敷设方式和防火措施应符合前述电缆线路的有关规定。

(4) 配电线路的分段点和分支点应装设故障指示器。

二、中压架空线路设计规定

(1) 在下列不具备采用电缆形式供电区域，应采用架空绝缘导线线路：

1) 线路走廊狭窄，裸导线架空线路与建筑物净距不能满足安全要求时。

2) 高层建筑群地区。

3) 人口密集、繁华街道区。

4) 风景旅游区及林带区。

5) 重污秽区。

6) 建筑施工现场。

(2) 导线和截面选择应符合下列规定：

1) 架空导线宜选择钢芯铝绞线及交联聚乙烯绝缘线。

2) 导线截面应按温升选择，并按允许电压损失、短路热稳定和机械强度条件校验，有转供需要的干线还应按转供负荷时的导线安全电流验算。

3) 为方便维护管理，同一供电区，相同接线和用途的导线截面宜规格统一，不同用途的导线截面宜按表1的规定选择。

表1　中压配电线路导线截面选择　单位：mm²

线路型式	主干线				分支线			
架空线路	—	240	185	150	120	95	70	
电缆线路	500	400	300	240	185	150	120	70

注：1. 主干线主要指从变电站馈出的中压线路、开关站的进线和中压环网线路。

　　2. 分支线是指引至配电设施的线路。

(3) 中压架空线路杆塔应符合下列规定：

1) 同一变电站引出的架空线路宜多回同杆(塔)架设，但同杆(塔)架设不宜超过4回。

2) 架空配电线路直线杆宜采用水泥杆，承力杆(耐张杆、转角杆、终端杆)宜采用钢管杆或窄基铁塔。

3) 架空配电线路宜采用12m或15m高的水泥杆，必要时可采用18m高的水泥杆。

4) 各类杆塔的设计、计算应符合现行国家标准《66kV及以下架空电力线路设计规范》(GB 50061)

的有关规定。

(4) 中压架空线路的金具、绝缘子应符合下列规定：

1) 中压架空配电线路的绝缘子宜根据线路杆塔形式选用针式绝缘子、瓷横担绝缘子或蝶式绝缘子。

2) 城区架空配电线路宜选用防污型绝缘子。黑色金属制造的金具及配件应采用热镀锌防腐。

3) 重污秽及沿海地区，按架空线路通过地区的污秽等级采用相应外绝缘爬电比距的绝缘子。

4) 架空配电线路宜采用节能金具，绝缘导线金具宜采用专用金具。

5) 绝缘子和金具的安装设计宜采用安全系数法，绝缘子和金具机械强度的验算及安全系数应符合现行国家标准《66kV及以下架空电力线路设计规范》(GB 50061)的有关规定。

三、中压电缆线路设计规定

中压电缆线路的设计和电缆选择应符合下列规定：

(1) 电缆截面应按线路敷设条件校正后的允许载流量选择，并按允许电压损失、短路热稳定等条件校验，有转供需要的主干线应验算转供方式下的安全载流量，电缆截面应留有适当裕度。电缆缆芯截面宜按图1-3-1-1的规定选择。

(2) 中压电缆的缆芯对地额定电压应满足所在电力系统中性点接地方式和运行要求。中压电缆的绝缘水平应符合表2的规定。

表2　中压电缆绝缘水平选择　单位：kV

系统标称电压 U_n		10		20	
电缆额定电压 U_0/U	U_0 第一类 *	6/10	—	12/20	—
	U_0 第二类 **	—	8.7/10	—	18/20
缆芯之间的工频最高电压 U_{max}		12		24	
缆芯对地雷电冲击耐受电压峰值 U_{Pl}		75	95	125	170

* 指中性点有效接地系统。

** 指中性点非有效接地系统。

(3) 中压电缆宜选用交联聚乙烯绝缘电缆。

(4) 电缆敷设在有火灾危险场所或室内变电站时，应采用难燃或阻燃型外护套。

(5) 电缆线路的设计应符合现行国家标准《电力工程电缆设计规范》(GB 50217)的有关规定。

第一章	10kV及以下配电网设计		第二节　中压配电网设计
图号	1-1-2-1	图名	中压配电线路设计规定

架空配电线路跨越铁路、道路、河流等设施及各种架空线路交叉或接近的允许距离

单位：m

导线接头要求

项目	铁路（标准轨距）	铁路（窄轨、电气化线路）	电车道（有轨及无轨）	公路（高速、一、二级）	公路（三、四级）	通航河流	不通航河流	弱电线路（一、二级）	弱电线路（三级）	电力线路 3~10	20	35~110	154~220	330	500	特殊管道	一般管道、索道	人行天桥
导线在跨越档内的接头要求（导线接头方式）	不得接头	—	不得接头	不得接头	—	不得接头	—	不得接头	—	—	—	不得接头	不得接头	不得接头	不得接头	不得接头	—	—
导线固定方式	双固定	双固定	双固定	双固定	双固定	双固定	双固定	双固定	双固定	双固定	双固定	双固定	双固定	双固定	双固定	双固定	双固定	双固定

最小垂直距离

线路电压/kV	铁路 至轨顶	电车道 至承力索或接触线（至路面）	公路 至路面	通航河流 至常年高水位	通航河流 至最高航行水位的最高船樯顶	不通航河流 至最高洪水位	不通航河流 冬季至冰面	弱电线路 至被跨越线	电力线路 至导线 3~10	20	35~110	154~220	330	500	特殊管道 至管道任何部分	一般管道、索道 至管道任何部分	人行天桥 至天桥上的栏杆顶
110	7.5	3.0 / 10.0	7.0	6.0	2.0	3.0	6.0	3.0	3.0	3.0	4.0	5.0	6.0	6.0	4.0	3.0	6.0
35~66	7.5	3.0 / 10.0	7.0	6.0	2.0	3.0	5.0	3.0	3.0	3.0	4.0	5.0	6.0	6.0	4.0	3.0	6.0
20	7.5	3.0 / 10.0	7.0	6.0	2.0	3.0	5.0	2.5	3.0	3.0	4.0	5.0	8.5	8.5	4.0	3.0	6.0
3~10	7.5	3.0 / 9.0	7.0	6.0	1.5	3.0	5.0	2.0	3.0	3.0	4.0	5.0	8.5	8.5	3.0	2.0	5.0

最小水平距离

线路电压/kV	电车道 电杆外缘至道路中心（交叉 / 平行）	公路 电杆外缘至路基边缘 开阔地区	公路 路径受限地区、市区内	弱电线路（在路径受限地区，两线路边导线间）	电力线路（在路径受限地区，两线路边导线间）3~10	20	35~110	154~220	330	500	特殊管道 开阔部分（最高杆（塔）高）	特殊管道 路径受限地区	一般管道、索道（路径受限地区）	人行天桥 导线边缘至人行天桥边缘
110	30 / 最高杆塔高加3.1m	5.0	交叉 8.0m；平行 最高杆塔高	4.0	5.0	5.0	5.0	7.0	9.0	13.0	最高杆（塔）高	4.0	4.0	5.0
35~66	30 / 最高杆塔高加3.1m	5.0	5.0	4.0	5.0	5.0	5.0	7.0	9.0	13.0	最高杆（塔）高	4.0	4.0	5.0
20	10	1.0	0.5	3.5	3.5	3.5	3.5	7.0	9.0	13.0	最高杆（塔）高	4.0	3.0	5.0
3~10	5	0.5	0.5	2.0	2.5	2.5	2.5	2.5	7.0	9.0	13.0	4.0	2.0	4.0

其他要求

公路：
1. 1kV以下配电线路和二、三级弱电线路，与公路交叉时，导线固定方式不受限制。
2. 在不受环境和规划限制的地区，架空线路与国道、省道、县道、乡道的距离分别不应小于20m、15m、10m和5m。

河流：
1. 最高洪水位时，有抗洪、浮运、流筏的河流，垂直距离不能通过时应协商确定。
2. 不通航河流指不能通航和浮运的河流。
3. 常年高水位指5年一遇洪水位。
4. 最高洪水位，为50年一遇洪水位，对大于20kV线路，为百年一遇洪水位。

线路与拉纤小路平行时，边导线至斜坡上缘。

电力线路：
1. 两平行线路在开阔地区，两线路边导线间水平距离不应小于电杆高度。
2. 线路跨越时，电压高的线路应在上方。
3. 公用线路与专用线路交叉时，电压高的线路应在上方。
4. 电力线路应有防雷措施。

1. 两平行线路在路径受限地区，两线路边导线间的水平距离不应小于电杆高度。
2. 弱电线路等级见相关规定。

特殊管道：
1. 特殊管道指架设在地面上的输送易燃、易爆物的管道。
2. 管道与电力线路交叉、平行时，交叉点应选在管道上无检查井（孔）处，与管道交叉时，交叉档电线路应接地。

1. 特殊管道指架设在地面上的输送易燃、易爆物的管道。实际安装时，根据天气规范协商确定。

一、中压开关站

中压开关站应符合下列规定：

（1）当变电站的 10（20）kV 出线走廊受到限制、10（20）kV 配电装置馈线间隔不足且无扩建余地时，宜建设开关站。开关站应配合城市规划和市政建设同步进行，可单独建设，也可与配电站配套建设。

（2）开关站宜根据负荷分布均匀布置，其位置应交通运输方便，具有充足的进出线通道，满足消防、通风、防潮、防尘等技术要求。

（3）中压开关站转供容量可控制在 10～30MVA，电源进线宜为 2 回或 2 进 1 备，出线宜为 6～12 回。开关站接线应简单可靠，宜采用单母线分段接线。

二、中压室内配电站

（1）配电站址设置应符合下列规定：

1）配电站位置应接近负荷中心，并按照配电网规划要求确定配电站的布点和规模。站址选择应符合现行国家标准《20kV 及以下变电所设计规范》（GB 50053）的有关规定。

2）位于居住区的配电站宜按"小容量、多布点"的原则设置。

（2）室内配电站应符合下列规定：

1）室内站可独立设置，也可与其他建筑物合建。

2）室内站宜按 2 台变压器设计，通常采用 2 路进线，变压器容量应根据负荷确定，宜为 315～1000kVA。

3）变压器低压侧应按单母线分段接线方式，装设分段断路器；低压进线柜宜装设配电综合监测仪。

4）配电站的形式、布置、设备选型和建筑结构等应符合现行国家标准《20kV 及以下变电所设

计规范》（GB 50053）的有关规定。

三、预装箱式变电站

预装箱式变电站应符合下列规定：

（1）受场地限制无法建设室内配电站的场所可安装预装箱式变电站；施工用电、临时用电可采用预装箱式变电站。预装箱式变电站只设 1 台变压器。

（2）中压预装箱式变电站可采用环网接线单元，单台变压器容量宜为 315～630kVA，低压出线宜为 4～6 回。

（3）预装箱式变电站宜采用高燃点油浸变压器，需要时可采用干式变压器。

（4）受场地限制无法建设地上配电站的地方可采用地下预装箱式配电站。地下预装箱式配电站应有可靠的防水防潮措施。

四、台架式变压器（变台）

台架式变压器（可简称"台架变"）应符合下列规定：

（1）台架变应靠近负荷中心。变压器台架宜按最终容量一次建成。变压器容量宜为 500kVA 及以下，低压出线宜为 4 回及以下。

（2）变压器台架对地距离不应低于 2.5m，高压跌落式熔断器对地距离不应低于 4.5m。

（3）高压引线宜采用多股绝缘线，其截面按变压器额定电流选择，但不应小于 25mm²。

（4）台架变的安装位置应避开易受车辆碰撞及严重污染的场所，台架下面不应设置可攀爬物体。

（5）下列类型的电杆不宜装设变压器台架：转角、分支电杆；设有低压接户线或电缆头的电杆；设有线路开关设备的电杆；交叉路口的电杆；人员易于触及和人口密集地段的电杆；有严重污秽地段的电杆。

一、中压配电设备选择

1. 配电变压器

配电变压器选型应符合下列规定：

（1）配电变压器应选用符合国家标准要求的环保节能型变压器。

（2）配电变压器的耐受电压水平应满足表1的规定。

（3）配电变压器的容量宜按下列范围选择：

1）台架式三相配电变压器宜为50～500kVA。

2）台架式单相配电变压器不宜大于50kVA。

3）配电站内油浸变压器不宜大于630kVA，干式变压器不宜大于1000kVA。

（4）配电变压器运行负载率宜按60%～80%设计。

2. 配电开关设备

配电开关设备应符合下列规定：

（1）中压开关设备应满足环境使用条件、正常工作条件的要求，其短路耐受电流和短路分断能力应满足系统短路热稳定电流和动稳定电流的要求。

（2）设备参数应满足负荷发展的要求，并应符合网络的接线方式和接地方式的要求。

（3）断路器柜应选用真空或六氟化硫断路器柜系列；负荷开关环网柜宜选用六氟化硫或真空环网柜系列。在有配网自动化规划的区域，设备选型应满足配电网自动化的遥测、遥信和遥控的要求，断路器应具备电动操作功能；智能配电站应采用智能设备。

（4）安装于户外、地下室等易受潮或潮湿环境的设备，应采用全封闭的电气设备。

3. 电缆分接箱

电缆分接箱应符合下列规定：

（1）电缆分接箱宜采用屏蔽型全固体绝缘，外壳应满足使用场所的要求，应具有防水、耐雨淋及耐腐蚀性能。

（2）电缆分接箱内宜预留备用电缆接头。主干线上不宜使用电缆分接箱。

4. 柱上高压电器

柱上开关及跌落式熔断器应符合下列规定：

（1）架空线路分段、联络开关应采用体积小、少维护的柱上无油化开关设备，当开关设备需要频繁操作和放射型较大分支线的分支点宜采用断路器。

（2）户外跌落式熔断器应满足系统短路容量要求，宜选用可靠性高、体积小和少维护的新型熔断器。

高、中压配电设备的耐受电压水平见表1。

表1　　高、中压配电设备的耐受电压水平

标称电压/kV	设备最高电压/kV	设备种类	雷电冲击耐受电压峰值/kV				短时工频耐受电压有效值/kV			
			相对地	相间	断口		相对地	相间	断口	
					断路器	隔离开关			断路器	隔离开关
110	126	变压器	450/480	—	—	—	185/200	—	—	—
		开关	450、550	450、550	520、630	200、230	200、230	255、265
66	72.5	变压器	350	—	—	—	150	—	—	—
		开关	325	325	325	375	155	155	155	197
35	40.5	变压器	185/200	—	—	—	80/85	—	—	—
		开关	185	185	185	215	95	95	95	118
20	24	变压器	125（95）	—	—	—	55/50	—	—	—
		开关	125	125	125	145	65	65	65	79
10	12	变压器	75（60）	—	—	—	35（28）	—	—	—
		开关	75（60）	75（60）	85（70）	42（28）	42（28）	49（35）
0.4	—	开关	4～12				2.5			

注：1. 分子、分母数据分别对应外绝缘和内绝缘。
　　2. 括号内、外数据分别对应是、非低电阻接地系统。
　　3. 低压开关设备的工频耐受电压和冲击耐受电压取决于设备的额定电压、额定电流和安装类别。

二、配电设施过电压保护和接地

（1）中低压配电线路和配电设施的过电压保护和接地设计应符合现行行业标准《交流电气装置的过电压保护和绝缘配合》（DL/T 620）和《交流电气装置的接地》（DL/T 621）的有关规定。

（2）中低压配电线路和配电设施的过电压保护宜采用复合型绝缘护套氧化锌避雷器。

（3）采用绝缘导线的中、低压配电线路和与架空线路相连接的电缆线路，应根据当地雷电活动情况和实际运行经验采取防雷措施。

一、低压配电线路设计

1. 低压配电线路的选型规定

低压配电线路的选型应符合下列规定：

（1）低压配电线路应根据负荷性质、容量、规模和路径环境条件选择电缆或架空形式，架空线路的导体根据路径环境条件可采用普通绞线或架空绝缘导线。

（2）低压配电导体系统宜采用单相二线制、两相三线制、三相三线制和三相四线制。

2. 低压架空线路

低压架空线路应符合下列规定：

（1）架空线路宜采用架空绝缘线，架设方式可采用分相式或集束式。当采用集束式时，同一台变压器供电的多回低压线路可同杆架设。

（2）架空线路宜采用不低于10m高的混凝土电杆，也可采用窄基铁塔或钢管杆。

（3）导线采用垂直排列时，同一供电台区导线的排列和相序应统一，中性线、保护线或保护中性线（PEN线）不应高于相线。采用水平排列时，中性线、保护线或保护中性线（PEN线）应排列在靠建筑物一侧。

（4）导线宜采用铜芯或铝芯绝缘线，导体截面按近期5年规划，中期10年、远期10年以上规划负荷确定，线路末端电压应符合现行国家标准《电能质量 供电电压偏差》（GB/T 12325）的有关规定。导线截面宜按表1的规定选择。

表1　低压配电线路导线截面选择

导线型式	主干线/mm²				分支线/mm²			
架空绝缘线	240	185	—	120	—	95	70	50
电缆线路	240	185	150	—	120	95	70	
中性线	低压三相四线制中的N线截面，宜与相线截面相同							
保护线	当相线截面不大于16mm²，宜与相线截面相同；相线截面大于16mm²，宜取16mm²；相线截面大于35mm²，宜取相线截面的50%							

3. 低压电缆线路

低压电缆线路应符合下列规定：

（1）低压电缆的芯数应根据低压配电系统的接地形式确定，TT系统、TN-C系统或中性线和保护线的部分共用系统（TN-C-S）应采用四芯电缆，TN-S系统应采用五芯电缆。

（2）沿同一路径敷设电缆的回路数为4回及以上时，宜采用电缆沟敷设；4回以下时，宜采用槽盒式直埋敷设。在道路交叉较多、路径拥挤地段而不宜采用电缆沟和直埋敷设时，可采用电缆排管敷

设。在北方地区，当采用排管敷设方式时，电缆排管应敷设在冻土层以下。

（3）低压电缆的额定电压（U_0/U）宜选用0.6kV/1kV。

（4）电缆截面规格宜取2～3种，宜按表1的规定选择。

二、低压配电设备选择

1. 低压开关设备

低压开关设备的配置和选型应符合下列规定：

（1）配电变压器低压侧的总电源开关和低压母线分段开关，当需要自动操作时，应采用低压断路器。断路器应具有必要的功能及可靠的性能，并能实现连锁和闭锁。

（2）开关设备的额定电压、额定绝缘电压、额定冲击耐受电压应满足环境条件、系统条件、安装条件和设备结构特性的要求。

（3）设备应满足正常环境使用条件和正常工作条件下接通、断开和持续额定工况的要求，应满足短路条件下耐受短路电流和分断能力的要求。

（4）具有保护功能的低压断路器应满足可靠性、选择性和灵敏性的规定。

2. 隔离电器

隔离电器的配置和选型应符合下列规定：

（1）自建筑外引入的配电线路，应在室内靠近进线点便于操作维护的地方装设隔离电器。

（2）低压电器的冲击耐压及断开触头之间的泄漏电流应符合现行国家标准的规定。

（3）低压电器触头之间的隔离距离应是可见的或明显的，并有"合"（I）或"断"（O）的标记。

（4）隔离电器的结构和安装，应能可靠地防止意外闭合。

（5）隔离电器可采用单极或多极隔离开关、隔离插头、插头或插座等形式，半导体电器不应用作隔离电器。

3. 导体材料

导体材料选型应符合下列规定：

（1）导体材料及电缆电线可选用铜线或铝线。民用建筑宜采用铜芯电缆或电线，下列场所应选用铜芯电缆或电线：

1）易燃易爆场所。

2）特别潮湿场所和对铝有腐蚀场所。

3）人员聚集的场所，如影剧院、商场、医院、娱乐场所等。

4）重要的资料室、计算机房、重要的库房。

5）移动设备或剧烈震动场所。

6）有特殊规定的其他场所。

（2）导体的类型应根据敷设方式及环境条件选择。

第一章　10kV及以下配电网设计		第三节　低压配电网设计
图号	1-1-3-1	图名　低压配电线路设计和低压配电设备选择

一、基本规定

低压配电系统的接地形式和接地电阻应符合现行行业标准《交流电气装置的接地》（DL/T 621）的有关规定。

二、低压配电系统保护接地形式

TT 系统见图 1。

IT 系统见图 2。

TN－C 系统见图 3。

TN－C－S 系统见图 4。

TN－S 系统见图 5。

20 世纪 50 年代，通常将 TN 保护接地形式称为"接零"，顾名思义，是认为在三相对称系统中性线上流过的电流为零，也称中性线为零线，所以称"接零"。20 世纪 90 年代，按照 IEC 的文件，我国很多技术规程已明确低压配电系统的保护接地形式分为 TT、IT 和 TN 3 种。但直到现在还有的书上称"接零"，接零这一不规范术语无法区别 TN－C、TN－C－S 和 TN－S 3 种系统。因此，应摒弃"接零"的说法。

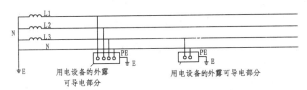

图 1　TT 系统

L1、L2、L3—电源的第 1 相、第 2 相和第 3 相；
N—中性线；PE—接地保护线；E—接地极

注：电源中性点直接接地，设备的外露可导电部分直接在设备安装处接地，该接地点与电源中性点接地点无电气连接，由于农村负荷分散线路长，故适合农村电网，是没有接地保护线的三相四线制系统。

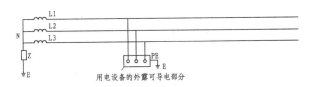

图 2　IT 系统

注：电源中性点通过高阻抗接地或不接地，用电设备外露可导电部分在设备安装处直接接地。IT 系统一般不从中性点引出中性线 N，是三相三线制系统。

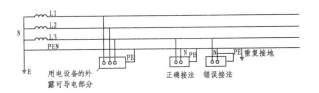

图 3　TN－C 系统

注：电源中性点直接接地，从电源中性点引出的中性线既是中性线又是接地保护线，称为中性接地保护线，用 PEN 表示。设备的外露可导电部分用接地保护线直接与 PEN 线相连接。整个系统的中性导体和接地保护导体是合一的，但用电设备的中性导体和保护导体不可合一，要分别与 PEN 连接，是中性线和接地保护线合一的三相四线制系统。

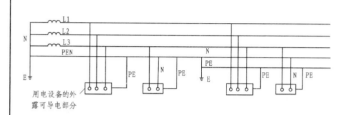

图 4 TN-C-S 系统

注：电源中性点直接接地，从电源中性点引出的中性线是中性导体与保护导体合一的，在某处将 PEN 重复接地后将中性导体与保护导体分开，以后也不允许再将中性导体和保护导体合在一起。

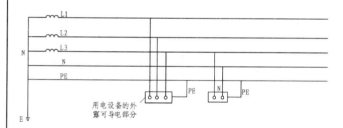

图 5 TN-S 系统

注：电源中性点直接接地，引出的中性导体和接地保护导体是分开的，不允许合并，也不允许重复接地，称为三相四线制系统，加专门接地保护线，是推荐的接地保护方式，凡有条件的地方应优先采用，适合于城镇厂矿企业。

三、接地类别

接地类别、接地项目名称和接地电阻值要求见表 1。

表 1　接地类别、接地项目名称和接地电阻值

接地类别	接地项目名称	接地电阻值 /Ω
电气设备接地	100kVA 及以上变压器（发电机）	≤4
	100kVA 及以上变压器供电线路的重复接地	≤10
	100kVA 以下变压器（发电机）	≤10
	100kVA 以下变压器供电线路的重复接地	≤30
	高、低压电气设备的联合接地	≤4
	电流、电压互感器二次绕组接地	≤10
	架空引入线绝缘子脚接地	≤20
	装在变电所与母线连接的避雷器接地	≤10
	配电线路中性线每一重复接地装置	≤10
	3~10kV 配、变电所高、低压共用接地装置	≤4
	3~10kV 线路在居民区混凝土电杆接地装置	≤30
	低压电力设备接地装置	≤4
	电子设备接地	≤4
	电子设备与防雷接地系统共用接地体	≤1
	电子计算机安全接地	≤4
	医疗用电气设备接地	≤4
	静电屏蔽体的接地	≤4
	电气试验设备接地	≤4
防雷接地	一类防雷建筑物防雷接地装置	≤10
	二类防雷建筑物防雷接地装置	≤10
	三类防雷建筑物防雷接地装置	≤30
	一类工业建筑物防雷接地装置	≤10
	二类工业建筑物防雷接地装置	≤10
	三类工业建筑物防雷接地装置	≤30
	露天可燃气体储气柜的防雷接地	≤30
	露天油罐的防雷接地	≤10
	户外架空管道的防雷接地	≤20
	水塔的防雷接地	≤30
	烟囱的防雷接地	≤30
	微波站、电视台的天线塔防雷接地	≤5
	微波站、电视台的机房防雷接地	≤1
	卫星地面站的防雷接地	≤1
	广播发射台天线塔防雷接地装置	≤0.5
	广播发射台发射机房防雷接地装置	≤10
	雷达站天线与雷达主机工作接地共用接地体	≤1
	雷达试验调试场防雷接地	≤1

四、接地形式选择

接地形式应按下列规定选择：

（1）低压配电系统可采用 TN 和 TT 接地形式，一个系统只应采用一种接地形式。

（2）设有变电所的公共建筑和场所的电气装置和施工现场专用的中性点直接接地电力设施应采用 TN-S 接地形式。

（3）有专业人员维护管理的一般性厂房和场所的电气装置应采用 TN-C 接地形式。

（4）无附设变电所的公共建筑和场所的电气装置应采用 TN-C-S 接地形式，其保护中性导体应在建筑物的入口处作等电位联结并重复接地。

（5）在无等电位联结的户外场所的电气装置和无附设变电所的公共建筑和场所的电气装置可采用 TT 接地形式。当采用 TT 接地形式时，除变压器低压侧中性点直接接地外，中性线不得再接地，且保持与相线同等的绝缘水平。

（6）只使用三相电源的设备，如扬水站、泵房等，可采用 IT 接地形式。

五、建筑物内的低压电气装置

建筑物内的低压电气装置应采用等电位连接。

六、低压漏电保护装置（剩余电流动作保护器）的配置和选型

低压漏电保护的配置和选型应符合下列规定：

（1）采用 TT 或 TN-S 接地形式的配电系统，漏电保护器应装设在电源端和负荷端，根据需要也可在分支线端装设漏电保护器。

（2）采用 TN-C-S 接地形式的配电系统，应在负荷端装设漏电保护器，采用 TN-C 接地形式的配电系统，需对用电设备采用单独接地，形成局部 TT 系统后采用末级漏电保护器。TN-C-S 和 TN-C 接地形式不应装设漏电总保护和漏电中级保护。

（3）低压配电系统采用两级及以上的漏电保护时，各级漏电保护器的动作电流和动作时间应满足选择性配合要求。

（4）主干线和分支线上的漏电保护器应采用三相（三线或四线）式，末级漏电保护器根据负荷特性采用单相式或三相式。

一、继电保护和自动装置应满足的基本要求

继电保护和自动装置配置应满足可靠性、选择性、灵敏性、速动性的要求，继电保护装置宜采用成熟可靠的微机保护装置。继电保护和自动装置配置应符合现行国家标准《继电保护和安全自动装置技术规程》（GB/T 14285）的有关规定。

二、高压配电设施继电保护及自动装置的配置规定

高压配电设施继电保护及自动装置的配置应符合下列规定：

（1）35～110kV 变电站中压配电设施继电保护及自动装置宜根据表 1 的规定经计算后配置。

（2）保护通道应符合下列规定：

1）为满足纵联保护通道可靠性的要求，应采用光缆传输通道，纤芯数量应满足保护通道的需要。

2）每回线路保护应有 4 芯纤芯，线路两端的变电站，应为每回线路保护提供两个复用通道接口。

三、中、低压配电设施继电保护及自动装置的配置规定

中、低压配电设施继电保护及自动装置宜按表 2 的规定配置。

表 1

35～110kV 变电站中压配电设施继电保护及自动装置配置

被保护设备名称	保护类别		
	主保护	后备保护	自动装置
10kV、20kV 线路	速断 t/o	过流 t，单相接地 t	低周减载，三相一次重合闸
	纵联电流差动	过流 t，单相接地 t	电缆、架空短线路和要求装设的线路
10kV、20kV 电容器	短延时速断 t/o	内部故障：熔断器-低电压，单、双星-不平衡电压保护过电压、过电流、单相接地保护	电容自动投切
10kV、20kV 接地变压器	速断 t/o	过流 t，零序 I(t)、II(t)，瓦斯	保护出口三时段：分段、本体、主变低压
10kV、20kV 站用变压器	速断 t/o	过流 t，零序 I(t)、II(t)，瓦斯	380V 分段开关应设备自投装置，空气开关应设操作单元
10kV、20kV 分段母线	宜采用不完全差动	过流 t	备自投，PT 并列装置

表 2

中、低压配电设施继电保护及自动装置配置

被保护设备名称		保护配置
10kV/0.4kV 配电变压器	油式：<800kVA	高压侧采用熔断器式负荷开关环网柜，用限流熔断器作为速断和过流、过负荷保护
	干式：<1000kVA	
	油式：≥800kVA	高压侧采用断路器柜、配置遮断、过流、过负荷、温度、瓦斯（油浸式）保护，对重要变压器，当电流速断保护灵敏度不符合要求时也可采用纵差保护
	干式：≥1000kVA	
10kV、20kV 配电线路		1. 宜采用三相、两段式电流保护，视线路长度、重要性及选择性要求设置瞬时或延时速断，保护装在电源侧，远后备方式，配用自动重合闸装置。 2. 电缆和架空短线路采用纵联电流差动，配电流后备。 3. 环网线路宜开环运行，平行线路不宜并列运行，合环运行的配电网应配置纵差保护。 4. 对于低电阻接地系统应配置两段式零序电流保护。 5. 零序电流构成方式：电缆线路或经电缆引出的架空线路，宜采用零序电流互感器；对单相接地电流较大的架空线路，可采用三相电流互感器组成零序电流滤过器
0.4kV 配电线路		配置短路过负荷、接地保护，各级保护应具有选择性。空气断路器或熔断器的长延动作电流应大于线路的计算负荷电流，小于工作环境下配电线路的长期允许载流量
配电设施自动装置		1. 具有双电源的配电装置，在电源进线侧设备用电源自投装置；在工作电源断开后，备用电源动作投入，且只能动作一次，但在后一级设备发生短路、过负荷、接地等保护动作、电压互感器的熔断器熔断时应闭锁不动作。 2. 对多路电源供电的中、低压配电装置，电源进线侧应设置闭锁装置，防止不同电源并列

注：1. 保护信息的传输宜采用光纤通道。对于线路电流差动保护的传输通道，往返均应采用同一信号通道传输。

2. 非有效接地系统，保护装置宜采用三相配置。

3. 架空线路或电缆、架空混合线路，如用电设备允许且无备用电源自动投入时，应装设重合闸。

第一章　10kV及以下配电网设计		第四节　配电网二次部分设计
图号	1-1-4-1	图名　继电保护和自动装置

一、配电自动化

1. 配电自动化的规划和实施

配电自动化的规划和实施应符合下列规定：

（1）配电自动化规划应根据城市电网发展及运行管理需要，按照因地制宜、分层分区管理的原则制定。

（2）配电自动化的建设应遵循统筹兼顾、统一规划、优化设计、局部试点、远近结合、分步进行的原则实施；配电自动化应为建设智能配电网创造条件。

（3）配电自动化的功能应与城市电网一次系统相协调，方案和设备选择应遵循经济、实用的原则，注重其性能价格比，并在配电网架结构相对稳定、设备可靠、一次系统具有一定的支持能力的基础上实施。

（4）配电自动化的实施方案应根据应用需求、发展水平和可靠性要求的不同分别采用集中、分层、就地自动控制的方式。

2. 配电自动化结构

配电自动化结构宜符合下列规定：

（1）配电自动化系统应包括配电主站、配电子站和配电远方终端。配电远方终端包括配电网馈线回路的柱上开关柜馈线远方终端（FTU）、配电变压器远方监控终端（TTU）、开关站和配电站远方监控终端（DTU）、故障监测终端等。

（2）系统信息流程为：配电远方终端实施数据采集、处理并上传至配电子站或配电主站，配电主站或子站通过信息查询、处理、分析、判断、计算与决策，实时对远方终端实施控制、调度命令并存储、显示、打印配电网信息，完成整个系统的测量、控制和调度管理。

3. 配电自动化功能

配电自动化宜具备下列功能：

（1）配电主站包括实时数据采集与监控功能：

1）数据采集和监控包括数据采集、处理、传输，实时报警、状态监视、事件记录、遥控、定值远方切换、统计计算、事故追忆、历史数据存储、信息集成、趋势曲线和制表打印等功能。

2）馈电线路自动化正常运行状态下，能实现运行电量参数遥测、设备状态遥信、开关设备的遥控、保护、自动装置定值的远方整定以及电容器的远方投切。事故状态下，实现故障区段的自动定位、自动隔离、供电电源的转移及供电恢复。

（2）配电子站具有数据采集、汇集处理与转发、传输、控制、故障处理和通信监视等功能。

（3）配电远方终端具有数据采集、传输、控制等功能，也可具备远程维护和后备电池高级管理等功能。

二、配电网通信

（1）配电网通信应满足配电网规模、传输容量、传输速率的要求，遵循可靠、实用、扩容方便和经济的原则。

（2）通信介质可采用光纤、电力载波、无线、通信电缆等种类。优先使用电力专网通信，使用公网通信时，必须考虑二次安全防护措施。

（3）配电远方终端至子站或主站的通信宜选用通信链路，采用链型或自愈环网等拓扑结构；当采用其他通信方式时，同一链路和环网中不宜混用多种通信方式。

（4）通信系统应采用符合国家现行有关标准并适合本系统要求的通信规约。

第一章	10kV及以下配电网设计	第四节 配电网二次部分设计
图号	1-1-4-2	图名	配电自动化和配电网通信

一、电能计量装置分类及准确度选择

电能计量装置分类及准确度选择应符合表 1 的规定。

表 1　电能计量装置分类及准确度选择

电能计量装置类别	月平均用电量 /(kW·h)[①]	准确度等级			
		有功电能表	无功电能表	电压互感器	电流互感器
Ⅰ	≥500 万	0.2S 或 0.5S	2.0	0.2	0.2S 或 0.2*
Ⅱ	≥100 万	0.5S 或 0.5	2.0	0.2	0.2S 或 0.2*
Ⅲ	≥10 万	1.0	2.0	0.5	0.5S
Ⅳ	<315kVA	2.0	3.0	0.5	0.5S
Ⅴ	低压单相供电	2.0	—	—	0.5S

① 计量装置类别划分除用月平均用电量外，还有用计费用户的变压器容量、发电机的单机容量以及其他特有的划分规定应符合现行行业标准《电能计量装置技术管理规程》(DL/T 448)的有关规定。

* 0.2 级电流互感器仅用于发电机出口计量装置。

二、计量互感器选型及接线

计量互感器选型及接线应符合下列规定：

（1）Ⅰ类、Ⅱ类、Ⅲ类计量装置应配置计量专用电压、电流互感器或者专用二次绕组；专用电压、电流互感器或专用二次回路不得接入与电能计量无关的设备。

（2）Ⅰ类、Ⅱ类计量装置中电压互感器二次回路电压降不应大于其额定二次电压的 0.2%；其他计量装置中电压互感器二次回路电压降不应大于其额定二次电压的 0.5%。

（3）计量用电流互感器的一次正常通过电流宜达到额定值的 60% 左右，至少不应小于其额定电流的 30%，否则应减小变比并选用满足动热稳定要求的电流互感器。

（4）互感器二次回路的连接导线应采用铜质单芯绝缘线，电流二次回路连接导线截面按互感器额定二次负荷计算确定，不应小于 $4mm^2$。电压二次回路连接导线截面按允许电压降计算确定，不应小于 $2.5mm^2$。

（5）互感器实际二次负载应在其 25%～100% 额定二次负荷范围内。

（6）35kV 以上关口电能计量装置中电压互感器二次回路，不应经过隔离开关辅助接点，但可装设专用低阻空气开关或熔断器。35kV 及以下关口电能计量装置中电压互感器二次回路，不应经过隔离开关辅助接点和熔断器等保护电器。

三、电能表

电能表应符合下列规定：

（1）110kV 及以上中性点有效接地系统和 10kV、20kV、35kV 中性点非绝缘系统应采用三相四线制电能表；10kV、20kV、35kV 中性点绝缘系统应采用三相三线制电能表。

（2）全电子式多功能电能表应为有功多费率、双向计量、8 个时段以上，配有 RS485 或 RS232 数据通信口，具有数据采集、远传功能、失压计时和四象限无功电能。

（3）关口电能表标定电流不应超过电流互感器额定电流的 30%，其最大电流应为电流互感器额定电流的 120% 左右。

第一章　10kV及以下配电网设计		第四节　配电网二次部分设计
图号	1-1-4-3	图名 　电能计量（一）

四、高、中压关口计量点的设置规定

高、中压关口计量点应设置在供用电设施的产权分界处或合同协议中规定的贸易结算点。产权分界处不具备装表条件时，关口电能计量装置可安装在变压器高压侧或联络线的另一端，变压器、母线或线路等的损耗和无功电量应协商确定，由产权所有者负担。

对10kV专用线路供电的用户，应采用高压计量方式，对非专线供电的专变用户宜根据配电变压器的容量采用高压或低压计量方式，并相应配置Ⅲ类或Ⅳ类关口计量箱。

五、低压电能计量点设置规定

低压电能计量点设置应符合下列规定：

（1）用户专用变压器低压侧应配置Ⅳ类关口计量装置，采用标准的低压电能计量柜或电能计量箱。

（2）居民住宅、别墅小区等非专用变供电的用户应按政府有关规定实施"一户一表，按户装表"，消防、水泵、电梯、过道灯、楼梯灯等公用设施应单独装表。

（3）多层或高层建筑内的电能计量箱应集中安装在便于抄表和维护的地方；在居民集中的小区，应装设满足计费系统要求的低压集中（自动）抄表装置。

（4）电能计量箱宜采用非金属复合材料壳体，当采用金属材料计量箱时，壳体应可靠接地。

六、电量自动采集系统

变电站和大容量用户的电量自动采集系统应符合下列规定：

（1）110kV、35kV和10kV变配电站及装机容量为315kVA及以上的大容量用户宜设置电量自动采集系统。

（2）电量自动采集系统应具有下列功能：

1）数据自动采集。

2）电力负荷控制。

3）供电质量监测。

4）计量装置监测。

5）电力电量数据统计分析等。

（3）电量自动采集系统的性能和通信接口应符合下列规定：

1）性能可靠、功能完善、数据精确，具有开放性、可扩展性、良好的兼容性和易维护性。

2）通信接口方便、灵活，通信规约应符合国家标准。

3）通信信道应安全、成熟、可靠，能支持多种通信方式。

4）通信终端应具有远程在线升级终端应用程序功能。

一、我国典型气象区

我国典型气象区如表1所示。

大气温度、风速和覆冰厚度称为架空线路的设计气象条件三要素。

设计气象条件应根据沿线气象资料的数理统计结果及附近已有线路的运行经验确定，当沿线的气象与典型气象区接近时，宜采用典型气象区所列数值。

在选取架空线路的气象参数时，要注意搜集和分析沿线附近各气象台站的资料，重视已建电力线路、通信线路的运行资料，必要时，可在新建线路经过的某些地段设立气象观测站。

对架空线路某些地段（如相对高差变化较大的地段、狭口、山峰、冷暖气流交汇处等）的气象参数要特别重视。这些地段由于受微气候的影响，其气象参数同线路其他地段可能有较大的差别。另外，对架空输电线路沿线附近的空气污秽情况和雾天资料也要搜集，把它作为确定线路绝缘水平的依据之一。

表1   我国典型气象区

气象区		I	II	III	IV	V	VI	VII	VIII	IX
大气温度 /℃	最高	+40								
	最低	−5	−10	−10	−20	−10	−20	−40	−20	−20
	覆冰	−5								
	基本风速①	+10	+10	−5	−5	+10	−5	−5	−5	−5
	安装	0	−5	−10	−5	−10	−15	−10	−10	
	雷电过电压	+15								
	操作过电压、年平均气温	+20	+15	+15	+10	+15	+10	−5	+10	+10
风速 /(m/s)	基本风速	31.5	27.0	23.5	23.5	27.0	23.5	27.0	27.0	27.0
	覆冰	10*							15	
	安装	10								
	雷电过电压	15	10							
	操作过电压	0.5×基本风速折算至导线平均高度处的风速（不低于15m/s）								
覆冰 厚度	厚度/mm	0	5	5	5	10	10	10	15	20
	冰的密度/(g/cm³)	0.9								

① 基本风速是按基准高10m制定的。

* 一般情况下覆冰同时风速10m/s，当有可靠资料表明需加大风速时可取为15m/s。

二、基本风速

（1）确定基本风速时，应按当地气象台、站10min时距平均的年最大风速为样本，并宜采用极值I型分布作为概率模型。

（2）山区线路宜采用统计分析和对比观测等方法，由邻近地区气象台、站的气象资料推算山区的基本风速，并应结合实际运行经验确定。当无可靠资料时，宜将附近平原地区的统计值提高10%。

（3）轻冰区宜按无冰、5mm或10mm覆冰厚度设计，中冰区宜按15mm或20mm覆冰厚度设计，重冰区宜按20mm、30mm、40mm或50mm覆冰厚度等设计，必要时还宜按稀有覆冰条件进行验算。

三、覆冰厚度

（1）导线覆冰的种类及物理特性，如表2所示。

表2   导线覆冰的种类及物理特性

种类	性 质
雨凇	透明冰，坚硬，密度0.9g/cm³，附着力强
混合凇	不透明或半透明冰，坚硬，密度0.6～0.9g/cm³，附着力强
软雾凇	白色，呈粒状雪，质轻，密度0.3～0.6g/cm³，附着力较弱
白霜	白色，雪状，针状结晶，密度0.05～0.3g/cm³，附着力弱
雪和雾	干雪或凝结雪，密度低，附着力弱

第二章 10kV及以下架空配电线路	第一节 气象条件和地质条件
图号 1-2-1-1	图名 架空线路设计气象条件三要素（一）

（2）设计时应加强对沿线已建线路设计、运行情况的调查，并应考虑微地形、微气象条件以及导线易舞动地区的影响。

（3）按我国的设计标准，把冰区分为两类：即覆冰厚度小于 20mm 的地区为轻冰区；不小于 20mm 的地区为重冰区。轻冰区和重冰区的杆塔荷载条件是不同的。

（4）冰资料的搜集和处理。冰荷载是设计架空输电线路的重要参数，对有覆冰现象的地区要重视冰资料的搜集。搜集沿线气象站的覆冰资料，如冰的种类、直径、密度或单位长度的冰重等。

从气象台站和观冰站搜集到的冰资料，应进行必要的分析和换算。第一，要确定冰的种类及其物理特性，单位长度的冰重；第二，根据单位长度的冰重换算至密度为 0.9g/cm³ 的导线等值覆冰厚度；第三，用数理统计法计算出一定重现期的冰厚概率值。

四、大气温度

气温的变化引起导线热胀冷缩，影响架空线路的弧垂和应力。气温高，导线由于热胀引起的伸长量越大，弧垂增加越多，应考虑导线对交叉跨越物和对地距离；气温低，导线缩短，应力增加越多，应考虑导线的机械强度。

设计用年平均气温应按下列规定取值：

（1）当地区年平均气温在 3～17℃ 时，宜取与年平均气温值邻近 5 的倍数值。

（2）当地区年平均气温小于 3℃ 和大于 17℃ 时，分别按年平均气温减少 3℃ 和 5℃ 后，取与此数邻近 5 的倍数值。

五、安装工况

安装工况风速应采用 10m/s，覆冰厚度应采用无冰，同时气温应按下列规定取值：

（1）最低气温为 -40℃ 的地区，宜采用 -15℃。

（2）最低气温为 -20℃ 的地区，宜采用 -10℃。

（3）最低气温为 -10℃ 的地区，宜采用 -5℃。

（4）最低气温为 -5℃ 的地区，宜采用 0℃。

第二章　10kV及以下架空配电线路		第一节　气象条件和地质条件
图号	1-2-1-2	图名	架空线路设计气象条件三要素（二）

一、配电线路工程设计中气象条件选择

一般在配电线路工程设计中，先根据电压等级、负荷容量、送电距离、远景规划等要求，确定绝缘导线的线种、回路数和规格，经选线勘测后，根据平面图及纵（横）断面图，进行杆塔定位，确定杆高、挡距等，再根据该地区的气象条件、土壤种类等资料，利用本图集进行杆型、绝缘子、横担、拉线、基础等选型设计。

选用全国典型气象区，设计选取最大风速为30m/s和25m/s两级，覆冰厚度分为0mm、5mm、10mm、15mm共4级。

使用典型气象区应注意以下几点：

（1）架空线路最大风速，对高压线路应采用离地面10m高处；10年一遇10min平均最大值。如无可靠资料，在空旷平坦地区不应小于25m/s，在山区宜采用附近平地风速的1.1倍，且不应小于25m/s。

（2）对当地不同的气象条件，可分别以最大风速和覆冰厚度相对应，找出大致相同的气象条件，如相差较大，可参照（1）条确定。

（3）电杆导线的风荷载应按下式计算，即

$$W = \frac{9.807CFv^2}{16}$$

式中　W——电杆或导线风荷载，N；

C——风载体形系数，采用下列数值，环形截面钢筋混凝土杆为0.6，矩形截面钢筋混凝土杆为1.4，导线直径小于17mm的为1.2，导线直径不小于1.7mm的为1.1，导线覆冰，不论直径大小均为1.2；

F——电杆杆身侧面的投影面积或导线直径与水平挡距的乘积，m²；

v——设计风速，m/s。

二、配电线路工程设计中地质条件选择

地质条件是电杆基础设计至关重要的因素。本图集仅选用可塑型黏土一种地质条件作为计算依据，若遇较松软的地质，应对电杆基础进行倾覆稳定验算。其安全系数不应小于下列数值：

直线杆1.5；耐张杆1.8；终端杆2.0。

地质条件主要参数见表1。

表1　　　　　地质条件主要参数

地耐力/kPa	150
抗剪角/(°)	28
土容重/(kN/m³)	16

第二章　10kV及以下架空配电线路		第一节　气象条件和地质条件
图号	1-2-1-3	图名　配电线路设计中气象条件和地质条件选择

路径选择宜采用卫片、航片、全数字摄影测量和红外测量等新技术；在地质条件复杂地区，必要时宜采用地质遥感技术；综合考虑线路长度、地形地貌、地质、冰区、交通、施工、运行及地方规划等因素，进行多方案技术经济比较，做到安全可靠、环境友好、经济合理。

一、路径选择应避开的方面

（1）路径选择应避开军事设施、大型工矿企业及重要设施等，符合城镇规划，与地方发展和规划相协调。

（2）路径选择应避开以下地带或区域。

1）路径选择宜避开不良地质地带和采空影响区，当无法避让时，应开展塔位稳定性评估，并采取必要的措施。

2）宜避开重冰区、导线易舞动区及影响安全运行的其他地区。辽宁省的鞍山、丹东、锦州一带，湖北省的荆门、荆州、武汉一带是全国范围内输电线路发生舞动较多的地区，导线舞动对线路安全运行造成的危害十分重大，诸如线路频繁跳闸与停电、导线的磨损、烧伤与断线，金具及有关部件的损坏等，造成重大的经济损失与社会影响，因此对舞动多发区应尽量避让。

3）宜避开原始森林、自然保护区和风景名胜区。

二、路径选择应考虑和注意的事项

（1）路径选择应考虑与电台、机场、弱电线路等邻近设施的相互影响。

（2）路径选择宜靠近现有国道、省道、县道及乡镇公路，充分使用现有的交通条件，方便施工和运行。

（3）大型发电厂和枢纽变电站的进出线、两回或多回路相邻线路应统一规划。规划走廊中的两回路或多回路线路，要根据技术经济比较，确定是否推荐采用同塔架设。当线路路径受到城市规划、工矿区、军事设施、复杂地形等的限制，在线路走廊狭窄地段且第二回路线路的走廊难以预留时，宜采用同杆塔架设。

三、耐张段长度的确定

（1）耐张段长度由线路的设计、运行、施工条件和施工方法确定，并吸取2008年年初冰灾运行经验，单导线线路不宜大于5km，轻、中、重冰区的耐张段长度分别不宜大于10km、5km、3km，当耐张段长度较长时应考虑防串倒措施，例如，轻冰区每隔7~8基（中冰区每隔4~5基）设置1基纵向强度较大的加强型悬垂型杆塔，防串倒的加强型悬垂型杆塔其设计条件除按常规悬垂型杆塔工况计算外，还应按所有导、地线同侧有断线张力（或不平衡张力）计算。

（2）根据2008年年初我国南方地区冰灾事故的经验，当输电线路与主干铁路、高速公路交叉时，宜提高标准，采用独立耐张段，必要时考虑结构重要性系数1.1，并按验算冰校核交叉跨越物的间距。

四、灾害性事故的预防

山区线路在选择路径和定位时，应注意控制使用挡距和相应的高差，避免出现杆塔两侧大小悬殊的挡距，当无法避免时应采取必要的措施，提高安全度。

五、大跨越路径方案的确定

大跨越路径方案应通过综合技术经济比较确定。

（1）大跨越的基建投资大，运行维护复杂，施工工艺要求高，故一般应该尽量减少或避免。因此，选线中遇有大跨越时应结合整个路径方案综合考虑。往往有这样的情况，某个方案路径长度虽增加了几千米，但避免了大跨越或减少了跨越挡距，反而降低了造价，从全局看是合理的，这一点应引起足够重视。

（2）在以往跨河基础设计中，个别工程在建成后，由于河床变迁，塔位受冲刷，花了很多投资防护，严重影响线路安全运行。故要求设计跨河基础考虑50年河床变迁情况，以保证杆塔基础不被冲刷。另外，要求跨越杆塔宜设置在5年一遇洪水淹没区以外，以确保运行安全。工程中如受条件限制，基础受洪水淹没，应考虑局部冲刷以及漂浮物或流冰等撞击的影响，并采取措施。

第二章　10kV及以下架空配电线路		第二节　路径选择原则
图号	1-2-2-1	图名　路径选择一般原则

（1）架空配电线路选择关系到线路工程的合理性、经济性和运行的可靠性。因此，架空配电线路的路径选择，应认真进行调查研究，综合考虑运行、施工和路径长短等因素，统筹兼顾，全面安排，做到经济合理。

（2）市区、乡镇所在地范围内架空线路应与城市规划、乡、镇规划相结合，线路走廊位置应与各种管线和其他市政设施统一安排。农村架空线路径也应和农村经济发展规划和农田水利建设规划相结合，农村、工业和照明户线路统一安排。

（3）应尽量减少与其他设施交叉，当与其他架空线路交叉时，其交叉点不应选在被跨越线路的杆塔顶上。架空配电线路与其他架空电力线路的交叉处应保持表1规定的距离。

表1　架空配电线路与其他架空电力线路的交叉处距离　　　　　单位：m

线路电压	3kV以下	3～10kV	35～66kV
距离	3.0	3.0	4.0

（4）架空配电线路跨越架空弱电线路的交叉角，应符合表2规定。

表2　架空配电线路跨越架空弱电线路的交叉角

弱电线路等级	一级	二级	三级
交叉角	>45°	≥30°	不限制

（5）应避开洼地、冲刷地带，不良地质区、原始森林区以及影响安全的其他地区。

（6）不宜跨越房屋与有爆炸危险和可燃液（气）体的生产厂房、仓库、储罐等接近时，应符合有关规程规定。

（7）架空电力线路通过林区，应砍伐出通道。10kV及以下架空电力线路的通道宽度，不应小于线路两侧向外各延伸5m。树木生长高度不超过2m或导线与树木（考虑自然生长高度）之间的最小垂直距离应符合表3规定。

表3　导线与树木之间的最小垂直距离

线路电压/kV	35～110	154～220	330	500（参考值）
垂直距离/m	4.0	5.0	6.0	8.0

（8）在不影响施工运行情况下，可不砍伐通道。

（9）架空配电线路通过林区，经济作物林以及城市绿化灌木林时，不宜砍伐通道。

（10）市区内的架空线路尽量沿城市主道路架设，杆塔应适当增加高度，缩小挡距，以提高对地距离。路径走向一定和城市规划部门协商，统一规划，中、低压架空配电线路应同杆架设，并做到同杆并架的线路为同电源、同地区，中、低压配电线路的导线相位排列名应统一。

（11）为美化市容、提高空间利用率，市区内提倡"一杆多用"。必要时可采用管型铁塔。在实施时应校验杆塔强度和不违反安全标准规定。

一、基本要求

架空配电线路所用的导线，应使用符合国家技术标准的铝绞线或钢芯铝绞线，地线可使用合格的镀锌钢绞线。

在沿海地区，由于盐雾或有化学腐蚀气体存在的地区，可采用防腐铝绞线、铜绞线或采取其他措施。

在线路走廊狭窄和建筑物稠密地区，繁华街道、游览区等特殊地区，可采用绝缘铝绞线。

二、导线的安全系数

导线的最小安全系数见表1。

表1　　　　　导线的最小安全系数

导线种类	单股	多股	
		一般地区	重要地区
铝绞线、钢芯铝绞线及铝合金线	—	2.5	3.0
铜绞线	2.5	2.0	2.5

三、导线截面选择和校验

导线的截面应按以下原则进行选择。

（1）10kV及以下架空配电线路的导线截面一般按计算负荷允许电压损失和机械强度确定。即用经济电流密度选择导线截面，用允许电压损失来校验，用导线机械强度来检验。

（2）当用电压损失来校验导线截面时，有：

1）高压线路自供电的变电站二次侧出口至线路末端变压器或末端受电变电站一次侧入口的允许电压损失为供电变电站二次侧额定电压（6kV、10kV）的5%。

2）低压线路自配电变压器二次侧出口至线路末端（不包括接户线）的允许电压损失，一般为额定配电电压的（220V、380V）的4%。

（3）配电线路的导线不应采用单股铝线或铝合金线，高压线路的导线不应采用单股铜线。

架空配电线路的导线最小截面，按机械强度检验时，不应小于表2中的数值。

表2　　　　导线最小截面　　　单位：mm²

导线种类	高压线路		低压线路
	居民区	非居民区	
铝绞线及铝合金线	35	25	16
钢芯铝绞线	25	16	16
铜绞线	16	16	8.04（直径3.2mm）

低压线路与铁路交叉跨越档，当采用裸铝绞线时截面不应小于35mm²。

（4）导线截面一般情况下除了按上述原则选择外，还应与当地配电网发展规划相结合，留有发展余地，考虑负荷发展。如无发展规划，配电线路导线截面不宜小于表3中的数值。

表3　　　配电线路导线截面的最小值　　单位：mm²

导线种类	高压线路			低压线路		
	主干线	分干线	分支线	主干线	分干线	分支线
铝绞线及铝合金线	120	70	35	70	50	35
钢芯铝绞线	120	70	35	70	50	35
铜绞线	—	—	16	50	35	16

在市区中的中、低压线路，可根据条件选用裸导线、绝缘导线或绝缘电缆。

主干导线不宜超过两种，并按远期规划考虑，其导线截面一般可参考表4选用。

表4　　城市中、低压配电线路选用导线截面

电压等级	导线截面/mm²（按铝绞线考虑）		
380V/220V（主干线）	150，120，95		
10kV	主干线	240，185，150	
	次干线	150，120，95	
	分支线	≥50	

（5）架空配电线路导线的长期允许载流量应按周围空气温度进行校正。当导线按发热条件验算时，最高允许工作温度宜取＋70℃。验算时的周围空气温度采用当地最热月份的月平均最高温度。

（6）三相四线制的中性线截面，不应小于表5中的数值，单相制的中性线截面应与相线截面相同。

表5 中性线最小截面

导线种类 \ 线制	相线截面	中性线截面
铝绞线及钢芯铝绞线	LJ LGJ 50mm² 及以下	与相线截面相同
	LJ LGJ 70mm² 及以上	不小于相线截面的50%，但不小于50mm²
铜绞线	TJ35mm² 及以下	与相线截面相同
	TJ50mm² 及以上	不小于相线截面的50%，但不小于50mm²

四、导线排列

（1）高压线路的导线应采用三角形排列或水平排列。双回路同杆架设时，宜采用三角排列或垂直三角排列，低压线路的导线，宜采用水平排列。城镇的高压配电线路和低压配电线路宜同杆架设，且是同一回电源。

（2）同一地区线路的导线相序排列应统一，一般符合下列规定。

1）高压线路：面向线路负荷方向，从左侧起导线排列顺序为A、B、C。

2）低压线路：面向负荷方向从左起导线排列顺序为A、B、C。

（3）电杆上的中性线应靠近电杆，如线路沿建筑物架设，应靠近建筑物。中性线的位置不应高于同一回路的相线。在同一地区内，中性线的排列应统一。

五、导线间的距离及横担间的垂直距离

（1）架空配电线路导线间的距离，应根据运行经验确定，如无可靠运行资料，不应小于表6中的数值。

表6 架空线路导线间的最小距离 单位：m

电压 \ 挡距/m	40及以下	50	60	70	80	90	100
高压	0.60	0.65	0.70	0.75	0.85	0.90	1.00
低压	0.30	0.40	0.45	—	—	—	—

（2）同杆架设的双回路或高低压同杆架设的线路，横担间的垂直距离不应小于表7中的数值。

表7 同杆架设的线路横担间的最小垂直距离 单位：m

导线排列方式 \ 杆型	直线杆	分支或转角杆
高压与高压	0.80	0.45/0.60
高压与低压	1.20	1.00
低压与低压	0.60	0.30

注：转角或分支线如为单回路，则分支线横担距主干线横担为0.60m，如为双回路线，则分支线横担上排距主干线横担取0.45m，距下排主干线横担取0.60m。

（3）高、低压线路的挡距，可采用表8中的数值。

（4）高压线路的过引线、引下线、接户线与相邻导线间的净空距离不应小于0.3m，低压线路不应小于0.15m，高压线路的导线与接线，电杆或构架间的净空距离不应小于0.2m；低压线路不应小于0.1m。高压线路的引下线与低压线间的距离不宜小于0.2m。

六、挡距

架空配电线路挡距见表8。

表8 架空配电线路挡距 单位：m

地区 \ 电压类别	高压	低压
城区	40～50	30～45
居住区	35～50	30～40
郊区	50～100	40～60

序　号		导线型号	安全系数	最大使用应力/MPa	最大使用张力/kN	适用规律挡距/m
裸导线	1	LJ－25	2.5	58.80	1.45	30～60
	2	LJ－35	2.5	58.80	2.02	30～60
	3	LJ－50	2.5	58.80	2.91	30～60
	4	LJ－70	3.0	45.70	3.17	30～60
	5	LJ－95	3.0	45.60	4.57	30～60
	6	LJ－120	4.0	36.70	4.45	30～60
	7	LJ－150	4.0	36.70	5.45	30～60
	8	LJ－185	4.0	36.70	6.72	30～60
	9	LGJ－35	3.0	88.30	3.59	30～80
	10	LGJ－50	3.0	88.30	4.97	30～80
	11	LGJ－70	4.0	66.20	5.26	30～80
	12	LGJ－95	5.0	56.80	6.47	30～80
	13	LGJ－120	5.0	56.80	7.64	30～80
	14	LGJ－150	6.0	47.30	8.19	30～80
	15	LGJ－185	6.0	47.30	10.00	30～80
	16	LGJ－240	7.0	40.60	11.20	30～80
	17	LGJ－35	2.5	106.00	4.31	80～120
	18	LGJ－50	2.5	106.00	5.97	80～120
	19	LGJ－70	3.0	88.30	7.01	80～120
	20	LGJ－95	4.0	71.00	8.09	80～120
	21	LGJ－120	4.0	71.00	9.55	80～120
	22	LGJ－150	5.0	56.80	9.78	80～120
	23	LGJ－185	5.0	56.80	12.00	80～120
	24	LGJ－240	6.0	47.30	13.00	80～120
绝缘线	25	JKLYJ－120	7.0	20.60	2.48	60
	26	JKLYJ－185	7.0	20.60	3.82	60
	27	JKLYJ－240	8.0	18.06	4.33	60

注：表中序号17～24导线技术数据适用于挡距为80m以上的大跨越。

第二章　10kV及以下架空配电线路		第三节　导线
图号	1-2-3-3	图名　架空配电线路常用导线设计技术规范

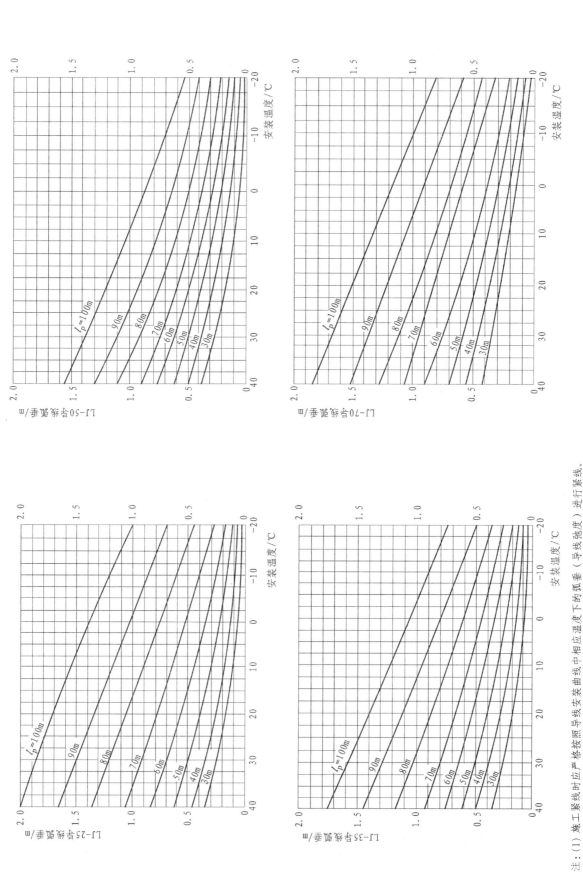

注：(1) 施工紧线时应严格按照导线安装曲线中相应温度下的弧垂（导线弛度）进行紧线。
(2) 导线安装曲线已采用减少弧垂法考虑了导线架设后塑性伸长对弧垂的影响，弧垂减少的百分数分别为：铝绞线、铝芯绝缘线20%；钢芯铝绞线12%。

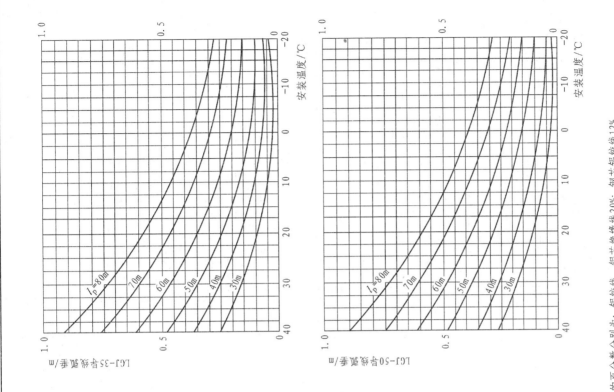

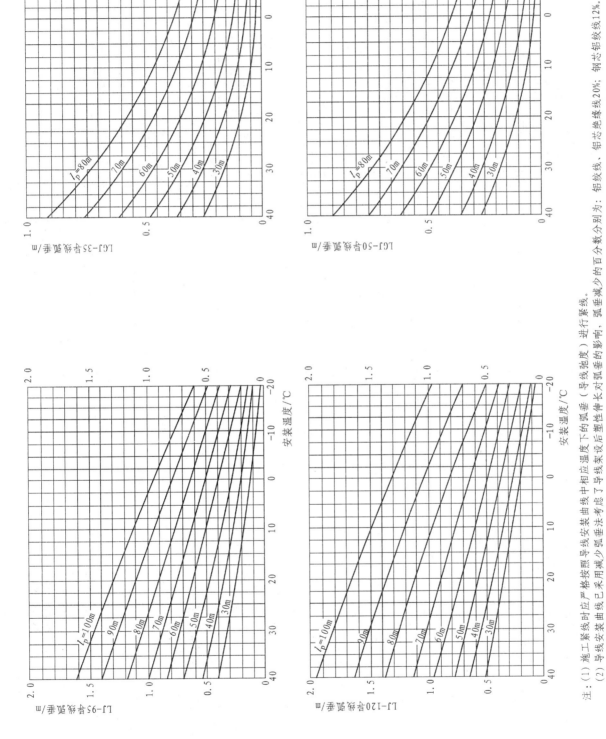

注：(1) 施工紧线时应严格按照导线安装曲线中相应温度下的弧垂（导线弛度）进行紧线。
(2) 导线安装曲线已采用减少弧垂法考虑了导线架设后塑性伸长对弧垂的影响，弧垂减少的百分数分别为：铝绞线、铝芯绝缘线20%；钢芯铝绞线12%。

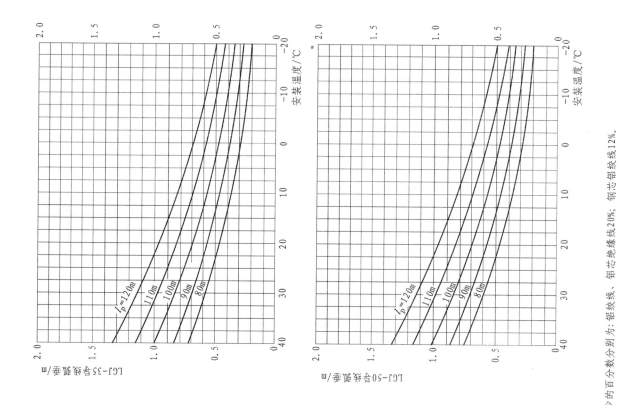

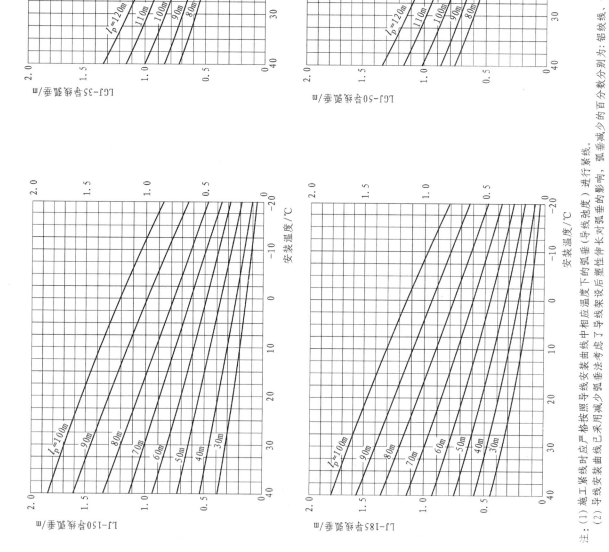

注：（1）施工紧线时应严格按照导线安装曲线中相应温度下的弧垂（导线弛度）进行紧线。

（2）导线安装曲线已采用减少弧垂法考虑了导线架设后塑性伸长对弧垂的影响，弧垂减少的百分数分别为：铝绞线、铝芯绝缘线20%；钢芯铝绞线12%。

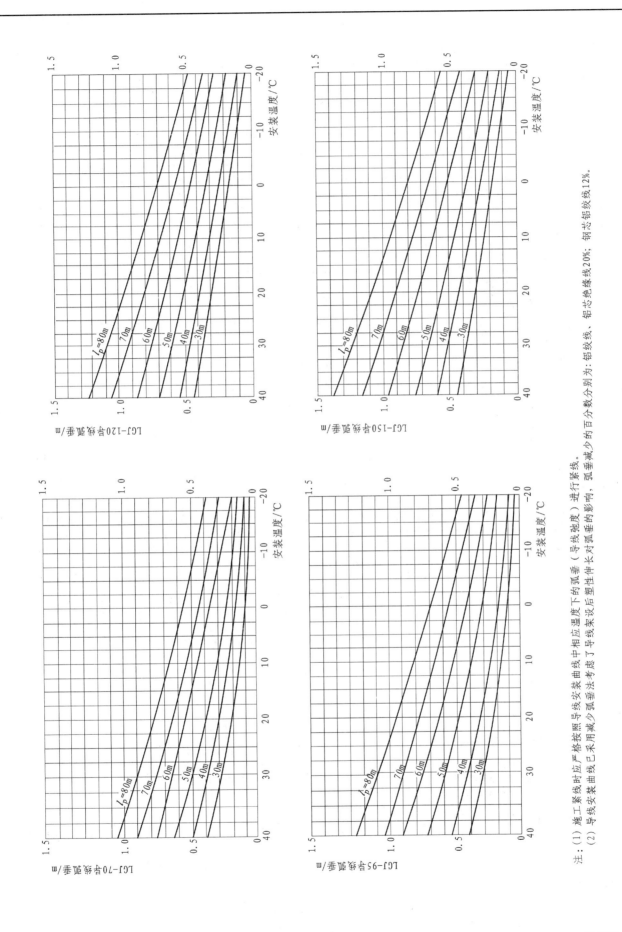

注：(1) 施工紧线时应严格按照导线安装曲线中相应温度下的弧垂（导线弛度）进行紧线。

(2) 导线安装曲线已采用减少弧垂法考虑了导线架设后塑性伸长对弧垂的影响，弧垂减少的百分数分别为：铝绞线、铝芯绝缘线20%；钢芯铝绞线12%。

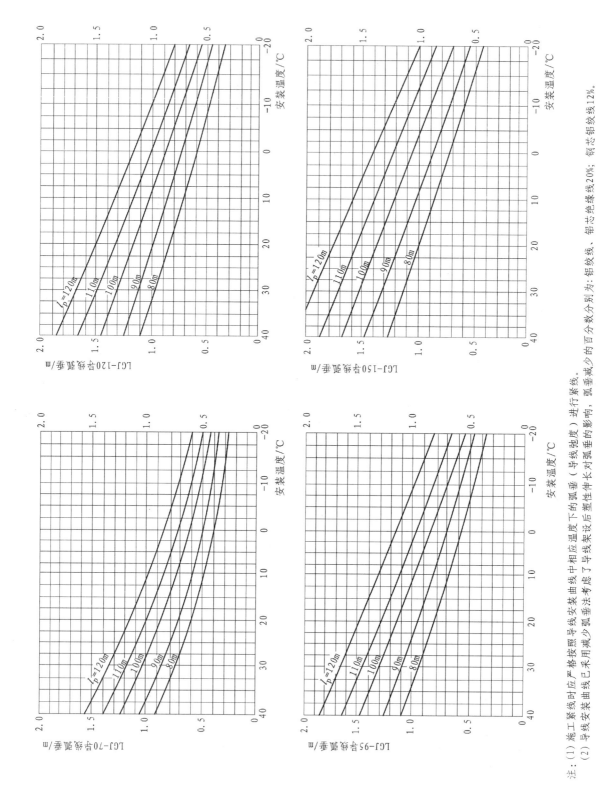

注：(1) 施工紧线时应严格按照导线安装曲线中相应温度下的弧垂（导线弛度）进行紧线。
  (2) 导线安装曲线已采用减少弧垂的办法考虑了导线架设后塑性伸长对弧垂的影响，弧垂减少的百分数分别为：铝绞线、铝芯绝缘线20%；钢芯铝绞线12%。

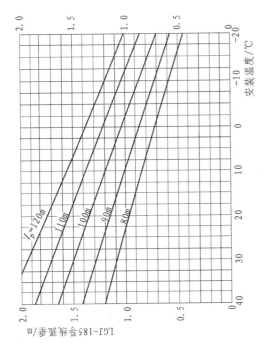

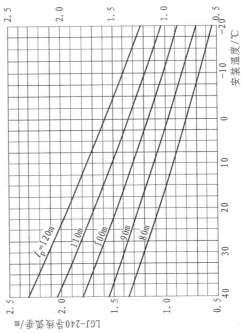

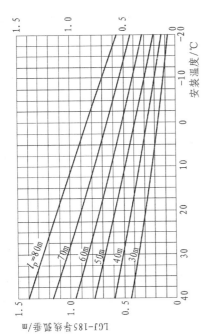

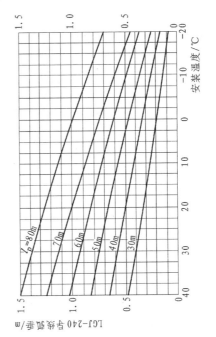

注：（1）施工紧线时应严格按照导线安装曲线中相应温度下的弧垂（导线弛度）进行紧线。
（2）导线安装曲线已采用减少弧垂法考虑了导线架设后塑性伸长对弧垂的影响，弧垂减少的百分数分别为：铝绞线、铝芯绝缘线20%；钢芯铝绞线12%。

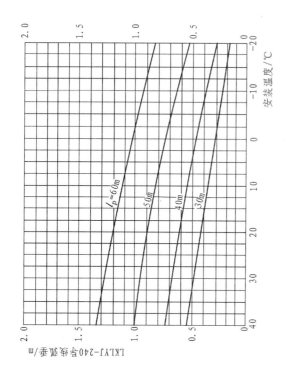

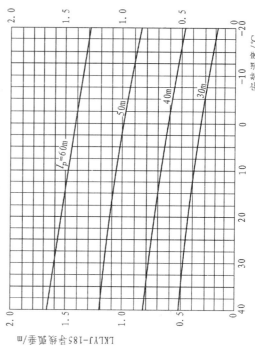

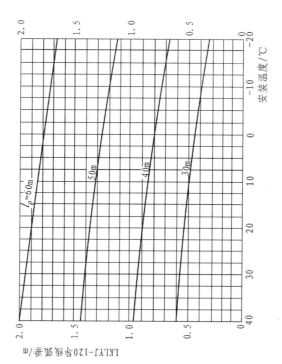

注：(1) 施工紧线时应严格按照导线安装曲线中相应温度下的弧垂（导线弛度）进行紧线。

(2) 导线安装曲线已采用减少弧垂法考虑了导线架设后塑性伸长对弧垂的影响，弧垂减少的百分数分别为：铝绞线、铝芯绝缘线20%；钢芯铝绞线12%。

一、电杆

（1）架空配电线路主要采用钢筋混凝土电杆（包括普通钢筋混凝土电杆和预应力钢筋混凝土电杆），在市区和走廊狭窄或转角杆打线困难地区，可采用管型铁塔或窄基铁塔。

（2）配电架空线路所用钢筋混凝土电杆、管型铁塔、窄基铁塔等杆塔宜采用定型产品，杆塔的构造要求应符合国家标准。钢筋混凝土电杆的强度计算应采用安全系数法。

（3）需要接地的混凝土电杆应设置接地螺母，接地螺母与电杆主筋应有可靠的电气连接，配电线路采用预应力电杆时，其主筋不应兼做地下引线。

（4）各型电杆应按照下列载荷条件进行计算：①最大风速、无冰、未断线；②覆冰相应风速、未断线；③最低气温无冰、无风、未断线（适用于转角杆和终端杆）。

（5）10kV 配电线路所使用电杆通常高度为 10～18m，电杆梢径为 φ150～190，城市内 10kV 配电线路有时和 35kV 线路共杆，其杆型可视具体情况选择，管型铁塔更为如此。

（6）钢筋混凝土电杆一般都使用铁横担，按使用条件分为直线担和避雷器安装横担。一般情况下架空配电线路直线杆或 15°以下小转角杆可选用单横担；15°～45°转角杆宜采用双横担，45°以上转角杆可使用十字横担或无横担三层抱箍组装的垂直串型转角杆。

（7）钢筋混凝土电杆的强度设计安全系数见表 1。

表 1　钢筋混凝土电杆的强度设计安全系数

电杆	强度设计安全系数	电杆	强度设计安全系数
普通钢筋混凝土电杆	≥1.7	普通混凝土电杆	≥1.7
预应力混凝土电杆	≥1.8		

二、基础

（1）架空配电线路的基础应结合当地的运行经验、材料来源、地质情况等条件进行设计。一般情况下底盘、卡盘和拉线盘全部为预制钢筋混凝土构件。在有条件的地方宜采用岩石的底盘、卡盘和拉线盘。

（2）电杆的埋深需进行倾覆稳定验算。

（3）电杆埋深见表 2。

表 2　　电杆埋深

杆高/m	8.0	9.0	10.0	11.0	12.0	13.0	15.0	18.0
埋深/m	1.5	1.6	1.7	1.8	1.9	2.0	2.3	2.6～3.0

（4）常见 6 种土壤的性能参数见表 3。

表 3　　常见 6 种土壤的性能参数

土壤名称		重力密度 $Y/(kN \cdot m^{-3})$	计算上拔角 α	计算抗剪角 β	被动土抗力特性 $m/(kN \cdot m^{-3})$	许可耐压力 P/kPa
大块碎石		19.6	32°	40°	90.16	392
中沙粗石		17.64	30°	37°	70.56	392
细沙、粉沙		15.68	23°	28°	43.41	196
黏土	坚硬	17.64	30°	45°	102.9	294
	硬塑	16.66	25°	35°	61.45	226.4
	可塑	15.68	20°	30°	47.04	176.4

三、防雷接地

（1）无避雷线的高压配电线路，在居民区的钢筋混凝土电杆宜接地，铁杆应接地，接地电阻不宜超过 30Ω。中性点直接接地的低压电力网和高、低压共杆的电力网其钢筋混凝土杆的铁横担或铁杆应与 PEN 线连接。钢筋混凝土杆的钢筋宜与 PEN 线连接。中性点非直接接地的低压电力网其钢筋混凝土杆宜接地，铁杆应接地，接地电阻不宜超过 50Ω。

（2）有避雷线的配电线路，其接地装置在雷雨季节干燥时间的工频接地电阻不宜大于表 4 中的数值。

（3）雷电活动强烈的地方和经常发生雷击故障的杆塔和线段，如采取设置避雷器的保护方式时，其接地电阻也应符合相关规定。

（4）柱上油开关、负荷开关及电缆终端的避雷器，其接地应与设备的金属外壳连接，其接地电阻不超过 10Ω。

（5）电力线路之间以及电力线路与弱电线路交叉，如规程要求接地时，其电阻也应符合相关规定。一般不宜超过表 4 中所列数值的 2 倍。

（6）电杆的接地电阻见表 4。

表 4　　电杆的接地电阻

土壤电阻率 $/(\Omega \cdot m)$	100 及以下	100～500	500～1000	1000～2000	2000 以上
工频接地电阻 $/\Omega$	10	15	20	25	30

钢筋混凝土电杆规格及配筋

电杆类别	规　格	配筋根数及直径/mm	备　注
拔梢混凝土杆	$\phi150\times8000$	$24\times\phi5.5$	高强度冷拔钢丝
	$\phi150\times9000$	$24\times\phi5.5$	
	$\phi150\times10000$	$28\times\phi5.5$	
	$\phi190\times10000$	$12\times\phi12$	Q235A
	$\phi190\times12000$	$12\times\phi14$	
	$\phi190\times15000$	$14\times\phi14$	
拔梢混凝土杆上段	S19－9－1414	$14\times\phi14$	
	S19－9－1216	$12\times\phi16$	
	S19－9－1416	$14\times\phi16$	
	S19－12－1216	$12\times\phi16$	
	S19－12－1416	$14\times\phi16$	
	S19－12－1616	$16\times\phi16$	
	S23－9－1216	$12\times\phi16$	
	S23－9－1416	$14\times\phi16$	
	S23－9－1616	$16\times\phi16$	
	S23－12－1416	$14\times\phi16$	
	S23－12－1616	$16\times\phi16$	
	S23－12－1816	$18\times\phi16$	
拔梢混凝土杆下段	X31－6－1614	$16\times\phi14$	
	X31－6－1416	$14\times\phi16$	
	X31－6－1616	$16\times\phi16$	
	X35－6－1416	$14\times\phi16$	
	X35－6－1616	$16\times\phi16$	
	X35－6－1816	$18\times\phi16$	
	X39－6－1616	$16\times\phi16$	
	X39－6－1816	$18\times\phi16$	
	X39－6－2016	$20\times\phi16$	

注：配合杆型组装的混凝土电杆有底盘 3 种：0.6m×0.6m，0.8m×0.8m，1.0m×1.0m；拉线盘 4 种：0.3m×0.6m，0.4m×0.8m，0.5m×1.0m，0.6m×1.2m；卡盘 9 种：1.0m/340mm，1.0m/370mm，1.2m/260mm，1.2m/340mm，1.2m/370mm，1.4m/340mm，1.4m/370mm，1.4m/410mm，1.4m/480mm。

第二章 10kV及以下架空配电线路		第四节 电杆基础和防雷接地
图号	1-2-4-2	图名 钢筋混凝土电杆规格配筋及电杆基础三盘规格

一、配电线路拉线要求

(1) 配电线路的拉线应采用镀锌钢绞线或镀锌铁线。

(2) 拉线应按电杆受力情况装设，拉线方式一般分普通拉线、V 形拉线、水平拉线和弓形拉线 4 种。拉线与电杆夹角宜取 45°，如受地形限制，可适当减小，但不能小于 30°。

(3) 因受地形环境限制，不能装设拉线时，允许采用撑杆，撑杆埋深宜为 1m，其底部应垫底盘或石块。撑杆与主杆的夹角以 30° 为宜。

(4) 钢筋混凝土电杆的拉线宜不装设拉紧绝缘子，如拉线从导线之间穿过，在重要路口应装设拉紧绝缘子。在断拉线情况下，拉紧绝缘子距地面不应小于 2.5m，拉紧绝缘子的型号应根据拉线截面的大小选择。

(5) 拉线棒应采用镀锌圆钢，其大小应按承受的拉力计算确定，且直径不得小于 16mm，拉线棒带 UT 型线夹调整拉线松紧。在严重腐蚀地区，除镀锌外，还应适当加大直径 2～4mm 或采取其他有效防腐措施。

(6) 拉线应装设拉线标志保护管。

(7) 在城市或乡镇人口稠密和交通方便的地区，为防止漏电，保证人身安全，防止行人、自行车、摩托车及汽车等机动车与拉线相撞，造成人为事故，所有拉线应装设拉线标志保护管和警告标志。

二、拉线材料、最小规格和强度安全系数

拉线材料	镀锌钢绞线	镀锌铁线
最小规格	$25mm^2$	$3 \times \phi4.0mm$
强度安全系数	≥2.0	≥2.5

三、利用水平拉线跨越道路和其他设施时应符合的要求

序号	内　容
1	跨越汽车道路时，拉线对路边的垂直距离最小不小于 4.5m，对行车路面中心的垂直距离不小于 6.5m
2	跨越电车行车线时，对路面中心垂直距离不应小于 9m
3	拉线杆倾斜角度宜取 10°～20°，杆的埋深可为杆长的 1/6

四、线路的转角、耐张和终端杆的拉线应符合的要求

序号	内　容
1	线路转角在 45° 及以下时，允许装设分角拉线
2	线路转角在 45° 以上时，应装顺线型拉线
3	当电杆两侧导线截面相差较大时，应装对穿拉线
4	终端杆应装设终端拉线
5	双横担如为高压与高压或高压与低压时，应装 Y 形拉线；如为低压与低压且导线截面在 50mm² 及以下时，可只做一组拉线
6	拉线盘的埋深不宜小于 1.2m

五、各型电杆拉线与导线配合规格表

杆型 / 导线规格	K₁、ZJ₁、JC₁、JC₂型杆	ZJ₂型	NJ₁型	NJ₂型	NJ₃、D、D₁型杆	ZF₁、ZF₂、ZF₃型杆	ZSJ₁型杆
LGJ－35 LJ－20	GJ－35	GJ－35	GJ－35	GJ－35	GJ－35	GJ－35	GJ－50
LGJ－50 LJ－95～120	GJ－35	GJ－35	GJ－35	GJ－50	GJ－50	GJ－50	GJ－50
LGJ－70 LJ－150	GJ－35	GJ－35	GJ－50	GJ－70	GJ－70	GJ－70	GJ－50
LGJ－95～185 LJ－185	GJ－50	GJ－50	GJ－50	GJ－70	GJ－100	GJ－100	GJ－50

第二章　10kV及以下架空配电线路		第五节　拉线
图号	1-2-5-1	图名　配电线路拉线要求和规格

（1）接户线是指配电线路与用户建筑物外第一支持点之间架空导线，又分为高压接户线和低压接户线。

（2）高压接户线的挡距不宜大于40m。挡距超过40m时，应按高压配电线路设计，低压接户线挡距不宜大于25m。挡距超过25m宜设接户杆。低压接户线的挡距不应超过40m。

（3）高压接户线导线的截面不应小于下列数值：钢芯铝绞线16mm²；铝绞线25mm²。

（4）低压接户线应采用绝缘导线，导线截面应根据允许载流量选择，但不应小于表1的数值。

表1　　　　低压接户线的最小截面

架设方式	挡距/m	最小截面/mm²	
		绝缘铜线	绝缘铝线
自电杆上引下	10以下	0.5	4.0
	10～25	4.0	6.0
沿墙敷设	6及以下	2.5	4.0

（5）高压接户线使用绝缘导线时，线间距离不应小于0.45m。

（6）低压接户线的线间距离不应小于表2中的数值。

表2　　　　低压接户线的最小线间距离

架设方式	挡距/m	线间距离
自电杆上引下	25及以下	0.15
	25以上	0.20
沿墙敷设	6及以下	0.10
	6以上	0.15

（7）低压线路的零线和相线交叉处，应保持一定的距离或采取绝缘措施。

（8）接户线受电端的对地面距离不应小于下列数值：高压接户线4m；低压接户线2.5m。

（9）跨越街道的低压接户线至路面中心的垂直距离不应小于下列数值：通车街道6m；通车困难的街道、小街道3.5m；胡同（里、弄、巷）3m。

（10）高、低压接户线至地面的垂直距离应符合表3中的数值。

表3　　　高、低压接户线至地面的垂直距离　单位：m

线路经过地面	线路电压	
	高压	低压
居民区	6.5	6.0
非居民区	5.5	5.0
不能通航也不能浮运的河、湖（至冬季冰面）	5.0	5.0
不能通航也不能浮运的河、湖（至50年一遇洪水位）	3.0	3.0
交通困难地区	4.5	4.0

一、基本要求

（1）配电线路绝缘子及架空配电线路所使用的金具均需符合国家有关标准，绝缘子组装方式应防止瓷裙积水。

（2）配电线路用的所有铁件均为热镀锌件。

（3）绝缘子、金具的使用安全系数如下：

瓷横担	≥3.0
针式绝缘子	≥2.5
悬式绝缘子	≥2.0
蝴蝶式绝缘子	≥2.5
复合绝缘子	≥2.5
金具	≥2.5

（4）拉紧绝缘子型号选择如下：

型号 导线种类	J-4.5	J-9
镀锌钢绞线/mm²	25、35	50
镀锌铁线/股	3、5、7	9、11

二、高压线路

（1）直线杆采用针式绝缘子或瓷横担，在城市或重要负荷线路可采用户外棒型支柱复合绝缘子。本图集铁横担安装就按复合绝缘子设计，具体应用可视具体条件选用，当使用铁横担时，针式绝缘子宜采用高一级电压绝缘子，如 P-15T 或 PS-15，优先使用 FZSM-10/4 型。

（2）耐张杆宜采用两个悬式绝缘子组成的绝缘子串或瓷拉棒，有条件的线路特别是城市内配电架空线路可使用 FXBW 型悬式绝缘子。

三、低压线路

（1）直线杆一般采用低压针式瓷瓶或低压瓷横担，在城市或低压主干线和重要负荷大用户线路上，如为铁横担推荐使用高压针式瓷瓶，如 P-10。

（2）耐张杆使用低压蝴蝶式绝缘子或一个悬式绝缘子。

四、常见7种高、低压绝缘子串

绝缘子串形式	组 装 方 式	备 注
高压瓷拉棒	一根瓷拉棒（2种）	10kV 裸线
高压绝缘子串	一个悬式绝缘子，一个蝶式绝缘子	10kV 裸线
高压绝缘子串	两个悬式绝缘子	10kV 裸线
高压绝缘子串	两个悬式绝缘子	10kV 绝缘线
低压绝缘子串	一个蝶式绝缘子	380V 裸线
低压绝缘子串	一个高压绝缘子	380V 绝缘线

一、预绞丝新型金具的工作原理和特征

预绞式系列产品采用了特殊的工作原理，其主要特征是各种线夹均可快捷、简便地在现场操作，无需任何专用工具，徒手就可以把它绕装到导线上，一个人即可完成全部操作。每个线夹均有一段额外的绞拉长度，保证握紧力可达导线或拉线额定拉断（R.B.S.）100％以上。线夹的安装质量易于保证，不需专门训练，肉眼即可进行检验，外观简洁美观，安装时一致性强。可与多种金具配合使用。并且该产品具有良好的导电、散热性能，便于维护，高效节能，具有良好的经济性，是一种替代传统金具的新型产品，现已广泛应用于电力、通信及铁路行业。

二、预绞丝新型金具的分类和用途特点

（1）预绞式耐张线夹（DG）。预绞式耐张线夹是一种拉力强又操作简单的耐张线夹，可以用在主要和分支配电线路的裸导线和架空绝缘导线上。当它用在架空绝缘导线上，它沿着导线均匀缠绕在绝缘层外面，从而起到保护绝缘导线的目的，可替代目前在线路上常用的包括螺栓型在内的耐张线夹（图1）。

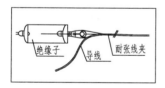

图1

（2）预绞式绑线。预绞式绑线比手绑线保护导线有更大的改善。它用来保护由风摆和振动引起的磨损。相对于手绑线，预绞式绑线的材料更加坚固，安装后的质量具有良好的一致性。

（3）预绞式接续条。预绞式接续条可分为普通接续条、钢芯铝绞线接续条（全张力接续条）、跳线接续条、T形接续条等。能弯曲的预绞式接续条可以用来连接或维修导线、钢绞线。用于导线的接续条，不管是钢芯铝绞线还是铝导线均可以恢复100％的机械强度和导电性。安装时不需使用其他工具，徒手就可以操作，10min内就可以完成安装，省时省力，大大提高工作效率，尤其是在偏僻的地方，无需携带和使用笨拙沉重的压缩工具（图2）。

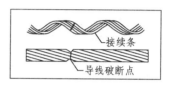

图2

（4）预绞式拉线耐张线夹（GDE）。预绞式拉线耐张线夹提供了一种简便的方法来固定拉线，不仅可用在电线杆上、下把，同时也可用在地锚或中间隔离绝缘子上。它的拉断力达到或超过拉线额定拉断力，同时它的制造材料和拉线的材料相同，使用寿命大大延长。独特的设计原理使得产品运行稳定可靠（图3）。

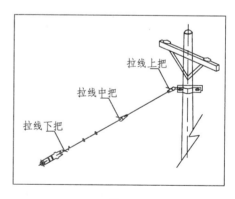

图3

以上资料由北京帕尔普线路器材有限公司提供。

（1）裸线高压配电线路的边导线与建筑物之间最大风偏情况下的水平距离：高压不应小于1.5m；低压不应小于1.0m。导线与建筑物的垂直距离在最大弧垂情况下，不应小于3.0m。

（2）绝缘线高压配电线路的边导线与建筑物之间最大风偏情况下的水平距离：高压不应小于0.75m；低压不应小于0.2m。导线与建筑物的垂直距离在最大弧垂情况下，不应小于2.5m。

（3）各种导线配电线路的挡距（m），宜采用下表中数值，耐张段长度不宜大于1km。

地区 \ 导线及电压级	裸线		绝缘线
	高压	低压	
城　镇	40～50	40～50	＜60
郊　区	60～100	40～60	

（4）裸线高压耐张杆的跳线弧垂以0.5m为宜，横担下方不易跳线时，可通过针式绝缘子在横担上方跳线。绝缘线高压耐张杆的跳线弧垂可适当缩小。

（5）裸线配电线路每相的过引线、引下线与邻相的过引线、引下线或导线之间的净空距离：高压不应小于0.3m；低压不应小于0.15m。

（6）绝缘线配电线路每相的过引线、引下线与邻相的过引线、引下线或导线之间的净空距离：高压不应小于0.2m；低压不应小于0.05m。

（7）配电线路导线最小线间距离（m）如下：

线距电压 \ 挡距/m \ 导线	裸线							绝缘线
	40及以下	50	60	70	80	90	100	
高压	0.60	0.65	0.70	0.75	0.85	0.90	1.00	0.50
低压	0.30	0.40	0.45	—	—	—	—	0.30

注：1. 表中所列数值适用于导线的各种排列方式。
　　2. 靠近电杆低压的两导线的水平距离，不应小于0.5m。

（8）同杆架设线路横担之间的最小垂直距离（m）如下：

电压类型 \ 导线及杆型	裸线		绝缘线
	直线杆	分支或转角杆	
高压与高压	0.80	0.45/0.60	0.50
高压与低压	1.20	1.00	1.00
低压与低压	0.60	0.30	0.30

注：转角或分支线如为单回线，则分支线横担距主干线横担为0.6m；如为双回线，则分支线横担距上排主干线横担为0.45m，距下排主干线横担为0.6m。

（9）低压绝缘接户线的最小线间距离（m）如下：

架设方式		挡距	线间距离
自电杆上引下		25及以下	0.15
沿墙敷设	水平排列	4及以下	0.10
	垂直排列	6及以下	0.15

（10）绝缘线与绝缘线交叉跨越最小距离（m）如下：

线路电压	高　压	低　压
高　压	1.00	1.00
低　压	1.00	0.50

第二章　10kV及以下架空配电线路	第八节　架空线路施工基本要求
图号　1-2-8-1	图名　10kV及以下架空配电线路施工技术要求（一）

（11）裸线配电线路的导线与拉线、电杆或构架之间的净空距离：高压不应小于0.2m；低压不应小于0.1m。

（12）绝缘线配电线路的导线与拉线、电杆或构架之间的净空距离：高压不应小于0.2m；低压不应小于0.05m。

（13）裸线及绝缘线的高压引下线与低压线间的净空距离不宜小于0.2m。

（14）绝缘线配电线路与35kV及以上线路同杆架设时，两线路导线横担的垂直距离不应小于下列数值：35kV 2.0m；110kV 3.0m。

（15）跨越道路的水平拉线，对路面中心的垂直距离不应小于6m；跨越电车引车线的水平拉线，对路面中心的垂直距离不应小于9m。

（16）郊区配电线路连续直线杆超过10基时，宜适当装设防风拉线。对土质不好的地区，可根据运行经验适当增加防风拉线。

（17）混凝土杆的拉线，可不装设拉线绝缘子，如拉线从导线之间穿过，应装设拉线绝缘子。装设位置应使其在断拉线情况下，拉线绝缘子距地面不小于2.5m。

（18）变压器高、低压引下线，宜采用多股绝缘线，其截面应按变压器额定电流选择，但不应小于16mm²。

（19）电缆上杆在保护钢管内敷设时，要用沥青将保护钢管封口。

一、电力电缆型号选择

(1) 35kV 及以下三芯电缆可选用铜芯或铝芯电缆。

(2) 电缆型号及其适用范围。常用的电缆型号、名称及其适用范围见下表。

电缆型号名称及其适用范围

型 号		名 称	适 用 范 围
铜 芯	铝 芯		
YJV	YJLV	交联聚乙烯绝缘聚氯乙烯护套电力电缆	敷设在室内外，隧道内需固定在托架上，排管中或电缆沟中以及松散土中直埋，不能承受拉力与压力
YJY	YJLY	交联聚乙烯绝缘聚氯乙烯护套电力电缆	同 YJV 型、YJLV 型
YJY22	YJLV22	交联聚乙烯绝缘钢带铠装聚氯乙烯护套电力电缆	可用于土壤直埋敷设，能承受机械外力作用，但不能承受大的拉力
YJV23	YJLV23	交联聚乙烯绝缘钢带铠装聚乙烯护套电力电缆	同 YJV22 型、YJLV22 型
YJV32	YJLV32	交联聚乙烯绝缘细钢丝铠装聚氯乙烯护套电力电缆	敷设于水中或高落土壤中，电缆能承受相当的拉力
YJV33	YJLV33	交联聚乙烯绝缘细钢丝铠装聚乙烯护套电力电缆	同 YJV23 型、YJLV23 型
YJV42	YJLV42	交联聚乙烯绝缘粗钢丝铠装聚氯乙烯护套电力电缆	敷设于水中或高落差较大的隧道或竖井中，电缆能承受较大的拉力
YJV43	YJLV43	交联聚乙烯绝缘粗钢丝铠装聚乙烯护套电力电缆	同 YJV42 型、YJLV42 型
YJLW02	YJLLW02	交联聚乙烯绝缘皱纹铝护套聚氯乙烯外护套电力电缆	可在潮湿环境及地下水位较高的地方使用，并能承受一定的压力
YJLW03	YJLLW03	交联聚乙烯绝缘皱纹铝护套聚乙烯外护套电力电缆	同 YJLW02 型、YJLLW02 型

二、电力电缆截面选择

(1) 最大工作电流作用下的缆芯温度，不得超过按电缆使用寿命确定的允许值，持续工作回路的缆芯工作温度，应符合下表的要求。

导体最高允许温度

电缆类型	最高允许温度/℃	
	额定负荷时	短路时
聚氯乙烯绝缘	70	160
交联聚乙烯绝缘	90	250

(2) 电缆导体最小截面的选择，应同时满足规划载流量和通过系统最大短路电流时热稳定的要求。

(3) 连接回路在最大工作电流作用下的电压降，不得超过该回路允许值。

(4) 对于 10kV 及以下电缆可根据制造厂提供的载流量，并结合考虑不同温度时的载流量校正系数、不同土壤热阻系数时的载流量校正系数、直埋多根并行敷设时的载流量校正系数来综合计算。

第三章 电力电缆配电线路		第一节 电力电缆
图号	1-3-1-1	图名 电力电缆型号及截面选择

一、结构设计要求

（1）电缆隧道及电缆沟对于地震区的可液化土地基，应按有关规范的要求对地基进行处理。

（2）覆土条件：电缆隧道及电缆沟的顶部及沟壁外部均考虑覆土，电缆隧道顶部覆土计算厚度分为500mm、1000mm和2000mm 3种。

（3）地下水位：对于覆土厚度不大于500mm的情况，地下水位要求低于自然地面下1000mm；对于覆土厚度为1000mm和2000mm的情况，地下水位要求低于自然地面下800mm。

（4）地基承载力 f_a（经过修正后的持力层地基承载力特征值）：沟顶覆土厚500mm，$f_a \geq 80$kPa；沟顶覆土厚1000mm，$f_a \geq 100$kPa；沟顶覆土厚2000mm，$f_a \geq 130$kPa。

（5）电缆隧道不适用于湿陷性黄土，多年冻土、膨胀土、淤泥和淤泥质土、冲填土、杂填土、岩基或其他特殊土层构成的地基。如需在以上地基使用，必须按有关规范对地基进行处理。

（6）沟道顶部活荷载标准值取过重车荷载20t，沟壁活荷载标准值取10kN/m²。

（7）土壤条件：抗浮验算时沟顶覆土重度取16kN/m³；强度计算时沟顶覆土重度取20kN/m³；沟壁侧向土压力计算时，地下水以上土的重度取18kN/m³，地下水以下土的重度取20kN/m³；土的折算内摩擦角取 $\varphi = 20°$。

（8）混凝土重度：抗浮验算混凝土重度取24kN/m³；强度计算混凝土重度取25kN/m³。

（9）结构安全等级为二级，结构重要性系数取1.0，限制裂缝宽度 $W_{max} \leq 0.2$mm。

（10）抗震设防类别为乙类，混凝土构件抗震等级为三级。

（11）地基基础设计等级为甲级。

二、结构设计用料

（1）电缆隧道及电缆沟垫层强度等级为C15。

（2）电缆隧道混凝土强度等级为C30，抗渗等级为S6。

（3）混凝土最大氯离子含量应小于0.2%，最大碱含量应小于3.0kg/m³。

（4）当混凝土有抗冻要求时，则应符合现行有关国家标准的要求。

（5）电缆沟采用MU7.5机制砖砌成，水泥砂浆标号不低于M7.5。

（6）角钢电缆支架采用Q235A钢。

（7）钢筋：直径 $d \leq 8$mm为HPB235钢，直径 $d \geq 10$mm为HRB335钢，爬梯、预埋件采用Q235B钢。

（1）电缆隧道及电缆沟。为防止地下水渗入，沟底及外壁周围用高分子防水卷材包封，做法详见有关标准。

（2）电缆隧道底板、顶板及沟壁均为两层钢筋，钢筋之间采用φ8mm×500mm（梅花形布置）扎接。

（3）电缆隧道每隔25m设置伸缩缝，缝宽为20mm，中间用弹性防水材料封堵。

（4）电缆隧道内部净高不宜小于1.9m时的工作通道宽度，单侧支架时不宜小于0.9m，双侧支架时不宜小于1.0m。

（5）电缆沟内部净高1.0m及1.0m以下时的工作通道宽度，单侧支架时不宜小于0.45m，双侧支架时不宜小于0.5m。内部净高超过1.0m时的工作通道宽度，单侧支架时不宜小于0.6m，双侧支架时不宜小于0.7m。

（6）电缆隧道内工作通道，设计有人行步道，步道宽0.5m，高0.1m，用C20素混凝土浇制。

（7）组合悬挂式玻璃钢支架及承插式玻璃钢支架，用于敷设10kV及以下的三芯电力电缆，其支架由厂家直接供给，并含支架所需的预埋件。平板型玻璃钢支架，用于敷设35kV及以上的单芯电力电缆，其支架的制作由厂家照设计图纸加工，预埋件也按设计要求由厂家加工并供给。

（8）电缆隧道每50～60m做一个直通型工作井，T形隧道接口处做三通型工作井，十字形隧道接口处做四通型工作井。

（9）电缆隧道的角钢电缆支架上下各用一根50mm扁铁焊接联通，并从隧道上部引出与接地装置焊接。

（10）电缆排管在浇制混凝土时预埋两根50mm扁铁，从端头引出与接地装置焊接。

（11）电缆排管直线段每60m做一个直通型工作井，所有转弯处必须做工作井，T形排管接口处做三通型工作井，十字形排管接口处做四通型工作井。

（12）在电缆隧道及电缆排管的工作井内，必须将隧道、排管各端的接地扁铁连通。

（13）电力电缆敷设时应考虑一定数量的裕长，在电缆路径的两端应设置电缆裕沟。路径较长时，根据需要在路径的中部也应设置一个或几个电缆裕沟。

（14）工作井内的爬梯，施工图中设计为活动的悬挂式角钢爬梯，还备有可固定的圆管爬梯，可随意选用。若使用固定的圆管爬梯，可在井口壁及底部浇制预埋件，并与爬梯焊接。

（15）电缆隧道浇灌或电缆沟砌制时，应将支架所需预埋件按尺寸要求埋入沟壁内，以备焊接或安装电缆支架使用。

（16）电缆隧道混凝土护层。墙、顶板为30mm，底板为40mm。

（17）电缆隧道内未考虑低压照明，设计可选用一定数量的应急照明灯。

（18）电力电缆的金属层必须接地，三芯电缆的金属护层，应在电缆线路两终端和接头处实施接地。

（19）单芯电力电缆的金属护层上任一点非直接接地处的正常感应电压不得大于50V，线路较短时，电缆金属护层可一端直接接地，另一端经保护接地；线路较长时，电缆中间部位的金属护层可直接接地，两端的金属护层采用保护接地；若线路很长，可将线路分成多个单元，金属护层采用交叉互联接地，且应满足每个单元任一点非直接接地的感应电压不得大于50V的要求。

（20）电力电缆接地装置的工频接地电阻不得大于4Ω。否则应延长接地极，或采取其他降阻措施，以达到要求为止。

（21）电缆隧道及电缆沟内的电缆支架，设计有角钢支架、组合悬挂式玻璃钢支架、承插式玻璃钢支架、平板型玻璃钢支架4种形式。各种支架所需的预埋件不同，要根据支架形式，选定所需的预埋件施工图，在沟道施工时把预埋件埋置在沟壁内。

（22）缆隧道及电缆沟内采用玻璃钢支架时，考虑电缆的接地需求，每隔50m可采用一组角钢支架，并与接地扁铁及接地装置焊接。

（23）电力电缆敷设在隧道中应考虑防火，对易受外部影响引起火灾的电缆密集场所，应设置阻火隔墙或刷防火涂料，最好采用阻燃电缆。

一、一般要求

（1）敷设电缆前应检查电缆是否有机械损伤。

（2）敷设的全部路径应满足所使用的电缆允许弯曲半径要求。

（3）敷设的路径应尽量避开和减少穿越地下管道（包括热力管道、上下水管道、煤气管道等）公路、铁路及通信电缆等。

（4）电缆支持点间距：本图集按水平敷设时电力电缆为1000mm，控制电缆为800mm；垂直敷设时电力电缆为1500mm，控制电缆为1000mm。

（5）电缆层架间距：本图集按6～10kV交联聚乙烯绝缘电缆为200～250mm，控制电缆为120mm；当采用难燃封闭槽盒时，层架间距为$h+80mm$（h表示槽盒外壳高度）设计。

（6）电缆在支架上水平敷设时，电力电缆间净距不应小于35mm，且不应小于电缆外径。控制电缆间净距不作规定。在沟底敷设时1kV以上的电力电缆与控制电缆间净距不应小于100mm。

（7）电缆在支架上水平敷设时，在终端、转弯及接头两侧应加以固定，垂直敷设则在每一支持点处固定。

（8）敷设电缆和计算电缆长度时，均应留有一定的裕量。

（9）电缆在室外明敷时，宜有遮阳措施。

（10）对运行中可能遭受机械损伤的电缆部位（如在非电气人员经常活动的地坪以上2m及地中引出的地坪下0.2m范围）应采取保护措施。

二、直埋敷设

（1）敷设深度不应小于0.7m。

（2）当冻土层厚超过0.7m时，应将电缆敷设在冻土层下或采取防护措施。

（3）禁止电缆在其他管道上下平行敷设。

（4）直埋电缆敷设前应将沟底铲平夯实。

（5）电力电缆直埋敷在壕沟里，必须按施工图要求上下铺砂，并沿电缆路径全线覆盖混凝土盖板，电缆路径上面在转角处及直线部分每50m铺设电缆标志块或埋设电缆标志桩。

（6）电力电缆直埋敷设的回填土应无杂质，并对电缆无腐蚀性。

（7）直埋敷设的电力电缆与公路交叉时，应穿入保护管内，保护范围应超出路基2.5m以上。

（8）直埋敷设的电力电缆与铁路交叉时，应穿入保护管内，保护范围应超出路基，并超出铁路两侧的排水沟0.5m以上。

（9）电力电缆保护管内壁应光滑无毛刺，保护管内径不小于电缆外径的1.5倍。

三、敷设于保护管或排管内

（1）保护管或排管内径不应小于电缆外径的1.5倍。

（2）保护管的弯曲半径不应小于所穿电缆的最小允许弯曲半径。

（3）当电缆有中间接头时，应放在电缆工作井中。

（4）一般每管只穿一根电缆。

（5）电缆进入排管的端口处应有防止电缆外护层受到磨损的措施。

（6）石棉水泥管，混凝土管块电缆排管穿过铁路、公路及有重型车辆通过的场所时，应选用混凝土包封敷设方式。当石棉水泥管排管敷设在可能发生位移的土壤中（如流沙层、8度及以上地震基本裂度区、回填土地段等）应选用钢筋混凝土包封敷设方式。当石棉水泥管顶距地面不足500mm时，应根据工程实际另行计算确定配筋数量。

（7）敷设电缆排管时，排管向工作井侧应有不小于0.5%的排水坡度。

（8）电缆排管应在终端、分支处、敷设方向及标高变化处设置工作井。在直线段工作井间的距离不宜大于100m。

四、敷设于电缆构筑物中

（1）在电缆隧道、电缆沟、夹层等中有重要回路电缆时，严禁含有易燃气、油管路，也不得含有可能影响环境温升持续超过5℃的供热管路。

（2）电缆沟、电缆隧道应考虑分段排水，底部向集水井应有不小于0.5%的坡度，每隔50m设一集水井。

（3）电缆在支架上敷设时，电力电缆在上，控制电缆在下。1kV以下的电力电缆和控制电缆可并列敷设，当双侧设有支架时，1kV以下的电力电缆和控制电缆，尽可能与1kV以上的电力电缆分别敷于不同侧支架上，当并列明敷时，其净距不应小于150mm。

（4）电缆隧道长度大于7m时，两端应设出口。当长度小于7m时，可设一个出口。两个出口间距超过75m时应增加出口。

（5）电缆隧道内应有照明，电压不超过36V。

（6）电缆沟、隧道一般采用自然通风。电缆沟和隧道内的温度不应超过最热月的日最高温度平均值加5℃，如缺乏准确计算资料，则当功率损失达150～200W/m时，应考虑机械通风。具体工程设计应与通风专业密切配合。

五、电缆阻火

（1）电缆进入沟、隧道、夹层、竖井、工作井、建筑物以及配电屏、开关柜、控制屏、保护屏时，应做阻火封堵。电缆穿入保护管时管口应密封。

（2）在电缆隧道及重要回路电缆沟中，应在下列部位设置阻火墙：

1）电缆沟、隧道的分支处。

2）电缆进入控制室、配电装置室、建筑物和厂区围墙处。

3）长距离电缆沟、隧道每相距100m处应设置带防火门的阻火墙。

六、其他要求

（1）各种金属构件、配件均须采取有效防腐措施。

（2）本图集如与相关国家标准、规范有不一致之处，以及图中未尽事宜应遵照国家标准及规范执行。

第三章　电力电缆配电线路		第二节　电力电缆配电线路施工
图号	1-3-2-3	图名　电力电缆敷设要求（二）

一、一般规定

（1）电缆通道畅通，排水良好。金属部分的防腐层完整。隧道内照明、通风符合设计要求。

（2）电缆型号、电压、规格、长度、附件符合设计要求。

（3）电缆外观应无损伤、绝缘良好，当对电缆的密封有怀疑时，应进行潮湿判断；直埋电缆与水底电缆应经试验合格。

（4）在带电区域内敷设电缆，应有可靠的安全措施。

（5）电缆敷设时，不应损坏电缆构筑物（电缆沟、隧道、电缆井和防水层）。

（6）三相四线制系统中应采用四芯电力电缆，不应采用三芯电缆另加一根单芯电缆或以导线、电缆金属护套作中性线。

（7）电缆各支持点间的距离应符合相关规定。电缆的最小弯曲半径应符合下表中的规定。

电缆形式		多芯	单芯
控制电缆		$10D$	
橡皮绝缘电力电缆	无铅包、钢铠护套	$10D$	
	裸铅包护套	$15D$	
	钢铠护套	$20D$	
聚氯乙烯绝缘电力电缆		$10D$	
交联聚乙烯绝缘电力电缆		$15D$	$20D$
油浸纸绝缘电力电缆	铅包	$30D$	
	铅包 有铠装	$15D$	$20D$
	无铠装	$20D$	
自容式充油（铅包）电缆			$20D$

注：表中 D 为电缆外径。

（8）黏性油浸纸绝缘电缆最高点与最低点之间的最大位差，不应超过下表中的规定，当不满足要求时，应采用适应于高位差的电缆。

电压/kV	电缆护层结构	最大允许敷设位差/m
1	无铠装	20
	铠装	25
6~10	铠装或无铠装	15
35	铠装或无铠装	5

（9）敷设电缆时，电缆允许敷设最低温度，在敷设前24h内的平均温度以及敷设现场的温度不应低于下表中的规定；当温度低于下表中的规定值时，应采取措施。

电缆类型	电缆结构	允许敷设最低温度/℃
油浸纸绝缘电力电缆	充油电缆	−10
	其他油纸电缆	0
橡皮绝缘电力电缆	橡皮或聚乙烯护套	−15
	裸铅套	−20
	铅护套钢带铠装	−7
塑料绝缘电力电缆	—	0
控制电缆	耐寒护套	−20
	橡皮绝缘聚氯乙烯护套	−15
	聚氯乙烯绝缘聚氯乙烯护套	−10

二、机械敷设电缆工艺规定

（1）电缆放线架应放置稳妥、位置合适，钢轴的强度和长度应与电缆盘重量和宽度相配合。敷设前应按设计和实际路径计算每根电缆长度，合理安排每盘电缆，减少电缆接头。

（2）电缆敷设时，电缆应从盘的上端引出，不应使电缆在支架上及地面摩擦拖拉。电缆上不得有铠装压扁、电缆绞拧、护层折裂等未消除的机械损伤。

（3）用机械敷设电缆时的允许牵引强度（N/mm²）宜符合下表中的规定，充油电缆总拉力不应超过27kN。

牵引方式	牵引头		钢丝网套		
受力部位	铜芯	铝芯	铅套	铝套	塑料护套
允许牵引强度	70	40	10	40	7

（4）用机械敷设电缆的速度不宜超过15m/min。110kV及以上电缆或在较复杂路径上敷设时，其速度应适当放慢。

（5）在复杂的条件下用机械敷设大截面电缆时，应进行施工组织设计，确定敷设方法、线盘架设位置、电缆牵引方向，校核牵引力和侧压力，配备敷设人员和机具。

第三章 电力电缆配电线路		第二节 电力电缆配电线路施工
图号	1-3-2-4	图名 电缆敷设施工工艺规定（一）

（6）机械敷设电缆时，应在牵引头或钢丝网套与牵引钢铠之间装设防捻器。

三、电力电缆接头的布置应符合下列要求

（1）并列敷设的电缆，其接头的位置要相互错开。

（2）电缆明敷时的接头，应用托板托置固定。

（3）直埋电缆接头盒外面应有防止机械损伤的保护盒（环氧树脂接头盒除外）。位于冻土层内的保护盒，盒内宜注以沥青。

四、电缆的固定工艺要求

（1）电缆敷设时应排列整齐，不宜交叉，加以固定，并及时装设标志牌。

（2）在下列地方应将电缆加以固定：

1）垂直敷设或超过45°倾斜敷设的电缆在每个支架上；桥架上每隔2m处。

2）水平敷设的电缆，在电缆首末两端及转弯、电缆接头的两端处；当对电缆间距有要求时，每隔5~10m处。

3）单芯电缆的固定应符合设计要求。

（3）交流系统的单芯电缆或分相后的分相铅套电缆的固定夹具不应构成闭合磁路。

（4）裸铅（铝）套电缆的固定处，应加软衬垫保护。

（5）护层有绝缘要求的电缆，在固定处应加绝缘衬垫。

五、标志牌的装设要求

（1）在电缆终端头、电缆接头、拐弯处、夹层内、隧道及竖井的两端、人井内等地方，电缆上应装设标志牌。

（2）标志牌上应注明线路编号。当无编号时，应写明电缆型号、规格及起讫地点；并联使用的电缆应有顺序号。标志牌的字迹应清晰不易脱落。

（3）标志牌规格宜统一。标志牌应能防腐，挂装应牢固。

六、绝缘和封闭要求

（1）沿电气化铁路或有电气化铁路通过的桥梁上明敷电缆的金属护层或电缆金属管道，应沿其全长与金属支架或桥梁的金属构件绝缘。

（2）电缆进入电缆沟、隧道、竖井、建筑物、盘（柜）以及穿入管子时，出入口应封闭，管口应密封。

七、电缆的排列要求

（1）电力电缆和控制电缆不应配置在同一层支架上。

（2）高低压电力电缆，强电、弱电控制电缆应按顺序分层配置，一般情况宜由上而下配置，但在含有35kV以上高压电缆引入柜盘时，为满足弯曲半径要求，可由下而上配置。

八、电缆在支架上的敷设要求

（1）控制电缆在普通支架上，不宜超过1层，桥架上不宜超过3层。

（2）交流三芯电力电缆，在普通支吊架上不宜超过1层，桥架上不宜超过2层。

（3）交流单芯电力电缆，应布置在同侧支架上，当按紧贴的正三角形排列时，应每隔1m用绑带扎牢。

九、其他

（1）电缆与热力管道、热力设备之间的净距，平行时应不小于1m，交叉时应不小于0.5m，当受条件限制时，应采取隔热保护措施。电缆通道应避开锅炉的看火孔和制粉系统的防爆门；当受条件限制时，应采取穿管或封闭槽盒等隔热防火措施。电缆不宜平行敷设于热力设备和热力管道的上部。

（2）明敷在室内及电缆沟、隧道、竖井内带有麻护层的电缆，应剥除麻护层，并对其铠装加以防腐。

（3）电缆敷设完毕后，应及时清除杂物，盖好盖板。必要时，尚应将盖板缝隙密封。

一、电缆头的作用和分类

电缆中间头和电缆终端头统称为电缆头，是电缆线路中的重要组成部分，它起着导电、绝缘和密封的作用。

（1）电缆终端头是电缆与其他电气设备可靠连接和满足一定绝缘和密封要求的电缆末端附件。电缆终端头有户内和户外之分。户外电缆头必须有良好的密封和防水结构，并适应环境（污秽等）和气候的变化。户内电缆头比较简单。

（2）电缆中间头是将一段电缆与另一段电缆连接起来的电缆连续附件。因为电缆头的安装质量决定电缆运行的质量（统计表明我国电缆线路的事故70%左右发生在电缆头部位），所以对电缆头的安装必须严格要求。

二、对电缆头的基本要求

（1）有良好的导体连接。要求电缆头的接触电阻小而稳定，接头电阻与同长度、同截面、同材料的导体电阻的比值，对新安装电缆头不大于1；对运行中的电缆头应不大于1.2；电缆头要有足够的抗拉强度，对于固定敷设的电力电缆，接头的抗拉强度应达到导体抗拉强度的50%，不同金属连接，例如铜、铝不同材料电缆连接应使两种金属分子互相渗透，例如采用铜、铝摩擦焊和铜、铝闪光焊。

（2）要求绝缘可靠，并有一定裕度。

（3）要求良好的密封来保证绝缘不受潮、不变质、不流失。

（4）电缆头要求结构简单、体积小、材料省，安装维修方便，并兼顾外形美观。

三、对电缆头绝缘材料的要求

电缆头的质量、绝缘水平和使用寿命与电缆头使用的绝缘材料有直接关系，因此，电缆头所使用的绝缘胶和绝缘带的性能必须良好，具体有以下几点要求。

（1）对绝缘胶的要求。

1）绝缘胶要有足够的黏度，在运行温度下，绝缘胶不能流失或流入电缆内，以免造成绝缘水平下降或使电缆铅皮过度膨胀而损坏。

2）硬质合成胶不能太脆，并应有良好的黏附力，以免绝缘开裂而造成电缆吸潮进水。

3）绝缘胶的收缩率不可过大，一般为0.0005~

0.0007m/℃，在绝缘胶冷却收缩的过程中，由于表面张力的作用，使其中间部分凹陷，形成锥形凹面，其深度称为"收缩深度"，在制作电缆头时，要考虑到绝缘胶的热胀冷缩特性，以确保收缩深度不致过大。

4）绝缘胶要有良好的化学稳定性，对所接触金具、缆芯及其他绝缘材料，不应有腐蚀性。

5）绝缘胶的电气性能（主要考虑交流击穿强度和介质损耗）均应符合要求，介质损耗随深度的变化不可过大，否则在运行中会导致绝缘层热状态的恶性循环，以造成热击穿。

（2）对绝缘带的要求。绝缘带除满足电气性能和化学性能外，还应有一定的弹性、耐油性和耐热性，如果将电缆按电缆头设计切割为成型纸卷，并经真空干燥、浸渍处理，以此代替绝缘带，可以提高安装质量与功效。

（3）对电缆头的其他要求：应符合国家标准有关规定。

四、电缆终端和接头制作的一般规定和准备工作

（1）电缆终端与接头的制作，应由经过培训的熟悉工艺的人员进行。

（2）电缆终端及接头制作时，应严格遵守制作工艺规程；充油电缆尚应遵守油务及真空工艺等有关规程的规定。

（3）在室外制作6kV及以上电缆终端与接头时，其空气相对湿度宜为70%及以下；当湿度大时，可提高环境温度或加热电缆。制作塑料绝缘电力电缆终端与接头时，应防止尘埃、杂物落入绝缘内。严禁在雾或雨中施工。在室内及充油电缆施工现场应备有消防器材。室内或隧道中施工应有临时电源。

五、10kV及以下电缆终端与接头应符合的要求

（1）形式、规格应与电缆类型如电压、芯数、截面、护层结构和环境要求一致。

（2）结构应简单、紧凑、便于安装。

（3）所用材料、部件应符合技术要求。

（4）主要性能应符合现行国家标准《额定电压26kV/35kV及以下电力电缆附件基本技术要求》（GB 11033）的规定。

第三章 电力电缆配电线路			第三节 电缆头
图号	1-3-3-1	图名	电缆头制作工艺（一）

六、附加绝缘材料和连接金具

（1）采用的附加绝缘材料除电气性能应满足要求外，尚应与电缆本体绝缘具有相容性。两种材料的硬度、膨胀系数、抗张强度和断裂伸长率等物理性能指标应接近。橡塑绝缘电缆应采用弹性大、黏接性能好的材料作为附加绝缘。

（2）电缆线芯连接金具，应采用符合标准的连接管和接线端子，其内径应与电缆线芯紧密配合，间隙不应过大；截面宜为线芯截面的1.2～1.5倍。采用压接时，压接钳和模具应符合规格要求。

（3）电力电缆接地线应采用铜绞线或镀锡铜编织线，其截面面积不应小于表1规定。110kV及以上电缆的截面面积应符合设计规定。

表1　　　　电缆终端接地线截面　　　单位：mm²

电缆截面	接地线截面	电缆截面	接地线截面
120及以下	16	150及以上	25

七、制作电缆终端和接头要求

制作电缆终端和接头前，应熟悉安装工艺资料，做好检查，并符合下列要求。

（1）电缆绝缘状况良好，无受潮；塑料电缆内不得进水；充油电缆施工前应对电缆本体、压力箱、电缆油桶及纸卷桶逐个取油样，做电气性能试验，并应符合标准。

（2）附件规格应与电缆一致；零部件应齐全无损伤；绝缘材料不得受潮；密封材料不得失效。壳体结构附件应预先组装，清洁内壁；试验密封，结构尺寸符合要求。

（3）施工用机具齐全，便于操作，状况清洁，

消耗材料齐备，清洁塑料绝缘表面的溶剂宜遵循工艺导则准备。

（4）必要时应进行试装配。

八、控制电缆连接要求

控制电缆在下列情况下可有接头，但必须连接牢固，并不应受到机械拉力。

（1）当敷设的长度超过其制造长度时。

（2）必须延长已敷设竣工的控制电缆时。

（3）当消除使用中的电缆故障时。

九、电缆头制作工艺要求

（1）制作电缆终端与接头，从剥切电缆开始应连续操作直至完成，缩短绝缘暴露时间。剥切电缆时不应损伤线芯和保留的绝缘层。附加绝缘的包绕、装配、热缩等应清洁。

（2）充油电缆线路有接头时，应先制作接头；两端有位差时，应先制作低位终端头。

（3）电缆终端和接头应采取加强绝缘、密封防潮、机械保护等措施。6kV及以上电力电缆的终端和接头，尚应有改善电缆屏蔽端部电场集中的有效措施，并应确保外绝缘相间距离和对地距离。

（4）35kV及以下电缆在剥切线芯绝缘、屏蔽、金属护套时，线芯沿绝缘表面至最近接地点（屏蔽或金属护套端部）的最小距离应符合表2的要求。

表2　　　电缆终端和接头中最小距离

额定电压 /kV	最小距离 /mm	额定电压 /kV	最小距离 /mm
1	50	10	125
6	100	35	250

（5）塑料绝缘电缆在制作终端头和接头时，应彻底清除半导电屏蔽层。对包带石墨屏蔽层，应使用溶剂擦去碳迹；对挤出屏蔽层，剥除时不得损伤绝缘表面，屏蔽端部应平整。

（6）三芯油纸绝缘电缆应保留统包绝缘 25mm，不得损伤。剥除屏蔽碳墨纸，端部应平整。弯曲线芯时应均匀用力，不应损伤绝缘纸；线芯弯曲半径不应小于其直径的 10 倍。包缠或灌注、填充绝缘材料时，应消除线芯分支处的气隙。

（7）充油电缆终端和接头包绕附加绝缘时，不得完全关闭压力箱。制作中和真空处理时，从电缆中渗出的油应及时排出，不得积存在瓷套或壳体内。

（8）电缆线芯连接时，应除去线芯和连接管内壁油污及氧化层。压接模具与金具应配合恰当。压缩比应符合要求。压接后应将端子或连接管上的凸痕修理光滑，不得残留毛刺。采用锡焊连接铜芯，应使用中性焊锡膏，不得烧伤绝缘。

（9）三芯电力电缆接头两侧电缆的金属屏蔽层（或金属套）、铠装层应分别连接良好，不得中断，跨接线的截面不应小于上页表 1 的接地线截面的规定。直埋电缆接头的金属外壳及电缆的金属护层应做防腐处理。

（10）三芯电力电缆终端处的金属护层必须接地良好；塑料电缆每相铜屏蔽和钢铠应锡焊接地线。电缆通过零序电流互感器时，电缆金属护层和接地线应对地绝缘，电缆接地点在互感器以下时，接地线应直接接地；接地点在互感器以上时，接地线应穿过互感器接地。

（11）装配、组合电缆终端和接头时，各部件间的配合或搭接处必须采取堵漏、防潮和密封措施。铅包电缆铅封时应擦去表面氧化物；搪铅时间不宜过长，铅封必须密实无气孔。充油电缆的铅封应分两次进行，第一次封堵油，第二次成形和加强，高位差铅封应用环氧树脂加固。

塑料电缆宜采用自黏带、黏胶带、胶黏剂（热熔胶）等方式密封，塑料护套表面应打毛，黏结表面应用溶剂除去油污，黏结应良好。

电缆终端、接头及充油电缆供油管路均不应有渗漏。

（12）充油电缆供油系统的安装应符合下列要求：

1）供油系统的金属油管与电缆终端间应有绝缘接头，其绝缘强度不低于电缆外护层。

2）当每相设置多台压力箱时，应并联连接。

3）每相电缆线路应装设油压监视或报警装置。

4）仪表应安装牢固，室外仪表应有防雨措施，施工结束后应进行整定。

5）调整压力油箱的油压，使其在任何情况下都不应超过电缆允许的压力范围。

（13）电缆终端上应有明显的相色标志，且应与系统的相色一致。控制电缆终端可采用一般包扎，接头应有防潮措施。

一、设计目的和设计范围

（1）设计目的。为确保10kV变电站的建设达到安全、经济、供电可靠、技术先进、运行方便，所以必须按10kV及以下变电站设计规范及其他有关规定，对10kV变电站进行精心设计，力求达到各地变电站的统一标准，做到标准化、规范化。

（2）10kV变电站设计的范围。本节所编10kV变电站包括10kV杆上变压器台、10kV露天变电站、10kV电力变压器室（包括内、外附车间变压所）以及新型的全密闭变电站（箱式变电站）等各种类型变电站的布置，安装方式及有关设备材料加工的图纸。

二、所址选择的原则及应注意的问题

（1）所址选择的一般原则：①变电站应靠近负荷中心并尽量接近电源侧；②进出线方便并有利于运行维护及事故处理；③避开有剧烈振动场所和高温场所；也不宜设在多尘或有腐蚀性气体的场所。

（2）选择所址应注意的几个问题：①不应设在厕所、浴室或其他经常积水场所的正下方，且不与上述场所相贴邻；②不应设在有爆炸或火灾危险环境的正上方或正下方，当受环境限制，需要与有爆炸或火灾危险环境的建筑物毗连时，应符合国家标准爆炸和火灾危险环境电力装置设计规范的规定；③远离或避开有爆炸和火灾危险的场所，并符合爆炸和火灾危险环境电力装置设计规范和高层民用建筑设计防火规范等有关规定；④杆上变台、露天变电站还应注意防火、防爆、防尘，并离开有上述危险的场所。

三、对变配电所（站）电气部分的一般规定

（1）配电装置的布置和导体、电器、架构的选择，应符合正常运行、检修、短路和过电压等情况的要求。

（2）配电装置各回路的相序排列应一致，硬导体应涂刷相色油漆或相色标志。色别应为L1相黄色，L2相绿色，L3相红色。

（3）海拔超过1000m的地区，配电装置应选择适用于该海拔的电器和电瓷产品，其外部绝缘的冲击和工频试验电压，应符合现行高压电气设备绝缘试验电压和试验方法相关标准的有关规定。

（4）电气设备外露可导电部分，必须与接地装置有可靠的电气连接。成排的配电装置的两端均应与接地线相连。

四、对电气主接线的基本要求

（1）变配电站的主接线应根据电源情况、负荷性质及大小、供电范围等具体情况，经过经济、技术分析而定，要求接线简单、运行灵活、供电可靠。

（2）配电站、变电站的高、低压母线，宜采用单母线或单母线分段，当供电连续性要求较高时，高压母线可采用分段单母线带旁路或双母线接线，同一用户的两台变压器，要分列运行。

（3）全厂（或全区）只有一台容量较小的变压器时，其一次侧不宜设高压开关柜。

五、对电气主接线相关电气设备选型的规定

（1）变配电站专用电源线的开关宜采用断路器或带熔断器的负荷开关，当无继电保护或自动装置要求，且出线回路少无需带负荷操作时，可采用隔离开关或跌落式熔断器做保护电器。

（2）总配电站以放射型向各分配电站供电时，该分配电站的电源进线开关宜采用隔离开关或隔离触头，当分配电站需要带负荷操作或继电保护、自动装置有要求时，应采用断路器。

（3）变配电站的10kV或6kV非专用电源的进线侧，应装设带保护的开关设备。

（4）10kV或6kV母线的分段处宜装设断路器，当不需带负荷操作且无继电保护和自动装置时，可装设隔离开关或隔离触头。

（5）变配电站的引出线宜装设断路器。当满足继电保护和操作要求时，可装设带熔断器的负荷开关。

第四章	10kV/0.4kV变配电所（站）		第一节 设计
图号	1-4-1-1	图名	10kV/0.4kV变配电所（站）设计规定（一）

（6）向频繁操作的高压用电设备供电的出线开关兼作操作开关时应采用具有频繁操作性能的断路器。

（7）10kV或6kV固定式配电装置的出线侧，在架空出线回路或有反馈可能的电缆出线回路中，应装设线路隔离开关。

（8）采用10kV或6kV熔断器负荷开关固定式配电装置时，应在电源侧装设隔离开关。

（9）接在母线上的避雷器和电压互感器，宜合用一组隔离开关，配电站、变电站架空进、出线上的避雷器回路中，可不装设隔离开关。

（10）由地区电网供电的配电站电源进线处，宜装设供计费用的专用电压、电流互感器。

六、变压器一次侧开关的装设规定

（1）以树干式供电时，应装设带保护的开关设备或跌落式熔断器。

（2）以放射式供电时，宜装设隔离开关或负荷开关。当变压器在本配电站内时，可不装设开关。

（3）变压器低压侧电压为0.4kV的总开关，宜采用低压断路器或隔离开关。当有继电保护或自动切换电源要求时，低压侧总开关和母线分段开关均应采用低压断路器。

（4）当低压母线为双电源，变压器低压侧总开关和母线分段开关采用低压断路器时，在总开关的出线侧及母线分段开关的两侧，宜装设闸刀开关或隔离触头。

七、变压器的选择

（1）变压器台数应根据负荷特点和经济运行进行选择。当符合下列条件之一时，宜装设两台及以上变压器：①有大量一级或二级负荷时，应设两台变压器，当一台故障或检修时，另一台应保证重要负荷不停电；②季节性负荷变化较大，此时可选两台容量不等的变压器，根据负荷变化而停运一台；③集中负荷较大。可用两台或多台分列运行。装有两台及以上变压器的变电站，当其中任一台变压器断开时，其余变压器的容量应满足一级负荷及二级负荷的用电。

（2）变电站中单台变压器（低压为0.4kV）的容量不宜大于1250kVA。

（3）在一般情况下，动力和照明宜共用变压器。当属下列情况之一时，可设专用变压器：①当照明负荷较大或动力和照明采用共用变压器严重影响照明质量及灯泡寿命时，可设照明专用变压器；②单台单相负荷较大时，宜设单相变压器；③冲击性负荷较大，严重影响电能质量时，可设冲击负荷专用变压器；④在电源系统不接地或经过阻抗接地，电气装置外露导电体就地接地系统（IT系统）的低压电网中，照明负荷应设专用变压器；⑤道路路灯照明用电可设单独路灯照明专用变压器。

（4）多层或高层主体建筑内变电站，宜选用不燃或难燃型变压器，例如干式变压器。

（5）在多尘或有腐蚀性气体严重影响变压器安全运行的场所，应选用防尘型或防腐型变压器。

（6）新装变压器应采用低损耗节能变压器。

八、变配电所（站）的自用电源

（1）配电站所用电源宜引自就近的配电变压器220V/380V侧。重要或规模较大的配电站，宜设所用变压器。柜内所用可燃油油浸变压器的油量应小于100kg。

（2）采用交流操作时，供操作、控制、保护、信号等的所用电源，可引自电压互感器。

（3）当电磁操动机构采用硅整流合闸时，宜设两回路所用电源，其中一路应引自接在电源进线断路器前面的所用变压器。

九、操作电源

（1）供一级负荷的配电站或大型配电站，当装有电磁操动机构的断路器时，应采用220V/110V蓄电池组作为合、分闸直流操作电源；当装有弹簧储能操动机构的断路器时，宜采用小容量镉镍电池装置作为合、分闸操作电源。

（2）中型配电站当装有电磁操动机构的断路器时，合闸电源宜采用硅整流，分闸电源可采用小容量镉镍电池装置或电容储能。对重要负荷供电时，合、分闸电源宜采用镉镍电池装置。当装有弹簧储能操动机构的断路器时，宜采用小容量镉镍电池装置或电容储能式硅整流作为合、分闸操作电源。采用硅整流作为电磁操动机构合闸电源时，应校核该整流合闸电源能保证断路器在事故情况下可靠合闸。

（3）小型配电站宜采用弹簧储能操动机构合闸和分闸的全交流操作。

十、变配电所（站）形式的选定原则

（1）变配电所（站）的形式应根据用电负荷的状况和周围环境确定。

（2）负荷较大的车间和站房，宜设附设变电站或半露天变电站。

（3）负荷较大的多跨厂房，负荷中心在厂房中部且环境许可时，宜设车间内变电站或组合式成套变电站。

（4）高层或大型民用建筑内，宜设室内变电站或组合式成套变电站；负荷小而分散的工业企业和大中城市的居民区，宜设独立变电站，有条件时也可附设变电站或户外箱式变电站。

（5）环境允许的中小城镇居民区和工厂的生活区，当变压器容量在 315kVA 及以下时，可采用杆上变压器或露天台式变压器变电站。变压器台架应按最终容量一次建成。

十一、变配电装置的布置要求

（1）带可燃性油的高压配电装置，宜装设在单独的高压配电室内。当高压开关柜的数量为 6 台及以下时，可与低压配电屏设置在同一房间内。

（2）不带可燃性油的高、低压配电装置和非油浸的电力变压器，可设置在同一房间内。具有符合 IP3X 防护等级外壳的不带可燃性油的高、低压配电装置和非油浸的电力变压器，当环境允许时，可相互靠近布置在车间内。IP3X 防护要求应符合现行国家标准低压电器外壳防护等级的规定，能防止直径大于 2.5mm 的固体异物进入壳内。

（3）室内变电站的每台油量为 100kg 及以上的三相变压器，应设在单独的变压器室内。

（4）在同一配电室内单列布置高、低压配电装置时，当高压开关柜或低压配电屏顶面有裸露带电导体时，两者之间的净距不应小于 2m；当高压开关柜和低压配电屏的顶面封闭外壳防护等级符合 IP2X 级时，两者可靠近布置。IP2X 防护要求应符合现行国家标准低压电器外壳防护等级的规定，能防止直径大于 12mm 的固体异物进入壳内。

（5）变电站宜单层布置。当采用双层布置时，变压器应设在底层。设于二层的配电室应设搬运设备通道、平台或孔洞。

（6）高（低）压配电室内，宜留有适当数量配电装置的备用位置。

（7）高压配电装置的柜顶为裸母线分段时，两段母线分段处宜装设绝缘隔板，其高度不应小于 0.3m。

十二、通道及围栏要求

（1）室内、外配电装置的最小电气安全净距，应符合表 1 中的规定。

（2）露天或半露天变电站的变压器四周应设不低于 1.7m 高的固定围栏（墙）。变压器外廓与围栏（墙）的净距不应小于 0.8m，变压器底部距地面不应小于 0.3m，相邻变压器外廓之间的净距不应小于 1.5m。

表1　　　　　　　　　　　　**室内、外配电装置的最小电气安全净距**　　　　　　　　　　　　　单位：mm

适 用 范 围	地点	额定电压/kV			
		<0.5	3	6	10
无遮拦裸带电部分至地（楼）面之间	室内	屏前 2500 屏后 2300	2500	2500	2500
	室外	2500	2700	2700	2700
有 IP2X 防护等级遮拦的通道净高	室内	1900	1099	1900	1900
裸带电部分至接地部分和不同相的裸带电部分之间	室内	20	75	100	125
	室外	75	200	200	200
距地（楼）面 2500mm 以下裸带电部分的遮拦等级为 IP2X 时	室内	100	175	200	225
	室外	175	300	300	300
不同时停电检修的无遮拦裸导体之间的水平距离	室内	1875	1875	1900	1925
	室外	2000	2200	2200	2200
裸带电部分至无孔固定遮拦	室内	50	105	130	155
裸带电部分至用钥匙或工具才能打开或拆卸的栅栏	室内	800	825	850	875
	室外	825	950	950	950
低压母排引出线或高压引出线的套管至屋外人行通道地面	室外	3650	4000	4000	4000

第四章　10kV/0.4kV变配电所（站）		第一节　设计
图号	1-4-1-3	图名　10kV/0.4kV变配电所（站）设计规定（三）

（3）当露天或半露天变压器供给一级负荷用电时，相邻的可燃油油浸变压器的防火净距不应小于5m，若小于5m时，应设置防火墙。防火墙应高出油枕顶部，且墙两端应大于挡油设施各0.5m。

（4）可燃油油浸变压器外廓与变压器室墙壁和门的最小净距，应符合表2中的规定。

表2　可燃油油浸变压器外廓与变压器室墙壁和门的最小净距

变压器容量/kVA	100～1000	1250及以上
变压器外廓与后壁、侧壁净距/mm	600	800
变压器外廓与门净距/mm	800	1000

（5）设置于变电站内的非封闭式干式变压器，应装设高度不低于1.7m的固定遮栏，遮拦网孔不应大于40mm×40mm。变压器的外廓与遮拦的净距不宜小于0.6m，变压器之间的净距不应小于1.0m。

（6）配电装置的长度大于6m时，其柜（屏）后通道应设两个出口，低压配电装置两个出口间的距离超过15m时，尚应增加出口。

高压配电室内各种通道最小宽度，应符合表3中的规定。

表3　高压配电室内各种通道最小宽度　单位：mm

开关柜布置方式	柜后维护通道	柜前操作通道	
		固定式	手车式
单排布置	800	1500	单车长度+1200
双排面对面布置	800	2000	双车长度+900
双排背对背布置	1000	1500	单车长度+1200

注：1. 固定式开关柜为靠墙布置时，柜后与墙净距应大于50mm，侧面与墙净距应大于200mm。
　　2. 通道宽度在建筑物的墙面遇有柱类局部凸出时，凸出部位的通道宽度可减少200mm。

（7）当电源从柜（屏）后进线且需在柜（屏）正背后墙上另设隔离开关及其手动操动机构时，柜（屏）后通道净宽不应小于1.5m，当柜（屏）背面的防护等级为IP2X时，可减为1.3m。

（8）低压配电室内成排布置的配电屏，其屏前、屏后的通道最小宽度应符合表4中的规定。

表4　配电屏前、屏后通道最小宽度　单位：mm

形式	布置方式	屏前通道	屏后通道
固定式	单排布置	1500	1000
	双排面对面布置	2000	1000
	双排背对背布置	1500	1500
抽屉式	单排布置	1800	1000
	双排面对面布置	2300	1000
	双排背对背布置	1800	1000

注：当建筑物墙面遇有柱类局部凸出时，凸出部位的通道宽度可减少200m。

十三、对变配电所（站）建筑构造要求

（1）高压配电室宜设不能开启的自然采光窗，窗台距室外地坪不宜低于1.8m；低压配电室可设能开启的自然采光窗。配电室临街的一面不宜开窗。

（2）变压器室、配电室、电容器室的门应向外开启。相邻配电室之间有门时，此门应能双向开启。

（3）配电站各房间经常开启的门、窗，不宜直通相邻的酸、碱、蒸汽、粉尘和噪声严重的场所。

（4）变压器室、配电室、电容器室等应设置防止雨、雪和蛇、鼠类小动物从采光窗、通风窗、门、电缆沟等进入室内的设施。

（5）配电室、电容器室和各辅助房间的内墙表面应抹灰刷白。地（楼）面宜采用高标号水泥抹面压光。配电室、变压器室、电容器室的顶棚以及变压器室的内墙面应刷白。

（6）长度大于7m的配电室应设两个出口，并宜布置在配电室的两端。长度大于60m时，宜增加一个出口。当变电站采用双层布置时，位于楼上的配电室应至少设一个通向室外的平台或通道的出口。

（7）配电站、变电站的电缆夹层、电缆沟和电缆室，应采取防水、排水措施。

十四、通风要求

（1）变压器室宜采用自然通风。夏季的排风温度不宜高于 45℃，进风和排风的温差不宜大于 15℃。

（2）电容器室应有良好的自然通风，通风量应根据电容器允许温度，按夏季排风温度不超过电容器所允许的最高环境空气温度计算。当自然通风不能满足排热要求时，可增设机械排风。电容器室应设温度指示装置。

（3）变压器室、电容器室当采用机械通风时，其通风管道应采用非燃烧材料制作，当周围环境污秽时，宜加空气过滤器。

（4）配电室宜采用自然通风。高压配电室装有较多油断路器时，应装设事故排烟装置。

十五、消防要求

（1）可燃油油浸电力变压器室的耐火等级应为一级。高压配电室、高压电容器室和非燃（或难燃）介质的电力变压器室的耐火等级不应低于二级。低压配电室和低压电容器室的耐火等级不应低于三级，屋顶承重构件应为二级。

（2）有下列情况之一时，可燃油油浸变压器室的门应为甲级防火门：①变压器室位于车间内；②变压器室位于容易沉积可燃粉尘、可燃纤维的场所；③变压器室附近有粮、棉及其他易燃物大量集中的露天堆场；④变压器室位于建筑物内；⑤变压器室下面有地下室。

（3）变压器室的通风窗，应采用非燃烧材料。

（4）当露天或半露天变电站采用可燃油油浸变压器时，其变压器外廓与建筑物外墙的距离应大于或等于 5m。当小于 5m 时，建筑物外墙在下列范围内不应有门、窗或通风孔：①油量大于 1000kg 时，变压器总高度加 3m 及外廓两侧各加 3m；②油量在 1000kg 及以下时，变压器总高度加 3m 及外廓两侧各加 1.5m。

（5）民用主体建筑内的附设变电站和车间内变电站的可燃油油浸变压器室，应设置容量为 100% 变压器油量的储油池。

（6）有下列情况之一时，可燃油油浸变压器室应设置容量为 100% 变压器油量的挡油设施，或设置容量为 20% 变压器油量挡油池并能将油排到安全处所的设施：①变压器室位于容易沉积可燃粉尘、可燃纤维的场所；②变压器室附近有粮、棉及其他易燃物大量集中的露天场所；③变压器室下面有地下室。

（7）附设变电站、露天或半露天变电站中，油量为 1000kg 及以上的变压器，应设置容量为 100% 油量的挡油设施。

（8）在多层和高层主体建筑物的底层布置装有可燃性油的电气设备时，其底层外墙开口部位的上方应设置宽度不小于 1.0m 的防火挑檐。多油开关室和高压电容器室均应设有防止油品流散的设施。

第四章　10kV/0.4kV变配电所（站）	第一节　设计
图号　1-4-1-5	图名　10kV/0.4kV变配电所（站）设计规定（五）

变配电所（站）房间对建筑构造的要求（一）

房间名称	高压配电室（有充油设备）	高压电容器室（油浸式）	油浸变压器室	干式变压器室	高压配电室（无充油设备）	低压配电室	控制室	值班室
建筑物耐火等级	二级	二级	一级（不燃或难燃介质时为二级）	二级	二级	三级	二级	二级
屋面	应有保温、隔热层及良好的防水和排水措施							
顶棚	刷白							
屋檐	防止屋面雨水沿外墙面流下							
内墙面	邻近带电部分的内墙面只刷白，其他部分抹灰并刷白		勾缝并刷白，墙基应防止油浸蚀。与有爆炸危险场所相邻墙内侧应抹灰并刷白			抹灰并刷白		
采光和采光窗	宜设固定的自然采光窗，窗外应加钢丝网或网孔采用夹丝玻璃，防止小动物进入，其窗台距室外地坪不宜小于1.8m，在寒冷或风沙大的地区，污秽尘埃或临街一面宜设双层玻璃窗，雪天不宜开窗	可设采光窗，其要求与高压配电室（有充油设备）相同	不设采光窗		同高压配电室（有充油设备）	允许用木窗	允许用木窗，能开启的窗应设纱窗，在寒冷或风沙大的地区采用双层玻璃窗	
通风窗	如需要应采用百叶窗内加钢丝网（网孔不大于10×10），防止雨、雪和小动物进入	采用百叶窗内加钢丝网（网孔10×10），防止雨、雪和小动物进入	通风窗应采用不燃烧材料制作，应有防止雨、雪和小动物进入的措施：进出风窗都采用百叶窗，进风百叶窗内设网孔不大于10×10的钢丝网，当进风有效面积不能满足要求时，可只装设网孔不大于10×10的钢丝网	设置在地面上同油浸变压器室，设置在地下室时，应有良好的送风系统				

变配电所（站）房间对建筑构造的要求（二）

房间名称	高压配电室（有充油设备）	高压电容器室（油浸式）	油浸变压器室	干式变压器室	高压配电室（无充油设备）	低压配电室	控制室	值班室
建筑物耐火等级	二级	二级	一级（不燃或难燃小质时为二级）	二级	二级	三级	二级	
地坪	高强度等级水泥抹面压光	高强度等级水泥压光采用抬高地坪较好，通风效果较好	低式布置采用卵石或碎石铺设，厚度为250mm，变压器四周沿墙600mm需用混凝土抹平；高式布置采用水泥地坪，应向中间孔洞排油，通风，排油孔做2%的坡度	水泥压光	高强度等级水泥抹面压光或水磨石	高强度等级水泥抹面压光	水磨石或水泥压光	
门	房间长度超过7m时，应置两个门；应为向外开的防火门，应装弹簧锁，严禁用门通往室外的门的，一般为非燃防火门，当室内有油浸式建筑物时，门总重量不小于60kg或采用非燃烧体或难燃材料	房间长度超过7m时，应设置两个门	门应向外开，当相邻配电室有门时，该门应能向双向开启或向低压方向开启；采用铁门或木门内侧包铁皮：单扇门宽不小于1.5m时，应在大门上加开小门。大门及大门上的小门应向外开启，其开启角度不小于120°，同时要尽量降低小门的门槛高度，使在室内外地坪标高不同时出入方便		房间长度超过8m时，应设置两个门；允许用木制	同高压配电室（无充油设备）	允许用木制：在南方炎热地区经常开启的通向室外的门应设置纱门	
电缆沟电缆室	水泥抹光并采取取水、排水措施；宜采用花纹钢板，若采用钢筋混凝土盖板，要求平整光洁，重量不大于50kg		—	—				
采暖及其他	5℃；宜采用钢管焊接且不应有法兰、螺纹接头或阀门		5℃	5℃	5℃	同高压配电室	18℃	—

第四章　10kV/0.4kV 变配电所（站）　　第二节　建筑构造

图号	1-4-2-2	图名	变配电所（站）房间对建筑构造的要求（二）

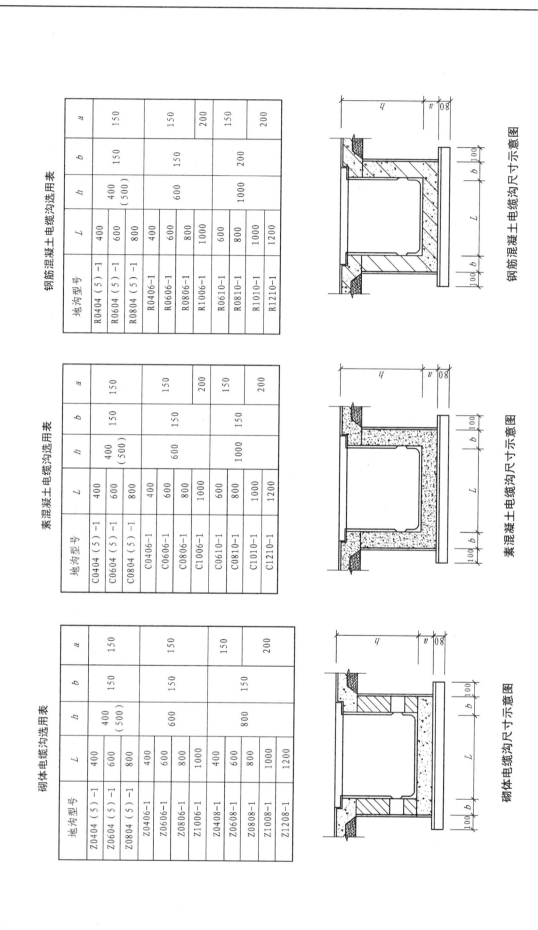

钢筋混凝土电缆沟选用表

地沟型号	L	h	b	a
R0404（5）-1	400	400（500）	150	150
R0604（5）-1	600			
R0804（5）-1	800			
R0406-1	400	600	150	150
R0606-1	600			
R0806-1	800			
R1006-1	1000			200
R0610-1	600	1000	200	150
R0810-1	800			
R1010-1	1000			200
R1210-1	1200			

钢筋混凝土电缆沟尺寸示意图

素混凝土电缆沟选用表

地沟型号	L	h	b	a
C0404（5）-1	400	400（500）	150	150
C0604（5）-1	600			
C0804（5）-1	800			
C0406-1	400	600	150	150
C0606-1	600			
C0806-1	800			
C1006-1	1000			200
C0610-1	600	1000	200	150
C0810-1	800			
C1010-1	1000			200
C1210-1	1200			

素混凝土电缆沟尺寸示意图

砌体电缆沟选用表

地沟型号	L	h	b	a
Z0404（5）-1	400	400（500）	150	150
Z0604（5）-1	600			
Z0804（5）-1	800			
Z0406-1	400	600	150	150
Z0606-1	600			
Z0806-1	800			
Z1006-1	1000			
Z0408-1	400	800	150	150
Z0608-1	600			
Z0808-1	800			
Z1008-1	1000			200
Z1208-1	1200			

砌体电缆沟尺寸示意图

第四章 10kV/0.4kV 变配电所（站）		第二节 建筑构造
图号	1-4-2-3	图名 变配电所（站）房间对建筑构造要求（三）

澎内传®（Penetron）水泥基渗透结晶型防水材料相关技术资料

一、产品描述

澎内传®（Penetron）水泥基渗透结晶型防水材料由特别选制的石英砂及多种活性化学物质与硅酸盐水泥混合配制而成，为混凝土提供有效、持久的防水保护。

二、防水机理

澎内传®（Penetron）水泥基渗透结晶型防水材料的防水机理来自于深入混凝土结构内部多种活性化学成分间的化学反应。活性化学成分渗入混凝土内部，在混凝土中催化形成不溶于水的结晶体，填充、封堵毛细管和收缩裂缝，使水无法进入从而达到防水的目的。渗透结晶过程既可顺水压也可逆水压方向进行。澎内传®的化学成分能够不断地进行渗透结晶过程。无水时，澎内传®的活性成分处于休眠状态；当与水接触时就会重新激活，产生新的晶体，而且会渗入混凝土内更深层。

三、产品特性

产品名称	性能特征	适用范围
澎内传®401水泥基渗透结晶型防水涂料	所含有的化学活性物质，具有极强的渗透性和催化结晶能力，渗入混凝土内部封闭孔隙和0.4mm以下收缩裂缝，可保护混凝土及钢筋，具有耐穿刺和自行修复能力。产生永久性的防水效果，耐化学物质侵蚀，无毒、无味，适用于潮湿或初凝的混凝土基面上，迎水面、背水面防水效果相同。主要指标：① 28d 抗折强度 5.78MPa；② 28d 抗压强度 36.4MPa；③黏结力 1.4MPa；④28d 抗渗压力 0.8MPa；⑤二次抗渗压力 0.9MPa；⑥凿除涂层后抗渗压力 1.4MPa；⑦无毒（符合生活饮用水安全性评价标准）、无味；⑧耐酸碱；⑨渗透深度 31cm	广泛适用于新、旧混凝土结构、构筑物，饮水、排水的贮水池及建筑地下等多部位的防水防潮工程
澎内传®701渗透结晶型防水封闭剂	可封闭 2mm 以下的裂缝，遇水后可再封闭新产生的发丝裂缝，喷涂后不影响混凝土表面的黏结力，可提高混凝土表面硬度，可阻止水和氯化物、硫酸盐及其他液体侵入，提高混凝土的抗风化、碳化能力	适用于混凝土屋面、桥面、机场跑道、体育场看台，任何混凝土暴露部位的防水
澎内传®803水泥基渗透结晶型防水添加剂	综合性能特点与澎内传®401相同。在混凝土搅拌时加入，为混凝土提供永久的防水保护	适用于饮用水池、排污及水处理池、游泳池、地铁、隧道等地下构筑物等防水防潮工程

四、施工工艺

澎内传®（Penetron）防水材料的施工工艺简单。只需要将材料按粉：水＝5：3（体积比）配制好，用刷子或刮板用力将材料均匀地涂覆到潮湿、干净、较毛糙的混凝土或水泥砂浆基面上，就可完成防水施工。施工完毕24h后，需用雾状的水每日养护3次，养护3d。但如果通风不畅，湿度较大的环境下则不必养护，只需注意通风。

注：澎内传®（Penetron）防水系统为美国原产地产品，并通过ISO9001认证、NSF环保认证、欧盟EC认证、中国无毒环保产品认证。

第四章	10kV/0.4kV变配电所（站）	第二节 建筑构造
图号	1-4-2-4	图名 变配电所（站）房间对建筑构造要求（四）

全国主要城市夏季通风计算温度表

城市名称	温度/℃	城市名称	温度/℃	城市名称	温度/℃	城市名称	温度/℃	城市名称	温度/℃	城市名称	温度/℃	城市名称	温度/℃
北京市	30	大连	26	盐池	27	济南	31	吉安	34	长沙	33	遵义	29
上海市	32	河北省		中卫	27	青岛	27	赣州	33	株洲	34	毕节	26
天津市	29	承德	28	固原	23	菏泽	31	福建省		芷江	32	咸宁	21
重庆市	33	张家口	27	青海省		临沂	30	建阳	33	邵阳	32	贵阳	28
黑龙江省		唐山	29	西宁	22	江苏省		南平	34	衡阳	34	安顺	25
爱辉	25	保定	31	格尔木	22	连云港	31	福州	33	零陵	33	独山	26
伊春	25	石家庄	31	都兰	19	徐州	31	永安	33	郴州	34	兴仁	25
齐齐哈尔	27	邢台	31	共和	20	淮阴	31	上杭	32	广西壮族自治区		云南省	
鹤岗	25	山西省		玛多	11	南通	31	漳州	33	桂林	32	昭通	24
佳木斯	26	大同	26	玉树	17	南京	32	厦门	31	柳州	32	丽江	22
安达	27	阳泉	28	甘肃省		武进	32	河南省		百色	32	腾冲	23
哈尔滨	26	太原	28	敦煌	30	安徽省		安阳	32	梧州	32	昆明	23
鸡西	27	介休	28	酒泉	26	亳州	31	新乡	32	南宁	32	蒙自	26
牡丹江	27	阳城	29	山丹	25	蚌埠	32	三门峡	31	北海	31	思茅	25
绥芬河	23	运城	32	兰州	26	合肥	32	开封	32	广东省		景洪	31
吉林省		内蒙古自治区		平凉	25	六安	32	郑州	32	韶关	33	西藏自治区	
通榆	28	海拉尔	25	天水	27	芜湖	32	洛阳	32	汕头	31	索县	24
吉林	27	锡林浩特	26	武都	28	安庆	32	商丘	32	广州	31	那曲	22
长春	27	二连浩特	28	新疆维吾尔自治区		屯溪	33	许昌	32	阳江	31	昌都	23
四平	27	通辽	28	阿勒泰	26	浙江省		平顶山	32	湛江	31	拉萨	23
延吉	26	赤峰	28	克拉玛依	30	杭州	33	南阳	32	海南省		林芝	26
通化	26	呼和浩特	26	伊宁	27	舟山	30	驻马店	32	海口	32	日喀则	25
辽宁省		陕西省		乌鲁木齐	29	宁波	32	信阳	32	西沙	30	台湾省	
开原	27	榆林	28	吐鲁番	36	金华	34	湖北省		四川省		台北	31
阜新	28	延安	28	哈密	32	衢州	33	光化	32	广元	32	花莲	30
抚顺	28	宝鸡	30	喀什	29	温州	31	宜昌	33	甘孜	33	恒春	31
沈阳	28	西安	31	和田	30	江西省		武汉	33	南充	33	香港	
朝阳	29	汉中	29	山东省		九江	33	江陵	32	万县	32	香港	31
本溪	28	安康	31	烟台	27	景德镇	34	恩施	32	成都	32		
锦州	28	宁夏回族自治区		德州	31	德兴	33	黄石	33	宜宾	33		
鞍山	28	石嘴山	27	莱阳	29	南昌	33	岳阳	32	西昌	30		
营口	28	银川	27	淄博	31	上饶	33	湖南省		贵州省			
丹东	27	吴忠	27	潍坊	30	萍乡	33	常德	32	思南	32		

注：1. 本表中数据均摘自国家标准《采暖通风与空气调节设计规范》(GBJ 19—87)。
2. 夏季通风室外计算温度可按下式确定：

$$t_{wf} = 0.71 t_p + 0.29 t_{max}$$

式中：t_{wf}——夏季通风室外计算温度，℃；t_p——累年最热月平均温度，℃；t_{max}——累年极端最高温度，℃。

第四章 10kV/0.4kV 变配电所（站）		第二节 建筑构造
图号	1-4-2-5	图名 全国主要城市夏季通风计算温度

安装 S9/S9-M 型变压器

变压器容量/kVA	进出风窗中心高差 h/m	进出风窗面积之比 $F_j:F_c$	进风温度 $t_j=30℃$ 进风窗面积 F_j/m^2	出风窗面积 F_c/m^2	进风温度 $t_j=35℃$ 进风窗面积 F_j/m^2	出风窗面积 F_c/m^2
200~630	2.0	1:1	0.86	0.86	1.61	1.61
		1:1.5	0.70	1.05	1.30	1.96
		1:2	0.63	1.26	1.18	2.36
	2.5	1:1	0.77	0.77	1.44	1.44
		1:1.5	0.63	0.94	1.17	1.75
		1:2	0.57	1.14	1.05	2.10
	3.0	1:1	0.70	0.70	1.31	1.31
		1:1.5	0.57	0.86	1.06	1.60
		1:2	0.52	1.04	0.96	1.92
	3.5	1:1	0.65	0.65	1.21	1.21
		1:1.5	0.53	0.79	0.98	1.48
		1:2	0.48	0.96	0.89	1.78
800~1000	2.0	1:1	1.41	1.41	2.62	2.62
		1:1.5	1.14	1.71	2.11	3.17
		1:2	1.02	2.04	1.92	3.85
	2.5	1:1	1.26	1.26	2.34	2.34
		1:1.5	1.02	1.53	1.89	2.83
		1:2	0.91	1.82	1.72	3.44
	3.0	1:1	1.15	1.15	2.14	2.14
		1:1.5	0.93	1.40	1.72	2.59
		1:2	0.83	1.66	1.57	3.14
	3.5	1:1	1.06	1.06	1.98	1.98
		1:1.5	0.86	1.29	1.60	2.40
		1:2	0.77	1.54	1.45	2.91
1250~2000	2.0	1:1	2.43	2.43	4.53	4.53
		1:1.5	1.97	2.96	3.65	5.48
		1:2	1.76	3.53	3.33	6.65
	2.5	1:1	2.18	2.18	4.05	4.05
		1:1.5	1.77	2.65	3.27	4.90
		1:2	1.58	3.16	2.97	5.95
	3.0	1:1	1.98	1.98	3.70	3.70
		1:1.5	1.61	2.42	2.98	4.48
		1:2	1.44	2.88	2.72	5.43
	3.5	1:1	1.74	1.74	3.43	3.43
		1:1.5	1.49	2.24	2.76	4.14
		1:2	1.33	2.66	2.51	5.03
	4.0	1:1	1.72	1.72	3.20	3.20
		1:1.5	1.40	2.10	2.58	3.88
		1:2	1.25	2.49	2.35	4.70

通风窗的有效面积计算公式，进出风口面积相等时：

$$F_j = F_c = \frac{KP}{4\Delta t}\sqrt{\frac{\xi_j + \alpha^2 \xi_c}{hr_p(r_j - r_c)}}$$

进出风口面积不等时：

$$F_j = \frac{KP}{4\Delta t}\sqrt{\frac{\sum \xi}{hr_p(r_j - r_c)}} \qquad F_c = \frac{F_j}{\alpha}$$

式中：F_j—进风口有效面积，m²；F_c—出风口有效面积，m²；K—因屋顶受太阳热辐射而增加热量的通风面积修正系数；P—变压器全部损耗，kW；Δt—出风口的温差，℃，$\Delta t = t_c - t_j$；$\sum \xi$—进出风口的局部阻力系数和，取 2.3；r_p—平均空气容重，kg/m³；ξ_j—进风口的局部阻力系数，取 1.4；ξ_c—出风口的局部阻力系数，取 2.3；r_j—进风口空气容重，kg/m³；r_c—出风口空气容重，kg/m³；α—进、出风口面积之比。

注：进、出口通风窗的实际面积应为表中查得的有效面积乘以不同的构造系数 K。
金属百叶窗：$K=1.67$；金属百叶窗加铁丝网：$K=2.0$。

第四章 10kV/0.4kV 变配电所（站）		第二节 建筑构造
图号	1-4-2-6	图名 封闭式变压器室通风窗有效面积（一）

安装 SC9/SCB9 型变压器

变压器容量 /kVA	进出风窗中心高差 /m	进出风窗面积之比 $F_j:F_c$	进风温度 $t_j=30℃$ 进风窗面积 F_j/m²	进风温度 $t_j=30℃$ 出风窗面积 F_c/m²	进风温度 $t_j=35℃$ 进风窗面积 F_j/m²	进风温度 $t_j=35℃$ 出风窗面积 F_c/m²
630	2.0	1:1	1.45	1.45	4.09	4.09
	2.0	1:1.5	1.16	1.73	3.27	4.90
	2.5	1:1	1.29	1.29	3.65	3.65
	2.5	1:1.5	1.03	1.55	2.92	4.38
	3.0	1:1	1.18	1.18	3.34	3.34
	3.0	1:1.5	0.94	1.41	2.67	4.00
	3.5	1:1	1.09	1.09	3.09	3.09
	3.5	1:1.5	0.87	1.31	2.47	3.71
800	2.0	1:1	1.69	1.69	4.78	4.78
	2.0	1:1.5	1.35	2.03	3.82	5.73
	2.5	1:1	1.51	1.51	4.37	4.37
	2.5	1:1.5	1.21	1.81	3.50	5.24
	3.0	1:1	1.38	1.38	3.90	3.90
	3.0	1:1.5	1.10	1.65	3.12	4.68
	3.5	1:1	1.28	1.28	3.61	3.61
	3.5	1:1.5	1.02	1.53	2.89	4.33
1000	2.0	1:1	1.95	1.95	5.50	5.50
	2.0	1:1.5	1.56	2.33	4.40	6.60
	2.5	1:1	1.74	1.74	4.92	4.92
	2.5	1:1.5	1.39	2.08	3.93	5.90
	3.0	1:1	1.59	1.59	4.49	4.49
	3.0	1:1.5	1.27	1.90	3.59	5.38
	3.5	1:1	1.47	1.47	4.16	4.16
	3.5	1:1.5	1.18	1.76	3.33	4.99
1250	2.0	1:1	2.36	2.36	6.67	6.67
	2.0	1:1.5	1.89	2.83	5.34	8.00
	2.5	1:1	2.11	2.11	5.96	5.96
	2.5	1:1.5	1.69	2.53	4.77	7.15
	3.0	1:1	1.93	1.93	5.44	5.44
	3.0	1:1.5	1.54	2.31	4.36	6.53
	3.5	1:1	1.78	1.78	5.05	5.05
	3.5	1:1.5	1.43	2.14	4.04	6.05
	4.0	1:1	1.67	1.67	4.72	4.72
	4.0	1:1.5	1.34	2.00	3.77	5.66

安装 SC8/SCB8 型变压器

变压器容量 /kVA	进出风窗中心高差 /m	进出风窗面积之比 $F_j:F_c$	进风温度 $t_j=30℃$ 进风窗面积 F_j/m²	进风温度 $t_j=30℃$ 出风窗面积 F_c/m²	进风温度 $t_j=35℃$ 进风窗面积 F_j/m²	进风温度 $t_j=35℃$ 出风窗面积 F_c/m²
1600	2.0	1:1	2.83	2.83	7.99	7.99
	2.0	1:1.5	2.26	3.39	6.39	9.59
	2.5	1:1	2.53	2.53	7.15	7.15
	2.5	1:1.5	2.02	3.03	5.72	8.57
	3.0	1:1	2.31	2.31	6.52	6.52
	3.0	1:1.5	1.85	2.77	5.22	7.82
	3.5	1:1	2.14	2.14	6.05	6.05
	3.5	1:1.5	1.71	2.56	4.84	7.25
	4.0	1:1	2.00	2.00	5.65	5.65
	4.0	1:1.5	1.60	2.40	4.52	6.78
2000	2.0	1:1	3.40	3.40	9.62	9.62
	2.0	1:1.5	2.72	4.08	7.69	11.53
	2.5	1:1	3.04	3.04	8.60	8.60
	2.5	1:1.5	2.43	3.65	6.88	10.31
	3.0	1:1	2.77	2.77	7.85	7.85
	3.0	1:1.5	2.22	3.33	6.28	9.41
	3.5	1:1	2.57	2.57	7.28	7.28
	3.5	1:1.5	2.06	3.08	5.82	8.73
	4.0	1:1	2.41	2.41	6.80	6.80
	4.0	1:1.5	1.93	2.89	5.44	8.16
2500	2.0	1:1	4.04	4.04	11.42	11.42
	2.0	1:1.5	3.23	4.84	9.13	13.69
	2.5	1:1	3.61	3.61	10.21	10.21
	2.5	1:1.5	2.89	4.33	8.17	12.24
	3.0	1:1	3.30	3.30	9.32	9.32
	3.0	1:1.5	2.64	3.95	7.46	11.18
	3.5	1:1	3.05	3.05	8.64	8.64
	3.5	1:1.5	2.44	3.68	6.91	10.36
	4.0	1:1	2.86	2.86	8.08	8.08
	4.0	1:1.5	2.29	3.43	6.46	9.69

注：此数据摘自《采暖通风与空气调节设计规范》(GBJ 19—87)。

第四章　10kV/0.4kV 变配电所（站）	第二节　建筑构造
图号　1-4-2-7	图名　封闭式变压器室通风窗有效面积（二）

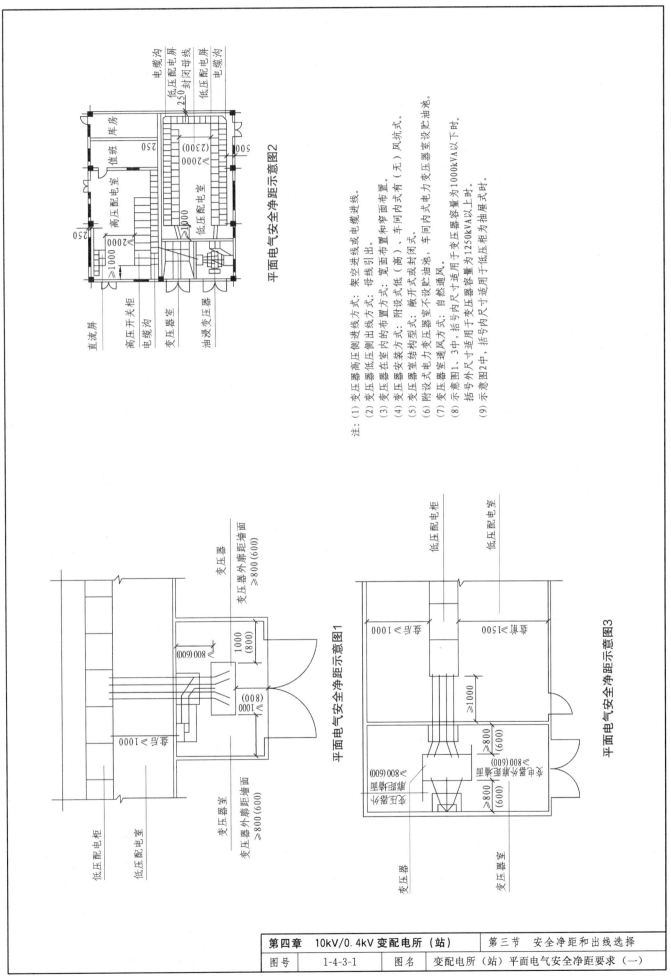

平面电气安全净距示意图2

平面电气安全净距示意图1

平面电气安全净距示意图3

注：
(1) 变压器高压侧进线方式：架空进线或电缆进线。
(2) 变压器低压侧出线方式：母线引出。
(3) 变压器在室内的布置方式：宽面布置和窄面布置。
(4) 变压器安装方式：附设式（高）式布置。
(5) 变压器结构型式：嵌开式或封闭式。
(6) 附设式电力变压器方式：变压器不设贮油池，车间内内式电力变压器室设贮油池。
(7) 变压器室通风方式：自然通风。
(8) 示意图1、3中，括号内尺寸适用于变压器容量为1000kVA以下时，括号外尺寸适用于变压器容量为1250kVA以上时。
(9) 示意图2中，括号内尺寸适用于低压柜为抽屉式时。

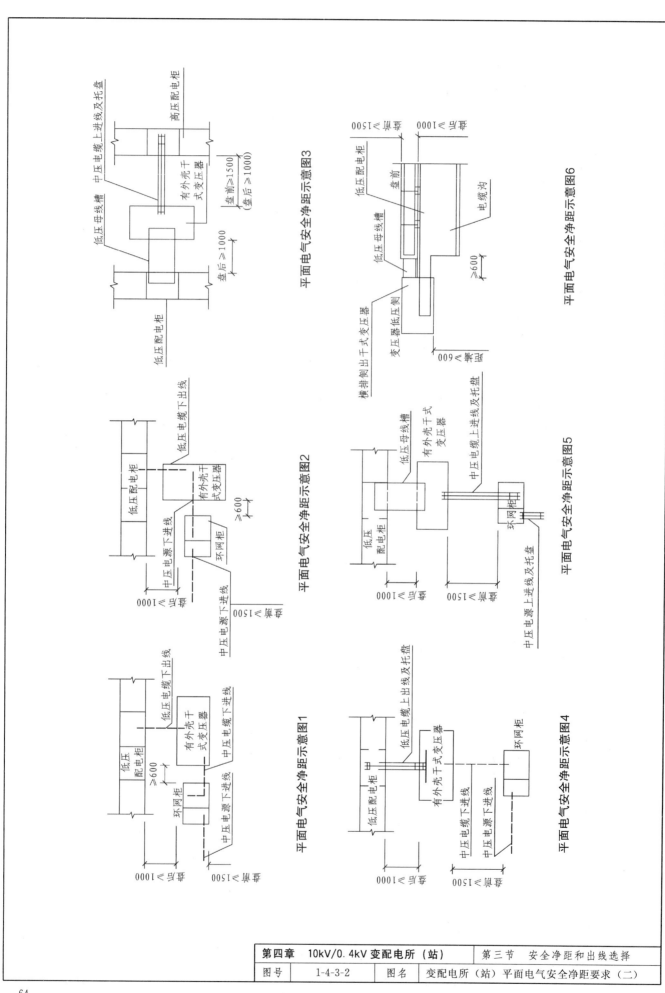

平面电气安全净距示意图3

平面电气安全净距示意图6

平面电气安全净距示意图2

平面电气安全净距示意图5

平面电气安全净距示意图1

平面电气安全净距示意图4

变压器低压侧出线选择和变压器低压侧中性点接地线选择

变压器容量/kVA	变压器低压侧阻抗电压/%	变压器低压侧出线选择				变压器低压侧中性点接地线选择				
		低压电缆出线/mm²		低压母线出线/mm²	母线槽/A	BV电线/mm²	VV电缆/mm²	铜母线/mm²	裸铜绞线/mm²	镀锌扁钢/mm²
		VV-0.6/1kV	YJV-0.6/1kV							
30	4	4×16	4×16			1×16	1×16	15×3	1×16	25×4
50		3×35+1×16	3×25+1×16			1×16	1×16	15×3	1×16	25×4
80		3×70+1×35	3×50+1×25			1×25	1×25	15×3	1×16	25×4
100		3×95+1×50	3×70+1×35			1×25	1×25	15×3	1×25	25×4
125		3×120+1×70	3×95+1×50			1×35	1×35	15×3	1×35	25×4
160		3×185+1×95	3×120+1×70			1×50	1×50	15×3	1×35	25×4
200		3×240+1×120	3×185+1×95			1×50	1×50	15×3	1×35	25×4
250		2(3×150+1×70)	3×240+1×120	3(40×4)+(30×3)	630	1×70	1×70	15×3	1×50	40×4
315		2(3×240+1×120)	2(3×150+1×70)	3(40×5)+(30×4)	630	1×70	1×70	20×3	1×50	40×4
400		3[2(1×185)]+(1×185)	2(3×240+1×120)	3(50×5)+(40×4)	800	1×95	1×95	20×3	1×70	40×4
500		3[2(1×240)]+(1×240)	3[2(1×185)]+(1×185)	3(63×6.3)+(40×5)	1000	1×120	1×120	25×3	1×70	40×5
630	6	3[2(1×400)]+(1×400)	3[2(1×240)]+(1×240)	3(80×6.3)+(50×6.3)	1250	1×150	1×150	25×3	1×95	50×5
800		3[4(1×185)]+2(1×185)	3[2(1×400)]+(1×400)	3(100×6.3)+(50×6.3)	1600	1×120	1×120	30×4	1×95	50×5
1000		3[4(1×240)]+2(1×240)	3[4(1×185)]+2(1×185)	3(100×8)+(80×6.3)	2000	1×150	1×150	30×4	1×95	50×5
1250		3[4(1×400)]+2(1×400)	3[4(1×240)]+2(1×240)	3(125×10)+(63×10)	2500	1×185	1×185	30×4	1×120	63×5
1600			3[4(1×400)]+2(1×400)	3[2(100×10)]+(100×10)	3150		1×240	40×4	1×150	80×5
2000				3[2(125×10)]+(125×10)	4000		1×240	40×4	1×850	100×5
2500				3[3(125×10)]+(125×16)	5000		1×300	40×5	1×240	80×8

注：1. 变压器低压侧出线按环境温度选择铜芯电缆、铜母线、母线槽、过载系数取1.25。温度校正系数取0.887，电缆按河北宝丰集团资料选择。变压器低压侧负荷及零序阻抗等于正序阻抗，变压器低压侧出线5m，短路切除时间0.6s计算。

2. 中性点接地线按变压器Dyn11接法，铜母线、母线。温度系数：单芯电缆并列系数取0.8；多芯电缆温度系数取0.94；YJV型电缆取0.96，VV型电缆取0.9，VV型电缆温度系数取

相关技术参数（一）

变压器型号	额定容量/kVA	损耗/W 空载	损耗/W 负载	外形尺寸/mm L	W	H	M	N	A	D	C	重量/kg 器身	总重
S9-200/10	200	480	2500	1305	975	1440	550	550	2960	925	1055	585	895
S9-250/10	250	560	3050	1360	1184	1496	550	650	3150	980	1125	715	1105
S9-315/10	315	670	3650	1595	985	1521	550	650	3240	1010	1165	820	1245
S9-400/10	400	800	4300	1515	1390	1600	550	750	3780	1085	1555	980	1530
S9-500/10	500	960	5100	1740	1395	1580	660	750	3970	1145	1630	1155	1755
S9-630/10	630	1200	6200	1875	1265	1825	660	850	4230	1199	1800	1430	2195
S9-800/10	800	1400	7500	2040	1275	1900	660	850	4370	1274	1800	1665	2560
S9-1000/10	1000	1700	10300	2000	1460	1950	820	850	4500	1329	1800	1900	3065
S9-1250/10	1250	1950	12000	2130	1660	2015	820	850	4800	1393	1900	2160	3430
S9-1600/10	1600	2400	14500	2190	1680	2075	820	900	5030	1453	2100	2560	4160
S9-2000/10	2000	2520	17820	2395	2400	2530	820	820	5000	2530	1500	2100	3490
S9-M-200/10	200	480	2600	1308	765	1373	550	550	1940	880	1050	545	940
S9-M-250/10	250	560	3050	1365	790	1412	660	660	2065	940	1125	665	1125
S9-M-315/10	315	670	3650	1393	805	1397	660	660	2200	960	1200	820	1250
S9-M-400/10	400	800	4300	1460	840	1537	660	660	2350	1040	1300	980	1400
S9-M-500/10	500	960	5150	1507	840	1660	660	660	4000	1100	1600	1155	1170
S9-M-630/10	630	1200	6200	1702	977	1500	820	820	2800	1140	1600	1345	2235
S9-M-800/10	800	1400	7500	1732	982	1617	820	820	2820	1215	1600	1565	2530
S9-M-1000/10	1000	1700	10300	1810	1050	1660	820	820	2570	1270	1300	1705	2805
S9-M-1250/10	1250	1950	12000	1870	1070	1828	820	820	3300	1380	1900	2032	3370
S9-M-1600/10	1600	2400	14500	1645	1980	1875	820	900	5030	1451	2100	2560	4160
S9-M-2000/10	2000	2536	17800	1720	2296	2147	820	820	5000	2530	1500	2650	5865

外形图

S9型变压器

S9-M型变压器

注：表中数据为参考数据，具体数据请参照厂家样本。

第四章 10kV/0.4kV 变配电所（站）	第四节 变压器与器件选择
图号　1-4-4-1	图名　变压器选择（一）

相关技术参数（二）

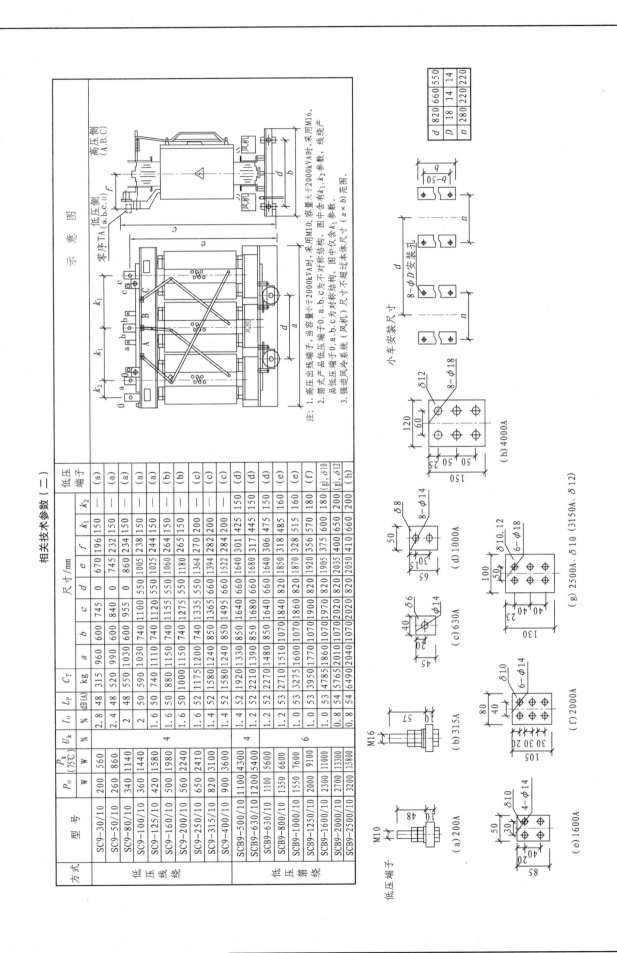

方式	型号	P_O W	P_k(75℃) W	U_k %	I_o %	L_P dB(A)	C_T kg	a	b	c	d	e	f	k_1	k_2	低压端子
低压线绕	SC9-30/10	200	560	4	2.8	48	315	960	600	745	0	670	196	150	—	(a)
	SC9-50/10	260	860		2.4	48	520	990	600	840	0	745	232	150	—	(a)
	SC9-80/10	340	1140		2	48	550	1030	600	955	0	860	234	150	—	(a)
	SC9-100/10	360	1440		2	50	590	1030	740	1100	550	1005	238	150	—	(a)
	SC9-125/10	420	1580		1.6	50	740	1110	740	1120	550	1025	244	150	—	(a)
	SC9-160/10	500	1980		1.6	50	880	1150	740	1155	550	1060	264	150	—	(b)
	SC9-200/10	560	2240		1.6	50	1000	1150	740	1275	550	1180	265	150	—	(b)
	SC9-250/10	650	2410		1.6	52	1175	1200	740	1335	550	1364	270	200	—	(c)
	SC9-315/10	820	3100		1.4	52	1580	1240	850	1365	660	1394	282	200	—	(c)
	SC9-400/10	900	3600		1.4	52	1580	1240	850	1495	660	1522	284	200	—	(c)
低压箔绕	SCB9-500/10	1100	4300	4	1.4	52	1920	1330	850	1640	660	1640	301	425	150	(d)
	SCB9-630/10	1200	5400		1.2	52	2210	1390	850	1680	660	1680	317	445	150	(d)
	SCB9-630/10	1100	5600		1.2	52	2270	1480	850	1640	660	1640	306	475	150	(d)
	SCB9-800/10	1350	6600		1.2	53	2710	1510	1070	1840	820	1850	318	485	160	(e)
	SCB9-1000/10	1550	7600		1.0	53	3275	1600	1070	1860	820	1870	328	515	160	(e)
	SCB9-1250/10	2000	9100	6	1.0	53	3950	1770	1070	1900	820	1920	356	570	180	(f)
	SCB9-1600/10	2300	11000		1.0	53	4785	1860	1070	1970	820	1905	375	600	180	(g),δ10
	SCB9-2000/10	2700	13300		0.8	54	5765	2010	1070	2020	820	2035	400	650	200	(g),δ12
	SCB9-2500/10	3200	15800		0.8	54	6490	2040	1070	2020	820	2050	410	660	200	(h)

注：1. 高压出线端子，当容量小于2000kVA时，采用M10；容量大于2000kVA时，采用M16。
2. 箔式产品低压端子0、a、b、c为不对称结构，图中仅含有k_1、k_2参数。线绕产品低压端子0、a、b、c为对称结构，图中仅含k_1参数。
3. 强迫风冷系统（风机）尺寸不超过本体尺寸（$a \times b$）范围。

d	820	660	550
D	18	14	14
n	280	220	220

8-ϕD 安装孔

小车安装尺寸

低压端子

M10 (a) 200A
M16 (b) 315A
δ6 ϕ14 (c) 630A
δ8 8-ϕ14 (d) 1000A
δ10 6-ϕ14 (e) 1600A
δ10 6-ϕ14 (f) 2000A
δ10,12 6-ϕ18 (g) 2500A、δ10 (3150A、δ12)
δ12 8-ϕ18 (h) 4000A

落地式变压器台器件选择表

变压器容量/kVA		400	500	630	800	1000	1250	备注
变压器阻抗电压/%		4	4	4.5	4.5	4.5	4.5 (5.5)	
变压器额定电流/A	高压 10kV	23.1	28.9	36.4	46.2	57.7	72.2	计算值
	6kV	38.5	48.1	60.6	77.0	96.2	120.3	计算值
	低压 0.4kV	577.4	721.6	909.3	1154.7	1443	1804	计算值
跌落式熔断器额定电流/A 熔管/熔体	10kV	100/50	100/50	100/75	200/100			
	6kV	100/75	100/100	200/100	200/150	200/200		
低压母线规格 TMY	相	50×5	63×6.3	80×6.3	100×6.3	100×8	125×10	
	中	40×4 (50×5)	40×5	40×6.3	50×6.3	80×6.3 (100×8)	63×10 (125×10)	
母线固定金具 MWP	相	101	101	102	103	103	104	
	中	101	101	101	101	102	101	

杆上变压器台熔断丝选择表

变压器容量/kVA		30	50	63	80	100	125	160	200	250	315
高压侧额定电压/kV	高压	10	10	10	10	10	10	10	10	10	10
	低压	6	6	6	6	6	6	6	6	6	6
额定电流/A	高压	1.7	2.9	3.6	4.6	5.8	7.2	9.2	11.5	14.4	18.2
		2.9	4.8	6.1	7.7	9.6	12.0	15.4	19.2	24.0	30.3
	低压	43.3	72.2	91.0	115.5	144.3	180.4	231.0	289.0	361.0	455.0
高压熔丝额定电流/A		10	10	10	10	10	15	15	20	30	30
		10	10	10	15	15	20	30	30	40	50

氧化锌避雷器选择表

额定电压/kV	10	6	0.4/0.23
型号规格	YH5WS–17/50 Y5W–17/50 TB1–10 (A)	YH5WS–10/30 Y5W–10/30	Y3W–0.28/1.3

注: 1. 当跌落式熔断器熔管需用 200A 规格时，可选用 HRW11–10F/200 或 NCX 型。

2. TB1–10A 为带氧化锌避雷器的脱挂式避雷装置，由广东从化电力局、鸿盛机电公司研制。

3. 对 Dyn11 接线的变压器，当用电以大容量单相负荷为主，或以气体放电灯为主时，低压中性母线可取与相线等内规格（与相线等截面）。

第四章	10kV/0.4kV 变配电所（站）	第四节	变压器与器件选择
图号	1-4-4-3	图名	落地式变压器台和杆上变压器台器件选择

一、产品引用标准

标准号	标准名
GB/T 17467	高压/低压预装式变电站 eqvIEC1330：1995
JB/T 10217	组合式变压器
DL/T 537	高压/低压预装箱式变电站选用导则

二、正常使用环境条件（其他使用条件按国家标准相关规定）

项 目	界 限
海拔/m	≤1000□
环境温度/℃	+40～-25□
风速/(m/s)	≤35
相对湿度（25℃时）/%	日平均值≤95 月平均值≤90
地震引发地面加速度/(m/s²)	水平<3 垂直<1.5
安装地点倾斜度	≤3°
安装地点状况	无火灾、爆炸危险、化学腐蚀及剧烈振动，地势较高，避开低洼积水处

三、系统运行条件

名 称	参 数	
额定频率/Hz	50□	60□
额定电压/kV	10□	6□
设备最高电压/kV	12□	7.6□
始端短路电流/kA		
中性点接地方式	不接地□ 小电阻接地□ 其他□	

四、预装式变电站类型

安装地点：户外

供电方式：单端　　　　　　　　　　　□

　　　　　环网（或双端）　　　　　　□

型　　式：组合式变压器（共箱式）　□

　　　　　预装型（改进型组变）　　□

　　　　　紧凑型　　　　　　　　　□

　　　　　普通型　　　　　　　　　□

　　　　　智能型　　　　　　　　　□

五、安全防护与环保要求

（1）高压电气。

高压配电装置应配备带电显示器□，接地故障指示器□并应设有完善的防电气误操作闭锁（五防）。双电源供电两受电开关间应根据不同运行方式装设可靠连锁、机械闭锁。

（2）低压系统。

接地形式为 TN 系统：TN-S□、TN-C-S□、

　　　　　　　　　　　　　　TN-C□

接地形式为 TT 系统□

接地形式为 IT 系统□

（3）设备接地。

箱体应设专用接地导体，其上应设有不少于两个与接地网相连的固定连接端子，并应有明显接地标志。接地端子用不小于 M12 的铜质螺栓，接地铜带截面不小于 30mm²。

（4）箱体全绝缘结构，外观色彩与环境协调。

（5）噪声水平：装用油浸变压器 55dB；装用干式变压器 65dB。

集中居民区推荐用 S11-M、S11、S12-M、S12 卷铁芯变压器。

第四章	10kV/0.4kV变配电所（站）	第五节 户外预装式变配电站
图号	1-4-5-1	图名	户外预装式变配电站技术条件（一）

六、结构要求

（1）箱壳防护等级：IP33。

（2）箱体布置形式：目字形□；品字形□；带操作通道□。

（3）箱体材料：不锈钢□；钢板漆膜□；敷铝锌钢板□；玻纤增强塑料板□；特种玻纤增强水泥预制板□；其他□。

（4）箱体应具备防尘、防雨、防锈蚀、防小动物、防凝露功能。

（5）凡电缆井未附设入口的，应提出在隔室底部设置人孔。

七、变压器有关参数、性能和绝缘水平

（1）变压器及有关参数、性能。

变压器在连续额定容量状态下的温度限值：顶层温升 65K；绕组平均温升 65K。

选　　项	□	□	□	□	□	□	□	□	□	□	□	□
变压器容量/kVA	50	100	160	200	250	315	400	500	630	800	1000	1250
阻抗电压/%	4/4								4.5/6	4.5/6	4.5/6	4.5 (5.5) /6
变压器类别	普通油浸变压器　□　　密封式油浸变压器　□　　干式变压器　□											
变压器型号	S9/S9 - M□/□S10/S10 - M□/□S11/S11 - M□/□S12/S12 - M□/□ 5H11/SH11 - M□/□SH12/SH12 - M□/□SC□SG□											
变比	10kV/0.4kV　　□　　　　6kV/0.4kV　　□											
调压范围	±5%　　±2×2.5%　□　　有载调压　□											
接线组别	Yyn0　　　□　　　Dyn11　　　□											
低压回路数	1 □　　4 □　　6 □　　8 □　　12 □											
冷却方法	自然通风　　□　　机械通风　　□											
绝缘油	优质矿物油　　□　　高燃点油　　□　　其他　　□											
绝缘等级	E □　　H □　　A □											

注：1. 分子/分母分别为油变/干变的参数或普通型/全密封型。

2. 低压回路数包括电容器回路，补偿容量按（15%~30%）S_r 选择。

3. E、H、A 最高温升限值 K 分别为 75℃、125℃、65℃。

（2）变压器的绝缘水平。

选　项	□	□
额定电压/kV	10	6
工频耐压（有效值）/kV	35/28	25/20
冲击耐压（峰值）/kV	75	60

注：分子为油浸变试验值，分母为包封线圈式干变试验值。

八、高压单元

高压电缆进出线	配备全绝缘全屏蔽预制式高压电缆附件电缆截面/mm²		
高压避雷器	氧化锌□		阀型□
高压负荷开关	国产□	二位置□	四位置 T/V□/□
	进口□	压气式□　真空□	SF₆□

九、低压单元

（1）低压主开关类型。

（2）低压分路开关类型。

（3）低压开关技术参数。

项　　目	单位	参　数	
额定电压	V	400	
主回路额定电流	A	2000	
主回路额定短时耐受电流	kA	50（1s）	
分回路额定短时耐受电流	kA	37（1s） 45（1s）	Sₑ≥1000kVA
分回路电流	A	工程决定	

低压无功补偿_____kvar，自动跟踪投切□

十、功能件

计量方式：低压计量□；高压计量□

315kVA及以上变压器应装湿度、温度监测装置□

800kVA及以上油浸式变压器应装气体继电器□

断相保护□；主开关欠压保护□

主开关分励跳闸□；分路漏电保护□

负控装置□；自控排风□

干变风机控制□；凝露控制□

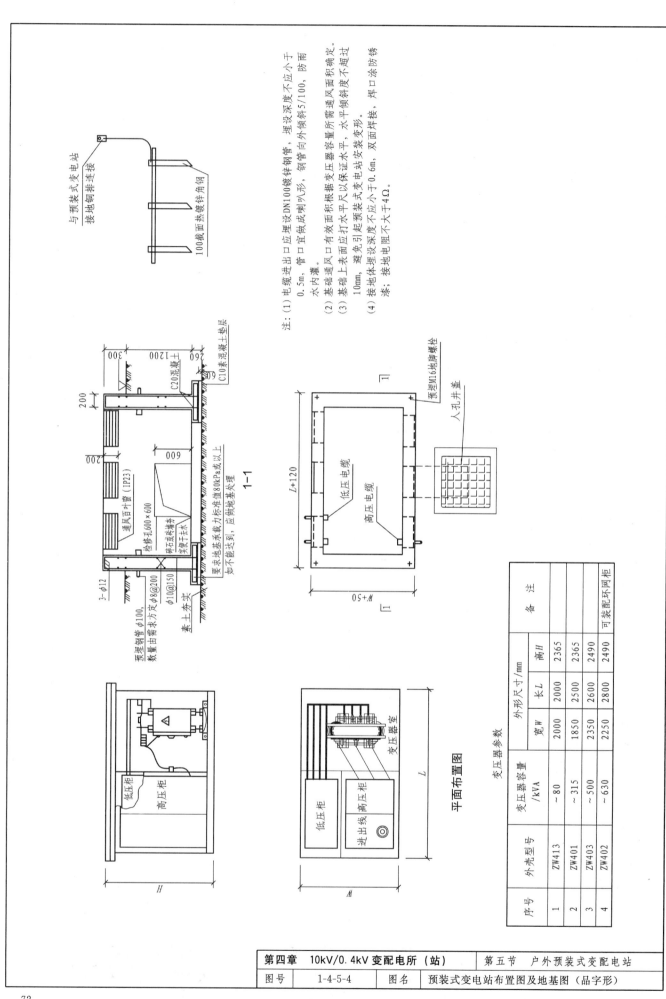

注：(1) 电缆进出口应设埋DN100镀锌钢管，埋设成喇叭形，埋设深度不应小于0.5m，管口宜做成喇叭口状，钢管间外倾斜5/100，防雨水内灌。

(2) 基础通风口有效面积根据变压器容量所需通风面积确定。

(3) 基础上表面应打水平以保证水平，起预装式变电站安装过不超过10mm，避免引起预装式变电站安装变形。

(4) 接地体埋设深度不应小于0.6m，双面焊接，焊口涂防锈漆；接地电阻不大于4Ω。

与预装式变电站接地铜排连接

100截面热镀锌角钢

1-1

平面布置图

变压器参数

序号	外壳型号	变压器容量 /kVA	外形尺寸 /mm			备 注
			宽W	长L	高H	
1	ZW413	~80	2000	2000	2365	
2	ZW401	~315	1850	2500	2365	
3	ZW403	~500	2350	2600	2490	
4	ZW402	~630	2250	2800	2490	可装配环网柜

第四章	10kV/0.4kV 变配电所（站）	第五节 户外预装式变配电站
图号	1-4-5-4	图名	预装式变电站布置图及地基图（品字形）

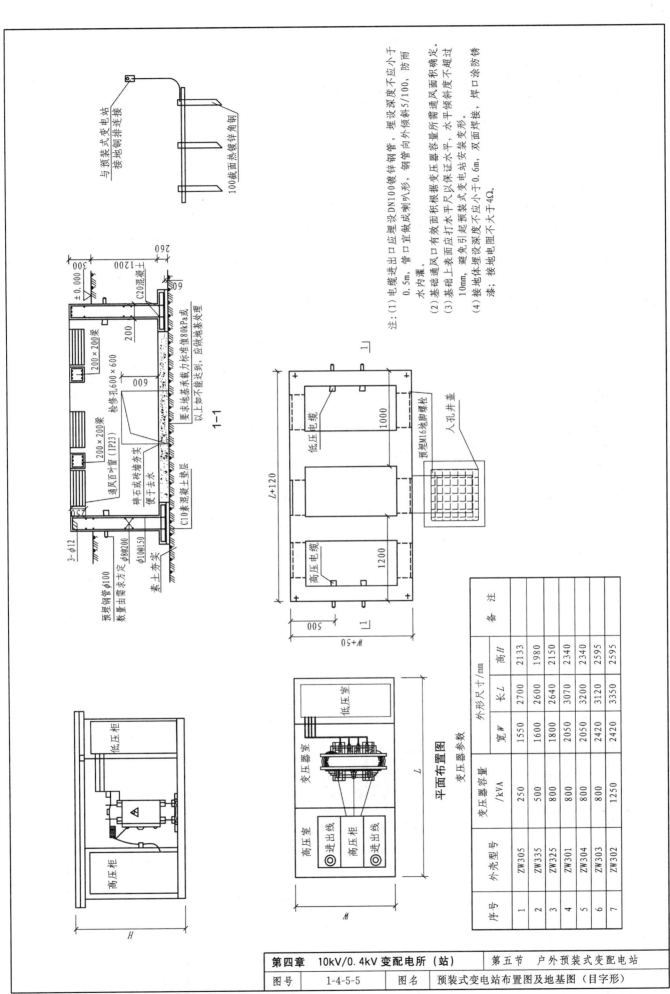

注:(1) 电缆进出口应埋设DN100镀锌钢管,埋设深度不应小于0.5m,管口宜做成喇叭形,钢管向外倾斜5/100,防雨水内灌。

(2) 基础通风口有效面积根据变压器容量确定。

(3) 基础上表面应打水平以保证水平,水平倾斜度不超过10mm,避免引起预装式变电站安装变形。

(4) 接地体埋设深度不应小于0.6m,双面焊接,焊口涂防锈漆;接地电阻不大于4Ω。

平面布置图

变压器参数表

序号	外壳型号	变压器容量/kVA	外形尺寸/mm			备注
			宽W	长L	高H	
1	ZW305	250	1550	2700	2133	
2	ZW335	500	1600	2600	1980	
3	ZW325	800	1800	2640	2150	
4	ZW301	800	2050	3070	2340	
5	ZW304	800	2050	3200	2340	
6	ZW303	800	2420	3120	2595	
7	ZW302	1250	2420	3350	2595	

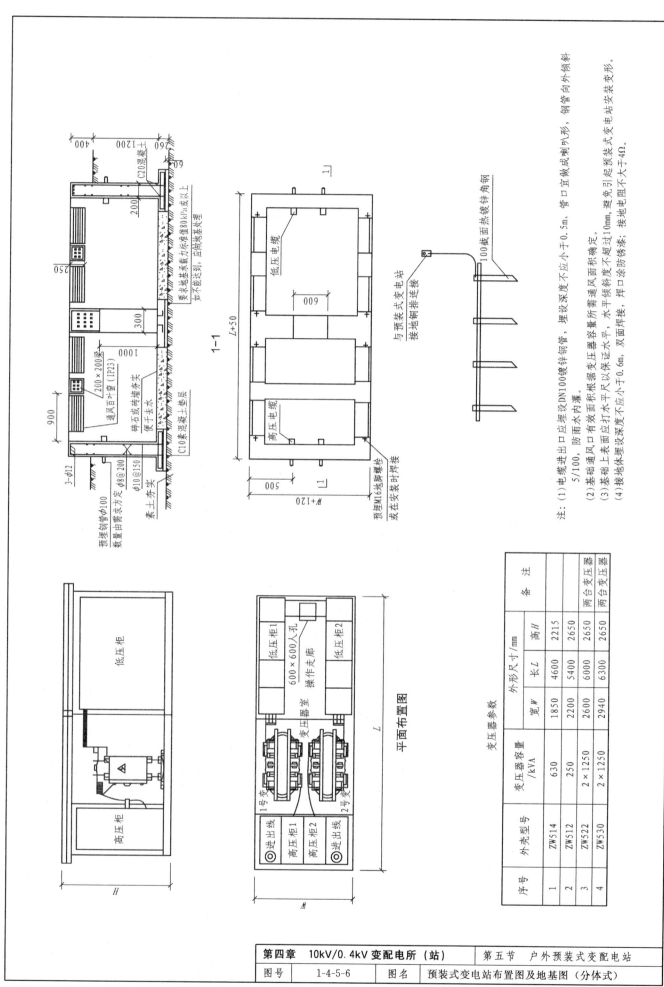

注：(1)电缆进出口应埋设DN100镀锌钢管，埋设深度不应小于0.5m，管口宜做成喇叭形，钢管向外倾斜5/100，防雨水内灌。

(2)基础通风口有效面积根据变压器容量所需通风量确定。

(3)基础上表面应打水平以保证水平，水平倾斜度不超过10mm，避免引起预装式变电站安装变形。

(4)接地体埋设深度不应小于0.6m，双面焊接，焊口涂防锈漆；接地电阻不大于4Ω。

与预装式变电站
接地铜排连接

100截面热镀锌角钢

变压器参数

序号	外壳型号	变压器容量/kVA	外形尺寸/mm			备注
			宽W	长L	高H	
1	ZW514	630	1850	4600	2215	
2	ZW512	250	2200	5400	2650	
3	ZW522	2×1250	2600	6000	2650	两台变压器
4	ZW530	2×1250	2940	6300	2650	两台变压器

平面布置图

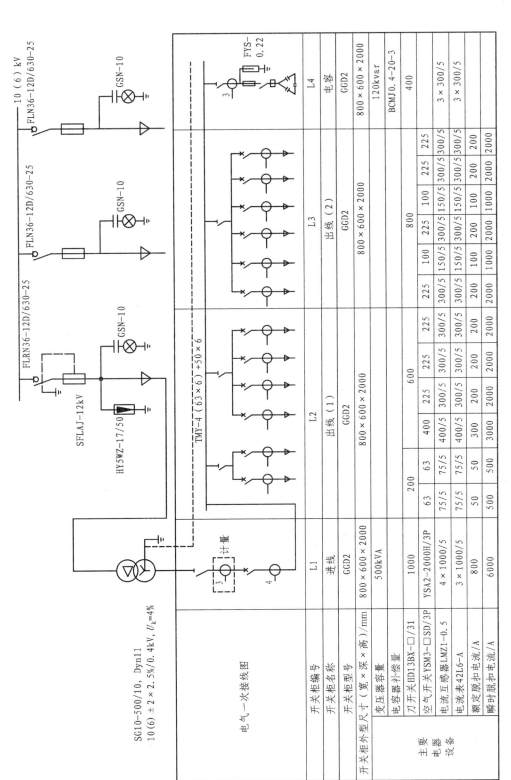

电气概略图（一次主接线图）

电气一次接线图														
开关柜编号	L1		L2					L3					L4	
开关柜名称	进线		出线（1）					出线（2）					电容	
开关柜型号	GGD2		GGD2					GGD2					GGD2	
开关柜外型尺寸（宽×深×高）/mm	800×600×2000		800×600×2000					800×600×2000					800×600×2000	
变压器容量	500kVA													
电容器补偿量													120kvar	
刀开关HD13BX-□/31	1000		600					800					BCMJ0.4-20-3	
空气开关YSM3-□SD/3P	YSA2-2000H/3P												400	
电流互感器LMZ1-0.5	4×1000/5	200	400	225	225			225	225	100	225	225	3×300/5	
电流表42L6-A	3×1000/5	63	400/5	300/5	300/5			300/5	300/5	150/5	300/5	300/5	3×300/5	
额定脱扣电流/A	800	75/5	400/5	300/5	300/5			300/5	300/5	150/5	300/5	300/5		
瞬时脱扣电流/A	6000	50	300	200	200			200	200	100	200	200		
主要电器设备		500	3000	2000	2000			2000	2000	1000	2000	2000		
		63												
		75/5												
		75/5												
		50												

SG10-500/10, Dyn11
10(6)±2×2.5%/0.4kV, U_k=4%

TMY-4（63×6）+50×6

FYS-0.22

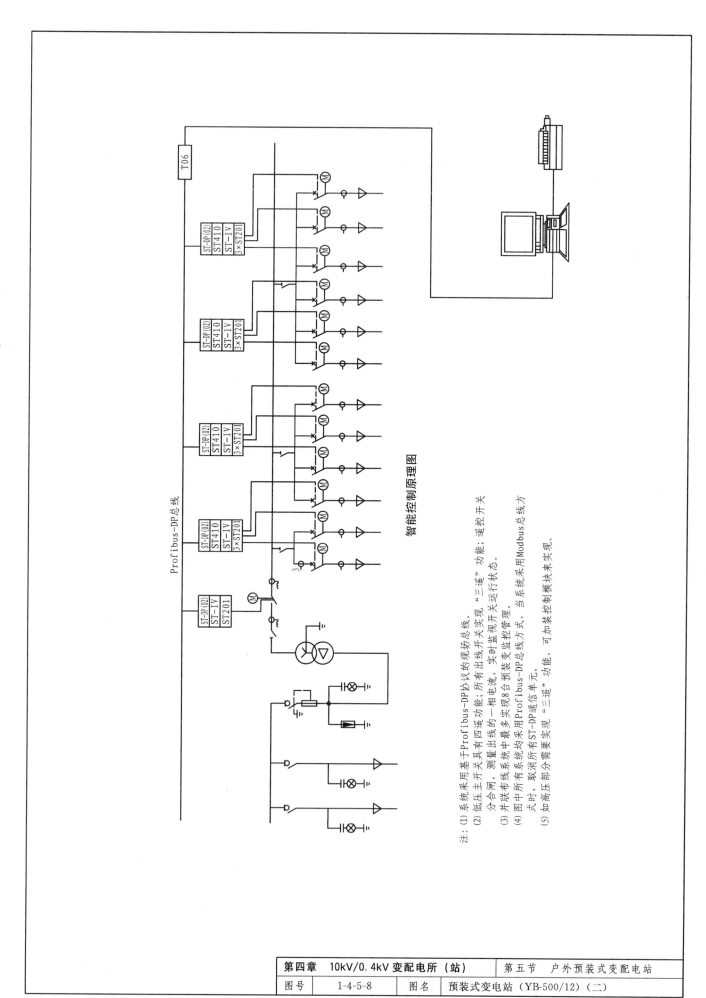

智能控制原理图

注：(1) 系统采用基于Profibus-DP协议的现场总线。

(2) 低压主开关具有四遥功能；所有出线开关实现"三遥"功能；遥控开关分合闸，测量出线的一相电流，实时监视开关运行状态。

(3) 并联布线系统中最多实现8台预装变监控管理。

(4) 图中所有线系统均采用Profibus-DP总线方式，当系统采用Modbus总线方式时，取消所有ST-DP通信单元。

(5) 如高压部分需要实现"三遥"功能，可加装控制模块来实现。

第四章	10kV/0.4kV 变配电所（站）	第五节　户外预装式变配电站
图号	1-4-5-8	图名　预装式变电站（YB-500/12）（二）

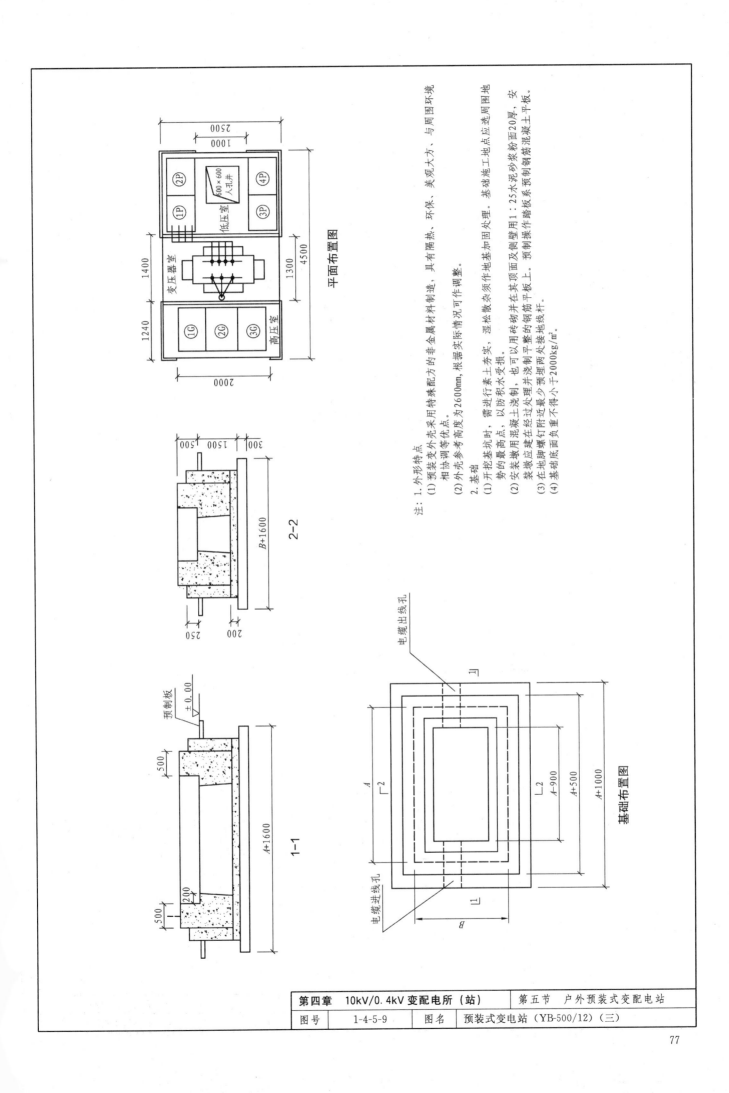

平面布置图

2-2

1-1

基础布置图

注：
1. 外形特点
(1) 预装变外壳采用特殊配方的非金属材料制造，具有隔热、环保、美观大方，与周围国环境相协调等优点。
(2) 外壳参考高度为2600mm，根据实际情况可作调整。
2. 基础
(1) 开挖基坑时，需进行素土夯实，避免积水受损。
(2) 安装墩用混凝土浇制，也可以用砖砌并在其顶面及侧壁用1：25水泥砂浆粉面20厚，安装墩应捷在经过处理平整的钢筋平板上。预制操作踏两处埋地线杆。
(3) 在地脚螺钉防近最少预埋两处接地网。
(4) 基础底面负重不得小于2000kg/m²。

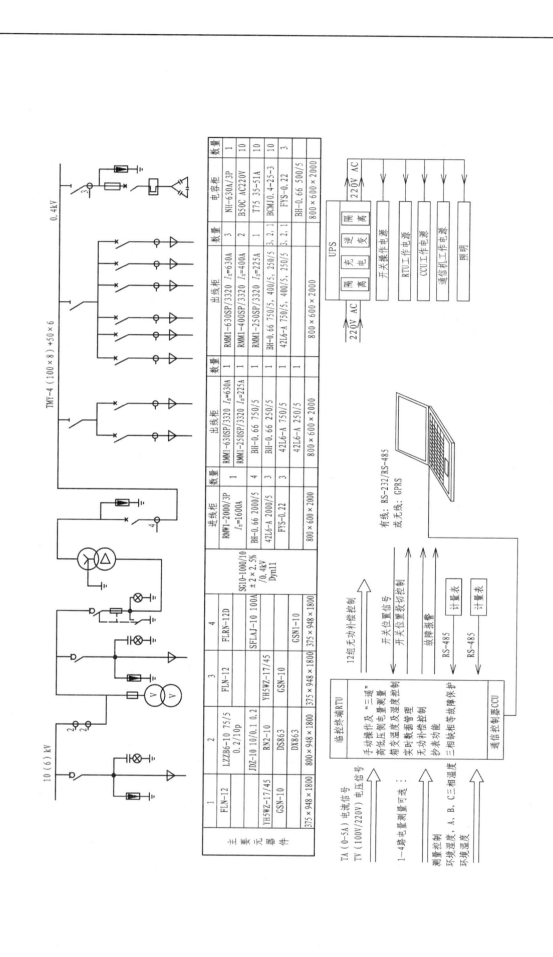

第四章 10kV/0.4kV 变配电所（站）	第五节 户外预装式变配电站
图号　1-4-5-10	图名　预装式变电站（YB-1000/12）电气概略图及自动化流程图

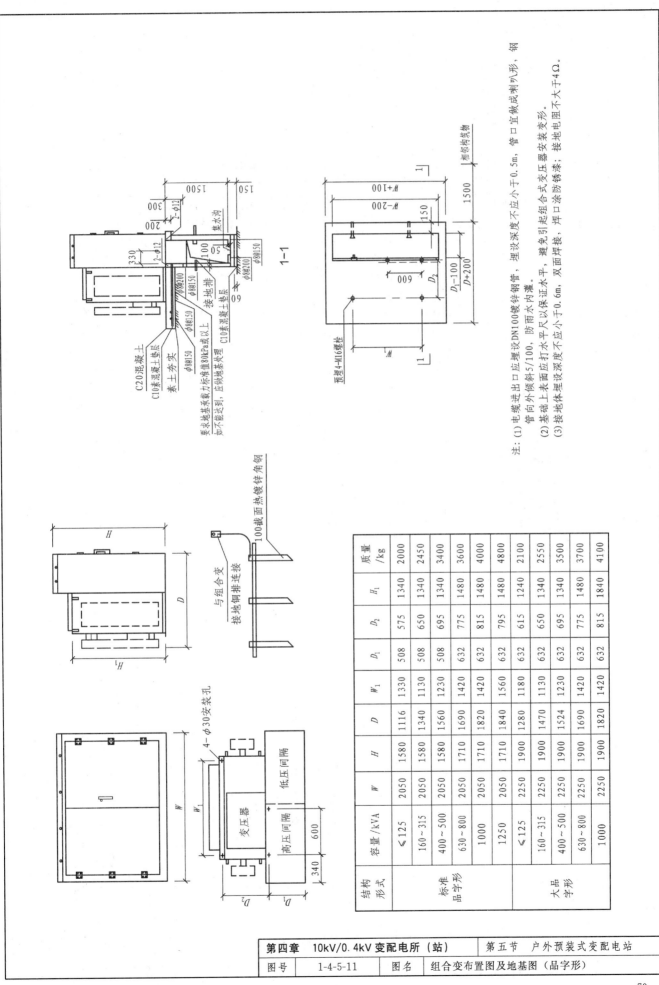

注：(1) 电缆进出口应埋设DN100镀锌钢管，埋设深度不应小于0.5m，管口宜做成喇叭形，钢管向外倾斜5/100，避免引起组合变安装变形。
(2) 基础上表面应打水平以保证水平，防雨水内灌。
(3) 接地体埋设深度不应小于0.6m，双面焊接，焊口涂防锈漆；接地电阻不大于4Ω。

结构形式	容量/kVA	W	H	D	W₁	D₁	D₂	H₁	质量/kg
标准品字形	≤125	2050	1580	1116	1330	508	575	1340	2000
	160~315	2050	1580	1340	1130	508	650	1340	2450
	400~500	2050	1580	1560	1230	508	695	1340	3400
	630~800	2050	1710	1690	1420	632	775	1480	3600
	1000	2050	1710	1820	1420	632	815	1480	4000
	1250	2050	1710	1840	1560	632	795	1480	4800
大品字形	≤125	2250	1900	1280	1180	632	615	1240	2100
	160~315	2250	1900	1470	1130	632	650	1340	2550
	400~500	2250	1900	1524	1230	632	695	1340	3500
	630~800	2250	1900	1690	1420	632	775	1480	3700
	1000	2250	1900	1820	1420	632	815	1840	4100

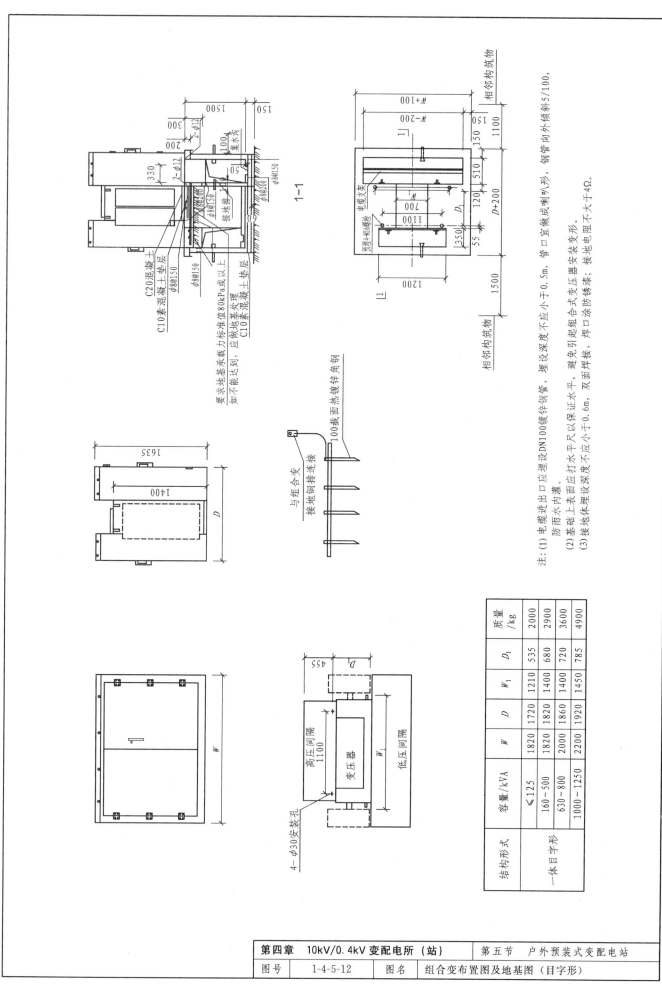

注: (1) 电缆进出口应埋设DN100镀锌钢管, 埋设深度不应小于0.5m, 管口宜做成喇叭形, 钢管向外倾斜5/100, 防雨水内灌。
(2) 基础上表面应打水平尺以保证水平, 避免引起组合式变压器安装变形。
(3) 接地体埋设深度不应小于0.6m, 双面焊接, 焊口涂防锈漆; 接地电阻不大于4Ω。

结构形式	容量/kVA	W	D	W₁	W₁	D₁	质量/kg

结构形式	容量/kVA	W	D	W₁	W₁	D₁	质量 /kg
一体目字形	≤125	1820	1720	1210	1210	535	2000
	160~500	1820	1820	1400	1400	680	2900
	630~800	2000	1860	1400	1400	720	3600
	1000~1250	2200	1920	1450	1450	785	4900

第四章　10kV/0.4kV 变配电所（站）	第五节　户外预装式变配电站
图号　1-4-5-12	图名　组合变布置图及地基图（目字形）

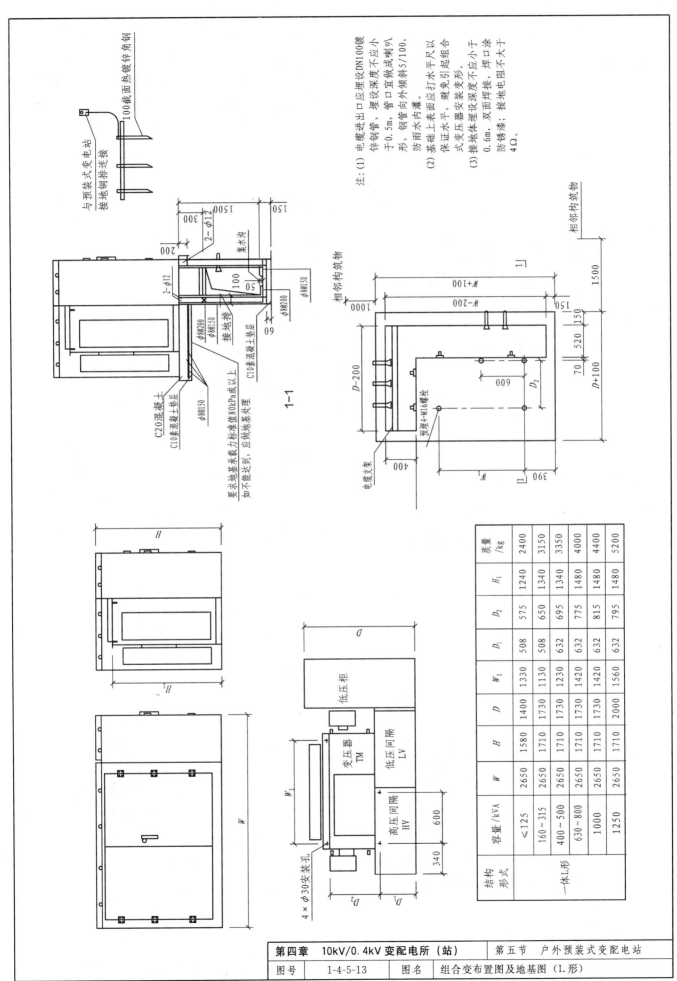

注:(1) 电缆进出口应埋设DN100镀锌钢管,埋设深度不应小于0.5m,管口宜做成喇叭形,钢管向外倾斜5/100,防雨水内灌。
(2) 基础上表面应打水平并起组合式变压器安装水平,保证上表面水平,避免引起安装变形。
(3) 接地体埋设深度不应小于0.6m,双面焊接,焊口涂防锈漆;接地电阻不大于4Ω。

结构形式	容量/kVA	W	H	D	W₁	D₁	D₂	H₁	质量/kg
一体L形	≤125	2650	1580	1400	1330	508	575	1240	2400
	160~315	2650	1710	1730	1130	508	650	1340	3150
	400~500	2650	1710	1730	1230	632	695	1340	3350
	630~800	2650	1710	1730	1420	632	775	1480	4000
	1000	2650	1710	1730	1420	632	815	1480	4400
	1250	2650	1710	2000	1560	632	795	1480	5200

第四章 10kV/0.4kV 变配电所(站) 第五节 户外预装式变配电站

图号 1-4-5-13 图名 组合变布置图及地基图(L形)

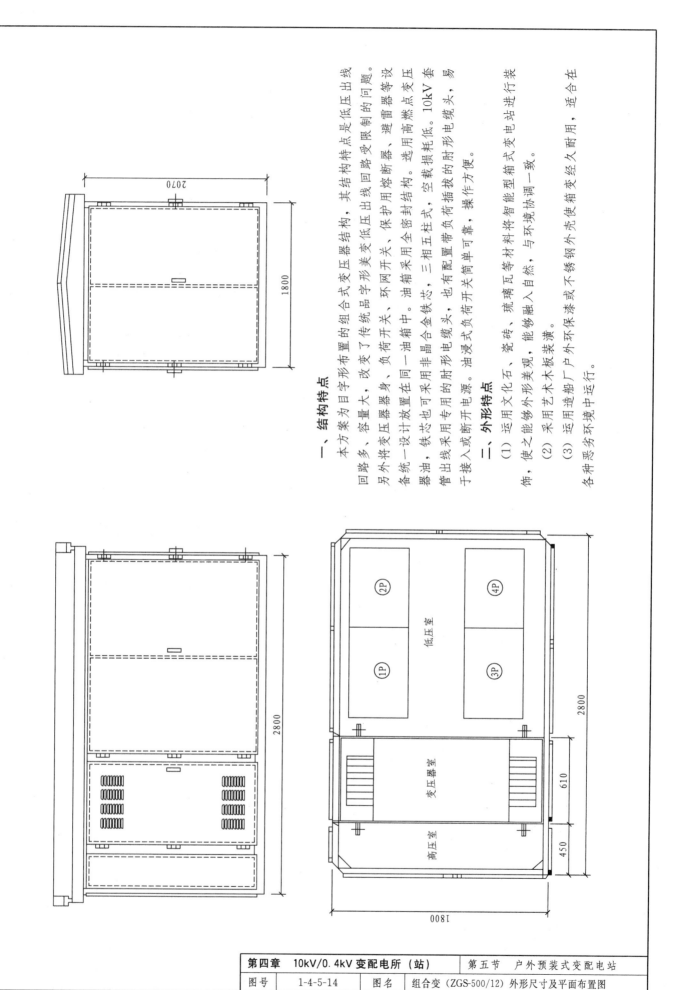

一、结构特点

本方案为目字形布置的组合式变压器结构，其结构特点是低压出线回路多，容量大，改变了传统目字形美变低压出线回路的问题。另外将变压器器身、负荷开关、环网开关、保护用熔断器、避雷器等设备统一设计放置在同一油箱中。油箱采用全密封结构，选用高燃点变压器油，铁芯也可采用非晶合金铁芯，三相五柱式，空载损耗低。10kV套管出线采用专用的肘形电缆头，也有配置带负荷插拔的肘形电缆头，易于接入或断开电源。油浸式负荷开关操作简单可靠，操作方便。

二、外形特点

(1) 运用文化石、瓷砖、琉璃瓦等材料将智能型箱式变电站进行装饰，使之能够外形美观，能够融入自然，与环境协调一致。

(2) 采用艺术木板装潢。

(3) 运用造船厂户外环保漆或不锈钢外壳使箱变经久耐用，适合在各种恶劣环境中运行。

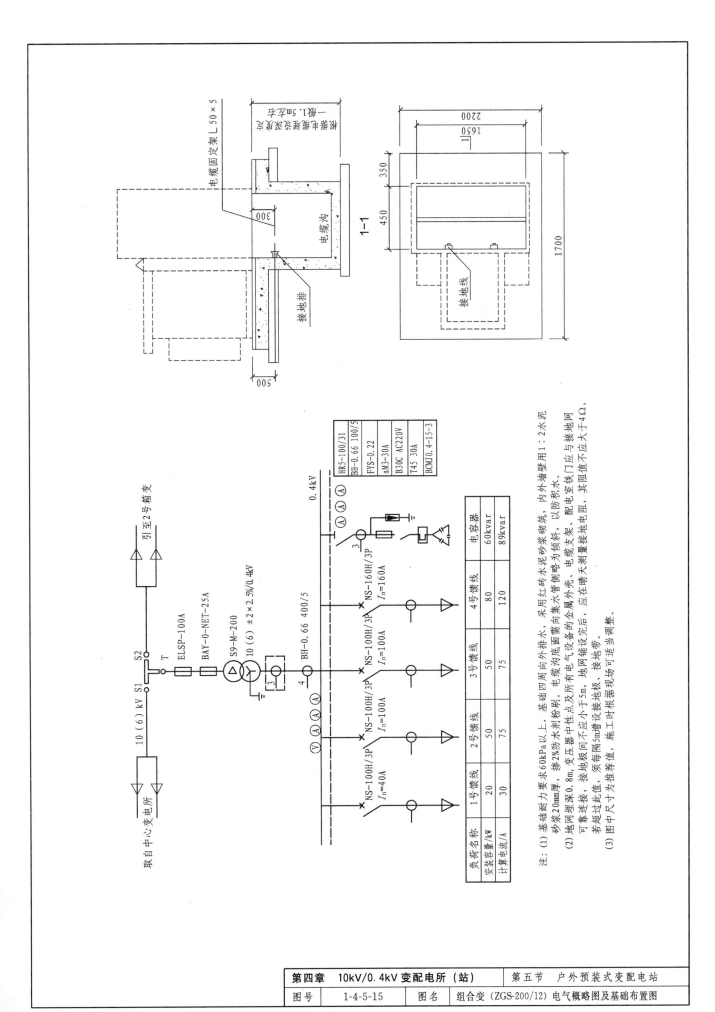

负荷名称	1号馈线	2号馈线	3号馈线	4号馈线	电容器
安装容量/kW	20	50	50	80	60kvar
计算电流/A	30	75	75	120	89kvar

HR5-100/31
BH-0.66 100/5
FYS-0.22
aM3-30A
B30C AC220V
T45 30A
BCMJ0.4-15-3

注: (1) 基础耐力要求60kPa以上, 基础四周向外排水, 基础垫层用1:2水泥砂浆20mm厚, 掺2%防水剂粉刷。采用红砖水泥砂浆砌筑, 内外墙壁用1:2水泥砂浆抹面, 电缆沟底面需向集水管侧面为倾斜, 以防积水。

(2) 接地网埋深0.8m, 变压器中性点及所有电气设备的金属外壳、电缆支架、配电室铁门应与接地网可靠连接, 接地极间不应小于5m, 地网辅设完后, 应在晴天测量接地电阻, 其阻值不应大于4Ω, 若超过此值, 须每隔5m增设接地极。接地带。

(3) 图中尺寸为推荐值, 施工时根据现场可适当调整。

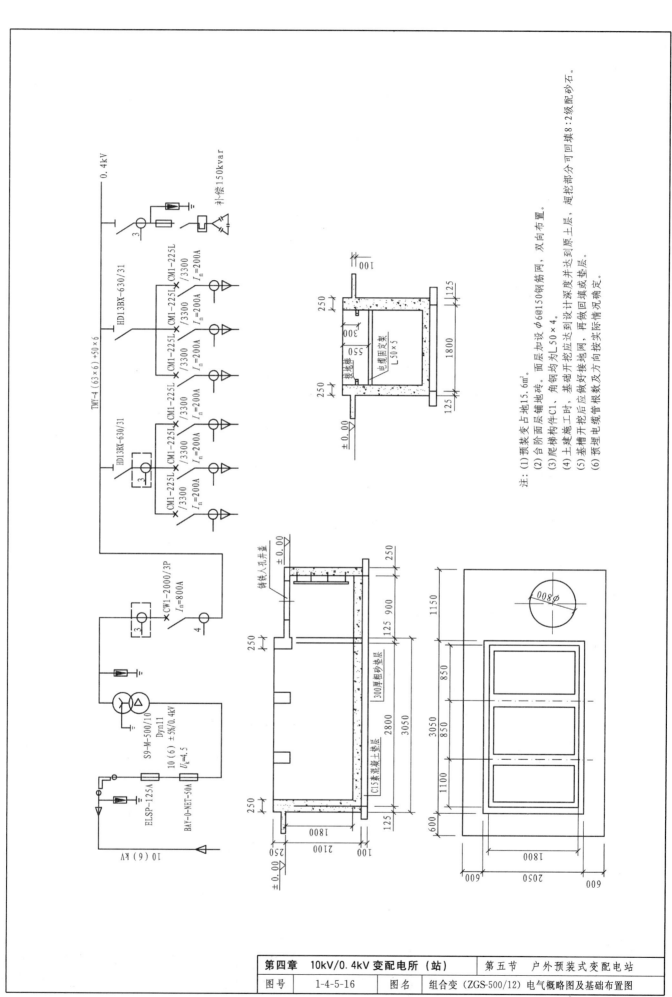

（1）低压电器安装前的检查，应符合下列要求：

1）设备铭牌、型号、规格，应与被控线路或设计相符。

2）外壳、漆层、手柄，应无损伤或变形。

3）内部仪表、灭弧罩、瓷件、胶木电器，应无裂纹痕。

4）螺丝应拧紧。

5）具有主触头的低压电器，触头的接触应紧密，采用 0.05mm×10mm 的塞尺检查，接触两侧的压力应均匀。

6）附件应齐全、完好。

（2）低压电器的安装高度，应符合设计要求。当设计无规定时，应符合下列要求：

1）落地安装的低压电器，其底部宜高出地面 50～100mm。

2）操作手柄转轴中心与地面的距离，宜为 1200～1500mm；侧面操作的手柄与建筑物或设备的距离，不宜小于 200mm。

（3）低压电器的固定，应符合下列要求：

1）低压电器根据其不同的结构，可采用支架、金属板、绝缘板固定在安装梁上或底板上，金属板、绝缘板应平整，板厚应符合设计要求；当采用卡轨支撑安装时，卡轨应与低压电器匹配，并用固定夹或固定螺栓与壁板紧密固定，严禁使用变形或不合格的卡轨。

2）紧固件应采用镀锌制品，螺栓规格应选配适当，电器的固定应牢固、平稳。

3）有防震要求的电器应增加减震装置；其紧固螺栓应采取防松措施。

4）固定低压电器时，不得使电器内部受额外应力。

（4）电器的外部接线，应符合下列要求：

1）接线应按接线端头标志进行。

2）接线应排列整齐、清晰、美观，导线绝缘应良好、无损伤。

3）电源侧进线应接在进线端，即固定触头接线端；负荷侧出线应接在出线端，即可动触头接线端。

4）电器的接线应采用铜质或有电镀金属防锈层的螺栓和螺钉，连接时应拧紧，且应有防松装置。

5）外部接线不得使电器内部受到额外应力。

6）母线与电器连接时，接触面应符合现行母线装置施工及验收规范的有关规定。连接处不同相的母线最小电气间隙，应符合下表的规定。

不同相的母线最小电气间隙

额定电压/V	最小电气间隙/mm
$U \leqslant 500$	10
$500 < U \leqslant 1200$	14

（5）电器的金属外壳、框架的接零或接地，应符合现行接地装置施工及验收规范的有关规定。

（6）低压电器绝缘电阻的测量，应符合下列规定：

1）测量应在下列部位进行，对额定工作电压不同的电器，应分别进行测量。①主触头在断开位置时，同极的进线端及出线端之间；②主触头在闭合位置时，不同极的带电部件之间、触头与线圈之间以及主电路与同它不直接连接的控制和辅助电路（包括线圈）之间；③主电路、控制电路、辅助电路等带电部件与金属支架之间。

2）测量绝缘电阻所用兆欧表的等级及所测量的绝缘电阻值，应符合现行电气设备交接试验标准的有关规定。

（7）低压电器的试验，应符合现行电气设备交接试验标准的有关规定。

第五章	低压电器及低压成套配电设备	第一节 低压电器安装施工
图号	1-5-1-1	图名	低压电器施工安装的一般规定

一、低压断路器

（1）低压断路器安装前的检查，应符合下列要求：

1）衔铁工作面上的油污应擦净。

2）触头闭合、断开过程中，可动部分与灭弧室的零件不应有卡阻现象。

3）各触头的接触平面应平整；开合顺序、动静触头分闸距离等，应符合设计要求或产品技术的规定。

4）受潮的灭弧室，安装前应烘干，烘干时应监测温度。

（2）低压断路器的安装，应符合下列要求：

1）低压断路器的安装，应符合产品技术文件的规定；当无明确规定时，宜垂直安装，其倾斜度不应大于5°。

2）低压断路器与熔断器配合使用时，熔断器应安装在电源侧。

（3）低压断路器操动机构的安装，应符合下列要求：

1）操作手柄或传动杠杆的开、合位置应正确；操作力不应大于产品的规定值。

2）电动操动机构接线应正确；在合闸过程中，开关不应跳跃；开关合闸后，限制电动机或电磁铁通电时间的连锁装置应及时动作；电动机或电磁铁通电时间不应超过产品的规定时间。

3）开关辅助触点动作应正确可靠，接触应良好。

4）抽屉式断路器的工作、试验、隔离3个位置的定位应明显，并应符合产品技术文件的规定。

5）抽屉式断路器空载时进行抽、拉数次应无卡阻，机械连锁应可靠。

（4）低压断路器的接线，应符合下列要求：

1）裸露在箱体外部且易触及的导线端子，应加绝缘保护。

2）有半导体脱扣装置的低压断路器，其接线应符合相序要求，脱扣装置的动作应可靠。

二、低压隔离开关、刀开关、转换开关及熔断器组合电器

（1）隔离开关与刀开关的安装，应符合下列要求：

1）开关应垂直安装。

2）可动触头与固定触头的接触应良好；大电流的触头或刀片宜涂复合脂。

3）安装杠杆操作机构时，应调节杠杆长度，使操作到位且灵活；开关辅助接点指示应正确。

4）开关的动触头与两侧压板距离应调整均匀，合闸后接触面应压紧，刀片与静触头中心线应在同一平面，且刀片不应摆动。

（2）转换开关安装后，其手柄位置指示应与相应的接触片位置相对应；定位机构应可靠；所有的触头在任何接通位置上应接触良好。

（3）带熔断器或灭弧装置的负荷开关接线完毕后，检查熔断器应无损伤，灭弧栅应完好，且固定可靠；电弧通道应畅通，灭弧触头各相分闸应一致。

三、漏电保护器及消防电气设备

（1）漏电保护器的安装、调整试验应符合下列要求：

1）按漏电保护器产品标志进行电源侧和负荷侧接线。

2）带有短路保护功能的漏电保护器安装时，应确保有足够的灭弧距离。

3）在特殊环境中使用的漏电保护器，应采取防腐、防潮或防热等措施。

4）电流型漏电保护安装后，除应检查接线无误外，还应通过试验按钮检查其动作性能，并应满足要求。

（2）火灾探测器、手动火灾报警按钮、火灾报警控制器、消防控制设备等的安装，应按现行国家标准《火灾自动报警系统施工及验收规范》（GB 50166）执行。

四、熔断器

（1）熔断器及熔体的容量，应符合设计要求，并核对所保护电气设备的容量与熔体容量相匹配；对后备保护、限流、自复、半导体器件保护等有专用功能的熔断器，严禁替代。

（2）熔断器安装位置及相互间距离，应便于更换熔体。

（3）有熔断器指示器的熔断器，其指示器应装在便于观察的一侧。

（4）瓷质熔断器在金属底板上安装时，其底座应垫软绝缘衬垫。

（5）安装具有几种规格的熔断器，应在底座旁标明规格。

（6）有触及带电部分危险的熔断器，应配齐绝缘抓手。

（7）带有接线标志的熔断器，电源线应按标志进行接线。

（8）螺旋式熔断器的安装，其底座严禁松动，电源应接在熔心引出的端子上。

五、低压接触器及电动机启动器

（1）低压接触器及电动机启动器安装前的检查，应符合下列要求：

1）衔铁表面无锈斑、油垢；接触面应平整、清洁。可动部分应灵活无卡阻；灭弧罩之间应有间隙；灭弧线圈绕向应正确。

2）触头的接触应紧密，固定主触头的触头杆应固定可靠。

3）当带有常闭触头的接触器与磁力启动器闭合时，应先断开常闭触头，后接通主触头；当断开时应先断开主触头，后接通常闭触头，且三相主触头的动作应一致，其误差应符合产品技术文件的要求。

4）电磁启动器热元件的规格应与电动机的保护特性相匹配；热继电器的电流调节指示位置应调整在电动机的额定电流值上，并应按设计要求进行定值校验。

（2）低压接触器和电动机启动器安装完毕后，应进行下列检查：

1）接线应正确。

2）在主触头不带电的情况下，启动线圈间断通电，主触头动作正常，衔铁吸合后应无异常响声。

（3）可逆启动器或接触器，电气连锁装置和机械连锁装置的动作均应正确、可靠。

（4）星、三角启动器的检查、调整应符合下列要求：

1）启动器的接线应正确；电动机定子绕组正常工作应为三角形接线。

2）手动操作的星、三角启动器，应在电动机转速接近运行转速时进行切换；自动转换的启动器应按电动机负荷要求正确调节延时装置。

（5）自耦减压启动器的安装、调整，应符合下列要求：

1）自耦变压器应垂直安装。

2）油浸式自耦变压器的油面不得低于标定的油面线。

3）减压抽头在 65%～80% 额定电压下，应按负荷要求进行调整；启动时间不得超过自耦减压启动允许的启动时间。

（6）手动操作的启动器，触头压力应符合产品技术文件的规定，操作应灵活。

（7）接触器或启动器均应进行通断检查；用于重要设备的接触器或启动器尚应检查其启动值，并应符合产品技术文件的规定。

（8）变阻式启动器的变阻器安装后，应检查其电阻切换程序、触头压力、灭弧装置及启动值，并应符合设计要求或产品技术文件的规定。

六、继电器及按钮

（1）继电器安装前后的检查，应符合下列要求：

1）可动部分动作应灵活、可靠。

2）表面污垢和铁芯表面防锈剂应清除干净。

（2）按钮的安装应符合下列要求：

1）按钮之间的距离宜为 50～80mm，按钮箱之间的距离宜为 50～100mm，当倾斜安装时，其与水平的倾角不宜小于30°。

2）按钮操作应灵活、可靠、无卡阻。

3）集中在一起安装的按钮应有编号或不同的识别标志，"紧急"按钮应有明显标志，并设保护罩。

第五章　低压电器及低压成套配电设备		第一节　低压电器安装施工
图号	1-5-1-3	图名　低压电器施工技术（二）

七、电阻器及频敏变阻器

（1）电阻器的电阻元件，应位于垂直面上。电阻器垂直安装不应超过四箱；当超过四箱时应另列一组。有特殊要求的电阻器，其安装方式应符合设计规定。电阻器底部与地面间，应留有间隙，并不应小于150mm。

（2）电阻器的接线，应符合下列要求：

1）电阻器与电阻元件的连接应采用铜或钢的裸导体，接触应可靠。

2）电阻器引出线夹板或螺栓应设置与设备接线图相应的标志。

3）多层叠装的电阻箱的引出导线，应采用支架固定，并不妨碍电阻元件的更换。

（3）电阻器内部不应有断路或短路；其直流电阻值的误差应符合产品技术文件的规定。

（4）频敏变阻器的调整，应符合下列要求：

1）频敏变阻器的极性和接线应正确。

2）频敏变阻器的抽头和气隙调整，应使电动机启动特性符合机械装置的要求。

3）频敏变阻器配合电动机进行调整过程中，连续启动数次及总的启动时间，应符合产品技术文件的规定。

一、一般规定

（1）本规定适用于各类配电盘，保护盘，控制盘、屏、台、箱和成套柜等及其二次回路接线安装工程的施工和验收。

（2）盘、柜装置及二次回路接线的安装工程应按已批准的设计进行施工。

（3）盘、柜等在搬运和安装时应采取防振、防潮、防止框架变形和漆面受损等安全措施，必要时可将装置性设备和易损元件拆下单独包装运输。当产品有特殊要求时，尚应符合产品技术文件的规定。

（4）盘、柜应存放在室内或能避雨、雪、风、沙的干燥场所。对有特殊保管要求的装置性设备和电气元件，应按规定保管。

（5）采用的设备和器材，必须是符合国家现行技术标准的合格产品，并有合格证件。设备应有铭牌。

（6）设备和器材到达现场后，应在规定期限内作验收检查，并应符合下列要求：

1）包装及密封良好。

2）开箱检查型号、规格符合设计要求，设备无损伤，附件、备件齐全。

3）产品的技术文件齐全。

4）按本规范要求外观检查合格。

（7）施工中的安全技术措施，应符合规范和国家现行有关安全技术标准及产品技术文件的规定。

（8）设备安装用的紧固件，应用镀锌制品，并宜采用标准件。

（9）盘、柜上模拟母线的标志颜色应符合下表模拟母线的标志颜色的规定：

模拟母线的标志颜色

电压/kV	颜色	电压/kV	颜色	电压/kV	颜色
交流 0.23	深灰	交流 13.8~20	浅绿	交流 220	紫
交流 0.4	黄褐	交流 35	浅黄	交流 330	白
交流 3	深绿	交流 60	橙黄	交流 500	淡黄
交流 6	深蓝	交流 110	朱红	直流 0.22	褐
交流 10	绛红	交流 154	天蓝	直流 500	深紫

注：1. 模拟母线宽度宜为 6~12mm。

2. 设备的模拟涂色时应与相同电压等级的母线颜色一致。

3. 本表不适用于弱电屏以及流程模拟的屏台。

（10）二次回路接线施工完毕在测试绝缘时，应有防止弱电设备损坏的安全技术措施。

（11）安装调试完毕后，建筑物中的预留孔洞及电缆管口应做好封堵。

（12）盘、柜的施工及验收，除按本规范规定执行外，尚应符合国家现行的有关标准规范的规定。

二、要求

与盘、柜装置及二次回路接线安装工程有关的建筑工程施工，应符合下列要求：

（1）与盘、柜装置及二次回路接线安装工程的有关建筑物、构筑物的建筑工程质量，应符合国家现行的建筑工程及验收规范中的有关规定。当设备或设计有特殊要求时，应满足其要求。

（2）设备安装前建筑工程应具备下列条件：

1）屋顶、楼板施工完毕，不得渗漏。

2）结束室内地面工作，室内沟道无积水、杂物。

3）预埋件及预留孔符合设计要求，预埋件应牢固。

4）门窗安装完毕。

5）进行装饰工作时有可能损坏已安装设备或设备安装后不能再进行施工的装饰工作全部结束。

（3）对有特殊要求的设备，安装调试前建筑工程应具备下列条件：

1）所有装饰工作完毕，清扫干净。

2）装有空调或通风装置等特殊设施的，应安装完毕，投入运行。

第五章　低压电器及低压成套配电设备		第二节　盘、柜及二次回路安装施工
图号	1-5-2-1	图名　盘、柜及二次回路接线施工的一般规定和要求

（1）盘、柜基础型钢安装允许偏差的规定见下表：

基础型钢安装的允许偏差

项 目	允许偏差/mm		备 注
	每米	全长	
直线度	＜1	＜5	环形布置按设计要求
平面度	＜1	＜5	
位置误差及平行度	—	＜5	

（2）基础型钢安装后，其顶部宜高出抹平面10mm；手车式成套柜按产品技术要求执行。基础型钢应有明显的可靠接地。

（3）盘、柜安装在振动场所，应按设计要求采取防震措施。

（4）盘、柜及盘、柜内设备与各构件间连接应牢固。主控制盘、继电保护盘和自动装置盘等不宜与基础型钢焊死。

（5）盘、柜单独或成列安装时，其垂直度、水平偏差以及盘、柜面偏差和盘、柜间接缝的允许偏差应符合下表的规定。

盘、柜的安装

项 目		允许偏差/mm
垂直度（每米）		＜1.5
水平偏差	相邻两盘顶部	＜2
	成列盘顶部	＜5
盘面偏差	相邻两盘边	＜1
	成列盘面	＜5
盘间接缝		＜2

模拟母线应对齐、其误差不应超过视差范围，并应完整，安装牢固。

（6）端子箱安装应牢固，封闭良好，并应能防潮、防尘。安装的位置应便于检查；成列安装时，应排列整齐。

（7）盘、柜、台、箱的接地应牢固良好。装有电器的可开启的门，应以裸铜软线与接地的金属构架可靠地连接。成套柜应装有供检修用的接地装置。

（8）成套柜的安装应符合下列要求：

1）机械闭锁、电气闭锁应动作准确、可靠。

2）动触头与静触头的中心线应一致，触头接触紧密。

3）二次回路辅助开关的切换触点应动作准确，接触可靠。

4）柜内照明齐全。

（9）抽出式配电柜的安装尚应符合下列要求：

1）抽屉推拉应灵活轻便，无卡阻、碰撞现象，抽屉应能互换。

2）抽屉的机械连锁装置应动作正确可靠，断路器分闸后，隔离触头才能分开。

3）抽屉与柜体间的二次回路连接插件应接触良好。

4）抽屉与柜体间的接触及柜体、柜架的接地应良好。

（10）手车式柜的安装尚应符合下列要求：

1）检查防止电气误操作的"五防"装置齐全，并动作灵活可靠。

2）手车推拉应灵活轻便，无卡阻、碰撞现象，相同型号的手车应能互换。

3）手车推入工作位置后，动触头顶部与静触头底部的间隙应符合产品要求。

4）手车和柜体间的二次回路连接插件应接触良好。

5）安全隔离板应开启灵活，随手车的进出而相应动作。

6）柜内控制电缆的位置不应妨碍手车的进出，并应牢固。

7）手车与柜体间的接地触头应接触紧密，当手车推入柜内时，其接地触头应比主触头先接触，拉出时接地触头比主触头后断开。

（11）盘、柜的漆层应完整、无损伤。固定电器的支架等应刷漆。安装于同一室内且经常监视的盘、柜，其盘面颜色宜和谐一致。

（1）电器的安装应符合下列要求：

1）电器元件质量良好，型号、规格应符合设计要求，外观应完好，且附件齐全，排列整齐，固定牢固，密封良好。

2）各电器应能单独拆装更换，而不应影响其他电器及导线束的固定。

3）发热元件宜安装在散热良好的地方；两个发热元件之间的连线应采用耐热导线或裸铜线套瓷管。

4）熔断器的熔体规格、断路器的整定值应符合设计要求。

5）切换压板应接触良好，相邻压板间应有足够安全距离，切换时不应碰及相邻的压板；对于一端带电的切换压板，应使在压板断开情况下，活动端不带电。

6）信号回路的信号灯、光字牌、电铃、电笛、事故电钟等应显示准确，工作可靠。

7）盘上装有装置性设备或其他有接地要求的电器，其外壳应可靠接地。

8）带有照明的封闭式盘、柜应保证照明完好。

（2）端子排的安装应符合下列要求：

1）端子排应无损坏，固定牢固，绝缘良好。

2）端子应有序号，端子排应便于更换且接线方便；离地高度宜大于350mm。

3）回路电压超过400V时，端子板应有足够的绝缘，并涂以红色标志。

4）交、直流端子应分段布置。

5）强、弱电端子宜分开布置；当有困难时，应有明显标志，并设空端子隔开或设加强绝缘隔板。

6）正、负电源之间以及经常带电的正电源与合闸或跳闸回路之间，宜以一个空端子隔开。

7）电流回路应经过试验端子，其他需断开的回路宜经特殊端子或试验端子。试验端子应接触良好。

8）潮湿环境宜采用防潮端子。

9）接线端子应与导线截面匹配，不应使用小端子配大截面导线。

（3）二次回路的连接件均采用铜质制品；绝缘件应采用自熄性阻燃材料。

（4）盘、柜的正面及背面各电器、端子牌等应标明编号、名称、用途及操作位置，其标明的字迹应清晰、工整，且不易脱色。

（5）盘、柜上的小母线应采用直径不小于6mm的铜棒或铜管，小母线两侧应有标明其代号或名称的绝缘标志牌，字迹应清晰、工整，且不易脱色。

（6）二次回路的电气间隙和爬电距离应符合下列要求：

1）盘、柜内两导体间，导电体与裸露的不带电的导体间应符合下表允许最小电气间隙及爬电距离的要求。

允许最小电气间隙及爬电距离

额定电压/V	≤60	>60	≤60	>60
	额定工作电流/A			
	电气间隙/mm		爬电距离/mm	
$U \leqslant 60$	3.0	5.0	3.0	5.0
$60 < U \leqslant 300$	5.0	6.0	6.0	8.0
$300 < U \leqslant 500$	8.0	10.0	10.0	12.0

2）屏顶上小母线不同相或不同极的裸露载流部分之间，裸露载流部分与未经绝缘的金属体之间，电气间隙不得小于12mm；爬电距离不得小于20mm。

（7）盘、柜内带电母线应有防止触及的隔离防护装置。

（1）二次回路接线应符合下列要求：

1）按图施工，接线正确。

2）导线与元件间采用螺栓连接、插接、焊接或压接等，均应牢固可靠。

3）盘、柜内导线不应有接头，导线芯线应无损伤。多股导线与端子、设备连接时，应压接相应规格的终端附件。

4）电缆芯线和所配导线的端部均应标明其回路编号，编号应正确，字迹清晰且不易脱色。

5）配线应整齐、清晰、美观，导线绝缘应良好，无损伤。

6）每个接线端子的每侧接线宜为1根，不得超过2根。对于插接式端子，不同截面积的2根导线不得接在同一端子上；对于螺栓连接端子，当接2根导线时，中间应加平垫片。

7）二次回路接地应设专用螺栓。

（2）盘、柜内的配线电流回路应采用电压不低于500V的铜芯绝缘导线，其截面积不应小于2.5mm²；其他回路截面不应小于1.5mm²；对电子元件回路、弱电回路采用锡焊连接时，在满足载流量和电压降及有足够机械强度的情况下，可采用不小于0.5mm²截面积的绝缘导线。

（3）用于连接门上的电器、控制台板等可动部分的导线尚应符合下列要求：

1）应采用多股软导线，敷设长度应有适当裕度。

2）线束应有外套塑料管等加强绝缘层。

3）与电器连接时，端部应绞紧，并应加终端附件或搪锡，不得松散、断股。

4）在可动部位两端应用卡子固定。

（4）引入盘、柜内的电缆及其芯线应符合下列要求：

1）电缆、导线不应有中间接头，必要时，接头应接触良好、牢固，不承受机械拉力，并应保证原有绝缘水平。屏蔽电缆应保证其原有的屏蔽电气连接作用。

2）引入盘、柜的电缆应排列整齐、编号清晰、避免交叉，并应固定牢固，不得使所接的端子排受到机械应力。

3）铠装电缆在进入盘、柜后，应将钢带切断，切断处的端部应扎紧，并将钢带接地。

4）使用静态保护、控制等逻辑回路的控制电缆，应采用屏蔽电缆。其屏蔽层应按设计要求的接地方式予以接地。

5）橡胶绝缘的芯线应用外套绝缘管保护。

6）盘、柜内的电缆芯线，应接垂直或水平有规律地配置，不得任意歪斜交叉连接。备用芯线长度应留有适当余量。

7）强、弱电回路不应使用同一根电缆，并应分别成束分开排列。

8）电缆芯线及绝缘不应有损伤，单股芯线不应因弯曲半径过小而损坏芯线和绝缘。单股芯线弯圆接线时，其弯线方向应与螺栓紧固方向一致。多股软线与端子连接时，应压接相应规格的终端附件。

（5）直流回路中具有水银触点的电器，电源正极应接到水银侧触点的一端。在油污环境中，应采用耐油的绝缘导线。在日光直射环境中，橡胶或塑料绝缘导线应采取防护措施。

第五章 低压电器及低压成套配电设备	第二节 盘、柜及二次回路安装施工
图号 1-5-2-4	图名 二次回路接线要求

一、工程交接验收时应符合的要求

（1）电器的型号、规格符合设计要求。

（2）电器的外观检查完好，绝缘器件无裂纹，安装方式符合产品技术文件的要求。

（3）电器安装牢固、平整，符合设计及产品技术文件的要求。

（4）电器的接零、接地可靠。

（5）电器的连接线排列整齐、美观。

（6）绝缘电阻值符合要求。

（7）活动部件动作灵活、可靠，连锁传动装置动作正确。

（8）标志齐全完好、字迹清晰。

二、通电后应符合的要求

（1）操作时动作应灵活、可靠。

（2）电磁器件应无异常响声。

（3）线圈及接线端子的温度不应超过规定。

（4）触头压力、接触电阻不应超过规定。

三、验收时应提交的资料和文件

（1）变更设计的证明文件。

（2）制造厂提供的产品说明书、合格证件及竣工图纸等技术文件。

（3）安装技术记录。

（4）调整试验记录。

（5）根据合同提供的备品、备件清单。

第五章　低压电器及低压成套配电设备	第三节 低压电器及低压成套配电设备安装工程交接验收要求
图号　　1-5-3-1	图名　　交接验收要求和通电后要求

一、在验收时进行检查的要求

（1）盘、柜的固定及接地应可靠，盘、柜漆层应完好、清洁整齐、标志规范。

（2）盘、柜内所装电器元件应齐全完好，安装位置正确，固定牢固。

（3）所有二次回路接线应准确、连接可靠、标志齐全清晰、绝缘符合要求。

（4）手车或抽屉式开关柜在推入或拉出时应灵活，机械闭锁可靠，照明装置应齐全、完好。

（5）柜内一次设备的安装质量验收要求应符合国家现行有关标准、规范的规定。

（6）用于热带地区的盘、柜应具有防潮、抗霉和耐热性能，按现行热带电工产品通用技术标准的要求验收。

（7）盘、柜及电缆管道安装完后，应做好封堵。可能结冰的地区还应有防止管内积水结冰的措施。

（8）备品、备件及专用工具等应移交齐全。

二、在验收时应提交的资料

（1）工程竣工图。

（2）制造厂提供的产品说明书、调试大纲、试验方法、试验记录、合格证件及安装图样等技术文件。

（3）变更设计的证明文件。

（4）根据合同提供的备品、备件清单。

（5）安装技术记录。

（6）调整试验记录。

三、在验收时应提交的文件

（1）变更设计的证明文件。

（2）制造厂提供的产品说明书、试验记录、合格证件及安装图样等技术文件。

（3）安装技术记录。

（4）备品、备件清单。

第五章　低压电器及低压成套配电设备	第三节 低压电器及低压成套配电设备安装工程交接验收要求
图号　1-5-3-2	图名　交接验收应提交资料和文件

一、住宅分类

（1）多层住宅：是指 7 层及以下居住类建筑。

（2）小高层住宅：是指 8～18 层居住类建筑。

（3）高层住宅：是指 19 层及以上居住类建筑。

（4）超高层住宅：是指建筑高度超过 100m 的居住类建筑。

（5）高级住宅：是指建筑装修标准高和设有空气调节系统的住宅。

二、住宅项目配电设施建设基本规定

（1）住宅项目配电设施的建设应坚持统一规划的原则，应与电力网的运行现状、规划相结合，建设标准应安全、经济、适用，宜适度超前。

（2）住宅项目配电设施建设工程接入方式应满足电力系统安全和经济的要求，调度运行方式灵活，在满足供电可靠性的前提下力求简洁。

（3）住宅项目配电设施建设工程设备的选型应执行国家有关技术经济政策，选用运行安全可靠、技术先进、经济合理、维护方便、操作简单、环保节能的设备，应采用典型设计、典型设备，做到标准化、规范化，避免同类设备多种型号混用。选用配电设备应为具有良好运行业绩的产品，禁止使用国家明令淘汰及运行故障多、安全可靠性差的产品。

三、供电方案的内容

供电方案是指电力供应的具体实施计划。供电方案包括：供电方式，负荷分级，供电电源位置，出线方式，供电线路敷设，供电回路数、走径、跨越，电能计量方式，电能质量及无功补偿，电能信息采集装置，重要负荷，保安电源配置，调度通信及自动化，非线性负荷治理，产权分界等内容。

四、供电电源点确定的一般原则

（1）电源点应具备足够的供电能力，能提供合格的电能质量，以满足用户的用电需求；在选择电源点时应充分考虑各种相关因素，确保电网和用户端受电装置的安全运行。

（2）对多个可选的电源点，应进行技术经济比较后确定。

（3）根据用户的负荷性质和用电需求，确定电源点的回路数和种类。

（4）根据城市地形、地貌和城市道路规划要求，就近选择电源点。由规划部门审批路径时同时确定电缆或架空方式供电。电源路径应短捷顺直，减少与道路交叉，避免近电远供、迂回供电。

（5）居住区终期配变容量在 1500kVA 及以下时，可就近接入电网公共连接点。

（6）居住区终期配变容量在 1500kVA 以上时，应接入公用开关站。

（7）居住区终期配变容量在 3000kVA 及以上时，应新建开关站。

开关站作为变电站 10kV 母线的延伸，应能实现区域内 10kV 电能开闭和负荷再分配，具备 2 路及以上进线，8 路及以上出线，高压母线采用单母分段结构，站内可设配电变压器向就地用户供电，一般按户内方式建设。

（8）居住区终期配变容量在 30000kVA 及以上，在项目立项阶段应按城市电网规划同步预留公用变电站建设用地及电缆通道。用地规模由供电企业依照相关规范提出，作为市政基础设施用地报当地城市规划部门审批。

五、用电容量的确定方法

（1）住宅项目用电容量配备的基本标准为：建筑面积 50m² 及以下的住宅，基本配置容量每户 4kW；建筑面积 50m² 以上、120m² 及以下的住宅，基本配置容量每户 8kW；建筑面积 120m² 以上、150m² 及以下的住宅，基本配置容量每户 12kW；建筑面积 150m² 以上的住宅，基本配置容量每户 16kW；独栋别墅按实际需求配置容量。政府另有规定的按政府相关文件规定执行。

（2）居住区内公共设施负荷按实际设备容量计算，设备容量不明确时，按负荷密度估算：物业管理类 $60\sim100\mathrm{W/m^2}$；商业（会所）类 $100\sim150\mathrm{W/m^2}$。

（3）变压器配置容量计算方法：变压器配置容量 $=\sum$（用电负荷 $\times K_\mathrm{p}$），配置系数 K_p 应按下表选用：

序号	变压器供电范围内住宅户数	配置系数 K_p
1	200 户以下	0.6
2	200 户及以上	0.5
3	低压供电公建设施	0.8

配置系数是指配置变压器的容量（kVA）或低压配电干线馈送容量（kVA）与居住区低压用电负荷（kW）之比值，根据变压器或低压配电干线所供居民住宅总户数的多少，综合考虑同时率、功率因数、设备负载率等因素确定。

六、变压器台数和容量的选择

（1）为提高供电可靠性，降低线损，较大规模的住宅小区内的公用变压器应遵循小容量、多布点、靠近负荷中心的原则进行配置。

（2）箱变一般用于施工用电、临时用电场合、架空线路入地改造地区，以及现有配电室无法扩容改造的场所，新建住宅小区建设时应尽量减少箱变的使用，尽可能采用配电室供电方式，当小区前期建设无配电室土建位置时方采用箱变。

（3）小区变配电室内变压器容量和台数，应按实际需要设置，土建部分按最终规模一次建成。配电室宜设两台或两台以上变压器，两台变压器的低压宜采用互联方式，便于变压器经济运行。油浸式变压器、干式变压器单台容量不应超过800kVA，油浸式变压器标准序列选用200kVA、315kVA、400kVA、630kVA、800kVA；干式变压器标准序列选用200kVA、315kVA、500kVA、630kVA、800kVA。

（4）柱上油浸式变压器的单台容量不应超过400kVA，标准序列选用200kVA、315kVA、400kVA。

配电变压器指将 10kV/20kV 电压等级变压成为 400V 电压等级的配电设备，简称配变，按绝缘材料可分为油浸式配变（简称油变）、干式配变（简称干变）。

（5）预装式箱式变单台容量不应超过 630kVA，标准序列选用 315kVA、400kVA、630kVA。

预装式变电站也称为箱式变电站或组合式变电站，指由中压开关、配电变压器、低压出线开关、无功补偿装置和计量装置等设备共同安装于一个封闭箱体内的户外配电装置。

七、开关站、配电室设置原则

（1）对于以小高层、高层住宅为主、负荷比较集中的居住区以及别墅区，采用电缆＋中压开关站＋配电室方式，双电源或双回路供电。

（2）开关站、配电室原则上应单独设置，进出线方便，接近市政道路或小区道路，与周边总体环境相协调，满足环保、消防等要求，没有条件时可与建筑相结合。原则上设置在地面以上，如受条件所限，可设置在地下，但必须做到：如果有负二层及以下，配电室设置在负一层；如果仅有负一层，配电室地面高度应比负一层地面高 300mm 以上，地下层内并应有排水设施。居住区内应考虑其中一个配电室具备存放安全工器具、备品、备件等运行维护物品的功能。

（3）开关站、配电室与建筑结合时，应避免与居民住宅直接为邻，尽量安排在物业、办公、商场用房等公建内，但建筑物使用的各种管道，不能在站内通过，同时上层不能设置厕所、浴室、厨房或其他用水场所，防止漏水。当开关站、配电室的正上方、正下方为住宅、客房、办公室等场所时，开关站、配电室应作屏蔽、减震、隔声措施。变压器设置在建筑物楼层内时，应采取防止变压器与建筑物共振的措施。

（4）独立设置的开关站、配电室，其外观造型、建筑风格、建筑细节、建筑色彩和其外立面主要材质应与周围环境统一协调，融入整体环境中，进出电缆管线应隐蔽设置。

一、开关站、配电室基本要求

（1）站内一般采用自然通风，通风必须完全满足设备散热的要求，同时要考虑事故排风装置，并设置防止雨、雪及小动物从通风设施等通道进入室内的措施。

（2）站内采用SF_6开关时，应设置SF_6浓度报警仪，底部应加装强制排风装置，并设置专用排风通道抽排至室外地面。

（3）开关站、配电室的消防要求：

1）耐火等级不应低于二级，门窗应采用非燃烧材料。

2）站内应具有两条以上人员进出通道。变压器室的门、配电室的门应向外开启。相邻配电室间的门从消防角度考虑应单向开启。

3）站内应配备手持式干粉和二氧化碳灭火器，在室内设置专用灭火器具安置的场所，设置地点应明显和便于取用。

4）高层建筑物内的中压开关站、配电室等，必须设置有火灾报警装置。

（4）开关站、配电室的照明要求：

1）照明电源电压采用220V低压电源，电源来自低压站用电屏（箱）。

2）站内的裸导体的正上方，不应布置灯具和明敷线路。当在站内裸导体上方布置灯具时，灯具与裸导体的水平净距不应小于1m，灯具不得采用吊链和软线吊装。操作走廊的灯具距地面高度应大于3m。

3）照明配电箱不应采用可燃物制作，导线引出线孔应光滑无毛刺，照明配电箱上应标明用电线路的名称。

4）每个站（室）配置一套事故照明装置。

（5）地下中压开关站、配电室的特殊要求：

1）地下中压开关站、配电室的净高度一般不小于3.9m；若有管道通风设备或电缆沟的还需增加通风管道或电缆沟的高度。

2）地下或半地下中压开关站、配电室，具有能保证人员和设备进出的通道，设备通道高度为站内最高设备高度加0.3m，其最小宽度为站内最大设备宽度加1.2m。如无设备进出通道，则应在地面建筑内设置专用吊物孔，占用面积及高度应保证最大设备能起吊和进出。

二、电缆基本要求

（1）中压电缆截面配置原则。

充分考虑满足将来负荷增长的需要，按远景规模设置，并满足系统短路容量要求。主干线应选用$3 \times 400mm^2$、$3 \times 300mm^2$，支线应选用$3 \times 240mm^2$、$3 \times 120mm^2$、$3 \times 70mm^2$（选用前应校验短路电流）。

（2）低压干线及分接表箱电缆截面配置原则：

1）单根电缆供电容量计算方法。

单根电缆供电容量＝∑供电范围内居民住宅负荷$\times K_p$，配置系数K_p应按下表选用：

序号	供电范围内居民住宅户数	配置系数K_p
1	3户及以下	1.0
2	3户以上，12户以下	不小于0.8
3	12户及以上，36户及以下	不小于0.7
4	36户以上	不小于0.6

2）单根电缆截面的配置。

为了满足居民住宅负荷十年自然增长而不更换电缆的要求，单根电缆截面按以下要求配置：①在上述计算供电容量的基础上$\times 1.5$，作为选择电缆截面的供电容量；②由以上供电容量计算出电流值，再根据电流值选择电缆截面。0.4kV低压电缆主干线推荐采用$240mm^2$、$185mm^2$，分支线采用$120mm^2$、$70mm^2$、$35mm^2$。

三、居住区负荷分级

居住区供配电设施负荷分级表

类别	用电设备（或场所）名称	负荷等级
高层和超高层住宅	消防用电、走道照明、客梯电力、排污泵、变频调速（恒压供水）生活水泵、建筑面积大于5000m²的人防工程	一级负荷
小高层住宅	消防用电、客梯电力、排污泵、交频调速（恒压供水）生活水泵、主要通道及楼梯间照明、建筑面积不大于5000m²的人防工程	二级负荷
	不属于一级和二级负荷的其他负荷	三级负荷
地下汽车库（含人防工程）	基本通信设备、应急通信设备、柴油电站配套的附属设备、应急照明	一级负荷
	重要的风机、水泵 三种通风方式装置系统 正常照明 洗消用电加热淋浴器 区域水源的用电设备 电动防护密闭门、电动密闭门和电动密闭阀门	二级负荷
	不属于一级和二级负荷的其他负荷	三级负荷

注：本条规定不包括居住区内的大型公共建筑的用电负荷，其负荷分级参照相关标准执行。

四、居住区内部中压供电方式

（1）居住区一般应采用电缆＋中压开关站＋配电室方式，双电源或双回路供电。个别情况可采用架空线路＋柱上变压器方式或电缆＋箱交方式，单电源供电。

（2）根据居住区规模及负荷分级，居住区供电方式可分为5种类型：A类、B类、C类、D类、E类。

五、A类供电方式

（1）适用于包含有超高层、高层、小高层住宅的居住区、高档居住区及别墅区等，区内具有一级、二级负荷。

（2）采用双回路供电（有条件时采用双电源），自同一变电站（中压开关站）引出双回线路，接入区内中压开关站，在区内形成环网供电，见下图。

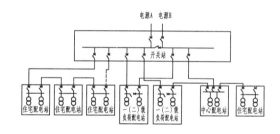

A类供电方式

六、B类供电方式

（1）适用于仅包含7层及以下居住类建筑的居住区，区内无一级、二级负荷。

（2）采用单环式供电，出自变电站（中压开关站）的中压母线的单回馈线构成单环网，开环运行。有条件时电源可取自不同变电站（中压开关站），见下页图。

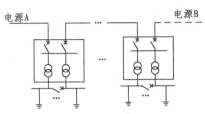

说明：虚线表示各地市可根据实际情况决定是否采用联络。

B 类供电方式

七、C 类供电方式

（1）适用于独栋的高层、小高层居住类建筑。

（2）采用配电室方式，并应采用双电源供电，参见下图；负荷密度很大时单个配电室内可设置 4 台变压器。

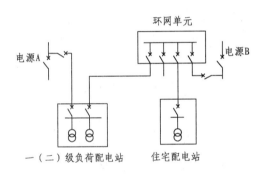

C 类供电方式

　　环网单元：也称环网柜，用于中压电缆线路分段、联络及分接负荷。按使用场所可分为户内环网单元和户外环网单元；按结构可分为整体式和间隔式。

八、D 类供电方式

（1）适用于零星多层（9 层及以下）居住类建筑。

（2）采用电缆＋箱式变电站方式，单电源供电，见下图。

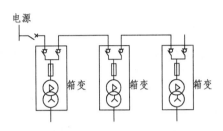

D 类供电方式

九、E 类供电方式

（1）适用于不带电梯的保障性居住类建筑。

（2）采用架空线路＋柱上变压器方式，单电源供电，见下图。

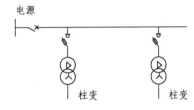

E 类供电方式

十、居住区低压供电方式

（1）低压配电网，一般采用放射式结构，供电半径不宜大于 150m。经核算能确保满足居民用电电压质量时，可根据实际情况适当延长至 250m。超过 250m 时需进行电压质量校核。

（2）公建设施供电的低压线路及桥架，不得与住宅供电的低压线路及桥架共用。

（3）多层住宅低压供电，以住宅楼单元为供电单元，采用经低压电缆分接箱向各单元放射式供电。

（4）小高层住宅，根据用电负荷的具体情况，可以采用放射式或树干式向楼层供电。

（5）高层住宅，宜采用分区树干式供电；向高层住宅供电的竖井内干线，宜采用低压密集型母线，并根据负荷要求分段供电。小高层建筑，低压垂直干线选用电缆。

十一、低压电缆分接箱的设置和接入规定

电缆分接箱是用于电缆线路中分接负荷的配电装置，不能用作线路联络或分段。

（1）分接箱应装设在用电负荷中心的位置。

（2）住宅楼应采用经低压电缆分接箱向各住宅单元放射式供电的接入方式。

（3）分接箱内应预留1~2个备用间隔。

（4）通过电缆接入时应根据现场施工条件等因素采取管、沟敷设方式，不宜直埋。进住宅单元时应设转角井。穿越道路时应采取加固等保护措施，敷设上应避免外部环境等因素影响。

十二、低压电缆敷设规定

（1）在居住区内，采用穿保护管、沟槽或电缆桥架敷设方式。

（2）进入住宅楼，采用穿保护管或电缆竖井敷设方式。电缆竖井应单独设立，不具备条件时可与通信电缆共用，但应分别在竖井两侧敷设或采取隔离措施以防止干扰；不得与煤气、自来水共用。

十三、电缆通道配置规定

（1）电缆管道与其他管线的间距需满足相关规程要求。

（2）敷设电力电缆应采用穿保护管、沟槽或电缆桥架敷设方式。

（3）穿越住宅小区车辆道路、停车场等区域，应采用抗压力保护管。其他区域应采用非金属保护管，上部敷设水泥盖板。

（4）电缆中间接头处可设置中间井，或采用直埋加装保护盒敷设方式，保护盒宜采用玻璃钢材料（无碱或低碱）。

（5）在集中敷设地区应视现场实际情况多敷设实际使用管数20%（最低不少于2孔）的保护管作为事故备用孔。

（6）所有电缆排管建设时应同时考虑通信光缆的通道要求。

（7）在电缆终端头、电缆接头、电缆井的两端，电缆上应装设标志牌，注明电缆编号、型号、规格及起止地点。

（8）电缆路径上应设立明显标志，采用多种形式的标志标明下有电缆管道，标志应与小区环境协调。

第六章 新建住宅小区配电工程建设		第一节 住宅小区与供电方案
图号	1-6-1-6	图名	住宅小区配电工程规划和设计（四）

一、10kV开关柜

（1）在满足系统技术参数的条件下，10kV开关柜推荐使用节能型、小型化、无油化、免检修、少维护的高可靠性设备。

（2）10kV开关柜采用成套式开关柜，即移开式开关柜、固定式环网型开关柜。其中断路器或负荷开关均可选用真空型或SF₆型，其操作机构为电动/手动弹簧机构或永磁操作机构，断路器及其操作机构应为一体化设备。

（3）采用环网柜的开关站方案中，断路器为电动/手动操作机构，进线间隔设单相电压互感器、计量装置，各间隔均装设面板式接地故障短路指示器。

（4）开关柜应具有完善"五防"闭锁功能。

（5）开关柜应有电动操作功能，并配自动化通信接口。

（6）防护等级不低于IP4X要求。

二、0.4kV开关柜

（1）低压开关柜宜选用分立元件拼装框架式产品，并绝缘封闭。开关柜宜采用抽屉式或固定柜（GGD），防护等级不低于IP31规定，并具有安全认证标志（3C）。

（2）低压进线总开关和分段开关宜采用框架式空气断路器，额定极限短路分断能力达到65kA。低压分路采用塑壳断路器或框架式断路器，额定极限短路分断能力达到50kA，配电子脱扣器，三段保护。

（3）低压开关柜的外壳应优先采用敷铝锌钢板，钢板厚度不小于2mm。

三、10kV电力电缆

（1）10kV电压等级应选用三芯统包型交联聚乙烯绝缘电力电缆。

（2）根据使用环境可采用防水外护套、阻燃型，

电缆线路的土建设施如不能有效保护电缆时，应选用铠装电缆。

（3）三相统包电缆的金属电力电缆载流量的计算和选取应结合敷设环境统筹考虑，应考虑不同环境温度、不同管材热阻系数、不同土壤热阻系数及多根电缆并行敷设时等各种载流量校正系数来综合计算。

（4）除根据不同的供电负荷和电压损失进行选择后，还应综合考虑温升、热稳定、安全和经济运行等因素。

四、0.4kV电缆和低压电缆分接箱

（1）0.4kV电缆应采用交联聚乙烯绝缘铜芯电缆或铝合金电缆。低压电缆进出站室集中敷设时，应选用A类阻燃电缆。

（2）低压分支箱外壳采用高强度复合SMC环保型壳体或其他高强度非金属壳体。

（3）低压分支箱母排采用全绝缘铜母排。

（4）低压分支箱分路一般控制在4～6路，分路若采用低压开关，额定电流选用200A和400A。

（5）低压分支箱结构应紧凑合理，密封良好，具有较高的防水性能。

五、10kV变压器

（1）配电变压器应根据技术发展，选用节能环保型、低损耗、低噪声的电力变压器（如非晶合金变压器、卷铁芯变压器等）。油浸式变压器应选用全密封变压器，其噪声水平应低于45dB，干式变压器噪声水平应低于48dB。

（2）接线组别为Dyn11。

（3）型号：

1）油浸式变压器宜选用11型及以上。

2）干式变压器宜选用10型及以上。

第六章　新建住宅小区配电工程建设			第二节　住宅小区配电工程主要设备材料选型
图号	1-6-2-1	图名	10kV电气设备选型

一、欧式箱变

（1）欧式箱变应优先选择紧凑型、全密封、全绝缘结构。外壳应满足正常户外使用条件，优先选择GRC外壳材料。箱体应有安全可靠的防护性能，防护等级不低于IP33要求。

（2）箱变应能够安全而且方便地进行正常的操作、检修和维护；外观应美观并尽量与周边环境相适应，具有良好的视觉效果。

（3）高压单元可根据实际需要配置，应采用2～3个单元，进出线均应配备带电显示器、故障指示器。

（4）高压室应装设可兼容终端负荷开关、空气环网开关、SF_6环网。环网柜宜优先采用SF_6全充气式，确保人安全，真正做到免维护。其主要参数应满足环网柜的要求。

（5）箱变低压总开关应采用框架式空气断路器，额定极限短路分断能力达到65kA。并具有微处理器的电子式控制器；低压出线开关采用塑壳断路器，额定极限短路分断能力选到50kA，配电子脱扣器，三段保护。

（6）箱变内应装设无功补偿装置。

二、美式箱变

（1）美式箱变外壳防护等级应不低于IP33规定。

（2）美式箱变的高压侧应采用二工位负荷开关（终端型），变压器带两级熔断器保护。应配置肘形全绝缘氧化锌避雷器，可带负荷拔插的肘形绝缘头（额定电流200A）。进出线电缆头处均应配备带电显示器、故障指示器。

（3）美式箱变低压不设置总开关，低压馈出回路出线数一般配置4～6路，采用塑壳断路器，塑壳断路器有过载及短路保护，额定极限短路分断能力达到50kA。

（4）美式箱变内应装设无功补偿装置。

三、居民照明集中装表电能计量箱

（1）居民住宅用电实行一户一表计量方式。应采用远程自动抄表方式。

（2）多层住宅表箱宜集中安装在1～2层的楼道间内。高层住宅一般情况下每4～6层装设一个集中表箱，集中表箱表位数不宜超过16位，当表位数超过16位时，应选择适当楼层增设集中表箱。楼道间或竖井内装表处应按表位数预留位置，并留有足够的检修、维护空间。

（3）单户住宅（含别墅）用电，应采用单户表箱。表箱应安装在户外，便于抄表和维护，安装有防雨和防阳光直射计量表计等防护措施，以减少表计的故障发生，延长表计的使用年限。

（4）导线保护管应进入表箱内，保护导线不受损坏。

（5）表箱之间供电电源，可通过加装低压电缆分接箱方式连接，不允许在表箱之间串接。

一、配电变压器电能计量装置配置要求

（1）采用公建设施专用变压器供电时，应采用高供高计的计量方式，同步设计，同步建设、同步投运用电信息采集装置（专变采集终端）。计量用电流互感器二次绕阻与电能表之间采用分相接线方式，对三相三线制接线的电能计量装置，其2台电流互感器二次绕组与电能表之间宜采用四线连接。

（2）采用公用变压器供电时，应在低压总出线侧安装电能计量装置，同步设计、同步建设、同步投运用电信息采集装置（集中器）。对于箱式变压器，可直接在计量室装设电能计量装置及用电信息采集装置（集中器）。计量用电流互感器二次绕组与电能表之间采用分相接线方式。三相四线制连接的电能计量装置，其3台电流互感器二次绕组与电能表之间宜采用六线连接。

（3）互感器二次回路的连接导线应采用铜质单芯绝缘线。对电流二次回路，连接导线截面积应按电流互感器的额定二次负荷计算确定，至少应不小于4mm²。对电压二次回路，连接导线截面积应按允许的电压降计算确定，至少应不小于2.5mm²。

（4）电能表应配置符合国家电网公司、中国南方电网公司企业标准的智能电能表，其通信规约应符合《多功能电能表通信协议》（DL/T 645）的要求，具有两个及以上独立RS-485通信接口。

（5）电能计量装置的精确度等级符合标准《电能计量装置技术管理规程》（DL/T 448）。

二、低压用户电能计量装置配置要求

（1）新建住宅配电工程项目的每个最终用电客户均应设置计量点，并具备用电信息采集功能。低压用电客户电能计量装置及用电信息采集装置由智能电能表、采集器、集中、低压三相动力计量箱、低压居民型计量箱、低压电流互感器、断路器及接户线等组成。

（2）计量电能表优选单相远程费控智能电能表（载波）、单相远程费控智能电能表。

（3）单相电能表宜选用5（60）A规格。三相电能表依负荷情况选定标定电流，标定电流分为10（60）A和1.5（6）A两种。

（4）计量箱宜采用如SMC等耐腐蚀非金属材料外壳。

三、用电信息采集装置配置要求

（1）用电信息采集系统远程通信可采用光纤网络方式、GPRS/CDMA等无线通信方式，或MODEM等其他有线通信方式。

（2）用电信息采集系统本地通信宜采用载波通信方式，采集器通过RS-485通信方式采集智能电能表信息，集中器通过载波通信方式采集采集器或智能电能表信息。

（3）用电信息采集系统装置（专变终端、集中器、采集器）应符合国家电网公司《电力用户用电信息采集系统功能规范》（Q/GDW 373）等标准。

第六章　新建住宅小区配电工程建设	第二节　住宅小区配电工程主要设备材料选型
图号　1-6-2-3	图名　电能计量装置配置要求

（1）低压配电电压应采用 220V/380V。带电导体系统的型式宜采用单相二线制、两相三线制、三相三线制和三相四线制。

（2）在正常环境的车间或建筑物内，当大部分用电设备为中小容量，且无特殊要求时，宜采用树干式配电。

（3）当用电设备为大容量，或负荷性质重要，或在有特殊要求的车间、建筑物内，宜采用放射式配电。

（4）当部分用电设备距供电点较远，而彼此相距很近、容量很小的次要用电设备，可采用链式配电，但每一回路环链设备不宜超过 5 台，其总容量不宜超过 10kW。容量较小用电设备的插座，采用链式配电时，每一条环链回路的设备数量可适当增加。

（5）在高层建筑物内，当向楼层各配电点供电时，宜采用分区树干式配电；但部分较大容量的集中负荷或重要负荷，应从低压配电室以放射式配电。

（6）平行的生产流水线或互为备用的生产机组，根据生产要求，宜由不同的回路配电；同一生产流水线的各用电设备，宜由同一回路配电。

（7）在 TN 及 TT 系统接地形式的低压电网中，宜先用 Dyn11 接线组别的三相变压器作为配电变压器。

注：TN 系统——在此系统内，电源有一点与地直接连接，负荷侧电气装置的外露可导电部分则通过保护线（PE 线）与该点连接。

TT 系统——在此系统内，电源有一点与地直接连接，负荷侧电气装置的外露可导电部分连接的接地极和电源的接地极无电气联系。

（8）在 TN 及 TT 系统接地型式的低压电网中，当选用 Yyn0 接线组别的三相变压器时，其由单相不平衡负荷引起的中性线电流不得超过低压绕组额定电流的 25%，且其一相的电流在满载时不得超过额定电流值。

注：Yyn0 接线组别的三相变压器是指表示其高压绕组为星形、低压绕组亦为星形且有中性点和"0"接线组别的三相变压器。

（9）当采用 220V/380V 的 TN 及 TT 系统接地形式的低压电网时，照明和其他电力设备宜由同一

台变压器供电。必要时也可单独设置照明变压器供电。

（10）由建筑物外引入的配电线路，应在室内靠近进线点便于操作维护的地方装设隔离电器。

1）当维护、测试和检修设备需断开电源时，应设置隔离电器。

2）隔离电器应使所在回路与带电部分隔离，当隔离电器误操作会造成严重事故时，应采取防止误操作的措施。

3）隔离电器宜采用同时断开电源所有极的开关或彼此靠近的单极开关。

4）隔离电器可采用下列电器：

①单极或多极隔离开关、隔离插头；

②插头与插座；

③连接片；

④不需要拆除导线的特殊端子；

⑤熔断器。

5）半导体电器严禁作隔离电器。

（11）通断电流的操作电器可采用下列电器：

1）负荷开关及断路器。

2）继电器及接触器。

3）半导体电器。

4）10A 及以下的插头与插座。

（12）低压配电设计所选用的电器，应符合国家现行的有关标准，并应符合下列要求：

1）电器的额定电压应与所在回路标称电压相适应。

2）电器的额定电流不应小于所在回路的计算电流。

3）电器的额定频率应与所在回路的频率相适应。

4）电器应适应所在场所的环境条件。

5）电器应满足短路条件下的动稳定与热稳定的要求。用于断开短路电流的电器，应满足短路条件下的通断能力。

（13）验算电器在短路条件下的通断能力，应采用安装处预期短路电流周期分量的有效值，当短路点附近所接电动机额定电流之和超过短路电流的 1% 时，应计入电动机反馈电流的影响。

第七章　建筑物内配电工程		第一节　建筑物内低压配电规定
图号	1-7-1-1	图名　建筑物内低压配电基本规定

（1）一级负荷的供电电源应符合下列规定：

1）一级负荷应由两个电源供电；当一个电源发生故障时，另一个电源不应同时损坏。

2）一级负荷中特别重要的负荷，除由两个电源供电外，尚应增设应急电源，并严禁将其他负荷接入应急供电系统。

（2）下列电源可作为应急电源：

1）独立于正常电源的发电机组。

2）供电网络中独立于正常电源的专用的馈电线路。

3）蓄电池。

4）干电池。

（3）根据允许中断供电的时间可分别选择下列应急电源：

1）允许中断供电时间为15s以上的供电，可选用快速自启动的发电机组。

2）自投装置的动作时间能满足允许中断供电时间的，可选用带有自动投入装置的独立于正常电源的专用馈电线路。

3）允许中断供电时间为毫秒级的供电，可选用蓄电池静止型不间断供电装置、蓄电池机械贮能电机型不间断供电装置或柴油机不间断供电装置。

4）应急电源的工作时间，应按生产技术上要求的停车时间考虑。当与自动启动的发电机组配合使用时，不宜少于10min。

（4）符合下列情况之一时，用电单位宜设置自备电源：

1）需要设置自备电源作为一级负荷中特别重要负荷的应急电源时或第二电源不能满足一级负荷的

条件时。

2）设置自备电源较从电力系统取得第二电源经济合理时。

3）有常年稳定余热、压差、废气可供发电，技术可靠、经济合理时。

4）所在地区偏僻，远离电力系统，设置自备电源经济合理时。

（5）应急电源与正常电源之间必须采取防止并列运行的措施。

（6）供配电系统的设计，除一级负荷中特别重要负荷外，不应按一个电源系统检修或故障的同时另一电源又发生故障进行设计。

（7）二级负荷的供电系统，宜由两回线路供电，在负荷较小或地区供电条件困难时，二级负荷可由一回6kV及以上专用的架空线路或电缆供电。当采用架空线时，可为一回架空线供电；当采用电缆线路时，应采用两根电缆组成的线路供电，其每根电缆应能承受100%的二级负荷。

（8）需要两回电源线路的用电单位，宜采用同级电压供电。但根据各级负荷的不同需要及地区供电条件，也可采用不同电压供电。

（9）有一级负荷的用电单位难以从地区电力网取得两个电源而有可能从邻近单位取得第二电源时，宜从该单位取得第二电源。

（10）同时供电的两回及以上供配电线路中一回路中断供电时，其余线路应能满足全部一级负荷及二级负荷。

（11）供电系统应简单可靠，同一电压供电系统的变配电级数不宜多于两级。

第七章　建筑物内配电工程			第一节 建筑物内低压配电规定
图号	1-7-1-2	图名	应急电源和自备电源

一、一般规定

（1）配电线路的敷设应符合下列条件：

1）符合场所环境的特征。

2）符合建筑物和构筑物的特征。

3）人与布线之间可接近的程度。

4）由于短路可能出现的机电应力。

5）在安装期间或运行中布线可能遭受的其他应力和导线的自重。

（2）配电线路的敷设，应避免下列外部环境的影响：

1）应避免由外部热源产生热效应的影响。

2）应防止在使用过程中因水的侵入或因进入固体物而带来的损害。

3）应防止外部的机械性损害而带来的影响。

4）在有大量灰尘的场所，应避免由于灰尘聚集在布线上所带来的影响。

5）应避免由于强烈日光辐射而带来的损害。

二、绝缘导线布线

（1）直敷布线可用于正常环境的屋内场所，并应符合下列要求：

1）直敷布线应采用护套绝缘导线，其截面不宜大于6mm²；布线的固定点间距，不应大于300mm。

2）绝缘导线至地面的最小距离应符合表1的规定。

表1　　　　绝缘导线至地面的最小距离

布　线　方　式		最小距离/m
导线水平敷设时	屋内	2.5
	屋外	2.7
导线垂直敷设时	屋内	1.8
	屋外	2.7

3）当导线垂直敷设至地面低于1.8m时，应穿管保护。

（2）瓷（塑料）夹布线宜用于正常环境的屋内场所和挑檐下的屋外场所。

鼓形绝缘子和针式绝缘子布线宜用于屋内、屋外场所。

（3）采用瓷（塑料）夹、鼓形绝缘子和针式绝缘子在屋内、屋外布线时，绝缘导线至地面的距离，应符合表1的规定。

（4）采用鼓形绝缘子和针式绝缘子在屋内、屋外布线时，绝缘导线最小间距，应符合表2的规定。

表2　　　屋内、屋外布线的绝缘导线最小间距

支持点间距L	导线最小间距/mm	
	屋内布线	屋外布线
L≤1.5m	50	100
1.5m<L≤3m	75	100
3m<L≤6m	100	150
6m<L≤10m	150	200

（5）绝缘导线明敷在高温辐射或对绝缘导线有腐蚀的场所时，导线之间及导线至建筑物表面的最小净距，应符合图1-7-2-3中表的规定。

（6）屋外布线的绝缘导线至建筑物的最小间距，应符合表3的规定。

表3　　　　绝缘导线至建筑物的最小间距

布　线　方　式		最小间距/mm
水平敷设时的垂直间距	在阳台、平台上和跨越建筑物顶	2500
	在窗户上	200
	在窗户下	800
垂直敷设时至阳台、窗户的水平间距		600
导线至墙壁和构架的间距（挑檐下除外）		35

（7）金属管、金属线槽布线宜用于屋内、屋外场所，但对金属管、金属线槽有严重腐蚀的场所不宜采用。

在建筑物的顶棚内，必须采用金属管、金属线槽布线。

（8）明敷或暗敷于干燥场所的金属管布线应采用管壁厚度不小于1.5mm的电线管。直接埋于素土内的金属管布线，应采用水煤气钢管。

（9）电线管与热水管、蒸汽管同侧敷设时，应敷设在热水管、蒸汽管的下面。当有困难时，可敷设在其上面。其相互间的净距不宜小于下列数值：

第七章　建筑物内配电工程		第二节　建筑物内低压配电工程
图号	1-7-2-1	图名　配电线路敷设（一）

1）当电线管敷设在热水管下面时为 0.2m，在上面时为 0.3m。

2）当电线管敷设在蒸汽管下面时为 0.5m，在上面时为 1m。

3）当不能符合上述要求时，应采取隔热措施。对有保温措施的蒸汽管，上下净距均可减至 0.2m。

4）电线管与其他管道（不包括可燃气体及易燃、可燃液体管道）的平行净距不应小于 0.1m。当与水管同侧敷设时，宜敷设在水管的上面。管线互相交叉时的距离，不宜小于相应上述情况的平行净距。

（10）塑料管和塑料线槽布线宜用于屋内场所和有酸碱腐蚀介质的场所，但在易受机械操作的场所不宜采用明敷。

（11）塑料管暗敷或埋地敷设时，引出地（楼）面的一段管路，应采取防止机械损伤的措施。

（12）布线用塑料管（硬塑料管、半硬塑料管、可挠管）、塑料线槽，应采用难燃型材料，其氧指数应在 27 以上。

（13）穿管的绝缘导线（两根除外）总截面面积（包括外护层）不应超过管内截面面积的 40%。

（14）金属管布线和硬质塑料管布线的管道较长或转弯较多时，宜适当加装拉线盒或加大管径；两个拉线点之间的距离应符合下列规定：

1）对无弯管路时，不超过 30m。

2）两个拉线点之间有一个转变时，不超过 20m。

3）两个拉线点之间有两个转弯时，不超过 15m。

4）两个拉线点之间有三个转弯时，不超过 8m。

（15）穿金属管或金属线槽的交流线路，应使所有的相线和 N 线在同一外壳内。

（16）不同回路的线路不应穿于同一根管路内，但符合下列情况时可穿在同一根管路内：

1）标称电压为 50V 以下的回路。

2）同一设备或同一流水作业线设备的电力回路和无防干扰要求的控制回路。

3）同一照明灯具的几个回路。

4）同类照明的几个回路，但管内绝缘导线总数不应多于 8 根。

（17）在同一个管道里有几个回路时，所有的绝缘导线都应采用与最高标称电压回路绝缘相同的绝缘。

三、钢索布线

（1）在对钢索有腐蚀的场所布线，应采取防腐蚀措施。

钢索上绝缘导线至地面的距离，在屋内时为 2.5m；屋外时为 2.7m。

（2）钢索布线应符合下列要求：

1）屋内的钢索布线，采用绝缘导线明敷时，应采用瓷夹、塑料夹、鼓形绝缘子或针式绝缘子固定；用护套绝缘导线、电缆、金属管或硬塑料管布线时，可直接固定于钢索上。

2）屋外的钢索布线，采用绝缘导线明敷时，应采用鼓形绝缘子或针式绝缘子固定；采用电缆、金属管或硬塑料管布线时，可直接固定于钢索上。

（3）钢索布线所采用的铁线和钢绞线的截面，应根据跨距、荷重和机械强度选择，其最小截面不宜小于 10mm²。钢索固定件应镀锌或涂防腐漆。钢索除两端拉紧外，跨距大的应在中间增加支持点；中间的支持点间距不应大于 12m。

（4）在钢索上吊装金属管或塑料管布线时，应符合下列要求：

1）支持点最大间距符合表 4 的规定。

表 4　钢索上吊装金属管或塑料管支持点的最大间距

布线类别	支持点间距/mm	支持点距灯头盒/mm
金属管	1500	200
塑料管	1000	150

2）吊装接线盒和管道的扁钢卡子宽度不应小于 20mm；吊装接线盒的卡子不应少于 2 个。

（5）钢索上吊装护套线绝缘导线布线时，应符合下列要求：

1）采用铝卡子直敷在钢索上，其支持点间距不应大于 500mm；卡子距接线盒不应大于 100mm。

2）采用橡胶和塑料护套绝缘线时，接线盒应采用塑料制品。

（6）钢索上采用瓷瓶吊装绝缘导线布线时，应符合下列要求：

1）支持点间距不应大于 1.5m。线间距离，屋内不应小于 50mm；屋外不应小于 100mm。

2）扁钢吊架终端应加拉线，其直径不应小于 3mm。

四、裸导体布线

（1）裸导体布线应用于工业企业厂房，不得用于低压配电室。

（2）无遮护的裸导体至地面的距离，不应小于3.5m；采用防护等级不低于IP2X的网孔遮栏时，不应小于2.5m。遮栏与裸导体的间距，应符合（4）的规定。

（3）裸导体与需经常维护的管道同侧敷设时，裸导体应敷设在管道的上面。

1）裸导体与需经常维护的管道（不包括可燃气体及易燃、可燃液体管道）以及与生产设备最凸出部位的净距不应小于1.8m。

2）当其净距小于或等于1.8m时，应加遮护。

（4）裸导体的线间及裸导体至建筑物表面的最小净距应符合表5的规定。

表5 裸导体的线间及裸导体至建筑物表面的最小净距

固定点间距 L	最小净距/mm
L≤2m	50
2m<L≤4m	100
4m<L≤6m	150
6m<L	200

硬导体固定点的间距，应符合在通过最大短路电流时的动稳定要求。

（5）起重行车上方的裸导体至起重行车平台铺板的净距不应小于2.3m，当其净距小于或等于2.3m时，起重行车上方或裸导体下方应装设遮护。

除滑触线本身的辅助导线外，裸导体不宜与起重行车滑触线敷设在同一支架上。

五、封闭式母线布线

（1）封闭式母线宜用于干燥和无腐蚀气体的屋内场所。

（2）封闭式母线至地面的距离不应小于2.2m；母线终端无引出线和引入线时，端头应封闭。

当封闭式母线安装在配电室、电机室、电气竖井等电气专用房间时，其至地面的最小距离可不受此限制。

六、竖井布线

（1）竖井内布线适用于多层和高层建筑物内垂直配电干线的敷设。

（2）竖井垂直布线时应考虑下列因素：

1）顶部最大垂直变位和层间垂直变位对干线的影响。

2）导线及金属保护管自重所带来的载重及其固定方式。

3）垂直干线与分支干线的连接方法。

（3）竖井内垂直布线采用大容量单芯电缆、大容量母线作干线时，应满足下列条件：

1）载流量要留有一定的裕度。

2）分支容易、安全可靠、安装及维修方便和造价经济。

（4）竖井的位置和数量应根据用电负荷性质、供电半径、建筑物的沉降缝设置和防火分区等因素确定。选择竖井位置时尚应符合下列要求：

1）靠近用电负荷中心，应尽可能减少干线电缆的长度。

2）不应和电梯、管道间共用同一竖井。

3）避免邻近烟囱、热力管道及其他散热量大或潮湿的设施。

（5）竖井的井壁应是耐火极限不低于1h的非燃烧体。竖井在每层楼应设维护检修门并应开向公共走廊，其耐火等级不应低于三级。同时楼层间应采用防火密封隔离；电缆和绝缘线在楼层间穿钢管时，两端管口空隙应作密封隔离。

（6）竖井内的同一配电干线，宜采用等截面导体，当需变截面时不宜超过二级，并应符合保护规定。

（7）竖井内的高压、低压和应急电源的电气线路，相互之间的距离应等于或大于300mm，或采取隔离措施，并且高压线路应设有明显标志。当强电和弱电线路在同一竖井内敷设时，应分别在竖井的两侧敷设或采取隔离措施以防止强电对弱电的干扰，对于回路线数及种类较多的强电和弱电的电气线路，应分别设置在不同竖井内。

（8）管路垂直敷设时，为保证管内导线不因自重而折断，以下情况应按规定装设导线固定盒，在盒内用线夹将导线固定：

1）导线截面在50mm²及以下，长度大于30m时。

2）导线截面在50mm²以上，长度大于20m时。

一、一般规定

(1) 选择电缆路径时，应按下列要求进行：

1) 应使电缆不易受到机械、振动、化学、地下电流、水锈蚀、热影响、蜂蚁和鼠害等各种损伤。

2) 便于维护。

3) 避开场地规划中的施工用地或建设用地。

4) 电缆路径较短。

(2) 对于露天敷设的电缆，尤其是有塑料或橡胶外护层的电缆，应避免日光长时间的直晒，必要时应加装遮阳罩或采用耐日照的电缆。

(3) 电缆在屋内、电缆沟、电缆隧道和竖井内明敷时，不应采用黄麻或其他易延燃的外保护层。

(4) 电缆不应在有易燃、易爆及可燃的气体管道或液体管道的隧道或沟道内敷设。当受条件限制需要在这类隧道内敷设电缆时，必须采取防爆、防火的措施。

(5) 电缆不宜在有热管道的隧道或沟道内敷设电力电缆，当需要敷设时，应采取隔热措施。

(6) 支承电缆的构架，采用钢制材料时，应采取热镀锌等防腐措施；在有较严重腐蚀的环境中，应采取相适应的防腐措施。

(7) 电缆的长度，宜在进户处、接头、电缆头处或地沟及隧道中留有一条余量。

二、电缆在室内敷设

(1) 无铠装的电缆在屋内明敷，当水平敷设时，其至地面的距离不应小于2.5m；当垂直敷设时，其至地面的距离不应小于1.8m。当不能满足上述要求时应有防止电缆机械损伤的措施；当明敷在配电室、电机室、设备层等专用房间内时，不受此限制。

(2) 相同电压的电缆并列明敷时，电缆的净距不应小于35mm，且不应小于电缆外径；当在桥架、托盘和线槽内敷设时，不受此限制。

1kV及以下电力电缆及控制电缆与1kV以上电力电缆宜分开敷设。当并列明敷时，其净距不应小于150mm。

(3) 架空明敷的电缆与热力管道的净距不应小于1m；当其净距小于或等于1m时应采取隔热措施。电缆与非热力管道的净距不应小于0.5m，当其净距小于或等于0.5m时应在与管道接近的电缆段上，以及由该段两端向外延伸不小于0.5m以内的电缆段上，采取防止电缆受机械损伤的措施。

(4) 钢索上电缆布线吊装时，电力电缆固定点间的间距不应大于0.75m；控制电缆固定点间的间距不应大于0.6m。

(5) 电缆在屋内埋地穿管敷设时，或电缆通过墙、楼板穿管时，穿管的内径不应小于电缆外径的1.5倍。

(6) 桥架距离地面的高度，不宜低于2.5m。

(7) 电缆在桥架内敷设时，电缆总截面面积与桥架横断面面积之比，电力电缆不应大于40%，控制电缆不应大于50%。

(8) 电缆明敷时，其电缆固定部位应符合表1的规定。

表1　　　　　　　　电缆的固定部位

敷设方式	构架型式	
	电缆支架	电缆桥架
垂直敷设	电缆的首端和尾端	电缆的上端
	电缆与每个支架的接触处	每隔1.5~2m处
水平敷设	电缆的首端和尾端	电缆的首端和尾端
	电缆与每个支架的接触处	电缆转弯处
		电缆其他部位每隔5~10m处

(9) 电缆桥架内每根电缆每隔50m处，电缆的首端、尾端及主要转弯处应设标记，注明电缆编号、型号规格、起点和终点。

三、电缆在电缆沟或隧道内敷设

(1) 电缆在电缆沟和隧道内敷设时，其支架层间垂直距离和通道宽度的最小净距应符合表2的规定。

表2　　电缆支架层间垂直距离和通道宽度
的最小净距
单位：m

名　称		电缆隧道	电缆沟	
			沟深0.6m及以下	沟深0.6m以上
通道宽度	两侧设支架	1.0	0.3	0.5
	一侧设支架	0.9	0.3	0.45
支架层间垂直距离	电力线路	0.2	0.15	0.15
	控制线路	0.12	0.1	0.1

（2）电缆沟和电缆隧道应采取防水措施；其底部排水沟的坡度不应小于0.5%，并应设集水坑；积水可经集水坑用泵排出，当有条件时，积水可直接排入下水道。

（3）在多层支架上敷设电缆时，电力电缆应放在控制电缆的上层；在同一支架上的电缆可并列敷设。

当两侧均有支架时，1kV及以下的电力电缆和控制电缆宜与1kV以上的电力电缆分别敷设于不同侧支架上。

（4）电缆支架的长度，在电缆沟内不宜大于350mm；在隧道内不宜大于500mm。

（5）电缆在电缆沟或隧道内敷设时，支架间或固定点间的最大间距应符合表3的规定。

表3　　　电缆支架间或固定点间
的最大间距
单位：m

敷设方式	塑料护套、铅包、铝包、钢带铠装		钢丝铠装
	电力电缆	控制电缆	
水平敷设	1.0	0.8	3.0
垂直敷设	1.5	1.0	6.0

（6）电缆沟在进入建筑物处应设防火墙。电缆隧道进入建筑物处，以及在进入变电所处，应设带门的防火墙。防火门应装锁。电缆的穿墙处保护管两端应采用难燃材料封堵。

（7）电缆沟或电缆隧道，不应设在可能流入熔化金属液体或损害电缆外护层和护套的地段。

（8）电缆沟一般采用钢筋混凝土盖板，盖板的

重量不宜超过50kg。

（9）电缆隧道内的净高不应低于1.9m。局部或与管道交叉处净高不宜小于1.4m。

隧道内应采取通风措施，有条件时宜采用自然通风。

（10）当电缆隧道长度大于7m时，电缆隧道两端应设出口，两个出口间的距离超过75m时，尚应增加出口，人孔井可作为出口，人孔井直径不应小于0.7m。

（11）电缆隧道内应设照明，其电压不应超过36V；当照明电压超过36V时，应采取安全措施。

（12）与隧道无关的管线不得穿过电缆隧道。电缆隧道和其他地下管线交叉时，应避免隧道局部下降。

四、电缆埋地敷设

（1）电缆直接埋地敷设时，沿同一路径敷设的电缆数量不宜超过8根。

（2）电缆在屋外直接埋地敷设的深度不应小于700mm；当直埋在农田时，不应小于1m。应在电缆上下各均匀铺设细沙层，其厚度宜为100mm，在细砂层应覆盖混凝土保护板等保护层，保护层宽度应超出电缆两侧各50mm。

在寒冷地区，电缆应埋设于冻土层以下。当受条件限制不能深埋时，可增加细沙层的厚度，在电缆上方和下方各增加的厚度不宜小于200mm。

（3）电缆通过下列各地段应穿管保护，穿管的内径不应小于电缆外径的1.5倍：

1）电缆通过建筑物和构筑物的基础、散水坡、楼板和穿过墙体等处。

2）电缆通过铁路、道路处和可能受到机械损伤的地段。

3）电缆引出地面2m至地下200mm处的一段和人容易接触使电缆可能受到机械损伤的地方。

（4）埋地敷设的电缆之间及其与各种设施平行或交叉的最小净距，应符合表4的规定。

表4 埋地敷设的电缆之间及其与各种
设施平行或交叉的最小净距　单位：m

项　目	敷设条件	
	平行时	交叉时
建筑物、构筑物基础	0.5	
电杆	0.6	
乔木	1.5	
灌木丛	0.5	
1kV及以下电力电缆之间，以及与控制电缆之间	0.1	0.5（0.25）
通信电缆	0.5（0.1）	0.5（0.25）
热力管沟	2.0	0.5
水管、压缩空气等	1.0（0.25）	0.5（0.25）
可燃气体及易燃液体管道	1.0	0.5（0.25）
铁路	3.0（与轨道）	1.0（与轨底）
道路	1.5（与路边）	1.0（与路面）
排水明沟	1.0（与沟边）	0.5（与沟底）

注：1. 路灯电缆与道路灌木丛平行距离不限。
　　2. 表中括号内数字，是指局部地段电缆穿管，加隔板保护或加隔热层保护后允许的最小净距。
　　3. 电缆与铁路的最小净距不包括电气化铁路。

（5）电缆与建筑物平行敷设时，电缆应埋设在建筑物的散水坡外。电缆引入建筑物时，所穿保护管应超出建筑物散水坡100mm。

（6）电缆与热力管沟交叉，当采用电缆穿隔热水泥管保护时，其长度应伸出热力管沟两侧各2m；采用隔热保护层时，其长度应超过热力管沟和电缆两侧各1m。

（7）电缆与道路、铁路交叉时，应穿管保护，保护管应伸出路基1m。

（8）埋地敷设电缆的接头盒下面必须垫混凝土基础板，其长度宜超出接头保护盒两端0.6～0.7m。

（9）电缆带坡度敷设时，中间接头应保持水平；

多根电缆并列敷设时，中间接头的位置应互相错开，其净距不应小于0.5m。

（10）电缆在拐弯、接头、终端和进出建筑物等地段，应装设明显的方位标志，直线段上应适当增设标桩，标桩露出地面宜为150mm。

五、电缆在排管内敷设

（1）电缆在排管内的敷设，应采用塑料护套电缆或裸铠装电缆。

（2）电缆排管应一次留足备用管孔数，但电缆数量不宜超过12根。当无法预计发展情况时，可留1～2个备用孔。

（3）当地面上均匀荷载超过10t/m²时或排管通过铁路及遇有类似情况时，必须采取加固措施，防止排管受到机械损伤。

（4）排管孔的内径不应小于电缆外径的1.5倍。但穿电力电缆的管孔内径不应小于90mm；穿控制电缆的管孔内径不应小于75mm。

（5）电缆排管的敷设安装应符合下列要求：

1）排管安装时，应有倾向人孔井侧不小于0.5％的排水坡度，并在人孔井内设集水坑，以便集中排水。

2）排管顶部距地面不应小于0.7m，在人行道下面时不应小于0.5m。

3）排管沟底部应垫平夯实，并应铺设厚度不应小于60mm的混凝土垫层。

（6）排管可采用混凝土管、陶土管或塑料管。

（7）在转角、分支或变更敷设方式改为直埋或电缆沟敷设时，应设电缆人孔井。在直线段上，应设置一定数量的电缆人孔井，人孔井间的距离不应大于100m。

（8）电缆人孔井的净空高度不应小于1.8m，其上部人孔的直径不应小于0.7m。

第七章　建筑物内配电工程		第二节　建筑物内低压配电工程
图号	1-7-2-6	图名	电缆布线（三）

一、一般规定

(1) 配电线路应装设短路保护、过负载保护和接地故障保护，作用于切断供电电源或发出报警信号。

(2) 配电线路采用的上下级保护电器，其动作应具有选择性；各级之间应能协调配合。但对于非重要负荷的保护电器，可采用无选择性切断。

(3) 对电动机、电焊机等用电设备的配电线路的保护，除应符合本章要求外，尚应符合现行国家标准《通用用电设备配电设计规范》（GB 50055）的规定。

二、短路保护

(1) 配电线路的短路保护，应在短路电流对导体和连接件产生的热作用和机械作用造成危害之前切断短路电流。

(2) 绝缘导体的热稳定校验应符合下列规定：

1) 当短路持续时间不大于 5s 时，绝缘导体的热稳定应按下式进行校验：

$$S \geqslant \frac{I}{K}\sqrt{t} \tag{1}$$

式中 S——绝缘导体的线芯截面，mm^2；

I——短路电流有效值（均方根值），A；

t——在已达到允许最高持续工作温度的导体内短路电流持续作用的时间，s；

K——不同绝缘的计算系数。

2) 不同绝缘、不同线芯材料的 K 值，应符合下表的规定。

不同绝缘的 K 值

线芯＼绝缘	聚氯乙烯	丁基橡胶	乙丙橡胶	油浸纸
铜芯	115	131	143	107
铝芯	76	87	94	71

3) 短路持续时间小于 0.1s 时，应计入短路电流非周期分量的影响；大于 5s 时应计入散热的影响。

(3) 当保护电器为符合《低压断路器》（JB 1284）的低压断路器时，短路电流不应小于低压断路器瞬时或短延时过电流脱扣器整定电流的 1.3 倍。

(4) 在线芯截面减小处、分支处或导体类型、敷设方式或环境条件改变后载流量减小处的线路，当越级切断电路不引起故障线路以外的一级、二级负荷的供电中断，且符合下列情况之一时，可不装设短路保护：

1) 配电线路被前段线路短路保护电器有效的保护，且此线路和其过负载保护电器能承受通过的短路能量。

2) 配电线路电源侧装有额定电流为 20A 及以下的保护电器。

3) 架空配电线路的电源侧装有短路保护电器。

三、过负载保护

(1) 配电线路的过负载保护，应在过负载电流引起的导体温升对导体的绝缘、接头、端子或导体周围的物质造成损害前切断过负载电流。

(2) 下列配电线路可不装设过负载保护：

1) 二条的（1）、（2）、（3）款所规定的配电线路，已由电源侧的过负载保护电器有效地保护。

2) 不可能过负载的线路。

(3) 过负载保护电器宜采用反时限特性的保护电器，其分断能力可低于电器安装处的短路电流值，但应能承受通过的短路能量。

(4) 过负载保护电器的动作特性应同时满足下列条件：

$$I_B \leqslant I_n \leqslant I_z \tag{2}$$

$$I_2 \leqslant 1.45 I_z \tag{3}$$

式中 I_B——线路计算负载电流，A；

I_n——熔断器熔体额定电流或断路器额定电流或整定电流，A；

I_z——导体允许持续载流量，A；

I_2——保证保护电器可靠动作的电流，A，当保护电器为低压断路器时，I_2 为约定时间内的约定动作电流，当为熔断器时，I_2 为约定时间内的约定熔断电流。

注：按式（2）和式（3）校验过负载保护电器的动作特性，当采用符合《低压断路器》（JB 1284）的低压断路器时，延时脱扣器整定电流（I_n）与导体允许持续载流量（I_z）的比值不应大于 1。

(5) 突然断电比过负载造成的损失更大的线路，其过负载保护应作用于信号而不应作用于切断电路。

(6) 多根并联导体组成的线路采用过负载保护，其线路的允许持续载流量（I_z）为每根并联导体的允许持续载流量之和，且应符合下列要求：

1) 导体的型号、截面、长度和敷设方式均相同。

2) 线路全长内无分支线路引出。

3) 线路的布置使各并联导体的负载电流基本相等。

第七章　建筑物内配电工程		第三节　配电线路保护
图号	1-7-3-1	图名　短路保护和过负载保护

一、一般规定

(1) 接地故障保护的设置应能防止人身间接电击以及电气火灾、线路损坏等事故。接地故障保护电器的选择应根据配电系统的接地形式，移动式、手握式或固定式电气设备的区别，以及导体截面等因素经技术经济比较确定。

(2) 防止人身间接电击的保护采用下列措施之一时，可不采用上条规定的接地故障保护。

1) 采用双重绝缘或加强绝缘的电气设备（Ⅱ类设备）。

2) 采取电气隔离措施。

3) 采用安全超低压。

4) 将电气设备安装在非导电场所内。

5) 设置不接地的等电位连接。

注：Ⅱ类设备的定义应符合《电工电子设备按电击防护分类》（GB/T 12501）的规定。

(3) 本节接地故障保护措施所保护的电气设备，只适用于防电击保护分类为Ⅰ类的电气设备。设备所在的环境为正常环境，人身电击安全电压限值（U_L）为50V。

注：Ⅰ类设备的定义应符合《电工电子设备按电击防护分类》（GB/T 12501）的规定。

(4) 采用接地故障保护时，在建筑物内应将下列导电体作总等电位联结：

1) PE、PEN 干线，见表1。

表1　　　　　　　PE、PEN 干线

保护线（PE线）	为防电击用来与下列任一部分作电气连接的导线： 1. 外露可导电部分。 2. 装置外可导电部分。 3. 总接地线或总等电位联结端子。 4. 接地极。 5. 电源接地点或人工中性点
中性线（N线）	与电源的N点连接并能起传输电能作用的导体
保护中性线（PEN线）	具有PE线和N线两种功能的导体

2) 电气装置接地极的接地干线。

3) 建筑物内的水管、煤气管、采暖和空调管道等金属管道。

4) 条件许可的建筑物金属构件等导电体。

上述导电体宜在进入建筑物处接向总等电位联结端子。等电位联结中金属管道连接处应可靠地连通导电。

(5) 当电气装置或电气装置某一部分的接地故障保护不能满足切断故障回路的时间要求时，尚应在局部范围内作辅助等电位联结。

当难以确定辅助等电位联结的有效性时，要采用下式进行校验：

$$R \leqslant \frac{50}{I_a}$$

式中　R——可同时触及的外露可导电部分和装置外可导电部分之间，故障电流产生的电压降引起接触电压的一段线段的电阻，Ω；

I_a——切断故障回路时间不超过5s的保护电器动作电流，A。

注：当保护电器为瞬时或短延时动作的低压断路器时，I_a值应取低压断路器瞬时或短延时过电流脱扣器整定电流的1.3倍。

第七章　建筑物内配电工程		第三节　配电线路保护
图号	1-7-3-2	图名　接地故障保护（一）

二、TN 系统的接地故障保护

（1）TN 系统配电线路接地故障保护的动作特性应符合下式要求：

$$Z_s I_a \leqslant U_0$$

式中 Z_s——接地故障回路的阻抗，Ω；

  I_a——保证保护电器在规定的时间内自动切断故障回路的电流，A；

  U_0——相线对地标称电压，V。

注：TN 系统——在此系统内，电源有一点与地直接连接，负荷侧电气装置的外露可导电部分则通过 PE 线与该点连接。其定义应符合现行国家标准《交流电气装置的接地设计规范》（GB 50065）的规定。

（2）相线对地标称电压为 220V 的 TN 系统配电线路的接地故障保护，其切断故障回路的时间应符合下列规定：

1）配电线路或仅供给固定式电气设备用电的末端线路，不宜大于 5s。

2）供电给手握式电气设备和移动式电气设备的末端线路或插座回路，不应大于 0.4s。

（3）当采用熔断器作接地故障保护，且符合下列条件时，可认为满足上条的要求。

1）当要求切断故障回路的时间小于或等于 5s 时，短路电流（I_d）与熔断器熔体额定电流（I_n）的比值不应小于表 2 的规定。

表 2 切断接地故障回路时间小于或等于 5s 的 I_d/I_n 最小比值

熔体额定电流/A	4～10	12～63	80～200	250～500
I_d/I_n	4.5	5	6	7

2）当要求切断故障回路的时间小于或等于 0.4s 时，短路电流（I_d）与熔断器熔体额定电流（I_n）的比值不应小于表 3 的规定。

表 3 切断接地故障回路时间小于或等于 0.4s 的 I_d/I_n 最小比值

熔体额定电流/A	4～10	16～32	40～63	80～200
I_d/I_n	8	9	10	11

（4）当配电箱同时有第（2）条第 1）款、第 2）款所述的两种末端线路引出时，应满足下列条件之一：

1）自配电箱引出的 GB 50065 所述的相关线路，其切断故障回路的时间不应大于 0.4s。

2）使配电箱至总等电位联结回路之间的一段 PE 线的阻抗不大于 $\dfrac{U_L}{U_0}Z_s$，或作辅助等电位连接。

注：U_L 安全电压限值为 50V。

（5）TN 系统配电线路应采用下列的接地故障保护：

1）当过电流保护能满足第 2 条要求时，宜采用过电流保护兼作接地故障保护。

2）在三相四线制配电线路中，当过电流保护不能满足本规范第 4.4.7 条的要求且零序电流保护能满足时，宜采用零序电流保护，此时保护整定值应大于配电线路最大不平衡电流。

3）当上述第 1）款、第 2）款的保护不能满足要求时，应采用漏电电流动作保护。

三、TT 系统的接地故障保护

（1）TT 系统配电线路接地故障保护的动作特性应符合下式要求：

$$R_A I_a \leqslant 50V$$

式中 R_A——外露可导电部分的接地电阻和 PE 线电阻，Ω；

  I_a——保证保护电器切断故障回路的动作电流，A，当采用过电流保护电器时，反时限特性过电流保护电器的 I_a 为保证在 5s 内切断的电流；采用瞬时动作特性过电流保护电器的 I_a 为保证瞬时动作的最小电流。当采用漏电电流动作保护器时，I_a 为其额定动作电流 $I_{\Delta n}$。

注：TT 系统——在此系统内，电源有一点与地直接连接，负荷侧电气装置外露可导电部分连接的接地极和电源的接地极无电气联系。其定义应符合现行国家标准《交流电气装置的接地设计规范》（GB 50065）的规定。

（2）TT 系统配电线路内由同一接地故障保护电器保护的外露可导电部分，应用 PE 线连接至共用的接地极上。当有多级保护时，各级宜有各自的接地极。

第七章 建筑物内配电工程		第三节 配电线路保护
图号	1-7-3-3	图名 接地故障保护（二）

四、接地故障采用漏电电流动作保护

（1）PE 或 PEN 线严禁穿过漏电电流动作保护器中电流互感器的磁回路。

（2）漏电电流动作保护器所保护的线路及设备外露可导电部分应接地。

（3）TN 系统和 TT 系统配电线路采用漏电电流动作保护时，可选用下列接线方式之一：

1）将被保护的外露可导电部分与漏电电流动作保护器电源侧的 PE 线相连接，并应符合本图前文二（1）条的要求。

2）将被保护的外露可导电部分接至专用的接地极上，并应符合本图前文三（2）的要求。

（4）为减少接地故障引起的电气火灾危险而装设的漏电电流动作保护器，其额定动作电流不应超过 0.5A。

（5）多级装设的漏电电流动作保护器，应在时限上有选择性配合。

五、保护电器的装设位置

（1）保护电器应装设在操作维护方便，不易受机械损伤，不靠近可燃物的地方，并应采取避免保护电器运行时意外损坏对周围人员造成伤害的措施。

（2）保护电器应装设在被保护线路与电源线路的连接处，但为了操作与维护方便可设置在离开连接点的地方，并应符合下列规定：

1）线路长度不超过 3m。

2）采取将短路危险减至最小的措施。

3）不靠近可燃物。

（3）当将从高处的干线向下引接分支线路的保护电器装设在距连接点的线路长度大于 3m 的地方时，应满足下列要求：

1）在分支线装设保护电器前的那一段线路发生短路或接地故障时，离短路点最近的上一级保护电器应能保证符合本规范规定的要求动作。

2）该段分支线应敷设于不燃或难燃材料的管、槽内。

（4）短路保护电器应装设在低压配电线路不接地的各相（或极）上，但对于中性点不接地且 N 线不引出的三相三线配电系统，可只在二相（或极）上装设保护电器。

（5）在 TT 或 TN－S 系统中，当 N 线的截面与相线相同，或虽小于相线但已能为相线上的保护电器所保护，N 线上可不装设保护；当 N 线不能被相线保护电器所保护时，应另在 N 线上装设保护电器保护，将相应相线电路断开，但不必断开 N 线。

（6）在 TT 或 TN－S 系统中，N 线上不宜装设电器将 N 线断开，当需要断开 N 线时，应装设相线和 N 线一起切断的保护电器。

当装设漏电电流动作的保护电器时，应能将其所保护的回路所有带电导线断开。在 TN 系统中，当能可靠地保持 N 线为地电位时，N 线可不需断开。

（7）在 TN－C 系统中，严禁断开 PEN 线，不得装设断开 PEN 线的任何电器。当需要在 PEN 线装设电器时，只能相应断开相线回路。

一、10kV用电客户电能计量装置设置原则

电能计量装置是为计量电能所必需的计量器具和辅助设备的总体，包括电能表、负荷管理终端、配变监测计量终端、集中抄表数据采集终端、集中抄表集中器、计量柜（计量表箱）、电压互感器、电流互感器、试验接线盒及其二次回路等。

（1）应在客户每一个受电点内按照不同的电价类别，分别安装电能计量装置，每个受电点作为客户的一个计费单位。

（2）根据业扩要求选择高供高计或者高供低计计量方式。

（3）电能计量装置原则上应设在电力设施的产权分界处。对专线供电的高压客户，应在变电站出线处计量；特殊情况下，专线供电的客户可在客户侧计量。

（4）10kV及以下电力客户处的电能计量点应采用统一标准的电能计量柜（箱），低压计量柜应紧邻进线处，高压计量柜则可设置在主受电柜后面。

（5）计量方式。

1）高供高计方式。

高压侧为中性点绝缘系统，宜采用三相三线计量方式。

2）高供低计方式。

低压侧为中性点非绝缘系统，应采用三相四线计量方式。

3）高供高计专变客户应采用专用计量柜，对不具备安装高压计量柜条件的，可考虑采用10kV组合式互感器。

4）高压计量电流互感器的一次额定电流，应按总配变容量确定，为达到相应的动热稳定要求，其电能计量互感器应选用高动热稳定电流互感器。

5）对于10kV双回路供电的情况，两回路应分别安装电能计量装置，电压互感器不得切换。

二、低压用电客户电能计量装置设置原则

（1）应在客户每一个受电点内按照不同的电价类别，分别安装电能计量装置，每个受电点作为客户的一个计费单位。

（2）对于100kVA以下的公用变压器供电客户和公用变压器参考计量点，采用低压计量方式，按容量分为三相（400V）计量方式和单相（220V）计量方式。

（3）电能计量装置原则上应设在电力设施的产权分界处。如果产权处不具备安装条件或者为了方便管理，可调整在其他位置。

（4）城镇居民用电一般实行一户一表。

（5）低压计量方式：

1）低压侧为中性点直接接地系统，应采用三相四线电能表。

2）低压供电方式为单相者应安装单相电能表；低压供电方式为三相者应安装三相四线电能表。

3）负荷电流为50A及以下时，宜采用直接接入式的电能表；负流为50A以上时，宜采用经电流互感器接入式的电能表。

（6）低压供电客户采用专用计量表箱。计量表箱是对客户用电进行计量的专用箱。适合安装电能表、低压互感器、计量自动化终端设备和试验接线盒，适用于10kV高供高计、10kV高供低计和380V/220V低压计量方式。

第八章　电能计量装置			第一节　电能计量装置设置原则
图号	1-8-1-1	图名	用电客户电能计量装置设置原则

一、电能表配置

根据用电客户类别、用电容量、使用条件，用电客户电能表配置见表1。

表1　各类别用电客户电能表配置表

用电客户类别	配变容量	电　能　表	备注
高供高计专用变压器计量点	315kVA及以上	三相三线多功能电能表（Ⅰ类、Ⅱ类客户配0.5S级电能表；Ⅲ类客户配1.0级电能表）	配互感器
高供低计专用变压器计量点	315kVA以下	三相四线多功能电能表（Ⅲ类及Ⅳ类客户配1.0级电能表）	
10kV上网电厂计量点		三相三线多功能电能表（配0.5S级电能表）	

二、电流互感器

（1）电能计量装置应采用独立的专用电流互感器。

（2）电流互感器的额定一次电流确定，应保证其计量绕组在正常运行时的实际负荷电流达到额定值的60%左右，至少应不小于20%。

（3）选取电流互感器可参考表2，该配置是以正常负荷电流与配变容量相接近计算的，对正常负荷电流与配变容量相差太大的需结合实际情况选取计量用互感器，计算原则为（对于总柜计量）：计量互感器额定电流应大于该母线所带所有负荷额定电流的1.1倍。

（4）计量回路应先经试验接线盒后再接入电能表。

（5）额定电流。

（6）额定二次电流标准值为1A或5A。

（7）计量用电流互感器准确级应选取0.2S。

（8）额定输出标准值。

额定输出标准值在下列数值中选取：

二次电流为1A时：10kV电流互感器，0.15～3VA；0.4kV电流互感器，0.15～1VA；

二次电流为5A时：10kV电流互感器，3.75～15VA；0.4kV电流互感器，1～3VA。

（9）用电客户计量电流互感器配置参见表2。

表2　用电客户计量电流互感器配置表

变压器容量/kVA	10kV 电流互感器		
	高压TA额定一次电流/A	低压TA额定一次电流/A	准确度等级
50		100	0.2S
80		150	0.2S
100	10	200	0.2S
125	10	200	0.2S
160	15	300	0.2S
200	15	400	0.2S
250	20	400	0.2S
315	30	500	0.2S
400	30	750	0.2S
500	40	1000	0.2S
630	50	1000	0.2S
800	75	1500	0.2S
1000	75	2000	0.2S
1250	100	2500	0.2S
1600	150	3000	0.2S
2000	150	4000	0.2S

第八章　电能计量装置		第二节　电能计量装置技术要求
图号	1-8-2-1	图名　10kV用电客户电能计量装置技术要求（一）

三、电压互感器

（1）电压互感器的额定电压：额定一次电压应满足电网电压的要求；额定二次电压应和计量仪表、监控设备等二次设备额定电压相一致。

（2）计量用电压互感器准确级应选取 0.2。

（3）电压互感器实际二次负载应在 2.5VA 至互感器额定负载范围内。

（4）计量回路不应作为辅助单元的供电电源。

四、电能计量柜

（1）电能计量柜必须符合国家和行业有关规定的要求。

（2）电能计量柜的外壳面板上，应按 JB 5777.2 的规定，设置主电路的模拟图形。

（3）柜中各单元之间宜以隔板或箱（盒）式组建区分和隔离。

（4）整体式电能计量柜——将计量单元及辅助单元等所有电气设备及部件装设在一个（或几个并列构成一体的）金属封闭柜体内的计量柜。

（5）电能计量柜的门上应装设机械型弹子门锁和备有可铅封的设施。

（6）计量柜内应留有足够的空间来安装计量器具，包括电压互感器、电流互感器、高压熔断器、试验接线盒、电能表、测控接线盒及其他相关表计的安装。

1）计量柜的二次计量室预留安装两块三相表计的位置，要求各类型计量柜的二次计量室深度至少为 150mm，宽度至少为 750mm，高度至少为 600mm。计量柜设计安装时，前面通道宽度要求不少于 1.5m，双列并排安装中间通道宽度不小于 2.5m。

2）电能表安装高度及间距：电能表安装高度距地面 800～1800mm（表底端离地尺寸）；低压计量柜要求低压计量装置在总开关前，对电缆为下进线时，独立的计量表箱安装在 1700～2000mm 的高度（表箱箱顶离地尺寸）。

3）电能表、试验盒的间距要求：

三相电能表与三相电能表之间的水平间距不小于 80mm；

电表与试验盒之间的垂直间距不小于 150mm。

（7）高压计量柜一次设备室内应装设防止误打开操作的安全联锁装置，计量柜门严禁安装联锁跳闸回路。

（8）如采用手车式计量柜计量时，电能表、电压互感器和电流互感器必须全部装设在同一车架内。

计量二次回路严禁采用插接式装置来导通电压、电流。

（9）计量柜内一次设备与二次设备之间必须采用隔离板完全隔离。

（10）计量柜内电能表、互感器的安装位置，应考虑现场拆换的方便，互感器的铭牌要便于查看。

（11）计量柜内装挂表的底板采用聚氯乙烯绝缘板，聚氯乙烯绝缘板厚度不小于 10mm，与柜的金属板有 10mm 间距，并至少使用 8 处螺丝有效将聚氯乙烯绝缘板与柜金属底板紧固。表计固定位采用 φ5mm 螺丝孔或万能表架。挂表的底板或万能表架到观察窗的距离不大于 175mm。

（12）能进入计量柜内的各位置均应有可靠的加封点。计量柜的前、后门必须能加封印，加封装置采用锁销螺丝（柱式螺丝外加紧锁螺母的形式），螺丝柱应焊接，禁止只在内侧以螺母上紧代替焊接形式。为减少计量柜的加封点并能达到确保计量柜的密封、防窃电功能，要求除前门可打开外，其他门（包括柜顶）采用内置螺丝形式，在外不能打开。

（13）计量室前门上应带有观察窗，以便于抄读电量与观察表计运行情况。观察窗应采用厚 4mm 无色透明聚碳酸酯材料制作，面积应满足抄表和监视二次回路的要求，对于柜宽不大于 1000mm 的柜型，观察窗不小于 400mm×500mm（宽×高）（对于 1200mm 宽的柜型，观察窗尺寸可适当放大），边框采用铝合金型材或具有足够强度工程塑料构成，密封性能良好。

（14）计量柜的金属外壳和门应有接地端钮并要可靠接地，计量柜所有能够开启的柜门要求用铜编织带接地。门的开启位置要方便试验、抄表和日常维护。

（15）计量柜及柜内应采用不锈钢螺丝安装。

（16）柜内铜排母线布置，能方便上进线或下进线的电缆连接。母线安装布置，应符合相应有关动稳定和热稳定的要求。

（17）应具有耐久而清晰的铭牌，铭牌应安装在易于观察的位置。计量柜天线孔的要求：密封的金属柜对无线信号产生屏蔽，应引出外置天线，处置天线头固定在计量柜（箱）的左（右）外上侧，并加套塑料小盒保护。天线孔大小应允许天线螺丝头通过，圆孔直径不小于 15mm。

（18）计量柜内配置的元件参考见表3。

表 3	计量柜内需配置的元件
序号	10kV 高压电能计量柜
1	多功能电能表
2	负荷管理终端
3	高压电流互感器
4	高压电压互感器
5	试验接线盒
6	负荷管理终端门接点
7	测控接线盒

（19）母线和导体的颜色及排列：计量柜内母线和导体的颜色应符合《电工成套装置中的导线颜色》（GB 2681）的规定。计量柜中母线相序排列从计量柜正面观看应符合表 4 的规定。

表 4		主电路母线颜色及相序排列		
相序	颜色	母线安装相互位置（从柜正面看）		
		垂直排列	水平排列	前后排列
A 相	黄色	上	左	远
B 相	绿色	中	中	中
C 相	红色	下	右	近
中性线	黑色和蓝色	最下	最右	最近
接地线	黄绿双色			

（20）使用带高压计量室的一体化箱式变电站时，其内置的电能计量柜必须符合本规范的技术要求。

（21）壳体和机械组件应具有足够的机械强度，在储运安装操作检修时不应发生有害的变形。

（22）电能计量柜顶部应设置吊装用挂环。

（23）电气设备及部件应选用符合其产品标准要求，经鉴定合格的产品应按产品安装使用说明书的要求进行安装和接线。

五、熔断器

（1）10kV 的电压互感器一次侧应装设 10kV 熔断器。安装在客户侧的 10kV 电压互感器，其计量绕组二次侧不允许装设熔断器或空气开关。

（2）选用熔断器熔丝应具有一定的抗冲击电流的通流能力。

（3）客户计量装置的高压熔断器，其额定电流应选用 1A 或 2A。

六、试验接线盒

（1）试验接线盒具有带负荷现场校表和带负荷换表功能。

（2）试验接线盒体的制造应采用阻燃塑料。所有电压、电流回路的压接螺丝及用于现场测试插接的螺丝均为黄铜材料制造，面盖的固封应采用不锈钢螺丝。接线盒中用于压接导线的螺丝，其直径不得小于 5mm；螺丝应采用平圆头的型式，并采用十加一的开启方式。

（3）产品外观应光洁无毛刺，接线盒底板与盒体的粘接应密实牢固。面盖应有防联片错位的功能，当连接片处于错误位置时，接线盒的面盖将无法合上。接线盒具有电压端子现场插接的功能，其底部应留有 3mm 的空隙。

（4）试验接线盒盖应能加封，同时接线盒盖应具备覆盖试验接线预留孔等防窃电功能。

七、互感器二次回路

（1）二次电路铜导线截面积。

1）计量二次回路的连接导线宜使用铜质单芯绝缘线。电流电路导线截面积不应小于 $4mm^2$，电压电路导线截面积不应小于 $2.5mm^2$。

2）辅助单元的控制信号等导线截面积不应小于 $1.5mm^2$。

（2）二次电路导线外皮颜色。

电流互感器和电压互感器二次回路的 A、B、C 各相导线应分别采用黄、绿、红颜色线，中性线应采用黑色或者蓝色线，接地线采用黄绿色线。

（3）电流互感器和电压互感器二次回路导线均应加装与图纸相符的端子编号，导线排列顺序应按正相序（即 A、B、C 相为自左向右或自上向下）排列。

（4）所有电流互感器的二次接线均应采用分相接线方式。

（5）10kV 电压、电流互感器二次回路应从输出端子直接接至试验接线盒，不能有接头。中间不得经过任何辅助接点、接头或其他连接端子。

（6）电能计量用互感器二次回路上不得接入任何与计量无关的设备。

（7）10kV 电压互感器及电流互感器二次回路均应只有一处可靠接地。

（8）电流互感器二次回路每只接线螺钉最多只允许接入两根导线。低压电流互感器二次回路不接地。

（9）当导线接入的端子是接触螺钉，应根据螺钉的直径将导线的末端弯成一个环。其弯曲方向应与螺钉旋入方向相同，螺钉与导线间、导线与导线间应加垫圈。

第八章	电能计量装置		第二节 电能计量装置技术要求
图号	1-8-2-3	图名	10kV用电客户电能计量装置技术要求（三）

一、电能表配置

根据用电客户类别、用电容量、使用条件，用电客户电能表的配置见表1。

表1　各类别用电客户电能表配置表

计量需求类别	容量/kW	电能表	备注
低供低计	$P<8$	单相电能表 10（60）A、2.0级 5（30）A、2.0级	直接接入式
	$5\leqslant P<15$	单相电能表 20（80）A、2.0级	直接接入式
	$10\leqslant P<20$	三相电能表 10（60）A、1.0级	直接接入式
	$20\leqslant P<30$	三相电能表 20（80）A、1.0级	直接接入式
	$25\leqslant P<100$	三相电能表 5（10）A、1.0级	配互感器
公变计量点		三相四线配变监测计量终端 5（10）A、1.0级	配互感器

二、电流互感器

（1）电能计量装置应采用独立的专用电流互感器。

（2）电流互感器的额定一次电流确定，应保证其计量绕组在正常运行时的实际负荷电流达到额定值的60%左右，至少应不小于20%。

（3）电流互感器额定二次电流宜选取5A。

（4）选取电流互感器可参考表2，该配置是以正常负荷电流与配变容量或报装容量相接近计算的，对正常负荷电流与配变容量相差太大的需结合实际情况选取计量用互感器。

表2　用电客户配置电能计量用互感器参考表

变压器容量/kVA	0.4kV低压电流互感器		
	计算电流/A	额定一次电流/A	准确度等级
50	72	100	0.2S
80	115	150	0.2S
100	144	200	0.2S
125	180	200	0.2S
160	230	300	0.2S
200	288	400	0.2S
250	360	400	0.2S
315	454	500	0.2S
400	577	750	0.2S
500	721	1000	0.2S
630	909	1000	0.2S
800	1154	1500	0.2S
1000	1443	2000	0.2S
1250	1804	2500	0.2S
1600	2309	3000	0.2S
2000	2886	4000	0.2S

注：计量设备元件的技术参数须符合南方电网公司和南方电网公司计量相关要求。

第八章　电能计量装置		第二节　电能计量装置技术要求
图号	1-8-2-4	图名　低压用电客户电能计量装置技术要求（一）

三、电能计量柜

（1）电能计量柜必须符合《电能计量柜》（GB/T 16934）、《电能计量装置安装接线规则》（DL/T 825）和《低压成套开关设备和控制设备》（GB 7251）的要求。

（2）计量柜内应留有足够的空间来安装计量器具，包括电流互感器、试验接线盒、电能表及其他相关元件的安装。

（3）计量柜的二次计量室预留安装两块三相表计的位置，要求各类型计量柜的二次计量室深度至少为 150mm 但不宜大于 400mm，宽度至少为 800mm，高度至少为 750mm。计量柜设计安装时，前面通道宽度要求不小于 1500mm，双列并排（面对面）安装中间通道宽度不小于 2300mm。

（4）电能表安装高度及间距：电能表安装高度距地面在 800～1800mm 之间（表底端离地尺寸）；低压计量柜要求低压计量装置在总开关前。独立的计量表箱安装在 1700～2000mm 的高度（表箱箱顶离地尺寸）。

（5）计量柜内元件安装的间距要求：

1）三相电能表与三相电能表之间的水平间距不小于 80mm。

2）单相电能表与单相电能表之间的水平间距不小于 50mm。

3）电表与试验盒之间的垂直间距不小于 150mm。

（6）计量柜一次设备室内应装设防止误打开操作的安全联锁装置，计量柜门严禁安装联锁跳闸回路。

（7）计量柜内一次设备与二次设备之间必须采用隔离板完全隔离。

（8）计量柜内电能表、互感器的安装位置，应考虑现场拆换的方便，互感器的铭牌要便于查看。

（9）计量柜内装挂表的底板采用聚氯乙烯绝缘板，聚氯乙烯绝缘板厚度不小于 10mm，与柜的金属板有 10mm 间距，并至少使用 8 处螺丝有效将聚氯乙烯绝缘板与柜金属底板紧固。表计固定采用 ϕ5mm 螺丝孔或万能表架。挂表的底板或万能表架到观察窗的距离不大于 175mm。

（10）能进入计量柜内的各位置均应有可靠的加封点。计量柜的前、后门必须是能加封印的门，加封装置采用锁销螺丝（柱式螺丝外加紧锁螺母的形式），螺丝柱应焊接，禁止只在内侧以螺母上紧代替焊接形式。为减少计量柜的加封点并能达到确保计量柜的密封、防窃电功能，要求除前门可打开外，其他门（包括柜顶）采用内置螺丝形式，在外不能打开。

（11）计量室前门上应带有观察窗，以便于抄读电量与观察表计运行情况。观察窗应采用厚 4mm 无色透明聚碳酸酯材料制作，尺寸应满足抄表和监视二次回路的要求，对于柜宽不大于 1000mm 的柜型，观察窗不小于 400mm×500mm（宽×高）（对于 1200mm 宽的柜型，观察窗尺寸可适当放大），边框采用铝合金型材或具有足够强度工程塑料构成，密封性能良好。

（12）计量柜的金属外壳和门应有接地端钮并要可靠接地，计量柜所有能够开启的柜门要求用铜编织带接地。门的开启位置要方便试验、抄表和日常维护。

（13）计量柜及柜内采用不锈钢螺丝或热镀锌螺丝安装。

（14）柜内铜排母线布置，能方便上进线或下进线的电缆连接。母线安装布置，应符合有关动稳定和热稳定的要求。

（15）应具有耐久而清晰的铭牌，铭牌应安装在易于观察的位置。电能计量柜的外壳面板上，设置主电路的模拟图形。

（16）密封的金属柜应引出外置天线，外置天线头固定在计量柜（计量表箱）的左（右）外上侧，并加套塑料小盒保护。天线孔大小应允许天线螺丝头通过，圆孔直径不小于 15mm。

（17）计量柜内需配置的元件见表3。

表3　计量柜内需配置的元件

序号	低压电能计量柜内元件
1	三相四线电能表或智能计量终端
2	低压电流互感器
3	试验接线盒

（18）母线和导体的颜色及排列：计量柜内母线和导体的颜色应符合《电工成套装置中的导线颜色》（GB 2681）的规定。计量柜中母线相序排列从计量柜正面观看应符合表4的规定。

表4　母线颜色和相序排列（从柜正面看）

相序	颜色	垂直排列	水平排列	前后排列
A 相	黄	上	左	远
B 相	绿	中	中	中
C 相	红	下	右	近
中性线	黑色或蓝色	最下	最右	最近
接地线	黄绿双色			

四、计量表箱

（1）箱体为户外箱设计，技术条件须符合《电能计量柜》（GB/T 16934）、《电能计量装置安装接线规则》（DL/T 825）和《低压成套开关设备和控制设备》（GB 7251）的要求。

（2）箱体材料主要分为金属和非金属两大类。材料应能满足 GB 7251.3 标准中关于材料试验的要求（验证冲击强度、验证绝缘材料的耐热能力、验证绝缘材料对内部电作用引起的非正常发热和着火危险的耐受能力），材料性能应满足相应的环境要求。

（3）金属材料选用不锈钢板、镀锌钢板等材料。其中不锈钢板宜采用无磁性不锈钢，厚度不小于 1.2mm；镀锌钢板厚度不小于 1.5mm。金属箱体外表面应有保护涂覆层，户外保安条件较好的地方宜使用金属材料表箱。

（4）非金属材料应选用环保材料，如 PC（聚碳酸酯）、SMC（电气用纤维增强片状模塑料）等材料。箱体底座可采用阻燃 ABS（丙烯腈-丁二烯-苯乙烯共聚物）。非金属材料应具有抗紫外线、抗老化、耐腐蚀、抗冲击等功能。非金属箱体厚度不小

于 3mm。户内安装和户外保安条件不好的地方宜使用非金属材料表箱。

（5）箱内配备便于电表安装的绝缘板及万能表架。挂表的绝缘材料应能使用螺丝，绝缘板可采用厚度不小于 8mm 的聚氯乙烯板，绝缘方采用环氧树脂（开槽），预配 ϕ5mm 挂表螺丝。

（6）计量表箱安装在 1700～2000mm 的高度（表箱箱顶离地尺寸）。

（7）计量表箱体分上下结构和左右结构形式，分别独立、隔离，上下（或左右）门锁独立。计算表箱的进出线孔及门框均配橡胶圈。电缆进出孔大小应根据计量表箱的容量设计。箱体必须能防雨，防小动物，散热好，耐高温。

（8）计量表箱内元件安装的间距要求：

1）三相电能表与三相电能表之间的水平间距不小于 80mm。

2）单相电能表与单相电能表之间的水平间距不小于 50mm。

3）多表位表箱电能表上下边之间的垂直间距不小于 100mm。

4）电能表与试验接线盒之间的垂直间距不小于 150mm。

5）低压互感器之间的间距不小于 80mm。

（9）计量表箱内电能表安装位置，应考虑现场拆换工作的方便，计量表箱内应留有足够的空间来安装电能表、低压电流互感器、负荷管理终端等。

（10）计量表箱左右两侧开百叶孔，左右结构计量表箱内一、二次隔离的隔板需以百叶孔的形式作隔离。

（11）计量表箱正面右下方有箱体的铭牌，铭牌上要注明生产厂家、型号、规格、生产日期等。表箱视窗下方留有标示位字样。计量表箱正面观察窗下方印中国南方电网标志、警告语及警告符号和"供电服务热线95598"等字样。

（12）计量表箱门必须能加封，加封装置采用锁销螺丝。箱门采用门轴销（门合页），严禁采用外焊接的门轴销形式。表箱门上的锁要求结实可靠。

（13）计量表箱体必须有接地装置，安装用可调节挂耳，配安装挂耳螺丝、螺母，采用不锈钢或热镀锌螺丝、螺母。

第八章　电能计量装置		第二节　电能计量装置技术要求
图号	1-8-2-6	图名　低压用电客户电能计量装置技术要求（三）

（14）计量表箱正面对应电能表应有可观察用的窗户，以便于抄读电量与观察表计运行情况，观察窗采用透明聚碳酸酯材料，厚度不小于4mm，应有良好的密封性、透光性，并有足够的强度。观察窗的大小应满足监视及抄表的要求。观察窗的位置可根据电表安装位置做适当调整。单相电能表视窗尺寸不小于135mm×135mm，三相电能表视窗尺寸不小于150mm×150mm。

（15）从侧面穿孔引天线置外，孔位应有防雨措施。

（16）计量表箱内一次设备位置应使用可移动的不锈钢（或镀锌）万能角铁，用于安装电流互感器。电流互感器的安装应便于查看铭牌。

（17）金属箱门背焊铰链及大孔中间焊加强骨，箱体及门板应有加强骨以保证整体刚度。表箱内隔板上的电线进出孔具体位置可根据箱内实际情况自行调整。

（18）计量表箱表前表后开关室有两道门。内门上留有开关操作口，外门打开后，可操作开关。内门打开后，方可更换开关。表前开关采用带智能可调脱扣器的断路器或隔离开关。

（19）计量表箱内隔板上的电线走线孔的具体位置，可根据箱内实际情况，厂家自行调整。

（20）低压计量装置的电压回路上不允许加装熔断器和开关。

（21）各类计量表箱规格、配置及材质的要求应符合《南方电网公司电能计量装置典型设计 低压用电客户电能计量卷（下卷·典型设计图集）》中设计的要求。

五、试验接线盒

（1）试验接线盒具有带负荷现场校表和带负荷换表功能。

（2）试验接线盒体的制造应采用阻燃塑料。接线盒内所有螺丝均采用为黄铜材料制造，面盖的固封应采用不锈钢螺丝。接线盒中用于压接导线的螺丝直径为5mm，螺丝应采用平圆头的形式、并采用十加一的开启方式。

（3）产品外观应光洁无毛刺，接线盒底板与盒体的粘接应密实牢固。面盖应有防联片错位的功能，当连接片处于错误位置时，接线盒的面盖将无法合上。接线盒电压端子具有现场插接的功能，其底部应留有3mm的空隙。

（4）试验接线盒应能加封，同时接线盒盖应具备覆盖试验接线盒预留孔等防窃电功能。

六、二次回路

（1）电流回路和电压回路的连接导线宜使用铜质单芯绝缘线。电流二次回路导线截面积不小于4mm²。电压回路导线截面积不小于2.5mm²。

（2）计量二次回路的A、B、C各相导线应分别采用黄、绿、红颜色线，中性线应采用黑色或者蓝色线，接地线采用黄绿线。

（3）计量二次回路导线均应加装与图纸相符的端子编号，导线排列顺序应按正相序（即A、B、C相为自左向右或自上向下）排列。

（4）所有电流二次接线均应采用分相接线方式。

（5）电压、电流二次回路应从输出端子直接接至试验接线盒，不能有断开点。中间不得有任何辅助接点、接头或其他连接端子。

（6）电能计量用二次回路上不得接入任何与计量无关的设备。

一、电能计量柜的安装及接线要求

（1）电能计量柜的安装接线必须严格执行《电能计量装置安装接线规则》（DL/T 825）的要求。

（2）电能计量柜的形式（包括外形尺寸）应适合使用场所的环境条件，保证使用、操作、测试等工作的安全、方便。

（3）一次负荷连接导线要满足实际负荷要求，导线连接处的接触及支撑要可靠，保证与计量及其他设备、设施的安全距离，防止相间短路或接地。

（4）计量柜上安装的表计对地高度应在0.8～1.8m之间；互感器的对地高度要适宜，便于安装、更换、周期检定。

（5）安装接线后的孔洞、空隙应用防鼠泥严密封堵，以防鼠害及小动物进入柜体。

二、电能表的安装要求

（1）电能表应安装在电能计量柜内，不得安装在活动的柜门上。

（2）电能表应垂直安装，所有的固定孔须采用螺栓固定，固定孔应采用螺纹孔或采用其他方式确保单人工作将能在柜（箱）正面紧固螺栓。表中心线向各方向的倾斜不大于1°。

（3）电能表端钮盒的接线端子，应以"一孔一线""孔线对应"为原则。

（4）三相电能表应按正相序接线。

（5）电能表应安装在干净、明亮的环境下，便于拆装、维护和抄表。

三、负荷管理终端的安装要求

（1）负荷管理终端应安装在计量柜（计量表箱）内，柜内安装位置与电能表安装要求一致。宜与计量电流回路串联，宜与计量电压回路并联连接，应接入与电能表通信的RS-485线。

（2）安装有独立计量装置的负荷管理终端交流电源应直接从计量端子接线盒上引接终端电源。避免交流电源选择在受控开关的出线侧，以免开关断开后终端失电。

（3）安装位置应考虑终端的工作环境要求（-20～+50℃，相对湿度RH≤95%）、无线信号的强弱（留有足够大的透明观察窗，不被密封金属柜屏蔽）、终端和各种通信线不易被破坏、终端的检查和设置操作方便等因素。

（4）负荷管理终端需要选择接入受控开关；可按所带负荷容量分别接入，以便分级控制负荷。受控开关应在计量柜后，避免开关断开后终端失电。

如高供高计的可控配变开关，低压计量在低压总开关前的可控低压总开关，在低压总开关后计量的可控生产用电分开关。

（5）负荷管理终端天线安装要求。

现场采集终端天线必须要放置在无线信号强度较好的地方，要求信号强度满足数据传输要求。

密封的金属柜对无线信号产生屏蔽，如果终端安装于完全密封的金属装置内（如箱式变压器柜内），则必须引出外置天线。

地下室通信信号很弱的地方需要安装外置天线。

寻找合适位置安放外置天线头，应考虑信号的强弱，应保证天线安装在不易被破坏的地方，同时注意防雷击。

一般情况下，要求将外置天线头固定在计量柜（箱）的左外上侧，并加套塑料小盒保护。天线的引线需固定，天线及引线的安装位置不能影响计量检定、检修工作。

四、门接点安装要求

（1）门接点安装数量根据现场的实际需要确定。

（2）门接点安装要选择合适的位置，避免因安装位置不当，影响日后对表计、终端的维护。接线端子以实际终端为准。

（3）门接点安装在计量柜门内侧对应门锁的柜边，离下边框（300±50)mm处。

（4）门接点信号电缆可选用RVVP2×0.3mm²的软护套线，接入终端端子前必须用线针端子压接之后接入。

五、所用电缆及导线安装要求

（1）电源电缆：计量柜内应用铜质单芯绝缘线，截面积不小于2.5mm²；引出计量柜外时，应用铠装电缆，截面积不小于2.5mm²。

（2）控制电缆应用铠装屏蔽电缆，导线截面积不小于2×1.5mm²。终端控制常开接点与断路器的励磁线圈连接。

（3）信号电缆应用铠装屏蔽电缆，导线截面积不小于2×1.5mm²。终端遥信接点与断路器遥信常闭接点连接，接线端子以设备实际标注为准。

（4）门接点连接线：应用软护套线，导线截面积不小于2×0.3mm²。接入终端端子前必须用线针端子压接之后接入。

（5）交流采样电流电压导线：应用铜质单芯绝缘线，电流导线截面积不小于4mm²；电压导线截面积不小于2.5mm²。

第八章　电能计量装置		第三节　电能计量装置安装接线要求
图号	1-8-3-1	图名 10kV用电客户电能计量装置安装接线要求

一、布置方式

普通三相客户宜采用独立计量表箱，单相居民用电客户应采用集中计量表箱；居民小区多层住宅应配置电表房集中安装计量表箱；对于较分散的居民客户，可根据实际情况采用独立计量表箱。

二、电能计量柜（计量表箱）安装及接线要求

（1）电能计量柜（计量表箱）的安装接线必须严格执行《电能计量装置安装接线规则》（DL/T 825）的要求。

（2）电能计量柜（计量表箱）的形式（包括外形尺寸）应适合使用场所的环境条件，保证使用、操作、测试等工作的安全、方便。

（3）一次负荷连接导线要满足实际负荷要求，导线连接处的接触及支撑要可靠，保证与计量及其他设备、设施的安全距离，防止相间短路或接地。

（4）计量表箱在安装时，要特别注意与高压设备的安全距离。一次导线穿过计量表箱外壳时，不得将导线绝缘破坏，并在外壳上装设防护套，以防短路或接地。计量柜内的一次回路及其一次设备与二次回路及其二次设备之间采用隔离板完全隔离。柜中各单元之间宜以隔板或箱（盒）式组建区分和隔离。

（5）电能计量柜（计量表箱）上安装的表计对地高度应在0.8～1.8m之间；互感器的对地高度要适宜，便于安装、更换、周期检定。

（6）电能计量柜（计量表箱）宜安装在干燥、无灰尘、无振动、无强电场或强磁场的室内，一般环境温度为一10～50℃，湿度不大于95%。

（7）电流和电压二次回路的A、B、C各相导线应分别采用黄、绿、红颜色线，中性线应采用黑色或者蓝色线，接地线采用黄绿线。

（8）经电流互感器接入的低压三相四线电能表，其电压引入线应单独接入，不得与电流线共用，电压引入线的另一端应接在电流互感器一次电源侧，并在电源侧母线上另行引出，禁止在母线连接螺丝处引出。电压引入线与电流互感器一次电源应同时切合。

（9）双回路供电，应分别安装电能计量装置。

（10）直接接入式电能表。

（11）属金属外壳的直接接入式电能表，如装在非金属盘上，外壳必须接地。

（12）直接接入式电能表的导线最小截面应根据额定的正常负荷电流按表1选择。

表1　　　　　导线截面选择表

负荷电流/A	铜芯绝缘导线截面/mm²
$I<20$	6.0
$20{\leqslant}I<40$	10.0
$40{\leqslant}I<60$	16.0
$60{\leqslant}I$	≥25.0

（13）多股线须带压接头或镀锡处理。

（14）安装接线后的孔洞、空隙应用防鼠泥严密封堵，以防鼠害及小动物进入箱体。

（15）接线基本要求：按图施工、接线正确；电气连接可靠、接触良好；配线整齐美观；导线无损伤、绝缘良好。

（16）引入计量柜（计量表箱）的电缆标志牌应清晰、正确，排列整齐，避免交叉。并应安装牢固，不得使所接的接线盒受到机械应力。

（17）计量柜（计量表箱）内的电缆芯线应按照垂直或水平的规律配置，不得任意歪斜交叉连接，备用芯线长度应留有适当的余量。

（18）计量柜（计量表箱）内的导线不应有接头，导线的芯线应无损伤。用螺丝连接时，弯线方向应与螺丝旋紧的方向一致，并应加垫圈。

（19）计量柜（计量表箱）内上下相邻的电能表、试验接线盒之间导线应直接连接。

（20）电流回路、电压回路压接的金属部分长度应为 25～30mm，确保接线柱的两个螺钉均能牢靠压住铜芯且不外露。

三、互感器的安装要求

（1）同一组的电流互感器应采用制造厂、型号、额定电流变比准确度等级、二次容量均相同的互感器。同一计量点各相电流互感器进线端极性应一致。

（2）低压电流互感器二次绕组不接地。

（3）电流互感器二次回路导线出线距离电能表大于 10m 时，应采用金属铠装电缆。互感器的二次回路导线通过阻燃的封闭套管引至计量表箱。

四、电能表的安装要求

（1）三相四线三元件有功电能表的电压线圈每相应直接接到试验端子盒每相电源。三相四线三元件有功电能表的零线应直接接到试验端子盒的电源的零线。

（2）经电流互感器接入的低压三相四线电能表，其电压引入线应单独接入，不得与电流线共用，电压引入线的另一端应接在电流互感器一次电源侧，并在电源侧母线上另行引出，禁止在母线连接螺丝处引出。电压引入线与电流互感器一次电源应同时切合。

（3）电能表端钮盒的接线端子，宜以"一孔一线""孔线对应"为原则。

（4）三相电能表应按正相序接线。

五、门接点安装要求

在计量表箱门内侧对应门锁的箱边，离下边框（300±50）mm 处。

六、所用电缆及导线要求

（1）电源电缆：计量柜内应用铜质单芯绝缘线，截面积不小于 2.5mm²；引出计量柜外时，应用铠装电缆，截面积不小于 2.5mm²。

（2）控制电缆应用铠装屏蔽电缆，导线截面积不小于 2×1.5mm²。终端控制常开接点跟断路器的励磁线圈连接。

（3）信号电缆应用铠装屏蔽电缆，导线截面积不小于 2×1.5mm²。终端遥信接点跟断路器遥信常闭接点连接，接线端子以设备实际标注为准。

（4）门接点连接线：应用软护套线，导线截面积不小于 2×0.3mm²。接入终端端子前必须用线针端子压接之后接入。

终端工作电源的一般选取原则：选取电源可靠性最高的点，如低压总开关前、有母联的母线、不受控的办公用电进线侧等。

（5）交流采样电流电压导线：应用铜质单芯绝缘线，电流导线截面积不小于 4mm²；电压导线截面积不小于 2.5mm²。

第八章　电能计量装置		第三节　电能计量装置安装接线要求
图号	1-8-3-3	图名　低压用电客户电能计量装置安装接线要求（二）

建筑物综合布线系统是建筑物或建筑群内的传输网络。它既使电话交换系统和数据通信系统及其他信息管理系统彼此相连，又使这些设备与外部通信网络相连接。它包括建筑物到外部网络或线路上的连接点与工作区的话音或数据终端之间的所有电缆、光缆及相关联的布线部件。综合布线系统的设计应遵循如下规定。

（1）综合布线系统应与信息设施系统、信息化应用系统、公共安全系统、建筑设备管理系统等统筹规划、相互协调，并按照各系统信息的传输要求优化设计。

（2）综合布线系统应为开放式网络拓扑结构，应能支持语音、数据、图像、多媒体业务等信息传递的应用。

（3）综合布线系统工程宜按工作区、配线子系统、干线子系统、建筑群子系统、设备间、进线间、管理7个部分进行设计。

（4）设计综合布线系统应采用开放式星形拓扑结构，该结构下的每个分支子系统都是相对独立的单元，对每个分支单元系统改动都不影响其他子系统。只要改变结点连接就可使网络在星形、总线、环形等各种类型间进行转换。

（5）综合布线系统工程的产品类别及链路、信道等级的确定，应综合考虑建筑物的功能、应用网络、业务终端类型、业务的需求及发展、性能价格、现场安装条件等因素。

（6）综合布线系统工程设计应根据通信业务、计算机网络拓扑结构等因素，选用合适的综合布线系统的元件与设施。选用产品的各项指标应高于系统指标，以保证系统指标并且具有发展的余地。同时也应考虑工程造价及工程要求。

（7）综合布线系统在进行系统配置设计时，应充分考虑用户近期需要与远期发展，使之具有通用性、灵活性和可扩展性，尽量避免布线系统投入正常使用以后，较短的时间又要进行扩建与改建，造成资金浪费。一般来说，布线系统的水平配线应以远期需要为主，垂直干线应以近期实用为主。

（8）应根据系统对网络的构成、传输缆线的规格、传输距离等要求选用相应等级的综合布线产品。

（9）同一布线信道及链路的缆线和连接器件应保持系统等级与阻抗的一致性。

（10）对于综合布线系统，电缆和接插件之间的连接应考虑阻抗匹配和平衡与非平衡的转换适配。在工程（D～F级）中特性阻抗应符合100Ω标准。在系统设计时，应保证布线信道和链路在支持相应等级应用中的传输性能，如果选用6类布线产品，则缆线、连接硬件、跳线等都应达到6类，才能保证系统为6类。如果采用屏蔽布线系统，则所有部件都应选用带屏蔽的硬件。

（11）FD、BD、CD配线设备应采用8位模块通用插座或卡接式配线模块（多对、25对及回线型卡接模块）和光纤连接器件及光纤适配器（单工或双工的ST、SC或SFF光纤连接器件及适配器）。

（12）单模和多模光缆的选用应符合网络的构成方式、业务的互通互连方式及光纤在网络中的应用传输距离。一般在楼内宜采用多模光缆，建筑物之间宜采用多模或单模光缆，需直接与电信业务经营者相连时宜采用单模光缆。

（13）综合布线系统光纤信道应采用标称波长为850nm和1300nm的多模光纤及标称波长为1310nm和1550nm的单模光纤。

（14）为保证传输质量，配线设备连接的跳线宜选用产业化制造的电、光各类跳线，在电话应用时宜选用双芯对绞电缆。

（15）设计相应等级的布线系统信道及永久链路、CP链路时应考虑下列具体指标项目：

1）3类、5类布线系统应考虑指标项目为衰减、近端串音（NEXT）。

2）5E类、6类、7类布线系统，应考虑指标项目为插入损耗（IL）、近端串音、衰减串音比（ACR）、等电平远端串音（ELFEXT）、近端串音功率和（PSNEXT）、衰减串音比功率和（PSACR）、等电平远端串音功率和（PSELEFXT）、回波损耗（RL）、时延、时延偏差等。

3）屏蔽的布线系统还应考虑非平衡衰减、传输阻抗、耦合衰减及屏蔽衰减。

4）6A类、7类布线系统在应用时，还应考虑信道电缆（6根对一根4对对绞电缆）的外部串音功率和（PSANEXT）和2根相邻4对对绞电缆间的外部串音（ANEXT）。

（16）综合布线系统工程设计中应考虑机械性能指标（如缆线结构、直径、材料、承受拉力、弯曲半径等）。

（17）综合布线系统作为建筑物的公用通信配套设施在工程设计中应满足多家电信业务经营者提供业务的需求。

（18）大楼智能化建设中的建筑设备、监控、出入口控制等系统的设备在提供满足TCP/IP协议接口时，也可使用综合布线系统作为信息的传输介质，为大楼的集中监测、控制与管理打下良好的基础。综合布线系统以一套单一的配线系统，综合通信网络、信息网络及控制网络，可以使相互间的信号实现互联互通。

（19）综合布线系统设施及管线的建设，应纳入建筑与建筑群相应的规划设计之中。工程设计时，应根据工程项目的性质、功能、环境条件和近、远期用户需求进行设计。应考虑施工和维护方便，确保综合布线系统工程的质量和安全，做到技术先进、经济合理。

（20）综合布线系统的设备应选用经过国家认可的产品质量检验机构鉴定合格的、符合国家有关技术标准的定型产品。

第九章 建筑物综合布线系统工程设计	第一节 一般规定
图号 1-9-1-2	图名 综合布线系统设计的一般规定（二）

（1）独立的需要设置终端设备（TE）的区域宜划分为一个工作区。工作区应由配线子系统的信息插座模块（TO）延伸到终端设备处的连接缆线及适配器组成。

（2）工作区适配器的选用宜符合下列规定：

1）设备的连接插座应与连接电缆的插头匹配，不同的插座与插头之间应加装适配器。

2）在连接使用信号的数模转换，光、电转换，数据传输速率转换等相应的装置时，采用适配器。

3）对于网络规程的兼容，采用协议转换适配器。

4）各种不同的终端设备或适配器均安装在工作区的适当位置，并应考虑现场的电源与接地。

（3）工作区信息点为电端口时，应采用8位模块通用插座（RJ45），光端口宜采用SFF小型光纤连接器件及适配器。信息点电端口如为7类布线系统时，采用RJ45或非RJ45型的屏蔽8位模块通用插座。

（4）每一个工作区信息插座模块（电、光）数量不宜少于2个，并满足各种业务的需求。

（5）一个工作区的服务面积，应按不同的应用功能确定。目前建筑物的功能类型较多，大体上可以分为商业、文化、媒体、体育、医院、学校、交通、通用工业等类型，因此对工作区面积的划分应根据应用的场合作具体的分析后确定，工作区面积需求可参照表1所示内容。

（6）信息插座底盒数量应以插座盒面板设置的开口数确定，每一个底盒支持安装的信息点数量不宜大于2个。

（7）光纤信息插座模块安装的底盒大小应充分考虑到水平光缆（2芯或4芯）终接处的光缆盘留空间和满足光缆对弯曲半径的要求。

（8）工作区的信息插座模块应支持不同的终端设备接入，每一个8位模块通用插座应连接1根4对对绞电缆（即1根4对对绞电缆应全部固定终接

在1个8位模块通用插座上，不允许将1根4对对绞电缆终接在2个或2个以上8位模块通用插座上）；对每一个双工或2个单工光纤连接器件及适配器连接1根2芯光缆。

表1　　　　工作区面积划分参考表

建筑物类型及功能	工作区面积/m²
网管中心、呼叫中心、信息中心等终端设备较为密集的场地	3～5
办公区	5～10
会议、会展	10～60
商场、生产机房、娱乐场所	20～60
体育场馆、候机室、公共设施区	20～100
工业生产区	60～200

注：1. 对于应用场合，如终端设备的安装位置和数量无法确定时，或使用场地为大客户租用并考虑自设置计算机网络时，工作区的面积可按区域（租用场地）面积确定。

2. 对于IDC机房（为数据通信托管业务机房或数据中心机房）可按生产机房每个机架的设置区域考虑工作区面积。对于此类项目，涉及数据通信设备安装工程设计，应单独考虑实施方案。

（9）多用户信息插座和集合点的配线设备应安装于墙体或柱子等建筑物固定的位置。

（10）工作区信息插座的安装宜符合下列规定：

1）安装在地面上的接线盒应防水和抗压。

2）安装在墙面或柱子上的信息插座底盒、多用户信息插座盒及集合点配线箱体的底部离地面的高度宜为300mm。集合点配线箱体还可以根据工程要求安装在吊顶内或活动地板下。

（11）工作区的电源应符合下列规定：

1）每1个工作区至少应配置1个220V交流电源插座。

2）工作区的电源插座应选用带保护接地的单相电源插座，保护接地与N线应严格分开。

（1）配线子系统应由工作区的信息插座模块、信息插座模块至电信间配线设备（FD）的配线电缆和光缆、电信间的配线设备及设备缆线和跳线等组成。

（2）根据工程提出的近期和远期终端设备的设置要求，用户性质、网络构成及实际需要确定建筑物各层需要安装信息插座模块的数量及其位置，配线应留有充分的发展余地。

（3）配线子系统缆线应采用非屏蔽或屏蔽4对对绞电缆，在需要时也可采用室内多模或单模光缆。

（4）每一个工作区信息点数量的确定范围比较大，从现有的工程情况分析，从设置1～10个信息点的现象都存在，并预留了电缆、光缆及备份的信息插座模块。因为建筑物用户性质不一样，功能要求和实际需求不一样，信息点数量不能仅按办公楼的模式确定，尤其是对于专用建筑（如电信、金融、体育场馆、博物馆等建筑）更应加强需求分析，做出合理的配置。

每个工作区信息点数量可按用户的性质、网络构成和需求来确定，工作区信息点数量配置可参照表1所示内容。

表1　　　　信息点数量配置参考表

建筑物功能区	信息点数量（每一工作区）			备注
	语音	数据	光纤（双口）	
办公区（一般）	1个	1个	—	—
办公区（重要）	1个	2个	1个	对数据信息有较大需求
出租或大客户区域	2个或2个以上	2个或2个以上	1个或2个以上	指整个区域的配置量
办公区（政务工程）	2～5个	2～5个	1个或1个以上	涉及内、外网络时

注：对出租或大客户区域信息点数量需求为区域的整个出口需求量，并不代表区域内信息点总的数量。

（5）从电信间至每一个工作区水平光缆宜按2芯光缆配置。光缆至工作区域满足用户群或大客户使用时，光纤芯数至少应有2芯备份，按4芯水平光缆配置。

（6）连接至电信间的每一根水平电缆/光缆应终接于相应的配线模块，配线模块与缆线容量相适应。

（7）电信间FD主干侧各类配线模块应按电话交换机、计算机网络的构成及主干电缆/光缆的所需容量要求及模块类型和规格的选用进行配置。

楼层配线设备FD可由IDC配线模块、RJ45配线模块和光纤连接盘三大类型组成。在工程设计中，通常采用IDC配线模块支持干线侧、RJ45配线模块支持水平侧的语音配线。RJ45或光纤连接盘支持数据配线。

（8）电信间FD采用的设备缆线和各类跳线宜按计算机网络设备的使用端口容量和电话交换机的实装容量、业务的实际需求或信息点总数的比例进行配置，比例范围为25%～50%。

（9）CP集合点安装的连接器件应选用卡接式配线模块或8位模块通用插座或各类光纤连接器件和适配器。

（10）当集合点（CP）配线设备为8位模块通用插座时，CP电缆宜采用带有单端RJ45插头的产业化产品，以保证布线链路的传输性能。

（11）电信间FD与电话交换配线及计算机网络设备之间的连接方式应符合下列要求：

1）电话交换配线的连接方式应符合图1要求。

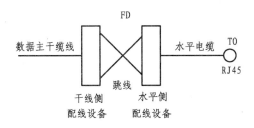

图1　电话交换配线的连接方式

FD支持电话系统配线设备有两大类型：FD配线设备采用IDC配线模块如图2所示；FD配线设备建筑物主干侧采用IDC配线模块和水平侧采用RJ45配线模块如图3所示。

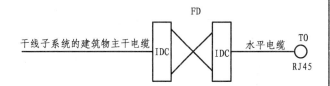

图2　FD配线设备采用IDC配线模块连接方式

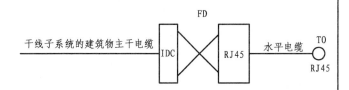

图3　FD配线设备采用IDC和RJ45配线模块连接方式

2）数据系统连接方式。

经跳线连接的方式应符合图4要求。

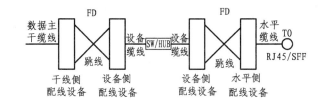

图4　数据系统连接方式（经跳线连接）

FD支持数据系统配线设备有两大类型，RJ45配线模块和光纤互连装置盘，连接方式如图5～图7所示。

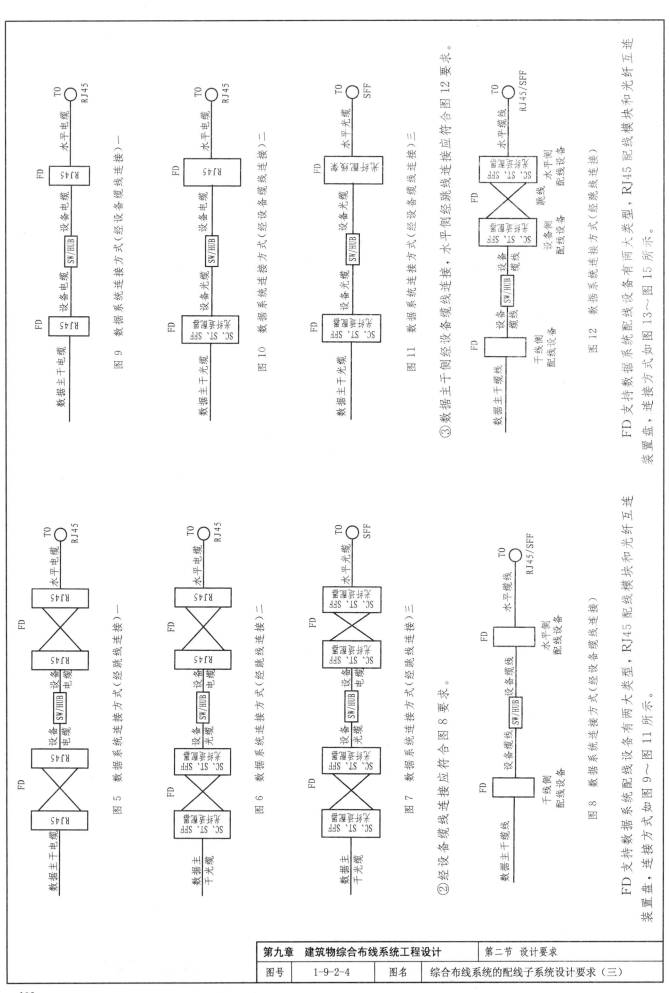

图 9　数据系统连接方式（经设备缆线连接）一

图 10　数据系统连接方式（经设备缆线连接）二

图 11　数据系统连接方式（经设备缆线连接）三

③数据主干侧经设备缆线连接，水平侧经跳线连接应符合图 12 要求。

图 12　数据系统连接方式（经跳线连接）

FD 支持数据系统配线设备有两大类型，RJ45 配线模块和光纤互连装置盘，连接方式如图 13～图 15 所示。

图 5　数据系统连接方式（经跳线连接）一

图 6　数据系统连接方式（经跳线连接）二

图 7　数据系统连接方式（经跳线连接）三

②经设备缆线连接应符合图 8 要求。

图 8　数据系统连接方式（经设备缆线连接）

FD 支持数据系统配线设备有两大类型，RJ45 配线模块和光纤互连装置盘，连接方式如图 9～图 11 所示。

第九章　建筑物综合布线系统工程设计		第二节　设计要求
图号	1-9-2-4	图名	综合布线系统的配线子系统设计要求（三）

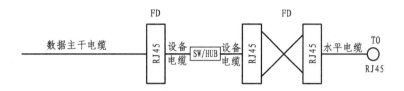

图 13 数据系统连接方式（经设备缆线和跳线连接）一

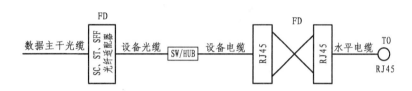

图 14 数据系统连接方式（经设备缆线和跳线连接）二

图 15 数据系统连接方式（经设备缆线和跳线连接）三

一、综合布线系统的干线子系统设计要求

（1）干线子系统应由设备间至电信间的干线电缆和光缆、安装在设备间的建筑物配线设备（BD）及设备缆线和跳线组成。

（2）干线子系统所需要的电缆总对数和光纤总芯数，应满足工程的实际需求，并留有适当的备份容量。主干缆线宜设置电缆与光缆，并互相作为备份路由。

（3）干线子系统主干缆线应选择较短的安全的路由。主干电缆宜采用点对接终接，也可采用分支递减终接。

（4）点对点端接是最简单、最直接的配线方法，电信间的每根干线电缆直接从设备间延伸到指定的楼层电信间。分支递减终接是用1根大对数干线电缆来支持若干个电信间的通信容量，经过电缆接头保护箱分出若干根小电缆，它们分别延伸到相应的电信间，并终接于目的地配线设备。

（5）如果电话交换机和计算机主机设置在建筑物内不同的设备间，宜采用不同的主干缆线来分别满足语音和数据的需要。

（6）在同一层若干电信间之间宜设置干线路由。

（7）建筑物与建筑群配线设备处各类设备缆线和跳线的配备宜符合图1-9-2-3中（8）条的规定。

（8）如语音信息点8位模块通用插座连接ISDN用户终端设备，并采用S接口（4线接口）时，相应的主干电缆则应按2对线配置。

（9）干线子系统缆线选择。

1）确定缆线中语音和数据信号的分设：语音信号采用大对数电缆，数据信号采用光缆。

2）根据综合布线系统的配置确定缆线的类型及规格。

a. 支持语音建筑物主干电缆的总对数按水平电缆总对数的25％计，即为每个语音信息点配1对对绞线，还应考虑10％的线对作为冗余。支持语音建筑物主干电缆可采用规格为25对、50对或100对的大对数电缆。

b. 支持数据的建筑物主干宜采用光缆，2芯光纤可支持1台SW（或HUB）交换机或1个SW群（或HUB群），在光纤总芯数上备用2芯光纤作为冗余。

c. 支持数据的建筑物主干采用4对对绞电缆时，1根4对对绞电缆可支持1台SW（或HUB）交换机或1个SW群（或HUB群）。

（a）当采用SW群（或HUB群）时，每1个SW群（或HUB群）备用1～2根4对对绞电缆作为冗余。

（b）当未采用SW群（或HUB群）时，每2～4台SW（或HUB）备用1根4对对绞电缆作为冗余。

二、综合布线系统的建筑群子系统设计要求

（1）建筑群子系统应由连接多个建筑物之间的主干电缆和光缆、建筑群配线设备（CD）及设备缆线和跳线组成。

（2）CD宜安装在进线间或设备间，并可与入口设施或BD合用场地。

（3）CD配线设备内、外侧的容量应与建筑物内连接BD配线设备的建筑群主干缆线容量及建筑物外部引入的建筑群主干缆线容量相一致。

（4）确定建筑群子系统缆线的路由、根数及敷设方式。

（5）确定建筑群干线电缆、光缆、公用网和专用网电缆、光缆的引入及保护。

第九章　建筑物综合布线系统工程设计		第二节　设计要求
图号	1-9-2-6	图名	干线子系统、建筑群子系统设计要求

（1）电信间主要是为楼层安装配线设备（为机柜、机架、机箱等安装方式）和楼层计算机网络设备（HUB 或 SW）的场地，并可考虑在该场地设置缆线竖井、等电位接地体、电源插座、UPS 配电箱等设施。在场地面积满足的情况下，也可设置建筑物诸如安防、消防、建筑设备监控、无线信号覆盖等系统的布缆线槽和功能模块的安装。如果综合布线系统与弱电系统设备合设于同一场地，从建筑的角度出发，称之为弱电间。

（2）电信间的使用面积不宜小于 5m²，也可根据工程中配线设备和网络设备的容量进行调整。

一般情况下，综合布线系统的配线设备和计算机网络设备采用 19in 标准机柜安装。机柜尺寸通常为 600mm×800mm×2000mm（宽×深×高），共有 42U 的安装空间。机柜内可安装光纤连接盘、RJ45（24 口）配线模块、多线对卡接模块（100 对）、理线架、计算机 SW/HUB 设备等。如果按建筑物每层电话和数据信息点各为 200 个考虑配置上述设备，大约需要有 2 个 19in（42U）的机柜空间，以此测算电信间面积至少应为 5m²（2.5m×2.0m）。对于涉及布线系统设置内、外网或专用网时，19in 机柜应分别设置，并在保持一定间距的情况下预测电信间的面积。

（3）电信间温、湿度按配线设备要求提出，如在机柜中安装计算机网络设备（SW/HUB）时环境应满足设备提出的要求，温、湿度的保证措施由空调专业负责解决。

（4）电信间应采用外开丙级防火门，门净宽度应大于设备宽度，宽度宜为 0.7～1.0m。室温应保持在 10～35℃，相对湿度宜保持在 20％～80％。如果安装信息网络设备时，应符合相应的设计要求。

（5）电信间的数量应按所服务的楼层范围及工作区面积来确定。如果该层信息点数量不大于 400 个，配线电缆长度在 90m 范围以内，宜设置 1 个电信间；当超出这一范围时宜设 2 个或多个电信间；每层的信息点数量较少，水平缆线长度不大于 90m 的情况下，宜几个楼层合设一个电信间。

（6）电信间应与强电间分开设置，电信间内或紧邻处应设置缆线竖井。

（7）电信间的设备安装和电源要求，应符合图 1-9-2-1 中（10）条和（11）条的规定。

（8）电信间设备布置，如下图所示。

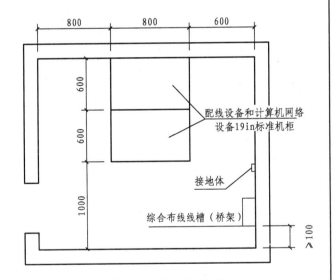

电信间设备布置示意图（单位：mm）
注：本图为 2 个机柜的方案，机柜宽度以 600 为例。如采用 800 宽机柜，应相应增加电信间面积。

（1）设备间是在每幢建筑物的适当地点进行网络管理和信息交换的场地。对于综合布线系统工程设计，设备间主要安装建筑物配线设备。电话交换机、计算机网络设备及入口设施也可与配线设备安装在一起。

（2）设备间是大楼的电话交换机设备和计算机网络设备，以及建筑物配线设备（BD）安装的地点，也是进行网络管理的场所。对综合布线工程设计而言，设备间主要安装总配线设备。当信息通信设施与配线设备分别设置时考虑到设备电缆有长度限制的要求，安装总配线架的设备间与安装电话交换机及计算机主机的设备间之间宜尽量靠近。

（3）在设备间内安装的BD配线设备干线侧容量应与主干缆线的容量相一致。设备侧的容量应与设备端口容量相一致或与干线侧配线设备容量相同。

（4）BD配线设备与电话交换机及计算机网络设备的连接方式亦应符合图1-9-2-3中（11）条的要求。

（5）设备间位置应根据设备的数量、规模、网络构成等因素，综合考虑确定。

（6）每幢建筑物内应至少设置1个设备间，如果电话交换机与计算机网络设备分别安装在不同的场地或根据安全需要，也可设置2个或2个以上设备间，以满足不同业务的设备安装需要。

（7）设备间的设计应符合下列规定：

1）设备间宜处于干线子系统的中间位置，并考虑主干缆线的传输距离与数量。

2）设备间宜尽可能靠近建筑物线缆竖井位置，有利于主干缆线的引入。

3）设备间的位置宜便于设备接地。

4）设备间应尽量远离高低压变配电、电机、X射线、无线电发射等有干扰源存在的场地。

5）设备间室内温度应保持在10～35℃，相对湿度应保持在20%～80%，并应有良好的通风。若设备间内安装有程控用户交换机或计算机网络设备时，室内温度和相对湿度应符合相关规定。

6）设备间内应有足够的设备安装空间，其使用面积不应小于10m²，该面积不包括程控用户交换机、计算机网络设备等设施所需的面积在内。

7）设备间梁下净高不应小于2.5m，采用外开双扇门，门宽不应小于1.5m。

8）设备间应防止有害气体（如氯、碳水化合物、硫化氢、氮氧化物、二氧化碳等）侵入，并应有良好的防尘措施，尘埃含量限值宜符合下表的规定。

尘 埃 含 量 限 值

参数	数值			
尘埃颗粒的最大直径 /μm	0.5	1	2	5
灰尘颗粒的最大浓度 /（粒子数/m³）	$1.4×10^7$	$7×10^5$	$2.4×10^5$	$1.3×10^5$

注：灰尘粒子应是不导电的，非铁磁性和非腐蚀性的。

（9）在地震区的区域内，设备安装应按规定进行抗震加固。

（10）设备安装宜符合下列规定：

1）机架或机柜前面的净空不应小于800mm，后面的净空不应小于600mm。

2）壁挂式配线设备底部离地面的高度不宜小于300mm。

（11）设备间应提供不少于两个220V带保护接地的单相电源插座，但不作为设备供电电源。

（12）设备间如果安装电信设备或其他信息网络设备时，设备供电应符合相应的设计要求。

（13）上述的安装工艺要求，均以总配线设备所需的环境要求为主，适当考虑安装少量计算机网络等设备，如果与程控电话交换机、计算机网络等设备和配套设备合装在一起，则安装工艺要求应执行相关规范的规定。

第九章　建筑物综合布线系统工程设计	第二节　设计要求
图号　1-9-2-8	图名　综合布线系统设备间设计要求

（1）进线间是建筑物外部通信和信息管线的入口部位，并可作为入口设施和建筑群配线设备的安装场地。

（2）进线间是一个建筑物宜设置1个，一般位于地下层，外线宜从两个不同的路由引入进线间，有利于与外部管道连通。进线间与建筑物红外线范围内的人孔或手孔采用管道或通道的方式互连。进线间因涉及因素较多，难以统一提出具体所需面积，可根据建筑物实际情况，并参照通信行业和国家现行标准进行设计。

（3）进线间一般提供给多家电信业务经营者使用，通常设于地下一层。进线间主要作为室外电、光缆引入楼内的成端与分支及光缆的盘长空间位置。对于光缆至大楼（FTTB）、至用户（FTTH）、至桌面（FTTO）的应用及光缆数量日益增多的现状，进线间就显得尤为重要。由于许多的商用建筑物地下一层环境条件已大大改善，也可以安装电缆、光缆的配线架设备及通信设施。在不具备设置单独进线间或入楼电缆、光缆数量及入口设施容量较小时，建筑物也可以在入口处采用地沟或设置较小的空间完成缆线的成端与盘长，入口设施则可安装在设备间，但宜设置单独的场地，以便功能分区。

（4）建筑群主干电缆和光缆、公用网和专用网电缆、光缆及天线馈线等室外缆线进入建筑物时，应在进线间成端转换成室内电缆、光缆，并在缆线的终端处可由多家电信业务经营者设置入口设施，入口设施中的配线设备应按引入的电缆、光缆容量配置。

（5）电信业务经营者在进线间设置的入口配线设备应与BD或CD之间敷设相应的连接电缆、光缆，实现路由互通。缆线类型与容量应与配线设备相一致。

（6）在进线间缆线入口处的管孔数量应满足建筑物之间、外部接入业务及多家电信业务经营者缆线接入的需求，并应留有2～4孔的余量。

（7）进线间应设置管道入口。

（8）进线间应满足缆线的敷设路由、成端位置及数量、光缆的盘长空间和缆线的弯曲半径、充气维护设备、配线设备安装所需要的场地空间和面积。

（9）进线间的大小应按进线间的进线管道最终容量及入口设施的最终容量设计。同时应考虑满足多家电信业务经营者安装入口设施等设备的面积。

（10）进线间宜靠近外墙和在地下设置，以便于缆线引入。进线间设计应符合下列规定：

1）进线间应采用相应防火级别的防火门，门向外开，宽度不小于1000mm。

2）进线间应防止渗水，宜设有抽排水装置。

3）进线间应与布线系统垂直竖井连通。

4）进线间应设置防有害气体措施和通风装置，排风量按换气次数不少于5次/h确定。

（11）与进线间无关的管道不宜通过。

（12）进线间入口管道口所有布放缆线和空闲的管孔应采取防火材料封堵，做好防水处理。

（13）进线间如安装配线设备和信息通信设施时，应符合设备安装设计的要求。

第九章　建筑物综合布线系统工程设计		第二节　设计要求
图号	1-9-2-9	图名	综合布线系统进线间设计要求

（1）管理应对工作区、电信间、设备间、进线间的配线设备、缆线、信息插座模块等设施按一定的模式进行标志和记录。

（2）管理应对设备间、电信间、进线间和工作区的配线设备、缆线、信息点等设施按一定的模式进行标志和记录。内容包括：管理方式、标志、色标、连接等。这些内容的实施，将给今后维护和管理带来很大的方便，有利于提高管理水平和工作效率，特别是较为复杂的综合布线系统，如果采用计算机进行管理，其效果将十分明显。目前，市场上已有商用的管理软件可供使用者选用。综合布线的各种配线设备，应用色标区分干线电缆、配线电缆或设备端点，同时，还应采用标签表明端接区域、物理位置、编号、容量、规格等，以便维护人员在现场一目了然地加以识别。

（3）管理宜符合下列规定：

1）综合布线系统工程宜采用计算机进行文档记录与保存，简单且规模较小的综合布线系统工程可按图纸资料等纸质文档进行管理，并做到记录准确、及时更新、便于查阅；文档资料应实现汉字化。

2）综合布线的每一电缆、光缆、配线设备、端接点、接地装置、敷设管线等组成部分均应给定唯一的标识符，并设置标签。标识符应采用相同数量的字母和数字等标明。

3）电缆和光缆的两端均应标明相同的标识符。

4）设备间、电信间、进线间的配线设备宜采用统一的色标区别各类业务与用途的配线区。

（4）所有标签应保持清晰，并满足使用环境要求。

（5）在每个配线区实现线路管理的方式是在各色标区域之间按应用的要求，采用跳线连接。色标用来区分配线设备的性质，分别由按性质划分的配线模块组成，且按垂直或水平结构进行排列。

综合布线系统使用的标签可采用粘贴型和插入型。

电缆和光缆的两端应采用不易脱落和磨损的不干胶条标明相同的编号。

（6）对于规模较大的布线系统工程，为提高布线工程维护水平与网络安全，宜采用电子配线设备对信息点或配线设备进行管理，以显示与记录配线设备的连接、使用及变更状况。

（7）电子配线设备目前应用的技术有多种，在工程设计中应考虑到电子配线设备的功能、管理范围、组网方式、管理软件、工程投资等方面，合理地加以选用。

（8）综合布线系统相关设施的工作状态信息应包括：设备和缆线的用途、使用部门、组成局域网的拓扑结构、传输信息速率、终端设备配置状况、占用器件编号、色标、链路与信道的功能和各项主要指标参数及完好状况、故障记录等，还应包括设备位置和缆线走向等内容。

第九章　建筑物综合布线系统工程设计		第三节　管理设计	
图号	1-9-3-1	图名	综合布线系统的管理设计

第二篇　变电配电工程篇

工业与民用建筑10kV及其以下变配电所按其建筑构造可分为独立式、附设式两类；按进出线方式可分为有电缆地沟的电缆下进下出式、无电缆地沟的电缆上进上出式，有夹层的电缆下进下出式、下进上出式或上进下出式。10kV及其以下变配电所各功能房间对建筑物造的基本要求见下表。

房间名称	高压配电室（有充油设备）	高压电容器室	油浸变压器室	干式变压器室	高压配电室（无充油设备）	低压配电室	控制室	值班室
建筑物耐火等级	二级	二级（油浸式）	一级（不燃或难燃介质时为二级）	二级		三级	二级	
屋面	应有保温、隔热层及良好的防水和排水措施							
顶棚	刷白							
屋檐	防止屋面雨水沿外墙面流下							
内墙面	邻近带电部分的内墙面只刷白，其他部分抹灰刷白		勾缝并刷白，墙基应防止油浸蚀。与有爆炸危险场所相邻的墙壁内侧应抹灰并刷白		抹灰并刷白			
采光和采光窗	宜设固定的自然采光窗，窗外应加钢丝网或采用夹丝玻璃，防止雨、雪和小动物进入，其窗台距室外地坪宜不小于1.8m。在寒冷、污秽尘埃或风沙大的地区，宜设双层玻璃窗，临街一面不宜开窗	可设采光窗，其要求与高压配电室（有充油设备）相同	不设采光窗		同高压配电室（有充油设备）	允许用木窗	允许用木窗，能开启的窗应设纱窗，在寒冷或风沙大的地区采用双层玻璃窗	
通风窗	如需要应采用百叶窗内加钢丝网（网孔不大于10mm×10mm），防止雨、雪和小动物进入	采用百叶窗内加钢丝网（网孔不大于10mm×10mm）防止雨、雪和小动物进入	通风窗应采用不燃烧材料制作，应有防止雨、雪和小动物进入的措施：进出风窗都采用百叶窗，进风百叶窗内设网孔不大于10mm×10mm的钢丝网，当进风有效面积不能满足要求时，可只装设网孔不大于10mm×10mm的钢丝网	设置在地面上同油浸变压器室。设置在地下室时，应有良好的送排风系统				

第一章　10kV变配电所建筑构造		第一节　变配电所建筑构造基本要求
图号	2-1-1-1	图名　变配电所各功能房间对建筑构造的基本要求（一）

房间名称	高压配电室（有充油设备）	高压电容器室	油浸变压器室	干式变压器室	高压配电室（无充油设备）	低压配电室	控制室	值班室
建筑物耐火等级	二级	二级（油浸式）	一级（不燃或难燃介质时为二级）	二级		三级	二级	
地坪	高强度等级水泥抹面压光	高强度等级水泥抹面压光采用抬高地坪方案通风效果较好	低式布置采用卵石或碎石铺设，厚度为250mm，变压器四周沿墙600mm需用混凝土抹平；高式布置采用水泥地坪，应向中间通风及排油孔作2%的坡度	水泥压光	高强度等级水泥抹面压光或水磨石		水磨石或水泥压光	
门	门应向外开，当相邻配电室有门时，该门应能向双向开启或向低压方向开启							
	房间长度超过7m时，应设置两个门				房间长度超过8m时，应设置两个门			
	应为向外开的防火门，应装弹簧锁，严禁用门闩通往室外的门一般为非防火门，当室内总油量不小于60kg，且门向建筑物时，门应为非燃烧体或难燃体材料		采用铁门或木门内侧包铁皮。单扇门宽不小于1.5m时，应在大门上加开小门。大门及大门上的小门应向外开启，其开启角度不小于120°，同时要尽量降低小门的门槛高度，使在室内外地坪标高不同时出入方便		允许用木制		允许用木制。在南方炎热地区经常开启的通向屋外的门内还应设置纱门	
电缆沟电缆室	水泥抹光并采取防水，排水措施；宜采用花纹钢板。若采用钢筋混凝土盖板，要求平整光洁，重量不大于50kg		—		同高压配电室（有充油设备）			
采暖及其他	5℃		5℃	5℃			18℃	
	宜采用钢管焊接且不应有法兰、螺纹接头或阀门		—		同高压配电室		—	

一、对电缆沟的设计要求

（1）根据电气专业提出的地面荷载选用电缆沟类型。

（2）地下水位高于电缆沟底板时，设计人应校核地下水对地沟浮托力，必要时应采取电缆沟抗浮措施。

（3）电缆沟应按照防火规范要求进行防火封堵。

（4）电缆沟设计应同时符合其他相关现行国家及地方规范。

（5）电缆沟防水应根据场地地下水及地表水下渗状况、电缆沟内电缆管线正常运行要求的环境、当地防水材料供应及质量状况和防水施工经验等条件，选用适当的防水做法和防水材料。

（6）遇有湿陷性黄土地区和膨胀性土地区需与结构专业配合进行处理后再做上部电缆沟。

（7）异形盖板根据补板实际尺寸现场制作。盖板的肋距不大于500mm。

（8）在电缆沟的末端或拐角处设置500mm×500mm×300mm的积水坑，以排除特殊情况下的沟内积水。

二、对电缆沟的材料要求

（1）砌体电缆沟：烧结普通砖、页岩砖或混凝土砌块强度等级为MU10，水泥砂浆强度等级为M7.5，底板混凝土强度等级为C20。

（2）素混凝土电缆沟：混凝土强度等级为C20。

（3）钢筋混凝土电缆沟：混凝土强度等级为C25，抗渗等级为S6，垫层混凝土强度等级为C10，钢筋用HPB235级或HRB335级热轧钢筋。

（4）钢筋混凝土保护层厚度：盖板为25mm，地沟侧壁、底板、地沟梁为30mm。

（5）钢材：钢板及型钢选用钢号Q235-B级，钢盖板的面板用花纹钢板或采取其他防滑措施。

（6）焊条：焊条型号为E43××。

（7）油漆：底漆为环氧富锌底漆；中漆为云铁氯化橡胶；面漆为氯化橡胶丙稀酸磁漆。

三、防水要求

建议防水电缆沟采用"水泥基渗透结晶水型防水"做法。选用澎内传®（Penetron）水泥基渗透结晶型防水材料。澎内传®（Penetron）防水系统为美国原产地产品，并通过ISO 9001认证、NSF环保认证、欧盟EC认证、中国无毒环保产品认证。澎内传®（Penetron）水泥基渗透结晶型防水材料，是由特别选制的石英砂及多种活性化学物质与硅酸盐水泥混合配制而成，为混凝土提供有效、持久的防水保护。

第一章 10kV变配电所建筑构造		第一节 变配电所建筑构造基本要求
图号	2-1-1-3	图名	对电缆沟的设计要求和材料要求（一）

1. 防水机理

澎内传®（Penetron）水泥基渗透结晶型防水材料的防水机理来自于深入混凝土结构内部多种活性化学成分间的化学反应。活性化学成分渗入混凝土内部，在混凝土中催化形成不溶于水的结晶体，填充、封堵毛细管和收缩裂缝，使水无法进入从而达到防水的目的。渗透结晶过程既可顺水压也可逆水压方向进行。澎内传®的化学成分能够不断地进行渗透结晶过程。无水时，澎内传®的活性成分处于休眠状态；当在与水接触时就会重新激活，产生新的晶体，而且会渗入混凝土内更深层。

2. 产品特性

产品名称	性能特征	适用范围
澎内传®401水泥基渗透结晶型防水涂料	所含有的化学活性物质，具有极强的渗透性和催化结晶能力，渗入混凝土内部封闭孔隙和0.4mm以下收缩裂缝，可保护混凝土及钢筋，具有耐穿刺及自行修复能力。产生永久性的防水效果，耐化学物质侵蚀，无毒、无味，适用于潮湿或初凝的混凝土基面上，迎水面、背水面防水效果相同。 主要指标如下：①28d抗折强度5.78MPa；②28d抗压强度36.4MPa；③黏结力1.4MPa；④28d抗渗压力0.8MPa；⑤二次抗渗压力0.9MPa；⑥凿除涂层后抗渗压力1.4MPa；⑦无毒（符合生活饮用水安全性评价标准）、无味；⑧耐酸碱；⑨渗透深度31cm	广泛适用于新、旧混凝土结构、构筑物、饮水、排水的贮水池及建筑地下等多部位的防水防潮工程
澎内传®701渗透结晶型防水封闭剂	可封闭2mm以下的裂缝，遇水后可再封闭新产生的发丝裂缝，喷涂后不影响混凝土表面的黏结力，可提高混凝土表面硬度，可阻止水和氯化物、硫酸盐及其他液体侵入，提高混凝土的抗风化、碳化能力	适用于混凝土屋面、桥面、机场跑道、体育场看台，任何混凝土暴露部位的防水
澎内传®803水泥基渗透结晶型防水添加剂	综合性能特点与401相同。 在混凝土搅拌时加入，为混凝土提供永久的防水保护	适用于饮用水池、排污及水处理池、游泳池、地铁、隧道等地下构筑物等防水防潮工程

3. 施工工艺

澎内传®（Penetron）防水材料的施工工艺简单。只需要将材料按粉∶水＝5∶3（体积比）配制好，用刷子或刮板用力将材料均匀地涂覆到潮湿、干净、较毛糙的混凝土或水泥砂浆基面上，就可完成防水施工。施工完毕24h后，需用雾状的水每日养护3次，养护3d。但如果通风不畅，湿度较大的环境下则不必养护，只需注意通风。

第一章　10kV变配电所建筑构造		第一节　变配电所建筑构造基本要求
图号	2-1-1-4	图名　对电缆沟的设计要求和材料要求（二）

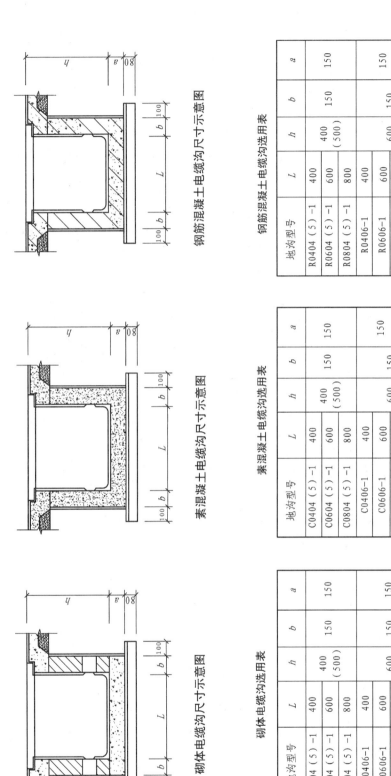

钢筋混凝土电缆沟尺寸示意图

钢筋混凝土电缆沟选用表

地沟型号	L	h	b	a
R0404（5）-1	400	400（500）	150	150
R0604（5）-1	600			
R0804（5）-1	800			
R0406-1	400	600	150	150
R0606-1	600			
R0806-1	800			
R1006-1	1000			200
R0610-1	600	1000	200	150
R0810-1	800			
R1010-1	1000			200
R1210-1	1200			

素混凝土电缆沟尺寸示意图

素混凝土电缆沟选用表

地沟型号	L	h	b	a
C0404（5）-1	400	400（500）	150	150
C0604（5）-1	600			
C0804（5）-1	800			
C0406-1	400	600	150	150
C0606-1	600			
C0806-1	800			200
C1006-1	1000			
C0610-1	600	1000	150	150
C0810-1	800			
C1010-1	1000			200
C1210-1	1200			

砌体电缆沟尺寸示意图

砌体电缆沟选用表

地沟型号	L	h	b	a
Z0404（5）-1	400	400（500）	150	150
Z0604（5）-1	600			
Z0804（5）-1	800			
Z0406-1	400	600	150	150
Z0606-1	600			
Z0806-1	800			
Z1006-1	1000			
Z0408-1	400	800	150	150
Z0608-1	600			
Z0808-1	800			
Z1008-1	1000			200
Z1208-1	1200			

第一章 10kV 变配电所建筑构造		第一节 变配电所建筑构造基本要求
图号	2-1-1-5	图名 砌体、素混凝土、钢筋混凝土电缆沟型号选用

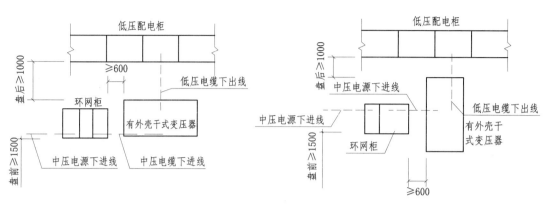

平面电气安全净距示意图1

平面电气安全净距示意图2

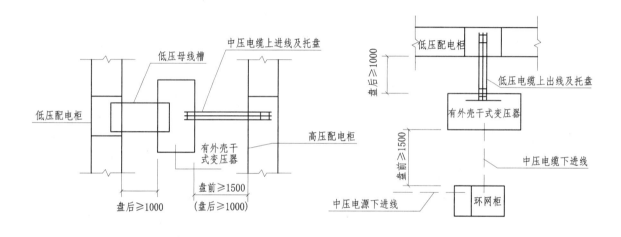

平面电气安全净距示意图3

平面电气安全净距示意图4

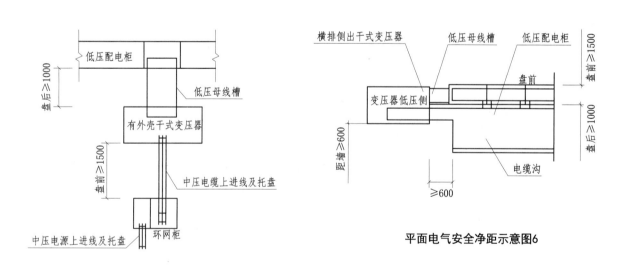

平面电气安全净距示意图5

平面电气安全净距示意图6

第一章 10kV变配电所建筑构造		第二节 变配电所电气安全净距要求和平面布置
图号	2-1-2-1	图名	干式变压器变配电所平面电气安全净距要求

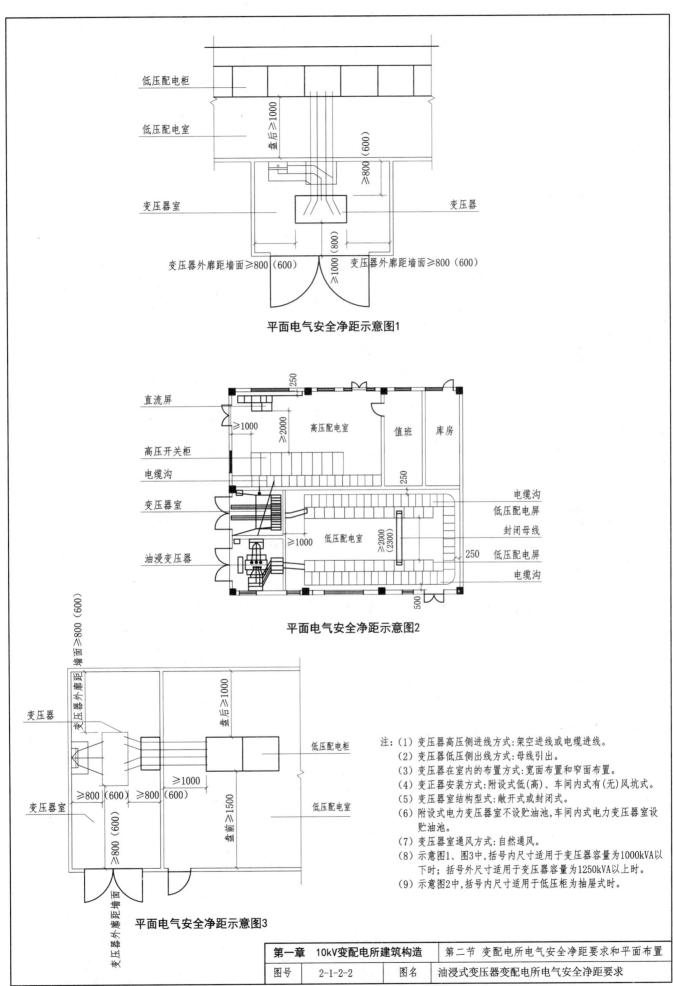

平面电气安全净距示意图1

平面电气安全净距示意图2

平面电气安全净距示意图3

注：(1) 变压器高压侧进线方式：架空进线或电缆进线。
　　(2) 变压器低压侧出线方式：母线引出。
　　(3) 变压器在室内的布置方式：宽面布置和窄面布置。
　　(4) 变压器安装方式：附设式低(高)、车间内式有(无)风坑式。
　　(5) 变压器室结构型式：敞开式或封闭式。
　　(6) 附设式电力变压器室不设贮油池，车间内式电力变压器室设贮油池。
　　(7) 变压器室通风方式：自然通风。
　　(8) 示意图1、图3中，括号内尺寸适用于变压器容量为1000kVA以下时；括号外尺寸适用于变压器容量为1250kVA以上时。
　　(9) 示意图2中，括号内尺寸适用于低压柜为抽屉式时。

第一章　10kV变配电所建筑构造	第二节　变配电所电气安全净距要求和平面布置
图号　　2-1-2-2　　　图名	油浸式变压器变配电所电气安全净距要求

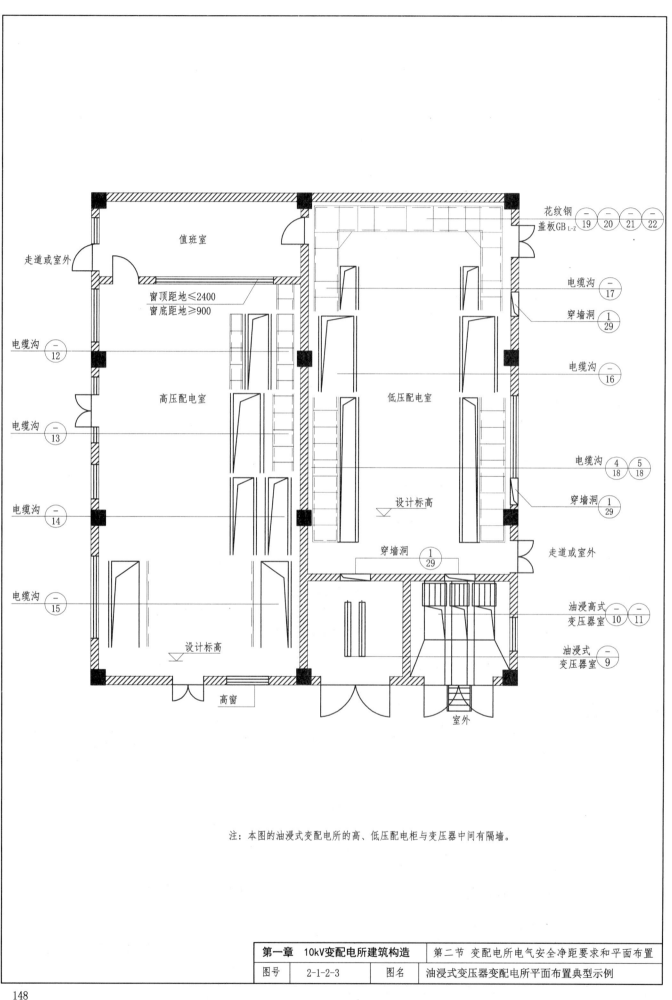

注：本图的油浸式变配电所的高、低压配电柜与变压器中间有隔墙。

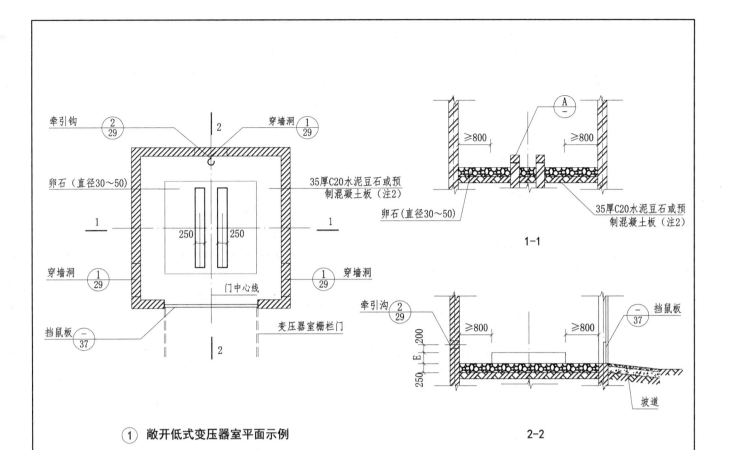

牵引钩 $\frac{2}{29}$　穿墙洞 $\frac{1}{29}$

卵石（直径30~50）

穿墙洞 $\frac{1}{29}$

挡鼠板 $\frac{-}{37}$

35厚C20水泥豆石或预制混凝土板（注2）

卵石（直径30~50）

1-1

穿墙洞 $\frac{1}{29}$　穿墙洞

门中心线

变压器室栅栏门

① 敞开低式变压器室平面示例

牵引沟 $\frac{2}{29}$

挡鼠板 $\frac{-}{37}$

坡道

2-2

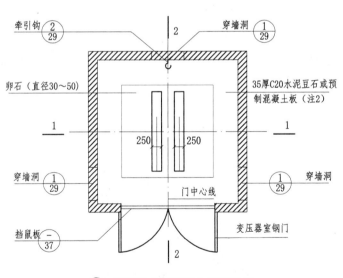

牵引钩 $\frac{2}{29}$　穿墙洞 $\frac{1}{29}$

卵石（直径30~50）

穿墙洞 $\frac{1}{29}$

挡鼠板 $\frac{-}{37}$

35厚C20水泥豆石或预制混凝土板（注2）

穿墙洞 $\frac{1}{29}$　穿墙洞

门中心线

变压器室钢门

② 封闭低式变压器室平面示例

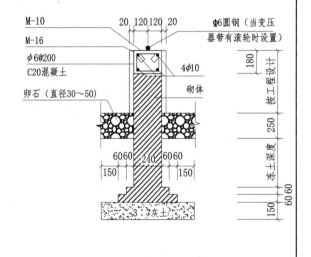

M-10

M-16

$\phi6@200$

C20混凝土

卵石（直径30~50）

Φ6圆钢（当变压器带有滚轮时设置）

$4\phi10$

砌体

Ⓐ 墙式变压器基础

注：(1) 变压器室穿墙洞的位置由设计人确定。
　　(2) 预制混凝土板（配筋双向$\phi6@150$）板，板缝用1:3水
　　　　泥砂浆勾缝。

第一章　10kV变配电所建筑构造		第二节　变配电所电气安全净距要求和平面布置
图号	2-1-2-4	图名　敞开（封闭）低式油浸变压器室示例

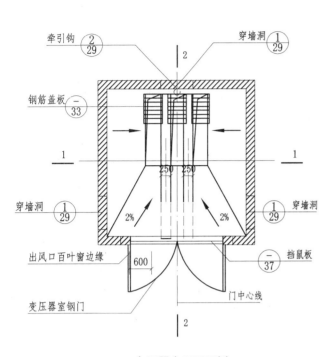

钢筋盖板 $\frac{-}{33}$

穿墙洞 $\frac{1}{29}$

牵引钩 $\frac{2}{29}$

穿墙洞 $\frac{1}{29}$

出风口百叶窗边缘

挡鼠板 $\frac{-}{37}$

变压器室钢门

门中心线

变压器室平面示例

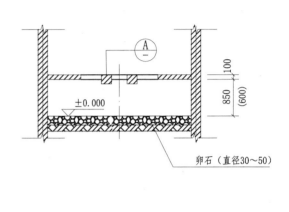

1-1

卵石（直径30～50）

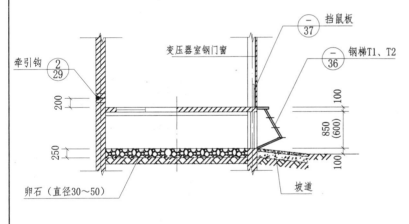

牵引钩 $\frac{2}{29}$

挡鼠板 $\frac{-}{37}$

变压器室钢门窗

钢梯T1、T2 $\frac{-}{36}$

卵石（直径30～50）

坡道

2-2

Φ16圆钢（当变压器带有滚轮时设置）

梁按工程设计

M-12

M-16

Ⓐ **梁式变压器基础**

注：变压器室穿墙洞的位置由设计人确定。

第一章 10kV变配电所建筑构造	第二节 变配电所电气安全净距要求和平面布置
图号	2-1-2-5	图名	封闭高式无储油池油浸变压器室示例

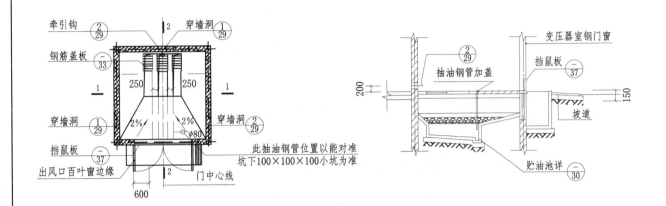

变压器室平面示例

2-2 有风坑式

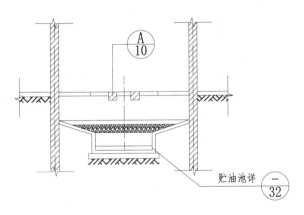

1-1有风坑式（无风坑式）

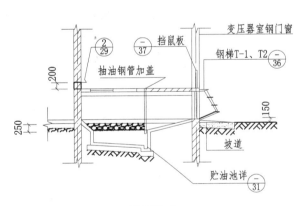

2-2无风坑式

注：变压器室穿墙洞的位置由设计人确定。

第一章　10kV变配电所建筑构造	第二节　变配电所电气安全净距要求和平面布置
图号　2-1-2-6	图名　封闭高式有储油池油浸变压器室示例

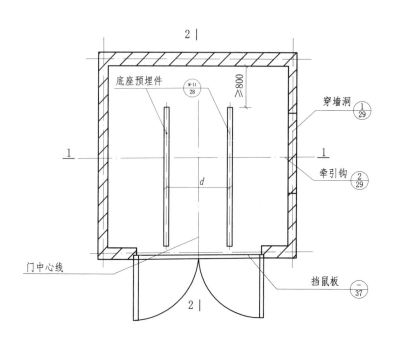

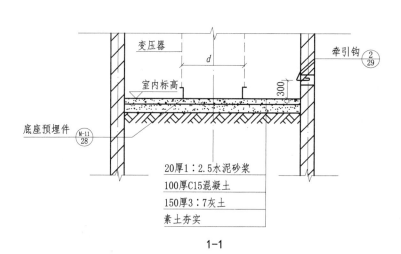

1-1

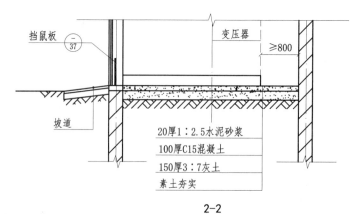

2-2

注：(1) 变压器底座预埋件中距d的尺寸由工程设计设定。
　　(2) 变压器室穿墙洞的位置由工程设计确定。
　　(3) 根据地面荷载选用相应厚度、强度的混凝土层。

第一章　10kV变配电所建筑构造		第二节　变配电所电气安全净距要求和平面布置
图号	2-1-2-7	图名　有电缆沟式变配电所平面布置示例（一）

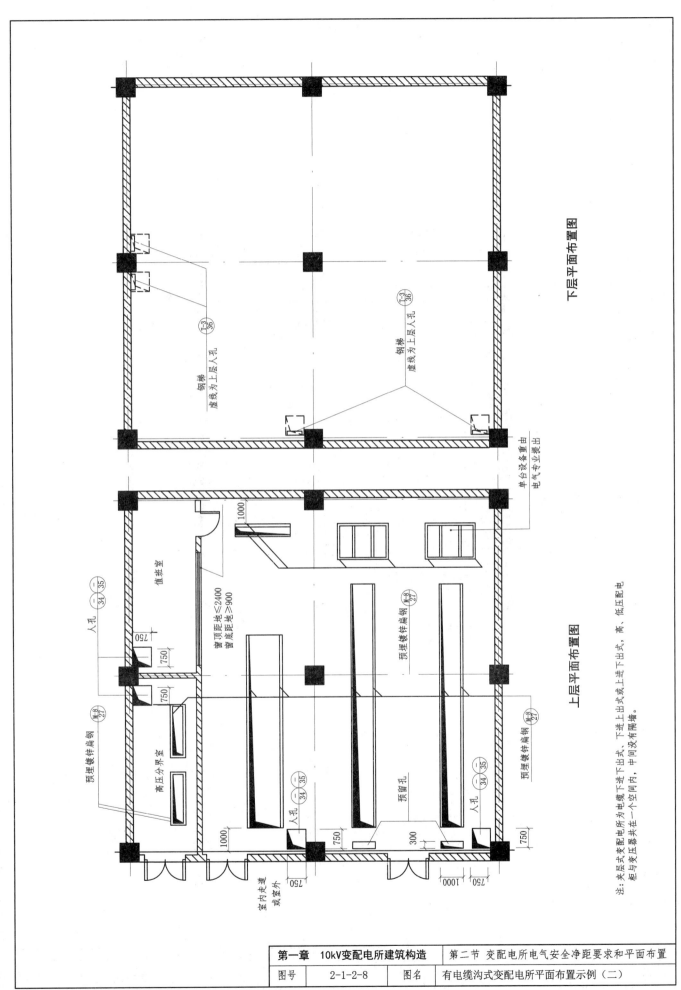

下层平面布置图

钢梯
虚线为上层入孔 (下-3/36)

钢梯
虚线为上层入孔 (下-3/36)

单台设备重由
电气专业退出

上层平面布置图

值班室

窗顶距地≤2400
窗底距地≥900

1000

入孔 (34-1/35)

750

750

预埋镀锌扁钢 (M-8/27)

高压分界室

预埋镀锌扁钢 (M-8/27)

预埋镀锌扁钢 (M-8/27)

入孔 (34-1/35)

预留孔

1000

750

300

入孔 (34-1/35)

750

室内夹道
或室外

750

1000

750

注：夹层式变配电所为电缆下进下出式，下进上出式或上进下出式，高、低压配电
柜与变压器共在一个空间内，中间没有隔墙。

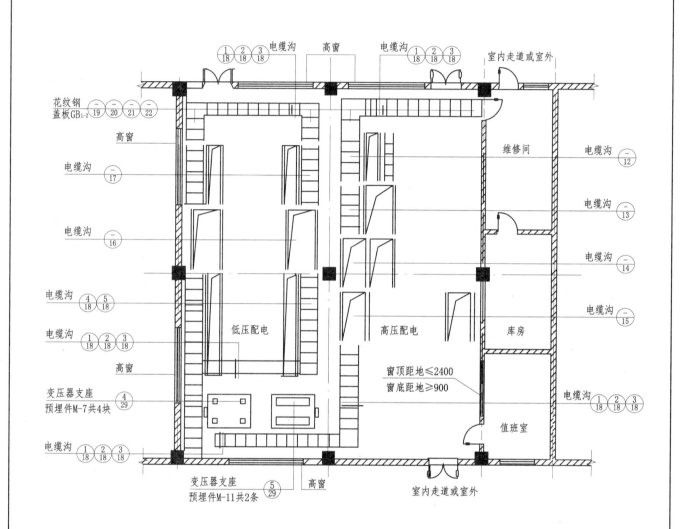

电缆沟式变配电所平面图

注：电缆沟式变配电所为电缆下进下出式，高、低压配电柜
与变压器共在一个空间内，中间没有隔墙。

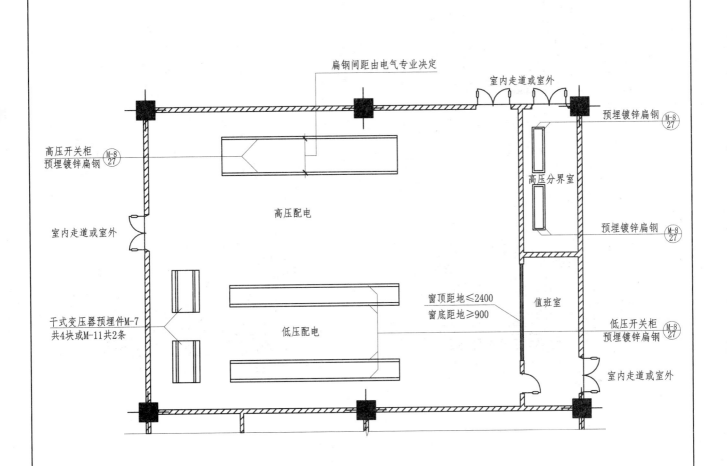

扁钢间距由电气专业决定

室内走道或室外

预埋镀锌扁钢 (M-8/27)

高压开关柜
预埋镀锌扁钢 (M-8/27)

高压分界室

高压配电

预埋镀锌扁钢 (M-8/27)

室内走道或室外

窗顶距地≤2400
窗底距地≥900

值班室

干式变压器预埋件M-7
共4块或M-11共2条

低压配电

低压开关柜
预埋镀锌扁钢 (M-8/27)

室内走道或室外

注：无电缆沟式变配电所为电缆上进上出式，高、低压配
　　电柜与变压器共在一个空间内，中间没有隔墙。

第一章 10kV变配电所建筑构造	第二节 变配电所电气安全净距要求和平面布置
图号　2-1-2-10	图名　无电缆沟式变配电所平面布置示例

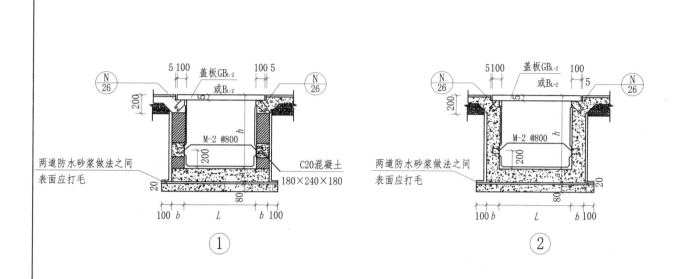

① ②

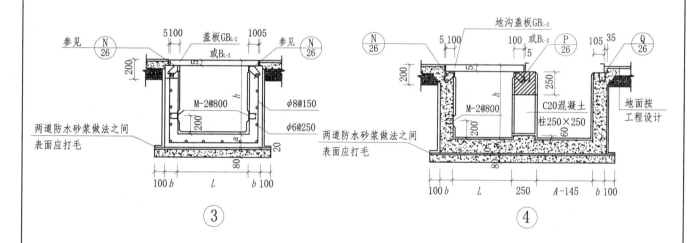

③ ④

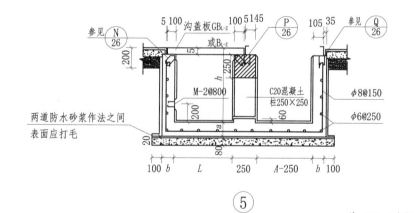

⑤

注:(1) A 为配电柜的厚度。
  (2) 电缆沟与地面分段施工。

第一章 10kV变配电所建筑构造		第三节 变配电所电缆沟做法	
图号	2-1-3-1	图名	变配电所电缆沟做法示例

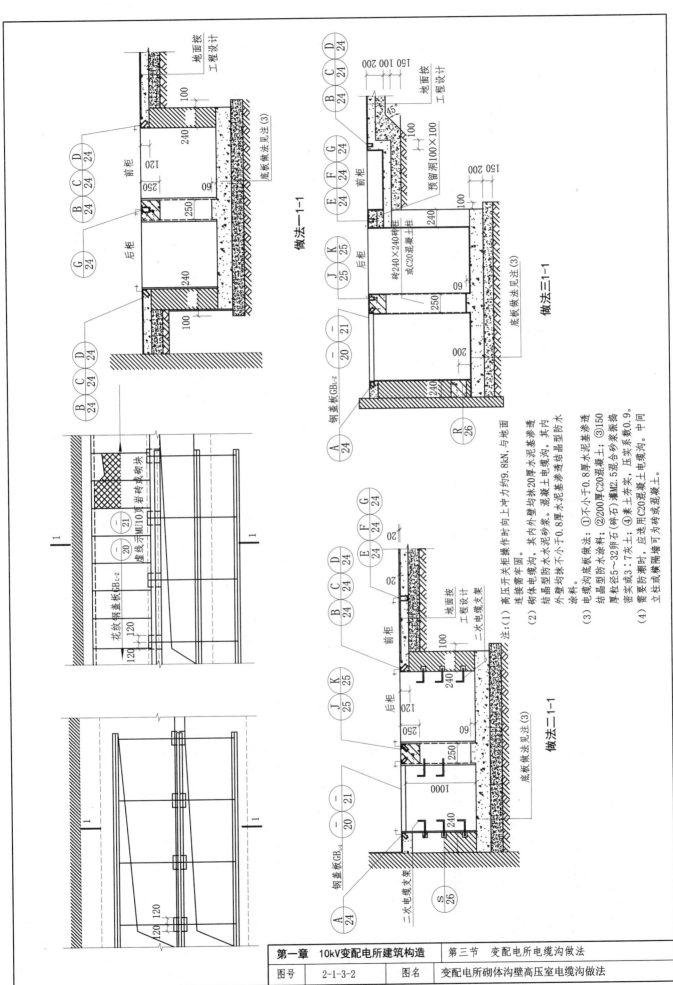

注：(1) 高压开关柜操作时向上冲力约为9.8kN,与地面连接需牢固。

(2) 砌体电缆沟,其内外壁均抹20厚水泥砂浆。混凝土电缆沟,其内外壁均抹不小于0.8厚水泥基渗透结晶型防水涂料。

(3) 电缆沟底板做法：①不小于0.8厚水泥基渗透结晶型防水涂料；②200厚C20混凝土；③150厚粒径5~32卵石（碎石）灌M2.5混合砂浆捣密实或3：7灰土夯实；④素土夯实,压实系数0.9。

(4) 需要防潮时,应选用C20混凝土电缆沟。中间立柱或横隔墙可为砖或混凝土。

第一章　10kV变配电所建筑构造		第三节　变配电所电缆沟做法
图号	2-1-3-2	图名
		变配电所砌体沟壁高压室电缆沟做法

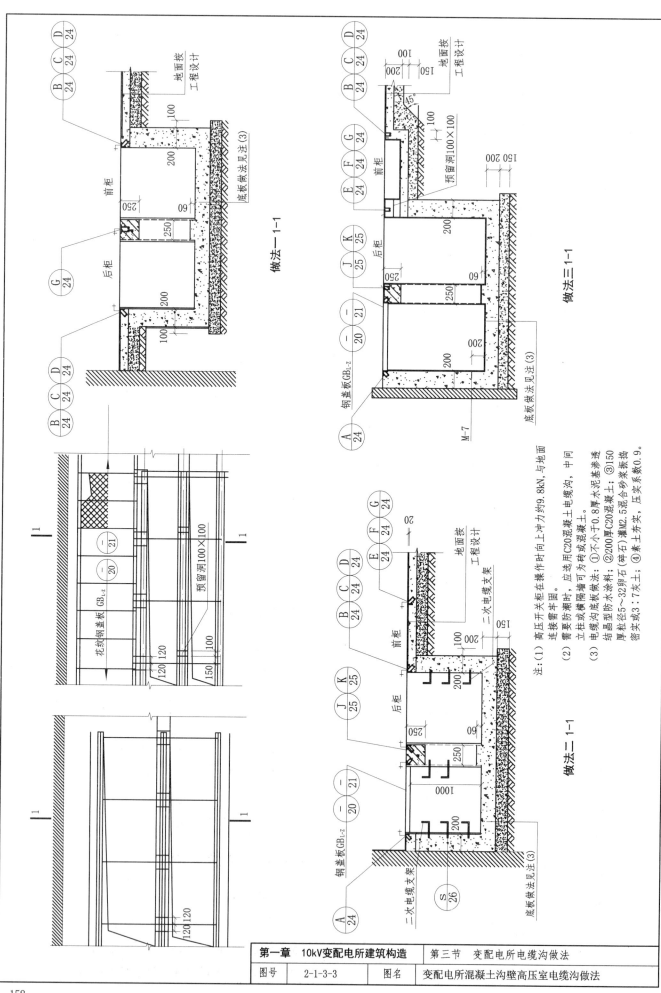

做法一 1-1

做法三 1-1

做法二 1-1

注：(1) 高压开关柜在操作时向上冲力约9.8kN，与地面
连接需牢固。

(2) 需要防潮时，应选用C20混凝土电缆沟，中间
立柱或横隔墙可为砖墙或素混凝土。

(3) 电缆沟底板做法：①不小于0.8厚水泥基渗透
结晶型防水涂料；②200厚C20混凝土；③150
厚粒径5～32卵石(碎石)灌M2.5混合砂浆振捣
密实或3：7灰土；④素土夯实，压实系数0.9。

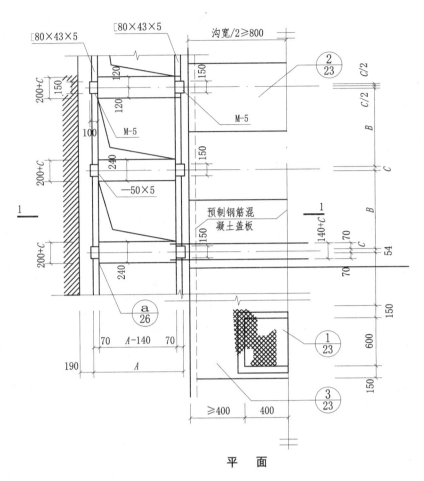

平 面

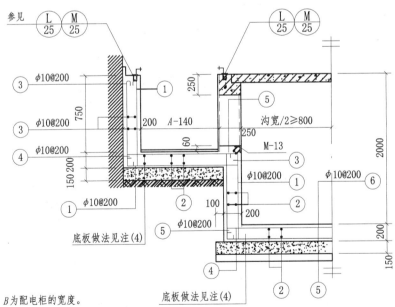

1-1(钢筋混凝土地沟)

注：(1) A为配电柜的厚度，B为配电柜的宽度。
(2) 高压开关柜在操作时向上冲力约9.8kN，与地面
连接需牢固。
(3) 钢筋混凝土电缆沟，其内外壁均抹不小于0.8厚
水泥基渗透结晶型防水涂料。
(4) 电缆沟底板做法：①不小于0.8厚水泥基渗透结
晶型防水涂料；②200厚C25钢筋混凝土；③150
厚粒径5～32卵石(碎石)灌M2.5混合砂浆振捣密
实或3：7灰土；④素土夯实，压实系数0.9。

第一章 10kV变配电所建筑构造	第三节 变配电所电缆沟做法
图号	2-1-3-4	图名	变配电所钢筋混凝土沟壁高压室电缆沟做法

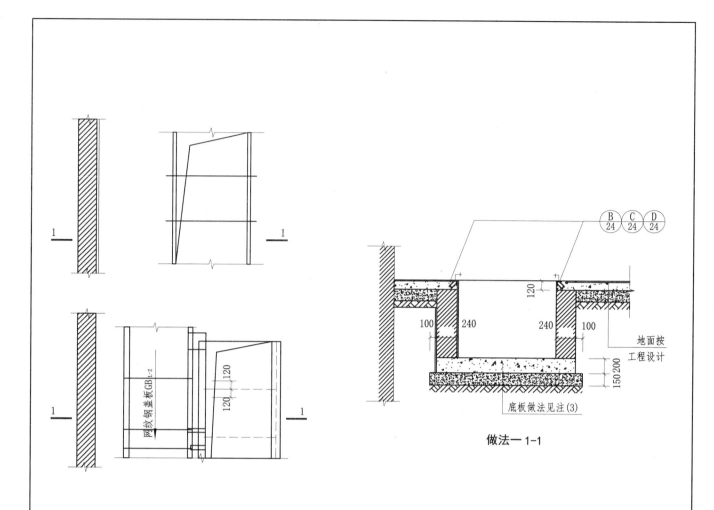

做法一 1-1

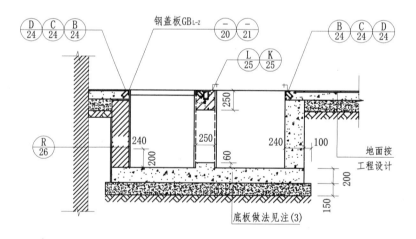

做法二 1-1

注：(1) 高压开关柜在操作时向上冲力约9.8kN,与地面
连接需牢固。
(2) 砌体电缆沟,其内外壁均抹20厚水泥基渗透结
晶型防水水泥砂浆。混凝土电缆沟,其内外壁
均抹不小于0.8厚水泥基渗透结晶型防水涂料。
(3) 电缆沟底板做法：①不小于0.8厚水泥基渗透结
晶型防水涂料；②200厚C20混凝土；③150厚
粒径5~32卵石(碎石)灌M2.5混合砂浆振捣密
实或3:7灰土；④ 素土夯实,压实系数0.9。

第一章 10kV变配电所建筑构造		第三节　变配电所电缆沟做法
图号	2-1-3-5	图名
		变配电所砌体沟壁低压室电缆沟做法

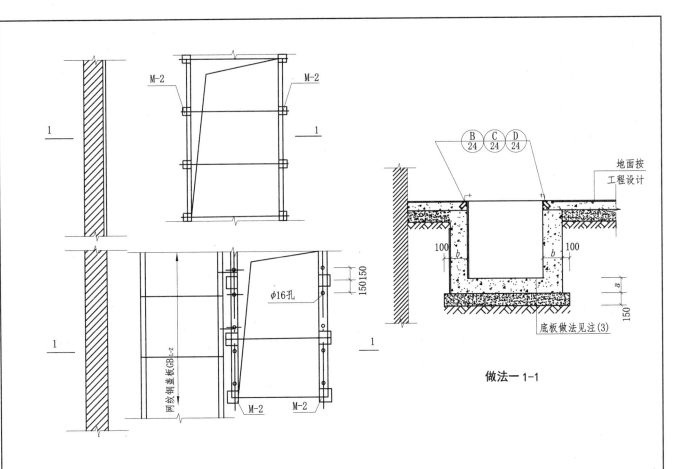

做法一 1-1

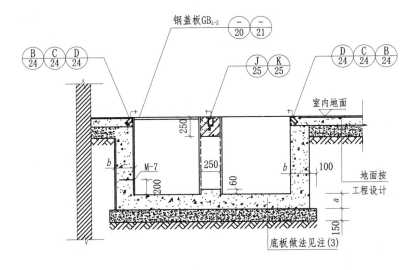

做法二 1-1

注: (1)高压开关柜在操作时向上冲力约9.8kN,与地面
连接需牢固。
(2)混凝土电缆沟,其内外壁均抹20厚水泥基渗透
结晶型防水砂浆。混凝土电缆沟,其内外壁
均抹不小于0.8厚水泥基渗透结晶型防水涂料。
(3)电缆沟底板做法:①不小于0.8厚水泥基渗透结
晶型防水涂料;②200厚C20混凝土;③150厚粒
径5～32卵石(碎石)灌M2.5混合砂浆振捣密实
或3:7灰土;④素土夯实,压实系数0.9。

第一章 10kV变配电所建筑构造		第三节 变配电所电缆沟做法
图号	2-1-3-6	图名	变配电所混凝土沟壁低压室电缆沟做法

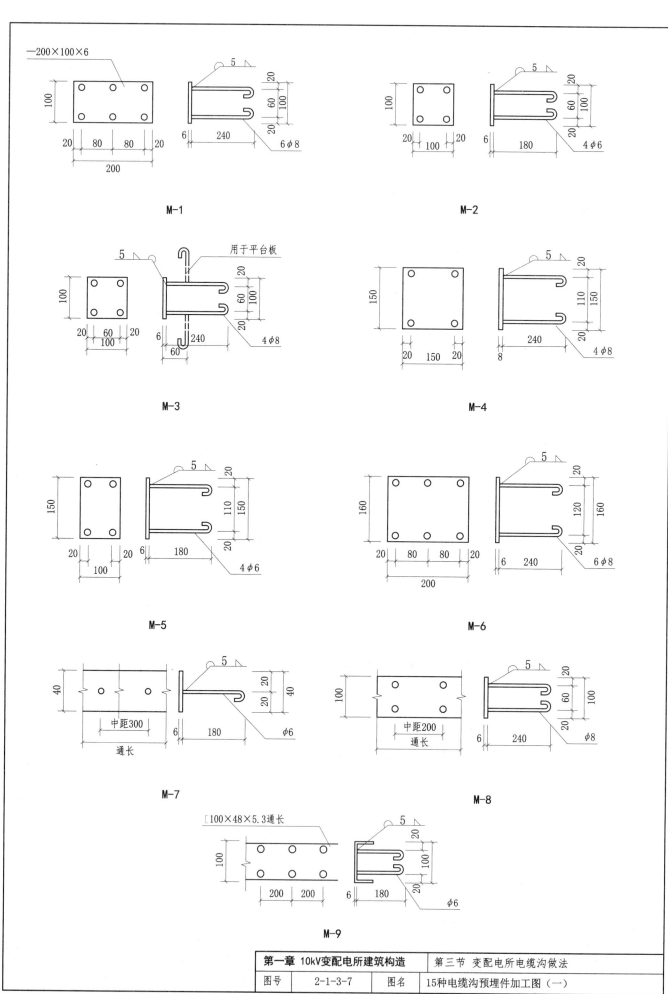

M-1

M-2

M-3

M-4

M-5

M-6

M-7

M-8

M-9

第一章 10kV变配电所建筑构造		第三节 变配电所电缆沟做法
图号	2-1-3-7	图名	15种电缆沟预埋件加工图（一）

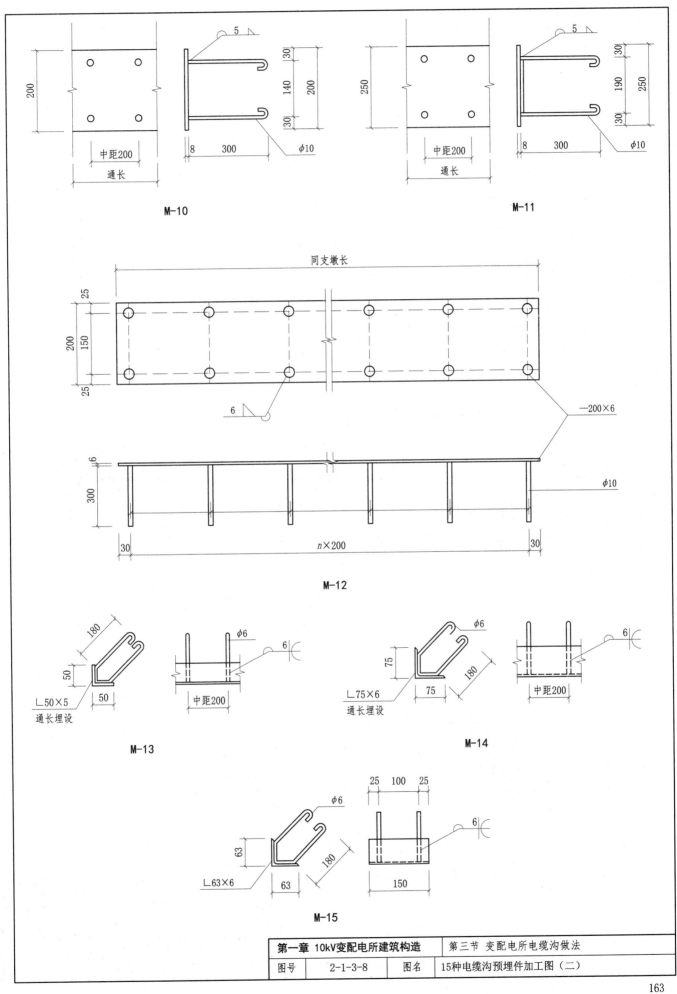

M-10

M-11

M-12

M-13

M-14

M-15

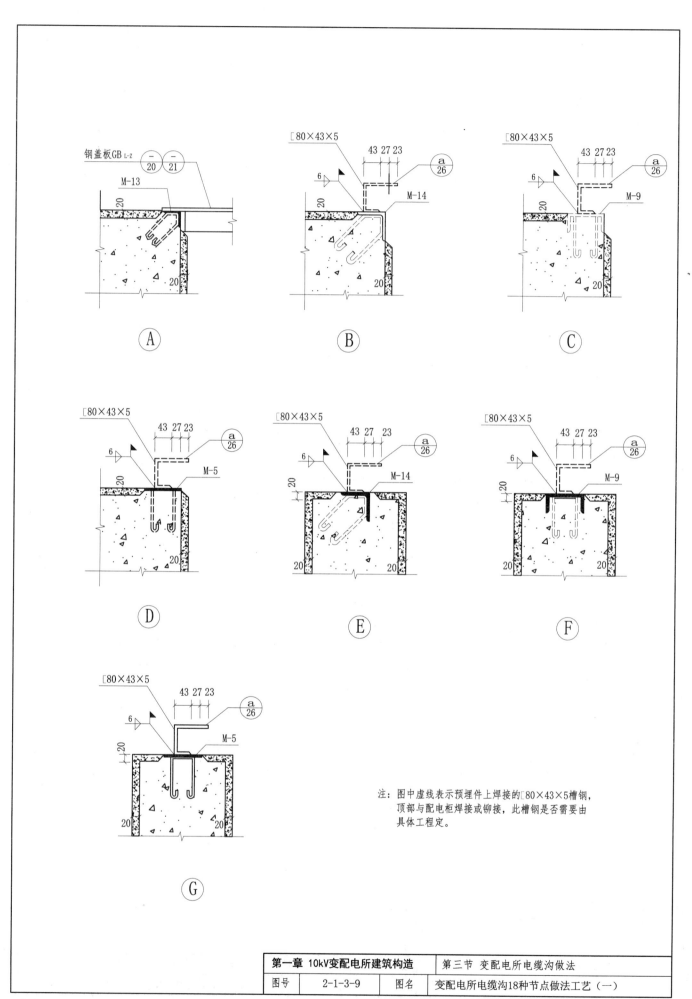

注：图中虚线表示预埋件上焊接的⊏80×43×5槽钢，顶部与配电柜焊接或铆接，此槽钢是否需要由具体工程定。

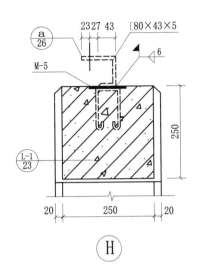

$\dfrac{H}{}$

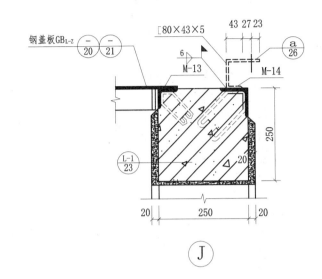

$\dfrac{J}{}$

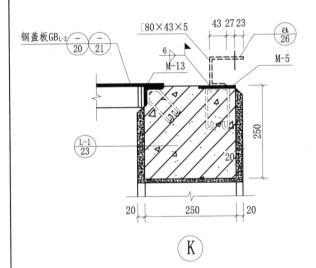

$\dfrac{K}{}$

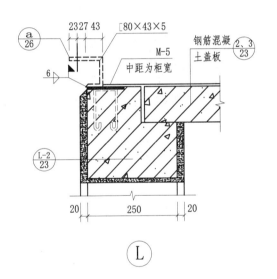

$\dfrac{L}{}$

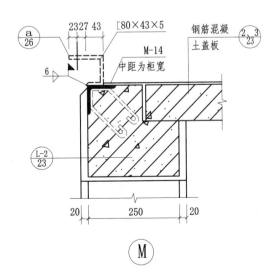

注：图中虚线表示预埋件上焊接的[80×43×5槽钢，顶部与配电柜焊接或铆接，此槽钢是否需要由具体工程定。

$\dfrac{M}{}$

第一章 10kV变配电所建筑构造	第三节 变配电所电缆沟做法
图号　2-1-3-10	图名　交配电所电缆沟18种节点做法工艺（二）

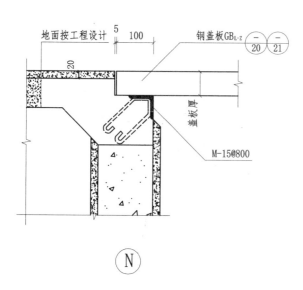

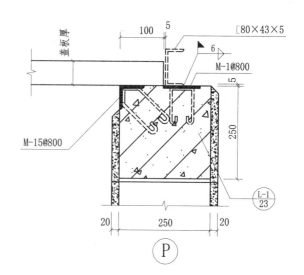

$\widehat{N}$

$\widehat{P}$

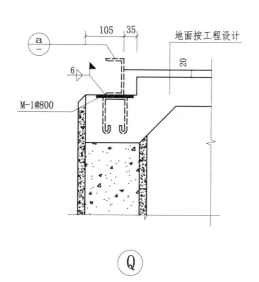

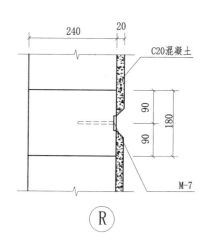

$\widehat{Q}$

$\widehat{R}$

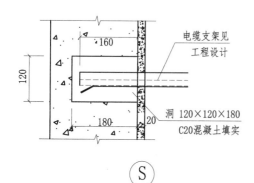

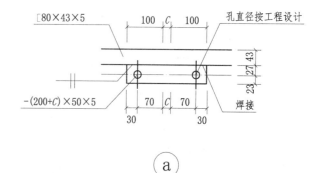

$\widehat{S}$

$\widehat{a}$

注：图中虚线表示预埋件上焊接的[80×43×5槽钢，顶部与配电柜
　　焊接或铆接，此槽钢是否需要由具体工程定。

第一章 10kV变配电所建筑构造	第三节 变配电所电缆沟做法
图号　　2-1-3-11	图名　变配电所电缆沟18种节点做法工艺（三）

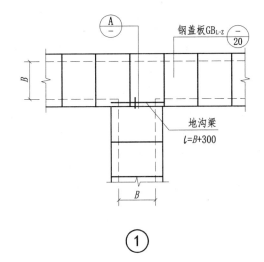

①

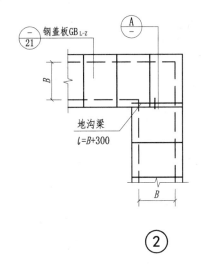

②

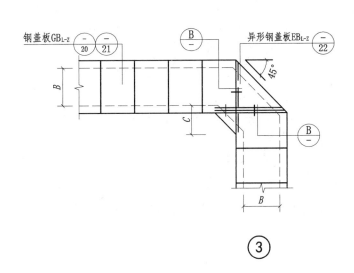

③

当 $l \leqslant 1100$ 时，选用∟50×5；$l=B+300$（梁两端各埋入沟壁150）
当 $1100 \leqslant l \leqslant 1500$ 时，选用∟75×6，$l=B+200$（梁一端埋入沟壁，一端与另一电缆沟梁焊牢）

Ⓐ

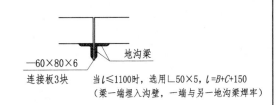

连接板3块　当 $l \leqslant 1100$ 时，选用∟50×5，$l=B+C+150$
（梁一端埋入沟壁，一端与另一地沟梁焊牢）

Ⓑ

注：(1) 异型盖板的做法同标准盖板，在现场按实际尺寸制作。
　　(2) 钢电缆沟梁饰面做法：①清理基层，除锈等级不低于Sa2
　　　　或St3级；②刷防锈漆1～2遍；③满刮腻子、磨平；④刷
　　　　调和漆2遍。
　　(3) 待电缆或管道支架焊接完毕后，需在沟内壁抹0.8厚水泥
　　　　基渗透结晶型防水涂料。

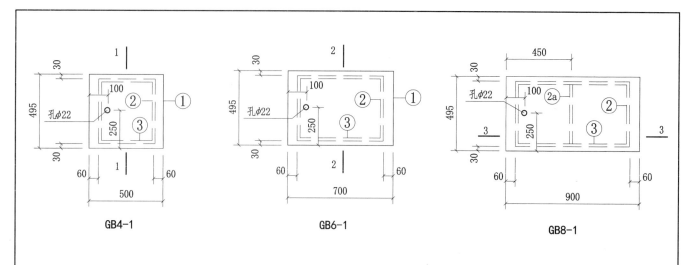

GB4-1　　　　　　　　GB6-1　　　　　　　　GB8-1

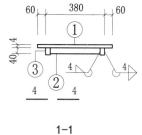

1-1

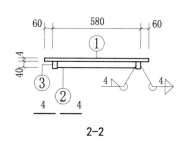

2-2

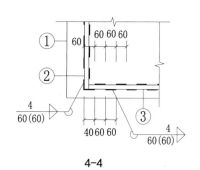

4-4

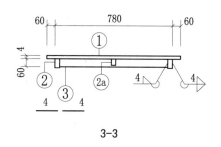

3-3

钢盖板材料表

板号	件号	规格	长度/mm	数量	单重/N	共重/N	总重/N
GB4-1	①	-495×4	500	1	78	78	98
	②	-40×4	435	2	5.5	11	
	③	-40×4	372	2	4.7	9	
GB6-1	①	-495×4	700	1	109	109	134
	②	-40×4	435	2	5.5	11	
	③	-40×4	572	2	7.2	14	
GB8-1	①	-495×4	900	1	140	140	190
	②	-60×4	435	2	8.2	16	
	②a	-40×4	425	1	5	5	
	③	-60×4	772	2	14.5	29	

钢盖板选用表

沟宽B/mm	盖板长/mm	地面均布荷载/（5kN/m²）
400	500	GB4-1
600	700	GB6-1
800	900	GB8-1

注：本图未注明的焊缝长度均为满焊。

第一章 10kV变配电所建筑构造		第三节 变配电所电缆沟做法
图号	2-1-3-13	图名　电缆沟钢盖板选用和加工（一）

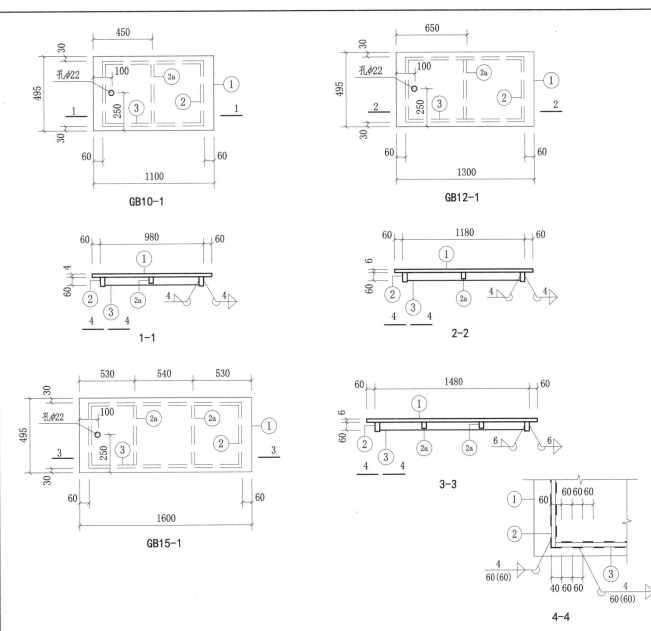

GB10-1

GB12-1

1-1

2-2

GB15-1

3-3

4-4

<table>
<tr><td colspan="8" align="center">钢盖板材料表</td></tr>
<tr>
<th>板号</th><th>件号</th><th>规格</th><th>长度
/mm</th><th>数量</th><th>单重
/N</th><th>共重
/N</th><th>总重
/N</th>
</tr>
<tr><td rowspan="4">GB10-1</td><td>①</td><td>-495×4</td><td>1100</td><td>1</td><td>171</td><td>171</td><td rowspan="4">229</td></tr>
<tr><td>②</td><td>-60×4</td><td>435</td><td>2</td><td>8.2</td><td>16</td></tr>
<tr><td>②a</td><td>-40×4</td><td>425</td><td>1</td><td>5</td><td>5</td></tr>
<tr><td>③</td><td>-60×4</td><td>972</td><td>2</td><td>18.3</td><td>37</td></tr>
<tr><td rowspan="4">GB12-1</td><td>①</td><td>-495×6</td><td>1300</td><td>1</td><td>303</td><td>303</td><td rowspan="4">368</td></tr>
<tr><td>②</td><td>-60×4</td><td>435</td><td>2</td><td>8.2</td><td>16</td></tr>
<tr><td>②a</td><td>-40×4</td><td>425</td><td>1</td><td>5</td><td>5</td></tr>
<tr><td>③</td><td>-60×4</td><td>1172</td><td>2</td><td>22</td><td>44</td></tr>
<tr><td rowspan="4">GB15-1</td><td>①</td><td>-495×6</td><td>1600</td><td>1</td><td>373</td><td>373</td><td rowspan="4">522</td></tr>
<tr><td>②</td><td>-80×4</td><td>435</td><td>2</td><td>11</td><td>22</td></tr>
<tr><td>②a</td><td>-60×4</td><td>420</td><td>2</td><td>8</td><td>16</td></tr>
<tr><td>③</td><td>-80×6</td><td>1472</td><td>2</td><td>55.5</td><td>111</td></tr>
</table>

<table>
<tr><td colspan="3" align="center">钢盖板选用表</td></tr>
<tr>
<th>沟宽B
/mm</th><th>盖板长
/mm</th><th>地面均布荷载/
（5kN/m²）</th>
</tr>
<tr><td>1000</td><td>1100</td><td>GB10-1</td></tr>
<tr><td>1200</td><td>1300</td><td>GB12-1</td></tr>
<tr><td>1500</td><td>1600</td><td>GB15-1</td></tr>
</table>

注：本图未注明的焊缝长度均为满焊。

<table>
<tr><td colspan="4">第一章 10kV变配电所建筑构造　　第三节 变配电所电缆沟做法</td></tr>
<tr><td>图号</td><td>2-1-3-14</td><td>图名</td><td>电缆沟钢盖板选用和加工（二）</td></tr>
</table>

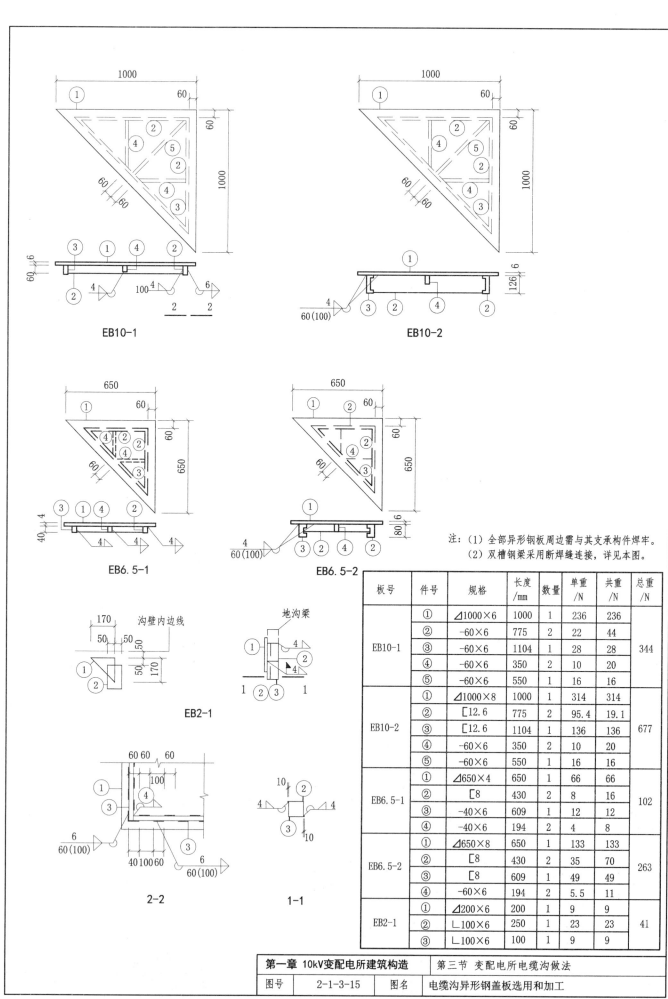

注：（1）全部异形钢板周边需与其支承构件焊牢。
（2）双槽钢梁采用断焊缝连接，详见本图。

板号	件号	规格	长度 /mm	数量	单重 /N	共重 /N	总重 /N
EB10-1	①	⊿1000×6	1000	1	236	236	344
	②	-60×6	775	2	22	44	
	③	-60×6	1104	1	28	28	
	④	-60×6	350	2	10	20	
	⑤	-60×6	550	1	16	16	
EB10-2	①	⊿1000×8	1000	1	314	314	677
	②	[12.6	775	2	95.4	19.1	
	③	[12.6	1104	1	136	136	
	④	-60×6	350	2	10	20	
	⑤	-60×6	550	1	16	16	
EB6.5-1	①	⊿650×4	650	1	66	66	102
	②	[8	430	2	8	16	
	③	-40×6	609	1	12	12	
	④	-40×6	194	2	4	8	
EB6.5-2	①	⊿650×8	650	1	133	133	263
	②	[8	430	2	35	70	
	③	[8	609	1	49	49	
	④	-60×6	194	2	5.5	11	
EB2-1	①	⊿200×6	200	1	9	9	41
	②	∟100×6	250	1	23	23	
	③	∟100×6	100	1	9	9	

第一章 10kV变配电所建筑构造	第三节 变配电所电缆沟做法
图号 2-1-3-15	图名 电缆沟异形钢盖板选用和加工

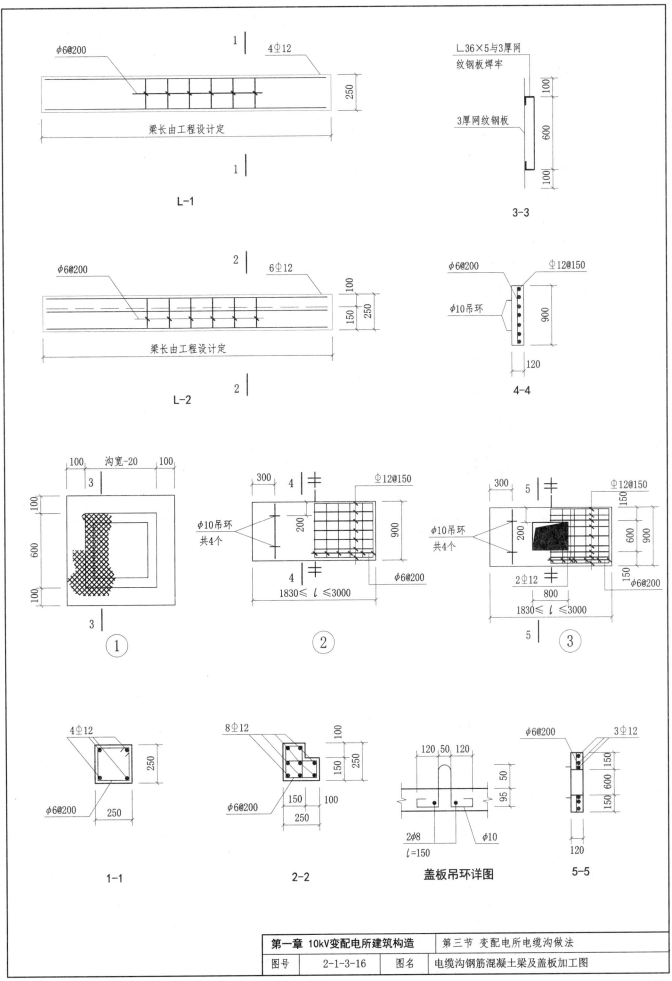

第一章 10kV变配电所建筑构造		第三节 变配电所电缆沟做法
图号	2-1-3-16	图名 电缆沟钢筋混凝土梁及盖板加工图

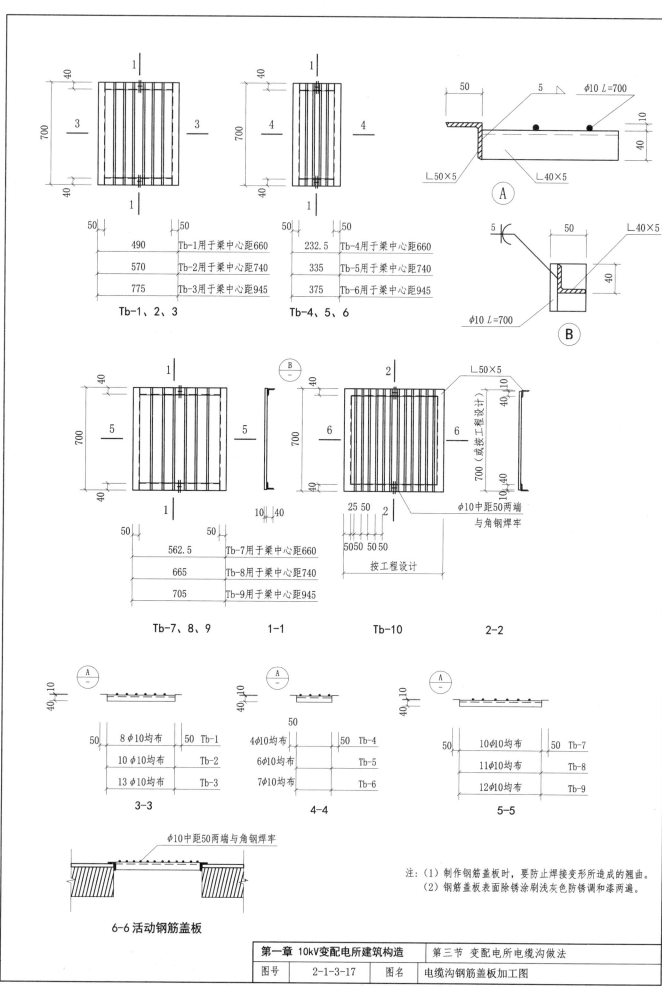

Tb-1、2、3

490	Tb-1用于梁中心距660
570	Tb-2用于梁中心距740
775	Tb-3用于梁中心距945

Tb-4、5、6

232.5	Tb-4用于梁中心距660
335	Tb-5用于梁中心距740
375	Tb-6用于梁中心距945

ø10 L=700
∟50×5   ∟40×5

Ⓐ

∟40×5
ø10 L=700

Ⓑ

Tb-7、8、9

562.5	Tb-7用于梁中心距660
665	Tb-8用于梁中心距740
705	Tb-9用于梁中心距945

1-1

Tb-10

∟50×5
700（或按工程设计）
ø10中距50两端
与角钢焊牢

2-2
25 50
50 50 50 50
按工程设计

3-3

50	8 ø10均布	50 Tb-1
	10 ø10均布	Tb-2
	13 ø10均布	Tb-3

4-4

	4ø10均布	50 Tb-4
	6ø10均布	Tb-5
	7ø10均布	Tb-6

50

5-5

	10ø10均布	50 Tb-7
	11ø10均布	Tb-8
	12ø10均布	Tb-9

ø10中距50两端与角钢焊牢

6-6 活动钢筋盖板

注:（1）制作钢筋盖板时，要防止焊接变形所造成的翘曲。
　　（2）钢筋盖板表面除锈涂刷浅灰色防锈调和漆两遍。

第一章 10kV变配电所建筑构造	第三节 变配电所电缆沟做法	
图号	2-1-3-17	图名 电缆沟钢筋盖板加工图

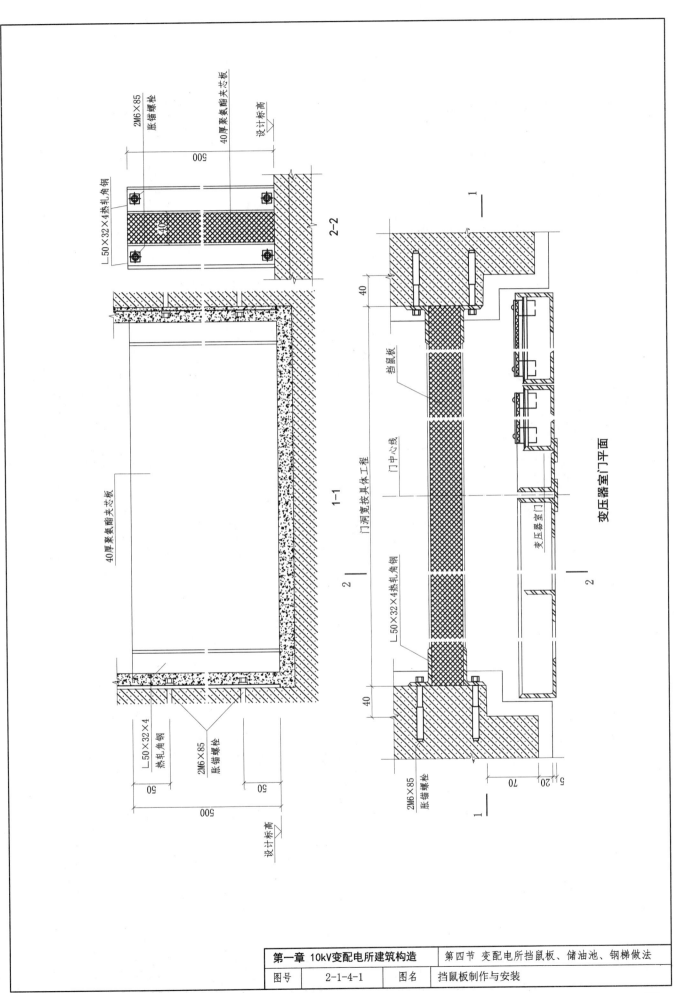

2-2

1-1

变压器室门平面

图号	2-1-4-1	图名	挡鼠板制作与安装

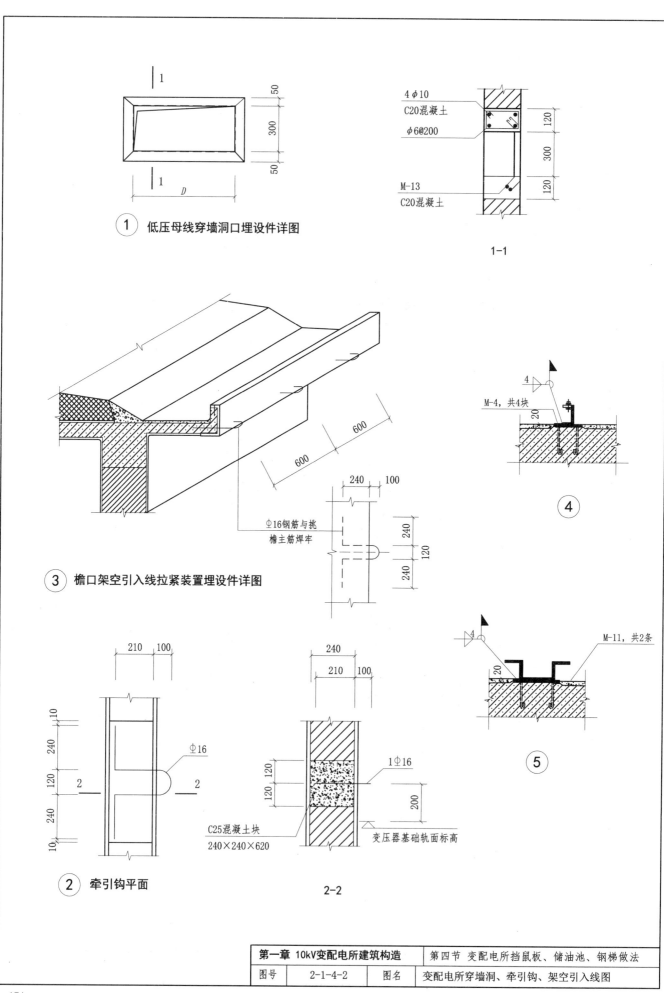

① 低压母线穿墙洞口埋设件详图

1-1

③ 檐口架空引入线拉紧装置埋设件详图

② 牵引钩平面

2-2

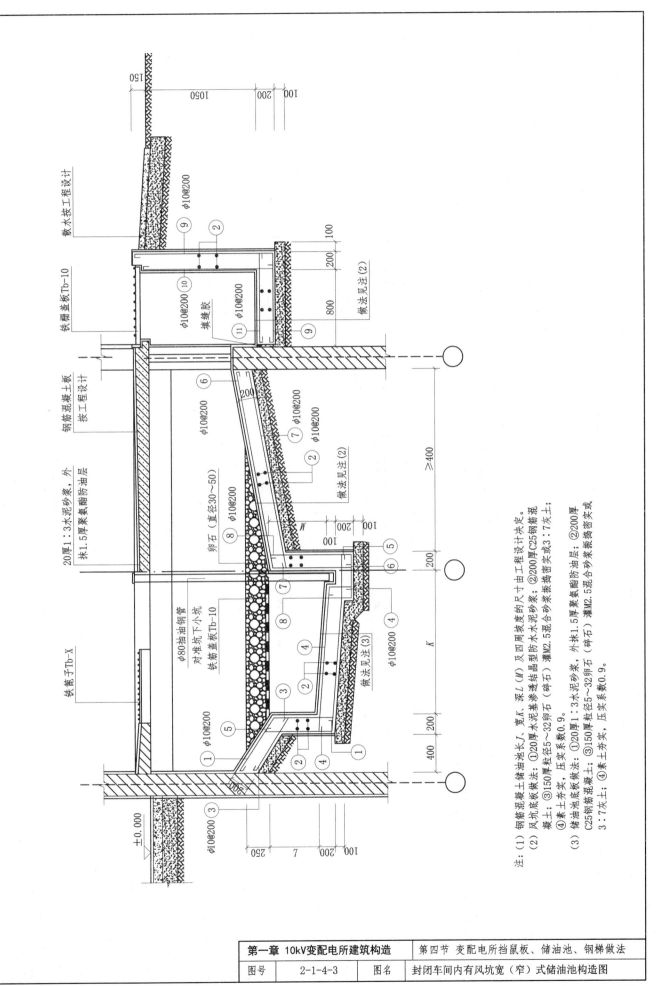

注：(1) 钢筋混凝土储油池油长 L、宽 K、深 L（M）及四周坡度的尺寸由工程设计决定。

(2) 风坑底板做法：①120厚水泥基渗透结晶型防水水泥砂浆；②200厚C25钢筋混凝土；③150厚粒径5～32卵石（碎石）灌M2.5混合砂浆捣密实或3：7灰土；④素土夯实，压实系数0.9。

(3) 储油池底板做法：①20厚1：3水泥砂浆，外抹1.5厚聚氨酯防油层；②200厚C25钢筋混凝土；③150厚粒径5～32卵石（碎石）灌M2.5混合砂浆捣密实或3：7灰土；④素土夯实，压实系数0.9。

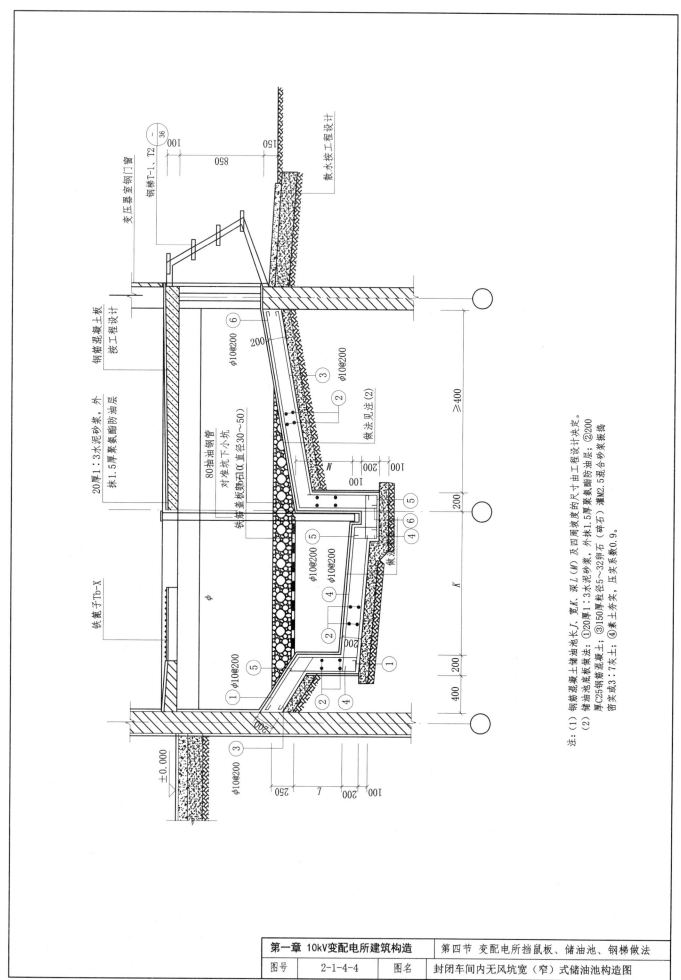

注: (1) 钢筋混凝土储油池长J、宽K、深L(M) 及四周坡度的尺寸由工程设计决定。
(2) 储油池底板做法: ①20厚1:3水泥砂浆, 外抹1.5厚聚氨酯防油层; ②200厚C25钢筋混凝土; ③150厚粒径5~32卵石 (碎石) 灌M2.5混合砂浆振捣密实或3:7灰土, 素土夯实, 压实系数0.9。

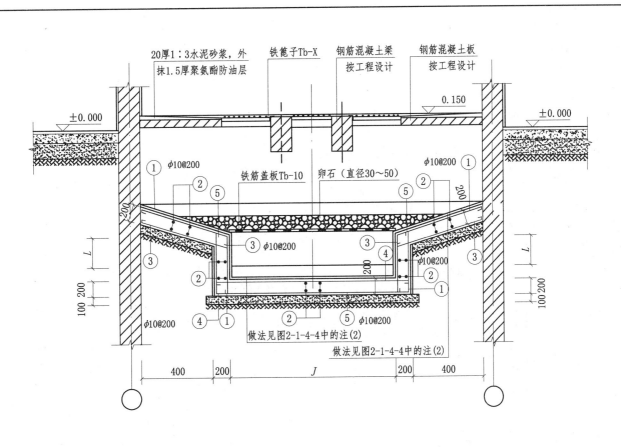

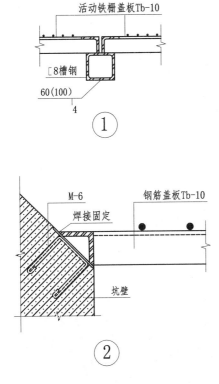

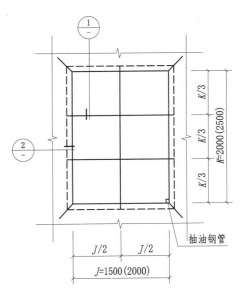

滤油池盖板平面

注：(1) 钢筋混凝土储油池长、宽、深 J、K、L (M) 及四周坡度的尺寸由工程设计决定。
(2) 活动铁栅板可按本图示意设置，也可由工程设计决定。
(3) 池壁内外材料做法除图外，有特殊要求由工程设计决定。

第一章 10kV变配电所建筑构造		第四节 变配电所挡鼠板、储油池、钢梯做法
图号	2-1-4-5	图名	封闭车间内有（无）风坑宽（窄）式储油池构造图

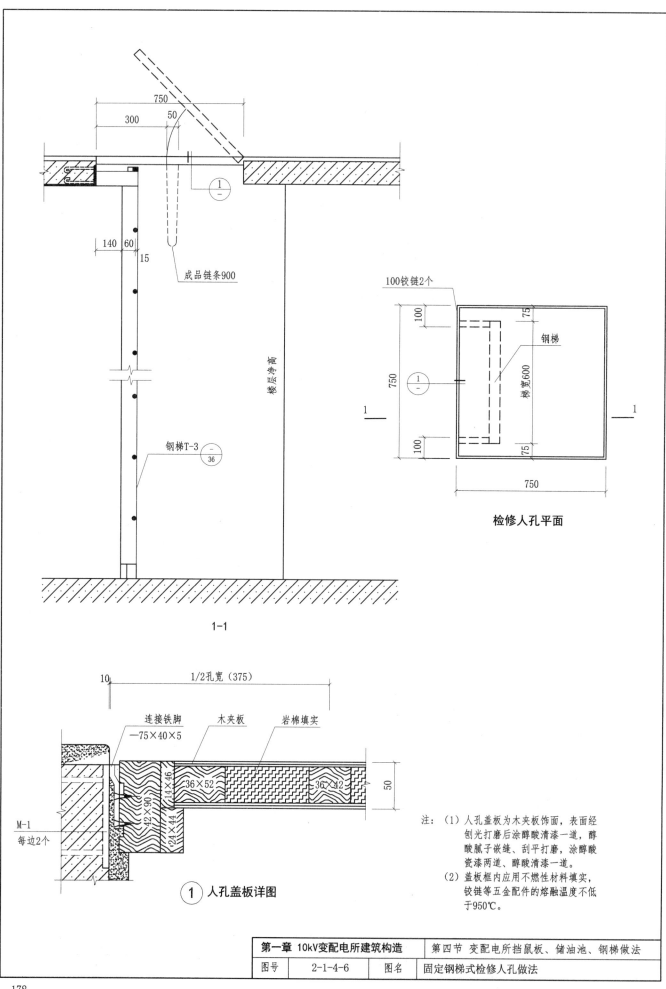

成品链条900

100铰链2个

钢梯

梯宽600

1

检修人孔平面

140 60
15

钢梯T-3 $\frac{-}{36}$

楼层净高

1-1

10
1/2孔宽（375）

连接铁脚
—75×40×5

木夹板

岩棉填实

42×90

14×46

36×52

36×42

50

24×44

M-1
每边2个

① 人孔盖板详图

注：（1）人孔盖板为木夹板饰面，表面经刨光打磨后涂醇酸清漆一道，醇酸腻子嵌缝、刮平打磨，涂醇酸瓷漆两道、醇酸清漆一道。
（2）盖板框内应用不燃性材料填实，铰链等五金配件的熔融温度不低于950℃。

第一章 10kV变配电所建筑构造	第四节 变配电所挡鼠板、储油池、钢梯做法	
图号	2-1-4-6	图名 |固定钢梯式检修人孔做法

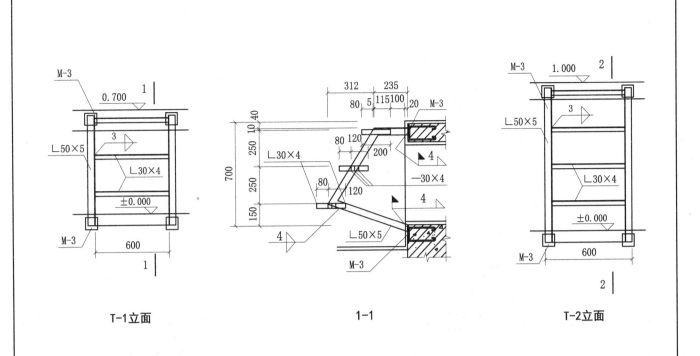

T-1立面   1-1   T-2立面

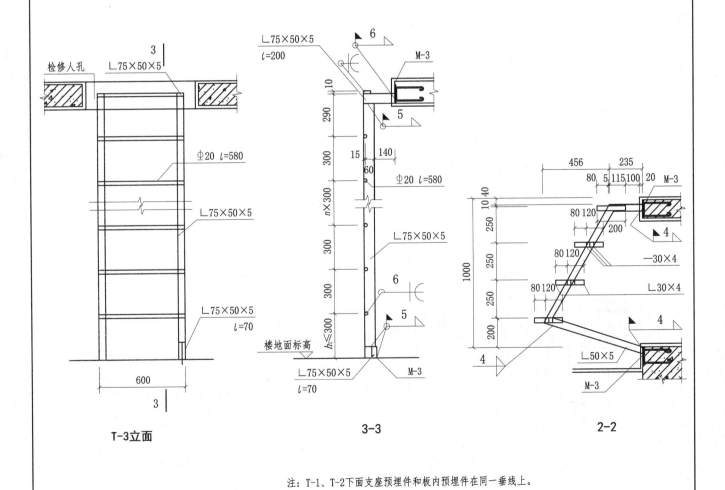

T-3立面   3-3   2-2

注：T-1、T-2下面支座预埋件和板内预埋件在同一垂线上。

第一章 10kV变配电所建筑构造		第四节 变配电所挡鼠板、储油池、钢梯做法
图号	2-1-4-7	图名	固定式钢梯加工制作安装图

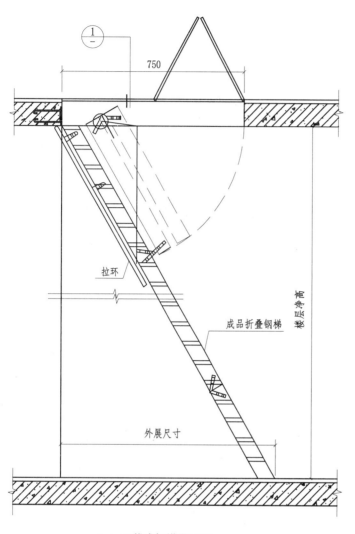

拉环

成品折叠钢梯

楼层净高

外展尺寸

1-1 三截式钢梯展开图

注：（1）人孔盖板为外包彩色钢板，板内应
用不燃性材料填实，铰链等五金配
件的熔融温度不低于950℃。
（2）本图为折叠式钢梯简单构造示意。
具体安装详见厂家随梯提供的专项
资料。

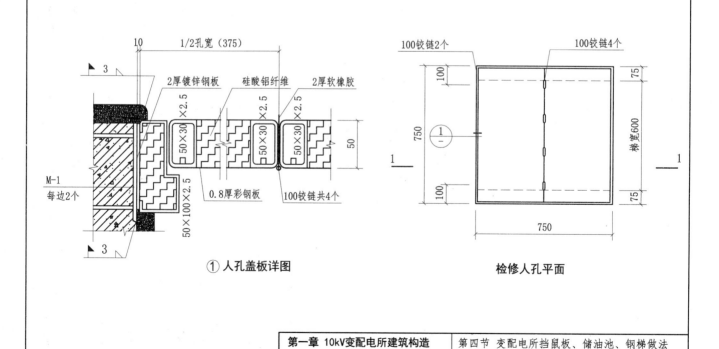

① 人孔盖板详图

检修人孔平面

第一章 10kV变配电所建筑构造	第四节 变配电所挡鼠板、储油池、钢梯做法
图号 2-1-4-8	图名 折叠钢梯式检修人孔做法

建筑物部位	敞开式（K）变压器室	封闭式(F)变压器室	
		低式	高式
建筑物耐火等级	一级		
墙壁	(1) 内墙面勾缝并刷白。 (2) 墙基应防止变压器油浸蚀。 (3) 与爆炸危险场所相邻的墙壁内侧应抹灰、刷白		
地坪	采用卵石或碎石铺设，厚度为250mm。 变压器四周沿墙600mm需用混凝土抹平	采用水泥地坪，向中间通风及排油孔作2%的坡度	
屋面	(1) 应有隔热层及防水、排水措施。 (2) 平屋顶应有5%~8%的坡度		
	—	还应有保温层	
顶棚	刷白或涂白油漆，严禁抹灰		
屋檐	伸出外墙面一定距离，以防止雨水沿墙面流淌；车间内室不需要屋檐		
通风窗	—	(1) 变压器室通风窗应为非燃烧材料制成。 (2) 应有防止雨、雪或小动物进入的措施。 (3) 出风窗和门上的进风窗可采用百叶窗，内设网孔不大于10mm×10mm的铁丝网，也可只设大于10mm×10mm铁丝网	
		—	门下的进风窗采用百叶窗，内设不大于10mm×40mm的铁丝网孔
门	(1) 用轻型金属网门，其网格大小为上半部应小于40mm×40mm，下半部应小于10mm×10mm。 (2) 门高不低于1.8m	(1) 用铁门或木门内侧包铁皮门。 (2) 单扇门宽不小于1.5m时，应在大门上加开小门，小门宽0.8m,高1.8m,供维护人员出入；小门上应装弹簧锁，其高度使室外开启方便；大小门应向外开启，开启角度不小于120°，同时尽量降低小门门槛高度，使进出方便	
	大门及大门上的小门应向外开启，当相邻房间都有电气设备时，门应能向两个方向开或开向电压较低的房间		
	—	门口应设有供人员进出上下的轻型钢筋梯	
其他	(1) 在需要时应设变压器吊芯检查用的吊钩及安装搬运用的地锚。 (2) 在建筑物底层外墙开口部位的上方应设置宽度不小于1.0m的防火挑檐		

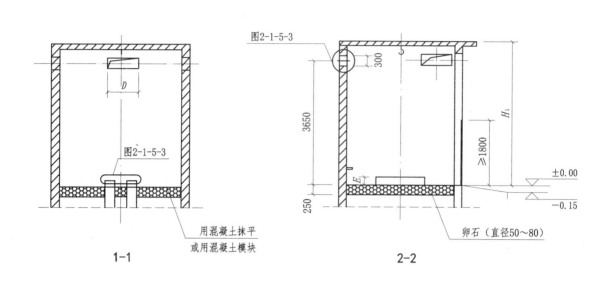

用混凝土抹平
或用混凝土模块

1-1

卵石（直径50～80）

2-2

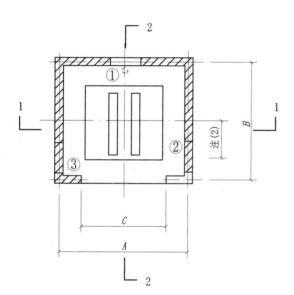

2

平面

注:(1) 变压器室土建设计技术要求见图2-1-5-1。
(2) 侧墙上低压母线出线孔中心线偏离变压器室中心线的尺寸由工程设计决定，往门侧偏离多少不限，往相反方向偏离不得大于200mm。
(3) 表中 H_1 "（）"内数据为变压器需要在室内吊心时采用。

变压器室方案编号	变压器室容量/kVA	推荐尺寸/mm						低压母线墙洞位置
		A	B	C	D	E	H_1	
K1-1、4	200～400	3600	3300	2400	900	200	4500（4800）	①
K1-2、5	500～630	3600	3300	2400	900	200	4500（5400）	②
K1-3、6								③
K1-1、7	800～1000	3900	3300	3000	1100	100	4500（5400）	①
K1-2、8	1250～2000	4500	4500	3000	1100	100	4500（6000）	②
K1-3、9								③
K1-10	200～400	3600	3300	2400	900	200	5100（5400）	①
K1-11	500～630	3600	3300	2400	900	200	5100（5400）	②
K1-12								③
K1-13	800～1000	3900	3300	3000	1100	100	5100（5400）	①
K1-14	1250～2000	4500	4500	3000	1100	100	5100（6000）	②
K1-15								③

第一章 10kV变配电所建筑构造	第五节 变配电所建筑设计技术要求
图号　2-1-5-2	图名　变压器室土建方案K1-1～15设计要求

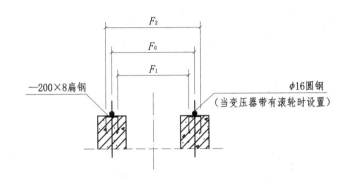

变压器基础或梁上埋设件详图 ①

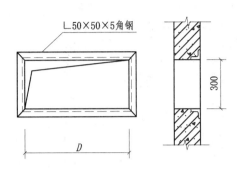

低压母线穿墙洞口埋设件详图 ②

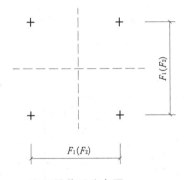

变压器荷重分布图

变压器容量/kVA	尺寸D/mm
200～630	900
800～2000	1100

变压器容量 /kVA	尺寸/mm			变压器重量 /kg
	F_1	F_2	F_0	
S9-200～400 S9-M-200	550	660	605	1530
S9-500～800 S9-M-250～500	660	820	740	2560
S9-1000～1600 S9-M-630～1600	820	1070	945	4160
S9-2000 S9-M-2000	1070	1475	1273	5865

变压器室基础尺寸

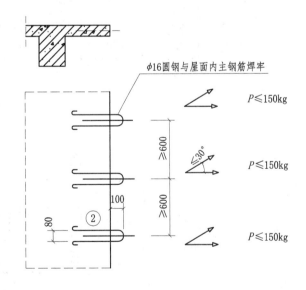

檐口架空引入线拉紧装置埋设件详图 ③

第一章 10kV变配电所建筑构造		第五节 变配电所建筑设计技术要求	
图号	2-1-5-3	图名	变压器室变压器基础或梁上埋设件与低压母线穿墙洞口 埋设件、檐口架空引入线拉紧装置埋设件

183

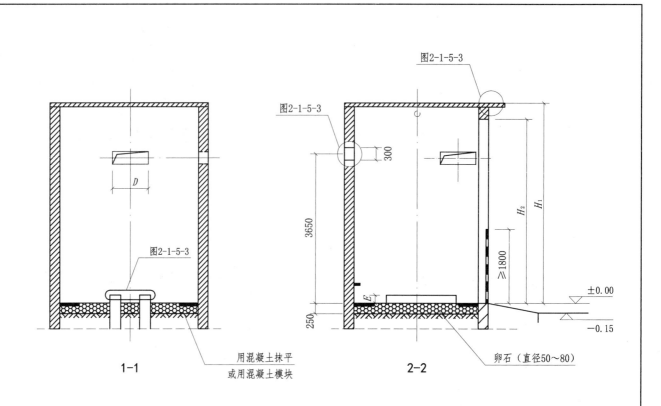

用混凝土抹平
或用混凝土模块

1—1

图2-1-5-3

300

≥1800

H_2

H_1

±0.00

−0.15

3650

250

E

2—2

卵石（直径50～80）

变压器室 方案编号	变压器容量 /kVA	推荐尺寸/mm							低压母线 墙洞位置
		A	B	C	D	E	H_1	H_2	
K1-16	200～400	3600	3300	2400	900	200	4800(4800)		①
K1-17	500～630	3600	3300	2400	900	200	4800(5400)	4500	②
K1-20	800～1000	3900	3300	3000	1100	100	4800(5400)		①
K1-21	1250	4200	3900	3000	1100	100	4800(6000)		②

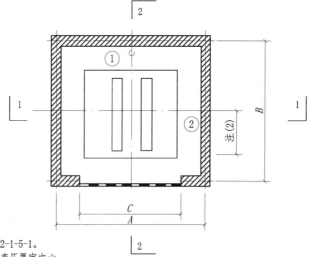

平面

注：（1）变压器室土建设计技术要求见图2-1-5-1。
　　（2）侧墙上低压母线出线孔中心偏离变压器室中心
　　　　线的尺寸由工程设计决定。往门侧偏离多少不
　　　　限；往相反方向偏离不得大于200mm。
　　（3）表中H_1"（）"内数据为变压器需要在室内吊
　　　　心时采用。

第一章 10kV变配电所建筑构造		第五节 变配电所建筑设计技术要求	
图号	2-1-5-4	图名	变压器室土建方案K1-16、17、20、21设计要求

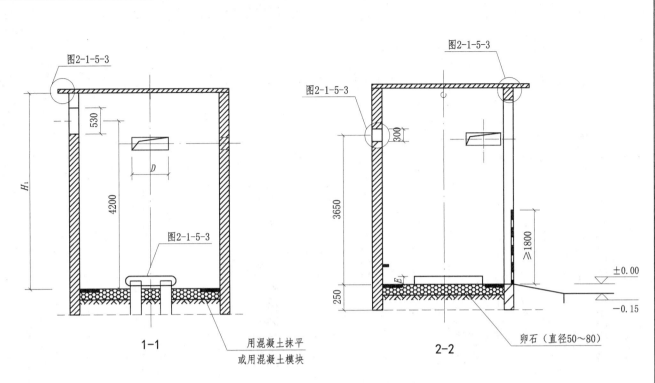

1-1

2-2

用混凝土抹平
或用混凝土模块

卵石（直径50～80）

变压器室 方案编号	变压器容量 /kVA	推荐尺寸/mm						低压母线 墙洞位置
		A	B	C	D	E	H_1	
K1-18	200～400	3600	3300	2400	900	200	4800（4800）	①
K1-19	500～630	3600	3300	2400	900	200	4800（5400）	②
K1-22	800～1000	3900	3300	3000	1100	100	4800（5400）	①
K1-23	1250	4200	3900	3000	1100	100	4800（6000）	②
K1-24	200～400	3600	3300	2400	900	200	5400（5400）	①
K1-25	500～630	3600	3300	2400	900	200	5400（5400）	②
K1-26	800～1000	3900	3300	3000	1100	100	5400（5400）	①
K1-27	1250	4200	3900	3000	1100	100	5400（6000）	②

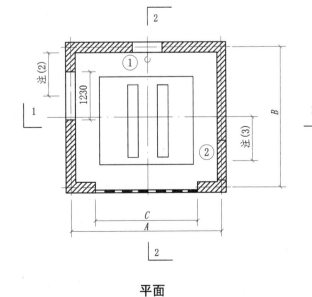

平面

注:(1) 变压器室土建设计技术要求见图2-1-5-1。
　　(2) 侧墙上高压穿墙套管安装孔中心线离后墙
　　　　的尺寸由工程设计决定,不得大于1000mm。
　　(3) 侧墙上低压母线出线孔中心线偏离变压器
　　　　室中心线的尺寸由工程设计决定,往门侧
　　　　偏离多少不限;往相反方向偏离不得大于
　　　　200mm。
　　(4) 表中 H_1 "（）"内数据为变压器需要在室
　　　　内吊心时采用。

第一章　10kV变配电所建筑构造		第五节　变配电所建筑设计技术要求	
图号	2-1-5-5	图名	变压器室土建方案K1-18、19、22～27设计要求

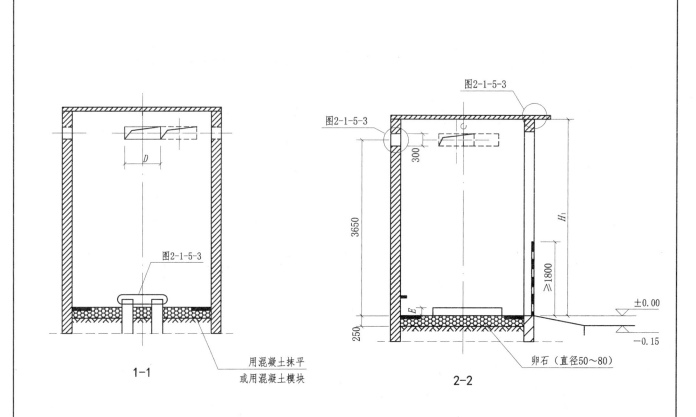

1-1

用混凝土抹平
或用混凝土模块

2-2

卵石（直径50～80）

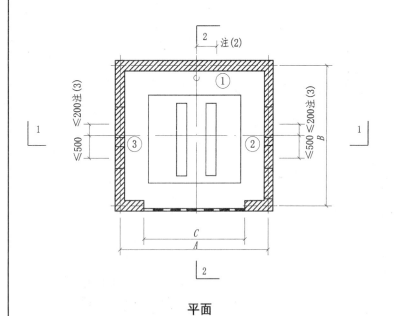

平面

注：（1）变压器室土建设计技术要求见图2-1-5-1。
　　（2）后墙上低压母线出线孔中心线偏离变压器
　　　　室中心线的尺寸由工程设计决定，往右偏
　　　　离多少不限。
　　（3）侧墙上低压母线出线孔中心线偏离变压器
　　　　室中心线的尺寸由工程设计决定，但不得
　　　　超出图示范围。
　　（4）表中 H_1 "（）" 内数据为变压器需要在室
　　　　内吊心时采用。

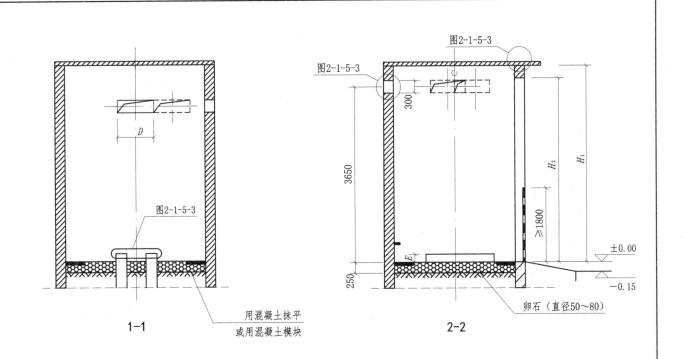

1-1

用混凝土抹平
或用混凝土模块

2-2

卵石（直径50～80）

变压器室 方案编号	变压器容量 /kVA	推荐尺寸/mm							低压母线 墙洞位置
		A	B	C	D	E	H_1	H_2	
K2-16	200～400	3300	3600	2100	900	200	4800(4800)		①
K2-17	500～630	3300	3600	2100	900	200	4800(5400)	4500	②
K2-20	800～1000	3300	3900	2400	1100	100	4800(5400)		①
K2-21	1250	3900	4200	2400	1100	100	4800(6000)		②

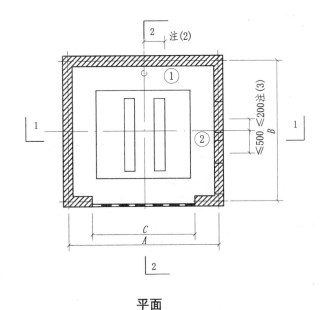

平面

注：(1) 变压器室土建设计技术要求见图2-1-5-1。
 (2) 后墙上低压母线出线孔中心线偏离变压器
  室中心线的尺寸由工程设计决定，往右偏
  离多少不限。
 (3) 侧墙上低压母线出线孔中心线偏离变压器
  室中心线的尺寸由工程设计决定，但不得
  超出图示范围。
 (4) 表中 H_1 "（）"内数据为变压器需要在室
  内吊心时采用。

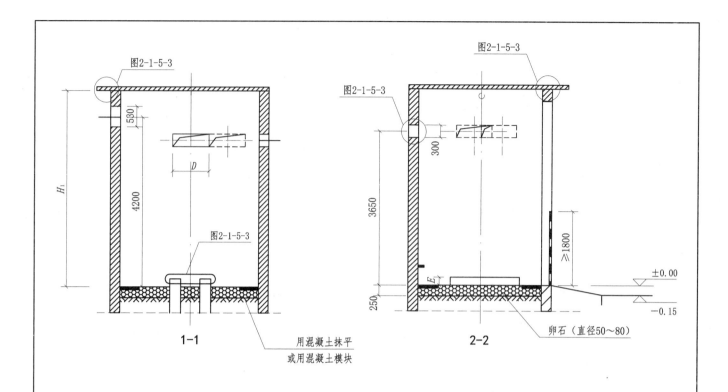

1—1

用混凝土抹平
或用混凝土模块

2—2

卵石（直径50～80）

变压器室 方案编号	变压器容量 /kVA	推荐尺寸/mm						低压母线 墙洞位置
		A	B	C	D	E	H_1	
K2-18	200～400	3300	3600	2100	900	200	4800(4800)	①
K2-19	500～630	3300	3600	2100	900	200	4800(5400)	②
K2-22	800～1000	3300	3900	2400	1100	100	4800(5400)	①
K2-23	1250	3900	4200	2400	1100	100	4800(6000)	②
K2-24	200～400	3300	3600	2100	900	200	5400(5400)	①
K2-25	500～630	3300	3600	2100	900	200	5400(5400)	②
K2-26	800～1000	3300	3900	2400	1100	100	5400(5500)	①
K2-27	1250	3900	4200	2400	1100	100	5400(6000)	②

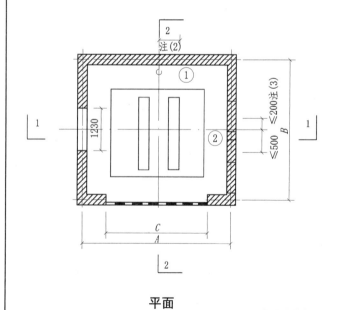

平面

注：（1）变压器室土建设计技术要求见图2-1-5-1。
　　（2）后墙上低压母线出线孔中心线偏离变压器
　　　　室中心线的尺寸由工程设计决定，往右偏
　　　　离多少不限。
　　（3）侧墙上低压母线出线孔中心线偏离变压器
　　　　室中心线的尺寸由工程设计决定，但不得
　　　　超过图示范围。
　　（4）表中H_1"（）"内数据为变压器需要在室
　　　　内吊心时采用。

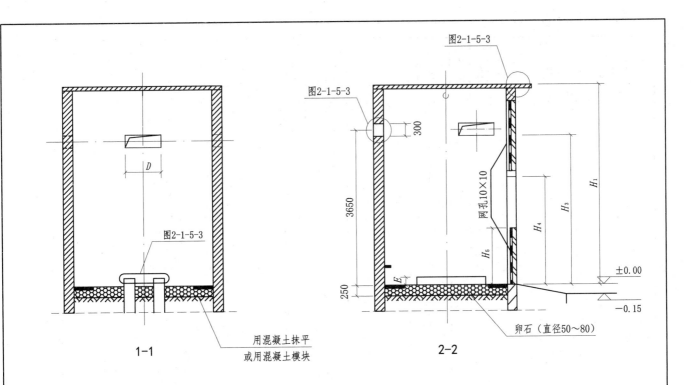

1—1

用混凝土抹平
或用混凝土模块

2—2

卵石（直径50～80）

图2-1-5-3
图孔10×10

变压器室 方案编号	变压器容量 /kVA	推荐尺寸/mm									低压母线 墙洞位置
		A	B	C	D	E	H₁	H₃(出风窗中 心高度)	H₄	H₅(进风窗 高度)	
F1-1、4、10	200～400	3600	3300	2400	900	200	4500(4800)	3300	2700	≥1000	①
F1-2、5、11	500～630	3600	3300	2400	900	200	4500(5400)	3500	2700		②
F1-3、6、12											③
F1-1、7、13	800～1000	3900	3600	3000	1100	100	4800(5400)	4100	3300	≥1000	①
F1-2、8、14	1250～1600	4500	4200	3000	1100	100	5400(6000)	4100	3600		②
F1-3、9、15	2000	4500	4500	3000	1100	100	6000(6400)	4400	3600		③
F1-16	200～400	3600	3300	2400	900	200	6000(6000)	3300	2700	≥1000	①
F1-17	500～630	3600	3300	2400	900	200	6000(6000)	3500	2700		②
											③
F1-20	800～1000	3900	3600	3000	1100	100	6000(6000)	4300	3300	≥1000	①
F1-21	1250	4200	3900	3000	1100	100	6000(6000)	4400	3600		②
											③

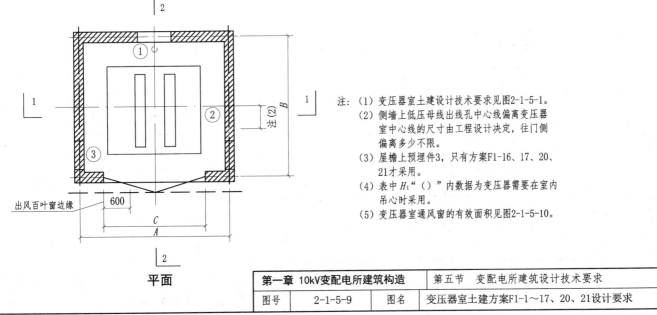

出风百叶窗边缘

平面

注：(1) 变压器室土建设计技术要求见图2-1-5-1。
(2) 侧墙上低压母线出线孔中心线偏离变压器
室中心线的尺寸由工程设计决定，往门侧
偏离多少不限。
(3) 屋檐上预埋件3，只有方案F1-16、17、20、
21才采用。
(4) 表中H₁"（）"内数据为变压器需要在室内
吊心时采用。
(5) 变压器室通风窗的有效面积见图2-1-5-10。

第一章 10kV变配电所建筑构造	第五节 变配电所建筑设计技术要求
图号 2-1-5-9	图名 变压器室土建方案F1-1～17、20、21设计要求

安装 S_g、S_g－M 型变压器

变压器容量/kVA	进出风窗中心高差 h/m	进出风窗面积之比 F_j:F_c	进风温度 t_j=30℃		进风温度 t_j=35℃	
			进风窗面积 F_j/m²	出风窗面积 F_c/m²	进风窗面积 F_j/m²	出风窗面积 F_c/m²
200~630	2.0	1:1	0.86	0.86	1.61	1.61
		1:1.5	0.70	1.05	1.30	1.96
		1:2	0.63	1.26	1.18	2.36
	2.5	1:1	0.77	0.77	1.44	1.44
		1:1.5	0.63	0.94	1.17	1.75
		1:2	0.57	1.14	1.05	2.10
	3.0	1:1	0.70	0.70	1.31	1.31
		1:1.5	0.57	0.86	1.06	1.92
		1:2	0.52	1.04	0.96	1.21
	3.5	1:1	0.65	0.65	1.21	1.48
		1:1.5	0.53	0.79	0.98	1.78
		1:2	0.48	0.96	0.89	2.62
800~1000	2.0	1:1	1.41	1.41	2.62	3.17
		1:1.5	1.14	1.71	2.11	3.85
		1:2	1.02	2.04	1.92	2.34
	2.5	1:1	1.26	1.26	2.34	2.83
		1:1.5	1.02	1.53	1.89	3.44
		1:2	0.91	1.82	1.72	2.14
	3.0	1:1	1.15	1.15	2.14	2.59
		1:1.5	0.93	1.40	1.72	3.14
		1:2	0.83	1.66	1.57	1.98
	3.5	1:1	1.06	1.06	1.98	2.40
		1:1.5	0.86	1.29	1.60	2.91
		1:2	0.77	1.54	1.45	

变压器容量/kVA	进出风窗中心高差 h/m	进出风窗面积之比 F_j:F_c	进风温度 t_j=30℃		进风温度 t_j=35℃	
			进风窗面积 F_j/m²	出风窗面积 F_c/m²	进风窗面积 F_j/m²	出风窗面积 F_c/m²
1250~2000	2.0	1:1	2.43	2.43	4.53	4.53
		1:1.5	1.97	2.96	3.65	5.48
		1:2	1.76	3.53	3.33	6.65
	2.5	1:1	2.18	2.18	4.05	4.05
		1:1.5	1.77	2.65	3.27	4.90
		1:2	1.58	3.16	2.97	5.95
	3.0	1:1	1.98	1.98	3.70	3.70
		1:1.5	1.61	2.42	2.98	4.48
		1:2	1.44	2.88	2.72	5.43
	3.5	1:1	1.74	1.74	3.43	3.43
		1:1.5	1.49	2.24	2.76	4.14
		1:2	1.33	2.66	2.51	5.03
	4.0	1:1	1.72	1.72	3.20	3.20
		1:1.5	1.40	2.10	2.58	3.88
		1:2	1.25	2.49	2.35	4.70

通风窗的有效面积计算公式

进出风口面积相等时：$F_j = F_c = \dfrac{KP}{4\Delta t}\sqrt{\dfrac{\Sigma\xi}{h\,r_p(r_j - r_p)}}$

进出风口面积不等时：$F_j = \dfrac{KP}{4\Delta t}\sqrt{\dfrac{\xi_j + \alpha^2\xi_c}{h\,r_p(r_j - r_p)}}$ ， $F_c = \dfrac{F_j}{\alpha}$

式中：F_j—进风口有效面积，m²；
F_c—出风口有效面积，m²；
h—进出风窗中心高差，m；
K—因屋顶受太阳辐射而增加热量的通风面积修正系数；
Δt—出风口与进风口空气的温差，℃，$\Delta t = t_c - t_j$；
$\Sigma\xi$—进出风口的局部阻力系数之和，取1.4；
ξ_c—出风口的局部阻力系数；
ξ_j—进风口的局部阻力系数；
r_p—平均空气容重，kg/m³；
r_c—出风空气容重，kg/m³；
r_j—进风口空气容重，kg/m³；
α—进、出风口面积之比。

注：进、出口通风窗的实际面积应为表中查得的有效面积乘以不同内构造系数 K：金属百叶窗，K=1.67；金属百叶窗加铁丝网，K=2.0。

全国主要城市夏季通风计算温度

省/直辖市/自治区	城市名称	温度/℃
	北京市	30
	上海市	32
	天津市	29
	重庆市	33
黑龙江省	爱辉	25
	伊春	25
	齐齐哈尔	27
	鹤岗	25
	佳木斯	25
	安达	27
	哈尔滨	27
	鸡西	26
	牡丹江	27
	绥芬河	23
吉林省	通榆	28
	吉林	27
	长春	27
	四平	27
	延吉	26
	通化	26
辽宁省	开原	27
	阜新	28
	抚顺	28
	沈阳	28
	朝阳	29
	本溪	28
	锦州	28
	鞍山	28
	营口	28
	丹东	27
	大连	26
河北省	承德	28
	张家口	27
	唐山	29
	保定	31
	石家庄	31
	邢台	31
山西省	大同	26
	阳泉	28
	太原	28
	介休	28
	阳城	29
	运城	32
内蒙古自治区	海拉尔	25
	锡林浩特	26
	二连浩特	28
	通辽	28
	赤峰	28
	呼和浩特	26
陕西省	榆林	28
	延安	28
	宝鸡	30
	西安	31
	汉中	29
	安康	31
宁夏回族自治区	石嘴山	27
	银川	27
	吴忠	27
	盐池	27
	中卫	27
青海省	固原	23
	西宁	22
	格尔木	22
	都兰	19
	共和	20
	玛多	11
	玛沁	17
甘肃省	王树	30
	敦煌	26
	酒泉	25
	山丹	26
	兰州	25
	平凉	27
	天水	28
	武都	26
新疆维吾尔自治区	哈密	30
	阿勒泰	27
	克拉玛依	29
	伊宁	29
	乌鲁木齐	32
	吐鲁番	36
	喀什	30
	和田	27
山东省	临沂	30
	德州	31
	莱阳	29
	淄博	31
	潍坊	30
	济南	31
	青岛	27
	菏泽	33
江苏省	连云港	31
	徐州	31
	淮阴	31
	南通	31
	南京	32
	武进	32
安徽省	亳州	31
	蚌埠	32
	合肥	32
	六安	32
	芜湖	32
	安庆	32
	屯溪	33
浙江省	杭州	33
	舟山	30
	宁波	32
	金华	34
	衢州	33
	温州	31
江西省	九江	33
	景德镇	34
	德兴	33
	南昌	33
	上饶	33
	萍乡	33
	吉安	33
	赣州	34
福建省	南平	34
	福州	33
	永安	33
	上杭	32
	漳阳	33
	厦门	31
河南省	安阳	32
	新乡	32
	三门峡	31
	开封	32
	郑州	32
	洛阳	32
	商丘	32
	许昌	32
	平顶山	32
湖北省	南阳	32
	驻马店	32
	信阳	32
	光化	32
	宜昌	33
	武汉	33
	江陵	32
	恩施	32
	黄石	33
湖南省	岳阳	32
	常德	32
	长沙	33
	株洲	34
	芷江	32
	邵阳	32
	衡阳	34
	零陵	33
	郴州	34
广东省	韶关	33
	汕头	31
	广州	31
	阳江	31
	湛江	31
广西壮族自治区	桂林	32
	柳州	32
	百色	32
	梧州	32
	南宁	32
	北海	31
海南省	海口	30
	西沙	32
四川省	广元	30
	甘孜	19
	南充	32
	万县	33
	成都	33
	宜宾	32
	西昌	33
贵州省	思南	32
	遵义	29
	毕节	26
	威宁	21
	贵阳	28
	安顺	25
	独山	26
	兴仁	25
云南省	昭通	24
	丽江	22
	腾冲	23
	昆明	23
	蒙自	26
	思茅	25
	景洪	31
西藏自治区	索县	24
	那曲	22
	昌都	23
	拉萨	23
	林芝	26
	日喀则	25
台湾省	台北	31
	花莲	30
	恒春	31
香港	香港	31

注：1. 本表中数据均摘自国家标准《采暖通风与空气调节设计规范》（GBJ 19—87）。

2. 夏季通风室外计算温度可按下式确定：$t_{wf}=0.71t_{rp}+0.29t_{rpmax}$　其中：t_{wf}—夏季通风室外计算温度，℃；t_{rp}—累年最热月平均温度，℃；t_{rpmax}—累年最热月平均最高温度，℃；t_{max}—累年极端最高温度，℃。

第一章 10kV变配电所建筑构造	第五节 变配电所建筑设计技术要求
图号　2-1-5-11	图名　全国主要城市夏季通风计算温度

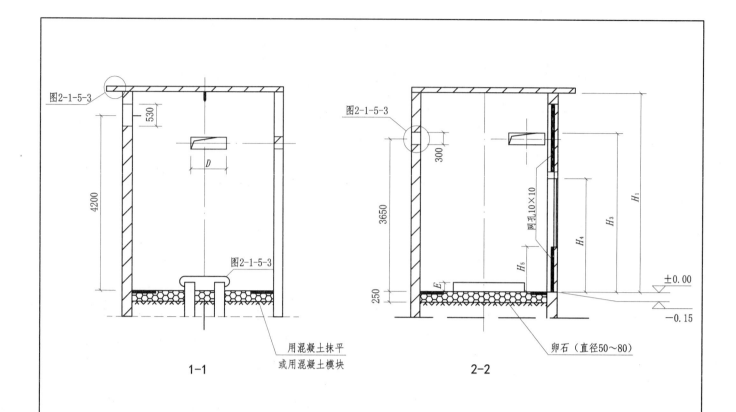

图2-1-5-3

530

4200

D

图2-1-5-3

用混凝土抹平
或用混凝土模块

1-1

图2-1-5-3

300

3650

250

网孔10×10

H_1

H_3

H_4

H_5

E

±0.00

−0.15

卵石（直径50～80）

2-2

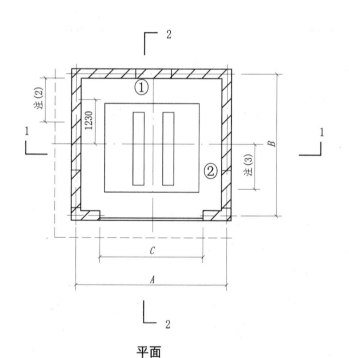

① ②

1230

注(2)

B

注(3)

C

A

平面

注：(1) 变压器室土建设计技术要求见图2-1-5-1。
(2) 侧墙上高压穿墙套管安装孔中心线离后墙的尺寸，由工程设计决定，不得大于1000mm。
(3) 侧墙上低压母线出线孔中心线偏离变压器室中心线的尺寸由工程设计决定，往门侧偏离多少不限。
(4) 表中H_1"（）"内数据为变压器需要在室内吊心时采用。
(5) 变压器室通风窗的有效面积见图2-1-5-10。

变压器室方案编号	变压器容量/kVA	推荐尺寸/mm									低压母线墙洞位置
		A	B	C	D	E	H_1	H_3(出风窗中心高度)	H_4	H_5(进风窗高度)	
F1-18	200～400	3600	3300	2400	900	200	4800(4800)	3500	2700	≥1000	①
F1-19	500～630	3600	3300	2400	900	200	4800(5400)	3500	2700		②
F1-22	800～1000	3900	3600	3000	1100	100	4800(5400)	4100	3300	≥1000	①
F1-23	1250	4200	3900	3000	1100	100	5400(6000)	4300	3600		②

第一章 10kV变配电所建筑构造	第五节　变配电所建筑设计技术要求
图号　　2-1-5-12	图名　　变压器室土建方案F1-18、19、22、23设计要求

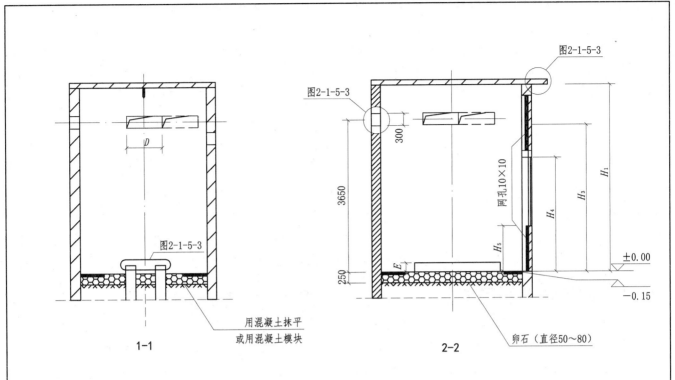

1-1

用混凝土抹平
或用混凝土模块

2-2

卵石（直径50～80）

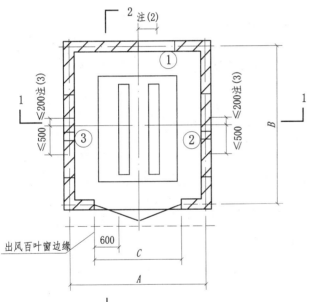

平面

出风百叶窗边缘

注:(1) 变压器室土建设计技术要求见图2-1-5-1。
　　(2) 后墙上低压母线出线孔中心线偏离变压器室中心线的尺寸由工程设计决定，往右偏离多少不限。
　　(3) 侧墙上低压母线出线孔中心线偏离变压器室中心线的尺寸由工程设计决定，但不得超出图示范围。
　　(4) 屋檐上预埋件3，只有方案F2-16、17、20、21才有。
　　(5) 表中H_1"（ ）"内数据为变压器需要在室内吊心时采用。
　　(6) 变压器室通风窗的有效面积见图2-1-5-10。

变压器室方案编号	变压器容量/kVA	推荐尺寸/mm									低压母线墙洞位置
		A	B	C	D	E	H_1	H_3(出风窗中心高度)	H_4	H_5(进风窗高度)	
F2-1、4、10	200～400	3300	3600	2100	900	200	4500(4800)	3300	2700	≥1000	①
F2-2、5、11	500～630	3300	3600	2100	900	200	4500(5400)	3500	2700		②
F2-3、6、12		3300	3600	2100	900	200					③
F2-1、7、13	800～1000	3600	3900	2400	1100	100	4800(5400)	4100	3300		①
F2-2、8、14	1250～1600	4500	4200	3000	1100	100	5400(6000)	4100	3600	≥1000	②
F2-3、9、15	2000	4500	4500	3000	1100	100	6000(6400)	4400	3600		③
F2-16	200～400	3300	3600	2100	900	200	6000(6000)	3300	2700	≥1000	①
F2-17	500～630	3300	3600	2100	900	200	6000(6000)	3500	2700		②
F2-20	800～1000	3600	3900	2400	1100	100	6000(6000)	4300	3300	≥1000	①
F2-21	1250	3900	4200	2400	1100	100	6000(6000)	4400	3600		②

第一章 10kV变配电所建筑构造		第五节　变配电所建筑设计技术要求
图号	2-1-5-13	图名　变压器室土建方案F2-1～17、20、21设计要求

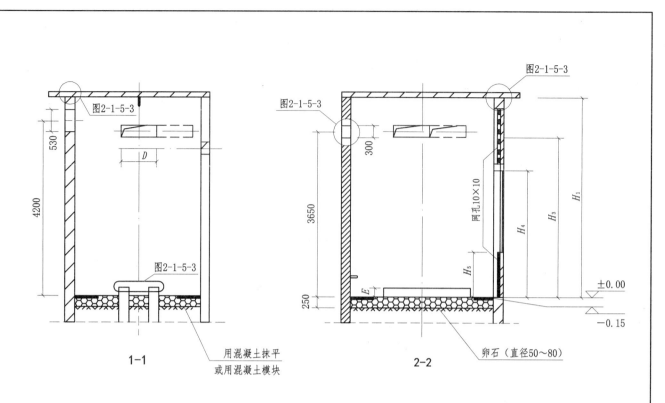

1-1

用混凝土抹平
或用混凝土模块

2-2

卵石（直径50～80）

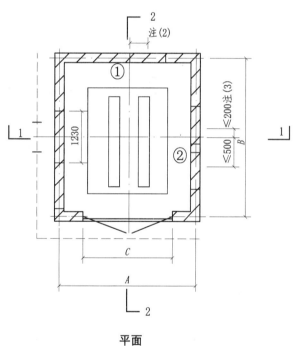

平面

注：(1) 变压器室土建设计技术要求见图2-1-5-1。
(2) 后墙上低压母线出线孔中心线偏离变压器
室中心线的尺寸由工程设计决定，往右偏
离多少不限。
(3) 侧墙上低压母线出线孔中心线偏离变压器
室中心线的尺寸由工程设计决定，但不得
超出图示范围。
(4) 表中H_1"（）"内数据为变压器需要在室
内吊心时采用。
(5) 变压器室通风窗的有效面积见图2-1-5-10。

变压器室 方案编号	变压器容量 /kVA	推荐尺寸/mm									低压母线 墙洞位置
		A	B	C	D	E	H_1	H_3(出风窗中心高度)	H_4	H_5(进风窗高度)	
F1-18	200～400	3300	3600	2100	900	200	4800(4800)	3500	2700	≥1000	①
F1-19	500～630	3300	3600	2100	900	200	4800(5400)	3500	2700		②
F1-22	800～1000	3600	3900	2400	1100	100	4800(5400)	4100	3300	≥1000	①
F1-23	1250	3900	4200	2400	1100	100	5400(6000)	4300	3600		②

第一章 10kV变配电所建筑构造		第五节　变配电所建筑设计技术要求
图号	2-1-5-14	图名	变压器室土建方案F2-18、19、22、23设计要求

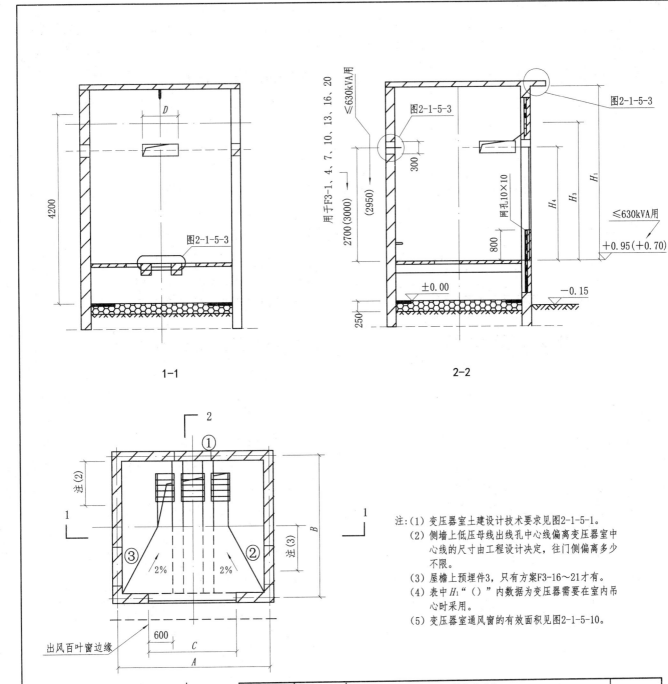

1-1

2-2

平面

注:(1) 变压器室土建设计技术要求见图2-1-5-1。
(2) 侧墙上低压母线出线孔中心线偏离变压器室中心线的尺寸由工程设计决定,往门侧偏离多少不限。
(3) 屋檐上预埋件3,只有方案F3-16～21才有。
(4) 表中H_1"( )"内数据为变压器需要在室内吊心时采用。
(5) 变压器室通风窗的有效面积见图2-1-5-10。

变压器室方案编号	变压器容量/kVA	推荐尺寸/mm							低压母线墙洞位置
		A	B	C	D	H_1	H_3(出风窗中心高度)	H_4	
F3-1、4、10	200～400	3600	3300	2400	900	4500(4800)	3500	2700	①
F3-2、5、11	500～630	3600	3300	2400	900	4500(5400)		2700	②
F3-3、6、12		3600	3300	2400	900				③
F3-1、7、13	800～1000	3900	3600	3000	1100	5100(6000)	4200	3300	①
F3-2、8、14	1250～1600	4500	4200	3000	1100	5700(6000)	4400	3600	②
F3-3、9、15	2000	4500	4500	3000	1100	6400	4650	3600	③
F3-16	200～400	3600	3300	2400	900	4800(4800)	3500	2700	①
F3-17	500～630	3600	3300	2400	900	4800(5400)		2700	②
F3-20	800～1000	3900	3600	3000	1100	5700(6000)	4200	3300	①
F3-21	1250	4200	3900	3000	1100	5700(6000)	4400	3600	②

第一章 10kV变配电所建筑构造		第五节 变配电所建筑设计技术要求
图号	2-1-5-15	图名 变压器室土建方案F3-17～21设计要求

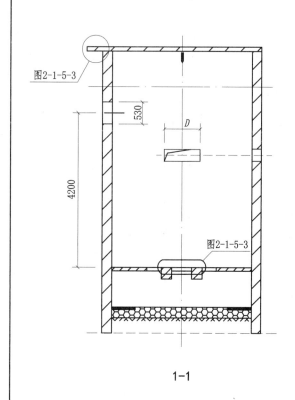

1-1

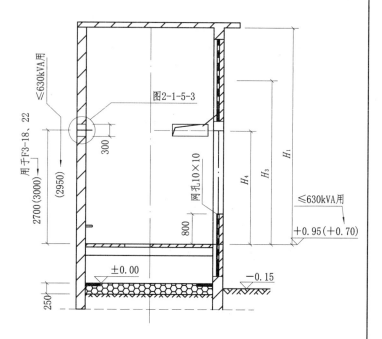

2-2

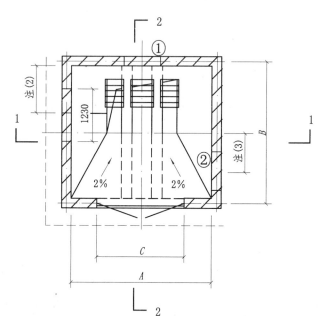

平面

注:(1) 变压器室土建设计技术要求见图2-1-5-1。
(2) 侧墙上高压穿墙套管安装孔中心线离后墙的尺寸由工程设计决定,不得大于1000mm。
(3) 侧墙上低压母线出线孔中心线偏离变压器室中心线的尺寸,由工程设计决定,往门侧偏离多少不限。
(4) 表中 H_1 "( )"内数据为变压器需要在室内吊心时采用。
(5) 变压器室通风窗的有效面积见图2-1-5-10。

变压器室方案编号	变压器容量/kVA	推荐尺寸/mm							低压母线墙洞位置
		A	B	C	D	H_1	H_3(出风窗中心高度)	H_4	
F3-18	200~400	3600	3300	2400	900	4800(4800)	3500	2700	①
F3-19	500~630	3600	3300	2400	900	4800(5400)		2700	②
F3-22	800~1000	3900	3600	3000	1100	5700(6000)	4200	3300	①
F3-23	1250	4200	3900	3000	1100	5700(6000)	4400	3600	②

第一章 10kV变配电所建筑构造		第五节 变配电所建筑设计技术要求
图号	2-1-5-16	图名	变压器室土建方案F3-18、19、22、23设计要求

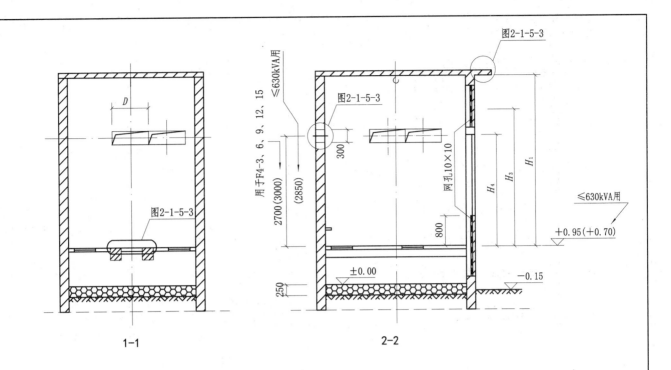

1-1   2-2

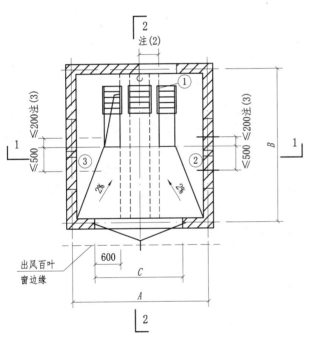

平面

注：（1）变压器室土建设计技术要求见图2-1-5-1。

（2）后墙上低压母线出线孔中心线偏离变压器室中心线的尺寸由工程设计决定，往右偏离多少不限。

（3）侧墙上低压母线出线孔中心线偏离变压器室中心线的尺寸，由工程设计决定，但不得超出图示范围。

（4）屋檐上预埋件3，只有方案F4-16、17、20、21才有。

（5）表中H_1"（）"内数据为变压器需要在室内吊心时采用。

（6）变压器室通风窗的有效面积见图2-1-5-10。

变压器室方案编号	变压器容量/kVA	推荐尺寸/mm							低压母线墙洞位置
		A	B	C	D	H_1	H_3（出风窗中心高度）	H_4	
F4-1、4、10	200～400	3300	3600	2100	900	4500（4800）	3500	2700	①
F4-2、5、11	500～630	3300	3600	2100	900	4500（5400）		2700	②
F4-3、6、12									③
F4-1、7、13	800～1000	3600	3900	2400	1100	5100（6000）	4200	3300	①
F4-2、8、14	1250～1600	4500	4200	3000	1100	5700（6000）	4400	3600	②
F4-3、9、15	2000	4500	4500	3000	1100	6400	4650	3600	③
F4-16	200～400	3300	3600	2100	900	4800（4800）	3500	2700	①
F4-17	500～630	3300	3600	2100	900	4800（5400）		2700	②
F4-20	800～1000	3600	3900	2400	1100	5700（6000）	4200	3300	①
F4-21	1250	3900	4200	2400	1100	5700（6000）	4400	3600	②

第一章 10kV变配电所建筑构造		第五节 变配电所建筑设计技术要求
图号	2-1-5-17	图名 变压器室土建方案F4-1～17、20、21设计要求

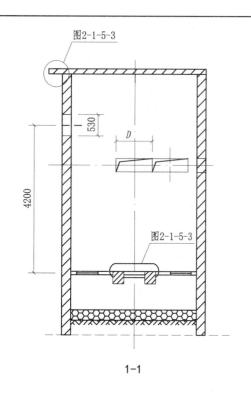

1-1

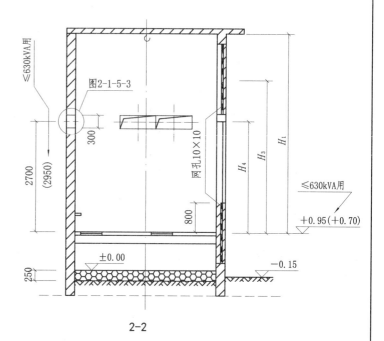

2-2

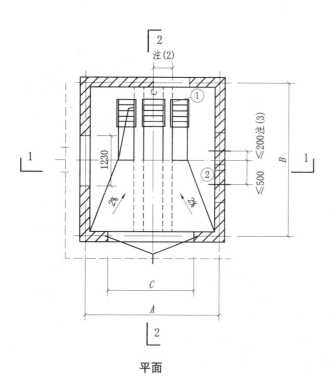

平面

注: (1) 变压器室土建设计技术要求见2-1-5-1。
　　(2) 后墙上低压母线出线孔中心线偏离变压器室中心线的尺寸由工程设计决定,往右偏离多少不限。
　　(3) 侧墙上低压母线出线孔中心线偏离变压器室中心线的尺寸,由工程设计决定,但不得超出图示范围。
　　(4) 表中 H_1 "（）"内数据为变压器需要在室内吊心时采用。
　　(5) 变压器室通风窗的有效面积见图2-1-5-10。

变压器室方案编号	变压器容量/kVA	推荐尺寸/mm							低压母线墙洞位置
		A	B	C	D	H_1	H_3(出风窗中心高度)	H_4	
F4-18	200~400	3300	3600	2100	900	4800(4800)	3500	2700	①
F4-19	500~630	3300	3600	2100	900	4800(5400)		2700	②
F4-22	800~1000	3600	3900	2400	1100	5700(6000)	4200	3300	①
F4-23	1250	3900	4200	2400	1100	5700(6000)	4400	3600	②

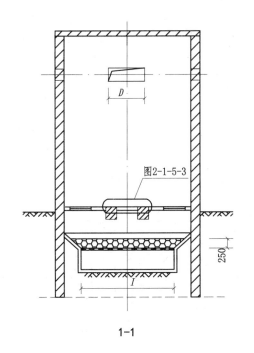

1-1

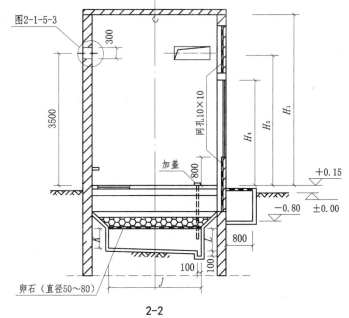

2-2

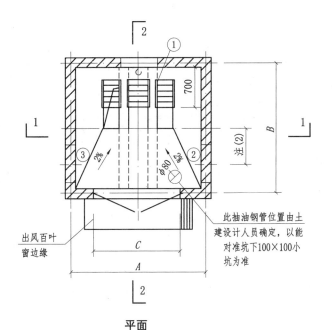

平面

注: (1) 变压器室土建设计技术要求见图2-1-5-1。
(2) 侧墙上低压母线出线孔中心线偏离变压器
室中心线的尺寸由工程设计决定,往门侧
偏离多少不限。
(3) 表中 H_1 "( )"内数据为变压器需要在室
内吊心时采用。
(4) 变压器室通风窗的有效面积见图2-1-5-10。

变压器室方案编号	变压器容量/kVA	推荐尺寸/mm											低压母线墙洞位置
		A	B	C	D	H_1	H_3(出风窗中心高度)	H_4	I	J	K	L	
F5-1、4、10	200～400	3600	3300	2400	900	4500(4800)	3500	2700	2000	1000	500	600	①
F5-2、5、11		3600	3300	2400	900	4500(5400)		2700	2000	1500	500	600	②
F5-3、6、12	500～630	3600	3300	2400	900	4500(5400)		2700	2000	1500	500	600	③
F5-1、7、13	800～1000	3900	3600	3000	1100	5100(6000)	4200	3300	2500	1500	600	700	①
F5-2、8、14	1250～1600	4500	4200	3000	1100	5700(6000)	4400	3600	2500	1500	600	700	②
F5-3、9、15	2000	4500	4500	3000	1100	6400	4650	3600	2500	1500	600	700	③

第一章 10kV变配电所建筑构造		第五节 变配电所建筑设计技术要求
图号	2-1-5-19	图名	变压器室土建方案F5-1～15设计要求

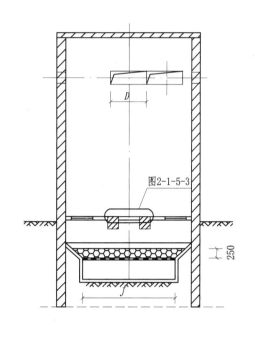

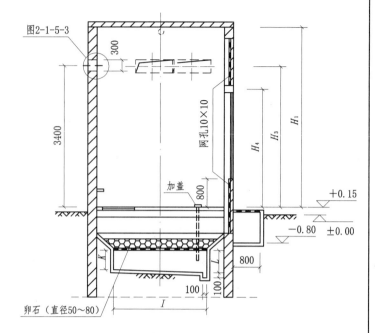

1-1

2-2

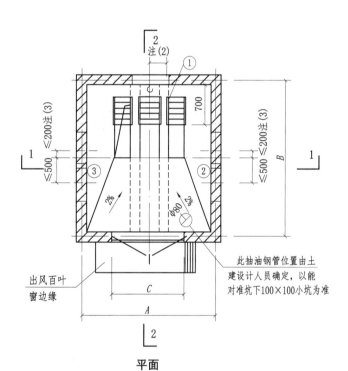

平面

注：(1) 变压器室土建设计技术要求见2-1-5-1。
(2) 后墙上低压母线出线孔中心线偏离变压器
室中心线的尺寸，由工程设计决定，往右
偏离多少不限。
(3) 侧墙上低压母线出线孔中心线偏离变压器
室中心线的尺寸，由工程设计决定，但不
得超出图示范围。
(4) 表中 H_1 "（）"内数据为变压器需要在
室内吊心时采用。
(5) 变压器室通风窗的有效面积见图2-1-5-10。

变压器室方案编号	变压器容量/kVA	推荐尺寸/mm											低压母线墙洞位置
		A	B	C	D	H_1	H_3(出风窗中心高度)	H_4	I	J	K	L	
F6-1、4、10	200～400	3300	3600	2000	900	4500(4800)	3300	2700	2000	1000	500	600	①
F6-2、5、11	500～630	3300	3600	2000	900	4500(5400)	3500	2700	2000	1500	500	600	②
F6-3、6、12													③
F6-1、7、13	800～1000	3300	3900	2400	1100	5100(6000)	4200	3300	2500	1500	600	700	①
F6-2、8、14	1250～1600	4500	4200	3000	1100	5700(6000)	4400	3600	2500	1500	600	700	②
F6-3、9、15	2000	4500	4500	3000	1100	6400	4650	3600	2500	1500	600	700	③

第一章 10kV变配电所建筑构造		第五节　变配电所建筑设计技术要求
图号	2-1-5-20	图名　变压器室土建方案F6-1～15设计要求

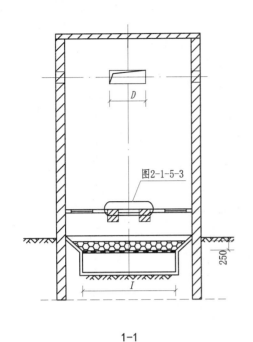

1-1

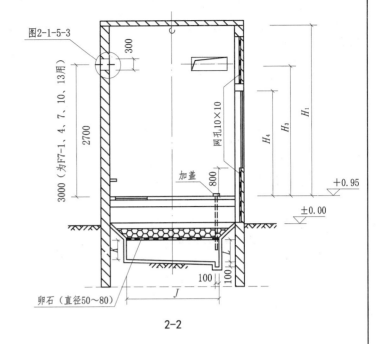

2-2

平面

注：(1) 变压器室土建设计技术要求见图2-1-5-1。
(2) 侧墙上低压母线出线孔中心线偏离变压器室中心线的尺寸由工程设计决定。往门侧偏离多少不限。
(3) 表中H_1"（ ）"内数据为变压器需要在室内吊心时采用。
(4) 变压器室通风窗的有效面积见图2-1-5-10。

变压器室方案编号	变压器容量/kVA	推荐尺寸/mm											低压母线墙洞位置
		A	B	C	D	H_1	H_3(出风窗中心高度)	H_4	I	J	K	L	
F7-1、4、10	200～400	3600	3300	2400	900	4500(4800)	3300	2700	2000	1000	500	600	①
F7-2、5、11	500～630	3600	3300	2400	900	4500(5400)	3500	2700	2000	1500	500	600	②
F7-3、6、12													③
F7-1、7、13	800～1000	3900	3600	3000	1100	5100(6000)	4200	3300	2500	1500	600	700	①
F7-2、8、14	1250～1600	4500	4200	3000	1100	5700(6000)	4400	3600	2500	1500	600	700	②
F7-3、9、15	2000	4500	4500	3000	1100	6400	4650	3600	2500	1500	600	700	③

第一章 10kV变配电所建筑构造	第五节　变配电所建筑设计技术要求
图号　　2-1-5-21	图名　　变压器室土建方案F7-1～15设计要求

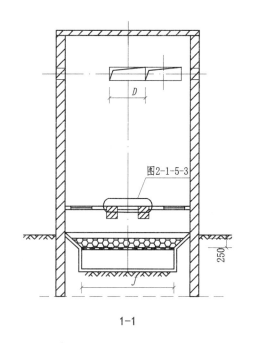

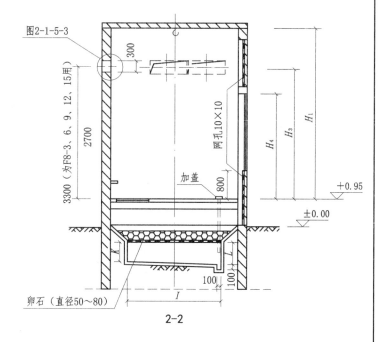

1—1

2—2

卵石（直径50～80）

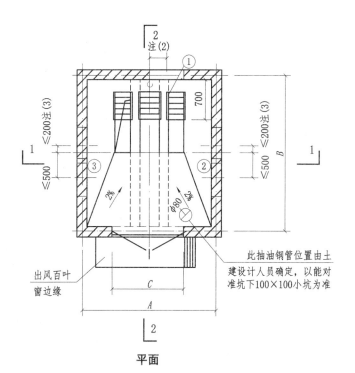

平面

出风百叶窗边缘

此抽油钢管位置由土建设计人员确定，以能对准坑下100×100小坑为准

注：（1）变压器室土建设计技术要求见图2-1-5-1。
（2）后墙上低压母线出线孔中心线偏离变压器室中心线的尺寸，由工程设计决定，往右偏离多少不限。
（3）侧墙上低压母线出线孔中心线偏离变压器室中心线的尺寸，由工程设计决定，但不得超出图示范围。
（4）表中H_1"（）"内数据为变压器需要在室内吊心时采用。
（5）变压器室通风窗的有效面积见图2-1-5-10。

变压器室方案编号	变压器容量/kVA	推荐尺寸/mm											低压母线墙洞位置
		A	B	C	D	H_1	H_3（出风窗中心高度）	H_4	I	J	K	L	
F8-1、4、10	200～400	3300	3600	2100	900	4500(4800)	3300	2700	2000	1000	500	600	①
F8-2、5、11	500～630	3300	3600	2100	900	4500(5400)	3500	2700	2000	1500	500	600	②
F8-3、6、12													③
F8-1、7、13	800～1000	3300	3900	2400	1100	5100(6000)	4200	3300	2500	1500	600	700	①
F8-2、8、14	1250～1600	4500	4200	3000	1100	5700(6000)	4400	3600	2500	1500	600	700	②
F8-3、9、15	2000	4500	4500	3000	1100	6400	4650	3600	2500	1500	600	700	③

第一章 10kV变配电所建筑构造		第五节　变配电所建筑设计技术要求
图号	2-1-5-22	图名　变压器室土建方案F8-1～15设计要求

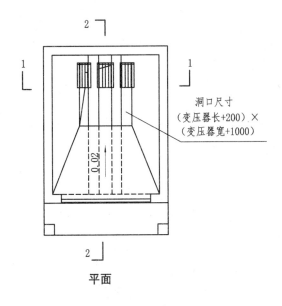

洞口尺寸
（变压器长+200）×
（变压器宽+1000）

0.02

平面

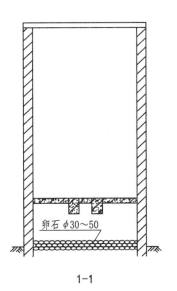

卵石 φ30～50

1-1

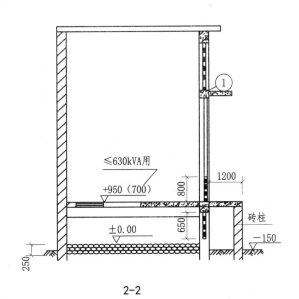

≤630kVA用

+950（700）

1200

800

650

±0.00

砖柱

−150

250

2-2

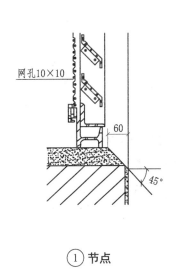

网孔10×10

60

45°

① 节点

注:变压器运输时,门口平台需采取加固
措施。

通风窗尺寸表

变压器容量/kVA	夏季通风计算温度/℃	进出风窗中心高差/mm	进出风窗面积之比 $F_J:F_C$	通风窗最小有效面积/m²		
				进风窗		出风百叶窗
				门上	门下百叶窗	
200～630	30	2500	1:1.5	0.3	0.31	0.92
	35	3500	1:1	0.75	0.75	1.5
800～1000	30	3000	1:1.5	0.45	0.45	1.35
	35	4200	1:1	1.05	1.05	2.1
1250～1600	30	3500	1:1.5	0.6	0.6	1.8
	35	4600	1:1	1.4	1.4	2.8

第一章 10kV变配电所建筑构造	第五节 变配电所建筑设计技术要求
图号 2-1-5-23	图名 变压器室通风窗及油池布置方案（方案一）

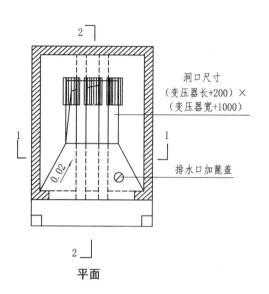

洞口尺寸
（变压器长+200）×
（变压器宽+1000）

排水口加篦盖

平面

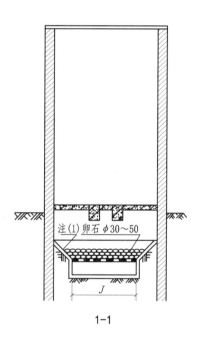

注(1) 卵石 φ30～50

1-1

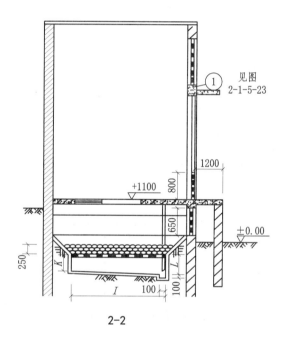

见图
2-1-5-23

1200

800

+1100

650

±0.00

250

100

2-2

注：(1) 积油池池壁3:7灰土，砌砖，水泥抹面。
积油池容积按20%变压器油量设计时，
需增设排油管，引至室外积油坑。
(2) 变压器运输时，门口平台需采取加固
措施。

积油池尺寸表

变压器容量	推荐尺寸/mm			
/kVA	I	J	K	L
200～400	2000	1000	500	600
500～630	2000	1500	500	600
800～1600	2500	1500	600	700

通风窗尺寸表

变压器容量/kVA	夏季通风计算温度/℃	进出风窗中心高差/mm	进出风窗面积之比 $F_j:F_c$	通风窗最小有效面积/m²		
				进风窗		出风百叶窗
				门上	门下百叶窗	
200～630	30	3300	1:1	0.45	0.45	0.9
	35	3500	1:1	0.8	0.8	1.6
800～1000	30	4100	1:1	0.6	0.6	1.2
	35	4200	1:1	1.05	1.05	2.1
1250～1600	30	4400	1:1	0.8	0.8	1.6
	35	4600	1:1	1.4	1.4	2.8

第一章　10kV变配电所建筑构造	第五节　变配电所建筑设计技术要求
图号　2-1-5-24	图名　变压器室通风窗及油池布置方案（方案二）

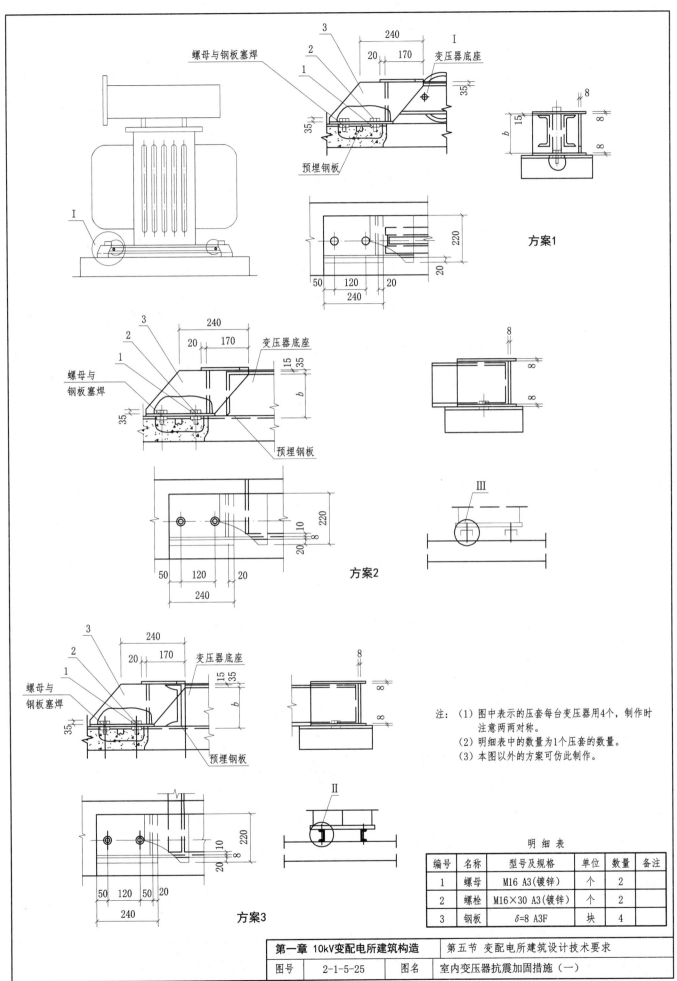

方案1

方案2

螺母与钢板塞焊

变压器底座

预埋钢板

注：（1）图中表示的压套每台变压器用4个，制作时
　　　注意两两对称。
　　（2）明细表中的数量为1个压套的数量。
　　（3）本图以外的方案可仿此制作。

方案3

明 细 表

编号	名称	型号及规格	单位	数量	备注
1	螺母	M16 A3(镀锌)	个	2	
2	螺栓	M16×30 A3(镀锌)	个	2	
3	钢板	δ=8 A3F	块	4	

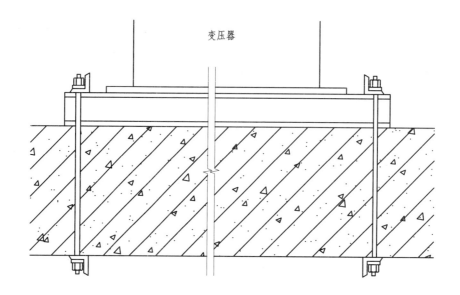

变压器防震固定做法（侧向）

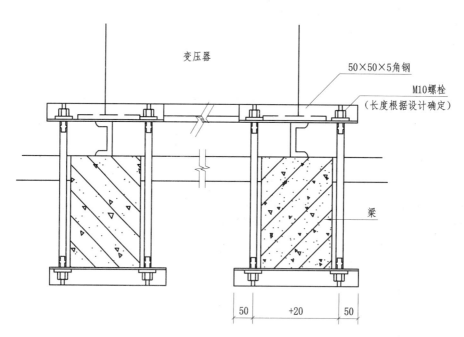

50×50×5角钢

M10螺栓
（长度根据设计确定）

梁

50   +20   50

变压器防震固定做法（轴向）

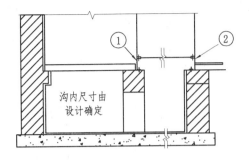

低压开关柜安装示意

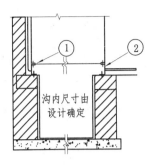

高压开关柜安装示意

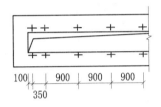

低压开关柜预埋件尺寸

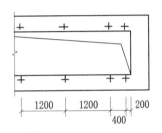

高压开关柜预埋件尺寸

注：（1）小车式高压开关柜槽钢上沿距地坪最终高差
按产品技术要求确定。
（2）非标开关柜地脚螺栓间距由生产厂提供。

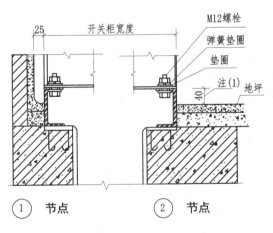

① 节点   ② 节点

开关柜基座安装示意

预埋件尺寸

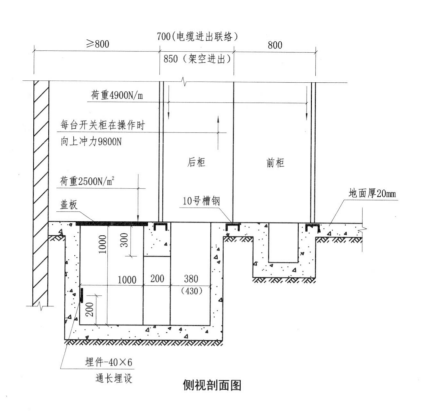

侧视剖面图

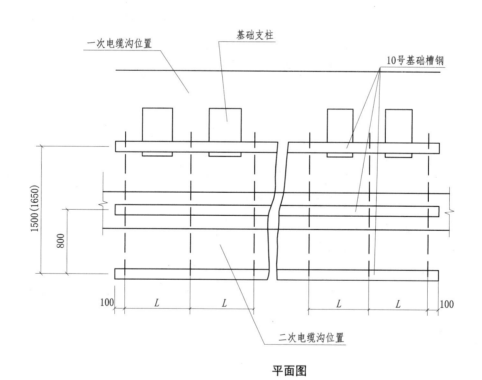

平面图

注：（1）一次电缆孔及二次电缆沟的尺寸用户可根据实际情况变动，但不应影响
　　　预埋槽钢的强度。
　　（2）L 为柜体宽度。

第一章 10kV变配电所建筑构造		第五节 变配电所建筑设计技术要求	
图号	2-1-5-28	图名	KYN高压开关柜基础及地沟方式（一）

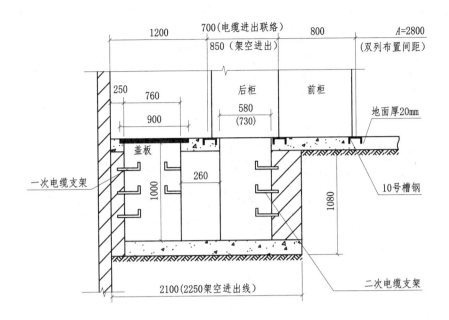

侧视剖面图

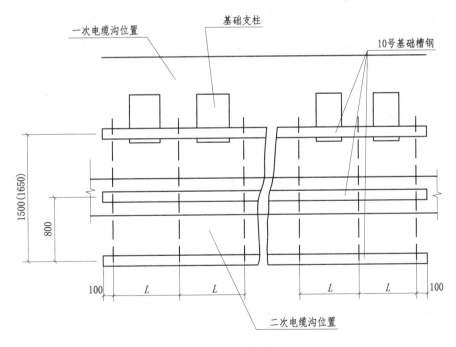

平面图

注:(1)一次电缆孔及二次电缆沟的尺寸用户可以根据实际情况确
定,但不应影响预埋槽钢的强度。
(2)L 为柜体宽度。
(3)荷载及每台开关柜在操作时的向上冲力与图2-1-5-28同。
(4)电缆支架层间距离不小于150mm。

第一章 10kV变配电所建筑构造	第五节 变配电所建筑设计技术要求
图号 2-1-5-29	图名 KYN高压开关柜基础及地沟方式(二)

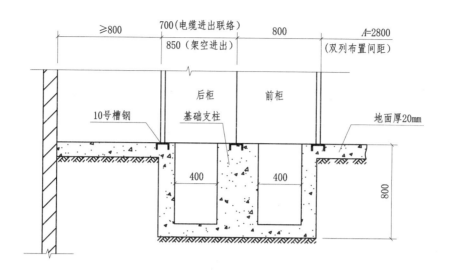

≥800 | 700（电缆进出联络） | 800 | A=2800
850（架空进出） | | （双列布置间距）

后柜　前柜

10号槽钢　基础支柱　地面厚20mm

400　400

800

侧视剖面图

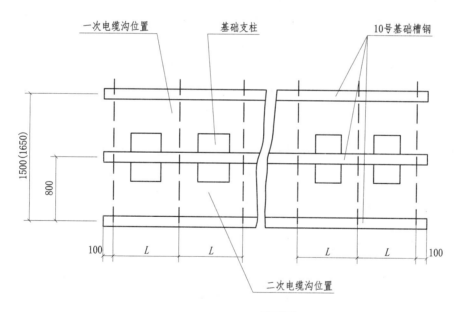

一次电缆沟位置　基础支柱　10号基础槽钢

1500（1650）

800

100　L　L　L　L　100

二次电缆沟位置

平面图

注：（1）一次电缆沟及二次电缆沟的尺寸用户可以根据实际情况
　　　　确定，但不应影响预埋槽钢的强度。
　　（2）L 为柜体宽度。
　　（3）荷载及每台开关柜在操作时的向上冲力与图2-1-5-28同。

第一章 10kV变配电所建筑构造	第五节 变配电所建筑设计技术要求
图号　2-1-5-30	图名　KYN高压开关柜基础及地沟方式（三）

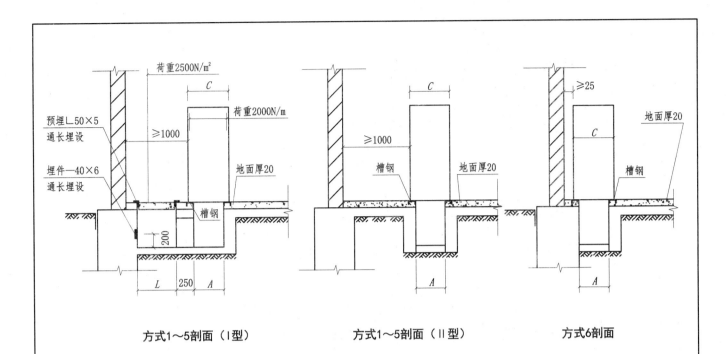

方式1～5剖面（Ⅰ型）　　　　方式1～5剖面（Ⅱ型）　　　　方式6剖面

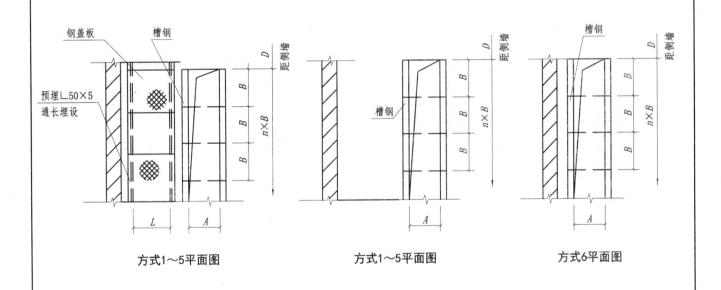

方式1～5平面图　　　　　　方式1～5平面图　　　　　　方式6平面图

方式编号	适用屏、柜、箱型号	尺寸/mm	
		B	C
1	GGD、GCK 低压配电柜	800（600）	1000（800）
2	GRJ-4 低压静电补偿装置	950	700
3	JX7 系列控制箱	500～1100	850
4	JX8～JX10 系列控制箱	500～1100	650
5	BZGN、ZKA、GZS 直流配电屏	800	550
6	XL-21 系列动力配电箱	600～800	370（470）

注:（1）柜宽为B，沟宽L、A及柜的数量n由工程设计决定。
　　（2）柜后电缆沟盖板宜采用花纹钢板制作，要求平整、盖严，且能
　　　　防止窜动，盖板的重量不超过30kg。
　　（3）所有埋件应在土建施工基础及地沟时埋设好。
　　（4）方式1～5（Ⅱ型）只在屏数较少的时候使用；方式6箱数较多
　　　　时应在箱前开沟；一个箱时A为250mm。
　　（5）槽钢型号及电缆沟沟深由工程设计定。

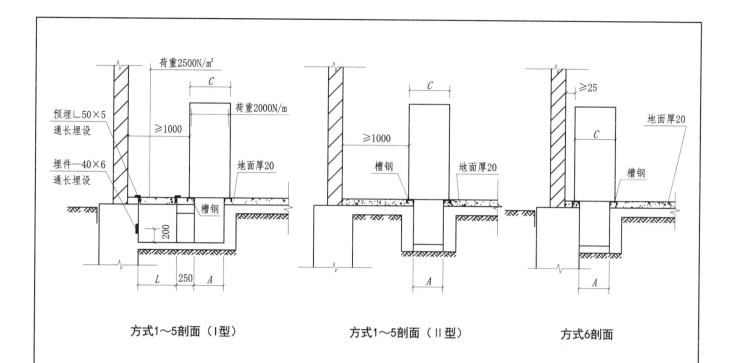

方式1～5剖面（Ⅰ型）　　　方式1～5剖面（Ⅱ型）　　　方式6剖面

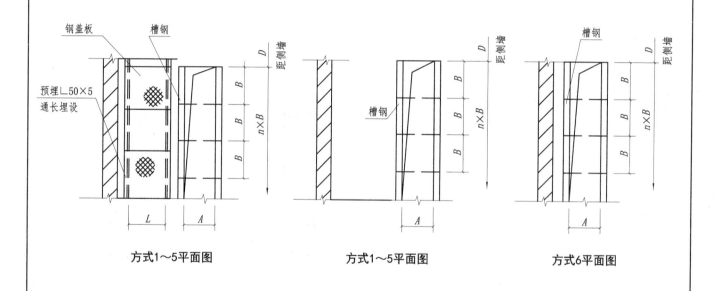

方式1～5平面图　　　　　方式1～5平面图　　　　　方式6平面图

方式编号	适用屏、柜、箱型号	尺寸/mm	
		B	C
1	GGD、GCK 低压配电柜	800（600）	1000（800）
2	GRJ-4 低压静电补偿装置	950	700
3	JX7 系列控制箱	500～1100	850
4	JX8～JX10 系列控制箱	500～1100	650
5	BZGN、ZKA、GZS 直流配电屏	800	550
6	XL-21 系列动力配电箱	600～800	370（470）

注：（1）柜宽为B，沟宽L，A及柜的数量n由工程设计决定。
（2）柜后电缆沟盖板宜采用花纹钢板制作，要求平整、盖严，且能防止窜动，盖板的重量不超过30kg。
（3）所有埋件应在土建施工基础及地沟时埋设好。
（4）方式1～5（Ⅱ型）只有在屏数较少的时候使用；方式6箱数较多时应在箱前开沟；一个箱时A为250mm。
（5）槽钢型号及电缆沟沟深由工程设计定。

图号	2-1-5-32	图名	低压开关柜、控制屏、保护屏及低压静电电容器柜基础及地沟方式（焊接固定）

一、变压器室建筑结构型式安装方式和适用范围

变压器室建筑结构型式安装方式和适用范围见下表。

变压器室结构型式	变压器安装方式	适 用 范 围		
		变压器容量/kVA	气 象 条 件	环 境 条 件
敞开式	附设式低式	200～2000	变压器周围环境温度不低于－30℃	由于以下原因采用露天装置不能满足运行要求时： （1）日照强烈，最高温度高且日夜温差大。 （2）降水量或大暴雨特多	在下列场所不宜采用： （1）烟尘污秽场所。 （2）重雾地区。 （3）具有化学腐蚀性气体、蒸汽的场所。 （4）具有导电可燃粉尘或纤维的场所。 （5）居民区以及人口稠密市区
封闭式	附设式低式（高式）	200～2000	夏季通风室外计算温度不高于35℃	
	车间内式有风坑式（无风坑式）	200～2000		

注：1. 在多尘或有腐蚀性气体严重影响变压器安全运行的场所，应选用防尘型或防腐型变压器。
 2. 对海拔超过1000m的地区，应选择适用于该海拔的电器和电瓷产品。

二、10kV及以下变压器室布置设计内容

（1）变压器室的面积可安装下列型号的变压器：S9、S9－M型铜芯变压器。

（2）变压器高压侧供电方式：放射式或树干式。

（3）变压器高压侧进线方式：架空进线或电缆进线。

（4）变压器低压侧出线方式：母线引出（对封闭母线和电缆引出方式，由于受产品结构的限制，本图集暂不列出）。

（5）电源进线的断开点分为：不设断开点、设隔离（负荷）开关、设跌落式熔断器三种型式。

（6）变压器在室内的布置方式：宽面布置和窄面布置。

（7）变压器安装方式：附设式低（高）式、车间内式有（无）风坑式。

（8）变压器室结构型式：敞开式或封闭式。

（9）附设式电力变压器室设贮油池，车间内式电力变压器室设贮油池。

（10）变压器室通风方式：自然通风。排风温度：按＋45℃计算；进、排风温差：不超过15℃（当自然通风不能满足要求时，应设机械通风。当采用机械通风时，其通风管道应采用非燃性材料制作。如周围环境污秽时，宜加空气过滤器）。

（11）变压器室的布置尺寸能满足在运行中不停电进入室内维护或安全操作的要求；当不满足安全净距的要求时，应采取适当的安全措施。

（12）当变压器容量不小于800kVA时，可按需要在顶板（梁）及后墙上安装吊芯检查的吊钩及搬运的拉钩。

（13）变压器低压侧可按需要安装零序电流互感器。

（14）低压避雷器可按需要安装于低压开关柜或变压器室的合适位置。

三、变压器室设计选用注意事项

（1）图集中变压器室的大小尺寸为推荐尺寸。如果具体工程设计的变压器室须改变尺寸时，则应按实际订货的变压器外形尺寸和相应的标准进行校核。

（2）当具体工程的变压器室大小尺寸与图集中变压器室的大小尺寸略有出入时，应首先满足相应规范的要求。

（3）变压器低压侧需要安装零序电流互感器时，工程设计中应进行说明。

（4）变压器室为架空进线时，接户线的挡距不宜大于25m。

（5）变压器室内地坪标高参照如下条件由工程设计确定：

1）变压器室内地坪：低式＋0.15m；高式＋0.95（＋0.70）m。

2）室外地坪：由工程设计确定。

（6）当工程设计选用有多种型式的安装结构图时，应注明选用的型式。

（7）本图集只列了变压器室的布置及安装方式，对于变电所主接线、继电保护、管线敷设、照明布置等内容由具体工程设计统一考虑。

（8）变压器技术数据及外形尺寸参照北京、哈尔滨、宁波等地变压器厂的产品样本选用。

第二章　室内变配电装置		第一节　变压器室布置方案
图号	2-2-1-1	图名　变压器室布置方案说明

外形图 — S9型变压器 / S9-M型变压器

变压器型号	额定容量/kVA	损耗/W 空载	损耗/W 负载	外形尺寸/mm L	W	H	M	N	A	D	C	重量/kg 器身	重量/kg 总重
S9-200/10	200	480	2500	1305	975	1440	550	550	2960	925	1055	585	895
S9-250/10	250	560	3050	1360	1184	1496	550	650	3150	980	1125	715	1105
S9-315/10	315	670	3650	1595	985	1521	550	650	3240	1010	1165	820	1245
S9-400/10	400	800	4300	1515	1390	1600	550	750	3780	1085	1555	980	1530
S9-500/10	500	960	5100	1740	1395	1580	660	750	3970	1145	1630	1155	1755
S9-630/10	630	1200	6200	1875	1265	1825	660	850	4230	1199	1800	1430	2195
S9-800/10	800	1400	7500	2040	1275	1900	660	850	4370	1274	1800	1665	2560
S9-1000/10	1000	1700	10300	2000	1460	1950	820	850	4500	1329	1800	1900	3065
S9-1250/10	1250	1950	12000	2130	1660	2015	820	850	4800	1393	1900	2160	3430
S9-1600/10	1600	2400	14500	2190	1680	2075	820	900	5030	1453	2100	2560	4160
S9-2000/10	2000	2520	17820	2395	2400	2530	820	820	5000	2530	1500	2100	3490
S9-M-200/10	200	480	2600	1308	765	1373	550	550	1940	880	1055	545	940
S9-M-250/10	250	560	3050	1365	790	1412	660	660	2065	940	1125	665	1125
S9-M-315/10	315	670	3650	1393	805	1397	660	660	2200	960	1200	820	1250
S9-M-400/10	400	800	4300	1460	840	1537	660	660	2350	1040	1300	980	1400
S9-M-500/10	500	960	5150	1507	840	1660	660	660	4000	1100	1600	1155	1170
S9-M-630/10	630	1200	6200	1702	977	1500	820	820	2800	1140	1600	1345	2235
S9-M-800/10	800	1400	7500	1732	982	1617	820	820	2820	1215	1600	1565	2530
S9-M-1000/10	1000	1700	10300	1810	1050	1660	820	820	2570	1270	1300	1705	2805
S9-M-1250/10	1250	1950	12000	1870	1070	1828	820	820	3300	1380	1900	2032	3370
S9-M-1600/10	1600	2400	14500	1645	1980	1875	820	900	5030	1451	2100	2560	4160
S9-M-2000/10	2000	2536	17800	1720	2296	2147	820	820	5000	2530	1500	2650	5865

注：表中数据为参考数据，具体数据请参照厂家样本。

第二章 室内变配电装置	第一节 变压器室布置方案
图号 2-2-1-2	图名 S9、S9-M节能型电力变压器有关技术参数

方案号	一	二	三	四	五	六	七	八	九	十	十一
主接线方案											
变压器容量/kVA	200~2000	200~630	800~2000	200~630	800~1250	200~630	800~1250	200~630	800~1250	200~630	800~1250
进出线方式	高压电缆下进，低压母线上出					高压架空进，低压母线上出					
变压器室结构型式	敞开式或封闭式					敞开式				封闭式	

说明

(1) 方案一、二、三的变压器保护电器一般装在线路送电端的高压配电装置上。

(2) 方案六、七的变压器保护熔断器建议采用跌落式熔断器，并装于变压器室的外墙上。

(3) 方案八、九的跌落式熔断器装于变压器室，要求空架空线路的分歧杆或终端杆上。

(4) 方案十、十一若用于直接从电网供电，要求加装跌落式熔断器时可按方案八、九进行安装。

(5) 在工程设计中应按具体短路电流对隔离商电器进行校验。

(6) 变压器低压侧中性母线上可靠要安装零序电流互感器。

图号	2-2-1-3	图名	变压器室主接线方案

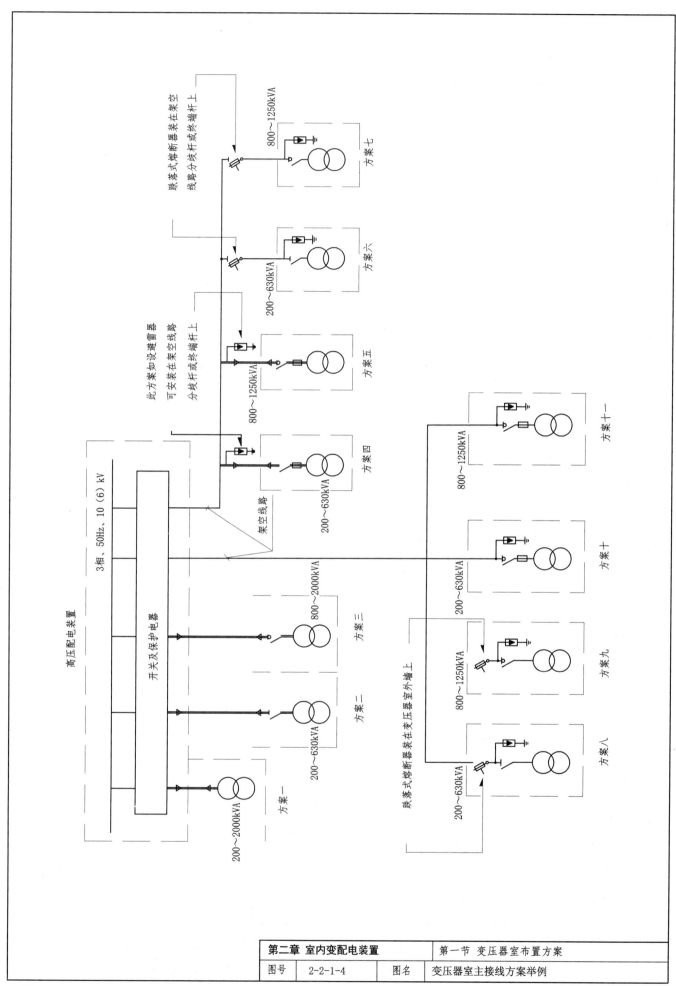

第二章 室内变配电装置	第一节 变压器室布置方案

图号	2-2-1-4	图名	变压器室主接线方案举例

变压器容量 /kVA	变压器阻抗电压 /%	变压器低压侧出线选择					变压器低压侧中性点接地线选择				
		低压电缆/mm²		低压铜母线 /mm²	母线槽 /A		BV电线 /mm²	W电线 /mm²	铜母线 /mm²	裸铜绞线 /mm²	镀锌扁钢 /mm²
		W	YJV								
200	4	3×240+1×120	3×85+1×95	4(40×4)			1×50	1×50	15×3	1×35	25×4
250		2(3×150+1×70)	3×300+1×150	4(40×4)	630		1×70	1×70	15×3	1×50	40×4
315		2(3×240+1×120)	2(3×150+1×70)	4(50×5)	630		1×70	1×70	20×3	1×50	40×4
400	4.5	3×2(1×185)+1(1×185)	2(3×185+1×95)	4(63×6.3)	800		1×95	1×95	20×3	1×70	40×4
500		3×2(1×240)+1(1×240)	3×2(1×240)+1(1×240)	3(80×6.3)+1(63×6.3)	1000		1×120	1×120	25×3	1×70	40×5
630		3×2(1×400)+1(1×400)	3×2(1×300)+1(1×300)	3(80×8)+1(63×6.3)	1250		1×150	1×150	25×3	1×95	50×5
800		3×4(1×185)+2(1×185)	3×4(1×150)+2(1×150)	3(100×8)+1(80×6.3)	1600		1×120	1×120	30×4	1×95	50×5
1000		3×4(1×240)+2(1×240)	3×4(1×240)+2(1×240)	3(125×10)+1(80×8)	2000		1×150	1×150	30×4	1×95	50×5
1250		3×4(1×400)+2(1×400)	3×4(1×300)+2(1×300)	3×2(100×10)+1(100×8)	2500		1×185	1×185	30×4	1×120	63×5
1600				3×2(125×10)+1(125×10)	3150			1×240	40×4	1×150	80×5
2000				3×2(125×10)+1(125×10)	4000			1×240	40×4	1×185	100×5

注：1. 表中数据均为参考工业与民用配电设计手册、干式变压器安装图集。
2. 表中低压铜母线的选择适用于变压器为Yyn0接线方式，当采用Dyn11接线方式时，低压铜母线的中性线与相线与相线为等截面。

第二章 室内变配电装置	第一节 变压器室布置方案
图号 2-2-1-5	图名 变压器低压侧出线选择

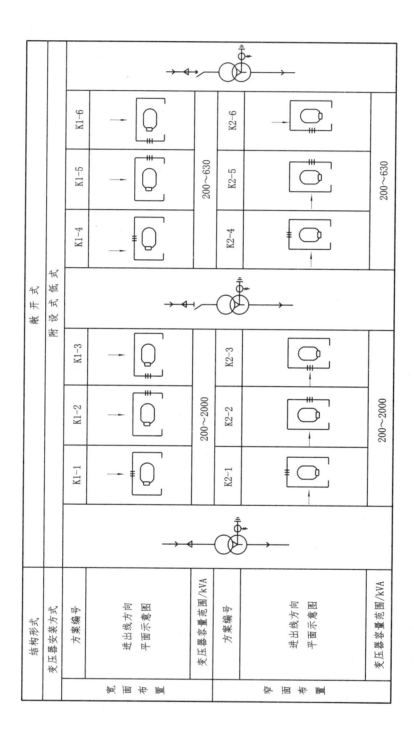

结构形式	变压器安装方式	方案编号	进出线方向平面示意图	变压器容量范围/kVA	方案编号	进出线方向平面示意图	变压器容量范围/kVA
敞 开 式	附 设 式 低 式	宽面布置			窄面布置		
		K1-1		200~2000	K2-1		200~2000
		K1-2			K2-2		
		K1-3			K2-3		
		K1-4		200~630	K2-4		200~630
		K1-5			K2-5		
		K1-6			K2-6		

第二章　室内变配电装置		**第一节　变压器室布置方案**	
图号	2-2-1-6	图名	**敞开式变压器室布置方案（一）**

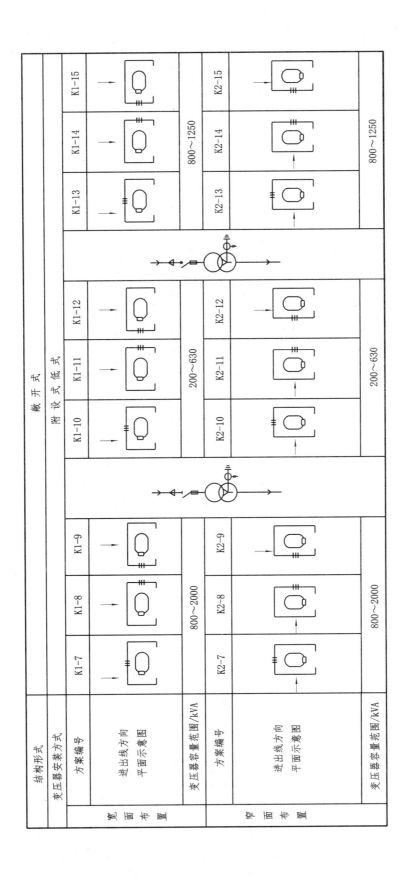

结构形式	变压器安装方式	方案编号	进出线方向平面示意图	变压器容量范围/kVA	方案编号	进出线方向平面示意图	变压器容量范围/kVA
敞 开 式	附 设 式 低 式	K1-7 K1-8 K1-9		800~2000	K2-7 K2-8 K2-9		800~2000
		K1-10 K1-11 K1-12		200~630	K2-10 K2-11 K2-12		200~630
		K1-13 K1-14 K1-15		800~1250	K2-13 K2-14 K2-15		800~1250

宽面布置 / 窄面布置

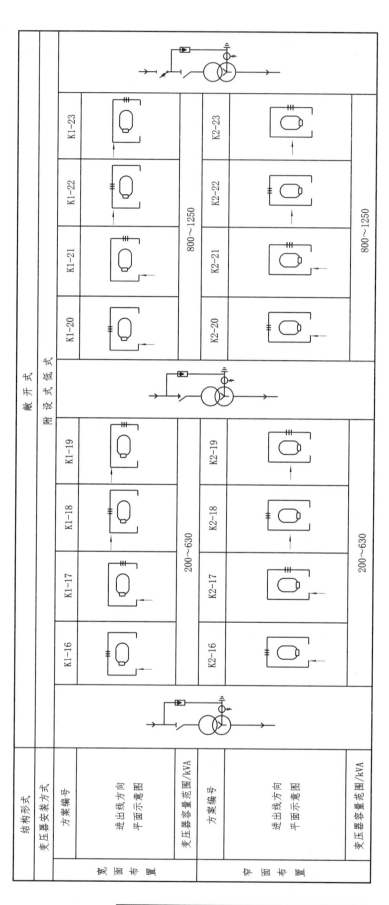

结构形式	散 开 式								
	附 设 式 低 式								

宽面布置

变压器安装方式	方案编号	进出线方向平面示意图	变压器容量范围/kVA
	K1-16		200～630
	K1-17		
	K1-18		
	K1-19		
	K1-20		800～1250
	K1-21		
	K1-22		
	K1-23		

窄面布置

方案编号	进出线方向平面示意图	变压器容量范围/kVA
K2-16		200～630
K2-17		
K2-18		
K2-19		
K2-20		800～1250
K2-21		
K2-22		
K2-23		

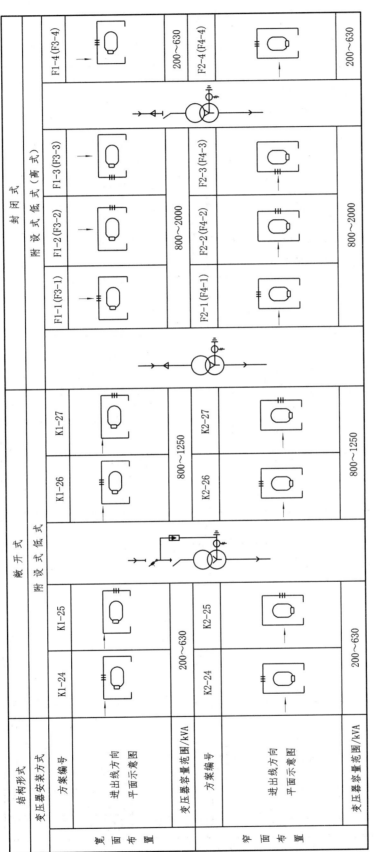

结构形式		敞 开 式						封 闭 式				
变压器安装方式		附 设 式 低 式						附 设 式 低 式（高 式）				
宽面布置	方案编号	K1-24	K1-25		K1-26	K1-27		F1-1(F3-1)	F1-2(F3-2)	F1-3(F3-3)		F1-4(F3-4)
	进出线方向平面示意图											
	变压器容量范围/kVA	200～630			800～1250			800～2000				200～630
窄面布置	方案编号	K2-24	K2-25		K2-26	K2-27		F2-1(F4-1)	F2-2(F4-2)	F2-3(F4-3)		F2-4(F4-4)
	进出线方向平面示意图											
	变压器容量范围/kVA	200～630			800～1250			800～2000				200～630

注：括号内数字为与附设式高式相对应的方案编号。

第二章 室内变配电装置	第一节 变压器室布置方案
图号　2-2-1-9	图名　敞开式变压器室布置方案（四）

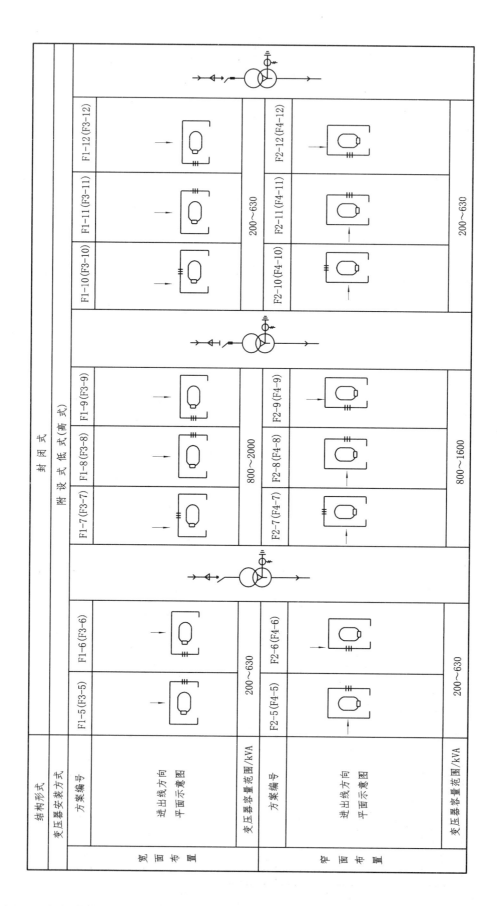

结构形式		封 闭 式										
变压器安装方式		附 设 式 低 式 (高 式)										
宽面布置	方案编号	F1-5(F3-5)	F1-6(F3-6)		F1-7(F3-7)	F1-8(F3-8)	F1-9(F3-9)		F1-10(F3-10)	F1-11(F3-11)	F1-12(F3-12)	
	进出线方向平面示意图											
	变压器容量范围/kVA	200～630			800～2000				200～630			
窄面布置	方案编号	F2-5(F4-5)	F2-6(F4-6)		F2-7(F4-7)	F2-8(F4-8)	F2-9(F4-9)		F2-10(F4-10)	F2-11(F4-11)	F2-12(F4-12)	
	进出线方向平面示意图											
	变压器容量范围/kVA	200～630			800～1600				200～630			

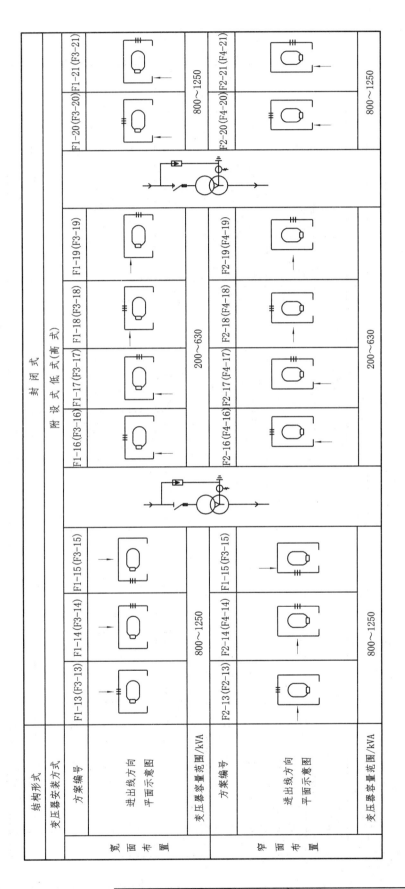

结构形式		封 闭 式														
变压器安装方式		附 设 式（ 高 式 ）														
宽面布置	方案编号	F1-13 (F3-13)	F1-14 (F3-14)	F1-15 (F3-15)			F1-16 (F3-16)	F1-17 (F3-17)	F1-18 (F3-18)	F1-19 (F3-19)			F1-20 (F3-20)	F1-21 (F3-21)	
	进出线方向平面示意图															
	变压器容量范围/kVA	800～1250					200～630						800～1250		
窄面布置	方案编号	F2-13 (F2-13)	F2-14 (F4-14)	F1-15 (F3-15)			F2-16 (F4-16)	F2-17 (F4-17)	F2-18 (F4-18)	F2-19 (F4-19)			F2-20 (F4-20)	F2-21 (F4-21)	
	进出线方向平面示意图															
	变压器容量范围/kVA	800～1250					200～630						800～1250		

第二章 室内变配电装置		第一节 变压器室布置方案
图号	2-2-1-11	图名　封闭式变压器室布置方案（二）

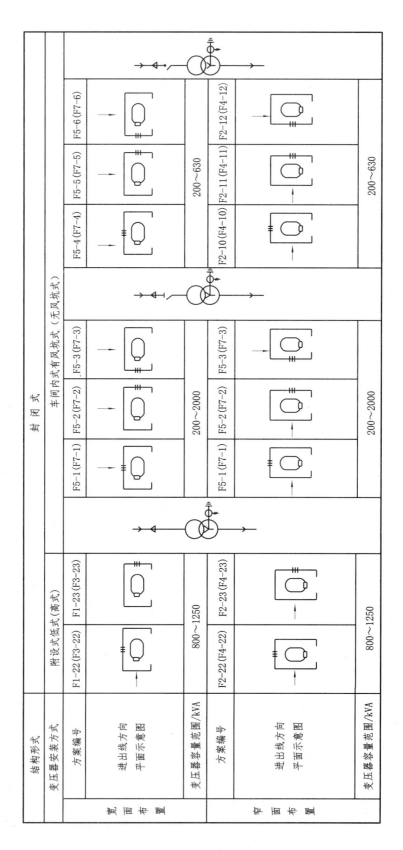

结构形式		封 闭 式					
变压器安装方式		附设式低式（高式）		车间内式有风坑式（无风坑式）			
宽面布置	方案编号	F1-22(F3-22)	F1-23(F3-23)	F5-1(F7-1)	F5-2(F7-2)	F5-3(F7-3)	
	进出线方向平面示意图						
	变压器容量范围/kVA	800~1250		200~2000			
				F5-4(F7-4)	F5-5(F7-5)	F5-6(F7-6)	
				200~630			
窄面布置	方案编号	F2-22(F4-22)	F2-23(F4-23)	F5-1(F7-1)	F5-2(F7-2)	F5-3(F7-3)	
	进出线方向平面示意图						
	变压器容量范围/kVA	800~1250		200~2000			
				F2-10(F4-10)	F2-11(F4-11)	F2-12(F4-12)	
				200~630			

第二章 室内变配电装置		第一节 变压器室布置方案	
图号	2-2-1-12	图名	封闭式变压器室布置方案（三）

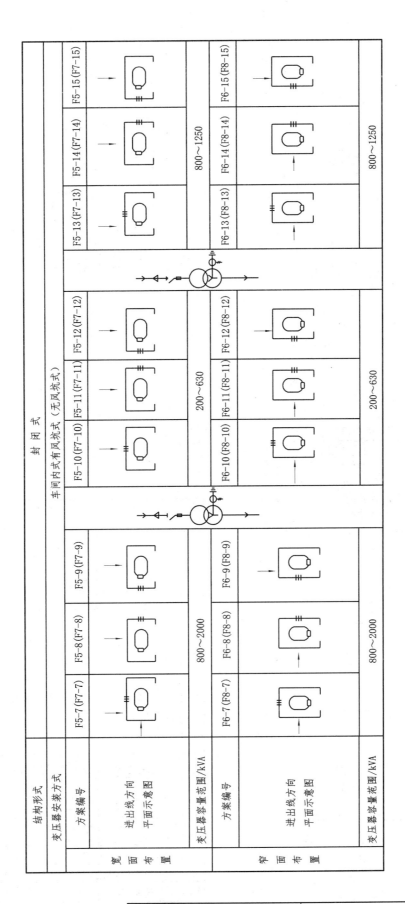

结构形式		封 闭 式										
变压器安装方式		车间内式有风坑式				车间内式有风坑式（无风坑式）						
宽面布置	方案编号	F5-7(F7-7)	F5-8(F7-8)	F5-9 (F7-9)		F5-10(F7-10)	F5-11(F7-11)	F5-12(F7-12)		F5-13 (F7-13)	F5-14 (F7-14)	F5-15 (F7-15)
	进出线方向平面示意图											
	变压器容量范围/kVA	800～2000				200～630				800～1250		
窄面布置	方案编号	F6-7 (F8-7)	F6-8 (F8-8)	F6-9 (F8-9)		F6-10 (F8-10)	F6-11 (F8-11)	F6-12 (F8-12)		F6-13 (F8-13)	F6-14 (F8-14)	F6-15 (F8-15)
	进出线方向平面示意图											
	变压器容量范围/kVA	800～2000				200～630				800～1250		

第二章　室内变配电装置	第一节　变压器室布置方案
图号　2-2-1-13	图名　封闭式变压器室布置方案（四）

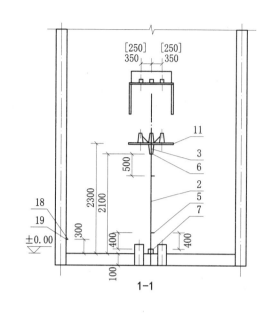

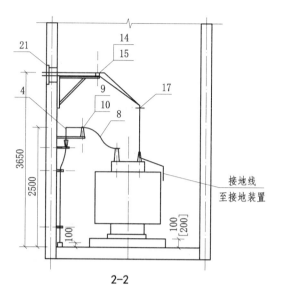

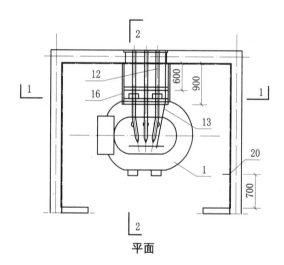

注："〔 〕"内数据用于容量不大于630kVA的变压器。

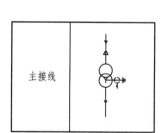

主接线

明 细 表

序号	名 称	型号及规格	单位	数量	备注
1	电力变压器	由工程设计确定	台	1	
2	电缆	由工程设计确定	m	—	
3	电缆头	10（6）kV	个	1	
4	接线端子	按电缆芯截面确定	个	3	
5	电缆支架	按电缆外径确定	个	2	
6	电缆头支架		个	1	
7	电缆保护管	由工程设计确定	m	—	
8	高压母线	TMY	m	5	规格按变压器容量确定
9	高压母线夹具	按母线截面确定	副	3	
10	高压支柱绝缘子	ZA-12(7.2)Y	个	3	
11	高压母线支架	型式13〔12〕	个	1	
12	低压相母线		m	12	
13	N线或PEN线		m	4	
14	低压母线夹具	按母线截面确定	副	3	
15	电车线路绝缘子	WX-01	个	3	
16	低压母线支架	形式2〔1〕	个	1	
17	低压母线夹板		副	1	
18	接地线		m	12	
19	固定钩		个	10	
20	临时接地接线柱		个	1	
21	低压母线穿墙板	形式2〔1〕	套	1	

第二章 室内变配电装置	第一节 变压器室布置方案
图号 2-2-1-14	图名 变压器室布置方案K1-1、F1-1布置图及明细表

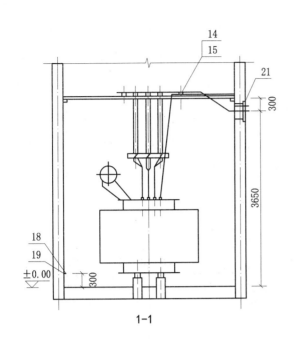

1-1

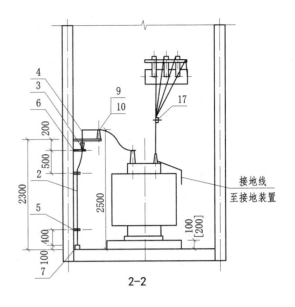

2-2

接地线
至接地装置

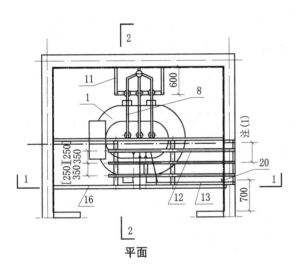

平面

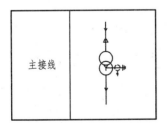

主接线

注: (1) 侧墙上低压母线出线孔的平面位置由工程设计确定。
　　(2) "[ ]"内数据用于容量不大于630kVA的变压器。

明　细　表

序号	名　称	型号及规格	单位	数量	备　注
1	电力变压器	由工程设计确定	台	1	
2	电缆	由工程设计确定	m	—	
3	电缆头	10 (6) kV	个	1	
4	接线端子	按电缆芯截面确定	个	3	
5	电缆支架	按电缆外径确定	个	2	
6	电缆头支架		个	1	
7	电缆保护管	由工程设计确定	m	—	
8	高压母线	TMY	m	5	规格按变压器容量确定
9	高压母线夹具	按母线截面确定	副	3	
10	高压支柱绝缘子	ZA-12(7.2)Y	个	3	
11	高压母线支架	形式13[12]	个	1	
12	低压相母线		m	12	
13	N线或PEN线		m	4	
14	低压母线夹具	按母线截面确定	副	9	
15	电车线路绝缘子	WX-01	个	9	
16	低压母线桥架	形式2[1]	个	1	
17	低压母线夹板		副	1	
18	接地线		m	12	
19	固定钩		个	10	
20	临时接地接线柱		个	1	
21	低压母线穿墙板	形式2[1]	套	1	

第二章　室内变配电装置		第一节　变压器室布置方案
图号	2-2-1-15	图名　变压器室布置方案K1-2、3，F1-2、3布置图及明细表

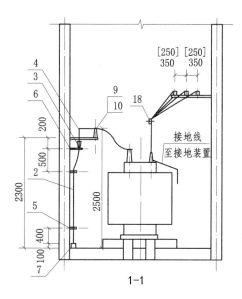

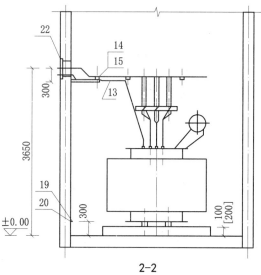

1-1

2-2

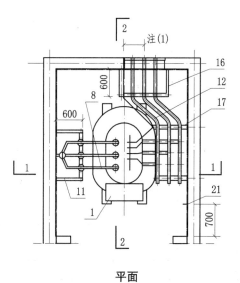

平面

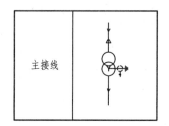

主接线

注:(1) 后墙上低压母线出线孔的平面位置由工程设计确定。
　　(2) "[ ]"内数据用于容量不大于630kVA的变压器。

明 细 表

序号	名　称	型号及规格	单位	数量	备注
1	电力变压器	由工程设计确定	台	1	
2	电缆	由工程设计确定	m	—	
3	电缆头	10（6）kV	个	1	
4	接线端子	按电缆芯截面确定	个	3	
5	电缆支架	按电缆外径确定	个	2	
6	电缆头支架		个	1	
7	电缆保护管	由工程设计确定	m	—	
8	高压母线	TMY	m	5	规格按变压器容量确定
9	高压母线夹具	按母线截面确定	副	3	
10	高压支柱绝缘子	ZA-10(6)Y	个	3	
11	高压母线支架	形式13[12]	个	1	
12	低压相母线		m	12	
13	N线或PEN线		m	4	
14	低压母线夹具	按母线截面确定	副	9	
15	电车线路绝缘子	WX-01	个	9	
16	低压母线支架	形式2[1]	套	1	
17	低压母线支架	形式5[2]	套	2	
18	低压母线夹板		副	1	
19	接地线		m	12	
20	固定钩		个	10	
21	临时接地接线柱		个	1	
22	低压母线穿墙板	形式2[1]	套	1	

第二章　室内变配电装置		第一节　变压器室布置方案	
图号	2-2-1-16	图名	变压器室布置方案K2-1、F2-1布置图及明细表

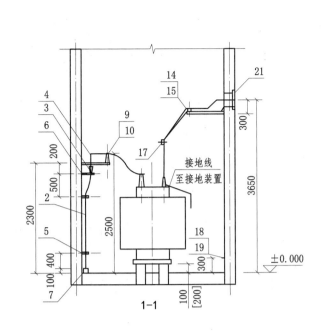

1-1

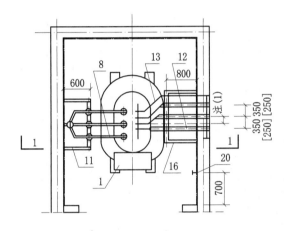

平面

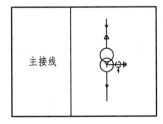

主接线

注:(1) 侧墙上低压母线出线孔的平面位置由工程设计确定。
　　(2) "[ ]"内数据用于容量不大于630kVA的变压器。

明 细 表

序号	名　称	型号及规格	单位	数量	备注
1	电力变压器	由工程设计确定	台	1	
2	电缆	由工程设计确定	m	—	
3	电缆头	10(6)kV	个	1	
4	接线端子	按电缆芯截面确定	个	3	
5	电缆支架	按电缆外径确定	个	2	
6	电缆头支架		个	1	
7	电缆保护管	由工程设计确定	m	—	
8	高压母线	TMY	m	5	规格按变压器容量确定
9	高压母线夹具	按母线截面确定	副	3	
10	高压支柱绝缘子	ZA-12(7.2)Y	个	3	
11	高压母线支架	形式13[12]	个	1	
12	低压相母线		m	12	
13	N线或PEN线		m	4	
14	低压母线夹具	按母线截面确定	副	3	
15	电车线路绝缘子	WX-01	个	3	
16	低压母线支架	形式4[3]	套	1	
17	低压母线夹板		副	1	
18	接地线		m	12	
19	固定钩		个	10	
20	临时接地接线柱		个	1	
21	低压母线穿墙板	形式2[1]	套	1	

第二章　室内变配电装置		第一节　变压器室布置方案
图号	2-2-1-17	图名　变压器室布置方案K2-2、F2-2布置图及明细表

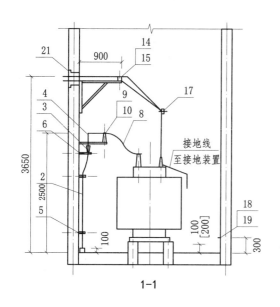

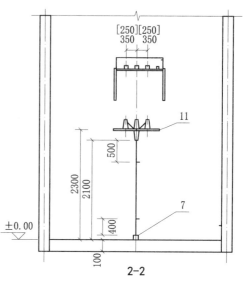

1—1

2—2

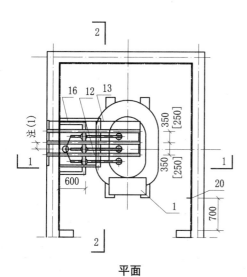

平面

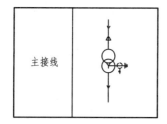

主接线

注:(1) 侧墙上低压母线出线孔的平面位置由工程设计确定。
(2) "[ ]"内数据用于容量不大于630kVA的变压器。

明 细 表

序号	名 称	型号及规格	单位	数量	备注
1	电力变压器	由工程设计确定	台	1	
2	电缆	由工程设计确定	m	—	
3	电缆头	10(6)kV	个	1	
4	接线端子	按电缆芯截面确定	个	3	
5	电缆支架	按电缆外径确定	个	2	
6	电缆头支架		个	1	
7	电缆保护管	由工程设计确定	m	—	
8	高压母线	TMY	m	5	规格按变压器容量确定
9	高压母线夹具	按母线截面确定	副	3	
10	高压支柱绝缘子	ZA-12(7.2)Y	个	3	
11	高压母线支架	形式13[12]	个	1	
12	低压相母线		m	12	
13	N线或PEN线		m	4	
14	低压母线夹具	按母线截面确定	副	3	
15	电车线路绝缘子	WX-01	个	3	
16	低压母线支架	形式2[1]	个	1	
17	低压母线夹板		副	1	
18	接地线		m	12	
19	固定钩		个	10	
20	临时接地接线柱		个	1	
21	低压母线穿墙板	形式2[1]	套	1	

第二章 室内变配电装置		第一节 变压器室布置方案	
图号	2-2-1-18	图名	变压器室布置方案K2-3、F2-3布置图及明细表

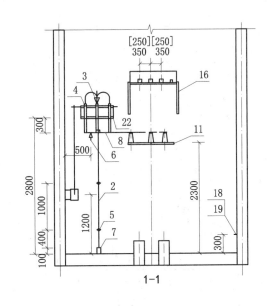

1−1

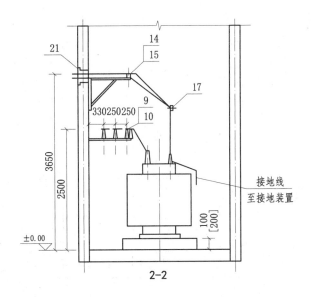

2−2

注："[ ]"内数据用于容量不大于630kVA的变压器。

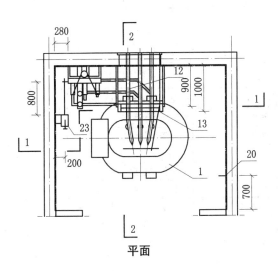

平面

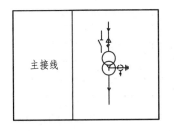

主接线

明 细 表

序号	名 称	型号及规格	单位	数量	备 注
1	电力变压器	由工程设计确定	台	1	
2	电缆	由工程设计确定	m	—	
3	电缆头	10（6）kV	个	1	
4	接线端子	按电缆芯截面确定	个	3	
5	电缆支架	按电缆外径确定	个	3	
6	高低压母线支架(三)	形式16	个	1	
7	电缆保护管	由工程设计确定	m	—	
8	高压母线	TMY	m	5	规格按变压器容量确定
9	高压母线夹具	按母线截面确定	副	7	
10	高压支柱绝缘子	ZA-12(7.2)Y	个	7	
11	高压母线支架	形式13[12]	个	1	
12	低压相母线		m	12	
13	N线或PEN线		m	4	
14	低压母线夹具	按母线截面确定	副	3	
15	电车线路绝缘子	WX-01	个	3	
16	低压母线支架	形式2[1]	个	1	
17	低压母线夹板		副	1	
18	接地线		m	12	
19	固定钩		个	10	
20	临时接地接线柱		个	1	
21	低压母线穿墙板	形式2[1]	套	1	
22	隔离开关	GN19-10	台	1	用于≤630kVA
	负荷开关	FKN-12	台	1	用于≥800kVA
23	手动操动机构		台	1	为配套产品

第二章 室内变配电装置		第一节 变压器室布置方案
图号	2-2-1-19	图名 变压器室布置方案K1-4、7，F1-4、7布置图及明细表

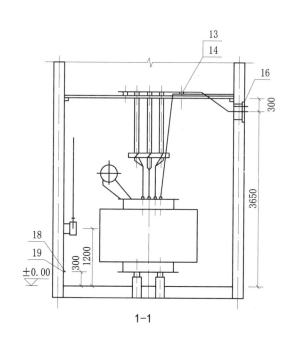

1-1

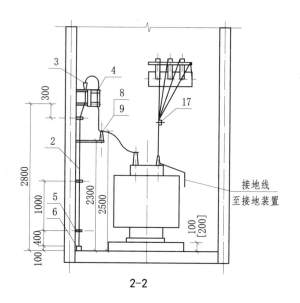

2-2

注：(1) 侧墙上低压母线出线孔的平面位置由工程设计确定。
　　(2) "[ ]"内数据用于容量不大于630kVA的变压器。

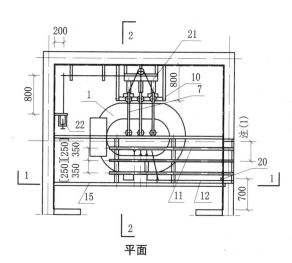

平面

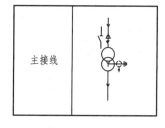

主接线

明　细　表

序号	名　称	型号及规格	单位	数量	备　注
1	电力变压器	由工程设计确定	台	1	
2	电缆	由工程设计确定	m	—	
3	电缆头	10（6）kV	个	1	
4	接线端子	按电缆芯截面确定	个	3	
5	电缆支架	按电缆外径确定	个	3	
6	电缆保护管	由工程设计确定	m	—	
7	高压母线	TMY	m	5	规格按变压器容量确定
8	高压母线夹具	按母线截面确定	副	3	
9	高压支柱绝缘子	ZA-12(7.2)Y	个	3	
10	高压母线支架	形式16[15]	个	1	
11	低压相母线		m	15	
12	N线或PEN线		m	5	
13	低压母线夹具	按母线截面确定	副	9	
14	电车线路绝缘子	WX-01	个	9	
15	低压母线桥架	形式2[1]	个	1	
16	低压母线穿墙板	形式2[1]	套	1	
17	低压母线夹板		副	1	
18	接地线		m	12	
19	固定钩		个	10	
20	临时接地接线柱		个	1	
21	隔离开关	GN19-10	台	1	用于≤630kVA
	负荷开关	FKN-12	台	1	用于≥800kVA
22	手动操动机构		台	1	为配套产品

第二章　室内变配电装置		第一节　变压器室布置方案
图号	2-2-1-20	图名　变压器室布置方案K1-5、6、8、9，F1-5、6、8、9布置图及明细表

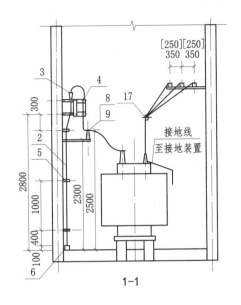

1-1

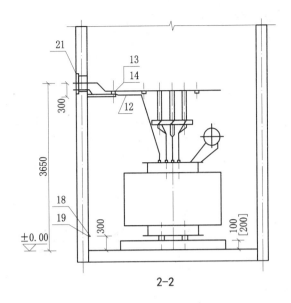

2-2

注：(1) 后墙上低压母线出线孔的平面位置由工程设计确定。
(2) "[ ]" 内数据用于容量不大于630kVA的变压器。

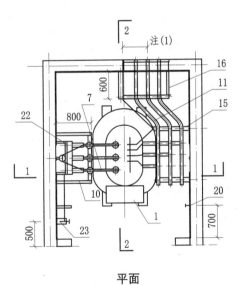

平面

主接线

明 细 表

序号	名 称	型号及规格	单位	数量	备注
1	电力变压器	由工程设计确定	台	1	
2	电缆	由工程设计确定	m	—	
3	电缆头	10（6）kV	个	1	
4	接线端子	按电缆芯截面确定	个	3	
5	电缆支架	按电缆外径确定	个	3	
6	电缆保护管	由工程设计确定	m	—	
7	高压母线	TMY	m	5	规格按变压器容量确定
8	高压母线夹具	按母线截面确定	副	3	
9	高压支柱绝缘子	ZA-12(7.2)Y	个	3	
10	高压母线支架	形式16[15]	个	1	
11	低压相母线		m	12	
12	N线或PEN线		m	4	
13	低压母线夹具	按母线截面确定	副	9	
14	电车线路绝缘子	WX-01	个	9	
15	低压母线支架	形式5[2]	套	2	
16	低压母线支架	形式2[1]	套	1	
17	低压母线夹板		副	1	
18	接地线		m	12	
19	固定钩		个	10	
20	临时接地接线柱		个	1	
21	低压母线穿墙板	形式2[1]	套	1	
22	隔离开关	GN19-10	台	1	用于≤630kVA
	负荷开关	FKN-12	台	1	用于≥800kVA
23	手动操作机构		台	1	为配套产品

第二章 室内变配电装置		第一节 变压器室布置方案
图号	2-2-1-21	图名 变压器室布置方案K2-4、7，F2-4、7布置图及明细表

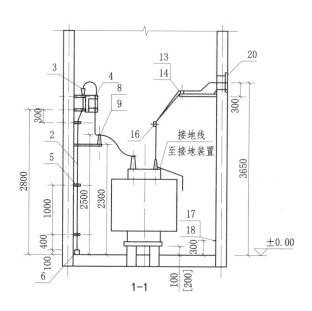

1—1

注：(1) 侧墙上低压母线出线孔的平面位置由工程设计确定。
　　(2) "[ ]"内数据用于容量不大于630kVA的变压器。

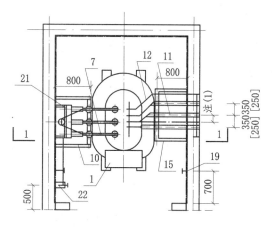

平面

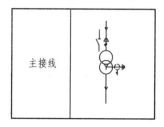

主接线

明 细 表

序号	名　称	型号及规格	单位	数量	备注
1	电力变压器	由工程设计确定	台	1	
2	电缆	由工程设计确定	m	—	
3	电缆头	10（6）kV	个	1	
4	接线端子	按电缆芯截面确定	个	3	
5	电缆支架	按电缆外径确定	个	3	
6	电缆保护管	由工程设计确定	m	—	
7	高压母线	TMY	m	5	规格按变压器容量确定
8	高压母线夹具	按母线截面确定	副	3	
9	高压支柱绝缘子	ZA-12(7.2)Y	个	3	
10	高压母线支架	形式16[15]	个	1	
11	低压相母线		m	12	
12	N线或PEN线		m	4	
13	低压母线夹具	按母线截面确定	副	3	
14	电车线路绝缘子	WX-01	个	3	
15	低压母线支架	形式4[3]	套	1	
16	低压母线夹板		副	1	
17	接地线		m	12	
18	固定钩		个	10	
19	临时接地接线柱		个	1	
20	低压母线穿墙板	形式2[1]	套	1	
21	隔离开关	GN19-10	台	1	用于≤630kVA
	负荷开关	FKN-12	台	1	用于≥800kVA
22	手动操动机构		台	1	为配套产品

第二章　室内变配电装置		第一节　变压器室布置方案
图号	2-2-1-22	图名　变压器室布置方案K2-5、8，F2-5、8布置图及明细表

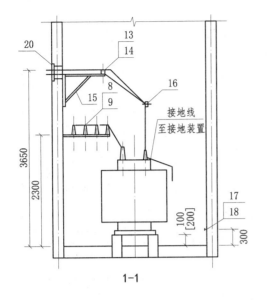

1—1

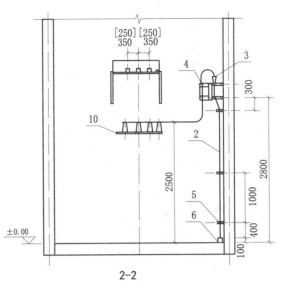

2—2

注：(1) 侧墙上低压母线出线孔的平面位置由工程设计确定。
(2) "[ ]" 内数据用于容量不大于630kVA的变压器。

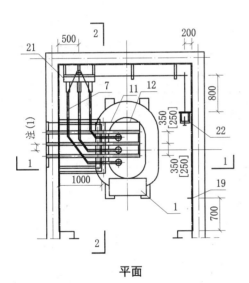

平面

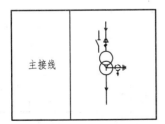

主接线

明　细　表

序号	名　称	型号及规格	单位	数量	备注
1	电力变压器	由工程设计确定	台	1	
2	电缆	由工程设计确定	m	—	
3	电缆头	10（6）kV	个	1	
4	接线端子	按电缆芯截面确定	个	3	
5	电缆支架	按电缆外径确定	个	3	
6	电缆保护管	由工程设计确定	m	—	
7	高压母线	TMY	m	9	规格按变压器容量确定
8	高压母线夹具	按母线截面确定	副	5	
9	高压支柱绝缘子	ZA-12(7.2)Y	个	5	
10	高压母线支架	形式13[12]	个	1	
11	低压相母线		m	12	
12	N线或PEN线		m	4	
13	低压母线夹具	按母线截面确定	副	6	
14	电车线路绝缘子	WX-01	个	6	
15	低压母线支架	形式2[1]	个	1	
16	低压母线夹板		副	1	
17	接地线		m	12	
18	固定钩		个	10	
19	临时接地接线柱		个	1	
20	低压母线穿墙板	形式2[1]	套	1	
21	隔离开关	GN19-10	台	1	用于≤630kVA
	负荷开关	FKN-12	台	1	用于≥800kVA
22	手动操动机构		台	1	为配套产品

第二章　室内变配电装置		第一节　变压器室布置方案
图号	2-2-1-23	图名　变压器室布置方案K2-6、9，F2-6、9布置图及明细表

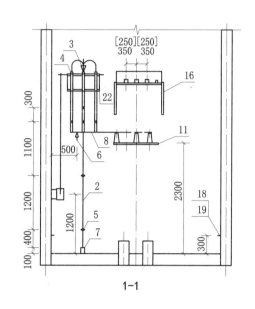
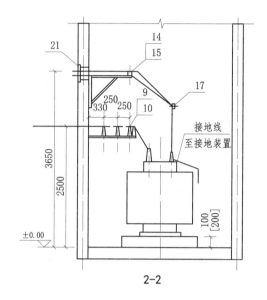

1—1

2—2

注："[ ]"内数据用于容量不大于630kVA的变压器。

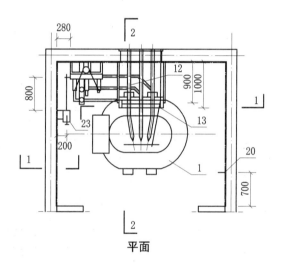

平面

明　细　表

序号	名　称	型号及规格	单位	数量	备注
1	电力变压器	由工程设计确定	台	1	
2	电缆	由工程设计确定	m	—	
3	电缆头	10（6）kV	个	1	
4	接线端子	按电缆芯截面确定	个	3	
5	电缆支架	按电缆外径确定	个	3	
6	高低压母线支架(三)	形式16	个	1	
7	电缆保护管	由工程设计确定	m	—	
8	高压母线	TMY	m	9	规格按变压器容量确定
9	高压母线夹具	按母线截面确定	副	7	
10	高压支柱绝缘子	ZA-12(7.2)Y	个	7	
11	高压母线支架	形式13[12]	个	1	
12	低压相母线		m	12	
13	N线或PEN线		m	4	
14	低压母线夹具	按母线截面确定	副	3	
15	电车线路绝缘子	WX-01	个	3	
16	低压母线支架	形式2[1]	个	1	
17	低压母线夹板		副	1	
18	接地线		m	12	
19	固定钩		个	10	
20	临时接地接线柱		个	1	
21	低压母线穿墙板	形式2[1]	套	1	
22	隔离开关	GN19-10	台	1	用于≤630kVA
	熔断器	XRNT1-10	个	3	
	负荷开关带熔断器	FKRN-12	台	1	用于≥800kVA
23	手动操动机构		台	1	为配套产品

主接线	变压器容量/kVA	熔体额定电流	
		10kV	6kV
	200、250 315、400	63	63
	500、630	63	80
	800	80	100
	1000	100	125
	1250	100	160*

注：*为双拼

第二章　室内变配电装置		第一节　变压器室布置方案
图号	2-2-1-24	图名　变压器室布置方案K1-10、13，F1-10、13布置图及明细表

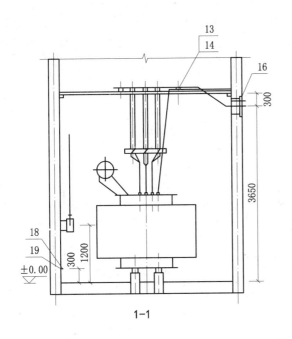

1-1

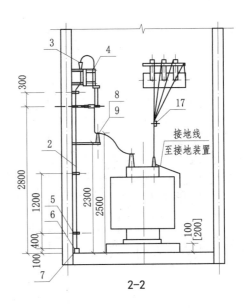

2-2

注:(1) 侧墙上低压母线出线孔的平面位置由工程设计确定。
    (2) "[ ]"内数据用于容量不大于630kVA的变压器。

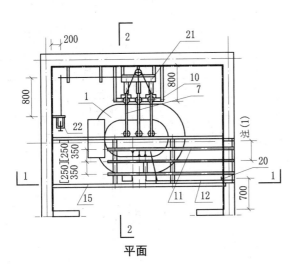

平面

主接线	变压器容量/kVA	熔体额定电流/A	
		10kV	6kV
	200、250 315、400	63	63
	500、630	63	80
	800	80	100
	1000	100	125
	1250	100	160*
注: *为双拼			

明 细 表

序号	名 称	型号及规格	单位	数量	备 注
1	电力变压器	由工程设计确定	台	1	
2	电缆	由工程设计确定	m	—	
3	电缆头	10(6) kV	个	1	
4	接线端子	按电缆芯截面确定	个	3	
5	电缆支架	按电缆外径确定	个	3	
6	电缆保护管	由工程设计确定	m	—	
7	高压母线	TMY	m	5	规格按变压器容量确定
8	高压母线夹具	按母线截面确定	副	3	
9	高压支柱绝缘子	ZA-12(7.2)Y	个	3	
10	高压母线支架	形式16[15]	个	1	
11	低压相母线		m	15	
12	N线或PEN线		m	5	
13	低压母线夹具	按母线截面确定	副	9	
14	电车线路绝缘子	WX-01	个	9	
15	低压母线桥架	形式2[1]	个	1	
16	低压母线穿墙板	形式2[1]	套	1	
17	低压母线夹板		副	1	
18	接地线		m	12	
19	固定钩		个	10	
20	临时接地接线柱		个	1	
21	隔离开关	GN19-10	台	1	用于≤630kVA
	熔断器	XRNT1-10	个	3	
	负荷开关带熔断器	FKRN-12	台	1	用于≥800kVA
22	手动操动机构		台	1	为配套产品

第二章 室内变配电装置		第一节 变压器室布置方案
图号	2-2-1-25	图名 变压器室布置方案K1-11、12、14、15,F1-11、12、14、15布置图及明细表

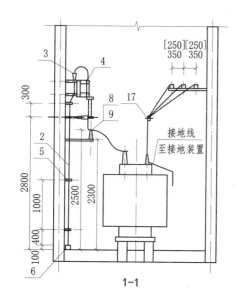

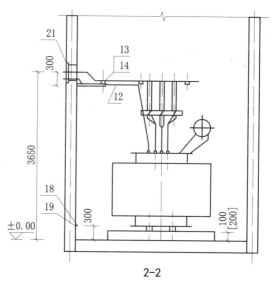

注:(1) 后墙上低压母线出线孔的平面位置由工程设计确定。
(2) "[ ]"内数据用于容量不大于630kVA的变压器。

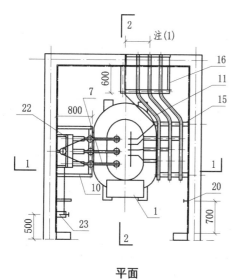

平面

主接线	变压器容量/kVA	熔体额定电流/A	
		10kV	6kV
	200、250 315、400	63	63
	500、630	63	80
	800	80	100
	1000	100	125
	1250	100	160*

注: *为双拼

明　细　表

序号	名　称	型号及规格	单位	数量	备注
1	电力变压器	由工程设计确定	台	1	
2	电缆	由工程设计确定	m	—	
3	电缆头	10(6)kV	个	1	
4	接线端子	按电缆芯截面确定	个	3	
5	电缆支架	按电缆外径确定	个	3	
6	电缆保护管	由工程设计确定	m	—	
7	高压母线	TMY	m	5	规格按变压器容量确定
8	高压母线夹具	按母线截面确定	副	3	
9	高压支柱绝缘子	ZA-12(7.2)Y	个	3	
10	高压母线支架	形式16[15]	个	1	
11	低压相母线		m	12	
12	N线或PEN线		m	4	
13	低压母线夹具	按母线截面确定	副	9	
14	电车线路绝缘子	WX-01	个	9	
15	低压母线支架	形式5[2]	套	2	
16	低压母线支架	形式2[1]	套	1	
17	低压母线夹板		副	1	
18	接地线		m	12	
19	固定钩		个	10	
20	临时接地接线柱		个	1	
21	低压母线穿墙板	形式2[1]	套	1	
22	隔离开关	GN19-10	台	1	用于≤630kVA
	熔断器	XRNT1-10	个	3	
	负荷开关带熔断器	FKRN-12	台	1	用于≥800kVA
23	手动操动机构		台	1	为配套产品

第二章　室内变配电装置	第一节　变压器室布置方案
图号 2-2-1-26	图名 变压器室布置方案K2-10、13，F2-10、13布置图及明细表

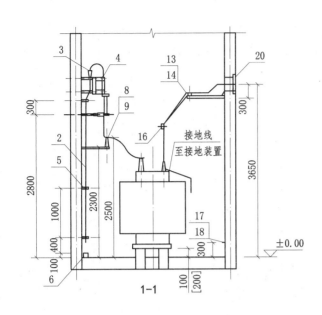

1—1

注：(1) 侧墙上低压母线出线孔的平面位置由工程设计确定。
　　(2) "[ ]"内数据用于容量不大于630kVA的变压器。

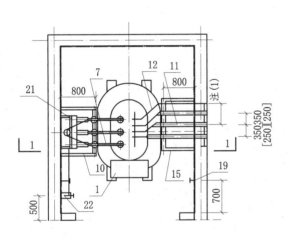

平面

主接线	变压器容量/kVA	熔体额定电流/A	
		10kV	6kV
	200、250 315、400	63	63
	500、630	63	80
	800	80	100
	1000	100	125
	1250	100	160*

注：*为双拼

明　细　表

序号	名　称	型号及规格	单位	数量	备　注
1	电力变压器	由工程设计确定	台	1	
2	电缆	由工程设计确定	m	—	
3	电缆头	10(6)kV	个	1	
4	接线端子	按电缆芯截面确定	个	3	
5	电缆支架	按电缆外径确定	个	3	
6	电缆保护管	由工程设计确定	m	—	
7	高压母线	TMY	m	5	规格按变压器容量确定
8	高压母线夹具	按母线截面确定	副	3	
9	高压支柱绝缘子	ZA-12(7.2)Y	个	3	
10	高压母线支架	形式16[15]	个	1	
11	低压相母线		m	12	
12	N线或PEN线		m	4	
13	低压母线夹具	按母线截面确定	副	3	
14	电车线路绝缘子	WX-01	个	3	
15	低压母线支架	形式4[3]	套	1	
16	低压母线夹板		副	1	
17	接地线		m	12	
18	固定钩		个	10	
19	临时接地接线柱		个	1	
20	低压母线穿墙板	形式2[1]	套	1	
21	隔离开关	GN19-10	台	1	用于≤630kVA
	熔断器	XRNT1-10	个	1	
	负荷开关带熔断器	FKRN-12	台	1	用于≥800kVA
22	手动操动机构		台	1	为配套产品

第二章　室内变配电装置		第一节　变压器室布置方案
图号	2-2-1-27	图名
		变压器室布置方案K2-11、14，F2-11、14布置图及明细表

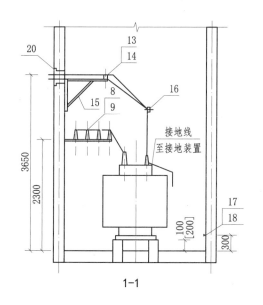

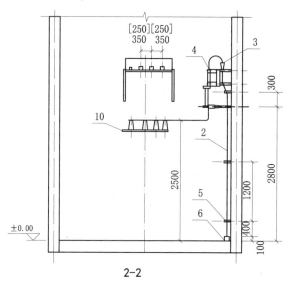

注：(1) 侧墙上低压母线出线孔的平面位置由工程设计确定。
(2) "[ ]"内数据用于容量不大于630kVA的变压器。

平面

主接线表：

主接线	变压器容量/kVA	熔体额定电流/A	
		10kV	6kV
    	200、250 315、400	63	63
	500、630	63	80
	800	80	100
	1000	100	125
	1250	100	160*

注：*为双拼

明 细 表

序号	名 称	型号及规格	单位	数量	备注
1	电力变压器	由工程设计确定	台	1	
2	电缆	由工程设计确定	m	—	
3	电缆头	10（6）kV	个	1	
4	接线端子	按电缆芯截面确定	个	3	
5	电缆支架	按电缆外径确定	个	3	
6	电缆保护管	由工程设计确定	m	—	
7	高压母线	TMY	m	9	规格按变压器容量确定
8	高压母线夹具	按母线截面确定	副	5	
9	高压支柱绝缘子	ZA-12(7.2)Y	个	5	
10	高压母线支架	形式13[12]	个	1	
11	低压相母线		m	12	
12	N线或PEN线		m	4	
13	低压母线夹具	按母线截面确定	副	6	
14	电车线路绝缘子	WX-01	个	6	
15	低压母线支架	形式2[1]	个	1	
16	低压母线夹板		副	1	
17	接地线		m	12	
18	固定钩		个	10	
19	临时接地接线柱		个	1	
20	低压母线穿墙板	形式2[1]	套	1	
21	隔离开关	GN19-10	台	1	用于≤630kVA
	熔断器	XRNT1-10	个	1	
	负荷开关带熔断器	FKRN-12	台	1	用于≥800kVA
22	手动操动机构		台	1	为配套产品

第二章 室内变配电装置		第一节 变压器室布置方案
图号	2-2-1-28	图名 变压器室布置方案K2-12、15，F2-12、15布置图及明细表

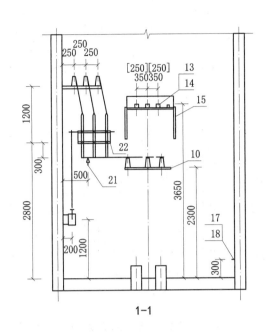

1-1

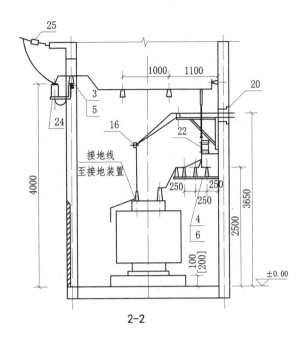

2-2

注："[ ]"内数据用于容量不大于630kVA的变压器。

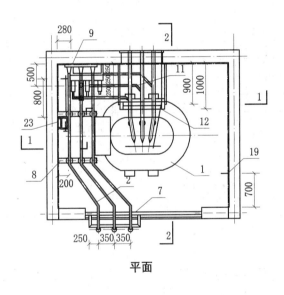

平面

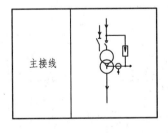

主接线

明 细 表

序号	名 称	型号及规格	单位	数量	备 注
1	电力变压器	由工程设计确定	台	1	
2	高压母线	TMY	m	25	规格按变压器容量确定
3	高压母线夹具	按母线截面确定	副	3	
4	高压母线夹具	按母线截面确定	副	16	
5	户外式支柱绝缘子	ZPB-12(ZPA-7.2)	个	3	
6	户内式支柱绝缘子	ZA-12(7.2)Y	个	16	
7	高压母线及避雷器支架		个	1	
8	高压母线支架	形式15	个	2	
9	高压母线支架	形式12	个	1	
10	高压母线支架	形式13[12]	个	1	
11	低压相母线		m	12	
12	N线或PEN线		m	4	
13	低压母线夹具	按母线截面确定	副	3	
14	电车线路绝缘子	WX-01	个	3	
15	低压母线支架	形式2[1]	个	1	
16	低压母线夹板		副	1	
17	接地线		m	12	
18	固定钩		个	10	
19	临时接地接线柱		个	1	
20	低压母线穿墙板	形式2[1]	套	1	
21	高低压母线支架（三）	形式16	个	1	
22	隔离开关	GN19-10	台	1	用于≤630kVA
	负荷开关	FKN-12	台	1	用于≥800kVA
23	手动操动机构		台	1	为配套产品
24	高压避雷器	HY5WS-17	个	3	
25	高压架空引入线拉紧装置		套	1	

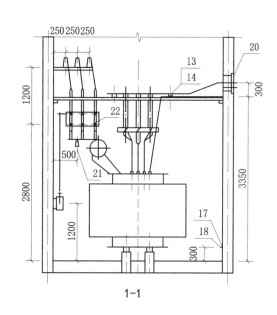

1-1

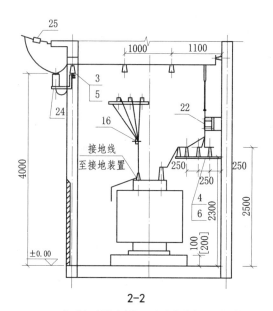

2-2

注: (1) 侧墙上低压母线出线孔的平面位置由工程设计确定。
(2) "[ ]"内数据用于容量不大于630kVA的变压器。

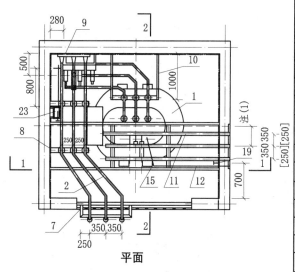

平面

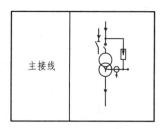

主接线

明 细 表

序号	名 称	型号及规格	单位	数量	备注
1	电力变压器	由工程设计确定	台	1	
2	高压母线	TMY	m	25	规格按变压器容量确定
3	高压母线夹具	按母线截面确定	副	3	
4	高压母线夹具	按母线截面确定	副	16	
5	户外式支柱绝缘子	ZPB-12(ZPA-7.2)	个	3	
6	户内式支柱绝缘子	ZA-12(7.2)Y	个	16	
7	高压母线及避雷器支架		个	1	
8	高压母线支架	形式15	个	2	
9	高压母线支架	形式12	个	1	
10	高压母线支架	形式13[12]	个	1	
11	低压相母线		m	12	
12	N线或PEN线		m	4	
13	低压母线夹具	按母线截面确定	副	9	
14	电车线路绝缘子	WX-01	个	9	
15	低压母线桥架	形式2[1]	个	1	
16	低压母线夹板		副	1	
17	接地线		m	12	
18	固定钩		个	10	
19	临时接地接线柱		个	1	
20	低压母线穿墙板	形式2[1]	套	1	
21	高低压母线支架（三）	形式16	个	1	
22	隔离开关	GN19-10	台	1	用于≤630kVA
22	负荷开关	FKN-12	个	1	用于≥800kVA
23	手动操动机构		台	1	为配套产品
24	高压避雷器	HY5WS-17	个	3	
25	高压架空引入线拉紧装置		套	1	

第二章 室内变配电装置		第一节 变压器室布置方案	
图号	2-2-1-30	图名	变压器室布置方案K1-17、21布置图及明细表

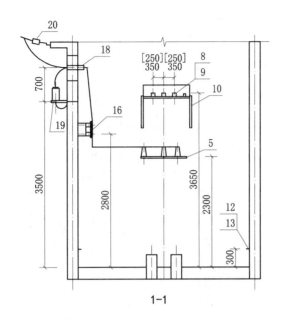

1-1

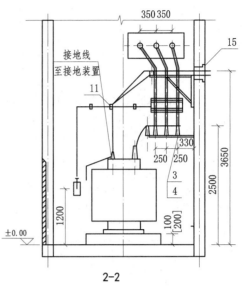

2-2

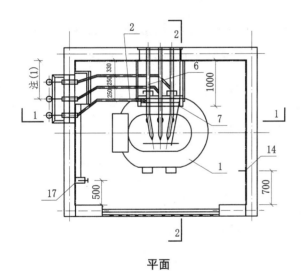

平面

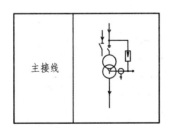

主接线

注:(1) 侧墙上高压穿墙套管安装孔的平面位置由工程设计确定。
(2) "[ ]"内数据用于容量不大于630kVA的变压器。

明 细 表

序号	名 称	型号及规格	单位	数量	备注
1	电力变压器	由工程设计确定	台	1	
2	高压母线	TMY	m	25	规格按变压器容量确定
3	高压母线夹具	按母线截面确定	副	5	
4	高压支柱绝缘子	ZA-12(7.2)Y	个	5	
5	高压母线支架	形式13[12]	个	1	
6	低压相母线		m	12	
7	N线或PEN线		m	4	
8	低压母线夹具	按母线截面确定	副	3	
9	电车线路绝缘子	WX-01	个	3	
10	低压母线支架	形式2[1]	套	1	
11	低压母线夹板		副	1	
12	接地线		m	12	
13	固定钩		个	10	
14	临时接地接线柱		个	1	
15	低压母线穿墙板	形式2[1]	套	1	
16	隔离开关	GN19-10	台	1	用于≤630kVA
	负荷开关	FKN-12	台	1	用于≥800kVA
17	手动操动机构		台	1	为配套产品
18	户外式穿墙套管	CWB-10(6)	个	3	
19	高压避雷器	HY5WS-17	个	3	
20	高压架空引入线拉紧装置		套	1	

第二章 室内变配电装置		第一节 变压器室布置方案	
图号	2-2-1-31	图名	变压器室布置方案K1-18、22布置图及明细表

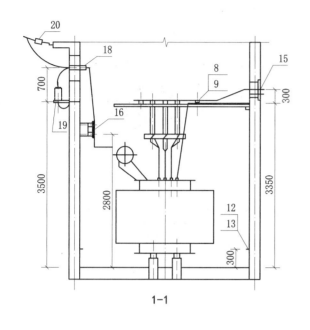

1-1

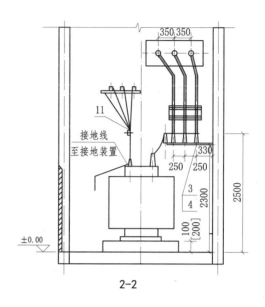

2-2

注: (1) 侧墙上高压穿墙套管安装孔及低压母线出现孔的平面位置由工程设计确定。
(2) "[ ]"内数据用于容量不大于630kVA的变压器。

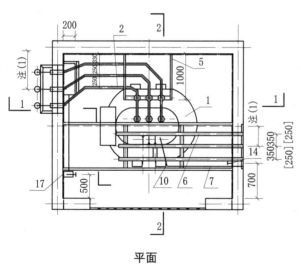

平面

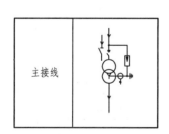

主接线

明 细 表

序号	名 称	型号及规格	单位	数量	备注
1	电力变压器	由工程设计确定	台	1	
2	高压母线	TMY	m	25	规格按变压器容量确定
3	高压母线夹具	按母线截面确定	副	5	
4	高压支柱绝缘子	ZA-12(7.2)Y	个	5	
5	高压母线支架	形式13[12]	个	1	
6	低压相母线		m	12	
7	N线或PEN线		m	4	
8	低压母线夹具	按母线截面确定	副	3	
9	电车线路绝缘子	WX-01	个	3	
10	低压母线桥架	形式2[1]	个	1	
11	低压母线夹板		副	1	
12	接地线		m	12	
13	固定钩		个	10	
14	临时接地接线柱		个	1	
15	低压母线穿墙板	形式2[1]	套	1	
16	隔离开关	GN19-10	台	1	用于≤630kVA
	负荷开关	FKN-12	台	1	用于≥800kVA
17	手动操动机构		台	1	为配套产品
18	户外穿墙套管	CWB-10(6)	个	3	
19	高压避雷器	HY5WS-17	个	3	
20	高压架空引入线拉紧装置		套	1	

第二章 室内变配电装置		第一节 变压器室布置方案
图号	2-2-1-32	图名
		变压器室布置方案K1-19、23布置图及明细表

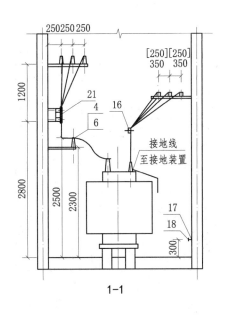

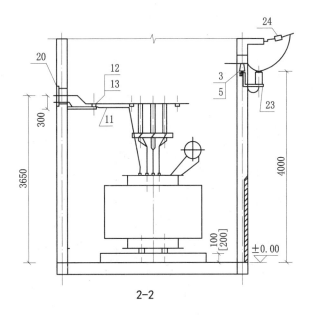

1—1

2—2

注：(1) 后墙上低压母线出线孔的平面位置由工程设计确定。
(2) "[ ]"内数据用于容量不大于630kVA的变压器。

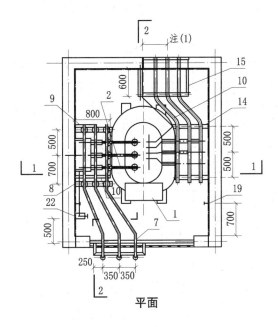

平面

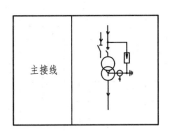

主接线

明　细　表

序号	名　称	型号及规格	单位	数量	备　注
1	电力变压器	由工程设计确定	台	1	
2	高压母线	TMY	m	25	规格按变压器容量确定
3	高压母线夹具	按母线截面确定	副	3	
4	高压母线夹具	按母线截面确定	副	9	
5	户外式支柱绝缘子	ZPB-12(ZPA-7.2)	个	3	
6	户内式支柱绝缘子	ZA-12(7.2)Y	个	9	
7	高压母线及避雷器支架		个	1	
8	高压母线支架	形式15	个	2	
9	高压母线支架	形式16[15]	个	1	
10	低压相母线		m	12	
11	N线或PEN线		m	4	
12	低压母线夹具	按母线截面确定	副	9	
13	电车线路绝缘子	WX-01	个	9	
14	低压母线支架	形式5[2]	个	2	
15	低压母线支架	形式2[1]	个	1	
16	低压母线夹板		副	1	
17	接地线		m	12	
18	固定钩		个	10	
19	临时接地接线柱		个	1	
20	低压母线穿墙板	形式2[1]	套	1	
21	隔离开关	GN19-10	台	1	用于≤630kVA
	负荷开关	FN3-10	台	1	用于≥800kVA
22	手动操动机构		台	1	为配套产品
23	高压避雷器	HY5WS-17	个	3	
24	高压架空引入线拉紧装置		套	1	

第二章　室内变配电装置		第一节　变压器室布置方案
图号	2-2-1-33	图名　变压器室布置方案K2-16、20布置图及明细表

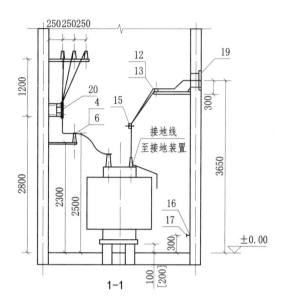
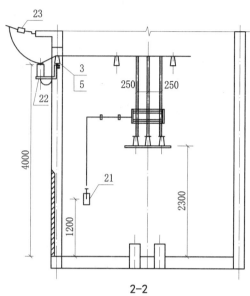

1—1

2—2

注:(1) 侧墙上低压母线出线孔的平面位置由工程设计确定。
　　(2) "[ ]"内数据用于容量不大于630kVA的变压器。

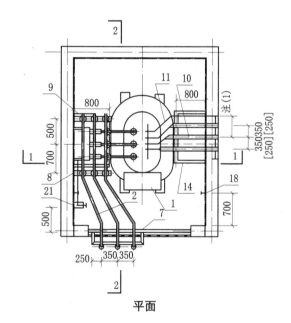

平面

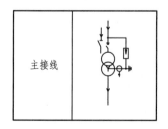

主接线

明 细 表

序号	名　称	型号及规格	单位	数量	备注
1	电力变压器	由工程设计确定	台	1	
2	高压母线	TMY	m	25	规格按变压器容量确定
3	高压母线夹具	按母线截面确定	副	3	
4	高压母线夹具	按母线截面确定	副	9	
5	户外式支柱绝缘子	ZPB-12(ZPA-7.2)	个	3	
6	户内式支柱绝缘子	ZA-12(7.2)Y	个	9	
7	高压母线及避雷器支架		个	1	
8	高压母线支架	形式15	个	2	
9	高压母线支架	形式16[15]	个	1	
10	低压相母线		m	12	
11	N线或PEN线		m	4	
12	低压母线夹具	按母线截面确定	副	3	
13	电车线路绝缘子	WX-01	个	3	
14	低压母线支架	形式4[3]	套	1	
15	低压母线夹板		副	1	
16	接地线		m	12	
17	固定钩		个	10	
18	临时接地接线柱		个	1	
19	低压母线穿墙板	形式2[1]	套	1	
20	隔离开关	GN19-10	台	1	用于≤630kVA
	负荷开关	FKN-12	台	1	用于≥800kVA
21	手动操动机构		台	1	为配套产品
22	高压避雷器	HY5WS-17	个	3	
23	高压架空引入线拉紧装置		套	1	

第二章　室内变配电装置		第一节　变压器室布置方案	
图号	2-2-1-34	图名	变压器室布置方案K2-17、21布置图及明细表

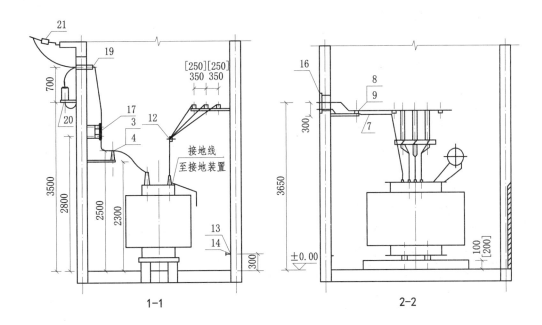

1-1

2-2

注:(1) 后墙上低压母线出线孔的平面位置由工程设计确定。
(2) "[ ]"内数据用于容量不大于630kVA的变压器。

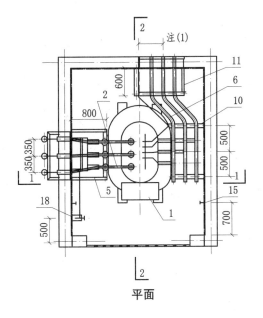

平面

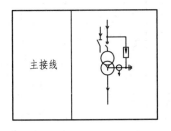

主接线

明 细 表

序号	名 称	型号及规格	单位	数量	备 注
1	电力变压器	由工程设计确定	台	1	
2	高压母线	TMY	m	25	规格按变压器容量确定
3	高压母线夹具	按母线截面确定	副	3	
4	高压支柱绝缘子	ZA-12(7.2)Y	个	3	
5	高压母线支架	形式16[15]	个	1	
6	低压相母线		m	12	
7	N线或PEN线		m	4	
8	低压母线夹具	按母线截面确定	副	9	
9	电车线路绝缘子	WX-01	个	9	
10	低压母线支架	形式5[2]	个	2	
11	低压母线支架	形式2[1]	个	1	
12	低压母线夹板		副	1	
13	接地线		m	12	
14	固定钩		个	10	
15	临时接地接线柱		个	1	
16	低压母线穿墙板	形式2[1]	套	1	
17	隔离开关	GN19-10	台	1	用于≤630kVA
	负荷开关	FKN-12	台	1	用于≥800kVA
18	手动操作机构		台	1	为配套产品
19	户外式穿墙套管	CWB-10(6)	个	3	
20	高压避雷器	HY5WS-17	个	3	
21	高压架空引入线拉紧装置		套	1	

第二章 室内变配电装置		第一节 变压器室布置方案	
图号	2-2-1-35	图名	变压器室布置方案K2-18、22布置图及明细表

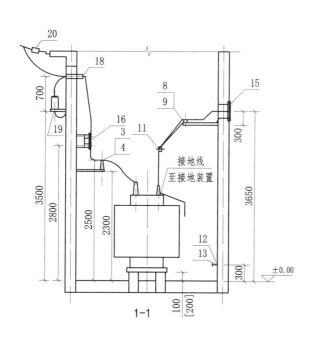

1—1

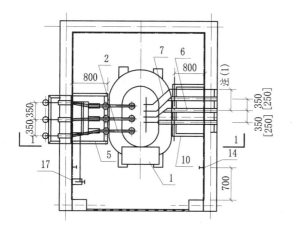

平面

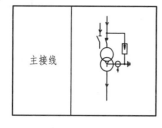

主接线

注：(1) 侧墙上低压母线出线孔的平面位置由工程设计确定。
(2) "[ ]"内数据用于容量不大于630kVA的变压器。

明 细 表

序号	名 称	型号及规格	单位	数量	备注
1	电力变压器	由工程设计确定	台	1	
2	高压母线	TMY	m	25	规格按变压器容量确定
3	高压母线夹具	按母线截面确定	副	3	
4	高压支柱绝缘子	ZA-12(7.2)Y	个	3	
5	高压母线支架	形式16[15]	个	1	
6	低压相母线		m	12	
7	N线或PEN线		m	4	
8	低压母线夹具	按母线截面确定	副	3	
9	电车线路绝缘子	WX-01	个	3	
10	低压母线支架	形式4[3]	套	1	
11	低压母线夹板		副	1	
12	接地线		m	12	
13	固定钩		个	10	
14	临时接地接线柱		个	1	
15	低压母线穿墙板	形式2[1]	套	1	
16	隔离开关	GN19-10	台	1	用于≤630kVA
16	负荷开关	FKN-12	台	1	用于≥800kVA
17	手动操动机构		台	1	为配套产品
18	户外穿墙套管	CWB-10(6)	个	3	
19	高压避雷器	HY5WS-17	个	3	
20	高压架空引入线拉紧装置		套	1	

第二章 室内变配电装置	第一节 变压器室布置方案
图号 2-2-1-36	图名 变压器室布置方案K2-19、23布置图及明细表

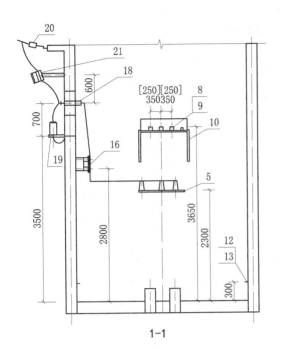

1-1

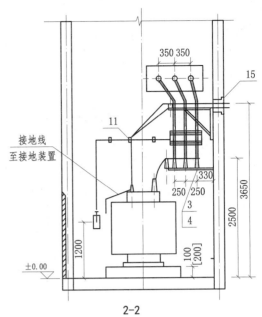

2-2

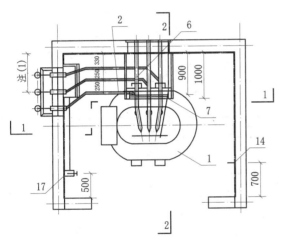

平面

注:(1) 侧墙上高压穿墙套管安装孔的平面位置由工程设计确定。
　　(2) "[ ]"内数据用于容量不大于630kVA的变压器。

主接线	变压器容量/kVA	熔断器电流/A 熔管/熔丝	
		6kV	10kV
	200	100/20	100/20
	250	100/30	100/20
	315	100/40	100/20
	400	100/40	100/30
	500	100/50	100/30
	630	100/75	100/40
	800	100/100	100/50
	1000	100/100	100/60
	1250	200/150	100/75

明　细　表

序号	名　称	型号及规格	单位	数量	备注
1	电力变压器	由工程设计确定	台	1	
2	高压母线	TMY-40×4	m	14	规格按变压器容量确定
3	高压母线夹具	按母线截面确定	副	5	
4	高压支柱绝缘子	ZA-12(7.2)Y	个	5	
5	高压母线支架	形式13[12]	个	1	
6	低压相母线		m	12	
7	N线或PEN线		m	4	
8	低压母线夹具	按母线截面确定	副	3	
9	电车线路绝缘子	WX-01	个	3	
10	低压母线支架	形式2[1]	个	1	
11	低压母线夹板		副	1	
12	接地线		m	12	
13	固定钩		个	10	
14	临时接地接线柱		个	1	
15	低压母线穿墙板	形式2[1]	套	1	
16	隔离开关	GN19-10	台	1	用于≤630kVA
	负荷开关	FKN-12	台	1	用于≥800kVA
17	手动操动机构		台	1	为配套产品
18	户外穿墙套管	CWB-10(6)	个	3	
19	高压避雷器	HY5WS-17	个	3	
20	高压架空引入线拉紧装置		套	1	
21	跌落式熔断器	RW11-10	个	3	

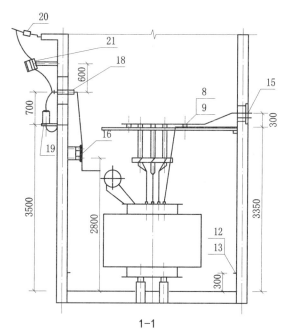

1-1

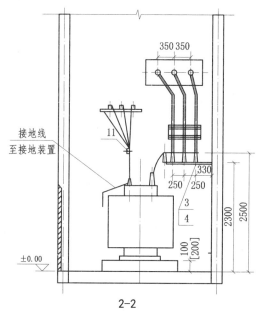

2-2

接地线
至接地装置

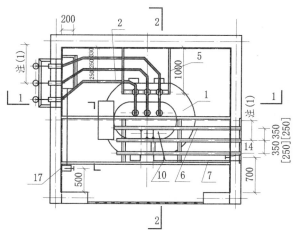

平面

注:(1) 侧墙上高压穿墙套管安装孔及低压母线出线孔的平面位置
由工程设计确定。
(2) "[ ]" 内数据用于容量不大于630kVA的变压器。

明 细 表

序号	名 称	型号及规格	单位	数量	备注
1	电力变压器	由工程设计确定	台	1	
2	高压母线	TMY	m	25	规格按变压器容量确定
3	高压母线夹具	按母线截面确定	副	5	
4	高压支柱绝缘子	ZA-12(7.2)Y	个	5	
5	高压母线支架	形式13[12]	个	1	
6	低压相母线		m	12	
7	N线或PEN线		m	4	
8	低压母线夹具	按母线截面确定	副	9	
9	电车线路绝缘子	WX-01	个	9	
10	低压母线桥架	形式2[1]	个	1	
11	低压母线夹板		副	1	
12	接地线		m	12	
13	固定钩		个	10	
14	临时接地接线柱		个	1	
15	低压母线穿墙板	形式2[1]	套	1	
16	隔离开关	GN19-10	台	1	用于≤630kVA
16	负荷开关	FKN-12	台	1	用于≥800kVA
17	手动操动机构		台	1	为配套产品
18	户外穿墙套管	CWB-10(6)	个	3	
19	高压避雷器	HY5WS-17	个	3	
20	高压架空引入线拉紧装置		套	1	
21	跌落式熔断器	RW11-10	个	3	

主接线	变压器容量/kVA	熔断器电流/A 熔管/熔丝	
		6kV	10kV
	200	100/20	100/20
	250	100/30	100/20
	315	100/40	100/20
	400	100/40	100/30
	500	100/50	100/30
	630	100/75	100/40
	800	100/100	100/50
	1000	100/100	100/60
	1250	200/150	100/75

第二章 室内变配电装置		第一节 变压器室布置方案
图号	2-2-1-38	图名	变压器室布置方案K1-25、27布置图及明细表

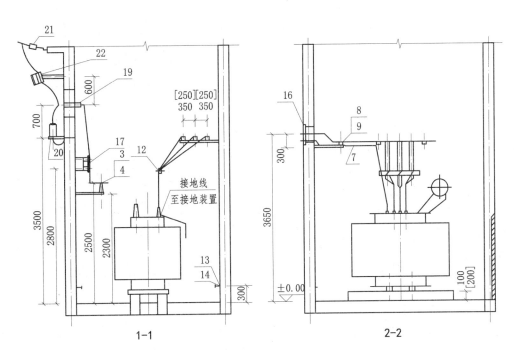

1—1   2—2

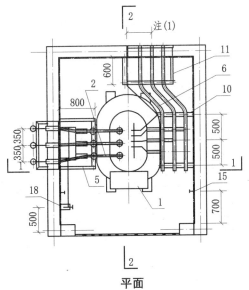

平面

注: (1) 后墙上低压母线出线孔的平面位置由工程设计确定。
    (2) "[ ]"内数据用于容量不大于630kVA的变压器。

明 细 表

序号	名 称	型号及规格	单位	数量	备 注
1	电力变压器	由工程设计确定	台	1	
2	高压母线	TMY	m	25	规格按变压器容量确定
3	高压母线夹具	按母线截面确定	副	3	
4	高压支柱绝缘子	ZA-12(7.2)Y	个	3	
5	高压母线支架	形式16[15]	个	1	
6	低压相母线		m	12	
7	N线或PEN线		m	4	
8	低压母线夹具	按母线截面确定	副	9	
9	电车线路绝缘子	WX-01	个	9	
10	低压母线支架	形式5[2]	个	2	
11	低压母线支架	形式2[1]	个	1	
12	低压母线夹板		副	1	
13	接地线		m	12	
14	固定钩		个	10	
15	临时接地接线柱		个	1	
16	低压母线穿墙板	形式2[1]	套	1	
17	隔离开关	GN19-10	台	1	用于≤630kVA
17	负荷开关	FKN-12	台	1	用于≥800kVA
18	手动操动机构		台	1	为配套产品
19	户外穿墙套管	CWB-10(6)	个	3	
20	高压避雷器	HY5WS-17	个	3	
21	高压架空引入线拉紧装置		套	1	
22	跌落式熔断器	RW11-10	个	3	

主接线	变压器容量/kVA	熔断器电流/A 熔管/熔丝	
		6kV	10kV
	200	100/20	100/20
	250	100/30	100/20
	315	100/40	100/20
	400	100/40	100/30
	500	100/50	100/30
	630	100/75	100/40
	800	100/100	100/50
	1000	100/100	100/60
	1250	200/150	100/75

第二章　室内变配电装置		第一节　变压器室布置方案
图号	2-2-1-39	图名 变压器室布置方案K2-24、26布置图及明细表

251

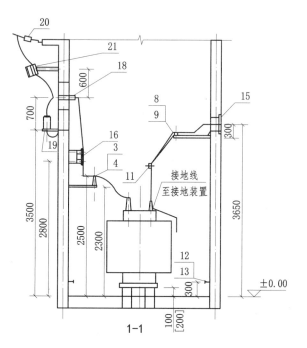

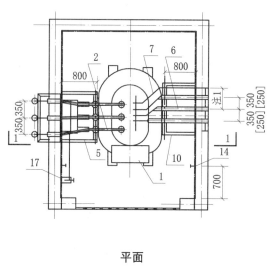

平面

注:(1) 侧墙上低压母线出线孔的平面位置由工程设计确定。
　　(2) "[ ]"内数据用于容量不大于630kVA的变压器。

明 细 表

序号	名 称	型号及规格	单位	数量	备注
1	电力变压器	由工程设计确定	台	1	
2	高压母线	TMY	m	25	规格按变压器容量确定
3	高压母线夹具	按母线截面确定	副	3	
4	高压支柱绝缘子	ZA-12(7.2)Y	个	3	
5	高压母线支架	形式16[15]	个	1	
6	低压相母线		m	12	
7	N线或PEN线		m	4	
8	低压母线夹具	按母线截面确定	副	3	
9	电车线路绝缘子	WX-01	个	3	
10	低压母线支架	形式4[3]	套	1	
11	低压母线夹板		副	1	
12	接地线		m	12	
13	固定钩		个	10	
14	临时接地接线柱		个	1	
15	低压母线穿墙板	形式2[1]	套	1	
16	隔离开关	GN19-10	台	1	用于≤630kVA
16	负荷开关	FKN-12	台	1	用于≥800kVA
17	手动操动机构		台	1	为配套产品
18	户外穿墙套管	CWB-10(6)	个	3	
19	高压避雷器	HY5WS-17	个	3	
20	高压架空引入线拉紧装置		套	1	
21	跌落式熔断器	RW11-10	个	3	

主接线	变压器 容 量 /kVA	熔断器电流/A 熔管/熔丝	
		6kV	10kV
	200	100/20	100/20
	250	100/30	100/20
	315	100/40	100/20
	400	100/40	100/30
	500	100/50	100/30
	630	100/75	100/40
	800	100/100	100/50
	1000	100/100	100/60
	1250	200/150	100/75

第二章　室内变配电装置		第一节　变压器室布置方案
图号	2-2-1-40	图名　变压器室布置方案K2-25、27布置图及明细表

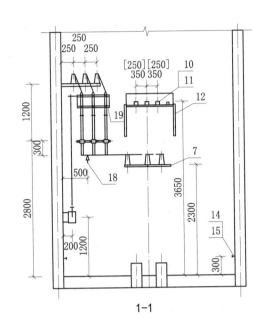

1-1

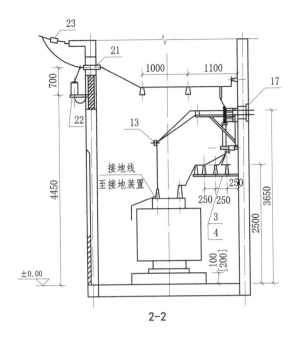

2-2

平面

注："[ ]"内数据用于容量不大于630kVA的变压器。

明 细 表

序号	名 称	型号及规格	单位	数量	备 注
1	电力变压器	由工程设计确定	台	1	
2	高压母线	TMY	m	25	规格按变压器容量确定
3	高压母线夹具	按母线截面确定	副	14	
4	高压支柱绝缘子	ZA-12(7.2)Y	个	14	
5	高压母线支架	形式15	个	2	
6	高压母线支架	形式12	个	1	
7	高压母线支架	形式13[12]	个	1	
8	低压相母线		m	12	
9	N线或PEN线		m	4	
10	低压母线夹具	按母线截面确定	副	3	
11	电车线路绝缘子	WX-01	个	3	
12	低压母线支架	形式2[1]	套	1	
13	低压母线夹板		副	1	
14	接地线		m	12	
15	固定钩		个	10	
16	临时接地接线柱		个	1	
17	低压母线穿墙板	形式2[1]	套	1	
18	高低压母线支架（三）	形式16	个	1	
19	隔离开关	GN19-10	台	1	用于≤630kVA
	熔断器	XRNT1-10	个	3	
	负荷开关带熔断器	FKRN-12	台	1	用于≥800kVA
20	手动操动机构		台	1	为配套产品
21	户外穿墙套管	CWB-10(6)	个	3	
22	高压避雷器	HY5WS-17	个	3	
23	高压架空引入线拉紧装置		套	1	

主接线	变压器容量/kVA	熔体额定电流/A	
		10kV	6kV
	200、250 315、400	63	63
	500、630	63	80
	800	80	100
	1000	100	125
	1250	100	160*

注：*为双拼

第二章　室内变配电装置		第一节　变压器室布置方案
图号	2-2-1-41	图名

变压器室布置方案F1-16、20布置图及明细表

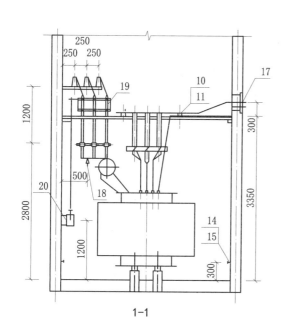

1—1

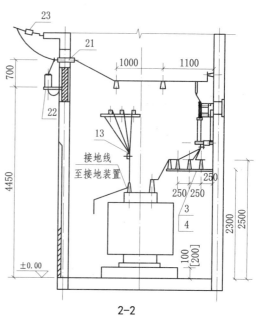

2—2

注：(1) 侧墙上低压母线出线孔的平面位置由工程设计确定。
　　 (2) "[ ]"内数据用于容量不大于630kVA的变压器。

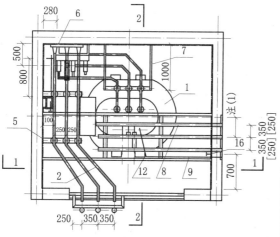

平面

主接线	变压器容量 /kVA	熔体额定电流/A	
		10kV	6kV
	200、250 315、400	63	63
	500、630	63	80
	800	80	100
	1000	100	125
	1250	100	160*
注：*为双拼			

明 细 表

序号	名 称	型号及规格	单位	数量	备注
1	电力变压器	由工程设计确定	台	1	
2	高压母线	TMY	m	25	规格按变压器容量确定
3	高压母线夹具	按母线截面确定	副	15	
4	高压支柱绝缘子	ZA-12(7.2)Y	个	15	
5	高压母线支架	形式15	个	2	
6	高压母线支架	形式12	个	1	
7	高压母线支架	形式13[12]	个	1	
8	低压相母线		m	12	
9	N线或PEN线		m	4	
10	低压母线夹具	按母线截面确定	副	9	
11	电车线路绝缘子	WX-01	个	9	
12	低压母线桥架	形式2[1]	个	1	
13	低压母线夹板		副	1	
14	接地线		m	12	
15	固定钩		个	10	
16	临时接地接线柱		个	1	
17	低压母线穿墙板	形式2[1]	套	1	
18	高低压母线支架(三)	形式16	个	1	
19	隔离开关	GN19-10	台	1	用于≤630kVA
	熔断器	XRNT1-10	个	3	
	负荷开关带熔断器	FKRN-12	台	1	用于≥800kVA
20	手动操动机构		台	1	为配套产品
21	户外穿墙套管	CWB-10(6)	个	3	
22	高压避雷器	HY5WS-17	个	3	
23	高压架空引入线拉紧装置		套	1	

第二章　室内变配电装置		第一节　变压器室布置方案
图号	2-2-1-42	图名　变压器室布置方案F1-17、21布置图及明细表

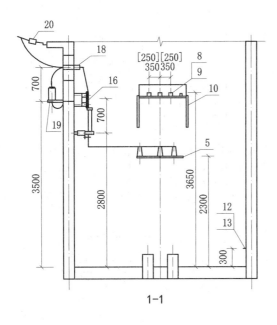

1-1

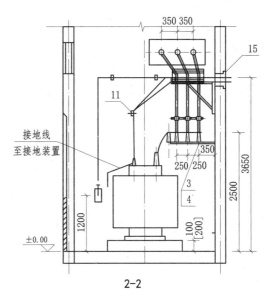

2-2

注:(1) 侧墙上高压穿墙套管安装孔的平面位置由工程设计确定。
(2) "[ ]"内数据用于容量不大于630kVA的变压器。

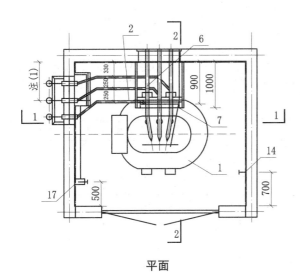

平面

主接线	变压器容量/kVA	熔体额定电流/A	
		10kV	6kV
	200、250 315、400	63	63
	500、630	63	80
	800	80	100
	1000	100	125
	1250	100	160*
注:*为双拼			

明 细 表

序号	名 称	型号及规格	单位	数量	备注
1	电力变压器	由工程设计确定	台	1	
2	高压母线	TMY	m	25	规格按变压器容量确定
3	高压母线夹具	按母线截面确定	副	5	
4	高压支柱绝缘子	ZA-12(7.2)Y	个	5	
5	高压母线支架	形式13[12]	个	1	
6	低压相母线		m	12	
7	N线或PEN线		m	4	
8	低压母线夹具	按母线截面确定	副	3	
9	电车线路绝缘子	WX-01	个	3	
10	低压母线支架	形式2[1]	个	1	
11	低压母线夹板		副	1	
12	接地线		m	12	
13	固定钩		个	10	
14	临时接地接线柱		个	1	
15	低压母线穿墙板	形式2[1]	套	1	
16	隔离开关	GN19-10	台	1	用于≤630kVA
	熔断器	XRNT1-10	个	3	
	负荷开关带熔断器	FKRN-12	台	1	用于≥800kVA
17	手动操动机构		台	1	为配套产品
18	户外穿墙套管	CWB-10(6)	个	3	
19	高压避雷器	HY5WS-17	个	3	
20	高压架空引入线拉紧装置		套	1	

第二章 室内变配电装置		第一节 变压器室布置方案
图号	2-2-1-43	图名 变压器室布置方案F1-18、22布置图及明细表

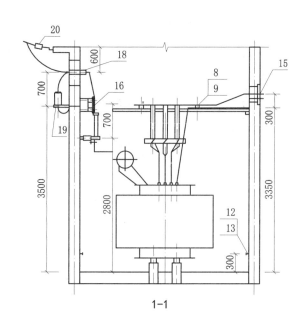

1-1

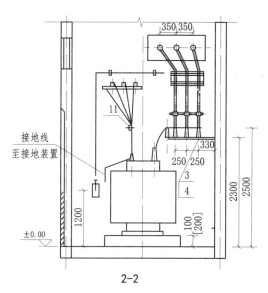

接地线
至接地装置

2-2

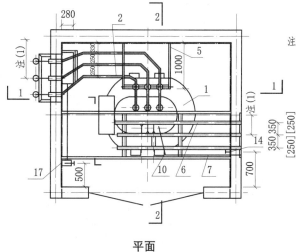

平面

注:(1) 侧墙上高压穿墙套管安装孔及低压母线出线孔的平面位置由工程设计确定。
(2) "[ ]"内数据用于容量不大于630kVA的变压器。

明 细 表

序号	名 称	型号及规格	单位	数量	备注
1	电力变压器	由工程设计确定	台	1	
2	高压母线	TMY	m	25	规格按变压器容量确定
3	高压母线夹具	按母线截面确定	副	6	
4	高压支柱绝缘子	ZA-12(7.2)Y	个	6	
5	高压母线支架	形式13[12]	个	1	
6	低压相母线		m	12	
7	N线或PEN线		m	4	
8	低压母线夹具	按母线截面确定	副	9	
9	电车线路绝缘子	WX-01	个	9	
10	低压母线桥架	形式2[1]	个	1	
11	低压母线夹板		副	1	
12	接地线		m	12	
13	固定钩		个	10	
14	临时接地接线柱		个	1	
15	低压母线穿墙板	形式2[1]	套	1	
16	隔离开关	GN19-10	台	1	用于≤630kVA
	熔断器	XRNT1-10	个	3	
	负荷开关带熔断器	FKRN-12	台	1	用于≥800kVA
17	手动操动机构		台	1	为配套产品
18	户外穿墙套管	CWB-10(6)	个	3	
19	高压避雷器	HY5WS-17	个	3	
20	高压架空引入线拉紧装置		套	1	

主接线	变压器容量 /kVA	熔体额定电流/A	
		10kV	6kV
	200、250 315、400	63	63
	500、630	63	80
	800	80	100
	1000	100	125
	1250	100	160*

注:*为双拼

第二章 室内变配电装置	第一节 变压器室布置方案
图号 2-2-1-44	图名 变压器室布置方案F1-19、23布置图及明细表

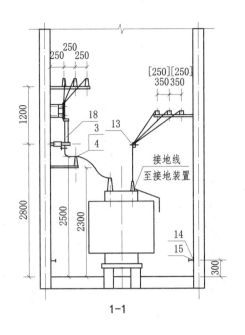

1-1

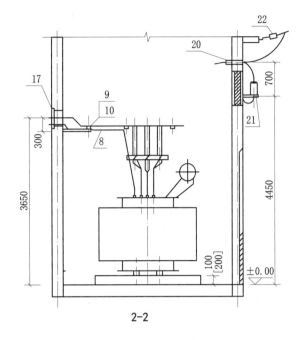

2-2

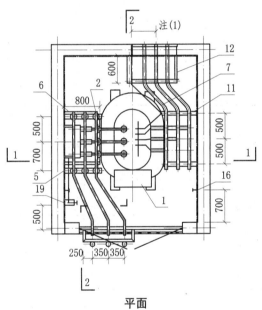

平面

注:(1) 后墙上低压母线出线孔的平面位置由工程设计确定。
　　(2) "[　]"内数据用于容量不大于630kVA的变压器。

明　细　表

序号	名　称	型号及规格	单位	数量	备　注
1	电力变压器	由工程设计确定	台	1	
2	高压母线	TMY	m	25	规格按变压器容量确定
3	高压母线夹具	按母线截面确定	副	9	
4	高压支柱绝缘子	ZA-12(7.2)Y	个	9	
5	高压母线支架	形式15	个	2	
6	高压母线支架	形式16[15]	个	1	
7	低压相母线		m	12	
8	N线或PEN线		m	4	
9	低压母线夹具	按母线截面确定	副	9	
10	电车线路绝缘子	WX-01	个	9	
11	低压母线支架	形式5[2]	个	2	
12	低压母线支架	形式2[1]	个	1	
13	低压母线夹板		副	1	
14	接地线		m	12	
15	固定钩		个	10	
16	临时接地接线柱		个	1	
17	低压母线穿墙板	形式2[1]	套	1	
18	隔离开关	GN19-10	台	1	用于≤630kVA
18	熔断器	XRNT1-10	个	3	用于≤630kVA
18	负荷开关带熔断器	FKRN-12	台	1	用于≥800kVA
19	手动操动机构		台	1	为配套产品
20	户外穿墙套管	CWB-10(6)	个	3	
21	高压避雷器	HY5WS-17	个	3	
22	高压架空引入线拉紧装置		套	1	

主接线	变压器容量/kVA	熔体额定电流/A	
		10kV	6kV
	200、250、315、400	63	63
	500、630	63	80
	800	80	100
	1000	100	125
	1250	100	160*
注:*为双拼			

第二章　室内变配电装置		第一节　变压器室布置方案
图号	2-2-1-45	图名　变压器室布置方案F2-16、20布置图及明细表

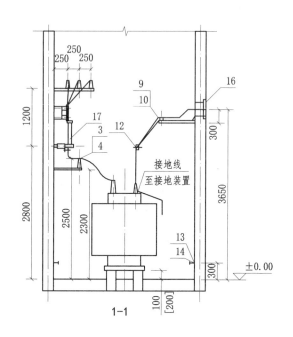

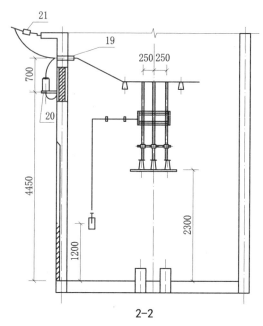

1-1

2-2

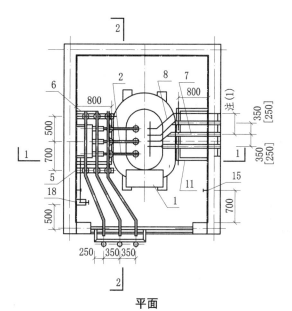

平面

注: (1) 侧墙上低压母线出线孔的平面位置由工程设计确定。
(2) "[ ]" 内数据用于容量不大于630kVA的变压器。

明 细 表

序号	名 称	型号及规格	单位	数量	备 注
1	电力变压器	由工程设计确定	台	1	
2	高压母线	TMY	m	25	规格按变压器容量确定
3	高压母线夹具	按母线截面确定	副	9	
4	高压支柱绝缘子	ZA-12(7.2)Y	个	9	
5	高压母线支架	形式15	个	2	
6	高压母线支架	形式16[15]	个	1	
7	低压相母线		m	12	
8	N线或PEN线		m	4	
9	低压母线夹具	按母线截面确定	副	3	
10	电车线路绝缘子	WX-01	个	3	
11	低压母线支架	形式4[3]	个	1	
12	低压母线夹板		副	1	
13	接地线		m	12	
14	固定钩		个	10	
15	临时接地接线柱		个	1	
16	低压母线穿墙板	形式2[1]	套	1	
17	隔离开关	GN19-10	台	1	用于≤630kVA
	熔断器	XRNT1-10	个	3	
	负荷开关带熔断器	FKRN-12	台	1	用于≥800kVA
18	手动操动机构		台	1	为配套产品
19	户外穿墙套管	CWB-10(6)	个	3	
20	高压避雷器	HY5WS-17	个	3	
21	高压架空引入线拉紧装置		套	1	

主接线	变压器容量/kVA	熔体额定电流/A	
		10kV	6kV
	200、250 315、400	63	63
	500、630	63	80
	800	80	100
	1000	100	125
	1250	100	160*

注: *为双拼

第二章 室内变配电装置	第一节 变压器室布置方案
图号 2-2-1-46	图名 变压器室布置方案F2-17、21布置图及明细表

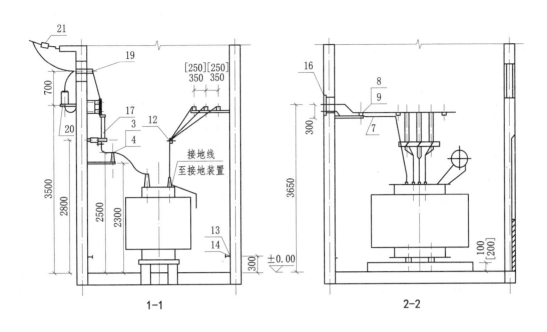

1—1   2—2

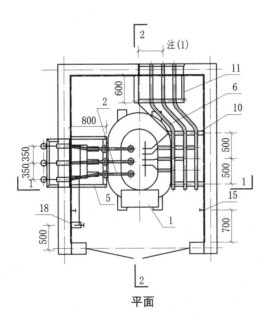

平面

注:(1) 后墙上低压母线出线孔的平面位置由工程设计确定。
　　(2) "[ ]"内数据用于容量不大于630kVA的变压器。

明　细　表

序号	名　称	型号及规格	单位	数量	备　注
1	电力变压器	由工程设计确定	台	1	
2	高压母线	TMY	m	25	规格按变压器容量确定
3	高压母线夹具	按母线截面确定	副	3	
4	高压支柱绝缘子	ZA-12(7.2)Y	个	3	
5	高压母线支架	形式16[15]	个	1	
6	低压相母线		m	12	
7	N线或PEN线		m	4	
8	低压母线夹具	按母线截面确定	副	9	
9	电车线路绝缘子	WX-01	个	9	
10	低压母线支架	形式5[2]	个	2	
11	低压母线支架	形式2[1]	个	1	
12	低压母线夹板		副	1	
13	接地线		m	12	
14	固定钩		个	10	
15	临时接地接线柱		个	1	
16	低压母线穿墙板	形式2[1]	套	1	
17	隔离开关	GN19-10	台	1	用于≤630kVA
17	熔断器	XRNT1-10	个	3	用于≤630kVA
17	负荷开关带熔断器	FKRN-12	台	1	用于≥800kVA
18	手动操动机构		台	1	为配套产品
19	户外穿墙套管	CWB-10(6)	个	3	
20	高压避雷器	HY5WS-17	个	3	
21	高压架空引入线拉紧装置		套	1	

主接线	变压器容量/kVA	熔体额定电流/kVA	
		10kV	6kV
	200、250 315、400	63	63
	500、630	63	80
	800	80	100
	1000	100	125
	1250	100	160*

注: *为双拼

第二章　室内变配电装置		第一节　变压器室布置方案
图号	2-2-1-47	图名　变压器室布置方案F2-18、22布置图及明细表

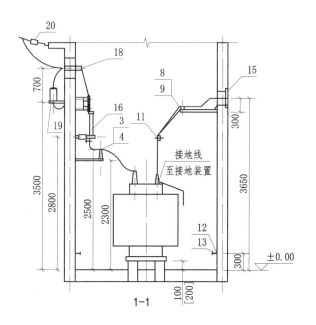

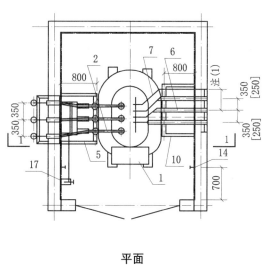

1—1

平面

注:(1) 侧墙上低压母线出线孔的平面位置由工程设计确定。
　　(2) "[ ]"内数据用于容量不大于630kVA的变压器。

主接线	变压器容量 /kVA	熔体额定电流/A	
		10kV	6kV
	200、250 315、400	63	63
	500、630	63	80
	800	80	100
	1000	100	125
	1250	100	160*
注：*为双拼			

明 细 表

序号	名　称	型号及规格	单位	数量	备　注
1	电力变压器	由工程设计确定	台	1	
2	高压母线	TMY	m	25	规格按变压器容量确定
3	高压母线夹具	按母线截面确定	副	3	
4	高压支柱绝缘子	ZA-12(7.2)Y	个	3	
5	高压母线支架	形式16[15]	个	1	
6	低压相母线		m	12	
7	N线或PEN线		m	4	
8	低压母线夹具	按母线截面确定	副	3	
9	电车线路绝缘子	WX-01	个	3	
10	低压母线支架	形式4[3]	个	1	
11	低压母线夹板		副	1	
12	接地线		m	12	
13	固定钩		个	10	
14	临时接地接线柱		个	1	
15	低压母线穿墙板	形式2[1]	套	1	
16	隔离开关	GN19-10	个	1	用于≤630kVA
	熔断器	XRNT1-10	个	3	
	负荷开关带熔断器	FKRN-12	个	1	用于≥800kVA
17	手动操动机构		台	1	为配套产品
18	户外穿墙套管	CWB-10(6)	个	3	
19	高压避雷器	HY5WS-17	个	3	
20	高压架空引入线拉紧装置		套	1	

第二章　室内变配电装置	第一节　变压器室布置方案	
图号	2-2-1-48	图名	变压器室布置方案F2-19、23布置图及明细表

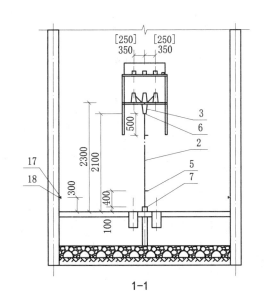

1-1

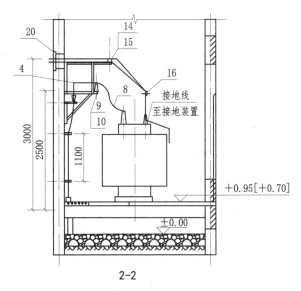

2-2

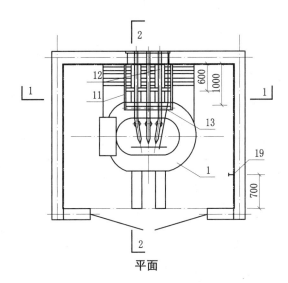

平面

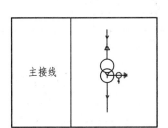

主接线

注："[ ]"内数据用于容量不大于630kVA的变压器。

明 细 表

序号	名 称	型号及规格	单位	数量	备注
1	电力变压器	由工程设计确定	台	1	
2	电缆	由工程设计确定	m	—	
3	电缆头	10（6）kV	个	1	
4	接线端子	按电缆芯截面确定	个	3	
5	电缆支架	按电缆外径确定	个	2	
6	电缆头支架		个	1	
7	电缆保护管	由工程设计确定	m	—	
8	高压母线	TMY	m	5	规格按变压器容量确定
9	高压母线夹具	按母线截面确定	副	3	
10	高压支柱绝缘子	ZA-12(7.2)Y	个	3	
11	高低压母线支架	形式12[11]	个	1	
12	低压相母线		m	9	
13	N线或PEN线		m	4	
14	低压母线夹具	按母线截面确定	副	3	
15	电车线路绝缘子	WX-01	个	3	
16	低压母线夹板		副	1	
17	接地线		m	12	
18	固定钩		个	10	
19	临时接地接线柱		个	1	
20	低压母线穿墙板	形式2[1]	套	1	

第二章 室内变配电装置		第一节 变压器室布置方案	
图号	2-2-1-49	图名	变压器室布置方案F3-1布置图及明细表

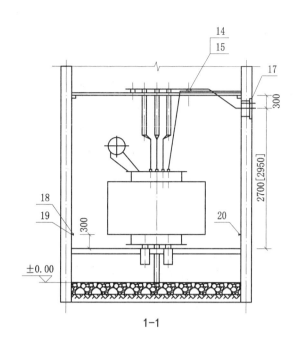

1-1

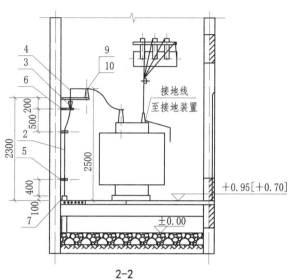

接地线
至接地装置

+0.95[+0.70]

2-2

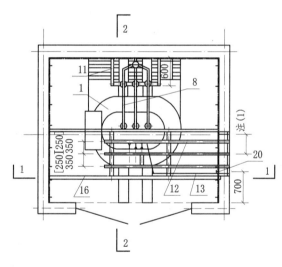

平面

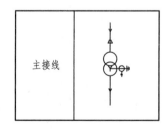

主接线

注：(1) 侧墙上低压母线出线孔的平面位置由工程设计确定。
    (2) "[ ]"内数据用于容量不大于630kVA的变压器。

明 细 表

序号	名 称	型号及规格	单位	数量	备注
1	电力变压器	由工程设计确定	台	1	
2	电缆	由工程设计确定	m	—	
3	电缆头	10(6)kV	个	1	
4	接线端子	按电缆芯截面确定	个	3	
5	电缆支架	按电缆外径确定	个	2	
6	电缆头支架		个	1	
7	电缆保护管	由工程设计确定	m	—	
8	高压母线	TMY	m	5	规格按变压器容量确定
9	高压母线夹具	按母线截面确定	副	3	
10	高压支柱绝缘子	ZA-12(7.2)Y	个	3	
11	高压母线支架	形式13[12]	个	1	
12	低压相母线		m	12	
13	N线或PEN线		m	4	
14	低压母线夹具	按母线截面确定	副	9	
15	电车线路绝缘子	WX-01	个	9	
16	低压母线桥架	形式2[1]	个	1	
17	低压母线穿墙板	形式2[1]	套	1	
18	接地线		m	12	
19	固定钩		个	10	
20	临时接地接线柱		个	1	

第二章 室内变配电装置		第一节 变压器室布置方案
图号	2-2-1-50	图名 变压器室布置方案F3-2、3布置图及明细表

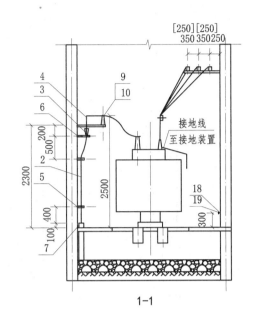

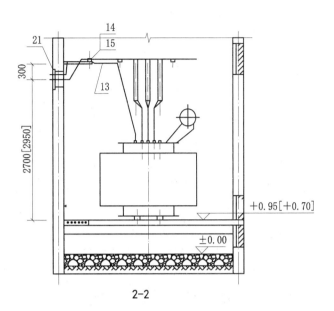

1-1

2-2

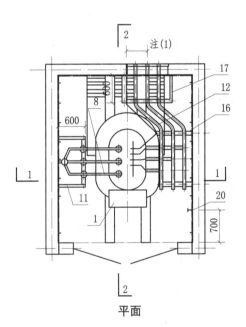

平面

注:(1) 后墙上低压母线出线孔的平面位置由工程设计确定。
(2) "[ ]"内数据用于容量不大于630kVA的变压器。

明 细 表

序号	名 称	型号及规格	单位	数量	备注
1	电力变压器	由工程设计确定	台	1	
2	电缆	由工程设计确定	m	—	
3	电缆头	10（6）kV	个	1	
4	接线端子	按电缆芯截面确定	个	3	
5	电缆支架	按电缆外径确定	个	2	
6	电缆头支架		个	1	
7	电缆保护管	由工程设计确定	m	—	
8	高压母线	TMY	m	5	规格按变压器容量确定
9	高压母线夹具	按母线截面确定	副	3	
10	高压支柱绝缘子	ZA-12(7.2)Y	个	3	
11	高压母线支架	形式13[12]	个	1	
12	低压相母线		m	12	
13	N线或PEN线		m	4	
14	低压母线夹具	按母线截面确定	副	9	
15	电车线路绝缘子	WX-01	个	9	
16	低压母线支架	形式5[2]	套	2	
17	低压母线支架	形式2[1]	套	1	
18	接地线		m	12	
19	固定钩		个	10	
20	临时接地接线柱		个	1	
21	低压母线穿墙板	形式2[1]	套	1	

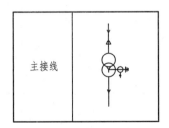

主接线

第二章　室内变配电装置		第一节　变压器室布置方案	
图号	2-2-1-51	图名	变压器室布置方案F4-1布置图及明细表

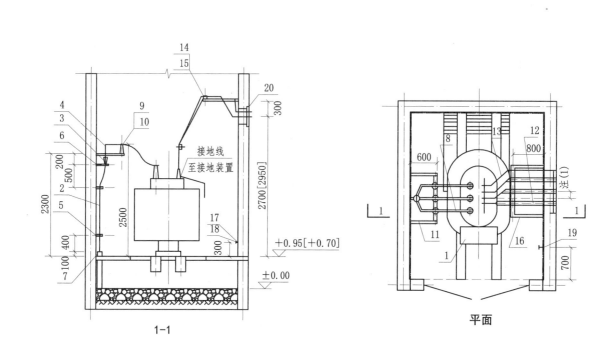

平面

1-1

接地线
至接地装置

+0.95[+0.70]

±0.00

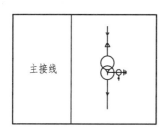

主接线

注:(1) 侧墙上低压母线出线孔的平面位置由工程设计确定。
(2) "[ ]"内数据用于容量不大于630kVA的变压器。

明 细 表

序号	名 称	型号及规格	单位	数量	备注
1	电力变压器	由工程设计确定	台	1	
2	电缆	由工程设计确定	m	—	
3	电缆头	10(6) kV	个	1	
4	接线端子	按电缆芯截面确定	个	3	
5	电缆支架	按电缆外径确定	个	2	
6	电缆头支架		个	1	
7	电缆保护管	由工程设计确定	m	—	
8	高压母线	TMY	m	5	规格按变压器容量确定
9	高压母线夹具	按母线截面确定	副	3	
10	高压支柱绝缘子	ZA-12(7.2)Y	个	3	
11	高压母线支架	形式13[12]	个	1	
12	低压相母线		m	12	
13	N线或PEN线		m	4	
14	低压母线夹具	按母线截面确定	副	3	
15	电车线路绝缘子	WX-01	个	3	
16	低压母线支架	形式4[3]	套	1	
17	接地线		m	12	
18	固定钩		个	10	
19	临时接地接线柱		个	1	
20	低压母线穿墙板	形式2[1]	套	1	

第二章 室内变配电装置		第一节 变压器室布置方案
图号	2-2-1-52	图名 变压器室布置方案F4-2布置图及明细表

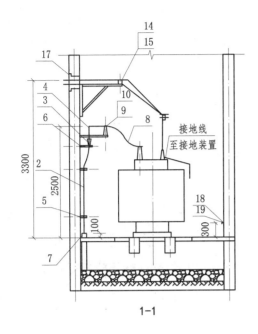

1-1

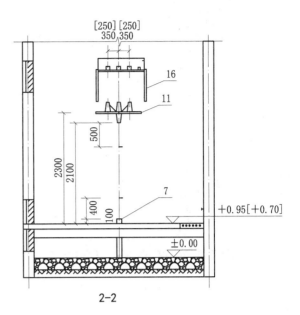

2-2

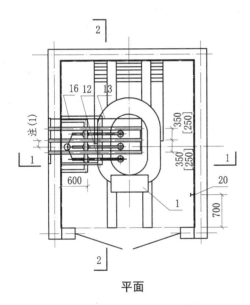

平面

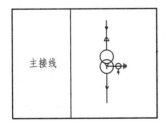

主接线

注：(1) 侧墙上低压母线出线孔的平面位置由工程设计确定。
(2) "[ ]"内数据用于容量不大于630kVA的变压器。

明 细 表

序号	名 称	型号及规格	单位	数量	备注
1	电力变压器	由工程设计确定	台	1	
2	电缆	由工程设计确定	m	—	
3	电缆头	10 (6) kV	个	1	
4	接线端子	按电缆芯截面确定	个	3	
5	电缆支架	按电缆外径确定	个	2	
6	电缆头支架		个	1	
7	电缆保护管	由工程设计确定	m	—	
8	高压母线	TMY	m	5	规格按变压器容量确定
9	高压母线夹具	按母线截面确定	副	3	
10	高压支柱绝缘子	ZA-12(7.2)Y	个	3	
11	高压母线支架	形式13[12]	个	1	
12	低压相母线		m	12	
13	N线或PEN线		m	4	
14	低压母线夹具	按母线截面确定	副	6	
15	电车线路绝缘子	WX-01	个	6	
16	低压母线支架	形式2[1]	个	1	
17	低压母线穿墙板	形式2[1]	套	1	
18	接地线		m	12	
19	固定钩		个	10	
20	临时接地接线柱		个	1	

第二章　室内变配电装置		第一节　变压器室布置方案
图号	2-2-1-53	图名　变压器室布置方案F4-3布置图及明细表

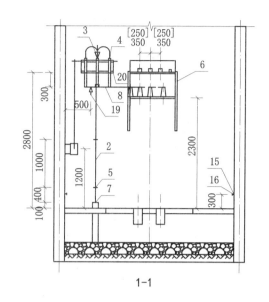

1-1

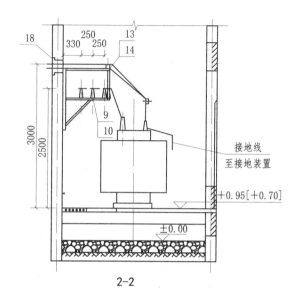

2-2

接地线
至接地装置

$+0.95[+0.70]$

± 0.00

注："[ ]"内数据用于容量不大于630kVA的变压器。

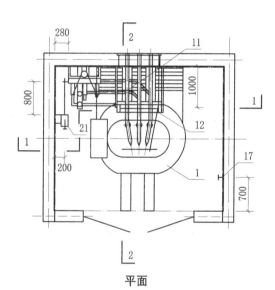

平面

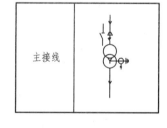

主接线

明 细 表

序号	名 称	型号及规格	单位	数量	备注
1	电力变压器	由工程设计确定	台	1	
2	电缆	由工程设计确定	m	—	
3	电缆头	10（6）kV	个	1	
4	接线端子	按电缆芯截面确定	个	3	
5	电缆支架	按电缆外径确定	个	3	
6	高低压母线支架（二）	形式12[11]	个	1	
7	电缆保护管	由工程设计确定	m	—	
8	高压母线	TMY	m	9	规格按变压器容量确定
9	高压母线夹具	按母线截面确定	副	7	
10	高压支柱绝缘子	ZA-12(7.2)Y	个	7	
11	低压相母线		m	12	
12	N线或PEN线		m	4	
13	低压母线夹具	按母线截面确定	副	3	
14	电车线路绝缘子	WX-01	个	3	
15	接地线		m	12	
16	固定钩		个	10	
17	临时接地接线柱		个	1	
18	低压母线穿墙板	形式2[1]	套	1	
19	高低压母线支架（三）	形式16	个	1	
20	隔离开关	GN19-10	台	1	用于≤630kVA
	负荷开关	FKN-12	台	1	用于≥800kVA
21	手动操动机构		台	1	为配套产品

第二章　室内变配电装置		第一节　变压器室布置方案
图号	2-2-1-54	图名 变压器室布置方案F3-4、7布置图及明细表

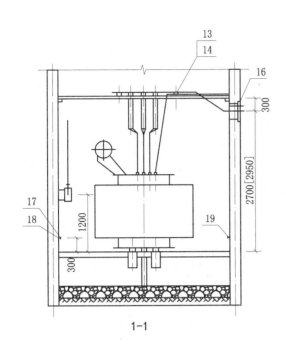

1—1

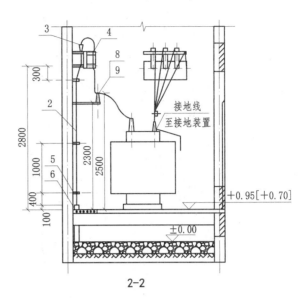

2—2

注:(1) 侧墙上低压母线出线孔的平面位置由工程设计确定。
   (2) "[ ]"内数据用于容量不大于630kVA的变压器。

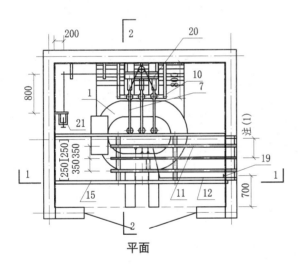

平面

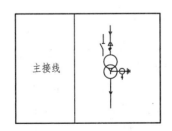

主接线

明 细 表

序号	名 称	型号及规格	单位	数量	备注
1	电力变压器	由工程设计确定	台	1	
2	电缆	由工程设计确定	m	—	
3	电缆头	10（6）kV	个	1	
4	接线端子	按电缆芯截面确定	个	3	
5	电缆支架	按电缆外径确定	个	3	
6	电缆保护管	由工程设计确定	m	—	
7	高压母线	TMY	m	5	规格按变压器容量确定
8	高压母线夹具	按母线截面确定	副	3	
9	高压支柱绝缘子	ZA-12(7.2)Y	个	3	
10	高压母线支架	形式16[15]	个	1	
11	低压相母线		m	15	
12	N线或PEN线		m	5	
13	低压母线夹具	按母线截面确定	副	9	
14	电车线路绝缘子	WX-01	个	9	
15	低压母线桥架	形式2[1]	个	1	
16	低压母线穿墙板	形式2[1]	套	1	
17	接地线		m	12	
18	固定钩		个	10	
19	临时接地接线柱		个	1	
20	隔离开关	GN19-10	台	1	用于≤630kVA
	负荷开关	FKN-12	台	1	用于≥800kVA
21	手动操动机构		台	1	为配套产品

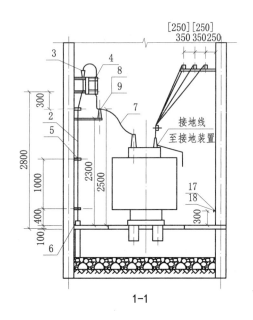

1-1

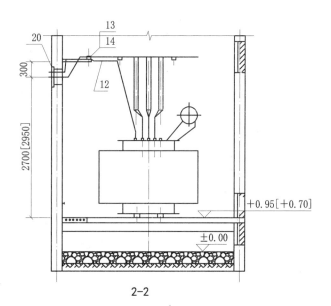

2-2

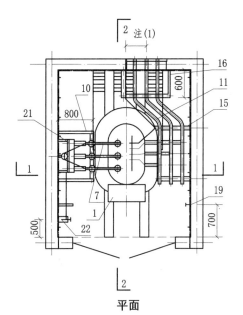

平面

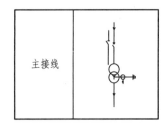

主接线

注:(1) 后墙上低压母线出线孔的平面位置由工程设计确定。
    (2) "[ ]"内数据用于容量不大于630kVA的变压器。

明 细 表

序号	名 称	型号及规格	单位	数量	备注
1	电力变压器	由工程设计确定	台	1	
2	电缆	由工程设计确定	m	—	
3	电缆头	10（6）kV	个	1	
4	接线端子	按电缆芯截面确定	个	3	
5	电缆支架	按电缆外径确定	个	3	
6	电缆保护管	由工程设计确定	m	—	
7	高压母线	TMY	m	5	规格按变压器容量确定
8	高压母线夹具	按母线截面确定	副	3	
9	高压支柱绝缘子	ZA-12(7.2)Y	个	3	
10	高压母线支架	形式16[15]	个	1	
11	低压相母线		m	12	
12	N线或PEN线		m	4	
13	低压母线夹具	按母线截面确定	副	9	
14	电车线路绝缘子	WX-01	个	9	
15	低压母线支架	形式5[2]	套	2	
16	低压母线支架	形式2[1]	套	1	
17	接地线		m	12	
18	固定钩		个	10	
19	临时接地接线柱		个	1	
20	低压母线穿墙板	形式2[1]	套	1	
21	隔离开关	GN19-10	台	1	用于≤630kVA
	负荷开关	FKN-12	台	1	用于≥800kVA
22	手动操作机构		台	1	为配套产品

第二章 室内变配电装置		第一节 变压器室布置方案
图号	2-2-1-56	图名 变压器室布置方案F4-4、7布置图及明细表

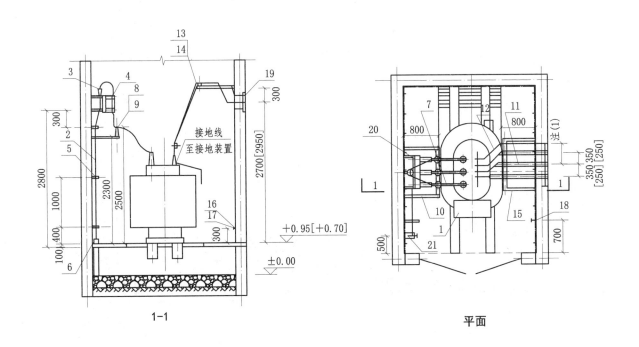

1—1

平面

接地线
至接地装置

+0.95[+0.70]

±0.00

注:(1) 侧墙上低压母线出线孔的平面位置由工程设计确定。
　　(2) "[ ]"内数据用于容量不大于630kVA的变压器。

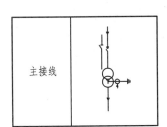

主接线

明　细　表

序号	名　称	型号及规格	单位	数量	备注
1	电力变压器	由工程设计确定	台	1	
2	电缆	由工程设计确定	m	—	
3	电缆头	10（6）kV	个	1	
4	接线端子	按电缆芯截面确定	个	3	
5	电缆支架	按电缆外径确定	个	3	
6	电缆保护管	由工程设计确定	m	—	
7	高压母线	TMY	m	5	规格按变压器容量确定
8	高压母线夹具	按母线截面确定	副	3	
9	高压支柱绝缘子	ZA-12(7.2)Y	个	3	
10	高压母线支架	形式16[15]	个	1	
11	低压相母线		m	12	
12	N线或PEN线		m	4	
13	低压母线夹具	按母线截面确定	副	3	
14	电车线路绝缘子	WX-01	个	3	
15	低压母线支架	形式4[3]	套	1	
16	接地线		m	12	
17	固定钩		个	10	
18	临时接地接线柱		个	1	
19	低压母线穿墙板	形式2[1]	套	1	
20	隔离开关	GN19-10	台	1	用于≤630kVA
20	负荷开关	FKN-12	台	1	用于≥800kVA
21	手动操作机构		台	1	为配套产品

第二章　室内变配电装置		第一节　变压器室布置方案
图号	2-2-1-57	图名　变压器室布置方案F4-5、8布置图及明细表

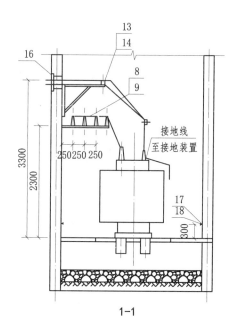

1-1

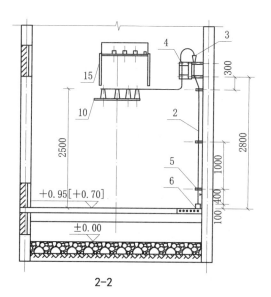

2-2

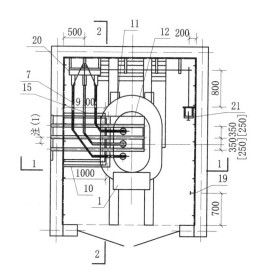

平面

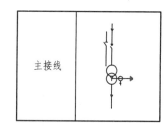

主接线

注:(1) 侧墙上低压母线出线孔的平面位置由工程设计确定。
　　(2) "[ ]" 内数据用于容量不大于630kVA的变压器。

明 细 表

序号	名 称	型号及规格	单位	数量	备注
1	电力变压器	由工程设计确定	台	1	
2	电缆	由工程设计确定	m	—	
3	电缆头	10（6）kV	个	1	
4	接线端子	按电缆芯线截面确定	个	3	
5	电缆支架	按电缆外径确定	个	3	
6	电缆保护管	由工程设计确定	m	—	
7	高压母线	TMY	m	9	规格按变压器容量确定
8	高压母线夹具	按母线截面确定	副	5	
9	高压支柱绝缘子	ZA-12(7.2)Y	个	5	
10	高压母线支架	形式13[12]	个	1	
11	低压相母线		m	12	
12	N线或PEN线		m	4	
13	低压母线夹具	按母线截面确定	副	6	
14	电车线路绝缘子	WX-01	个	6	
15	低压母线支架	形式2[1]	个	1	
16	低压母线穿墙板	形式2[1]	套	1	
17	接地线		m	12	
18	固定钩		个	10	
19	临时接地接线柱		个	1	
20	隔离开关	GN19-10	台	1	用于≤630kVA
	负荷开关	FKN-12	台	1	用于≥800kVA
21	手动操动机构		台	1	为配套产品

第二章　室内变配电装置	第一节　变压器室布置方案
图号　2-2-1-58	图名　变压器室布置方案F4-6、9布置图及明细表

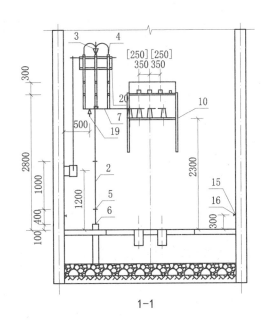

1-1

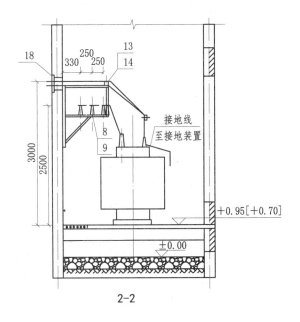

2-2

注："[ ]"内数据用于容量不大于630kVA的变压器。

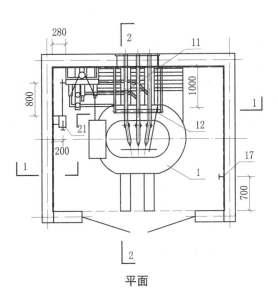

平面

主接线	变压器容量/kVA	熔体额定电流/A	
		10kV	6kV
	200、250 315、400	63	63
	500、630	63	80
	800	80	100
	1000	100	125
	1250	100	160*
注：*为双拼			

明 细 表

序号	名 称	型号及规格	单位	数量	备注
1	电力变压器	由工程设计确定	台	1	
2	电缆	由工程设计确定	m	—	
3	电缆头	10（6）kV	个	1	
4	接线端子	按电缆芯截面确定	个	3	
5	电缆支架	按电缆外径确定	个	3	
6	电缆保护管	由工程设计确定	m	—	
7	高压母线	TMY	m	9	规格按变压器容量确定
8	高压母线夹具	按母线截面确定	副	7	
9	高压支柱绝缘子	ZA-12(7.2)Y	个	7	
10	高低压母线支架	形式12[11]	套	1	
11	低压相母线		m	12	
12	N线或PEN线		m	4	
13	低压母线夹具	按母线截面确定	副	3	
14	电车线路绝缘子	WX-01	个	3	
15	接地线		m	12	
16	固定钩		个	10	
17	临时接地接线柱		个	1	
18	低压母线穿墙板	形式2[1]	套	1	
19	高低压母线支架（三）	形式16	个	1	
20	隔离开关	GN19-10	台	1	用于≤630kVA
	熔断器	XRNT1-10	个	3	
	负荷开关带熔断器	FKRN-12	台	1	用于≥800kVA
21	手动操动机构		台	1	为配套产品

第二章 室内变配电装置		第一节 变压器室布置方案	
图号	2-2-1-59	图名	变压器室布置方案F3-10、13布置图及明细表

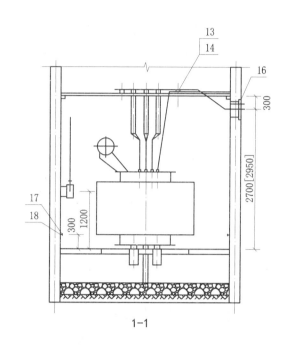

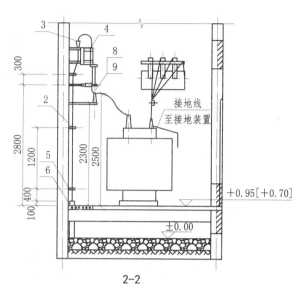

1—1

2—2

注:(1) 侧墙上低压母线出线孔的平面位置由工程设计确定。
(2) "[ ]"内数据用于容量不大于630kVA的变压器。

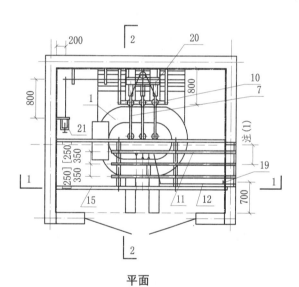

平面

主接线	变压器容量/kVA	熔体额定电流/A	
		10kV	6kV
	200、250 315、400	63	63
	500、630	63	80
	800	80	100
	1000	100	125
	1250	100	160*
注:*为双拼			

明 细 表

序号	名 称	型号及规格	单位	数量	备注
1	电力变压器	由工程设计确定	台	1	
2	电缆	由工程设计确定	m	—	
3	电缆头	10（6）kV	个	1	
4	接线端子	按电缆芯截面确定	个	3	
5	电缆支架	按电缆外径确定	个	3	
6	电缆保护管	由工程设计确定	m	—	
7	高压母线	TMY	m	5	规格按变压器容量确定
8	高压母线夹具	按母线截面确定	副	3	
9	高压支柱绝缘子	ZA-12(7.2)Y	个	3	
10	高压母线支架	形式16[15]	个	1	
11	低压相母线		m	15	
12	N线或PEN线		m	5	
13	低压母线夹具	按母线截面确定	副	9	
14	电车线路绝缘子	WX-01	个	9	
15	低压母线桥架	形式2[1]	个	1	
16	低压母线穿墙板	形式2[1]	套	1	
17	接地线		m	12	
18	固定钩		个	10	
19	临时接地接线柱		个	1	
20	隔离开关	GN19-10	台	1	用于≤630kVA
	熔断器	XRNT1-10	个	3	
	负荷开关带熔断器	FKRN-12	台	1	用于≥800kVA
21	手动操动机构		台	1	为配套产品

第二章 室内变配电装置	第一节 变压器室布置方案	
图号	2-2-1-60	图名 变压器室布置方案F3-11、12、14、15布置图及明细表

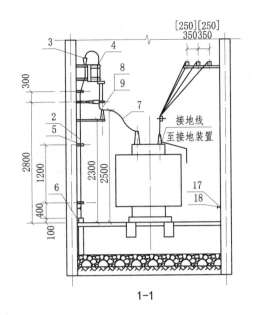

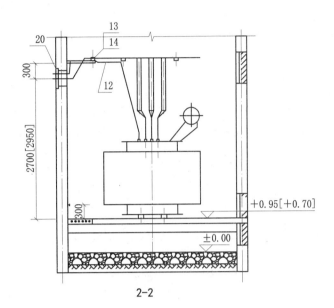

1-1

2-2

注:(1) 后墙上低压母线出线孔的平面位置由工程设计确定。
 (2) "[ ]"内数据用于容量不大于630kVA的变压器。

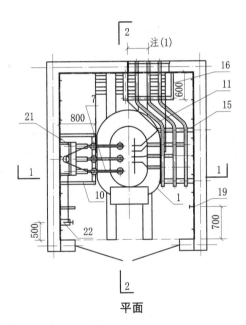

平面

主接线	变压器容量 /kVA	熔体额定电流/A	
		10kV	6kV
	200、250 315、400	63	63
	500、630	63	80
	800	80	100
	1000	100	125
	1250	100	160*

注:*为双拼

明 细 表

序号	名 称	型号及规格	单位	数量	备注
1	电力变压器	由工程设计确定	台	1	
2	电缆	由工程设计确定	m	—	
3	电缆头	10（6）kV	个	1	
4	接线端子	按电缆芯截面确定	个	3	
5	电缆支架	按电缆外径确定	个	3	
6	电缆保护管	由工程设计确定	m	—	
7	高压母线	TMY	m	5	规格按变压器容量确定
8	高压母线夹具	按母线截面确定	副	3	
9	高压支柱绝缘子	ZA-12(7.2)Y	个	3	
10	高压母线支架	形式16[15]	个	1	
11	低压相母线		m	12	
12	N线或PEN线		m	4	
13	低压母线夹具	按母线截面确定	副	9	
14	电车线路绝缘子	WX-01	个	9	
15	低压母线支架	形式4[3]	套	2	
16	低压母线支架	形式2[1]	套	1	
17	接地线		m	12	
18	固定钩		个	10	
19	临时接地接线柱		个	1	
20	低压母线穿墙板	形式2[1]	套	1	
21	隔离开关	GN19-10	台	1	用于≤630kVA
	熔断器	XRNT1-10	个	3	
	负荷开关带熔断器	FKRN-12	台	1	用于≥800kVA
22	手动操动机构		台	1	为配套产品

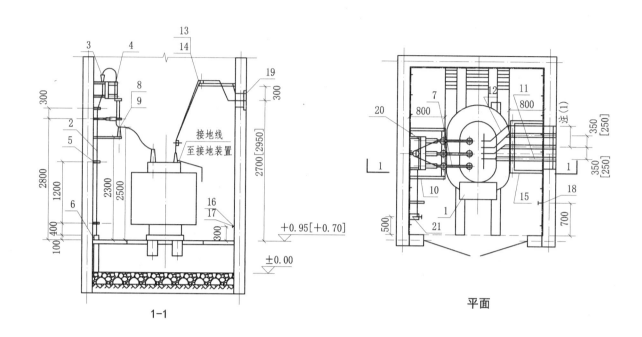

1-1

平面

注:(1) 侧墙上低压母线出线孔的平面位置由工程设计确定。
(2) "[ ]"内数据用于容量不大于630kVA的变压器。

明 细 表

序号	名 称	型号及规格	单位	数量	备 注
1	电力变压器	由工程设计确定	台	1	
2	电缆	由工程设计确定	m	—	
3	电缆头	10(6)kV	个	1	
4	接线端子	按电缆芯截面确定	个	3	
5	电缆支架	按电缆外径确定	个	3	
6	电缆保护管	由工程设计确定	m	—	
7	高压母线	TMY	m	5	规格按变压器容量确定
8	高压母线夹具	按母线截面确定	副	3	
9	高压支柱绝缘子	ZA-12(7.2)Y	个	3	
10	高压母线支架	形式16[15]	个	1	
11	低压相母线		m	12	
12	N线或PEN线		m	4	
13	低压母线夹具	按母线截面确定	副	3	
14	电车线路绝缘子	WX-01	个	3	
15	低压母线支架	形式4[3]	套	1	
16	接地线		m	12	
17	固定钩		个	10	
18	临时接地接线柱		个	1	
19	低压母线穿墙板	形式2[1]	套	1	
20	隔离开关	GN19-10	台	1	用于≤630kVA
	熔断器	XRNT1-10	个	1	
	负荷开关带熔断器	FKRN-12	台	1	用于≥800kVA
21	手动操动机构		台	1	为配套产品

主接线	变压器容量/kVA	熔体额定电流/A	
		10kV	6kV
	200、250 315、400	63	63
	500、630	63	80
	800	80	100
	1000	100	125
	1250	100	160*

注:*为双拼

第二章 室内变配电装置		第一节 变压器室布置方案
图号	2-2-1-62	图名 变压器室布置方案F4-11、14布置图及明细表

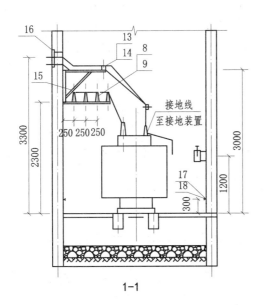

1-1

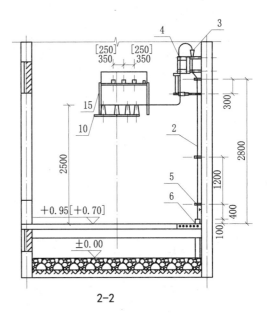

2-2

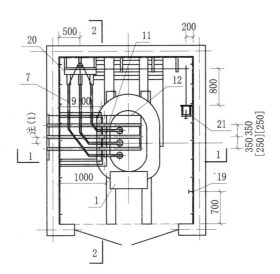

平面

注:(1) 侧墙上低压母线出线孔的平面位置由工程设计确定。
　　(2) "[ ]"内数据用于容量不大于630kVA的变压器。

主接线	变压器容量 /kVA	熔体额定电流/A	
		10kV	6kV
	200、250 315、400	63	63
	500、630	63	80
	800	80	100
	1000	100	125
	1250	100	160*

注:*为双拼

明　细　表

序号	名　称	型号及规格	单位	数量	备注
1	电力变压器	由工程设计确定	台	1	
2	电缆	由工程设计确定	m	—	
3	电缆头	10（6）kV	个	1	
4	接线端子	按电缆芯截面确定	个	3	
5	电缆支架	按电缆外径确定	个	3	
6	电缆保护管	由工程设计确定	m	—	
7	高压母线	TMY	m	9	规格按变压器容量确定
8	高压母线夹具	按母线截面确定	副	5	
9	高压支柱绝缘子	ZA-12(7.2)Y	个	5	
10	高压母线支架	形式13[12]	个	1	
11	低压相母线		m	12	
12	N线或PEN线		m	4	
13	低压母线夹具	按母线截面确定	副	6	
14	电车线路绝缘子	WX-01	个	6	
15	低压母线支架	形式2[1]	个	1	
16	低压母线穿墙板	形式2[1]	套	1	
17	接地线		m	12	
18	固定钩		个	10	
19	临时接地接线柱		个	1	
20	隔离开关	GN19-10	台	1	用于≤630kVA
	熔断器	XRNT1-10	个	1	
	负荷开关带熔断器	FKRN-12	台	1	用于≥800kVA
21	手动操动机构		台	1	为配套产品

第二章　室内变配电装置		第一节　变压器室布置方案
图号	2-2-1-63	图名

变压器室布置方案F4-12、15布置图及明细表

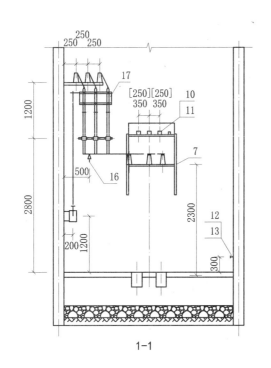

1—1

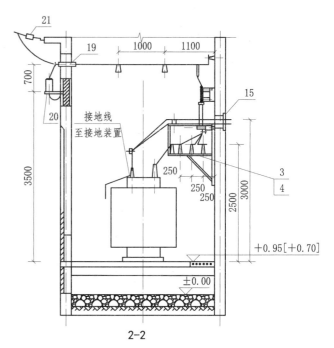

2—2

注:"[ ]"内数据用于容量不大于630kVA的变压器。

平面

主接线	变压器容量/kVA	熔体额定电流/A	
		10kV	6kV
	200、250 315、400	63	63
	500、630	63	80
	800	80	100
	1000	100	125
	1250	100	160*

注:*为双拼

明 细 表

序号	名 称	型号及规格	单位	数量	备注
1	电力变压器	由工程设计确定	台	1	
2	高压母线	TMY	m	25	规格按变压器容量确定
3	高压母线夹具	按母线截面确定	副	14	
4	高压支柱绝缘子	ZA-12(7.2)Y	个	14	
5	高压母线支架	形式15	个	2	
6	高压母线支架	形式12	个	1	
7	高低压母线支架	形式12[11]	个	1	
8	低压相母线		m	12	
9	N线或PEN线		m	4	
10	低压母线夹具	按母线截面确定	副	3	
11	电车线路绝缘子	WX-01	个	3	
12	接地线		m	12	
13	固定钩		个	10	
14	临时接地接线柱		个	1	
15	低压母线穿墙板	形式2[1]	套	1	
16	高低压母线支架(三)	形式16	个	1	
17	隔离开关	GN19-10	台	1	用于≤630kVA
	熔断器	XRNT1-10	个	3	
	负荷开关带熔断器	FKRN-12	台	1	用于≥800kVA
18	手动操动机构		台	1	为配套产品
19	户外穿墙套管	CWB-10(6)	个	3	
20	高压避雷器	HY5WS-17	个	3	
21	高压架空引入线拉紧装置		套	1	

第二章 室内变配电装置		第一节 变压器室布置方案
图号	2-2-1-64	图名	变压器室布置方案F3-16、20布置图及明细表

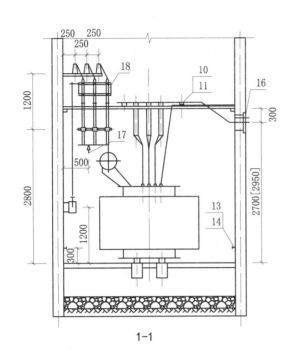

1-1

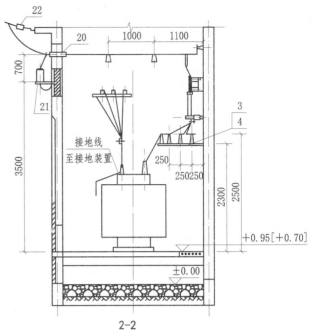

2-2

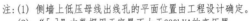

注：(1) 侧墙上低压母线出线孔的平面位置由工程设计确定。
(2) "[ ]"内数据用于容量不大于630kVA的变压器。

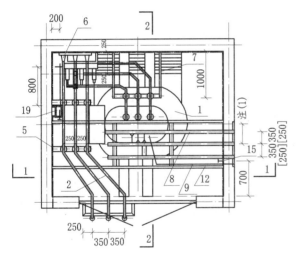

平面

明　细　表

序号	名　称	型号及规格	单位	数量	备注
1	电力变压器	由工程设计确定	台	1	
2	高压母线	TMY	m	25	规格按变压器容量确定
3	高压母线夹具	按母线截面确定	副	14	
4	高压支柱绝缘子	ZA-12(7.2)Y	个	14	
5	高压母线支架	形式15	个	2	
6	高压母线支架	形式12	个	1	
7	高压母线支架	形式13[12]	个	1	
8	低压相母线		m	12	
9	N线或PEN线		m	4	
10	低压母线夹具	按母线截面确定	副	9	
11	电车线路绝缘子	WX-01	个	9	
12	低压母线桥架	形式2[1]	个	1	
13	接地线		m	12	
14	固定钩		个	10	
15	临时接地接线柱		个	1	
16	低压母线穿墙板	形式2[1]	套	1	
17	高低压母线支架（三）	形式16	个	1	
18	隔离开关	GN19-10	台	1	用于≤630kVA
	熔断器	XRNT1-10	个	3	
	负荷开关带熔断器	FKRN-12	台	1	用于≥800kVA
19	手动操作机构		台	1	为配套产品
20	户外式穿墙套管	CWB-10(6)	个	3	
21	高压避雷器	HY5WS-17	个	3	
22	高压架空引入线拉紧装置		套	1	

主接线	变压器容量 /kVA	熔体额定电流/A	
		10kV	6kV
	200、250 315、400	63	63
	500、630	63	80
	800	80	100
	1000	100	125
	1250	100	160*
注：*为双拼			

第二章　室内变配电装置	第一节　变压器室布置方案
图号　2-2-1-65	图名　变压器室布置方案F3-17、21布置图及明细表

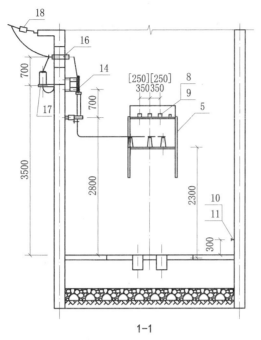
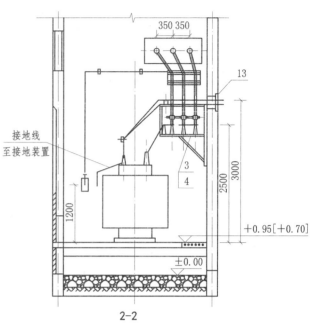

1-1   2-2

接地线
至接地装置

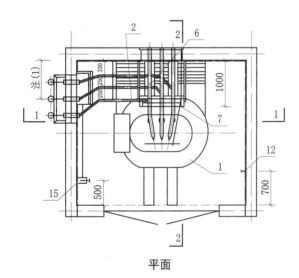

平面

注：(1) 侧墙上高压穿墙套管安装孔的平面位置由工程设计确定。
     (2) "[ ]"内数据用于容量不大于630kVA的变压器。

明 细 表

序号	名 称	型号及规格	单位	数量	备注
1	电力变压器	由工程设计确定	台	1	
2	高压母线	TMY	m	25	规格按变压器容量确定
3	高压母线夹具	按母线截面确定	副	5	
4	高压支柱绝缘子	ZA-12(7.2)Y	个	5	
5	高低压母线支架	形式12[11]	个	1	
6	低压相母线		m	12	
7	N线或PEN线		m	4	
8	低压母线夹具	按母线截面确定	副	3	
9	电车线路绝缘子	WX-01	个	3	
10	接地线		m	12	
11	固定钩		个	10	
12	临时接地接线柱		个	1	
13	低压母线穿墙板	形式2[1]	套	1	
14	隔离开关	GN19-10	台	1	用于≤630kVA
	熔断器	XRNT1-10	个	3	
	负荷开关带熔断器	FKRN-12	台	1	用于≥800kVA
15	手动操动机构		台	1	为配套产品
16	户外穿墙套管	CWB-10(6)	个	3	
17	高压避雷器	HY5WS-17	个	3	
18	高压架空引入线拉紧装置		套	1	

主接线	变压器容量/kVA	熔体额定电流/A	
		10kV	6kV
	200、250 315、400	63	63
	500、630	63	80
	800	80	100
	1000	100	125
	1250	100	160*

注：*为双拼

第二章	室内变配电装置	第一节 变压器室布置方案
图号	2-2-1-66	图名	变压器室布置方案F3-18、22布置图及明细表

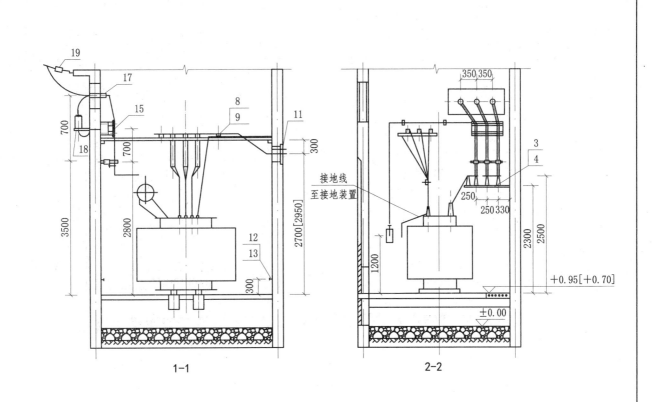

1-1

2-2

注：接地线
至接地装置

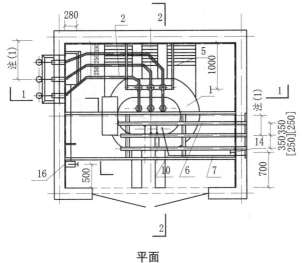

平面

注：(1) 侧墙上高压穿墙套管安装孔及低压母线出现孔的平面位置由工程
设计确定。
(2) "[ ]"内数据用于容量不大于630kVA的变压器。

明 细 表

序号	名　称	型号及规格	单位	数量	备 注
1	电力变压器	由工程设计确定	台	1	
2	高压母线	TMY	m	25	规格按变压器容量确定
3	高压母线夹具	按母线截面确定	副	5	
4	高压支柱绝缘子	ZA-12(7.2)Y	个	5	
5	高压母线支架	形式13[12]	个	1	
6	低压相母线		m	12	
7	N线或PEN线		m	4	
8	低压母线夹具	按母线截面确定	副	9	
9	电车线路绝缘子	WX-01	个	9	
10	低压母线桥架	形式2[1]	个	1	
11	低压母线穿墙板	形式2[1]	套	1	
12	接地线		m	12	
13	固定钩		个	10	
14	临时接地接线柱		个	1	
15	隔离开关	GN19-10	台	1	用于≤630kVA
15	熔断器	XRNT1-10	个	3	
15	负荷开关带熔断器	FKRN-12	台	1	用于≥800kVA
16	手动操动机构		台	1	为配套产品
17	户外穿墙套管	CWB-10(6)	个	3	
18	高压避雷器	HY5WS-17	个	3	
19	高压架空引入线拉紧装置		套	1	

主接线	变压器容量/kVA	熔体额定电流/A	
		10kVA	6kVA
	200、250 315、400	63	63
	500、630	63	80
	800	80	100
	1000	100	125
	1250	100	160*

注：*为双拼

第二章　室内变配电装置		第一节　变压器室布置方案
图号	2-2-1-67	图名

变压器室布置方案F3-19、23布置图及明细表

279

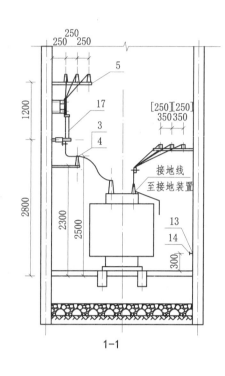

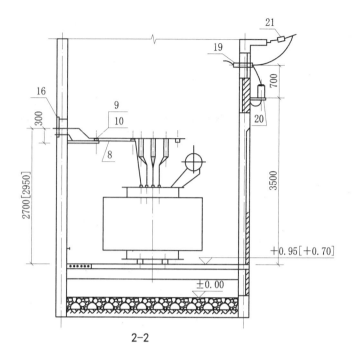

注：(1) 后墙上低压母线出线孔的平面位置由工程设计确定。
(2) "[ ]"内数据用于容量不大于630kVA的变压器。

1-1

2-2

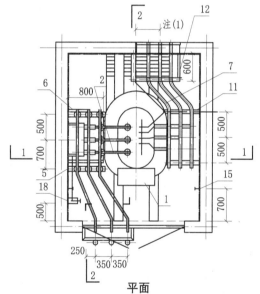

平面

主接线	变压器 容 量 /kVA	熔体额定电流/A	
		10kVA	6kV
	200、250 315、400	63	63
	500、630	63	80
	800	80	100
	1000	100	125
	1250	100	160*

注：*为双拼

明 细 表

序号	名 称	型号及规格	单位	数量	备 注
1	电力变压器	由工程设计确定	台	1	
2	高压母线	TMY	m	25	规格按变压器容量确定
3	高压母线夹具	按母线截面确定	副	9	
4	高压支柱绝缘子	ZA-12(7.2)Y	个	9	
5	高压母线支架	形式15	个	2	
6	高压母线支架	形式16[15]	个	1	
7	低压相母线		m	12	
8	N线或PEN线		m	4	
9	低压母线夹具	按母线截面确定	副	9	
10	电车线路绝缘子	WX-01	个	9	
11	低压母线支架	形式5[2]	个	2	
12	低压母线支架	形式2[1]	个	1	
13	接地线		m	12	
14	固定钩		个	10	
15	临时接地接线柱		个	1	
16	低压母线穿墙板	形式2[1]	套	1	
17	隔离开关	GN19-10	台	1	用于≤630kVA
	熔断器	XRNT1-10	个	3	
	负荷开关带熔断器	FKRN-12	台	1	用于≥800kVA
18	手动操动机构		台	1	为配套产品
19	户外穿墙套管	CWB-10(6)	个	3	
20	高压避雷器	HY5WS-17	个	3	
21	高压架空引入线拉紧装置		套	1	

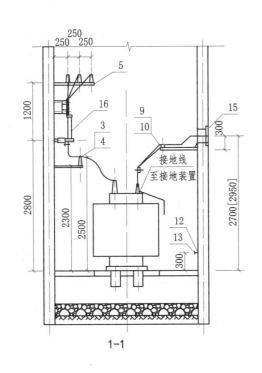

1—1

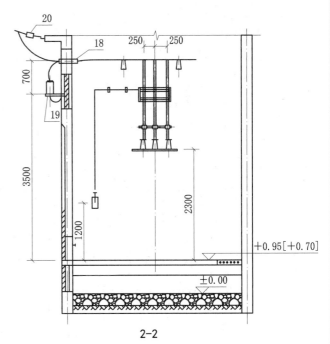

2—2

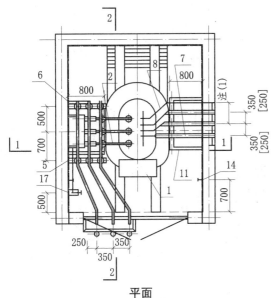

平面

注:(1) 侧墙上低压母线出线孔的平面位置由工程设计确定。
　　(2) "[ ]"内数据用于容量不大于630kVA的变压器。

明 细 表

序号	名 称	型号及规格	单位	数量	备注
1	电力变压器	由工程设计确定	台	1	
2	高压母线	TMY	m	25	规格按变压器容量确定
3	高压母线夹具	按母线截面确定	副	9	
4	高压支柱绝缘子	ZA-12(7.2)Y	个	9	
5	高压母线支架	形式15	个	2	
6	高压母线支架	形式16[15]	个	1	
7	低压相母线		m	12	
8	N线或PEN线		m	4	
9	低压母线夹具	按母线截面确定	副	3	
10	电车线路绝缘子	WX-01	个	3	
11	低压母线支架	形式4[3]	个	1	
12	接地线		m	12	
13	固定钩		个	10	
14	临时接地接线柱		个	1	
15	低压母线穿墙板	形式2[1]	套	1	
16	隔离开关	GN19-10	台	1	用于≤630kVA
	熔断器	XRNT1-10	个	3	
	负荷开关带熔断器	FKRN-12	台	1	用于≥800kVA
17	手动操作机构		台	1	为配套产品
18	户外穿墙套管	CWB-10(6)	个	3	
19	高压避雷器	HY5WS-17	个	3	
20	高压架空引入线拉紧装置		套	1	

主接线	变压器容量 /kVA	熔体额定电流/A	
		10kVA	6kVA
	200、250 315、400	63	63
	500、630	63	80
	800	80	100
	1000	100	125
	1250	100	160*

注: *为双拼

第二章 室内变配电装置	第一节 变压器室布置方案
图号　　2-2-1-69	图名　变压器室布置方案F4-17、21布置图及明细表

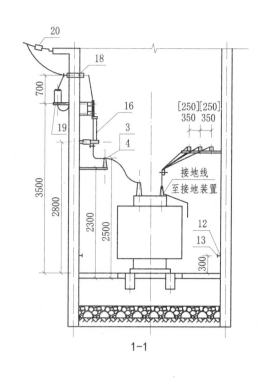

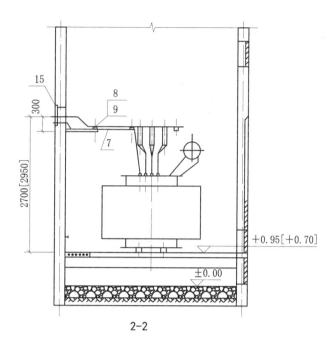

1-1

2-2

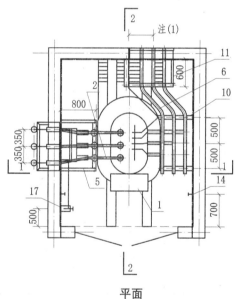

平面

注:(1) 侧墙上低压母线出线孔的平面位置由工程设计确定。
　　(2) "[ ]"内数据用于容量不大于630kVA的变压器。

明　细　表

序号	名　称	型号及规格	单位	数量	备注
1	电力变压器	由工程设计确定	台	1	
2	高压母线	TMY	m	25	规格按变压器容量确定
3	高压母线夹具	按母线截面确定	副	3	
4	高压支柱绝缘子	ZA-12(7.2)Y	个	3	
5	高压母线支架	形式16[15]	个	1	
6	低压相母线		m	12	
7	N线或PEN线		m	4	
8	低压母线夹具	按母线截面确定	副	9	
9	电车线路绝缘子	WX-01	个	9	
10	低压母线支架	形式5[2]	个	2	
11	低压母线支架	形式2[1]	个	1	
12	接地线		m	12	
13	固定钩		个	10	
14	临时接地接线柱		个	1	
15	低压母线穿墙板	形式2[1]	套	1	
16	隔离开关	GN19-10	台	1	用于≤630kVA
16	熔断器	XRNT1-10	个	3	用于≤630kVA
16	负荷开关带熔断器	FKRN-12	台	1	用于≥800kVA
17	手动操动机构		台	1	为配套产品
18	户外穿墙套管	CWB-10(6)	个	3	
19	高压避雷器	HY5WS-17	个	3	
20	高压架空引入线拉紧装置		套	1	

主接线	变压器容量/kVA	熔体额定电流/A	
		10kVA	6kVA
	200、250 315、400	63	63
	500、630	63	80
	800	80	100
	1000	100	125
	1250	100	160*

注:*为双拼。

第二章 室内变配电装置	第一节　变压器室布置方案
图号　2-2-1-70	图名　变压器室布置方案F4-18、22布置图及明细表

282

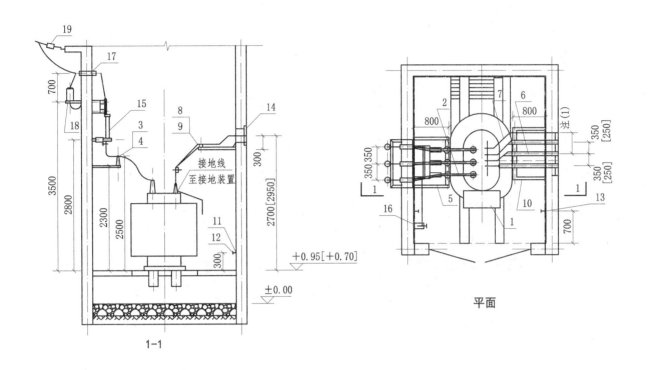

1-1

平面

注：(1) 侧墙上低压母线出线孔的平面位置由工程设计确定。
(2) "[ ]"内数据用于容量不大于630kVA的变压器。

主接线	变压器容量/kVA	熔体额定电流/A	
		10kV	6kV
	200、250、315、400	63	63
	500、630	63	80
	800	80	100
	1000	100	125
	1250	100	160*
注：*为双拼			

明 细 表

序号	名 称	型号及规格	单位	数量	备注
1	电力变压器	由工程设计确定	台	1	
2	高压母线	TMY	m	25	规格按变压器容量确定
3	高压母线夹具	按母线截面确定	副	3	
4	高压支柱绝缘子	ZA-12(7.2)Y	个	3	
5	高压母线支架	形式16[15]	个	1	
6	低压相母线		m	12	
7	N线或PEN线		m	4	
8	低压母线夹具	按母线截面确定	副	3	
9	电车线路绝缘子	WX-01	个	3	
10	低压母线支架	形式4[3]	个	1	
11	接地线		m	12	
12	固定钩		个	10	
13	临时接地接线柱		个	1	
14	低压母线穿墙板	形式2[1]	套	1	
15	隔离开关	GN19-10	台	1	用于≤630kVA
	熔断器	XRNT1-10	个	3	
	负荷开关带熔断器	FKRN-12	台	1	用于≥800kVA
16	手动操动机构		台	1	为配套产品
17	户外穿墙套管	CWB-10(6)	个	3	
18	高压避雷器	HY5WS-17	个	3	
19	高压架空引入线拉紧装置		套	1	

第二章 室内变配电装置		第一节 变压器室布置方案	
图号	2-2-1-71	图名	变压器室布置方案F4-19、23布置图及明细表

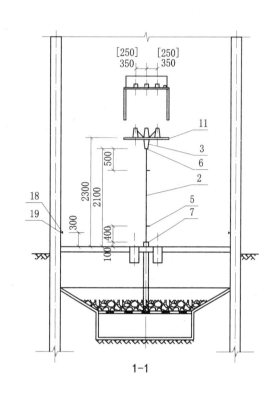

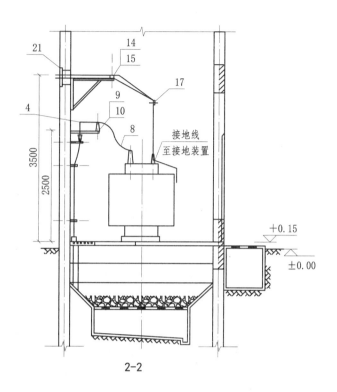

1-1

2-2

注："[ ]"内数据用于容量不大于630kVA的变压器。

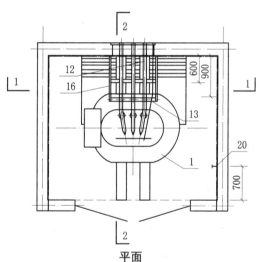

平面

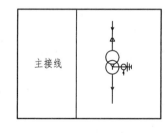

主接线

明 细 表

序号	名 称	型号及规格	单位	数量	备注
1	电力变压器	由工程设计确定	台	1	
2	电缆	由工程设计确定	m	—	
3	电缆头	10（6）kV	个	1	
4	接线端子	按电缆芯截面确定	个	3	
5	电缆支架	按电缆外径确定	个	2	
6	电缆头支架		个	1	
7	电缆保护管	由工程设计确定	m	—	
8	高压母线	TMY	m	5	规格按变压器容量确定
9	高压母线夹具	按母线截面确定	副	3	
10	高压支柱绝缘子	ZA-12(7.2)Y	个	3	
11	高压母线支架	形式13[12]	个	1	
12	低压相母线		m	12	
13	N线或PEN线		m	4	
14	低压母线夹具	按母线截面确定	副	3	
15	电车线路绝缘子	WX-01	个	3	
16	低压母线支架	形式2[1]	个	1	
17	低压母线夹板		副	1	
18	接地线		m	12	
19	固定钩		个	10	
20	临时接地接线柱		个	1	
21	低压母线穿墙板	形式2[1]	套	1	

第二章 室内变配电装置	第一节 变压器室布置方案
图号 2-2-1-72	图名 变压器室布置方案F5-1布置图及明细表

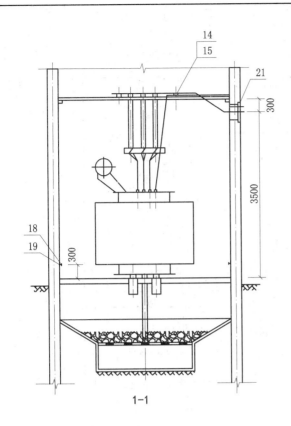

1-1

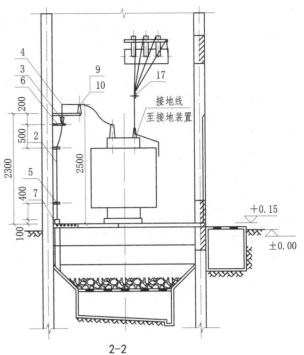

接地线
至接地装置

2-2

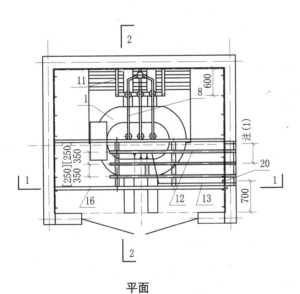

平面

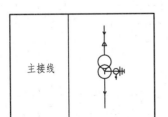

主接线

注: (1) 侧墙上低压母线出线孔的平面位置由工程设计确定。
(2) "[ ]"内数据用于容量不大于630kVA的变压器。

明 细 表

序号	名　称	型号及规格	单位	数量	备注
1	电力变压器	由工程设计确定	台	1	
2	电缆	由工程设计确定	m	—	
3	电缆头	10（6）kV	个	1	
4	接线端子	按电缆芯截面确定	个	3	
5	电缆支架	按电缆外径确定	个	2	
6	电缆头支架		个	1	
7	电缆保护管	由工程设计确定	m	—	
8	高压母线	TMY	m	5	规格按变压器容量确定
9	高压母线夹具	按母线截面确定	副	3	
10	高压支柱绝缘子	ZA-12(7.2)Y	个	3	
11	高压母线支架	形式13[12]	个	1	
12	低压相母线		m	12	
13	N线或PEN线		m	4	
14	低压母线夹具	按母线截面确定	副	9	
15	电车线路绝缘子	WX-01	个	9	
16	低压母线桥架	形式2[1]	个	1	
17	低压母线夹板		副	1	
18	接地线		m	12	
19	固定钩		个	10	
20	临时接地接线柱		个	1	
21	低压母线穿墙板	形式2[1]	套	1	

第二章　室内变配电装置		第一节　变压器室布置方案	
图号	2-2-1-73	图名	变压器室布置方案F5-2、3布置图及明细表

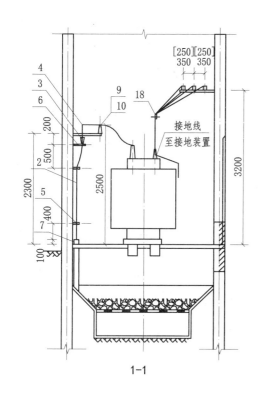

1-1

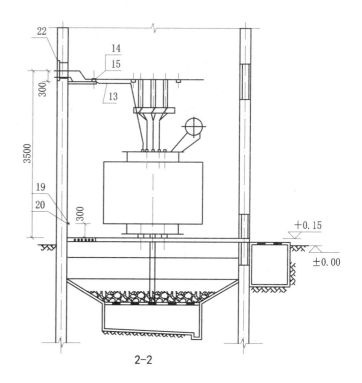

2-2

注:(1) 后墙上低压母线出线孔的平面位置由工程设计确定。
　　(2) "[ ]" 内数据用于容量不大于630kVA的变压器。

平面

主接线

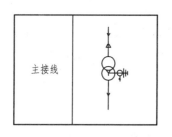

明 细 表

序号	名　称	型号及规格	单位	数量	备注
1	电力变压器	由工程设计确定	台	1	
2	电缆	由工程设计确定	m	—	
3	电缆头	10（6）kV	个	1	
4	接线端子	按电缆芯截面确定	个	3	
5	电缆支架	按电缆外径确定	个	2	
6	电缆头支架		个	1	
7	电缆保护管	由工程设计确定	m	—	
8	高压母线	TMY	m	5	规格按变压器容量确定
9	高压母线夹具	按母线截面确定	副	3	
10	高压支柱绝缘子	ZA-12(7.2)Y	个	3	
11	高压母线支架	形式13[12]	个	1	
12	低压相母线		m	12	
13	N线或PEN线		m	4	
14	低压母线夹具	按母线截面确定	副	9	
15	电车线路绝缘子	WX-01	个	9	
16	低压母线支架	形式2[1]	个	1	
17	低压母线支架	形式5[2]	个	2	
18	低压母线夹板		副	1	
19	接地线		m	12	
20	固定钩		个	10	
21	临时接地接线柱		个	1	
22	低压母线穿墙板	形式2[1]	个	1	

第二章　室内变配电装置		第一节　变压器室布置方案	
图号	2-2-1-74	图名	变压器室布置方案F6-1布置图及明细表

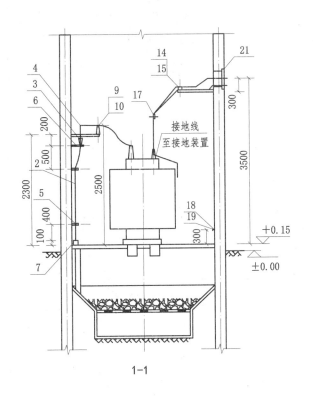

1-1

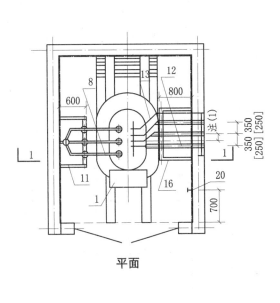

平面

注：(1) 侧墙上低压母线出线孔的平面位置由工程设计确定。
    (2) "[ ]"内数据用于容量不大于630kVA的变压器。

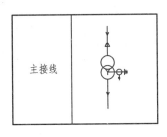

主接线

明 细 表

序号	名　称	型号及规格	单位	数量	备注
1	电力变压器	由工程设计确定	台	1	
2	电缆	由工程设计确定	m	—	
3	电缆头	10（6）kV	个	1	
4	接线端子	按电缆芯截面确定	个	3	
5	电缆支架	按电缆外径确定	个	2	
6	电缆头支架		个	1	
7	电缆保护管	由工程设计确定	m	—	
8	高压母线	TMY	m	5	规格按变压器容量确定
9	高压母线夹具	按母线截面确定	副	3	
10	高压支柱绝缘子	ZA-12(7.2)Y	个	3	
11	高压母线支架	形式13[12]	个	1	
12	低压相母线		m	12	
13	N线或PEN线		m	4	
14	低压母线夹具	按母线截面确定	副	3	
15	电车线路绝缘子	WX-01	个	3	
16	低压母线支架	形式4[3]	个	1	
17	低压母线夹板		副	1	
18	接地线		m	12	
19	固定钩		个	10	
20	临时接地接线柱		个	1	
21	低压母线穿墙板	形式2[1]	套	1	

第二章　室内变配电装置		第一节　变压器室布置方案
图号	2-2-1-75	图名

变压器室布置方案F6-2布置图及明细表

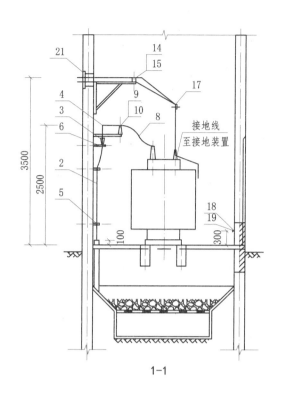

1-1

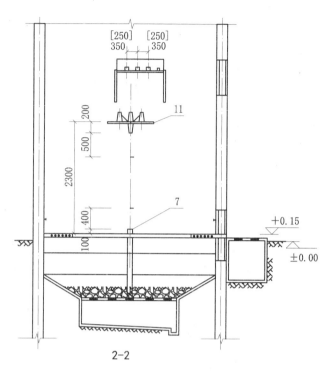

2-2

注:(1) 侧墙上低压母线出线孔的平面位置由工程设计确定。
　　(2) "[ ]"内数据用于容量不大于630kVA的变压器。

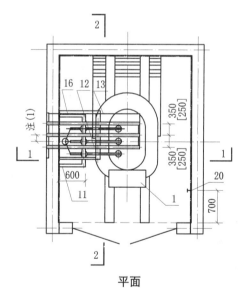

平面

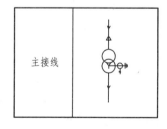

主接线

明 细 表

序号	名　称	型号及规格	单位	数量	备注
1	电力变压器	由工程设计确定	台	1	
2	电缆	由工程设计确定	m	—	
3	电缆头	10（6）kV	个	1	
4	接线端子	按电缆芯截面确定	个	3	
5	电缆支架	按电缆外径确定	个	2	
6	电缆头支架		个	1	
7	电缆保护管	由工程设计确定	m	—	
8	高压母线	TMY	m	5	规格按变压器容量确定
9	高压母线夹具	按母线截面确定	副	3	
10	高压支柱绝缘子	ZA-12(7.2)Y	个	3	
11	高压母线支架	形式13[12]	个	1	
12	低压相母线		m	12	
13	N线或PEN线		m	4	
14	低压母线夹具	按母线截面确定	副	3	
15	电车线路绝缘子	WX-01	个	3	
16	低压母线支架	形式2[1]	个	1	
17	低压母线夹板		副	1	
18	接地线		m	12	
19	固定钩		个	10	
20	临时接地接线柱		个	1	
21	低压母线穿墙板	形式2[1]	套	1	

第二章　室内变配电装置		第一节　变压器室布置方案
图号	2-2-1-76	图名
		变压器室布置方案F6-3布置图及明细表

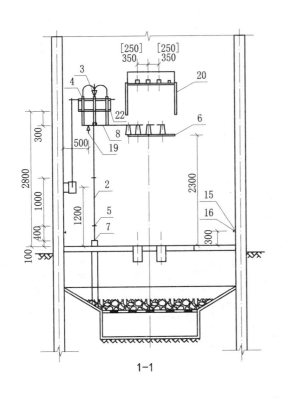

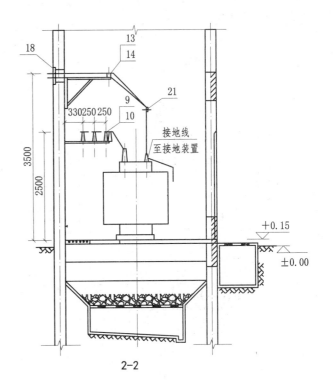

1—1

2—2

注："[ ]"内数据用于容量不大于630kVA的变压器。

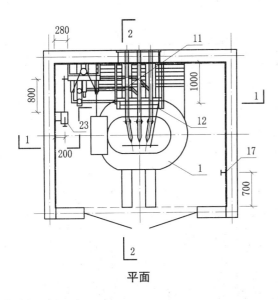

平面

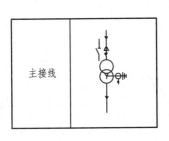

主接线

明 细 表

序号	名 称	型号及规格	单位	数量	备注
1	电力变压器	由工程设计确定	台	1	
2	电缆	由工程设计确定	m	—	
3	电缆头	10（6）kV	个	1	
4	接线端子	按电缆芯截面确定	个	3	
5	电缆支架	按电缆外径确定	个	3	
6	高压母线支架	形式13[12]	个	1	
7	电缆保护管	由工程设计确定	m	—	
8	高压母线	TMY	m	5	规格按变压器容量确定
9	高压母线夹具	按母线截面确定	副	7	
10	高压支柱绝缘子	ZA-12(7.2)Y	个	7	
11	低压相母线		m	12	
12	N线或PEN线		m	4	
13	低压母线夹具	按母线截面确定	副	3	
14	电车线路绝缘子	WX-01	个	3	
15	接地线		m	12	
16	固定钩		个	10	
17	临时接地接线柱		个	1	
18	低压母线穿墙板	形式2[1]	套	1	
19	高低压母线支架（三）	形式16	个	1	
20	低压母线支架	形式2[1]	个	1	
21	低压母线夹板		个	1	
22	隔离开关	GN19-10	台	1	用于≤630kVA
	负荷开关	FKN-12	台	1	用于≥800kVA
23	手动操动机构		台	1	为配套产品

第二章　室内变配电装置		第一节　变压器室布置方案
图号	2-2-1-77	图名	变压器室布置方案F5-4、7布置图及明细表

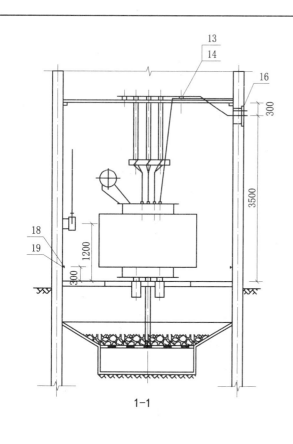

1-1

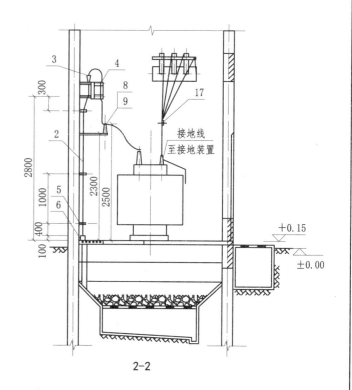

2-2

注:(1) 侧墙上低压母线出线孔的平面位置由工程设计确定。
　　(2) "[ ]"内数据用于容量不大于630kVA的变压器。

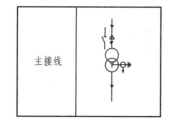

平面

主接线

明 细 表

序号	名 称	型号及规格	单位	数量	备注
1	电力变压器	由工程设计确定	台	1	
2	电缆	由工程设计确定	m	—	
3	电缆头	10 (6) kV	个	1	
4	接线端子	按电缆芯截面确定	个	3	
5	电缆支架	按电缆外径确定	个	3	
6	电缆保护管	由工程设计确定	m	—	
7	高压母线	TMY	m	5	规格按变压器容量确定
8	高压母线夹具	按母线截面确定	副	3	
9	高压支柱绝缘子	ZA-12(7.2)Y	个	3	
10	高压母线支架	形式16[15]	个	1	
11	低压相母线		m	15	
12	N线或PEN线		m	5	
13	低压母线夹具	按母线截面确定	副	9	
14	电车线路绝缘子	WX-01	个	9	
15	低压母线桥架	形式2[1]	个	1	
16	低压母线穿墙板	形式2[1]	套	1	
17	低压母线夹板		副	1	
18	接地线		m	12	
19	固定钩		个	10	
20	临时接地接线柱		个	1	
21	隔离开关	GN19-10	台	1	用于≤630kVA
21	负荷开关	FKN-12	台	1	用于≥800kVA
22	手动操动机构		台	1	为配套产品

第二章　室内变配电装置	第一节　变压器室布置方案
图号　2-2-1-78	图名　变压器室布置方案F5-5、6、8、9布置图及明细表

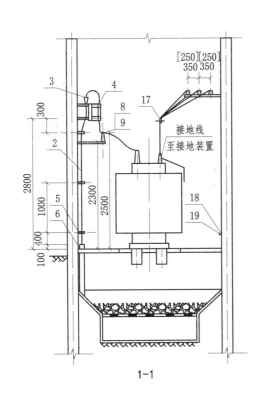

1-1

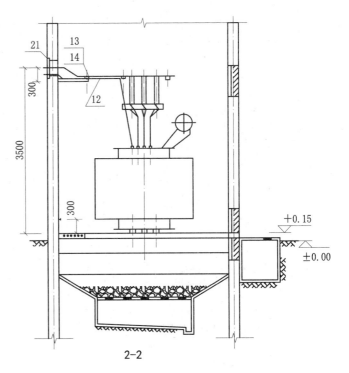

2-2

注：(1) 后墙上低压母线出线孔的平面位置由工程设计确定。
(2) "[ ]"内数据用于容量不大于630kVA的变压器。

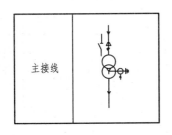

平面

主接线

明 细 表

序号	名 称	型号及规格	单位	数量	备 注
1	电力变压器	由工程设计确定	台	1	
2	电缆	由工程设计确定	m	—	
3	电缆头	10（6）kV	个	1	
4	接线端子	按电缆芯截面确定	个	3	
5	电缆支架	按电缆外径确定	个	3	
6	电缆保护管	由工程设计确定	m	—	
7	高压母线	TMY	m	5	规格按变压器容量确定
8	高压母线夹具	按母线截面确定	副	3	
9	高压支柱绝缘子	ZA-12(7.2)Y	个	3	
10	高压母线支架	形式16[15]	个	1	
11	低压相母线		m	12	
12	N线或PEN线		m	4	
13	低压母线夹具	按母线截面确定	副	9	
14	电车线路绝缘子	WX-01	个	9	
15	低压母线支架	形式5[2]	套	2	
16	低压母线支架	形式2[1]	套	1	
17	低压母线夹板		副	1	
18	接地线		m	12	
19	固定钩		个	10	
20	临时接地接线柱		个	1	
21	低压母线穿墙板	形式2[1]	套	1	
22	隔离开关	GN19-10	台	1	用于≤630kVA
	负荷开关	FKN-12	台	1	用于≥800kVA
23	手动操动机构		台	1	为配套产品

第二章　室内变配电装置		第一节　变压器室布置方案
图号	2-2-1-79	图名	变压器室布置方案F6-4、7布置图及明细表

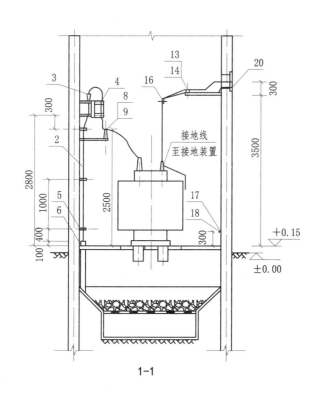

1-1

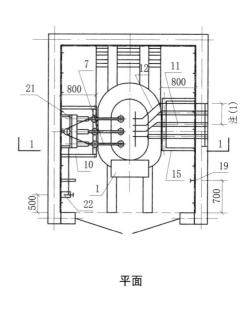

平面

注：(1) 侧墙上低压母线出线孔的平面位置由工程设计确定。
(2) "［ ］"内数据用于容量不大于630kVA的变压器。

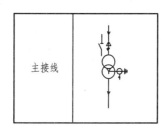

主接线

明 细 表

序号	名 称	型号及规格	单位	数量	备注
1	电力变压器	由工程设计确定	台	1	
2	电缆	由工程设计确定	m	—	
3	电缆头	10（6）kV	个	1	
4	接线端子	按电缆芯截面确定	个	3	
5	电缆支架	按电缆外径确定	个	3	
6	电缆保护管	由工程设计确定	m	—	
7	高压母线	TMY	m	5	规格按变压器容量确定
8	高压母线夹具	按母线截面确定	副	3	
9	高压支柱绝缘子	ZA-12(7.2)Y	个	3	
10	高压母线支架	形式16[15]	个	1	
11	低压相母线		m	12	
12	N线或PEN线		m	4	
13	低压母线夹具	按母线截面确定	副	3	
14	电车线路绝缘子	WX-01	个	3	
15	低压母线支架	形式4[3]	套	1	
16	低压母线夹板		副	1	
17	接地线		m	12	
18	固定钩		个	10	
19	临时接地接线柱		个	1	
20	低压母线穿墙板	形式2[1]	套	1	
21	隔离开关	GN19-10	台	1	用于≤630kVA
21	负荷开关	FKN-12	台	1	用于≥800kVA
22	手动操动机构		台	1	为配套产品

第二章　室内变配电装置		第一节　变压器室布置方案
图号	2-2-1-80	图名

变压器室布置方案F6-5、8布置图及明细表

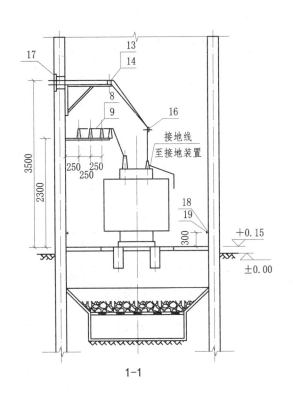

1-1

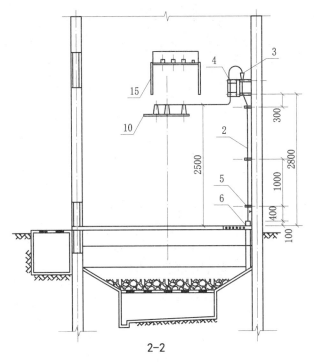

2-2

注:(1) 侧墙上低压母线出线孔的平面位置由工程设计确定。
　　(2) "[ ]"内数据用于容量不大于630kVA的变压器。

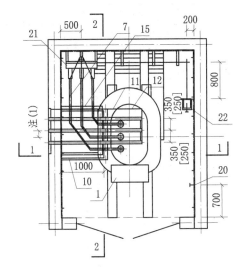

平面

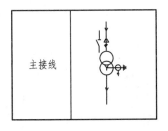

主接线

明 细 表

序号	名 称	型号及规格	单位	数量	备注
1	电力变压器	由工程设计确定	台	1	
2	电缆	由工程设计确定	m	—	
3	电缆头	10(6)kV	个	1	
4	接线端子	按电缆芯截面确定	个	3	
5	电缆支架	按电缆外径确定	个	3	
6	电缆保护管	由工程设计确定	m	—	
7	高压母线	TMY	m	5	
8	高压母线夹具	按母线截面确定	副	5	规格按变压器容量确定
9	高压支柱绝缘子	ZA-12(7.2)Y	个	5	
10	高压母线支架	形式13[12]	个	1	
11	低压相母线		m	12	
12	N线或PEN线		m	4	
13	低压母线夹具	按母线截面确定	副	6	
14	电车线路绝缘子	WX-01	个	6	
15	低压母线支架	形式2[1]	个	1	
16	低压母线夹板		副	1	
17	低压母线穿墙板	形式2[1]	套	1	
18	接地线		m	12	
19	固定钩		个	10	
20	临时接地接线柱		个	1	
21	隔离开关	GN19-10	台	1	用于≤630kVA
21	负荷开关	FKN-12	台	1	用于≥800kVA
22	手动操作机构		台	1	为配套产品

第二章　室内变配电装置		第一节　变压器室布置方案
图号	2-2-1-81	图名　变压器室布置方案F6-6、9布置图及明细表

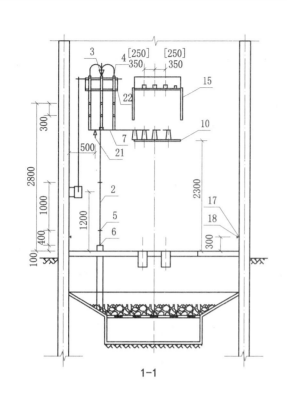

1-1

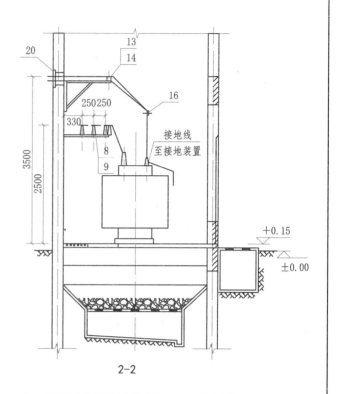

2-2

注："〔 〕"内数据用于容量不大于630kVA的变压器。

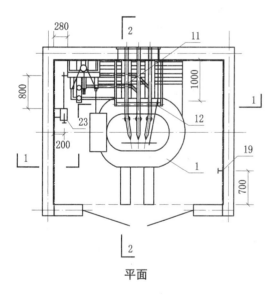

平面

主接线	变压器容量/kVA	熔体额定电流/A	
		10kVA	6kVA
	200、250 315、400	63	63
	500、630	63	80
	800	80	100
	1000	100	125
	1250	100	160*
注：*为双拼			

明 细 表

序号	名 称	型号及规格	单位	数量	备注
1	电力变压器	由工程设计确定	台	1	
2	电缆	由工程设计确定	m	—	
3	电缆头	10（6）kV	个	1	
4	接线端子	按电缆芯截面确定	个	3	
5	电缆支架	按电缆外径确定	个	3	
6	电缆保护管	由工程设计确定	m	—	
7	高压母线	TMY	m	9	规格按变压器容量确定
8	高压母线夹具	按母线截面确定	副	7	
9	高压支柱绝缘子	ZA-12(7.2)Y	个	7	
10	高压母线支架	形式13〔12〕	个	1	
11	低压相母线		m	12	
12	N线或PEN线		m	4	
13	低压母线夹具	按母线截面确定	副	3	
14	电车线路绝缘子	WX-01	个	3	
15	低压母线支架	形式2〔1〕	个	1	
16	低压母线夹板		副	1	
17	接地线		m	12	
18	固定钩		个	10	
19	临时接地接线柱		个	1	
20	低压母线穿墙板	形式2〔1〕	套	1	
21	高低压母线支架（三）	形式16	个	1	
22	隔离开关	GN19-10	台	1	用于≤630kVA
22	熔断器	XRNT1-10	个	3	
	负荷开关带熔断器	FKRN-12	台	1	用于≥800kVA
23	手动操动机构		台	1	为配套产品

第二章 室内变配电装置	第一节 变压器室布置方案
图号 2-2-1-82	图名 变压器室布置方案F5-10、13布置图及明细表

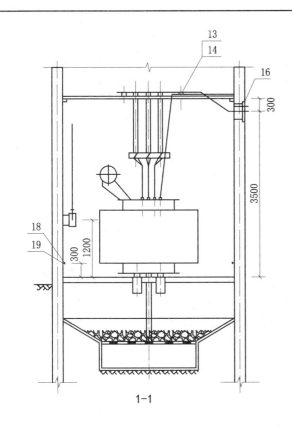

1-1

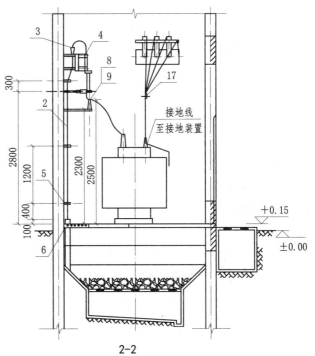

2-2

注:(1) 侧墙上低压母线出线孔的平面位置由工程设计确定。
　　(2) "[ ]"内数据用于容量不大于630kVA的变压器。

平面

主接线	变压器 容量 /kVA	熔体额定电流/A	
		10kV	6kV
	200、250 315、400	63	63
	500、630	63	80
	800	80	100
	1000	100	125
	1250	100	160*

注:*为双拼。

明 细 表

序号	名 称	型号及规格	单位	数量	备 注
1	电力变压器	由工程设计确定	台	1	
2	电缆	由工程设计确定	m	—	
3	电缆头	10(6)kV	个	1	
4	接线端子	按电缆芯截面确定	个	3	
5	电缆支架	按电缆外径确定	个	3	
6	电缆保护管	由工程设计确定	m	—	
7	高压母线	TMY	m	5	规格按变压器容量确定
8	高压母线夹具	按母线截面确定	副	3	
9	高压支柱绝缘子	ZA-12(7.2)Y	个	3	
10	高压母线支架	形式16[15]	个	1	
11	低压相母线		m	15	
12	N线或PEN线		m	5	
13	低压母线夹具	按母线截面确定	副	9	
14	电车线路绝缘子	WX-01	个	9	
15	低压母线桥架	形式2[1]	个	1	
16	低压母线穿墙板	形式2[1]	套	1	
17	低压母线夹板		副	1	
18	接地线		m	12	
19	固定钩		个	10	
20	临时接地接线柱		个	1	
21	隔离开关	GN19-10	台	1	用于≤630kVA
	熔断器	XRNT1-10	个	3	
	负荷开关带熔断器	FKRN-12	台	1	用于≥800kVA
22	手动操动机构		台	1	为配套产品

第二章　室内变配电装置		第一节　变压器室布置方案	
图号	2-2-1-83	图名	变压器室布置方案F5-11、12、14、15布置图及明细表

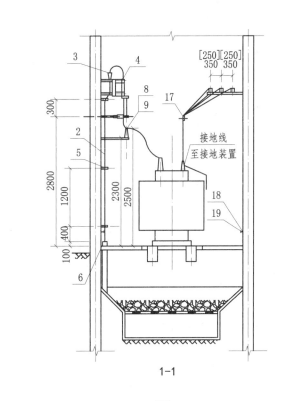

1-1

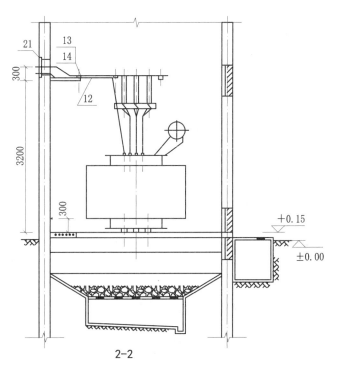

2-2

注:(1) 后墙上低压母线出线孔的平面位置由工程设计确定。
(2) "[ ]"内数据用于容量不大于630kVA的变压器。

平面

主接线	变压器容量/kVA	熔体额定电流/A	
		10kV	6kV
	200、250 315、400	63	63
	500、630	63	80
	800	80	100
	1000	100	125
	1250	100	160*

注:*为双拼

明 细 表

序号	名 称	型号及规格	单位	数量	备注
1	电力变压器	由工程设计确定	台	1	
2	电缆	由工程设计确定	m	—	
3	电缆头	10(6)kV	个	1	
4	接线端子	按电缆芯截面确定	个	3	
5	电缆支架	按电缆外径确定	个	3	
6	电缆保护管	由工程设计确定	m	—	
7	高压母线	TMY	m	5	规格按变压器容量确定
8	高压母线夹具	按母线截面确定	副	3	
9	高压支柱绝缘子	ZA-12(7.2)Y	个	3	
10	高压母线支架	形式16[15]	个	1	
11	低压相母线		m	12	
12	N线或PEN线		m	4	
13	低压母线夹具	按母线截面确定	副	9	
14	电车线路绝缘子	WX-01	个	9	
15	低压母线支架	形式5[2]	个	2	
16	低压母线支架	形式2[1]	个	1	
17	低压母线夹板		副	1	
18	接地线		m	12	
19	固定钩		个	10	
20	临时接地接线柱		个	1	
21	低压母线穿墙板	形式2[1]	个	1	
22	隔离开关	GN19-10	台	1	用于≤630kVA
	熔断器	XRNT1-10	个	3	
	负荷开关带熔断器	FKRN-12	台	1	用于≥800kVA
23	手动操作机构		台	1	为配套产品

第二章　室内变配电装置		第一节　变压器室布置方案	
图号	2-2-1-84	图名	变压器室布置方案F6-10、13布置图及明细表

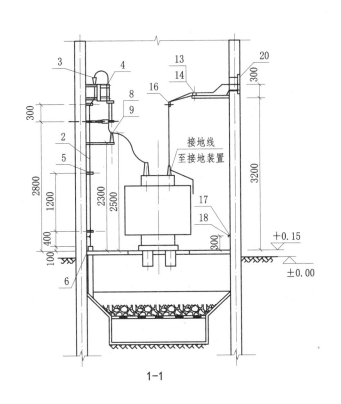

1—1

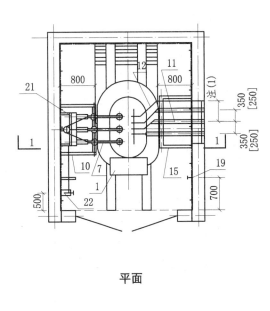

平面

注:(1) 侧墙上低压母线出线孔的平面位置由工程设计确定。
　　(2) "[ ]"内数据用于容量不大于630kVA的变压器。

主接线	变压器容量 /kVA	熔体额定电流/A	
		10kV	6kV
	200、250 315、400	63	63
	500、630	63	80
	800	80	100
	1000	100	125
	1250	100	160*
注: *为双拼			

明 细 表

序号	名　称	型号及规格	单位	数量	备注
1	电力变压器	由工程设计确定	台	1	
2	电缆	由工程设计确定	m	—	
3	电缆头	10（6）kV	个	1	
4	接线端子	按电缆芯截面确定	个	3	
5	电缆支架	按电缆外径确定	个	3	
6	电缆保护管	由工程设计确定	m	—	
7	高压母线	TMY	m	5	规格按变压器容量确定
8	高压母线夹具	按母线截面确定	副	3	
9	高压支柱绝缘子	ZA-12(7.2)Y	个	3	
10	高压母线支架	形式16[15]	个	1	
11	低压相母线		m	12	
12	N线或PEN线		m	4	
13	低压母线夹具	按母线截面确定	副	3	
14	电车线路绝缘子	WX-01	个	3	
15	低压母线支架	形式4[3]	个	1	
16	低压母线夹板		副	1	
17	接地线		m	12	
18	固定钩		个	10	
19	临时接地接线柱		个	1	
20	低压母线穿墙板	形式2[1]	个	1	
21	隔离开关	GN19-10	台	1	用于≤630kVA
	熔断器	XRNT1-10	个	3	
	负荷开关带熔断器	FKRN-12	台	1	用于≥800kVA
22	手动操动机构		台	1	为配套产品

第二章 室内变配电装置		第一节 变压器室布置方案	
图号	2-2-1-85	图名	变压器室布置方案F6-11、14布置图及明细表

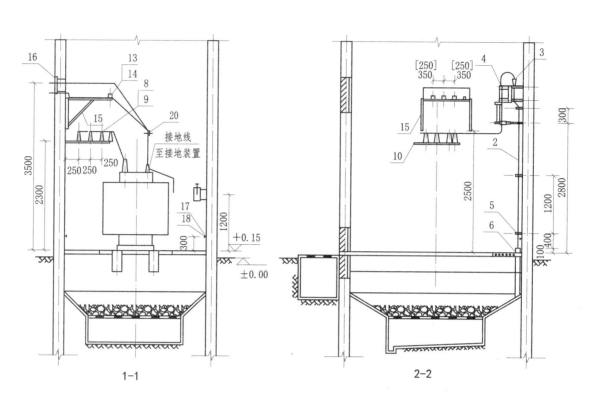

1-1

2-2

注:(1) 侧墙上低压母线出线孔的平面位置由工程设计确定。
　　(2) "[ ]"内数据用于容量不大于630kVA的变压器。

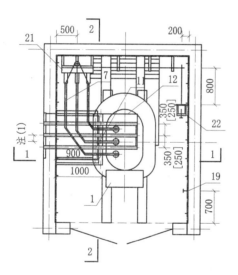

平面

明　细　表

序号	名　称	型号及规格	单位	数量	备注
1	电力变压器	由工程设计确定	台	1	
2	电缆	由工程设计确定	m	—	
3	电缆头	10（6）kV	个	1	
4	接线端子	按电缆芯截面确定	个	3	
5	电缆支架	按电缆外径确定	个	3	
6	电缆保护管	由工程设计确定	m	—	
7	高压母线	TMY	m	9	规格按变压器容量确定
8	高压母线夹具	按母线截面确定	副	5	
9	高压支柱绝缘子	ZA-12(7.2)Y	个	5	
10	高压母线支架	形式13[12]	个	1	
11	低压相母线		m	12	
12	N线或PEN线		m	4	
13	低压母线夹具	按母线截面确定	副	6	
14	电车线路绝缘子	WX-01	个	6	
15	低压母线支架	形式2[1]	个	1	
16	低压母线穿墙板	形式2[1]	套	1	
17	接地线		m	12	
18	固定钩		个	10	
19	临时接地接线柱		个	1	
20	低压母线夹板		副	1	
21	隔离开关	GN19-10	台	1	用于≤630kVA
21	熔断器	XRNT1-10	个	1	用于≤630kVA
21	负荷开关带熔断器	FKRN-12	台	1	用于≥800kVA
22	手动操动机构		台	1	为配套产品

主接线	变压器容量 /kVA	熔体额定电流/A	
		10kV	6kV
	200、250 315、400	63	63
	500、630	63	80
	800	80	100
	1000	100	125
	1250	100	160*

注:*为双拼

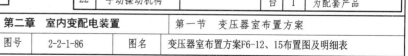

第二章　室内变配电装置		第一节　变压器室布置方案
图号	2-2-1-86	图名　变压器室布置方案F6-12、15布置图及明细表

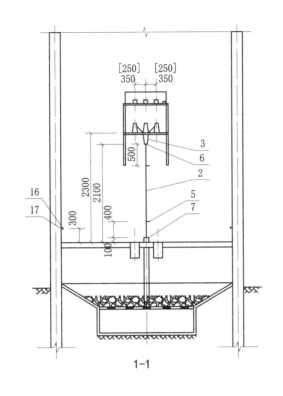

1-1

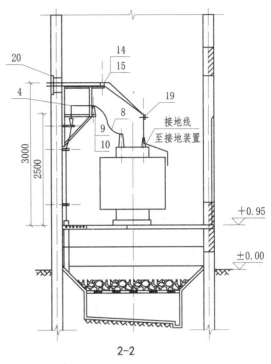

2-2

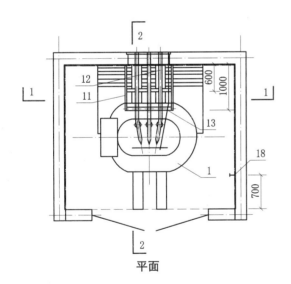

平面

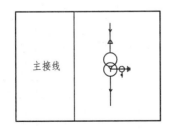

主接线

注:"[ ]"内数据用于容量不大于630kVA的变压器。

明 细 表

序号	名 称	型号及规格	单位	数量	备注
1	电力变压器	由工程设计确定	台	1	
2	电缆	由工程设计确定	m	—	
3	电缆头	10(6)kV	个	1	
4	接线端子	按电缆芯截面确定	个	3	
5	电缆支架	按电缆外径确定	个	2	
6	电缆头支架		个	1	
7	电缆保护管	由工程设计确定	m	—	
8	高压母线	TMY	m	5	规格按变压器容量确定
9	高压母线夹具	按母线截面确定	副	3	
10	高压支柱绝缘子	ZA-12(7.2)Y	个	3	
11	高低压母线支架	形式12[11]	个	1	
12	低压相母线		m	12	
13	N线或PEN线		m	4	
14	低压母线夹具	按母线截面确定	副	3	
15	电车线路绝缘子	WX-01	个	3	
16	接地线		m	12	
17	固定钩		个	10	
18	临时接地接线柱		个	1	
19	低压母线夹板		副	1	
20	低压母线穿墙板	形式2[1]	套	1	

第二章 室内变配电装置		第一节 变压器室布置方案	
图号	2-2-1-87	图名	变压器室布置方案F7-1布置图及明细表

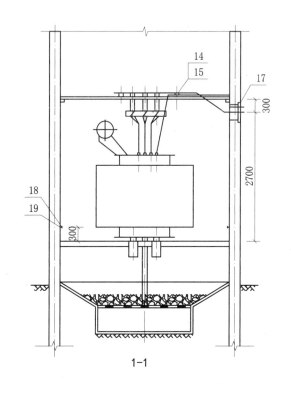

1—1

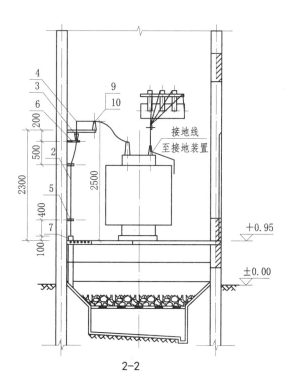

2—2

接地线
至接地装置

+0.95

±0.00

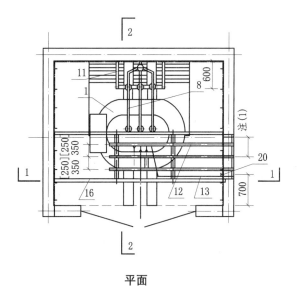

平面

主接线

注:(1) 侧墙上低压母线出线孔的平面位置由工程设计确定。
　　(2) "[ ]"内数据用于容量不大于630kVA的变压器。

明 细 表

序号	名　称	型号及规格	单位	数量	备注
1	电力变压器	由工程设计确定	台	1	
2	电缆	由工程设计确定	m	—	
3	电缆头	10（6）kV	个	1	
4	接线端子	按电缆芯截面确定	个	3	
5	电缆支架	按电缆外径确定	个	2	
6	电缆头支架		个	1	
7	电缆保护管	由工程设计确定	m	—	
8	高压母线	TMY	m	5	规格按变压器容量确定
9	高压母线夹具	按母线截面确定	副	3	
10	高压支柱绝缘子	ZA-12(7.2)Y	个	3	
11	高压母线支架	形式13[12]	个	1	
12	低压相母线		m	12	
13	低压中性母线		m	4	
14	低压母线夹具	按母线截面确定	副	9	
15	电车线路绝缘子	WX-01	个	9	
16	低压母线桥架	形式2[1]	个	1	
17	低压母线穿墙板	形式2[1]	套	1	
18	接地线		m	12	
19	固定钩		个	10	
20	临时接地接线柱		个	1	

第二章　室内变配电装置		第一节　变压器室布置方案
图号	2-2-1-88	图名　变压器室布置方案F7-2、3布置图及明细表

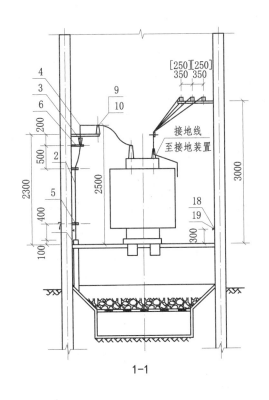

1-1

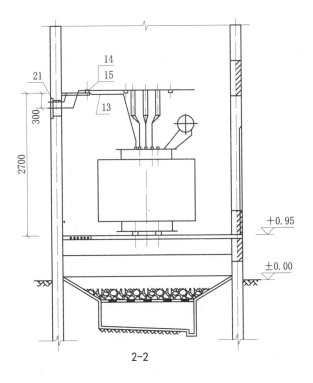

2-2

注：(1) 后墙上低压母线出线孔的平面位置由工程设计确定。
(2) "[ ]"内数据用于容量不大于630kVA的变压器。

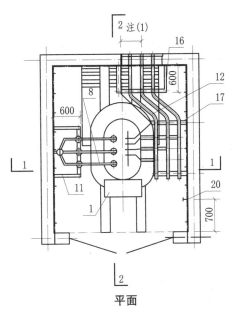

平面

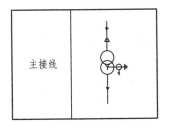

主接线

明 细 表

序号	名　称	型号及规格	单位	数量	备注
1	电力变压器	由工程设计确定	台	1	
2	电缆	由工程设计确定	m	—	
3	电缆头	10 (6) kV	个	1	
4	接线端子	按电缆芯截面确定	个	3	
5	电缆支架	按电缆外径确定	个	2	
6	电缆头支架		个	1	
7	电缆保护管	由工程设计确定	m	—	
8	高压母线	TMY	m	5	规格按变压器容量确定
9	高压母线夹具	按母线截面确定	副	3	
10	高压支柱绝缘子	ZA-12(7.2)Y	个	3	
11	高压母线支架	形式13[12]	个	1	
12	低压相母线		m	12	
13	N线或PEN线		m	4	
14	低压母线夹具	按母线截面确定	副	9	
15	电车线路绝缘子	WX-01	个	9	
16	低压母线支架	形式2[1]	个	1	
17	低压母线支架	形式5[2]	个	2	
18	接地线		m	12	
19	固定钩		个	10	
20	临时接地接线柱		个	1	
21	低压母线穿墙板	形式2[1]	套	1	

第二章　室内变配电装置		第一节　变压器室布置方案	
图号	2-2-1-89	图名	变压器室布置方案F8-1布置图及明细表

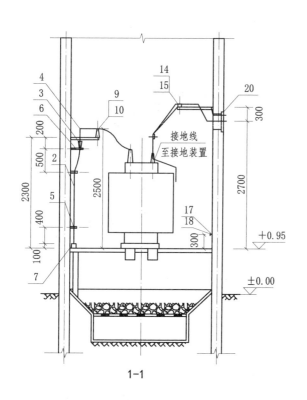

1-1

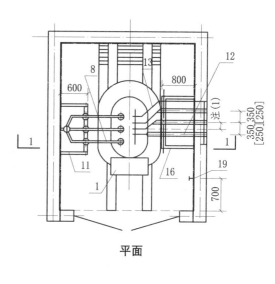

平面

注:(1) 侧墙上低压母线出线孔的平面位置由工程设计确定。
(2) "[ ]"内数据用于容量不大于630kVA的变压器。

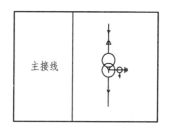

主接线

明 细 表

序号	名 称	型号及规格	单位	数量	备 注
1	电力变压器	由工程设计确定	台	1	
2	电缆	由工程设计确定	m	—	
3	电缆头	10（6）kV	个	1	
4	接线端子	按电缆芯截面确定	个	3	
5	电缆支架	按电缆外径确定	个	2	
6	电缆头支架		个	1	
7	电缆保护管	由工程设计确定	m	—	
8	高压母线	TMY	m	5	规格按变压器容量确定
9	高压母线夹具	按母线截面确定	副	3	
10	高压支柱绝缘子	ZA-12(7.2)Y	个	3	
11	高压母线支架	形式13[12]	个	1	
12	低压相母线		m	12	
13	N线或PEN线		m	4	
14	低压母线夹具	按母线截面确定	副	3	
15	电车线路绝缘子	WX-01	个	3	
16	低压母线支架	形式4[3]	个	1	
17	接地线		m	12	
18	固定钩		个	10	
19	临时接地接线柱		个	1	
20	低压母线穿墙板	形式2[1]	套	1	

第二章 室内变配电装置		第一节 变压器室布置方案
图号	2-2-1-90	图名 变压器室布置方案F8-2布置图及明细表

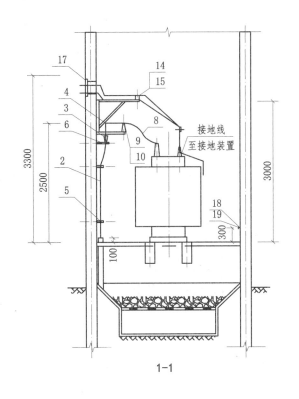

1-1

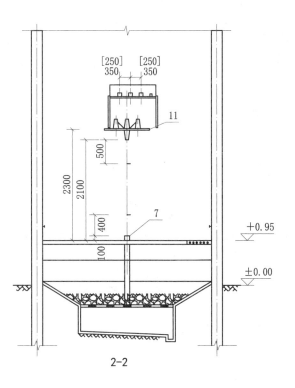

2-2

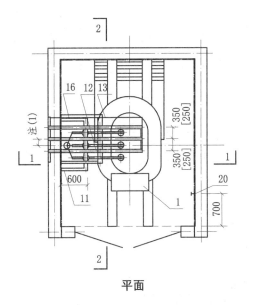

平面

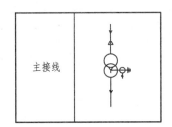

主接线

注：(1) 侧墙上低压母线出线孔的平面位置由工程设计确定。
(2) "[ ]"内数据用于容量不大于630kVA的变压器。

明 细 表

序号	名 称	型号及规格	单位	数量	备注
1	电力变压器	由工程设计确定	台	1	
2	电缆	由工程设计确定	m	—	
3	电缆头	10 (6) kV	个	1	
4	接线端子	按电缆芯截面确定	个	3	
5	电缆支架	按电缆外径确定	个	2	
6	电缆头支架		个	1	
7	电缆保护管	由工程设计确定	m	—	
8	高压母线	TMY	m	5	规格按变压器容量确定
9	高压母线夹具	按母线截面确定	副	3	
10	高压支柱绝缘子	ZA-12(7.2)Y	个	3	
11	高压母线支架	形式13[12]	个	1	
12	低压相母线		m	12	
13	N线或PEN线		m	4	
14	低压母线夹具	按母线截面确定	副	3	
15	电车线路绝缘子	WX-01	个	3	
16	低压母线支架	形式2[1]	个	1	
17	低压母线穿墙板	型式2[1]	套	1	
18	接地线		m	12	
19	固定钩		个	10	
20	临时接地接线柱		个	1	

第二章　室内变配电装置		第一节　变压器室布置方案	
图号	2-2-1-91	图名	变压器室布置方案F8-3布置图及明细表

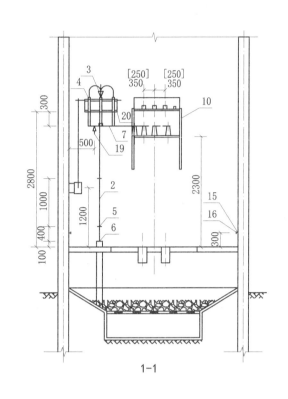

1-1

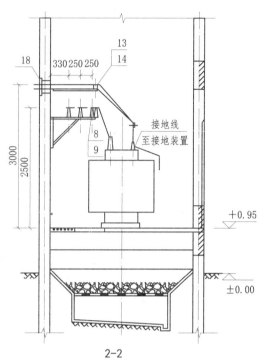

2-2

注：" [ ] "内数据用于容量不大于630kVA的变压器。

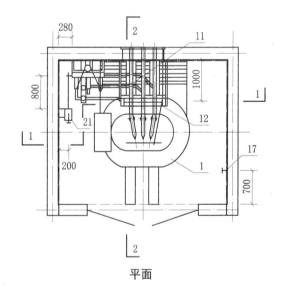

平面

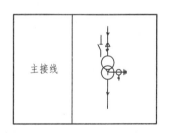

主接线

明 细 表

序号	名 称	型号及规格	单位	数量	备注
1	电力变压器	由工程设计确定	台	1	
2	电缆	由工程设计确定	m	—	
3	电缆头	10（6）kV	个	1	
4	接线端子	按电缆芯截面确定	个	3	
5	电缆支架	按电缆外径确定	个	3	
6	电缆保护管	由工程设计确定	m	—	
7	高压母线	TMY	m	9	规格按变压器容量确定
8	高压母线夹具	按母线截面确定	副	7	
9	高压支柱绝缘子	ZA-12(7.2)Y	个	7	
10	高低压母线支架	形式12[11]	个	1	
11	低压相母线		m	9	
12	N线或PEN线		m	4	
13	低压母线夹具	按母线截面确定	副	3	
14	电车线路绝缘子	WX-01	个	3	
15	接地线		m	12	
16	固定钩		个	10	
17	临时接地接线柱		个	1	
18	低压母线穿墙板	形式2[1]	套	1	
19	高低压母线支架（三）	形式16	个	1	
20	隔离开关	GN19-10	台	1	用于≤630kVA
	负荷开关	FKN-12	台	1	用于≥800kVA
21	手动操动机构		台	1	为配套产品

第二章　室内变配电装置		第一节　变压器室布置方案	
图号	2-2-1-92	图名	变压器室布置方案F7-4、7布置图及明细表

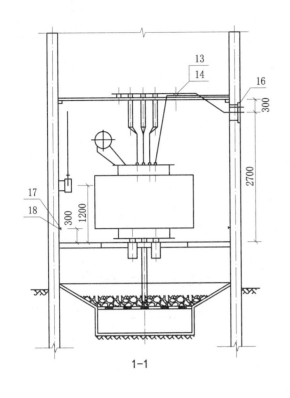

1-1

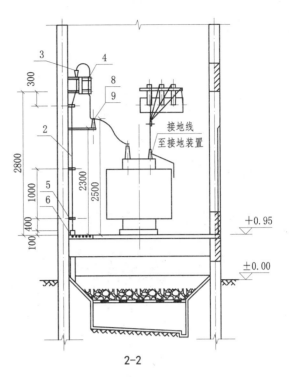

2-2

注：(1) 侧墙上低压母线出线孔的平面位置由工程设计确定。
　　(2) "[ ]"内数据用于容量不大于630kVA的变压器。

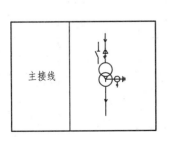

平面

主接线

明 细 表

序号	名　称	型号及规格	单位	数量	备注
1	电力变压器	由工程设计确定	台	1	
2	电缆	由工程设计确定	m	—	
3	电缆头	10（6）kV	个	1	
4	接线端子	按电缆芯截面确定	个	3	
5	电缆支架	按电缆外径确定	个	3	
6	电缆保护管	由工程设计确定	m	—	
7	高压母线	TMY	m	5	
8	高压母线夹具	按母线截面确定	副	3	规格按变压器容量确定
9	高压支柱绝缘子	ZA-12(7.2)Y	个	3	
10	高压母线支架	形式16[15]	个	1	
11	低压相母线		m	15	
12	N线或PEN线		m	5	
13	低压母线夹具	按母线截面确定	副	9	
14	电车线路绝缘子	WX-01	个	9	
15	低压母线桥架	形式2[1]	个	1	
16	低压母线穿墙板	形式2[1]	套	1	
17	接地线		m	12	
18	固定钩		个	10	
19	临时接地接线柱		个	1	
20	隔离开关	GN19-10	台	1	用于≤630kVA
	负荷开关	FKN-12	台	1	用于≥800kVA
21	手动操作机构		台	1	为配套产品

第二章　室内变配电装置		第一节　变压器室布置方案
图号	2-2-1-93	图名	变压器室布置方案F7-5、6、8、9布置图及明细表

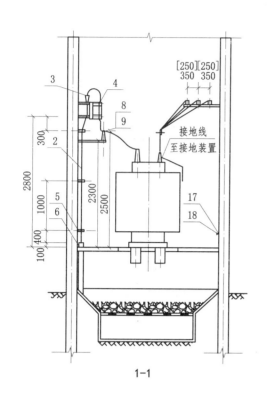

1-1

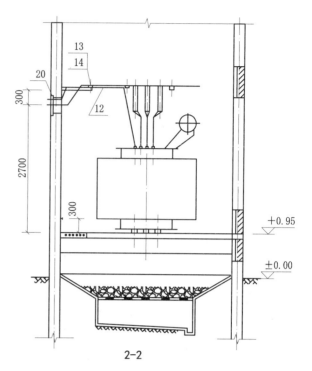

2-2

注:(1) 后墙上低压母线出线孔的平面位置由工程设计确定。
(2) "[ ]"内数据用于容量不大于630kVA的变压器。

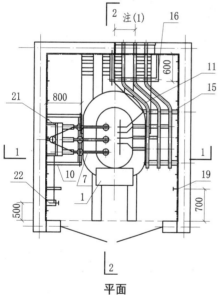

平面

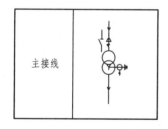

主接线

明 细 表

序号	名 称	型号及规格	单位	数量	备注
1	电力变压器	由工程设计确定	台	1	
2	电缆	由工程设计确定	m	—	
3	电缆头	10（6）kV	个	1	
4	接线端子	按电缆芯截面确定	个	3	
5	电缆支架	按电缆外径确定	个	3	
6	电缆保护管	由工程设计确定	m	—	
7	高压母线	TMY	m	5	规格按变压器容量确定
8	高压母线夹具	按母线截面确定	副	3	
9	高压支柱绝缘子	ZA-12(7.2)Y	个	3	
10	高压母线支架	形式16[15]	个	1	
11	低压相母线		m	12	
12	N线或PEN线		m	4	
13	低压母线夹具	按母线截面确定	副	9	
14	电车线路绝缘子	WX-01	个	9	
15	低压母线支架	形式5[2]	个	2	
16	低压母线支架	形式2[1]	个	1	
17	接地线		m	12	
18	固定钩		个	10	
19	临时接地接线柱		个	1	
20	低压母线穿墙板	形式3[2]	套	1	
21	隔离开关	GN19-10	台	1	用于≤630kVA
	负荷开关	FKN-12	台	1	用于≥800kVA
22	手动操动机构		台	1	为配套产品

第二章　室内变配电装置		第一节　变压器室布置方案	
图号	2-2-1-94	图名	变压器室布置方案F8-4、7布置图及明细表

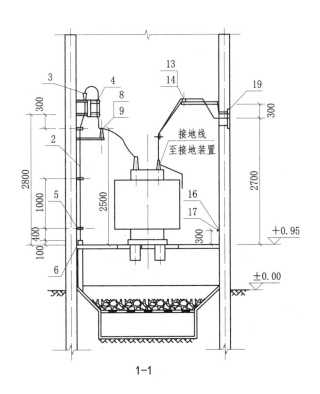

1-1

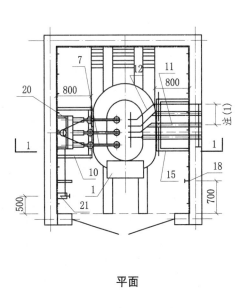

平面

注:(1) 侧墙上低压母线出线孔的平面位置由工程设计确定。
    (2) "[ ]"内数据用于容量不大于630kVA的变压器。

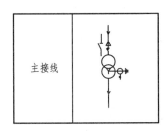

主接线

明 细 表

序号	名　　称	型号及规格	单位	数量	备注
1	电力变压器	由工程设计确定	台	1	
2	电缆	由工程设计确定	m	—	
3	电缆头	10（6）kV	个	1	
4	接线端子	按电缆芯截面确定	个	3	
5	电缆支架	按电缆外径确定	个	3	
6	电缆保护管	由工程设计确定	m	—	
7	高压母线	TMY	m	5	规格按变压器容量确定
8	高压母线夹具	按母线截面确定	副	3	
9	高压支柱绝缘子	ZA-12(7.2)Y	个	3	
10	高压母线支架	形式16[15]	个	1	
11	低压相母线		m	12	
12	N线或PEN线		m	4	
13	低压母线夹具	按母线截面确定	副	3	
14	电车线路绝缘子	WX-01	个	3	
15	低压母线支架	形式4[3]	个	1	
16	接地线		m	12	
17	固定钩		个	10	
18	临时接地接线柱		个	1	
19	低压母线穿墙板	形式2[1]	套	1	
20	隔离开关	GN19-10	台	1	用于≤630kVA
	负荷开关	FKN-12	台	1	用于≥800kVA
21	手动操动机构		台	1	为配套产品

第二章　室内变配电装置		第一节　变压器室布置方案
图号	2-2-1-95	图名 变压器室布置方案F8-5、8布置图及明细表

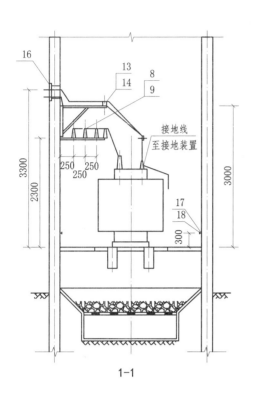

1-1

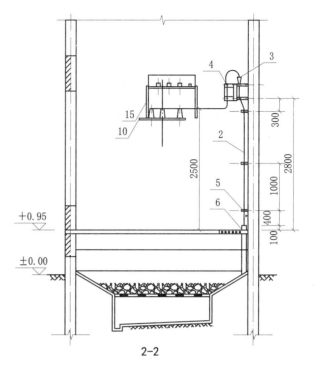

2-2

注:(1) 侧墙上低压母线出线孔的平面位置由工程设计确定。
(2) "[ ]"内数据用于容量不大于630kVA的变压器。

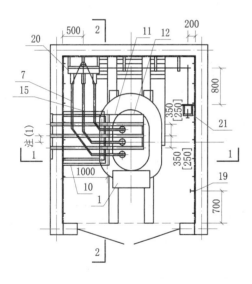

平面

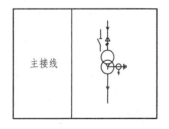

主接线

明 细 表

序号	名 称	型号及规格	单位	数量	备注
1	电力变压器	由工程设计确定	台	1	
2	电缆	由工程设计确定	m	—	
3	电缆头	10（6）kV	个	1	
4	接线端子	按电缆芯截面确定	个	3	
5	电缆支架	按电缆外径确定	个	3	
6	电缆保护管	由工程设计确定	m	—	
7	高压母线	TMY	m	5	规格按变压器容量确定
8	高压母线夹具	按母线截面确定	副	5	
9	高压支柱绝缘子	ZA-12(7.2)Y	个	5	
10	高压母线支架	形式13[12]	个	1	
11	低压相母线		m	12	
12	N线或PEN线		m	4	
13	低压母线夹具	按母线截面确定	副	6	
14	电车线路绝缘子	WX-01	个	6	
15	低压母线支架	形式2[1]	个	1	
16	低压母线穿墙板	形式2[1]	套	1	
17	接地线		m	12	
18	固定钩		个	10	
19	临时接地接线柱		个	1	
20	隔离开关	GN19-10	台	1	用于≤630kVA
	负荷开关	FKN-12	台	1	用于≥800kVA
21	手动操动机构		台	1	为配套产品

第二章 室内变配电装置	第一节 变压器室布置方案
图号 2-2-1-96	图名 变压器室布置方案F8-6、9布置图及明细表

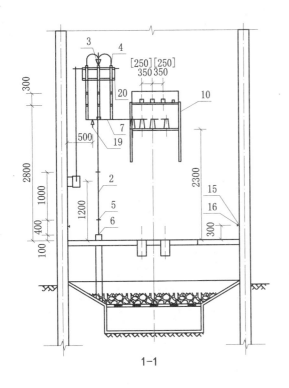

1-1

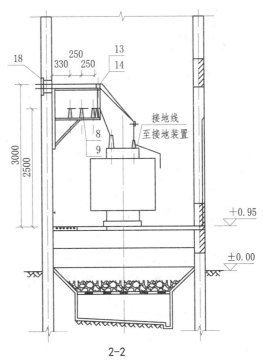

2-2

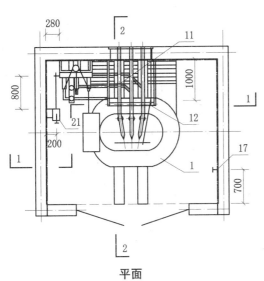

平面

注："[ ]"内数据用于容量不大于630kVA的变压器。

明 细 表

序号	名 称	型号及规格	单位	数量	备 注
1	电力变压器	由工程设计确定	台	1	
2	电缆	由工程设计确定	m	—	
3	电缆头	10（6）kV	个	1	
4	接线端子	按电缆芯截面确定	个	3	
5	电缆支架	按电缆外径确定	个	3	
6	电缆保护管	由工程设计确定	m	—	
7	高压母线	TMY	m	9	规格按变压器容量确定
8	高压母线夹具	按母线截面确定	副	7	
9	高压支柱绝缘子	ZA-12(7.2)Y	个	7	
10	高低压母线支架	形式12[11]	个	1	
11	低压相母线		m	9	
12	N线或PEN线		m	4	
13	低压母线夹具	按母线截面确定	副	3	
14	电车线路绝缘子	WX-01	个	3	
15	接地线		m	12	
16	固定钩		个	10	
17	临时接地接线柱		个	1	
18	低压母线穿墙板	形式2[1]	套	1	
19	高低压母线支架（三）	形式16	个	1	
20	隔离开关	GN19-10	台	1	用于≤630kVA
	熔断器	XRNT1-10	个	3	
	负荷开关带熔断器	FKRN-12	台	1	用于≥800kVA
21	手动操动机构		台	1	为配套产品

主接线	变压器容量/kVA	熔体额定电流/A	
		10kV	6kV
	200、250 315、400	63	63
	500、630	63	80
	800	80	100
	1000	100	125
	1250	100	160*

注：*为双拼

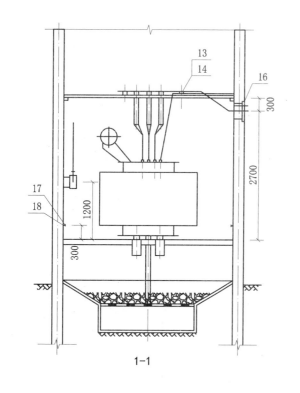

1-1

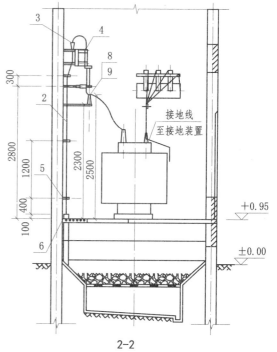

2-2

注:(1) 侧墙上低压母线出线孔的平面位置由工程设计确定。
(2) "[ ]"内数据用于容量不大于630kVA的变压器。

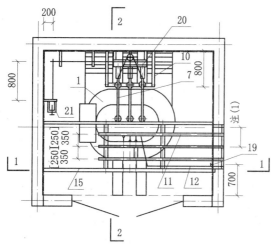

平面

主接线	变压器容量/kVA	熔体额定电流/A	
		10kV	6kV
	200、250 315、400	63	63
	500、630	63	80
	800	80	100
	1000	100	125
	1250	100	160*

注:*为双拼

明 细 表

序号	名　称	型号及规格	单位	数量	备注
1	电力变压器	由工程设计确定	台	1	
2	电缆	由工程设计确定	m	—	
3	电缆头	10（6）kV	个	1	
4	接线端子	按电缆芯截面确定	个	3	
5	电缆支架	按电缆外径确定	个	3	
6	电缆保护管	由工程设计确定	m	—	
7	高压母线	TMY	m	5	规格按变压器容量确定
8	高压母线夹具	按母线截面确定	副	3	
9	高压支柱绝缘子	ZA-12(7.2)Y	个	3	
10	高压母线支架	形式16[15]	个	1	
11	低压相母线		m	15	
12	N线或PEN线		m	5	
13	低压母线夹具	按母线截面确定	副	9	
14	电车线路绝缘子	WX-01	个	9	
15	低压母线桥架	形式2[1]	个	1	
16	低压母线穿墙板	形式2[1]	套	1	
17	接地线		m	12	
18	固定钩		个	10	
19	临时接地接线柱		个	1	
20	隔离开关	GN19-10	台	1	用于≤630kVA
20	熔断器	XRNT1-10	个	3	用于≤630kVA
20	负荷开关带熔断器	FKRN-12	台	1	用于≥800kVA
21	手动操动机构		台	1	为配套产品

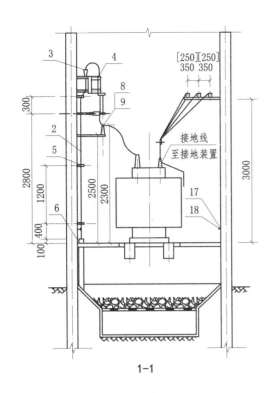

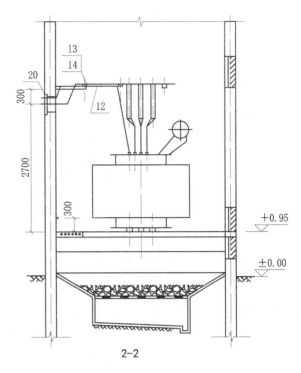

1-1

2-2

注：(1) 侧墙上低压母线出线孔的平面位置由工程设计确定。
　　(2) "[ ]"内数据用于容量不大于630kVA的变压器。

平面

主接线	变压器容量/kVA	熔体额定电流/A	
		10kV	6kV
	200、250 315、400	63	63
	500、630	63	80
	800	80	100
	1000	100	125
	1250	100	160*
注：*为双拼			

明　细　表

序号	名　称	型号及规格	单位	数量	备注
1	电力变压器	由工程设计确定	台	1	
2	电缆	由工程设计确定	m	—	
3	电缆头	10（6）kV	个	1	
4	接线端子	按电缆芯截面确定	个	3	
5	电缆支架	按电缆外径确定	个	3	
6	电缆保护管	由工程设计确定	m	—	
7	高压母线	TMY	m	5	规格按变压器容量确定
8	高压母线夹具	按母线截面确定	副	3	
9	高压支柱绝缘子	ZA-12(7.2)Y	个	3	
10	高压母线支架	形式16[15]	个	1	
11	低压相母线		m	12	
12	N线或PEN线		m	4	
13	低压母线夹具	按母线截面确定	副	9	
14	电车线路绝缘子	WX-01	个	9	
15	低压母线支架	形式5[2]	个	2	
16	低压母线支架	形式2[1]	个	1	
17	接地线		m	12	
18	固定钩		个	10	
19	临时接地接线柱		个	1	
20	低压母线穿墙板	形式2[1]	套	1	
21	隔离开关	GN19-10	台	1	用于≤630kVA
	熔断器	XRNT1-10	个	3	
	负荷开关带熔断器	FKRN-12	台	1	用于≥800kVA
22	手动操动机构		台	1	为配套产品

第二章　室内变配电装置		第一节　变压器室布置方案
图号	2-2-1-99	图名　变压器室布置方案F8-10、13布置图及明细表

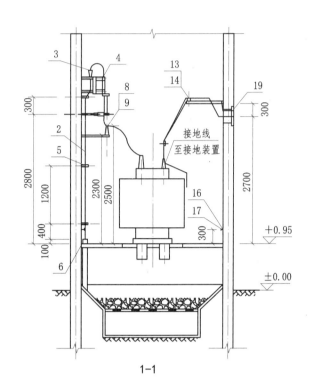

1-1

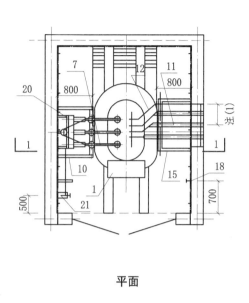

平面

注：(1) 侧墙上低压母线出线孔的平面位置由工程设计确定。
(2) "[ ]"内数据用于容量不大于630kVA的变压器。

主接线	变压器 容量 /kVA	熔体额定电流/A	
		10kV	6kV
	200、250 315、400	63	63
	500、630	63	80
	800	80	100
	1000	100	125
	1250	100	160*
注：*为双拼			

明 细 表

序号	名 称	型号及规格	单位	数量	备 注
1	电力变压器	由工程设计确定	台	1	
2	电缆	由工程设计确定	m	—	
3	电缆头	10（6）kV	个	1	
4	接线端子	按电缆芯截面确定	个	3	
5	电缆支架	按电缆外径确定	个	3	
6	电缆保护管	由工程设计确定	m	—	
7	高压母线	TMY	m	5	规格按变压器容量确定
8	高压母线夹具	按母线截面确定	副	3	
9	高压支柱绝缘子	ZA-12(7.2)Y	个	3	
10	高压母线支架	形式16[15]	个	1	
11	低压相母线		m	12	
12	N线或PEN线		m	4	
13	低压母线夹具	按母线截面确定	副	3	
14	电车线路绝缘子	WX-01	个	3	
15	低压母线支架	形式4[3]	个	1	
16	接地线		m	12	
17	固定钩		个	10	
18	临时接地接线柱		个	1	
19	低压母线穿墙板	形式2[1]	套	1	
20	隔离开关	GN19-10	台	1	用于≤630kVA
	熔断器	XRNT1-10	个	3	
	负荷开关带熔断器	FKRN-12	台	1	用于≥800kVA
21	手动操动机构		台	1	为配套产品

第二章　室内变配电装置		第一节　变压器室布置方案	
图号	2-2-1-100	图名	变压器室布置方案F8-11、14布置图及明细表

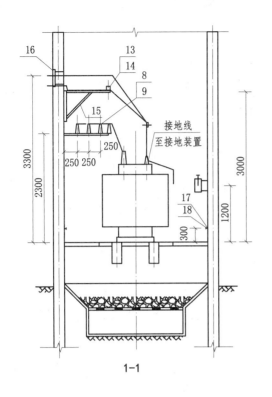

1-1

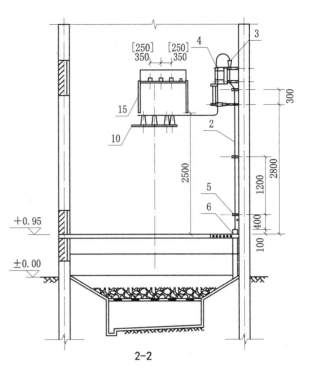

2-2

注:(1) 侧墙上低压母线出线孔的平面位置由工程设计确定。
(2) "[ ]"内数据用于容量不大于630kVA的变压器。

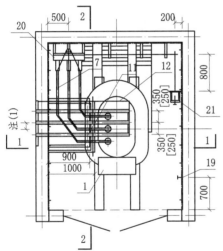

平面

主接线	变压器容量/kVA	熔体额定电流/A	
		10kV	6kV
	200、250 315、400	63	63
	500、630	63	80
	800	80	100
	1000	100	125
	1250	100	160*
注:*为双拼			

明 细 表

序号	名 称	型号及规格	单位	数量	备 注
1	电力变压器	由工程设计确定	台	1	
2	电缆	由工程设计确定	m	—	
3	电缆头	10 (6) kV	个	1	
4	接线端子	按电缆芯截面确定	个	3	
5	电缆支架	按电缆外径确定	个	3	
6	电缆保护管	由工程设计确定	m	—	
7	高压母线	TMY	m	9	规格按变压器容量确定
8	高压母线夹具	按母线截面确定	副	5	
9	高压支柱绝缘子	ZA-12(7.2)Y	个	5	
10	高压母线支架	形式13[12]	个	1	
11	低压相母线		m	12	
12	N线或PEN线		m	4	
13	低压母线夹具	按母线截面确定	副	6	
14	电车线路绝缘子	WX-01	个	6	
15	低压母线支架	形式2[1]	个	1	
16	低压母线穿墙板	形式2[1]	套	1	
17	接地线		m	12	
18	固定钩		个	10	
19	临时接地接线柱		个	1	
20	隔离开关	GN19-10	台	1	用于≤630kVA
	熔断器	XRNT1-10	个	3	
	负荷开关带熔断器	FKRN-12	台	1	用于≥800kVA
21	手动操动机构		台	1	为配套产品

第二章 室内变配电装置		第一节 变压器室布置方案
图号	2-2-1-101	图名 变压器室布置方案F8-12、15布置图及明细表

一、变配电所常用设备构件安装

（1）高低压配电室剖面图。

（2）隔离（负荷）开关、高压熔断器、跌落式熔断器、低压避雷器、低压电流互感器、手力操动机构等常用设备的安装图。

（3）支柱绝缘子、户内（外）穿墙套管的安装图。

（4）电力电缆（头）在墙上的安装支架图。

（5）母线安装及与设备的连接图。

（6）高（低）压母线支架及低压母线桥架的安装图。

（7）高（低）压开关柜、控制屏、保护屏、直流屏及静电电容器柜安装、基础及地沟土建设计任务图。

（8）裸母线沿墙水平敷设时，支架间的距离一般不超过1.3m；裸母线沿墙垂直敷设时，支架间的距离一般不超过1.5m。

（9）屋内配电装置距屋顶（梁除外）的距离一般不小于0.8m。

（10）本图集对母线的连接仅采用螺栓连接方式，其余连接方式可由工程设计确定。

二、主要设备选用

（1）隔离开关：按 GN2 - 10/2000（3000）、GN19 型绘制。

（2）负荷开关：按 FK（R）N - 12、FN7 - 10（R）型绘制。

（3）高压绝缘子：按 ZA（ZB）- 12（7.2）Y、ZPB（ZPA）- 12（7.2）型绘制。

（4）低压绝缘子：按 WX - 01 型绘制。

（5）高压母线：按 TMY 型绘制。

（6）高压避雷器：按 HY5WS - 17 型绘制。

（7）高压穿墙套管：按 C（W）B - 10（6）型

绘制。

（8）高压熔断器、跌落式熔断器等设备根据水利电力出版社出版的《工厂常用电气设备手册》（上册）（第二版）及（上册补充本）选用。

（9）电力金具采用现行国家标准定型线路金具中的部分标准。

三、防雷与接地

（1）对架空进线方案，在变压器的高压侧装设避雷器。

（2）保护接地、变压器低侧中性点及避雷器工作接地的共用接地方式，应根据规范要求由工程设计确定，接地电阻需满足其中最小值的要求。

（3）变压器低压侧中性点、金属支架、电缆保护管以及所有电气设备外露可导电部分，都必须与接地装置有可靠的电气连接。

（4）变压器室内应设有临时连接地线的接线柱。

（5）接地装置的制作和安装，按接地装置安装图集施工。

四、施工安装注意事项

（1）各种金属构件上的钻孔，应在构件焊接好后施钻。

（2）设备构件在墙上的安装、固定，建议采用电锤打洞配合使用膨胀螺栓的方法。如无此条件时，宜与土建施工密切配合，事先预塞木砖或预留安装孔，尽量避免临时凿洞。

（3）所有金属构件均应作防腐处理，室内构件涂防腐剂；室外构件宜采用热镀锌，如镀锌无条件时，应刷一度红丹、二度灰色油漆。

（4）横跨室内的桥形构架的长度，应按变压器室的实际尺寸下料制作。

（5）本图集尺寸无标注时均以毫米（mm）计。

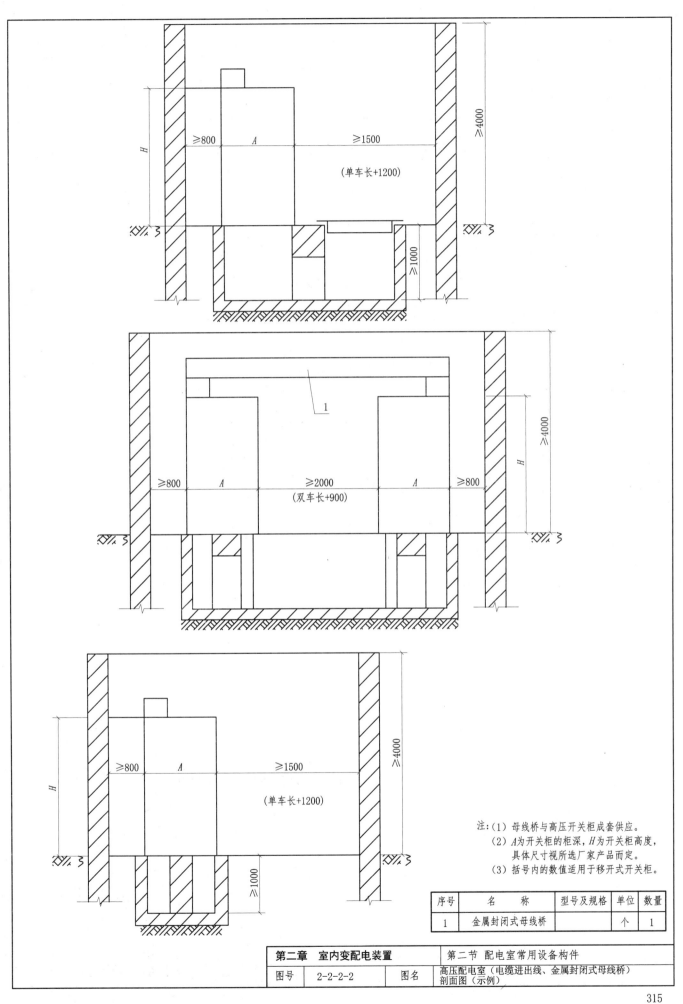

≥800　　A　　≥1500

（单车长+1200）

≥4000

H

≥1000

≥800　　A　　≥2000　　A　　≥800

（双车长+900）

1

≥4000

H

≥800　　A　　≥1500

（单车长+1200）

≥4000

H

≥1000

注:（1）母线桥与高压开关柜成套供应。
　　（2）A为开关柜的柜深，H为开关柜高度，具体尺寸视所选厂家产品而定。
　　（3）括号内的数值适用于移开式开关柜。

序号	名　　称	型号及规格	单位	数量
1	金属封闭式母线桥		个	1

第二章　室内变配电装置		第二节　配电室常用设备构件
图号	2-2-2-2	图名

高压配电室（电缆进出线、金属封闭式母线桥）
剖面图（示例）

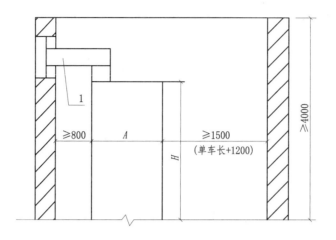

后上架空进线

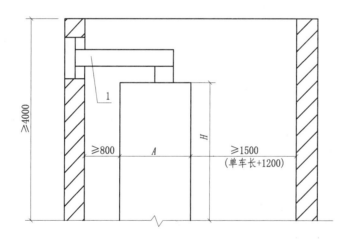

前上架空进线

注：（1）母线桥与高压开关柜成套供应。
　　（2）A 为开关柜的柜深，H 为开关柜高度，
　　　　 具体尺寸视所选厂家产品而定。
　　（3）括号内的数值适用于移开式开关柜。

序号	名　称	型号及规格	单位	数量
1	金属封闭式母线桥		个	1

第二章　室内变配电装置		第二节　配电室常用设备构件
图号	2-2-2-3	图名	高压配电室（架空进出线、金属封闭式母线桥）剖面图（示例）

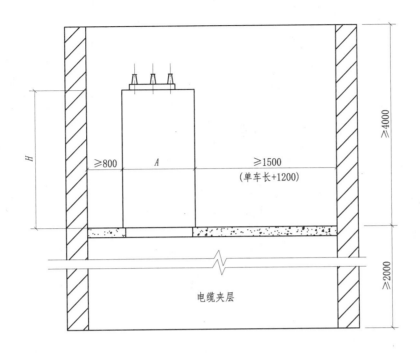

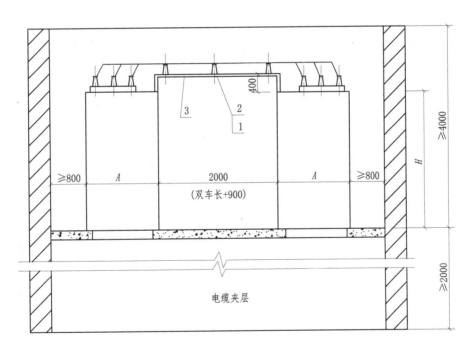

注：（1）母线桥与高压开关柜成套供应。
（2）A为开关柜的柜深，H为开关柜高度，
　　　具体尺寸视所选厂家产品而定。
（3）括号内的数值适用于移开式开关柜。

明 细 表

序号	名 称	型号及规格	单位	数量
1	高压支柱绝缘子	ZA-10(6)Y或ZB-10(6)Y	个	9
2	母线夹具		副	9
3	高压母线桥		个	1

第二章 室内变配电装置		第二节 配电室常用设备构件
图号	2-2-2-4	图名 高压配电室（电缆进出线、裸母线）剖面图（示例）

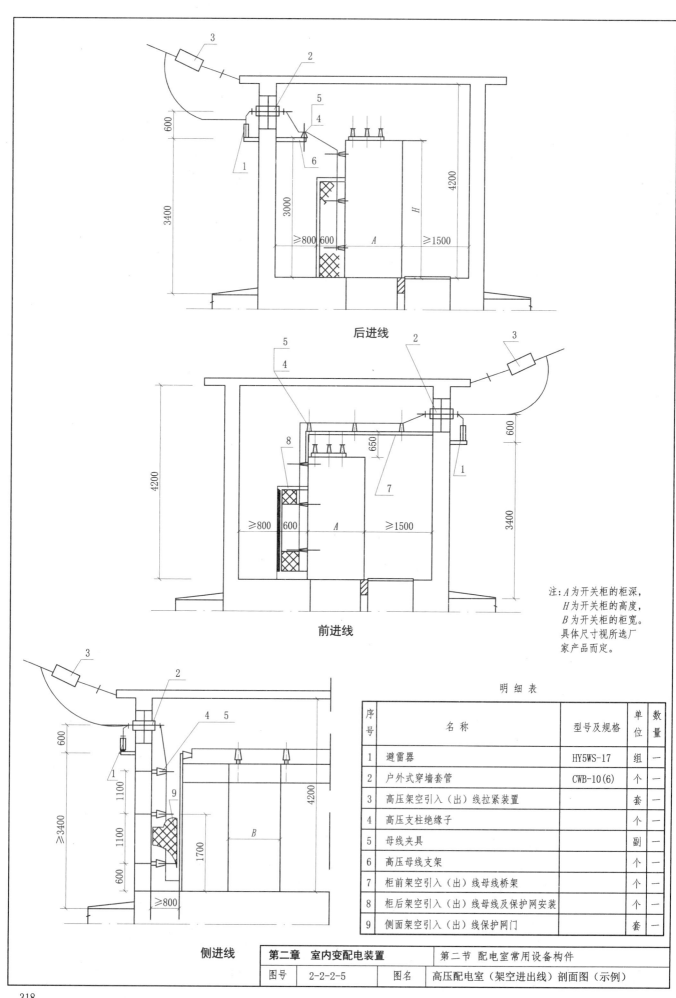

后进线

前进线

注: A为开关柜的柜深,
H为开关柜的高度,
B为开关柜的柜宽。
具体尺寸视所选厂
家产品而定。

明 细 表

序号	名 称	型号及规格	单位	数量
1	避雷器	HY5WS-17	组	一
2	户外式穿墙套管	CWB-10(6)	个	一
3	高压架空引入（出）线拉紧装置		套	一
4	高压支柱绝缘子		个	一
5	母线夹具		副	一
6	高压母线支架		个	一
7	柜前架空引入（出）线母线桥架		个	一
8	柜后架空引入（出）线母线及保护网安装		个	一
9	侧面架空引入（出）线保护网门		套	一

侧进线

第二章 室内变配电装置	第二节 配电室常用设备构件
图号 2-2-2-5	图名 高压配电室（架空进出线）剖面图（示例）

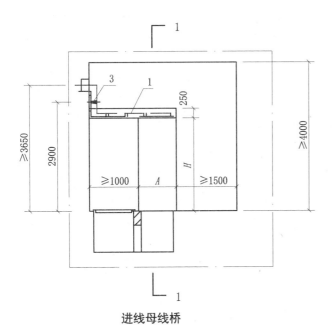

进线母线桥

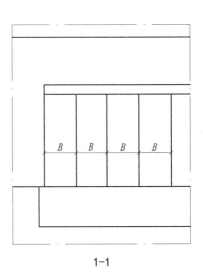

1-1

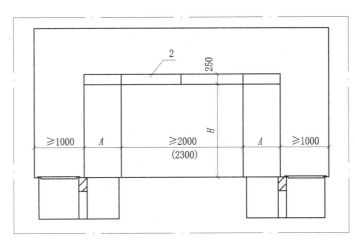

双列排列母线桥

注：(1) A为开关柜的厚度，H为开关柜高度，B为开关柜的宽度，
　　　　具体尺寸视所选厂家产品而定。
　　 (2) 母线桥与低压开关柜成套供应。
　　 (3) 括号内的数值适用于抽屉式开关柜。
　　 (4) 电缆沟沟深由工程设计定。

明 细 表

序号	名　　　称	型号及规格	单位	数量
1	进线母线桥		套	一
2	双列排列母线桥		套	一
3	低压母线支架	四线式	个	一

第二章　室内变配电装置	第二节 配电室常用设备构件
图号　2-2-2-6	图名　低压配电室（金属封闭式母线桥）剖面图（示例）

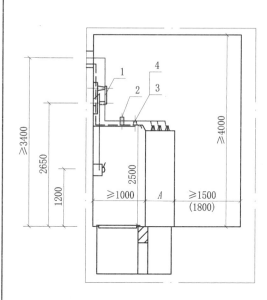

单侧离墙安装

侧面进线

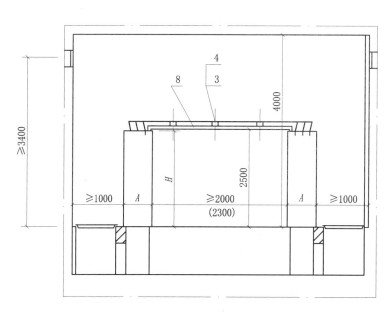

双列离墙安装

注：(1) A 为开关柜的厚度，H 为开关柜高度，B 为开关柜的宽度。
　　　具体尺寸视所选厂家产品而定。
　　(2) 括号内的数值用于抽屉式低压开关柜。
　　(3) 电缆沟深由工程设计定。

明　细　表

序号	名　　称	型号及规格	单位	数量
1	隔离开关	GN2-10、GN19-10	台	一
2	电流互感器	LMZ₁、LMZJ₁、LMZB₁	个	一
3	电车线路用绝缘子	WX-01	个	一
4	母线夹具		副	一
5	低压母线支架	四线式	个	一
6	低压母线支架	四线式	个	一
7	低压母线支架	四线式	个	一
8	低压母线桥架		个	一

第二章　室内变配电装置		第二节　配电室常用设备构件
图号	2-2-2-7	图名　低压配电室（裸母线）剖面图（示例）

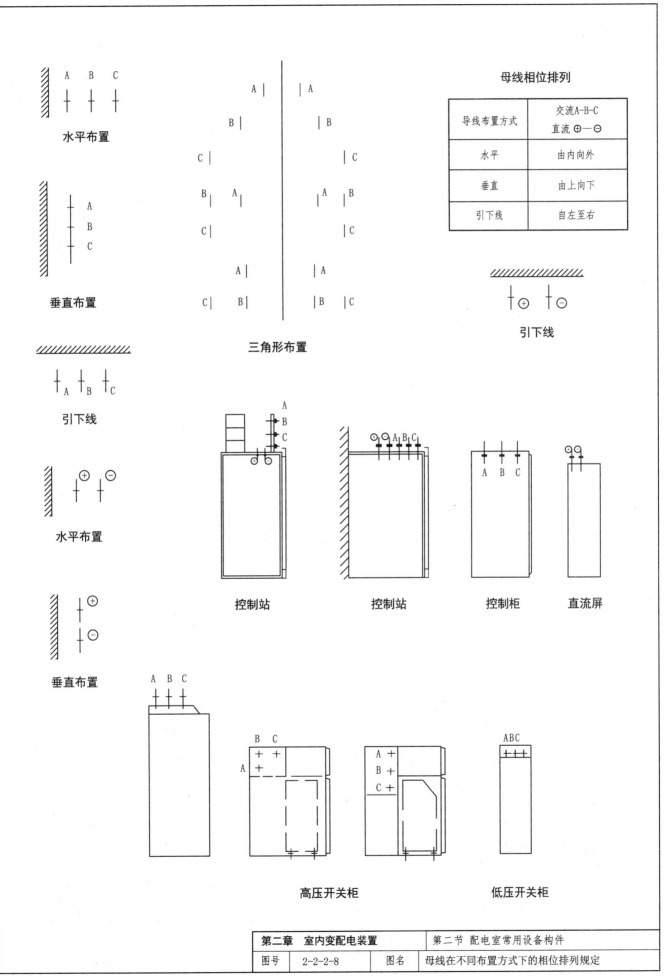

母线相位排列

导线布置方式	交流A-B-C 直流 ⊕—⊖
水平	由内向外
垂直	由上向下
引下线	自左至右

水平布置

垂直布置

三角形布置

引下线

引下线

水平布置

垂直布置

控制站

控制站

控制柜

直流屏

高压开关柜

低压开关柜

第二章　室内变配电装置	第二节 配电室常用设备构件
图号　2-2-2-8	图名　母线在不同布置方式下的相位排列规定

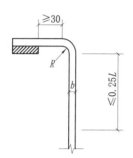

母线平弯

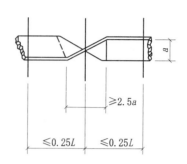

母线平面扭弯90°

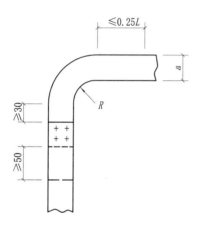

母线立弯

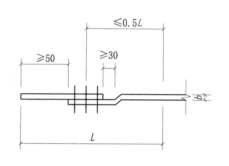

母线搭接

注：（1）图中 L 为母线两支持点之间的距离。
　　（2）独立的交流单相母线，一相涂黄色，一相涂红色。

母线最小允许弯曲半径 R

弯曲种类	母线截面 /mm	R	
		铜	钢
平弯	50×5 及其以下	$2b$	$2b$
	120×10 及其以下	$2b$	$2b$
立弯	50×5 及其以下	$1a$	$0.5a$
	120×10 及其以下	$1.5a$	$1a$

母线涂色规定

电流种类	相位或极性	涂色
交流母线 [注(2)]	A 相	黄
	B 相	绿
	C 相	红
	中性线	淡蓝色
	保护线	黄和绿双色
直流母线	⊕极	赭
	⊖极	蓝
均横	接地	紫
	不接地	紫色带黑色横条

序号	母线连接类别	母线材料	图例	a₁	b₁	c₁	e₁	a₂	b₂	c₂	φ	精制螺栓	精制螺母	精制垫圈	弹簧垫圈
															(连接尺寸/mm 与 紧固件规格)
1	125-125直线连接或垂直连接	铜、钢		125	63	30	—	125	63	30	19	M18×50	AM18	A18	18
2	125-100直线连接	铜、钢		125	63	30	—	100	50	25	17	M16×45	AM16	A16	16
3	125-80垂直连接	铜、钢		125	63	30	—	80	40	20	17	M16×45	AM16	A16	16
4	100-100直线连接或垂直连接	铜、钢		100	50	25	—	100	50	25	17	M16×45	AM16	A16	16
5	100-80直线连接或垂直连接	铜、钢		100	50	25	—	80	40	20	17	M16×45	AM16	A16	16
6	80-80直线连接或垂直连接	铜、钢		80	40	20	—	80	40	20	17	M16×45	AM16	A16	16
7	63-63垂直连接	铜(钢)		63	26	17	—	63	26	17	13(17)	M12(16)×35	AM12(16)	A12(16)	12(16)
8	63-50垂直连接	铜、钢		63	26	17	—	50	22	14	13	M12×35	AM12	A12	12
9	50-50垂直连接	铜、钢		50	22	14	—	50	22	14	13	M12×35	AM12	A12	12
10	40-40垂直连接	铜、钢		40	18	11	—	40	18	11	11	M10×30	AM10	A10	10
11	125-63、50、40垂直连接	铜(钢)		125	63	30	—	63、50、40	—	—	13(17)	M12(16)×40	AM12(16)	A12(16)	12(16)
12	100-63、50、40垂直连接	铜(钢)		100	50	25	—	63、50、40	—	—	13(17)	M12(16)×40	AM12(16)	A12(16)	12(16)
13	80-63、50、40、30垂直连接	铜		80	40	20	—	63、50、40、30	—	—	13	M12×40	AM12	A12	12
14	80-63、50、40垂直连接	钢		80	40	20	—	63、50、40	—	—	17	M16×40	AM16	A16	16
15	63-40、30垂直连接	铜、钢		63	30	15	—	40、30	—	—	11	M10×30	AM10	A10	10
16	63-25、20垂直连接	铜、钢		63	30	15	—	25、20	—	—	11	M10×30	AM10	A10	10
17	50-40、30、25、20垂直连接	铜、钢		50	25	12.5	—	40、30、25、20	—	—	11	M10×30	AM10	A10	10
18	40-20垂直连接	铜、钢		40	20	10	—	20	—	—	7	M6×20	AM6	A6	6

续表

序号	母线连接类别	图例	母线材料	连接尺寸/mm								紧固件规格			
				a_1	b_1	c_1	e_1	a_2	b_2	c_2	ϕ	精制螺栓	精制螺母	精制垫圈	弹簧垫圈
19	125-30垂直连接		铜、钢	125	30	15	63	30	—	—	11	M10×30	AM10	A10	10
20	125-25、20垂直连接		铜、钢	125	26	12	50	25、20	—	—	11	M10×30	AM10	A10	10
21	100-30垂直连接		铜、钢	100	30	15	63	30	—	—	11	M10×30	AM10	A10	10
22	100-25、20直连接		铜、钢	100	26	12	50	25、20	—	—	11	M10×30	AM10	A10	10
23	80-30垂直连接		钢、钢	80	30	15	63	30	—	—	13	M12×35	AM12	A12	12
24	80-25、20直连接		铜、钢	80	26	12	50	25、20	—	—	11	M10×30	AM10	A10	10
25	63-63直线连接		铜	63	26	17	—	90	28	17	13	M12×35	AM12	A12	12
26	50-50直线连接		铜	50	22	14	—	75	23	14.5	13	M12×35	AM12	A12	12
27	63-63直线连接		钢	63	—	—	—	80	40	20	17	M16×40	AM16	A16	16
28	50-50直线连接		钢	50	—	—	—	75	40	17.5	17	M16×40	AM16	A16	16
29	40-40直线连接		铜（钢）	40	—	—	—	80	40	20	13(17)	M12(16)×35	AM12(16)	A12(16)	12(16)
30	30-30直线连接		铜、钢	30	—	—	—	63	30	15	11	M10×30	AM10	A10	10
31	25-25直线连接		铜、钢	25	—	—	—	50	26	12	11	M10×30	AM10	A10	10
32	20-20直线连接		铜、钢	20	—	—	—	40	20	10	7	M6×20	AM6	A6	6
33	40-30垂直连接		铜、钢	40	—	—	—	30	—	—	13	M12×35	AM12	A12	12
34	40-25垂直连接		铜、钢	40	—	—	—	25	—	—	11	M10×30	AM10	A10	10
35	30-30垂直连接		铜、钢	30	—	—	—	30	—	—	13	M12×35	AM12	A12	12
36	30-25、20垂直连接		铜、钢	30	—	—	—	25、20	—	—	11	M10×30	AM10	A10	10
37	25-25、20垂直连接		铜、钢	25	—	—	—	25、20	—	—	11	M10×30	AM10	A10	10
38	20-20垂直连接		铜、钢	20	—	—	—	20	—	—	7	M6×20	AM6	A6	6

第二章　室内变配电装置	第三节　母线连接安装工艺
图号　2-2-3-3	图名　硬母线用螺栓连接类别和紧固件规格（二）

国际母线规格表（一）

单位：标称截面 mm²（a×b）

b＼a	2.24*	2.36	2.50*	2.65	2.80*	3.00*	3.15*	3.35	3.55*	3.75	4.00*	4.25	4.50*	4.75	5.00*	5.30	5.60*
16.00*																	
17.00	38.1	—	42.5	—	47.6	—	53.6	—	60.4	—	68.0	—	76.5	—	85.0	—	95.2
18.00*	40.3	42.5	45.0	47.7	50.4	54.0	56.7	60.3	63.9	67.5	72.0	76.5	81.0	85.5	90.0	95.4	100.8
19.00			47.5	—	53.2	—	59.9	—	67.5	—	76.0	—	85.5	—	95.0	—	106.4
20.00*			50.0	53.0	56.0	60.0	63.0	67.0	71.0	75.0	80.0	85.0	90.0	95.0	100.0	106.0	112.0
21.20			53.0	—	59.4	—	66.8	—	75.3	—	84.8	—	95.4	—	106.0	—	118.7
22.40*			56.0	59.4	62.7	67.2	70.6	75.0	79.5	84.0	89.6	95.2	100.8	106.4	112.0	118.7	125.4
23.60					66.1	—	74.3	—	83.8	—	94.4	—	106.2	—	118.0	—	132.2
25.00*					70.0	75.0	78.8	83.8	88.8	93.8	100.0	106.3	112.5	118.8	125.0	132.5	140.0
26.50							83.5	—	94.1	—	106.0	—	119.3	—	132.5	—	148.4
28.00*								93.8	99.4	105.0	112.0	119.0	126.0	133.0	140.0	148.4	156.8
30.00									106.5	—	120.0	—	135.0	—	150.0	—	168.0
31.50*										118.1	126.0	133.9	141.8	149.6	157.5	167.0	176.4
33.50										—	134.0	—	150.8	—	167.5	—	187.6
35.50*										133.1	142.0	150.9	159.8	168.6	177.5	188.2	198.8
40.00*											160.0		180.0		200.0		224.0
45.00*											180.0		202.5		225.0		252.0
50.00*											200.0		225.0		250.0		280.0
56.00*											224.0		252.0		280.0		313.6
63.00*											252.0		283.5		315.0		352.8
71.00*											284.0		319.5		355.0		397.6
80.00*											320.0		360.0		400.0		448.0
90.00*											360.0		405.0		450.0		504.0
100.00*											400.0		450.0		500.0		560.0
112.0*																	
125.00*																	

图例：

- ┌2.36┐ R40系列
- ┌2.24┐ R20系列
- ┌40.3┐ a×b 为 R20×R20 优先规格的标称截面，mm²
- ┌42.5┐ a×b 为 R20×R20 或 R40×R40 的中间规格标称截面，mm²
- ┌ — ┐ a×b 为 R40×R40 的不推荐规格

注：本表为国家标准推荐母线基本标称系列，标注"*"的为优先规格。

第二章 室内变配电装置	第三节 母线连接安装工艺
图号　2-2-3-4	图名　国际母线规格表（一）

b ＼ a	6.00	6.30*	6.70	7.10*	8.00*	9.00*	10.00*	11.20*	12.50*	14.00*	16.00*	18.00*	20.00*	22.40*	25.00*	28.00*	31.50*
16.00*					128.0	144.0	160.0	179.0	200.0	224.0	256.0						
17.00	—	107.1	—	120.7	—	—	—	—	—	—	—						
18.00*	108.0	113.4	120.6	127.8	144.0	162.0	180.0	201.6	225.0	252.0	288.0						
19.00	—	119.8	—	134.9	—	—	—	—	—	—	—						
20.00*	120.0	126.0	134.0	142.0	160.0	180.0	200.0	224.0	250.0	280.0	320.0	360.0	400.0				
21.20	—	133.6	—	150.5	—	—	—	—	—	—	—	—	—				
22.40*	134.0	141.1	150.1	159.0	—	—	224.0	250.9	280.0	313.6	358.4	403.2	448.0				
23.60	—	148.7	—	167.6	—	—	—	—	—	—	—	—	—				
25.00*	150.0	157.5	167.5	177.5	200.0	225.0	250.0	280.0	312.5	350.0	400.0	450.0	500.0	560.0	625.0		
26.50	—	167.0	—	188.2	—	—	—	—	—	—	—	—	—	—	—		
28.00*	168.0	176.4	187.6	198.8	224.0	252.0	280.0	313.6	350.0	392.0	448.0	504.0	560.0	627.0	700.0		
30.00	—	189.0	—	213.0	—	—	—	—	—	—	—	—	—	—	—		
31.50*	189.0	198.5	211.0	223.7	252.0	283.5	315.0	352.8	393.8	441.0	504.0	567.0	630.0	705.6	787.5	882.0	992.3
33.50	—	211.0	—	237.8	—	—	—	—	—	—	—	—	—	—	—	—	—
35.50*	213.0	223.7		252.1	284.0	319.5	355.0	397.6	443.8	497.0	568.0	639.0	710.0	795.2	887.5	994.0	1118.3
40.00*		252.0		284.0	320.0	360.0	400.0	448.0	500.0	560.0	640.0	720.0	800.0	896.0	1000.0	1120.0	1260.0
45.00*		283.5		319.5	360.0	405.0	450.0	504.0	562.5	630.0	720.0	810.0	900.0				
50.00*		315.0		355.0	400.0	450.0	500.0	560.0	625.0	700.0	800.0	900.0	1000.0				
56.00*		352.8		397.6	448.0	504.0	560.0	627.2	700.0	784.0	896.0	1008.0	1120.0				
63.00*		396.9		447.3	504.0	567.0	630.0	705.6	787.5	882.0	1008.0	1134.0	1260.0				
71.00*		447.3		504.1	568.0	639.0	710.0	795.2	887.5	994.0	1136.0						
80.00*		504.0		568.0	640.0	720.0	800.0	896.0	1000.0	1120.0	1280.0						
90.00*		567.0		639.0	720.0	810.0	900.0	1008.0	1125.0	1260.0	1440.0						
100.00*		630.0		710.0	800.0	900.0	1000.0	1120.0	1250.0	1400.0	1600.0						
112.00*		705.6		795.2	896.0	1008.0	1120.0	1254.4	1400.0								
125.00*		787.5		887.5	1000.0	1125.0	1250.0	1400.0	1562.5								

第二章 室内变配电装置	第三节 母线连接安装工艺
图号 2-2-3-5	图名 国际母线规格表（二）

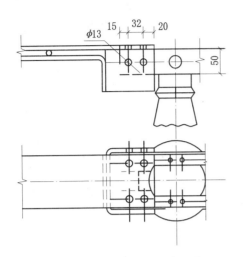

CN2-10/2000～3000 隔离开关

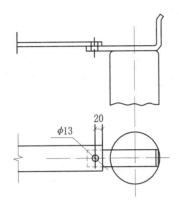

FK(R)N-12、FN7-10(R) 负荷开关

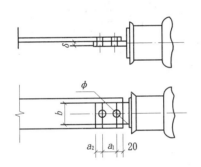

穿墙套管型号	尺寸/mm				
	a_1	a_2	b	ϕ	δ
CB-10(6)/250、CWB-10/250	30	15	30	4	11
CB-10(6)/400、CWB-10/400	30	15	40	5	11
CB-10(6)/600	40	20	50	8	13
CWB-10/600	40	20	40	8	13

CB-10(6)/250～600、CWB-10/250～600 户内外导线穿墙套管

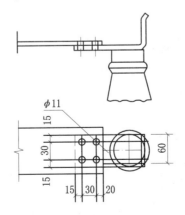

GN19-10、10C/1000 隔离开关

第二章　室内变配电装置	第三节　母线连接安装工艺
图号　2-2-3-6	图名　母线与隔离开关、负荷开关、穿墙套管连接做法

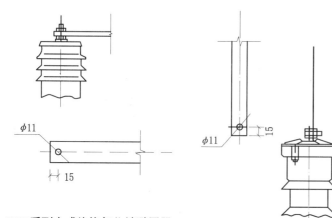

HY5W系列合成绝缘氧化锌避雷器

FZ-6～10阀式避雷器

FZ₂-6～10阀式避雷器

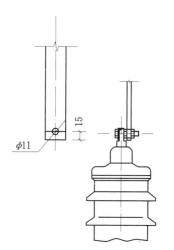

FCD₃-10(6)磁吹阀式避雷器

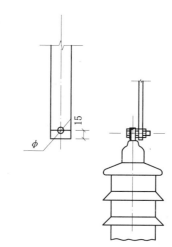

FS₃、FS₄、FS₇、FS₈阀式避雷器

避雷器 型号	φ尺寸 /mm
FS₃ FS₇ -6～10	9
FS₄ FS₈ -6～10	11

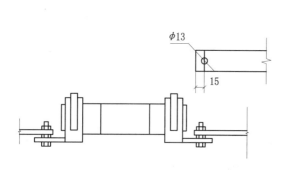

XRNT1-10系列熔断器

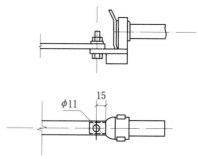

RN₁-6～10熔断器

第二章　室内变配电装置		第三节　母线连接安装工艺
图号	2-2-3-7	图名　母线与各种避雷器、熔断器连接做法

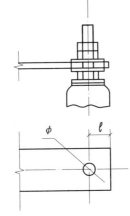

套管 额定电压 /kV	套管 额定电流 /A	尺寸/mm		变压器 容量 /kVA
		l	ϕ	
1	300	20	14	≤160
1	300	20	14	≤200
1	400	20	18	250
1	600	25	22	315 400

S₉-20～400/10变压器

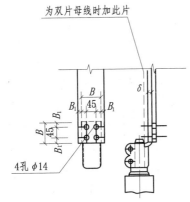

套管 额定电压 /kV	套管 额定电流 /A	尺寸/mm			变压器 容量 /kVA
		B	B_1	δ	
1	800	80	17.5	15	500
1	1000	80	17.5	15	630
1	1200	80	17.5	15	800
1	2000	100	27.5	18	1000 1250
1	3000	100	27.5	18	1600
1	3500	100	27.5	18	2000

S₉-500～2000变压器

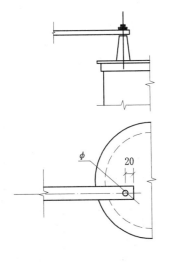

电压互感器型号	尺寸ϕ /mm
JDJ-6、JSJB-6	9
JDJ-10、JSJB-10	11

JDJ、JSJB电压互感器

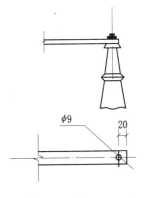

JDZ-6(10)、JDZJ-6(10)电压互感器

第二章　室内变配电装置	第三节　母线连接安装工艺
图号　2-2-3-8	图名　母线与变压器、电压互感器连接做法

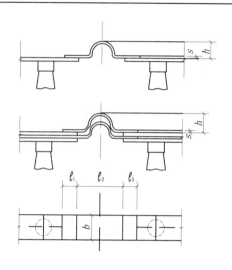

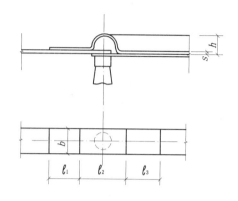

在两个支柱绝缘子跨间　　　　　在支柱绝缘子上

母线与母线连接

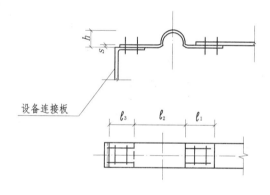

设备连接板

用伸缩节

（大截面母线用）

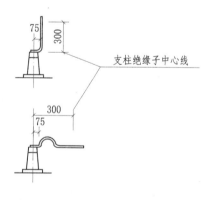

支柱绝缘子中心线

将母线做弯

（小截面母线用）

母线与设备连接

注：（1）母线与母线连接时，伸缩节的数量按每隔以下长度设置一个：
铜母线——30～50m；钢母线——35～60m。
（2）伸缩节与矩形母线的螺栓连接见图2-2-3-2、图2-2-3-3。
（3）本图所示伸缩节的型号规格摘自GB 2343—85《母线伸缩节》。
伸缩节的技术要求见GB 2343—85《母线伸缩节》。

伸缩节型号	尺寸/mm					
	b	s	h	l_1	l_2	l_3
母线与母线连接用						
MS-63×6.3	63	6.3	50	73	170	73
MS-80×6.3	80	6.3	50	90	170	90
MS-80×8	80	8	50	90	170	90
MS-100×8	100	8	50	115	170	115
MS-100×10	100	10	60	115	190	115
MS-125×8	125	8	50	140	170	140
MS-125×10	125	10	60	140	190	140
MS-125×12.5	125	12.5	60	140	190	140
母线与设备连接用						
MSS-63×6.3	63	6.3	50	73	170	73
MSS-80×6.3	80	6.3	50	90	170	90
MSS-80×8	80	8	50	90	170	90
MSS-100×8	100	8	50	115	170	115
MSS-100×10	100	10	60	115	190	115
MSS-125×8	125	8	50	140	170	140
MSS-125×10	125	10	60	140	190	140
MSS-125×12.5	125	12.5	60	140	190	140

第二章　室内变配电装置		第三节　母线连接安装工艺
图号	2-2-3-9	图名　母线与母线、母线与设备连接的伸缩接头及防震措施

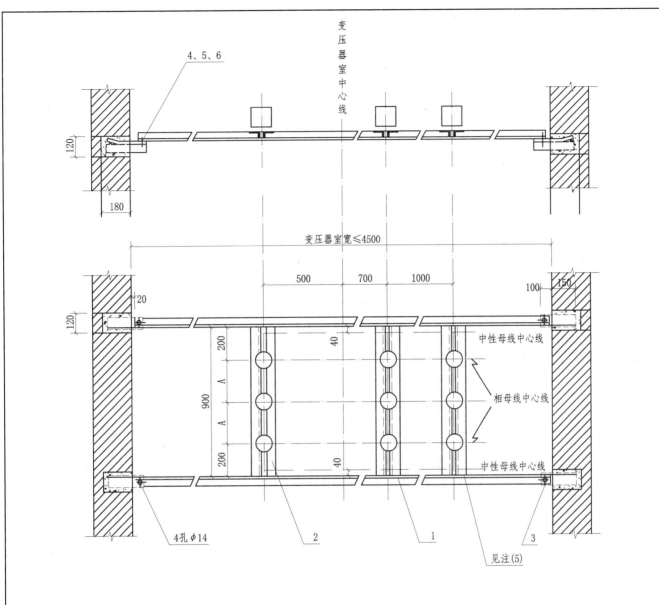

支架型式	尺寸/mm	
	A	B
1	250	900
2	350	1100

明　细　表

序号	名　称	规　格	单位	数量	备注
1	角钢横梁	L50×5（L60×6）	根	2	注（2）
2	固定绝缘子用角钢	L30×4，ℓ=B	根	4（6）	注（5）
3	角钢埋设件	L63×5，ℓ=250	根	4	
4	螺栓	M12×30	个	4	
5	螺母	M12	个	4	
6	垫圈	12	个	8	

注：（1）中性母线在支架上采用螺栓固定。母线上相应开孔ϕ12。
　　　　紧固件规格为：螺栓M10×60；螺母M10，垫圈10。
　　（2）角钢横梁（零件1）的长度应按变压器室的实际内净宽度下料。
　　　　长度大于3500时用L60×6。
　　（3）支架本体全部采用焊接。支架与角钢埋设件的固定采用螺栓
　　　　紧固，以便需要时可将支架拆卸。角钢埋设件和横梁上的螺栓
　　　　孔在安装时钻取。
　　（4）绝缘子在支架上安装见图2-2-4-6。
　　（5）变压器室宽不小于3500时，加此绝缘子用的角钢。

第二章　室内变配电装置		第三节　母线连接安装工艺
图号	2-2-3-10	图名　变压器室低压母线桥架（一）

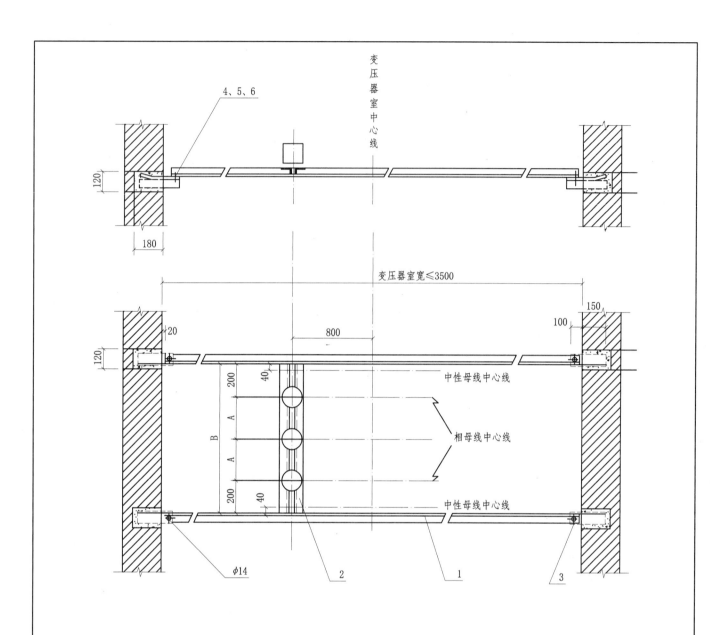

支架型式	尺寸/mm	
	A	B
1	250	900
2	350	1100

注: (1) 中性母线在支架上采用螺栓固定。母线上相应开孔 $\phi12$。
紧固件规格为: 螺栓M10×60; 螺母M10, 垫圈10。
(2) 角钢横梁 (零件1) 的长度应按变压器室的实际内净宽度下料。
(3) 支架本体全部采用焊接。支架与角钢埋设件的固定采用螺栓
紧固, 以便需要时可将支架拆卸。角钢埋设件和横梁上的螺栓
孔在安装时钻取。
(4) 绝缘子在支架上安装见图2-2-4-6。

明 细 表

序号	名　　称	规　　格	单位	数量	备注
1	角钢横梁	L50×5	根	2	注 (2)
2	固定绝缘子用角钢	L30×4, $\ell=B$	根	2	
3	角钢埋设件	L63×5, $\ell=250$	根	4	
4	螺栓	M12×30	个	4	
5	螺母	M12	个	4	
6	垫圈	12	个	8	

第二章　室内变配电装置	第三节　母线连接安装工艺
图号　　2-2-3-11	图名　　变压器室低压母线桥架 (二)

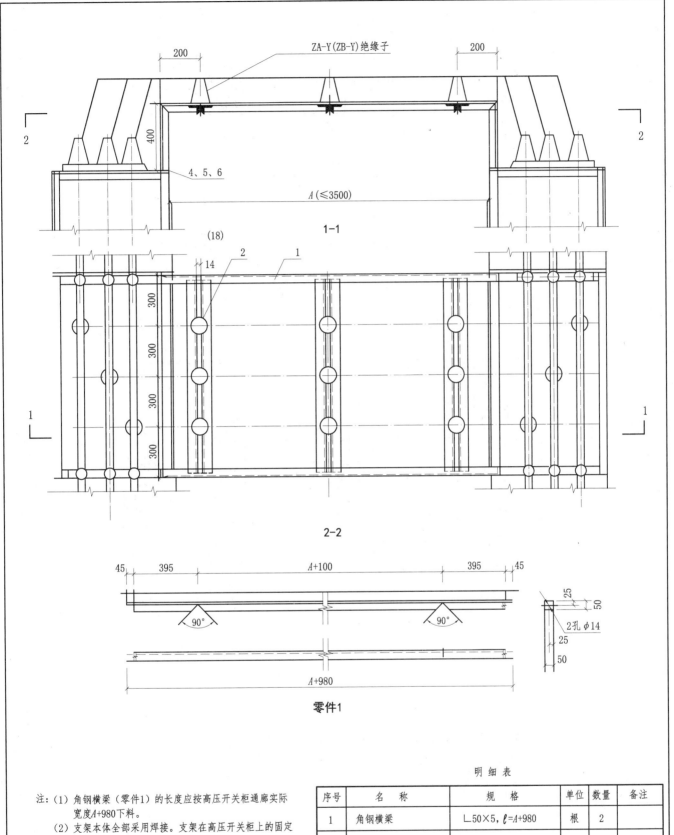

1—1

(18)

2—2

零件1

注：(1) 角钢横梁（零件1）的长度应按高压开关柜通廊实际
　　　宽度A+980下料。
　　(2) 支架本体全部采用焊接。支架在高压开关柜上的固定
　　　采用螺栓紧固。开关柜上的螺栓孔可在安装时钻取。
　　(3) 绝缘子在支架上安装见图2-2-4-6。

明 细 表

序号	名 称	规 格	单位	数量	备注
1	角钢横梁	∟50×5, ℓ=A+980	根	2	
2	固定绝缘子用角钢	∟30×4, ℓ=1170	根	6	
3	螺栓	M12×30	个	4	
4	螺母	M12	个	4	
5	垫圈	12	个	8	

第二章　室内变配电装置	第三节　母线连接安装工艺
图号　2-2-3-12	图名　高压开关柜中间母线桥架

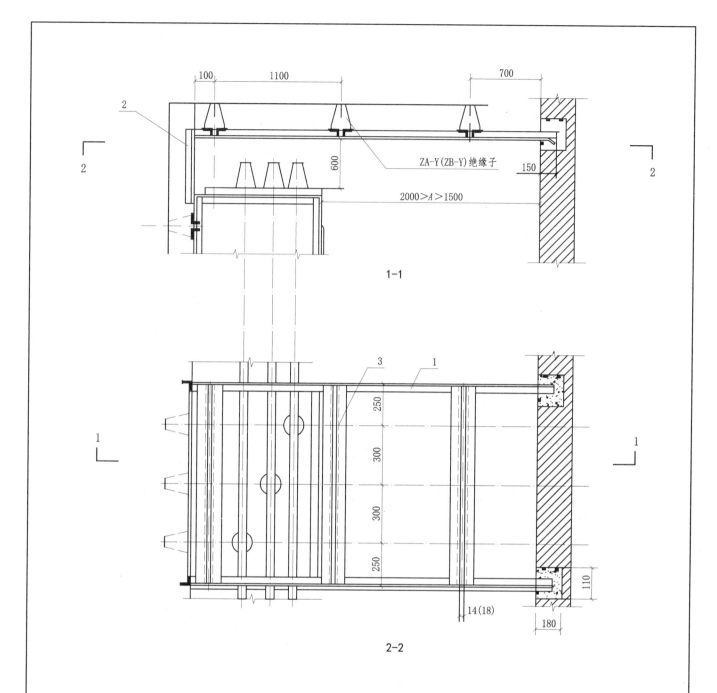

1-1

ZA-Y（ZB-Y）绝缘子

600

$2000 > A > 1500$

100   1100   700

150

2-2

250

300

300

250

14(18)

110

180

注：（1）角钢横梁（零件1）的长度应按高压开关柜前通廊实际宽度A+1350下料。
　　（2）支架的连接和固定均采用焊接。
　　（3）绝缘子在支架上安装见图4-2-4-6。

明 细 表

序号	名　称	规　格	单位	数量
1	角钢横梁	∟50×5, $\ell = A + 1350$	根	2
2	角钢支腿	∟50×5, $\ell = 700$	根	2
3	固定绝缘子用角钢	∟30×4, $\ell = 1188$	根	6

第二章　室内变配电装置	第三节　母线连接安装工艺
图号　2-2-3-13	图名　高压开关柜前架空引入（出）线母线桥架

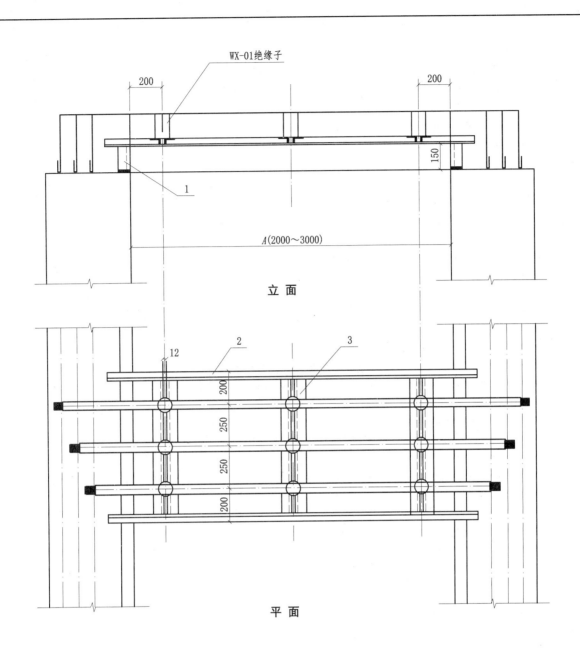

WX-01绝缘子

200 | 200

150

1

A(2000~3000)

立 面

12 | 2 | 3

200

250

250

200

平 面

注：(1) 角钢横梁（零件1）的长度应按低压配电屏通廊实际
宽度A+100下料。
(2) 支架本体全部采用焊接。支架在低压配电屏上的固定
可采用焊接或螺栓紧固。
(3) 绝缘子在支架上安装见图2-2-4-6。

明 细 表

序号	名　　称	规　　格	单位	数量
1	角钢立柱	∟50×5, ℓ=150	根	4
2	角钢横梁	∟50×5, ℓ=A+100	根	2
3	固定绝缘子用角钢	∟30×4, ℓ=800	根	6

第二章　室内变配电装置	第三节 母线连接安装工艺
图号　2-2-3-14	图名　低压开关柜中间母线桥架

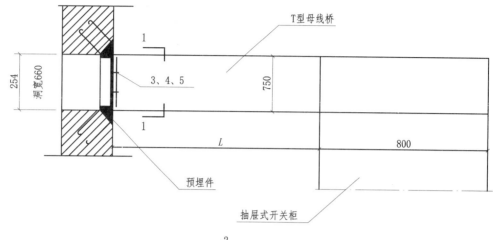

T型母线桥

3、4、5

预埋件

抽屉式开关柜

254
洞宽660
750
L
800

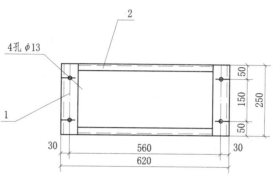

4孔 φ13
1
2

50
150
50
250
30
560
30
620

1−1

（角钢安装框）

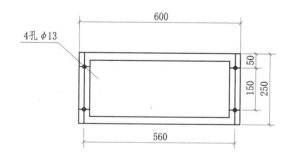

4孔 φ13

600
50
150
250
560

1−1

（母线桥端罩）

注：（1）L为开关柜与墙之间的维护通廊宽度。
　　（2）角钢安装框与墙洞口预埋件的连接采用焊接。
　　（3）角钢安装框上的螺栓孔宜在安装时钻取。

明 细 表

序号	名　称	规　格	单位	数量
1	角钢立柱	∟50×5，ℓ=250	根	2
2	角钢横梁	∟30×5，ℓ=520	根	2
3	螺栓	M12×30	个	4
4	螺母	M12	个	4
5	垫圈	12	个	8

第二章　室内变配电装置	第三节　母线连接安装工艺
图号　2-2-3-15	图名　低压开关柜封闭母线桥架安装

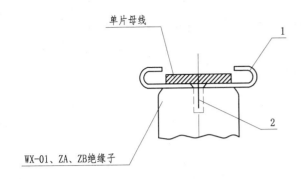

单片母线

1

2

WX-01、ZA、ZB绝缘子

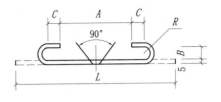

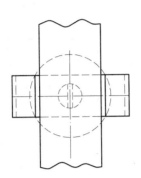

母线固定前

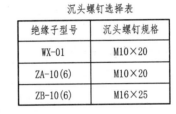

φ

30

母线卡子

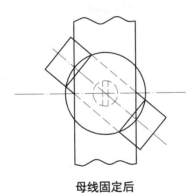

母线固定后

双片母线

矩形母线间隔垫(见图2-2-3-17)

WX-01、ZA、ZB绝缘子

沉头螺钉选择表

绝缘子型号	沉头螺钉规格
WX-01	M10×20
ZA-10(6)	M10×20
ZB-10(6)	M16×25

注：表中"（）"内数据用于双片母线。

明 细 表

编号	名　　称	型号及规格	单位	数量
1	母线卡子	—30×5长度见尺寸表	个	1
2	沉头螺钉	见表	个	1

母线卡子尺寸表

母线截面 /mm²	尺寸/mm					
	A	B	C	L	R	φ
40×4	55	8(22)	10	120 (148)	4(11)	φ11-用于WX-01、ZA绝缘子 φ17-用于ZB绝缘子
50×5						
63×5	68	8(22)	10	130 (158)	4(11)	
63×6						
80×6	85	8(22)	12	160 (188)	4(11)	
80×8	85	12(32)	12	170 (210)	6(16)	
80×10						
100×8	105	12(32)	12	190 (230)	6(16)	
100×10						
125×10	130	12(32)	12	210 (250)	6(16)	

第二章　室内变配电装置	第三节 母线连接安装工艺
图号　2-2-3-16	图名　户内式支柱绝缘子上母线夹具

矩形母线立放固定金具（一、二片）

MNP-101～108 (MNP-201～208)

金具型号	安装支柱绝缘子型号	适用母线宽度/mm	d	H	L₁	L
MNL-101 (MNL-201)	ZA-6	63	M10	82	60	90
MNL-102 (MNL-202)	ZA-10	80	M10	100	60	90
MNL-103 (MNL-203)	ZA-35	100	M10	120	(80)	(113)
MNL-104 (MNL-204)		125	M10	145		
MNL-105 (MNL-205)	ZB-6	63	M16	82	60	90
MNL-106 (MNL-206)	ZB-10	80	M16	100	60	90
MNL-107 (MNL-207)	ZB-35 / ZC-10	100	M16	120	(80)	(113)
MNL-108 (MNL-208)	ZD-10	125	M16	145		

矩形母线间间隔垫

型号	标称规格	适用母线宽度/mm	d	M	L	L_0
MJG-01	M10×100	63	10	10	100	26
MJG-02	M10×120	80	10	10	120	26
MJG-03	M10×140	100	10	10	140	26
MJG-04	M10×160	125	10	10	160	26

矩形母线平放固定金具

MNP-101～108（一片）　　MNP-201～208（二片）

金具型号	安装支柱绝缘子型号	适用母线宽度/mm	d	H	L	L₁
MNP-101	WX-01 / ZA-6	63	M10	38	113	83
MNP-102	ZA-10	80	M10	42	130	100
MNP-103	ZA-35	100	M10	48	150	125
MNP-104		125	M10	48	175	145
MNP-105	ZB-6	63	M16	38	113	83
MNP-106	ZB-10	80	M16	42	130	100
MNP-107	ZB-35 / ZC-10	100	M16	48	150	125
MNP-108	ZD-10	125	M16	48	175	145
MNP-201	ZA-6	63	M10	58	113	83
MNP-202	ZA-10	80	M10	62	130	100
MNP-203	ZA-35	100	M10	68	150	125
MNP-204		125	M10	68	175	145
MNP-205	ZB-6	63	M16	58	113	83
MNP-206	ZB-10	80	M16	62	130	100
MNP-207	ZC-10	100	M16	68	150	125
MNP-208	ZD-10	125	M16	68	175	145

注：(1) 型号规格摘自DL/T 697《硬母线固定金具》。其技术要求见DL/T 697。
(2) 设计中，为了减少金具品种，可用同一型号的金具固定相近规格的母线。安装时，如母线较小，可将金具斜放固定。
(3) 多片母线间的间隔垫，在母线金具两侧的，与金具配套供应；在两支柱绝缘子跨间的，按设计需要单独提出订货。

第二章　室内变配电装置	第三节　母线连接安装工艺
图号　2-2-3-17	图名　户内式支柱绝缘子上矩形母线固定金具

尺寸/mm（MWL 型）

金具型号	安装支柱绝缘子型号	适用母线	d	H	L	L₁
MWL-101	ZPA-6	63	4-M12	82	140	60
MWL-102	ZPB-10	80		100		80
MWL-103	ZS-10/400	100		120		
MWL-104	ZS-10/500	125		145		
MWL-201	ZPA-6	63	4-M12	82	140	60
MWL-202	ZPB-10	80		100		80
MWL-203	ZS-10/400	100		120		
MWL-204	ZS-10/500	125		145		

简图

尺寸/mm（MWP 型）

金具型号	安装支柱绝缘子型号	适用母线	d	H	L	L₁
MWP-101	ZPA-6	63	4-M12	38	140	83
MWP-102	ZPB-10	80		42	140	100
MWP-103	ZS-10/400	100		46	180	120
MWP-104	ZS-10/500	125		48	180	145
MWP-201	ZPA-6	63	4-M12	58	140	83
MWP-202	ZPB-10	80		62	140	100
MWP-203	ZS-10/400	100		66	180	120
MWP-204	ZS-10/500	125		68	180	145

简图

注：(1) 上述金具型号规格摘自 DL/T 697《硬母线固定金具》。其技术要求见 DL/T 697。
(2) 设计中，为了减少金具品种，可用同一型号的金具固定规格相近的母线。安装时，如母线较小，可将金具斜放固定。

第二章　室内变配电装置	第三节　母线连接安装工艺
图号　2-2-3-18	图名　户外式支柱绝缘子上矩形母线固定金具

339

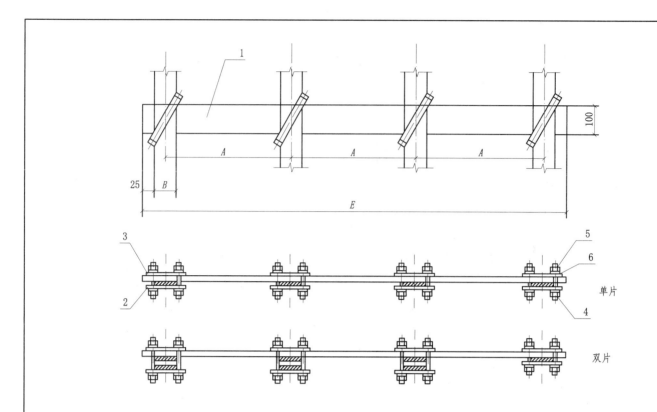

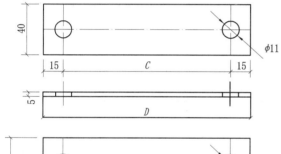

零件2

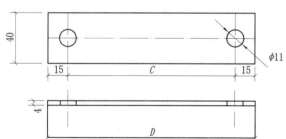

零件3

型式	母线宽度 B /mm	相间距离 A /mm	尺寸/mm		
			C	D	E
1	40、50	250	100	130	850
2	63		105	135	860
3	80		120	150	880
4	80	350	120	150	1180
5	100, 2×100		135	165	1200
6	125, 2×125		150	180	1220

注：(1) 中性线用1、2、3型式。
　　(2) 在双片母线夹板两侧用的矩形母线间间隔垫见图2-2-3-17。
　　(3) "（）"内数据为双片母线用。

明　细　表

序号	名　称	型号及规格	单位	数量
1	3022酚醛层压纸板	厚12，$\ell = E$	块	1
2	金属板	—40×5,$\ell = D$	条	4
3	扁钢	—40×4,$\ell = D$	个	4
4	螺栓	M10×40 (M10×60)	个	8(2)(6)
5	螺母	M10	个	8
6	垫圈	10	个	16

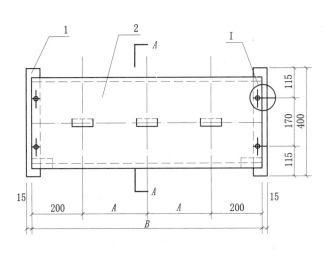

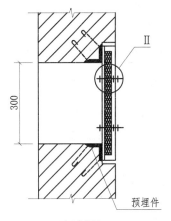

A-A剖面

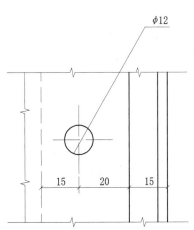

I局部放大图

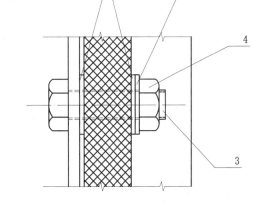

II局部放大图

注：角钢（零件1）与洞口预埋件的固定采用焊接。

型式	尺寸/mm		墙洞尺寸/mm （宽×高）
	A	B	
1	250	900	900×300
2	350	1100	1100×300

明 细 表

序号	名　称	型号及规格	单位	数量	备　注
1	角钢	∟50×5, ℓ =400	根	2	
2	绝缘夹板	厚20	块	2	上、下各1块
3	螺栓	M10×40	个	4	
4	螺母	M10	个	4	
5	垫圈	10	个	4	
6	橡胶或石棉纸垫圈	厚2,外径22,内径10.5	个	8	

第二章　室内变配电装置	第三节　母线连接安装工艺
图号　2-2-3-20	图名　低压母线穿墙板安装

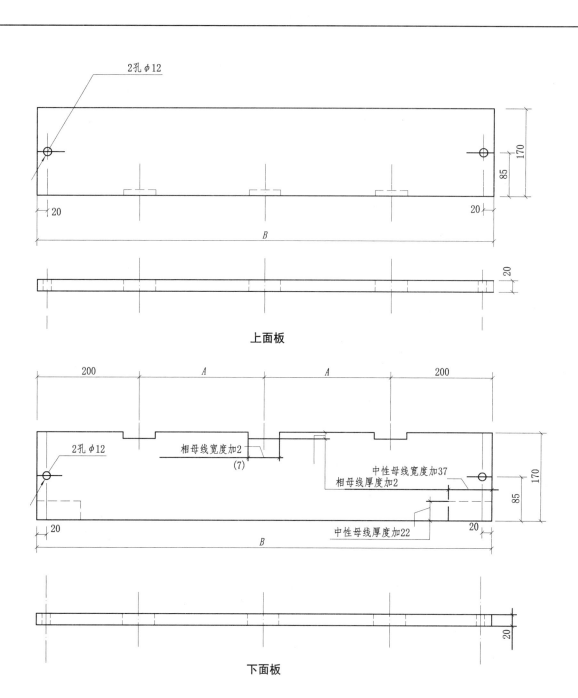

上面板

下面板

注：(1) 绝缘夹板采用石棉水泥板制作时，必须经过如下处理：
先烘干，然后放在变压器油或绝缘漆中浸透，取出后
再烘干。
(2) 绝缘夹板可采用硬聚氯乙烯板、环氧树脂板、石棉水泥
板等制作。
(3) 用于双片母线时，上面板需按下面板开缺口，如虚线
所示。"（）"内数据用于双片母线。
(4) 对采用其他接地型式的变压器，其低压母线穿墙板的
安装参见干式变压器相关内容。

型式	尺寸/mm	
	A	B
1	250	900
2	350	1100

第二章　室内变配电装置	第三节　母线连接安装工艺
图号　2-2-3-21	图名　低压母线穿墙板安装零件绝缘夹板

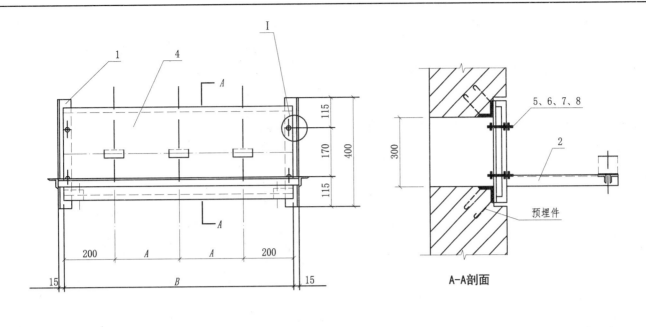

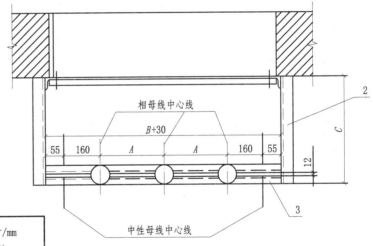

A-A剖面

相母线中心线

$B+30$

中性母线中心线

支架型式	尺寸/mm			墙洞尺寸/mm
	A	B	C	(宽×高)
1	250	900	400	900×300
2	350	1100		1100×300
3	250	900	600	900×300
4	350	1100		1100×300
5	250	900	800	900×300
6	350	1100		1100×300

注：(1) 角钢支柱（零件1）与洞口预埋件的固定采用焊接。
　　(2) 低压中性母线在支架上采用螺栓固定。母线上相应开孔
　　　　$\phi 12$。紧固件规格为螺栓M10×60；螺母M10；垫圈10。
　　　　绝缘子在支架上安装见图2-2-4-6。

明 细 表

序号	名　称	型号及规格	单位	数量	备　注
1	角钢支柱	∟50×5, $l=400$	根	2	
2	角钢支臂	∟40×4, $l=C$	根	2	
3	固定绝缘子用角钢	∟30×4, $l=B+30$	根	2	
4	绝缘夹板	厚20	块	2	上、下各1块
5	螺栓	M10×40	个	4	
6	螺母	M10	个	4	
7	垫圈	10	个	4	
8	橡胶或石棉纸垫圈	厚2,外径22,内径10.5	个	8	

第二章　室内变配电装置		第三节 母线连接安装工艺
图号	2-2-3-22	图名 带穿墙板低压母线支架安装

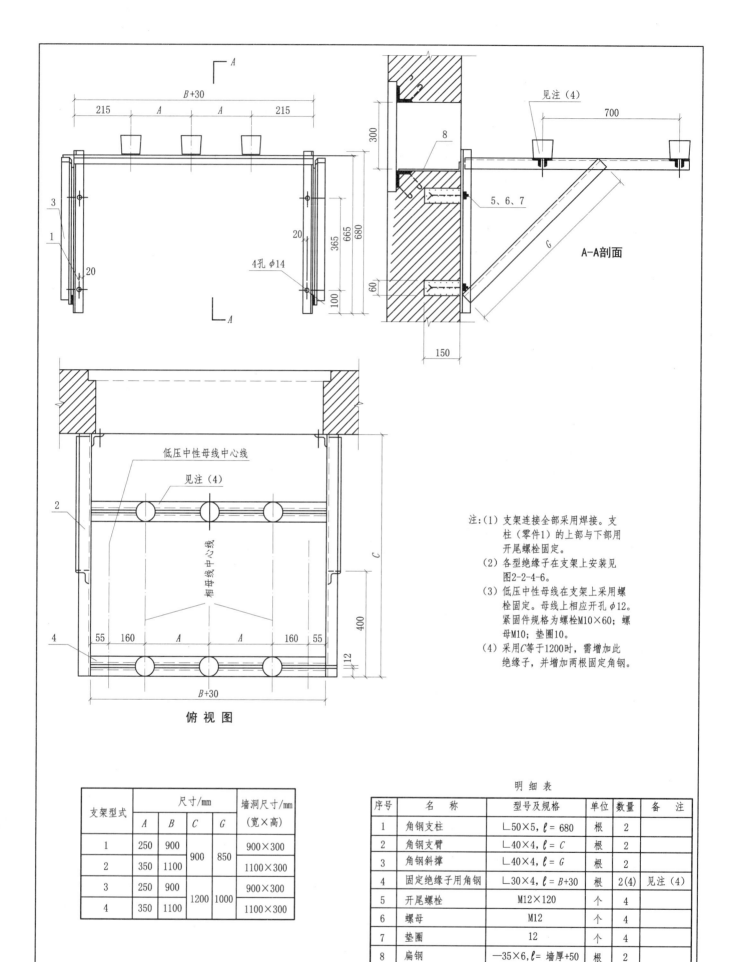

俯视图

注:(1) 支架连接全部采用焊接。支柱(零件1)的上部与下部用开尾螺栓固定。

(2) 各型绝缘子在支架上安装见图2-2-4-6。

(3) 低压中性母线在支架上采用螺栓固定。母线上相应开孔 ϕ12。紧固件规格为螺栓M10×60；螺母M10；垫圈10。

(4) 采用C等于1200时，需增加此绝缘子，并增加两根固定角钢。

支架型式	尺寸/mm				墙洞尺寸/mm (宽×高)
	A	B	C	G	
1	250	900	900	850	900×300
2	350	1100	900	850	1100×300
3	250	900	1200	1000	900×300
4	350	1100	1200	1000	1100×300

明 细 表

序号	名 称	型号及规格	单位	数量	备 注
1	角钢支柱	∟50×5, ℓ = 680	根	2	
2	角钢支臂	∟40×4, ℓ = C	根	2	
3	角钢斜撑	∟40×4, ℓ = G	根	2	
4	固定绝缘子用角钢	∟30×4, ℓ = B+30	根	2(4)	见注(4)
5	开尾螺栓	M12×120	个	4	
6	螺母	M12	个	4	
7	垫圈	12	个	4	
8	扁钢	—35×6, ℓ =墙厚+50	根	2	

第二章 室内变配电装置	第三节 母线连接安装工艺
图号 2-2-3-23	图名 低压母线支架安装

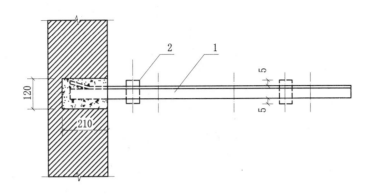

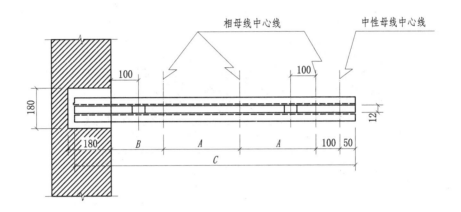

支架型式	尺寸/mm		
	A	B	C
1		200	1030
2	250	250	1080
3		350	1180
4		200	1230
5	350	250	1280
6		350	1380

注：（1）支架用于安装WX-01型绝缘子。
　　（2）垫块与角钢采用沿表面贴角焊接。
　　（3）绝缘子在支架上安装见图2-2-2-6。
　　（4）低压中性母线在支架上采用螺栓固定。
　　　　　母线上相应开孔 ϕ12。固定件规格为
　　　　　螺栓M10×60；螺母M10；垫圈10。

明 细 表

序号	名称	型号及规格	单位	数量	备注
1	角钢	40×4　ℓ=C	根	2	
2	垫块	—40×12　ℓ=50	块	2	

第二章　室内变配电装置		第三节　母线连接安装工艺	
图号	2-2-3-24	图名	四线式低压母线支架安装（一）

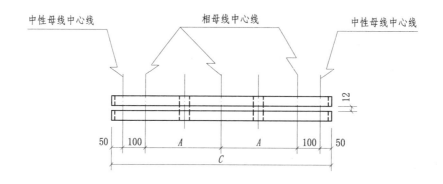

中性母线中心线　　　相母线中心线　　　中性母线中心线

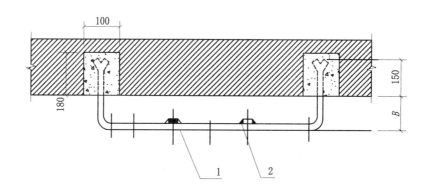

支架型式	尺寸/mm			零件1展开长度/mm
	A	B	C	
1	250	100	800	1300
2	350		1000	1500
3	250	150	800	1400
4	350		1000	1600

注：（1）支架用于安装WX-01型绝缘子。
　　（2）连接板与扁钢采用表面贴角焊接。
　　（3）绝缘子在支架上安装见图2-2-4-6。
　　（4）低压中性母线在支架上采用螺栓固定。母线上相应
　　　　开孔ϕ12。固定件规格为：螺栓M10×60；螺母M10；
　　　　垫圈10。

明　细　表

序号	名称	型号及规格	单位	数量	备注
1	扁钢	—30×4 长度见附表	根	2	
2	连接板	—30×4　ℓ=70	块	2	

第二章　室内变配电装置		第三节　母线连接安装工艺
图号	2-2-3-25	图名	四线式低压母线支架安装（二）

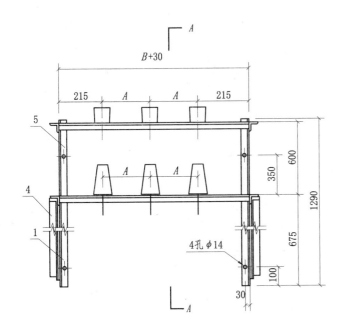

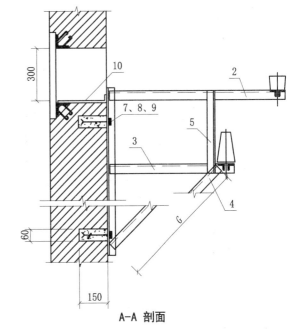

A-A 剖面

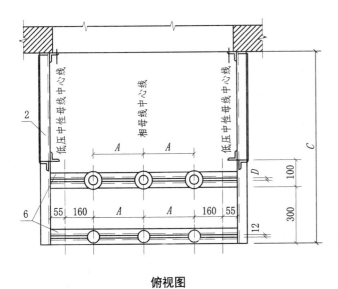

俯视图

支架型式	尺寸/mm				墙洞尺寸/mm（宽×高）	适用的变压器容量/kVA
	A	C	D	G		
11（21）	250	1000	14（18）	850	900×300	200～630
12（22）	350	1000	14（18）	850	1100×300	800～2000
13（23）	250	1200	14（18）	1000	900×300	200～630
14（24）	350	1200	14（18）	1000	1100×300	800～2000

明 细 表

序号	名称	型号及规格	单位	数量	备注
1	角钢支柱	∟50×5,ℓ=1290	根	2	
2	角钢支臂	∟40×5,ℓ=C	根	2	
3	角钢支臂	∟40×4,ℓ=C-300	根	2	
4	角钢斜撑	∟40×4,ℓ=G	根	2	
5	角钢托柱	∟40×4,ℓ=640	根	2	
6	固定绝缘子用角钢	∟30×4,ℓ=B+30	根	4	
7	开尾螺栓	M12×120	个	4	
8	螺母	M12	个	4	
9	垫圈	12	个	4	
10	扁钢	-35×6,ℓ=墙厚+50	根	2	

注：(1) 型式11~14用于安装ZA-Y型高压绝缘子。
型式21~24用于安装ZB-Y型高压绝缘子。
(2) 支架连接全部采用焊接。支柱（零件1）
的上部与下部用开尾螺栓固定。
(3) 各型绝缘子在支架上安装见图2-2-4-6。
(4) 低压中性母线在支架上采用螺栓固定。
母线上相应开孔ϕ12。紧固件规格为：螺
栓M10×60；螺母M10；垫圈10。

第二章　室内变配电装置		第三节　母线连接安装工艺
图号	2-2-3-26	图名　高低压母线支架安装（一）

347

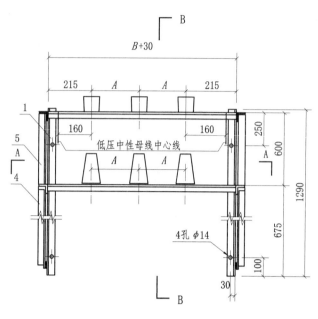

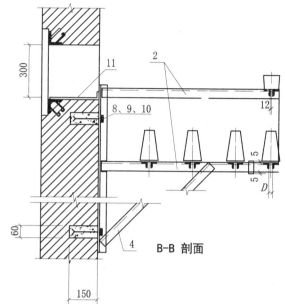

B-B 剖面

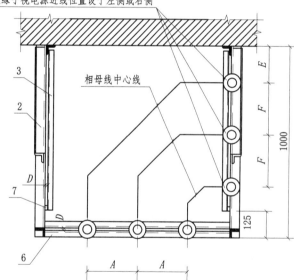

绝缘子视电源进线位置设于左侧或右侧

相母线中心线

A-A剖面

支架型式	尺寸/mm			墙洞尺寸/mm	适用的变压
	A	B	D	(宽×高)	器容量/kVA
11 (21)	250	900	14	900×300	200～630
12 (22)	350	1100	(18)	1100×300	800～2000

注：(1) 型式11～12用于安装ZA-Y型高压绝缘子。
　　　型式21～22用于安装ZB-Y型高压绝缘子。
　　(2) 支架连接全部采用焊接。支柱（零件1）
　　　的上部与下部用开尾螺栓固定。
　　(3) 各型绝缘子在支架上安装见图2-2-4-6。
　　(4) 母线与墙间的距离 E 及母线的相间距离 F
　　　由工程设计决定。
　　(5) 低压中性母线在支架上采用螺栓固定。母
　　　线上相应开孔 ϕ12。紧固件规格为：螺栓
　　　M10×60；螺母M10；垫圈10。

明 细 表

序号	名称	型号及规格	单位	数量	备注
1	角钢支柱	∟50×5, ℓ=1290	根	2	
2	角钢支臂	∟40×4, ℓ=1000	根	4	
3	角钢支臂	∟40×4, ℓ=850	根	2	
4	角钢斜撑	∟40×4, ℓ=850	根	2	
5	角钢托柱	∟40×4, ℓ=590	根	2	
6	固定绝缘子用角钢	∟30×4, ℓ=B+30	根	4	
7	垫块	—40×4, ℓ=D	块	2	
8	开尾螺栓	M12×120	块	4	
9	螺母	M12	块	4	
10	垫圈	12	个	4	
11	扁钢	—35×6, ℓ=墙厚+50	根	2	

第二章　室内变配电装置	第三节　母线连接安装工艺
图号　　2-2-3-27	图名　　高低压母线支架安装（二）

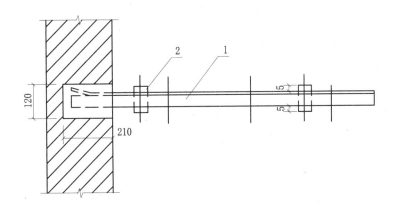

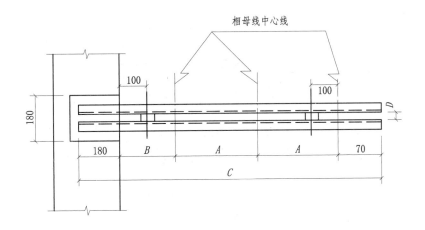

相母线中心线

支架型式	尺寸/mm			
	A	B	C	D
1（14、24）	250	200	950	12(14、18)
2（15、25）		250	1000	
3（16、26）		350	1100	
4（17、27）	350	200	1150	
5（18、28）		250	1200	
6（19、29）		350	1300	

注：（1）型式1~6用于安装WX-01型绝缘子。
　　　型式14~19用于安装ZA-Y型绝缘子。
　　　型式24~29用于安装ZB-Y型绝缘子。
　　（2）垫块与角钢采用沿表面贴角焊接。
　　（3）各型绝缘子在支架上安装见图2-2-4-6。

明 细 表

序　号	名　　称	型号及规格	单位	数量	备注
1	角钢	∟40×4, $\ell=C$	根	2	
2	垫块	—40×D	块	2	

第二章　室内变配电装置		第三节　母线连接安装工艺	
图号	2-2-3-28	图名	三线式高低压母线支架安装（一）

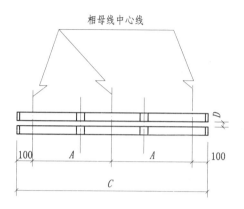

相母线中心线

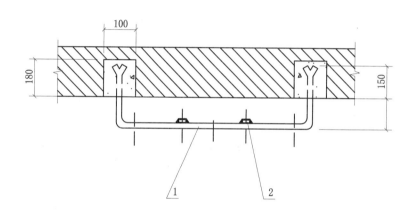

支架型式	尺寸/mm				零件1 展开长度/mm
	A	B	C	D	
1（12、22）	250	100	700	12 (14、18)	1200
2（13、23）	350		900		1400
3（15、25）	250	150	700		1300
4（16、26）	350		900		1500

注：（1）型式1～4用于安装WX-01型绝缘子。
　　　型式12、13、15、16用于安装ZA-Y型绝缘子。
　　　型式22、23、25、26用于安装ZB-Y型绝缘子。
　　（2）连接板与扁钢采用沿表面贴角焊接。
　　（3）各型绝缘子在支架上安装见图2-2-4-6。

明 细 表

序 号	名 称	型号及规格	单位	数量	备注
1	扁钢	—30×4	根	2	
2	连接板	—30×4，ℓ=70	块	2	

第二章 室内变配电装置		第三节 母线连接安装工艺
图号	2-2-3-29	图名	三线式高低压母线支架安装（二）

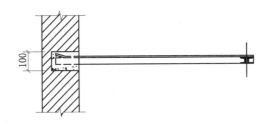

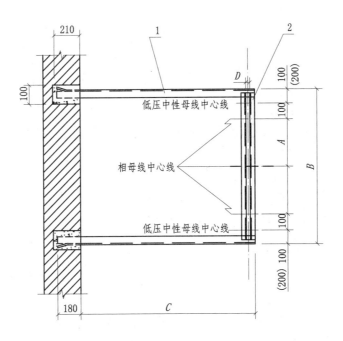

支架型式	尺寸/mm			
	A	B	C	D
1（12、22）	250	900（1100）	600	12(14、18)
2（13、23）	350	1100（1300）		
3（15、25）	250	900（1100）	800	
4（16、26）	350	1100（1300）		

注：（1）型式1～4用于安装WX-01型绝缘子。
　　　　型式12、13、15、16用于安装ZA-Y型绝缘子。
　　　　型式22、23、25、26用于安装ZB-Y型绝缘子。
　　（2）零件1与零件2采用沿表面贴角焊接。
　　（3）各型绝缘子在支架上安装见图2-2-4-6。
　　（4）低压中性母线在支架上采用螺栓固定。母线上相应开孔ϕ12。
　　　　紧固件规格为：螺栓M10×60；螺母M10；垫圈10。
　　（5）有括号的尺寸为低压母线穿墙孔旁支架用。

明　细　表

序　号	名　　称	型号及规格	单位	数量	备注
1	角钢支臂	∟50×5，$\ell=C$+180	根	2	
2	固定绝缘子用角钢	∟30×4，$\ell=B$-30	块	2	

第二章　室内变配电装置		第三节　母线连接安装工艺
图号	2-2-3-30	图名
		三线或四线式高低压母线支架安装

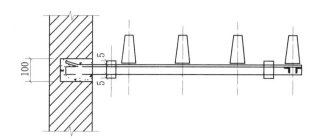

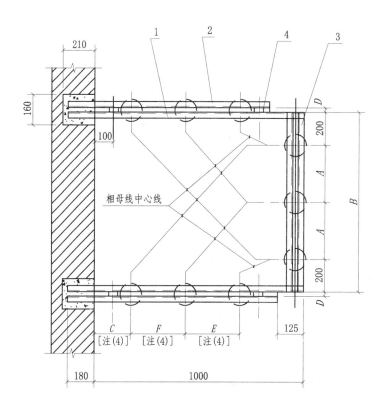

注：（1）型式11～13用于安装ZA-Y型绝缘子。
型式21～23用于安装ZB-Y型绝缘子。
（2）垫块（零件4）与角钢（零件1、2）采用沿表面贴角焊接。
（3）各型绝缘子在支架上安装见图2-2-4-6。
（4）母线与墙间的距离 C 及母线的相间距离 E 由工程设计决定。

支架型式	尺寸/mm		
	A	B	D
11（21）	220	840	
12（22）	250	900	14(18)
13（23）	350	1100	

明 细 表

序号	名　称	型号及规格	单位	数量	备注
1	角　钢	L40×4, ℓ=1180	根	2	
2	角　钢	L40×4, ℓ=1055	根	2	
3	角　钢	L30×4, ℓ=B-30	根	2	
4	垫　块	—40×D, ℓ=50	根	4	

第二章　室内变配电装置		第三节　母线连接安装工艺
图号	2-2-3-31	图名　高压母线支架安装

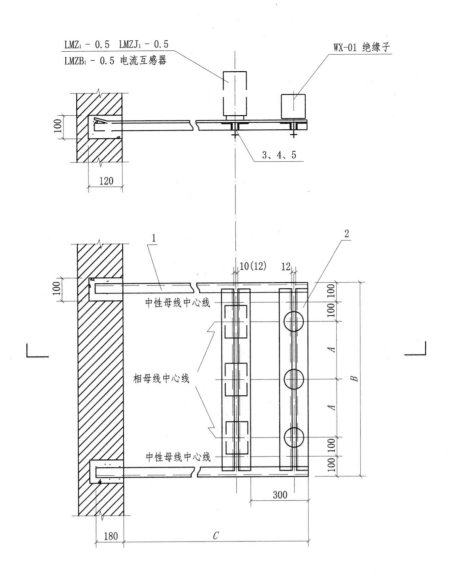

LMZ₁ – 0.5 LMZJ₁ – 0.5
LMZB₁ – 0.5 电流互感器

WX-01 绝缘子

100

120

3、4、5

1

2

100

中性母线中心线

10(12)

12

100 100

相母线中心线

A

B

中性母线中心线

A

100 100

100

100 100

180

300

C

注：(1) 零件1与零件2采用沿表面贴角焊接。
　　(2) 绝缘子在支架上安装见图2-2-4-6。
　　(3) 图中括弧内的数字用于安装一次电流不小于1000A的电流互感器。
　　(4) 低压中性母线在支架上采用螺栓固定。母线上相应开孔 φ12。
　　　　固定件规格为：螺栓M10×60；螺母M10；垫圈10。

支架型式	尺寸/mm		
	A	B	C
1	250	900	800
2	350	1100	
3	250	900	1000
4	350	1100	

明　细　表

序号	名称	型号及规格	单位	数量	备注
1	角钢支臂	∟50×4，ℓ=C+180	根	2	
2	固定电器用角钢	∟30×4，ℓ=B-30	根	4	
3	螺栓	M8(10)×50，GB 5780—86	个	6	
4	螺母	M8(10)，GB 41—86	个	6	
5	垫圈	8(10)，GB 98—85	个	12	

第二章　室内变配电装置	第三节　母线连接安装工艺
图号　2-2-3-32	图名　低压母线和电流互感器支架安装

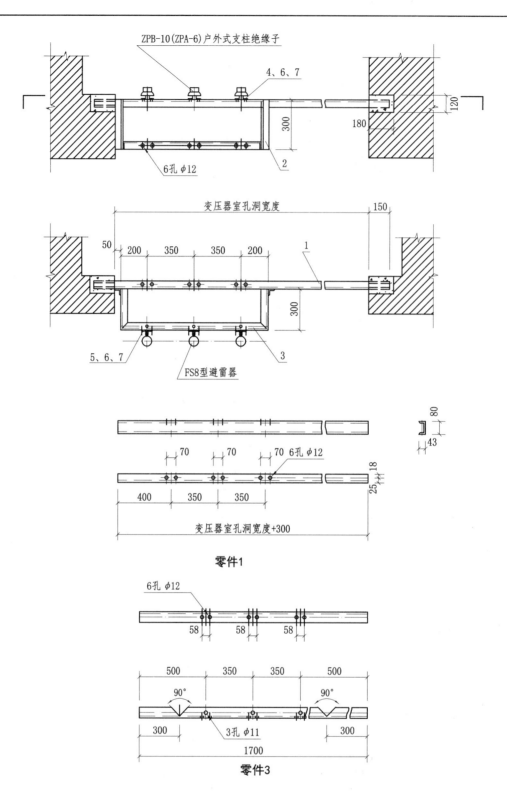

零件1

零件3

注：（1）槽钢横梁（零件1）的长度应按变压器室孔洞的实际净宽加300下料。
（2）支架全部采用焊接。
（3）零件3上的开孔尺寸系根据FS8-10型避雷器决定的。如系其他型号的避雷器时，则零件3上的开孔位置、数目、孔径均不相同，须根据具体情况决定。
（4）φ11为HY5W-17型避雷器的安装孔。

明 细 表

序号	名称	型号及规格	单位	数量	备注
1	槽钢横梁	[8	根	1	
2	角钢吊柱	∟50×5, ℓ=300	根	2	
3	安装避雷器用角钢	∟50×5, ℓ=1700	根	1	
4	螺栓	M10×40	个	6	
5	螺栓	M10×30	个	6	
6	螺母	M10	个	12	
7	垫圈	10	个	24	

第二章　室内变配电装置		第三节　母线连接安装工艺	
图号	2-2-3-33	图名	高压母线及避雷器支架安装

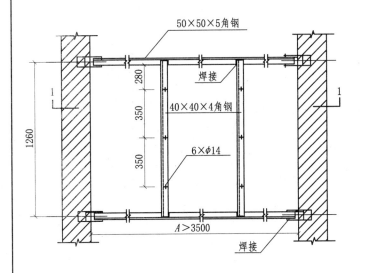

高压母线桥架安装平面

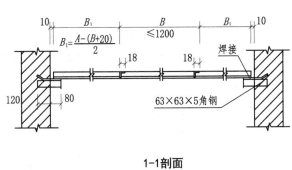

1-1剖面

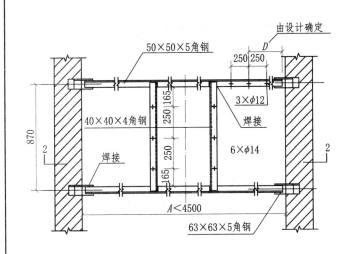

低压母线桥架安装平面

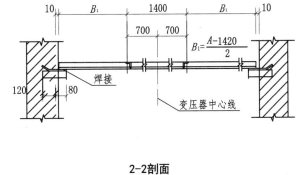

2-2剖面

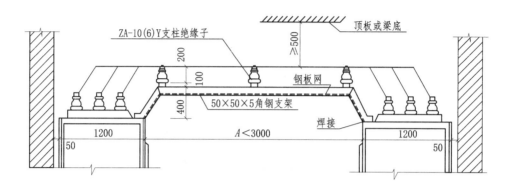

立面

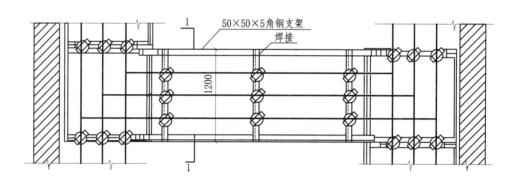

平面

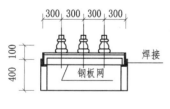

1-1剖面

注：（1）本图供GG-1A型高压开关柜,对面双
　　　列平行排列,柜间母线架设之用。
　　（2）柜间尺寸大于图注尺寸时,应按工
　　　程实际情况调整。
　　（3）支柱绝缘子距离,应不大于1200mm。

第二章　室内变配电装置	第三节　母线连接安装工艺
图号　2-2-3-35	图名　高压开关柜母线桥架安装图

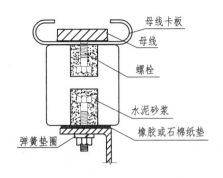

WX-01型电车绝缘子安装图

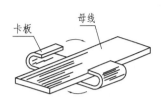

母线安装图（一）

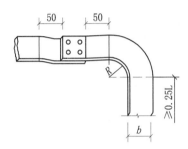

母线立弯示意

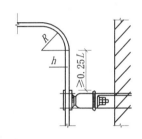

母线平弯示意

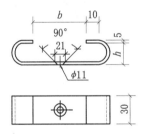

母线卡板

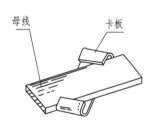

母线安装图（二）

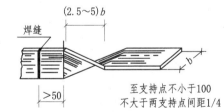

母线扭弯示意

注：L为母线两支持点间距。

母线卡板规格表　单位：mm

母线截面 卡子尺寸	40×5	80×6 100×6	100×8
b	55	105	105
h	8	8	12
全长	130	180	190

矩形母线最小弯曲半径(R)值

弯曲 方式	母线断面 尺寸 /mm	最小弯曲半径/mm		
		铜	铝	钢
平弯	50×5 125×10	2h 2h	2h 2.5h	2h 2h
立弯	50×5 125×10	1b 1.5b	1.5b 2b	0.5b 1b

第二章　室内变配电装置		第三节　母线连接安装工艺
图号	2-2-3-36	图名	低压母线安装及母线弯曲图

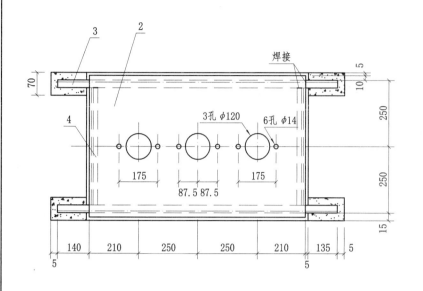

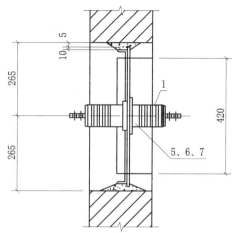

焊接

3孔 φ120

6孔 φ14

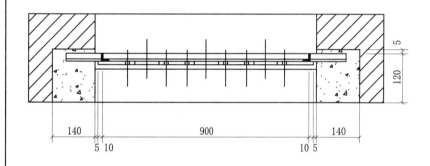

注：(1) 穿墙套管安装墙洞尺寸为930×530 (宽×高)。
 (2) 框架 (零件3、4) 之间的连接，采用沿周边焊接。
 钢板 (零件2) 在框架上的固定，采用钢板四角周边焊接。

明 细 表

序号	名　称	型号及规格	单位	数量
1	户内导体穿墙套管	CB-10(6)	个	3
2	钢　板	钢板厚3，920×520	块	1
3	框　架	∟40×4，ℓ=1200	根	2
4	框　架	∟40×4，ℓ=420	根	2
5	螺　栓	M12×30	个	6
6	螺　母	M12	个	6
7	垫　圈	12	个	12

第二章　室内变配电装置	第四节 穿墙套管和支持绝缘子安装工艺
图号　2-2-4-1	图名　CB-10(6) 户内穿墙套管安装图

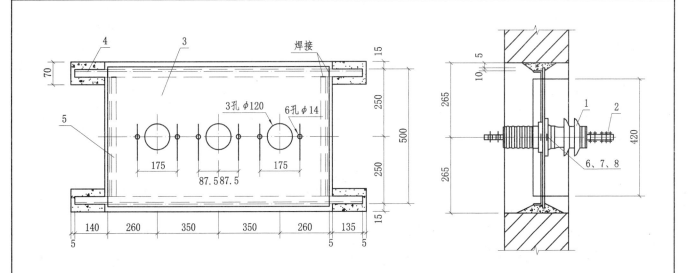

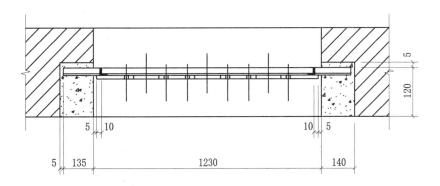

设备线夹选择表

型号	适用导线截面/mm²	导线直径范围/mm
SL-1	35～50	8.4～9.6
SL-2	70～95	11.4～13.7
SL-3	120～150	15.2～17.0
SL-4	185～240	19.0～21.6

明 细 表

序号	名 称	型号及规格	单位	数量
1	户外导体穿墙套管	CWB-10(6)	个	3
2	设备线夹	SL	个	3
3	钢 板	钢板厚3，1220×520	块	1
4	框 架	∟40×4,ℓ=1500	根	2
5	框 架	∟40×4,ℓ=420	根	2
6	螺 栓	M12×30	个	6
7	螺 母	M12	个	6
8	垫 圈	12	个	12

注：（1）穿墙套管安装墙洞尺寸为1230×530（宽×高）。
　　（2）框架（零件4、5）之间的连接，采用沿周边焊接。
　　　　钢板（零件3）在框架上的固定，采用钢板四角周边焊接。

第二章　室内变配电装置	第四节　穿墙套管和支持绝缘子安装工艺
图号　　2-2-4-2	图名　　CWB-10(6)户外穿墙套管安装图

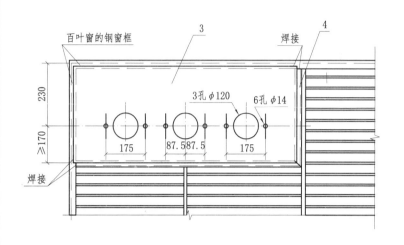

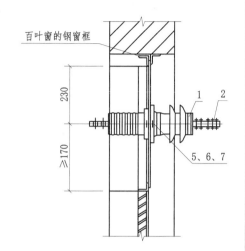

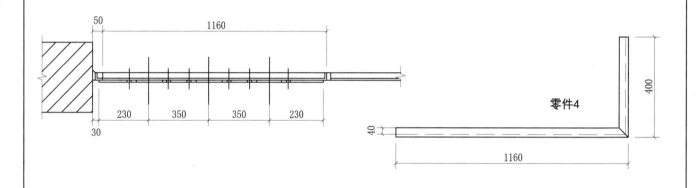

零件4

设备线夹选择表

型号	适用导线截面/mm²	导线直径范围/mm
SL-1	35～50	8.4～9.6
SL-2	70～95	11.4～13.7
SL-3	120～150	15.2～17.0
SL-4	185～240	19.0～21.6

明　细　表

序号	名　称	型号及规格	单位	数量
1	户外导体穿墙套管	CWB-10(6)	个	3
2	设备线夹	SL	个	3
3	钢　板	钢板厚3，1160×400	块	1
4	框　架	∟40×4，ℓ=1560	根	1
5	螺　栓	M12×30	个	6
6	螺　母	M12	个	6
7	垫　圈	12	个	12

注：(1) 框架角钢（零件4）与百叶窗之间的连接，采用沿周边焊接。
　　(2) 百叶窗钢框的结构仅为示例，施工时应根据百叶窗的具体结构
　　　　情况，进行框架安装。

第二章　室内变配电装置		第四节　穿墙套管和支持绝缘子安装工艺
图号	2-2-4-3	图名　CWB-10(6)户外穿墙套管在百叶窗上安装图

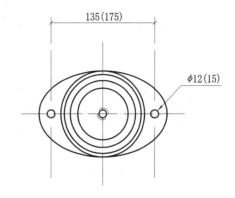

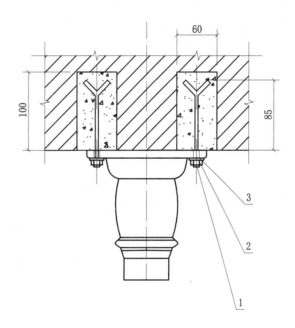

注：（1）也可采用膨胀螺栓进行安装。
　　（2）括号内的数值用于ZB型支柱绝缘子。

明 细 表

序号	名称	型号及规格	单位	数量
1	开尾螺栓	M10（M13）×12C	个	2
2	螺母	M10（M13）	个	2
3	垫圈	10(13)	个	2

第二章　室内变配电装置	第四节 穿墙套管和支持绝缘子安装工艺
图号　2-2-4-4	图名　ZA(ZB)-T支柱绝缘子在墙上安装图

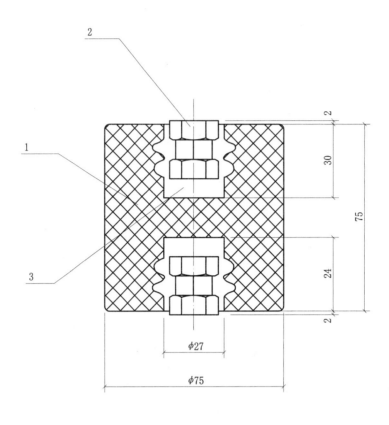

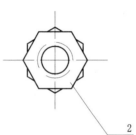

注：(1) 装配时，应先将三个螺母拧在螺栓上焊好（注意保持上、下螺母的棱角错开），然后放在绝缘子槽内加填充料。

(2) 填充料可采用氧化铅甘油调剂或采用水泥砂浆。氧化铅甘油调剂的配比为：黄色氧化铅——10，工业用甘油——8。水泥砂浆最好采用膨胀水泥调剂。当材料供应困难时，也可采用标号不低于500号的普通水泥调剂。调剂的配比：水泥与细砂子为1∶1。

明　细　表

序号	名　称	型号及规格	单位	数量
1	电车线路用绝缘子	WX-01	个	1
2	螺　母	M10	个	6
3	填充料	见注（2）	kg	

第二章　室内变配电装置	第四节　穿墙套管和支持绝缘子安装工艺
图号　　2-2-4-5	图名　　电车线路用绝缘子装配图

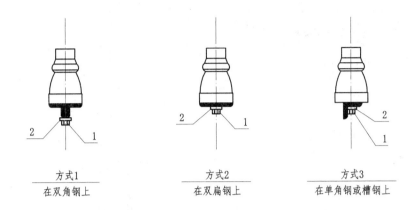

方式1
在双角钢上

方式2
在双扁钢上

方式3
在单角钢或槽钢上

ZA-Y、ZB-Y 绝缘子

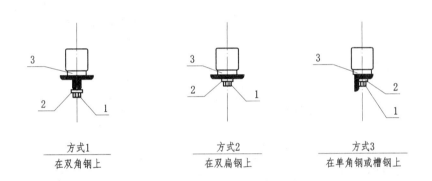

方式1
在双角钢上

方式2
在双扁钢上

方式3
在单角钢或槽钢上

WX-01 绝缘子

紧固件选择表

绝缘子型号	螺栓			垫圈
	方式1	方式2	方式3	
WX-01	M10×55 M10×65	M10×30	M10×30	10
ZA-7.2Y ZA-12Y	M12×65	M12×30	M12×30	12
ZB-7.2Y ZB-12Y	M16×65	M16×30	M16×30	16

明 细 表

序号	名称	型号及规格	单位	数量
1	螺栓	见紧固件表	个	1
2	垫圈	见紧固件表	个	1
3	橡胶或石棉纸垫圈	厚1.5,外径60,内径11	个	1

第二章 室内变配电装置	第四节 穿墙套管和支持绝缘子安装工艺
图号 2-2-4-6	图名 户内式支柱绝缘子在支架上安装图

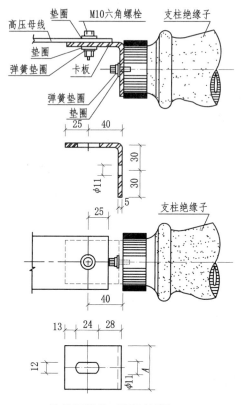

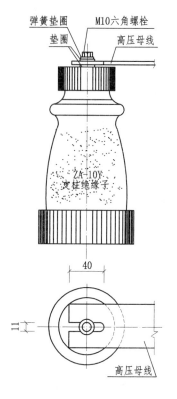

绝缘子横装（用于终端）

绝缘子竖装（用于终端）

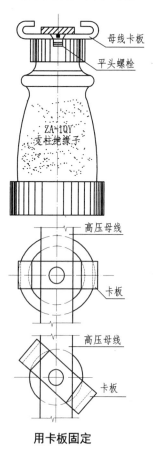

用卡板固定

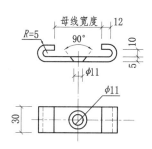

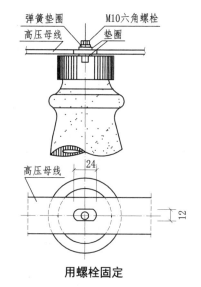

用螺栓固定

第二章　室内变配电装置	第四节　穿墙套管和支持绝缘子安装工艺
图号　2-2-4-7	图名　高压母线绝缘子安装图

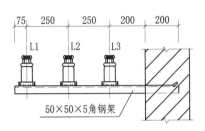

高压绝缘子支架水平安装图

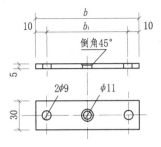

镀锌扁钢夹板

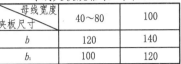

母线夹板规格表 单位：mm

夹板尺寸	母线宽度	
	40~80	100
b	120	140
b_1	100	120

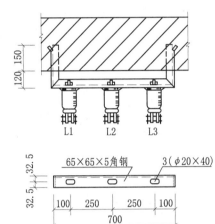

高压绝缘子支架垂直安装图

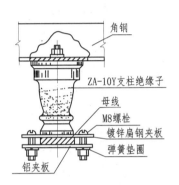

绝缘子横装，母线夹板安装图

注：根据环境污秽等级采用大爬距电
瓷绝缘时需校核绝缘子间距。

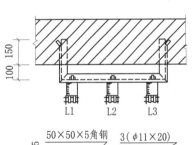

低压绝缘子支架垂直安装图

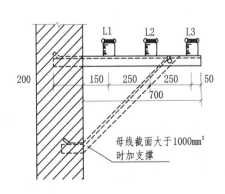

低压绝缘子支架水平安装图

第二章　室内变配电装置	第四节　穿墙套管和支持绝缘子安装工艺
图号　2-2-4-8	图名　高低压绝缘子安装图

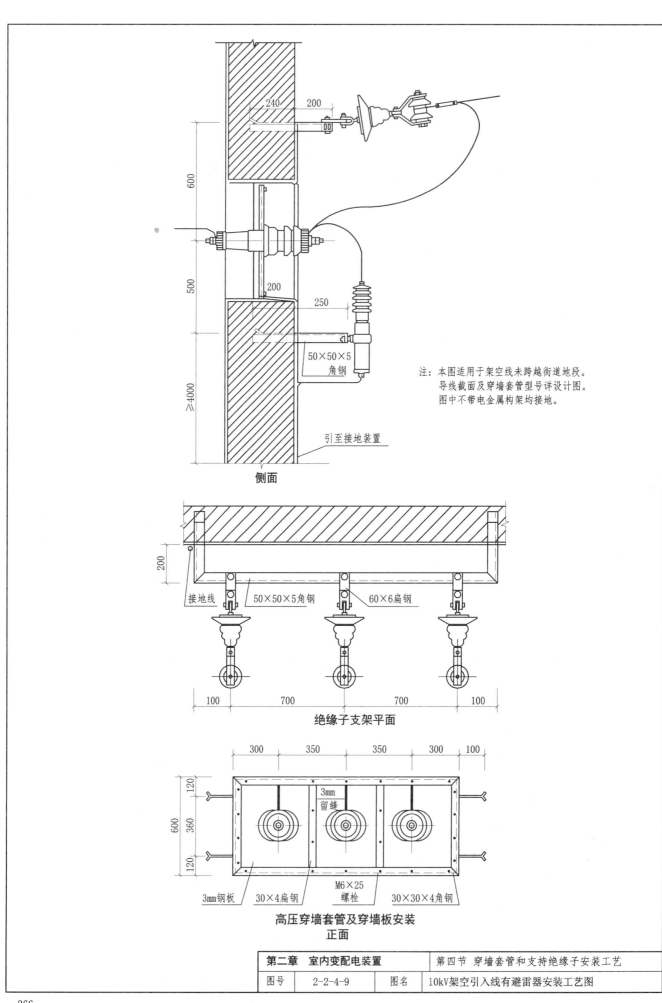

注：本图适用于架空线未跨越街道地段。
导线截面及穿墙套管型号详设计图。
图中不带电金属构架均接地。

240 200

600

500

200

250

50×50×5
角钢

≥4000

引至接地装置

侧面

200

接地线   50×50×5角钢   60×6扁钢

100   700   700   100

绝缘子支架平面

300   350   350   300   100

120

600   360   3mm
留缝

120

M6×25
螺栓

3mm钢板   30×4扁钢   30×30×4角钢

高压穿墙套管及穿墙板安装
正面

第二章　室内变配电装置	第四节　穿墙套管和支持绝缘子安装工艺
图号　2-2-4-9	图名　10kV架空引入线有避雷器安装工艺图

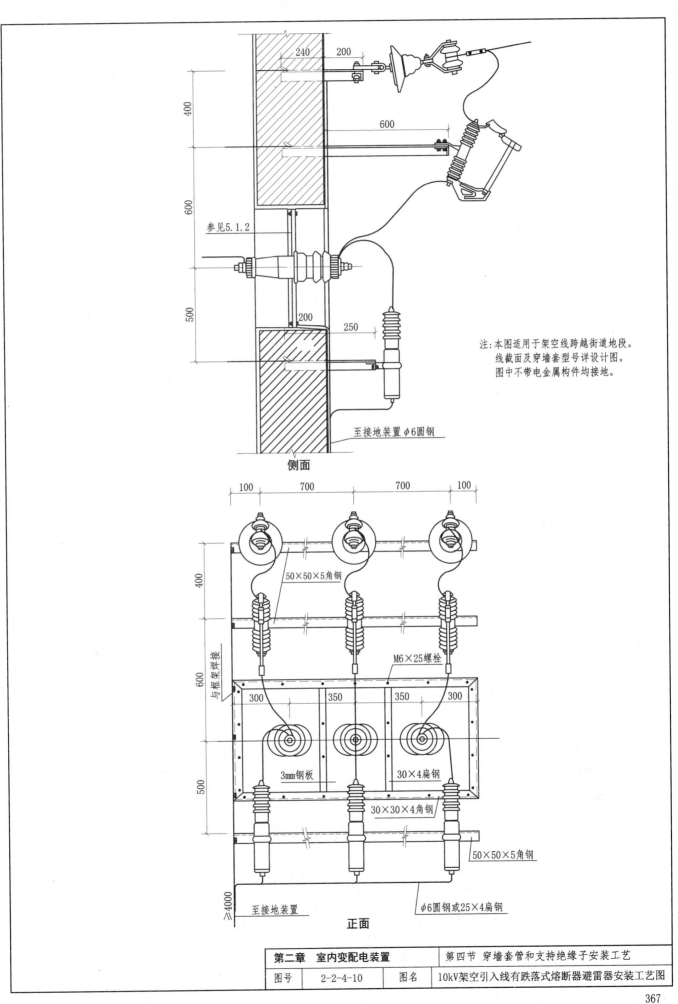

参见5.1.2

240 200

400

600

500

600

200 250

至接地装置φ6圆钢

侧面

注：本图适用于架空线跨越街道地段。
　　线截面及穿墙套型号详设计图。
　　图中不带电金属构件均接地。

100 700 700 100

50×50×5角钢

400

与框架焊接

600

M6×25螺栓

300 350 350 300

3mm钢板

30×4扁钢

500

30×30×4角钢

50×50×5角钢

≥4000

至接地装置

φ6圆钢或25×4扁钢

正面

第二章　室内变配电装置	第四节　穿墙套管和支持绝缘子安装工艺
图号　2-2-4-10	图名　10kV架空引入线有跌落式熔断器避雷器安装工艺图

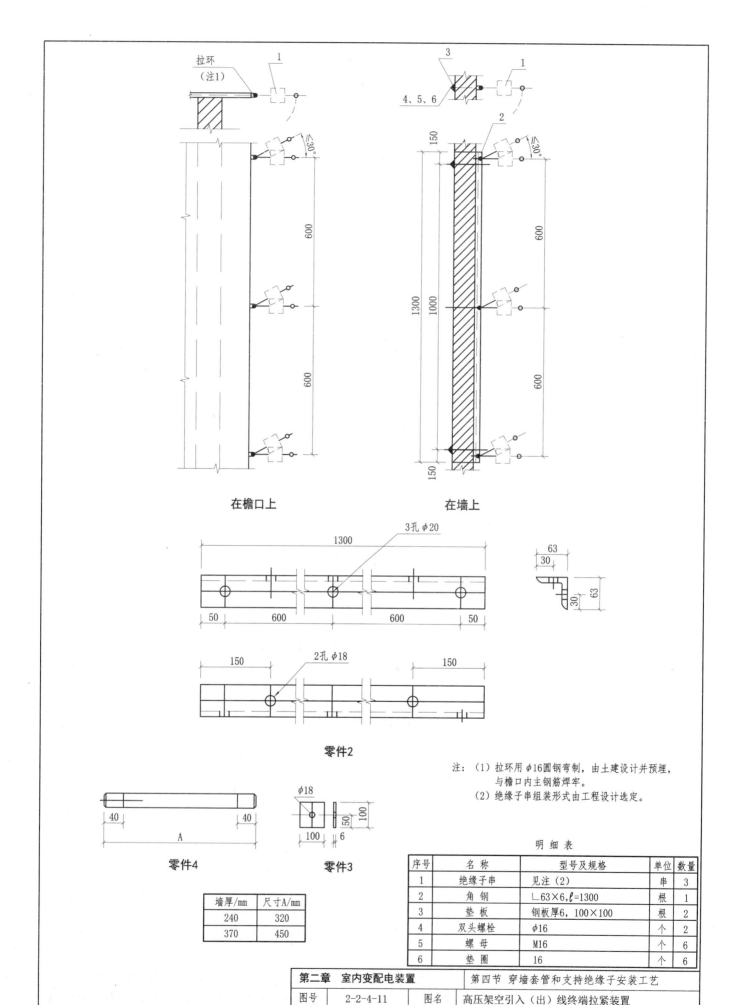

在檐口上

在墙上

零件2

零件4

零件3

注：（1）拉环用φ16圆钢弯制，由土建设计并预埋，与檐口内主钢筋焊牢。
　　　（2）绝缘子串组装形式由工程设计选定。

墙厚/mm	尺寸A/mm
240	320
370	450

明 细 表

序号	名 称	型号及规格	单位	数量
1	绝缘子串	见注（2）	串	3
2	角 钢	∟63×6,ℓ=1300	根	1
3	垫 板	钢板厚6，100×100	根	2
4	双头螺栓	φ16	个	2
5	螺 母	M16	个	6
6	垫 圈	16	个	6

第二章　室内变配电装置	第四节 穿墙套管和支持绝缘子安装工艺	
图号	2-2-4-11	图名	高压架空引入（出）线终端拉紧装置

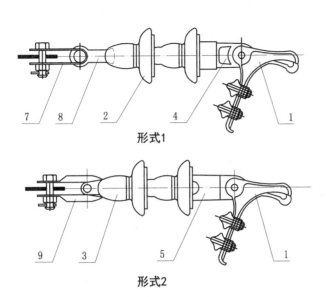

形式1

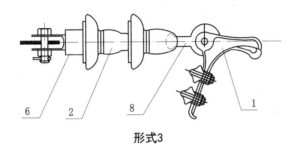

形式2

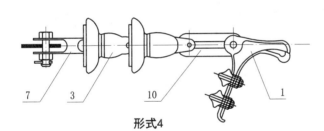

形式3

形式4

注：(1) 形式1、2适用于架空引入（出）线拉紧装置的离地
高度高于架空线路终端杆上导线悬挂点高度的场合。
形式3、4适用于架空线路终端杆上导线悬挂点高度
高于架空引入（出）线拉紧装置的离地高度的场合。

(2) 耐张线夹（序号1）按导线型号（截面）决定如下：

耐张线夹型 号	适用的导线型号	
	铝绞线	钢芯铝绞线
NLD-1	LJ-16~50	LGJ-35~50
NLD-2	LJ-70~95	LGJ-70~95
NLD-3	LJ-120~185	LGJ-120~150
NLD-4	LJ-240	LGJ-185~240

(3) 所有金具根据1985年水利电力部《电力金具产品样本》
选型。

序号	名称	型号及规格	单位	各型数量				备注
				1	2	3	4	
1	耐张线夹	NLD	个	1	1	1	1	见注（2）
2	盘形悬式绝缘子	X-4.5	个	2	—	2	—	
3	盘形悬式绝缘子	X-4.5C	个	—	2	-	2	
4	碗头挂板	W-7A	个	1	—	—	—	
5	平行挂板	PS-7	个	—	1	—	—	
6	碗头挂板	WS-7	个	—	—	1	—	
7	直角挂板	Z-7	个	1	—	—	1	
8	球头挂环	Q-7	个	1	—	1	—	
9	U形挂环	Ur-6	个	—	1	—	—	
10	延长环	PH-7	个	—	—	—	1	

第二章 室内变配电装置	第四节 穿墙套管和支持绝缘子安装工艺
图号 2-2-4-12	图名 高压架空引入（出）线绝缘子串组装图（一）

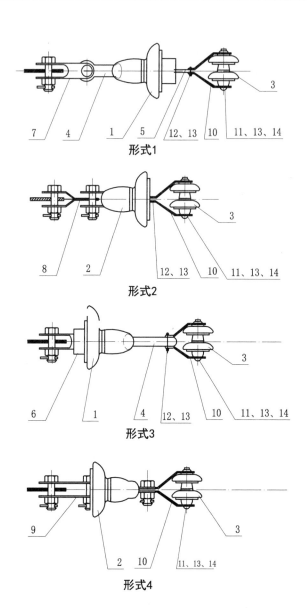

形式1

形式2

形式3

形式4

注:（1）形式1、2适用于架空引入（出）线拉紧装置的离地
　　　高度高于架空线路终端杆上导线悬挂点高度的场合。
　　　形式3、4适用于架空线路终端杆上导线悬挂点高度
　　　高于架空引入（出）线拉紧装置的离地高度的场合。
　　（2）所有金具根据1985年水利电力部《电力金具产品样本》
　　　选型。

明　细　表

序号	名称	型号及规格	单位	各型数量				备注
				1	2	3	4	
1	盘形悬式绝缘子	X-4.5	个	1	—	1	—	
2	盘形悬式绝缘子	X-4.5C	个	—	1	—	1	
3	蝶形绝缘子	E-10(6)	个	1	1	1	1	
4	球头挂环	Q-7	个	1	—	1	—	
5	碗头挂板	W-7A	个	1	—	—	—	
6	碗头挂板	WS-7	个	—	—	1	—	
7	直角挂板	Z-7	个	1	—	—	—	
8	平行挂板	PS-7	个	—	1	—	—	
9	平行挂板	P-7	个	—	—	—	1	
10	铁拉板	-40×4	块	2	2	2	2	
11	方头螺栓	M16×200	个	1	1	1	1	
12	方头螺栓	M16×60	个	1	1	1	—	
13	方螺母	M16	个	2	2	2	1	
14	垫圈	16	个	4	4	4	2	

第二章　室内变配电装置	第四节　穿墙套管和支持绝缘子安装工艺
图号　2-2-4-13	图名　高压架空引入（出）线绝缘子串组装图（二）

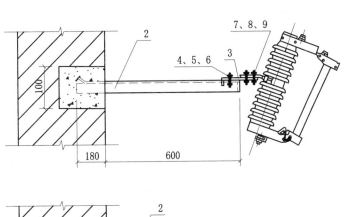

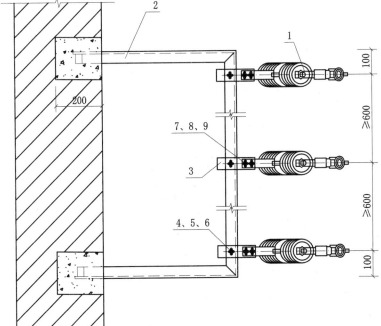

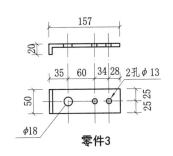

零件3

明 细 表

序号	名称	型号及规格	单位	数量
1	高压跌落式熔断器	RW7-10、RW9-10、RW11-10	个	3
2	角钢支架	∟50×5, ℓ≥2950	根	1
3	扁钢	—50×5, ℓ=177	根	3
4	螺栓	M16×40	个	3
5	螺母	M16	个	3
6	垫圈	16	个	6
7	螺栓	M12×40	个	6
8	螺母	M12	个	6
9	垫圈	12	个	12

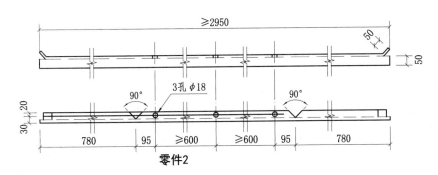

零件2

第二章 室内变配电装置	第五节 高压电器安装工艺
图号　2-2-5-1	图名　高压跌落式熔断器在墙上支架上安装图

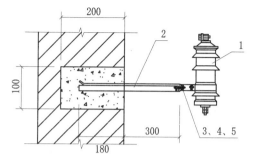

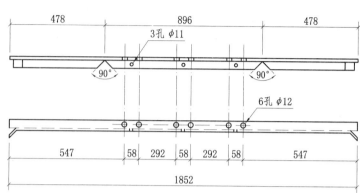

零件2

注：（1）支架（零件2）上的开孔尺寸是根据图中所选型号避雷器决定的，如是其他型号的避雷器时，则支架上的开孔位置、数量、孔径均不相同，应根据具体情况而定。

（2）φ11的孔用于HY5WS-17型避雷器的安装。
φ12的孔用于FS₈-10(6)型避雷器的安装。

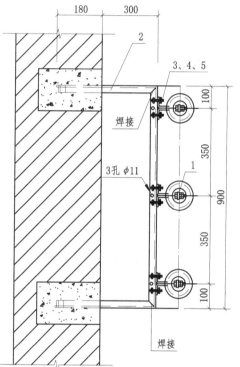

FS₈-10(6)高压避雷器

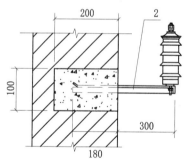

HY5WS-17高压避雷器

明 细 表

序号	名 称	型号及规格	单位	数量
1	高压避雷器	FS₈-10(6)、HY5WS-17	个	3
2	支 架	∟50×5,ℓ=1852	根	1
3	螺 栓	M10×30	个	6
4	螺 母	M10	个	6
5	垫 圈	10	个	12

第二章 室内变配电装置		第五节 高压电器安装工艺
图号	2-2-5-2	图名 高压避雷器在墙上支架上安装图

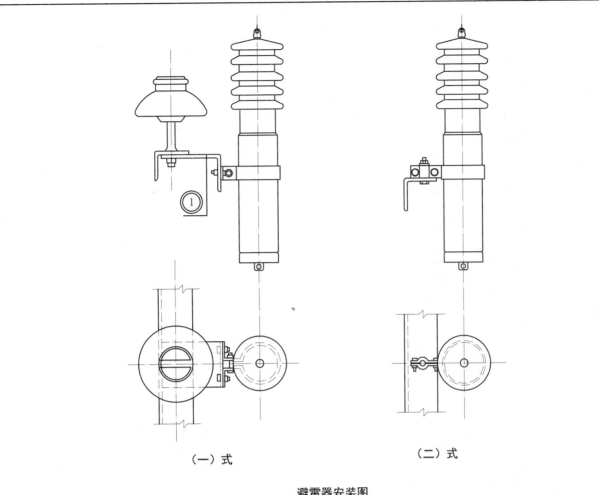

（一）式　　　　　　　　（二）式

避雷器安装图

$\phi 18$

27
5
35
70

$\phi 18$　2$\phi 12$

20
5

90
45
45

16
58
16
$\phi 10$
$\phi 10$

130

50

38　60　34　26

158

① 避雷器固定板

② 熔断器固定板

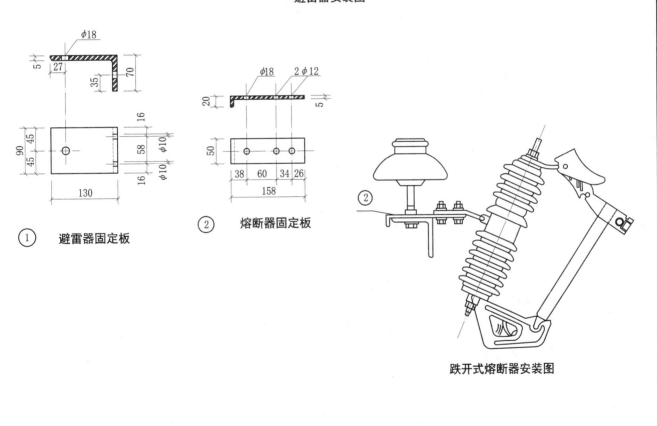

跌开式熔断器安装图

第二章　室内变配电装置	第五节　高压电器安装工艺
图号　2-2-5-3	图名　10kV阀型避雷器和跌落式熔断器安装工艺图

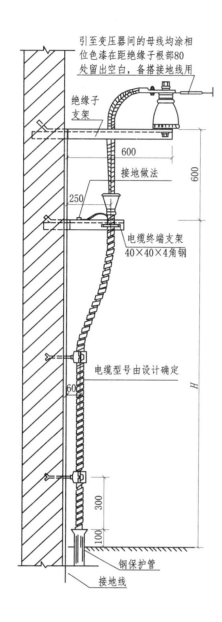

引至变压器间的母线均涂相位色漆在距绝缘子根部80处留出空白，备搭接地线用

绝缘子支架

接地做法

电缆终端支架
40×40×4角钢

电缆型号由设计确定

钢保护管

接地线

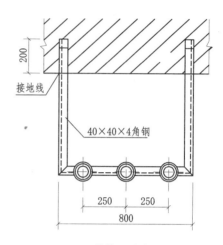

接地线

40×40×4角钢

绝缘子支架平面

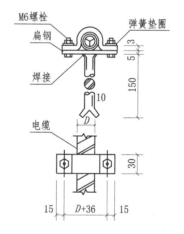

M6螺栓

弹簧垫圈

扁钢

焊接

电缆

电缆支架固定做法

电缆终端支架最低高度表

变压器容量 /kVA	高度H/mm
100~125	1800
160~250	1800
315~400	1900
500~630	2000
800~1000	2100

注：本表适用于油浸变压器。

第二章　室内变配电装置		第五节　高压电器安装工艺
图号	2-2-5-4	图名　变压器室电缆终端及支架安装图

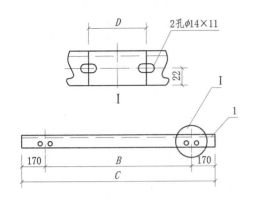

表1

电缆（头）支架		尺寸/mm			零件2（3）展	备注
编号	电缆（脖子）直径/mm	D	E	R	开长度/mm	
1	20	58	8	10	99	
2	25	63	10.5	12.5	113	
3	30	68	13	15	125	电缆用零件2
4	40	78	18	20	151	
5	50	88	23	25	177	
6	70	108	33	35	228	
7	41	78	18	20	151	
8	51	88	23	25	177	电缆头用零头3
9	62	100	29	31	208	
10	72	110	34	36	233	

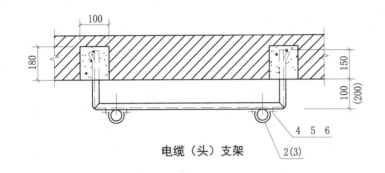

电缆（头）支架

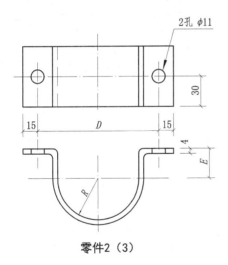

零件2（3）

表2

电缆根数 尺寸	2	3	4	5	6	7	8
A(总长)	850 (1050)	1000 (1200)	1150 (1350)	1300 (1500)	1450 (1650)	1600 (1800)	1750 (1950)
B	150	300	450	600	750	900	1050
C	350	500	650	800	950	1100	1250

注：（1）图中及表1中"（）"内数据用于电缆头支架。
　　（2）材料表中数量由工程设计确定。

明　细　表

序号	名　称	规　格	单位	数量	备注
1	角钢	∟50×5, $\ell=A$	根	1	注（1）
2(3)	卡子	—30×4	个	—	注（2）
4	螺栓	M10×20	个	—	注（2）
5	螺母	M10	个	—	注（2）
6	垫圈	10	个	—	注（2）

第二章　室内变配电装置		第五节　高压电器安装工艺
图号	2-2-5-5	图名　电力电缆（头）固定支架

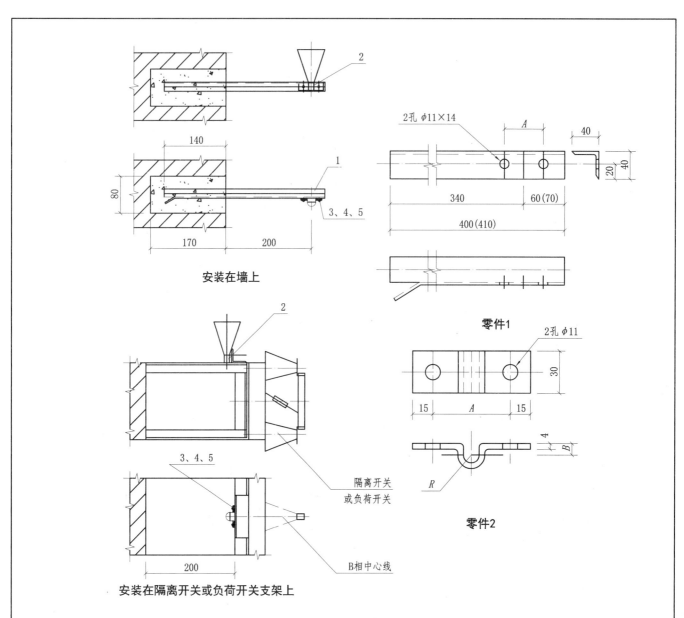

安装在墙上

安装在隔离开关或负荷开关支架上

零件1

零件2

户内-I型 环氧树脂电缆终端头		尺寸/mm			零件2 展开长度/mm
壳体号	脖子直径/mm	A	B	R	
1号	41	78	18	20	151
2号	51	88	23	25	177
3号	62	100	29	31	208
4号	72	110	34	36	233

注：括号内的数据为壳体3号、4号用。

明 细 表

序号	名称	规格	单位	数量	备注
1	角钢	∟40×4,ℓ=400（410）	根	1	
2	卡子	—30×4	个	1	
3	螺栓	M10×20	个	2	
4	螺母	M10	个	2	
5	垫圈	10	个	2	

第二章 室内变配电装置	第五节 高压电器安装工艺
图号 2-2-5-6	图名 电力电缆头在墙上安装图

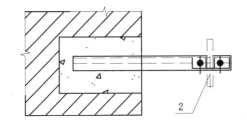

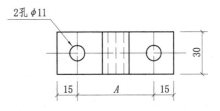

2孔 φ11

30

15　A　15

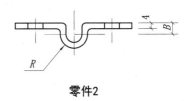

R

零件2

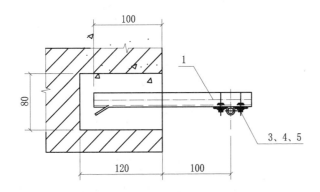

100

80

120　100

1

3、4、5

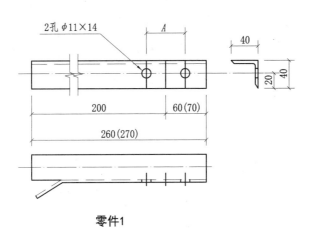

2孔 φ11×14

A

40

200　60(70)

260(270)

40

20

零件1

支架型式	电缆外径/mm	尺寸/mm			零件2展开长度/mm
		A	B	R	
1	20	58	8	10	99
2	25	63	10.5	12.5	113
3	30	68	13	15	125
4	40	78	18	20	151
5	50	88	23	25	177
6	70	108	33	35	228

注：括号内的数字为型式6用。

明 细 表

序号	名　称	规　格	单位	数量
1	角 钢	L40×4，ℓ=260（270）	根	1
2	卡 子	—30×4	个	1
3	螺 栓	M10×20	个	2
4	螺 母	M10	个	2
5	垫 圈	10	个	2

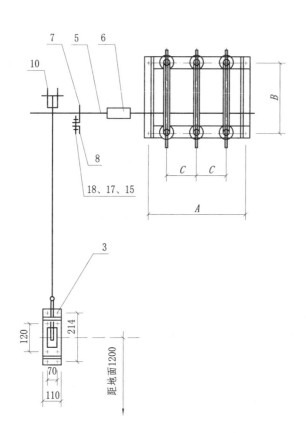

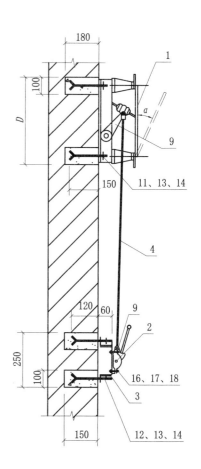

隔离开关型号	尺寸/mm			
	A	B	C	D
GN19-10/400、630	700	200	250	300
GN19-10/1000、1250	700	240	250	340

注：（1）轴延长需增加轴承时，两个轴承间的距离应小于1000。
　　（2）隔离开关刀片打开时，角度 a 应使开口角度不小于160°。
　　（3）操动机构也可以安装在隔离开关的左侧。

明　细　表

序号	名　称	型号及规格	单位	数量	备注
1	隔离开关	GN19-10/400～1250	台	1	
2	手动操动机构	CS6-1T	台	1	
3	操动机构安装支架		个	1	
4	拉杆	φ20	根	1	长度由工程
5	轴	φ25或φ30	根	1	设计决定
6	轴连接套		根	1	
7	轴承		根	1	
8	轴承支架		根	1	
9	轴臂		个	2	可随隔离开
10	直叉型接头		个	1	关成套供应
11	开尾螺栓	M12×180	个	4	
12	开尾螺栓	M12×150	个	4	
13	螺母	M12	个	8	
14	垫圈	12	个	8	
15	螺栓	M10×35	个	2	
16	螺栓	M10×30	个	4	
17	螺母	M10	个	6	
18	垫圈	10	个	12	

第二章　室内变配电装置		第五节　高压电器安装工艺
图号	2-2-5-8	图名　GN19-10隔离开关在墙上安装图

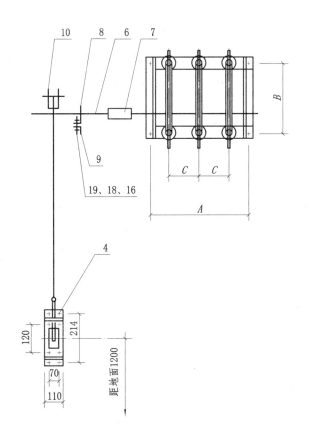

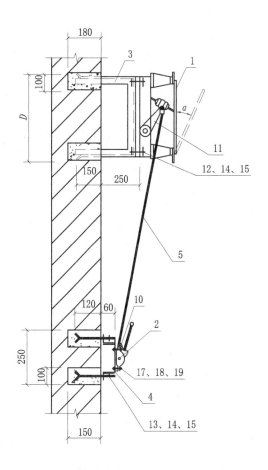

隔离开关型号	尺寸/mm			
	A	B	C	D
GN19-10/400、630	700	200	250	300
GN19-10/1000、1250	700	240	250	340

注：(1) 轴延长需增加轴承时，两个轴承间的距离应小于1000。
　　(2) 隔离开关刀片打开时，角度 a 应使开口角度不小于160°。
　　(3) 操动机构也可以安装在隔离开关的左侧。

明　细　表

序号	名称	型号及规格	单位	数量	备注
1	隔离开关	GN19-10/400~1250	台	1	
2	手动操动机构	CS6-1T	台	1	
3	隔离开关安装支架		个	1	
4	操动机构安装支架		个	1	
5	拉杆	$\phi20$	根	1	长度由工程设计决定
6	轴	$\phi25$或$\phi30$	根	1	
7	轴连接套		根	1	
8	轴承		根	1	
9	轴承支架		根	1	
10	直叉型接头		个	2	可随隔离开关成套供应
11	轴臂		个	1	
12	螺栓	M12×40	个	4	
13	开尾螺栓	M12×150	个	4	
14	螺母	M12	个	8	
15	垫圈	12	个	12	
16	螺栓	M10×35	个	2	
17	螺栓	M10×30	个	4	
18	螺母	M10	个	6	
19	垫圈	10	个	12	

第二章　室内变配电装置		第五节　高压电器安装工艺	
图号	2-2-5-9	图名	GN19-10隔离开关在墙上支架上安装图

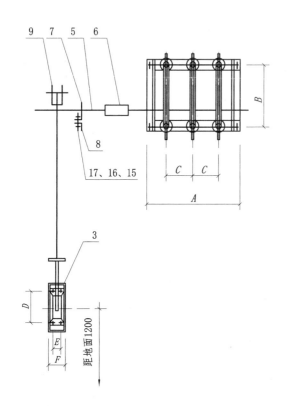

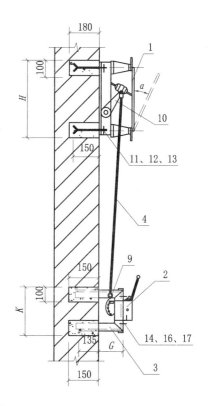

隔离开关型号	配用手力操动机构型号	尺寸/mm									
		A	B	C	D	E	F	G	H	K	a
GN2-10/2000	CS6-2	910	346	350	160	80	130	200	446	340	注（2）
GN2-10/3000	CS7	966	480	350	180	65	115	250	580	360	注（2）

明 细 表

序号	名称	型号及规格	单位	数量	备注
1	隔离开关	GN2-10/2000	台	1	
		GN2-10/3000			
2	手动操动机构	CS6-2,CS7	台	1	
3	操动机构安装支架		个	1	
4	拉杆	$\phi 20$	根	1	长度由工程设计决定
5	轴	$\phi 25$ 或 $\phi 30$	根	1	
6	轴连接套		根	1	
7	轴承		根	1	
8	轴承支架		根	1	
9	直叉型接头		个	2	可随隔离开关成套供应
10	轴臂		个	1	
11	开尾螺栓	M12×180	个	4	
		M16×180	个	4	
12	螺母	M12	个	4	
		M16	个	4	
13	垫圈	12	个	4	
		16	个	4	
14	螺栓	M10×30	个	4	
15	螺栓	M10×35	个	2	
16	螺母	M10	个	6	
17	垫圈	10	个	12	

注：（1）轴延长需增加轴承时，两个轴承间的距离应小于1000。
　　（2）隔离开关刀片打开时，角度 a 应使开口角度不小于160°。
　　（3）操动机构也可以安装在隔离开关的左侧。

第二章　室内变配电装置		第五节　高压电器安装工艺
图号	2-2-5-10	图名　GN2-10/2000(3000)隔离开关在墙上安装图

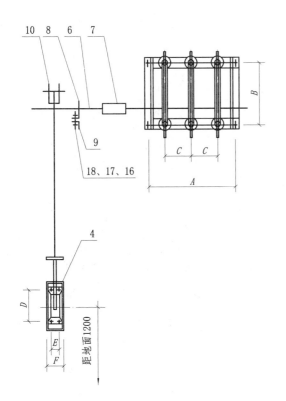

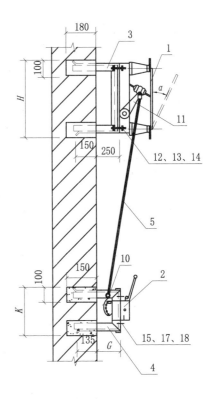

隔离开关型号	配用手力操动机构型号	尺寸/mm									
		A	B	C	D	E	F	G	H	K	a
GN2-10/2000	CS6-2	910	346	350	160	80	130	200	466	340	注（2）
GN2-10/3000	CS7	966	480	350	180	65	115	250	600	360	注（2）

明 细 表

序号	名称	型号及规格	单位	数量	备注
1	隔离开关	GN2-10/2000	台	1	
		GN2-10/3000			
2	手动操动机构	CS6-2,CS7	台	1	
3	隔离开关安装支架		个	1	
4	操动机构安装支架		个	1	
5	拉杆	$\phi20$	根	1	长度由工程设计决定
6	轴	$\phi25$或$\phi30$	根	1	
7	轴连接套		根	1	
8	轴承		根	1	
9	轴承支架		根	1	
10	直叉型接头		个	2	可随隔离开关成套供应
11	轴臂		个	1	
12	螺栓	M12×40	个	4	
		M16×40	个	4	
13	螺母	M12	个	4	
		M16	个	4	
14	垫圈	12	个	8	
		16	个	8	
15	螺栓	M10×30	个	4	
16	螺栓	M10×35	个	2	
17	螺母	M10	个	6	
18	垫圈	10	个	12	

注：（1）轴延长需增加轴承时，两个轴承间的距离应小于1000。
　　（2）隔离开关刀片打开时，角度 a 应使开口角度不小于160°。
　　（3）操动机构也可以安装在隔离开关的左侧。

第二章　室内变配电装置		第五节　高压电器安装工艺
图号	2-2-5-11	图名　GN2-10/2000（3000）隔离开关在墙上支架上安装图

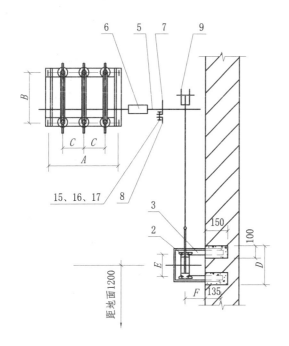

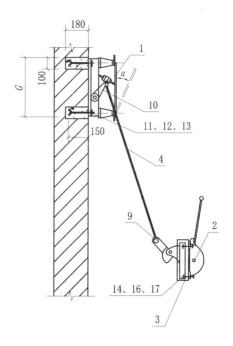

隔离开关型号	配用手力操动机构型号	尺寸/mm							
		A	B	C	D	E	F	G	a
GN19-10/400、630	CS6-1T	700	200	250	300	120	200	300	注（2）
GN19-10/1000、1250	CS6-1T	700	240	250	300	120	200	340	注（2）
GN2-10/2000	CS6-2	910	346	350	340	160	200	446	注（2）
GN2-10/3000	CS7	966	480	350	360	180	202.5	580	注（2）

注：（1）轴延长需增加轴承时，两个轴承间的距离应小于1000。
（2）隔离开关刀片打开时，角度 a 应使开口角度不小于160°。
（3）操动机构也可以安装在隔离开关的右侧。

明 细 表

序号	名称	型号及规格	单位	数量	备注
1	隔离开关	GN19-10/400～1250	台	1	
		GN2-10/2000、3000			
2	手动操动机构	CS6-1T，CS6-2，CS7	台	1	
3	操动机构安装支架		个	1	
4	拉杆	$\phi20$	根	1	长度由工程设计决定
5	轴	$\phi25$或$\phi30$	根	1	
6	轴连接套		根	1	
7	轴承		根	1	
8	轴承支架		根	1	
9	直叉型接头		个	2	可随隔离开关成套供应
10	轴臂		个	1	
11	开尾螺栓	M12×180	个	4	
		M16×180	个	4	
12	螺母	M12	个	4	
		M16	个	4	
13	垫圈	12	个	4	
		16	个	4	
14	螺栓	M10×30	个	4	
15	螺栓	M10×35	个	2	
16	螺母	M10	个	6	
17	垫圈	10	个	12	

第二章 室内变配电装置		第五节 高压电器安装工艺
图号	2-2-5-12	图名 GN19-10、GN2-10/2000（3000）隔离开关在墙上安装图（侧墙操作）

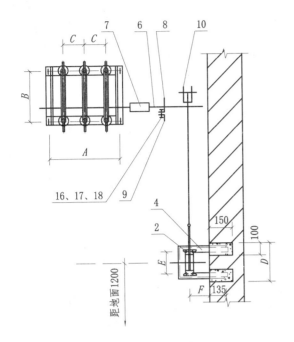

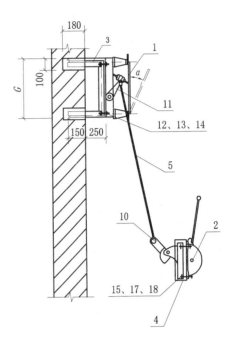

隔离开关型号	配用手力操动机构型号	尺寸/mm							
		A	B	C	D	E	F	G	a
GN19-10/400、630	CS6-1T	700	200	250	300	120	200	300	注（2）
GN19-10/1000、1250	CS6-1T	700	240	250	300	120	200	340	注（2）
GN2-10/2000	CS6-2	910	346	350	340	160	200	446	注（2）
GN2-10/3000	CS7	966	480	350	360	180	202.5	580	注（2）

明 细 表

序号	名称	型号及规格	单位	数量	备注
1	隔离开关	GN19-10/400～1250	台	1	
		GN2-10/2000、3000			
2	手动操动机构	CS6-1T、CS6-2、CS7	台	1	
3	隔离开关安装支架		个	1	
4	操动机构安装支架		个	1	
5	拉杆	$\phi20$	根	1	长度由工程设计决定
6	轴	$\phi25$或$\phi30$	根	1	
7	轴连接套		根	1	
8	轴承		根	1	
9	轴承支架		根	1	
10	直叉型接头		个	2	可随隔离开关成套供应
11	轴臂		个	1	
12	螺栓	M12×40	个	4	
		M16×40	个	4	
13	螺母	M12	个	4	
		M16	个	4	
14	垫圈	12	个	8	
		16	个	8	
15	螺栓	M10×30	个	4	
16	螺栓	M10×35	个	2	
17	螺母	M10	个	6	
18	垫圈	10	个	12	

注：（1）轴延长需增加轴承时，两个轴承间的距离应小于1000。
  （2）隔离开关刀片打开时，角度 a 应使开口角度不小于160°。
  （3）操动机构也可以安装在隔离开关的右侧。

第二章 室内变配电装置		第五节 高压电器安装工艺
图号	2-2-5-13	图名
		GN19-10、GN2-10/2000（3000）隔离开关在墙上支架上安装图（侧墙操作）

383

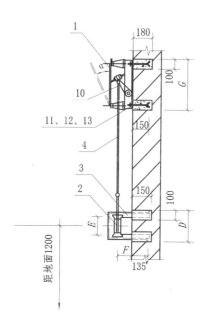

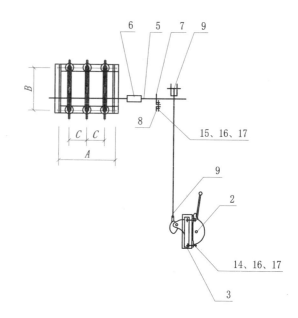

隔离开关型号	配用手力操动机构型号	尺寸/mm							
		A	B	C	D	E	F	G	a
GN19-10/400、630	CS6-1T	700	200	250	300	120	200	300	注（2）
GN19-10/1000、1250	CS6-1T	700	240	250	300	120	200	340	注（2）
GN2-10/2000	CS6-2	910	346	350	340	160	200	446	注（2）
GN2-10/3000	CS7	966	480	350	360	180	202.5	580	注（2）

明 细 表

序号	名称	型号及规格	单位	数量	备注
1	隔离开关	GN19-10/400~1250	台	1	
		GN2-10/2000、3000			
2	手动操动机构	CS6-1T,CS6-2,CS7	台	1	
3	操作机构安装支架		个	1	
4	拉杆	$\phi 20$	根	1	长度由工程设计决定
5	轴	$\phi 25$或$\phi 30$	根	1	
6	轴连接套		根	1	
7	轴承		根	1	
8	轴承支架		根	1	
9	直叉型接头		个	2	可随隔离开关成套供应
10	轴臂		个	1	
11	开尾螺栓	M12×180	个	4	
		M16×180	个	4	
12	螺母	M12	个	4	
		M16	个	4	
13	垫圈	12	个	4	
		16	个	4	
14	螺栓	M10×30	个	4	
15	螺栓	M10×35	个	2	
16	螺母	M10	个	6	
17	垫圈	10	个	12	

注：（1）轴延长需增加轴承时，两个轴承间的距离应小于1000。
（2）隔离开关刀片打开时，角度a应使开口角度不小于160°。
（3）操动机构也可以安装在隔离开关的右侧。

第二章　室内变配电装置		第五节　高压电器安装工艺	
图号	2-2-5-14	图名	GN19-10、GN2-10/2000（3000）隔离开关在墙上安装图（侧装操作）

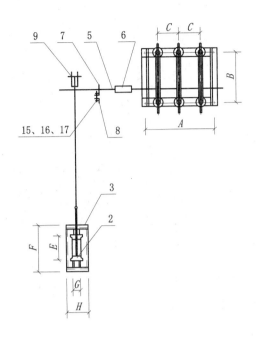

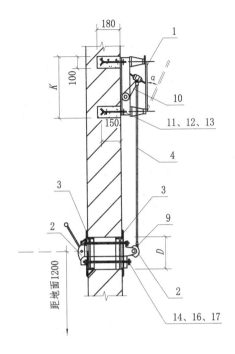

隔离开关型号	配用手力操动机构型号	尺寸/mm									
		A	B	C	D	E	F	G	H	K	a
GN19-10/400、630	CS6-1T	700	200	250	188	120	260	70	120	300	注（2）
GN19-10/1000、1250	CS6-1T	700	240	250	188	120	260	70	120	340	注（2）
GN2-10/2000	CS6-2	910	346	350	188	160	260	80	130	446	注（2）
GN2-10/3000	CS7	966	480	350	248	180	320	65	115	580	注（2）

注：（1）轴延长需增加轴承时，两个轴承间的距离应小于1000。
（2）隔离开关刀片打开时，角度 a 应使开口角度不小于160°。
（3）操动机构也可以安装在隔离开关的左侧。

明　细　表

序号	名称	型号及规格	单位	数量	备注
1	隔离开关	GN19-10/400～1250 GN2-10/2000、3000	台	1	
2	手动操动机构	CS6-1T，CS6-2，CS7	台	1	
3	操作机构安装支架		个	1	
4	拉杆	$\phi 20$	根	1	长度由工程设计决定
5	轴	$\phi 25$ 或 $\phi 30$	根	1	
6	轴连接套		根	1	
7	轴承		根	1	
8	轴承支架		根	1	
9	直叉型接头		个	2	可随隔离开关成套供应
10	轴臂		个	1	
11	开尾螺栓	M12×180	个	4	
		M16×180	个	4	
12	螺母	M12	个	4	
		M16	个	4	
13	垫圈	12	个	4	
		16	个	4	
14	螺栓	M10	个	4	长度根据壁厚决定
15	螺栓	M10×35	个	2	
16	螺母	M10	个	6	
17	垫圈	10	个	12	

第二章　室内变配电装置	第五节　高压电器安装工艺
图号　2-2-5-15	图名　GN19-10、GN2-10/2000（3000）隔离开关在墙上安装图（墙后操作）

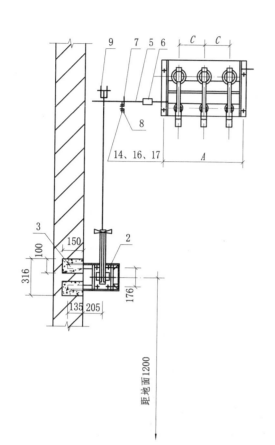

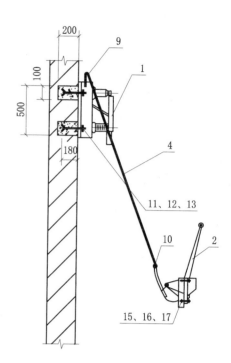

注: （1）弯形拐臂（零件9）也可用图2-2-5-36上的直叉形连接头代替。
（2）轴（零件5）延长需增加轴承（零件7）时，两个轴承间的距离
不超过1000mm。
（3）操动机构也可安装在负荷开关的左侧。
（4）负荷开关也可安装在墙上的支架上，支架见图2-2-5-28。

明 细 表

序号	名称	型号及规格	单位	数量	备注
1	负荷开关	FKN-12	台	1	
2	手动操动机构	CS8-5	台	1	
3	操动机构安装支架		个	1	
4	拉杆	ϕ20	根	1	长度由工程设计
5	轴	ϕ30	根	1	决定
6	轴连接套		根	1	
7	轴承		根	1	
8	轴承支架		根	1	
9	轴臂及弯形拐臂		副	1	弯形拐臂随开关 成套供应
10	螺杆		个	1	
11	开尾螺栓	M16×220	个	4	
12	螺母	M16	个	4	
13	垫圈	16	个	4	
14	螺栓	M10×35	个	2	
15	螺栓	M10×30	个	4	
16	螺母	M10	个	6	
17	垫圈	10	个	12	

相中心距/mm	安装尺寸/mm	
	A	C
150	464	150
210	584	210

第二章 室内变配电装置	第五节 高压电器安装工艺	
图号	2-2-5-16	图名	FKN-12负荷开关在墙上安装图（侧墙操作）

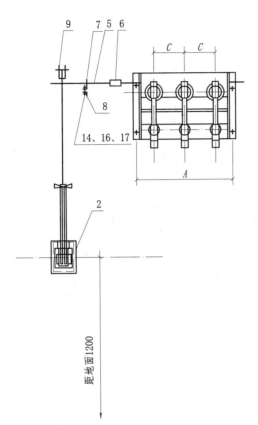

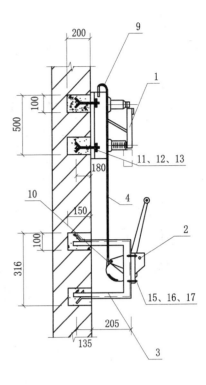

注：（1）弯形拐臂（零件9）也可用图2-2-5-36上的直叉形接头代替。
　　（2）轴（零件5）延长需增加轴承（零件7）时，两个轴承间的
　　　　　距离不超过1000mm。
　　（3）操动机构也可安装在负荷开关的左侧。
　　（4）负荷开关配用CS8-5手动操动机构上时，图2-2-5-36上零件1
　　　　　的螺纹直径M16应改为M12。

相中心距/mm	安装尺寸/mm	
	A	C
150	464	150
210	584	210

明 细 表

序号	名称	型号及规格	单位	数量	备注
1	负荷开关	FKN-12	台	1	
2	手动操动机构	CS8-5	台	1	
3	操动机构安装支架		个	1	
4	拉杆	φ20	根	1	长度由工程设计决定
5	轴	φ30	根	1	
6	轴连接套		根	1	
7	轴承		根	1	
8	轴承支架		根	1	
9	轴臂及弯形拐臂		副	1	弯形拐臂随开关成套供应
10	螺杆		个	1	
11	开尾螺栓	M16×220	个	4	
12	螺母	M16	个	4	
13	垫圈	16	个	4	
14	螺栓	M10×35	个	2	
15	螺栓	M10×30	个	4	
16	螺母	M10	个	6	
17	垫圈	10	个	12	

第二章　室内变配电装置		第五节　高压电器安装工艺
图号	2-2-5-17	图名　FKN-12负荷开关在墙上安装图

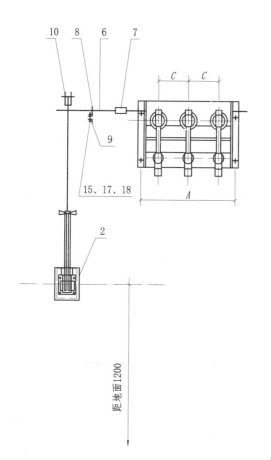

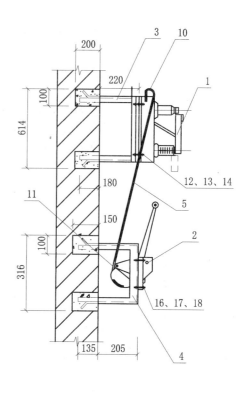

注：（1）弯形拐臂（零件10）也可用图2-2-5-36上的直叉形接头代替。
　　（2）轴（零件6）延长需增加轴承（零件8）时，两个轴承间的距
　　　　离不超过1000mm。
　　（3）操动机构也可安装在负荷开关的左侧。
　　（4）负荷开关配用CS8-5手动操动机构上时，图2-2-5-36上零件1
　　　　的螺纹直径M16应改为M12。

明 细 表

序号	名称	型号及规格	单位	数量	备注
1	负荷开关	FKN-12	台	1	
2	手动操动机构	CS8-5	台	1	
3	负荷开关安装支架		个	1	
4	操动机构安装支架			1	
5	拉杆	$\phi20$	根	1	长度由工程设计
6	轴	$\phi30$	根	1	决定
7	轴连接套		根	1	
8	轴承		根	1	
9	轴承支架		根	1	
10	轴臂及弯形拐臂		副	1	弯形拐臂随开关成套供应
11	螺杆		个	1	
12	螺栓	M16×40	个	4	
13	螺母	M16	个	4	
14	垫圈	16	个	8	
15	螺栓	M10×35	个	2	
16	螺栓	M10×30	个	4	
17	螺母	M10	个	6	
18	垫圈	10	个	12	

相中心距/mm	安装尺寸/mm	
	A	C
150	464	150
210	584	210

第二章　室内变配电装置		第五节　高压电器安装工艺
图号	2-2-5-18	图名　FKN-12负荷开关在墙上支架上安装图

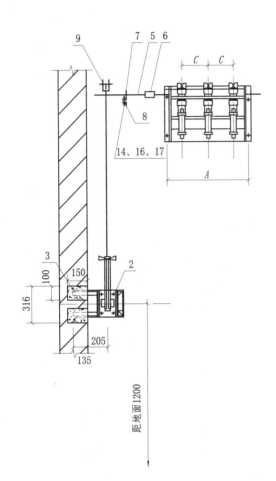

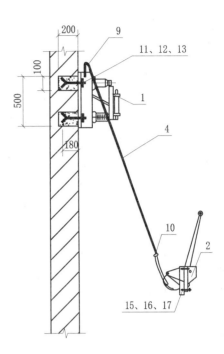

注：（1）弯形拐臂（零件9）也可用图2-2-5-36上的直叉形接头代替。
　　（2）轴（零件5）延长需增加轴承（零件7）时，两个轴承间的距
　　　　离不超过1000mm。
　　（3）操动机构也可安装在负荷开关的左侧。
　　（4）负荷开关也可安装在墙上的支架上，支架见图2-2-5-28。

相中心距/mm	安装尺寸/mm	
	A	C
150	464	150
210	584	210

明 细 表

序号	名称	型号及规格	单位	数量	备注
1	负荷开关	FKN-12	台	1	
2	手动操动机构	CS8-5	台	1	
3	操动机构安装支架		个	1	
4	拉杆	$\phi 20$	根	1	长度由工程设计
5	轴	$\phi 30$	根	1	决定
6	轴连接套		根	1	
7	轴承		根	1	
8	轴承支架		根	1	
9	轴臂及弯形拐臂		副	1	弯形拐臂随开关成套供应
10	螺杆		个	1	
11	开尾螺栓	M16×220	个	6	
12	螺母	M16	个	6	
13	垫圈	16	个	6	
14	螺栓	M10×35	个	2	
15	螺栓	M10×30	个	4	
16	螺母	M10	个	6	
17	垫圈	10	个	12	

第二章　室内变配电装置	第五节　高压电器安装工艺	
图号	2-2-5-19	图名	FKRN-12负荷开关在墙上安装图（侧墙操作）

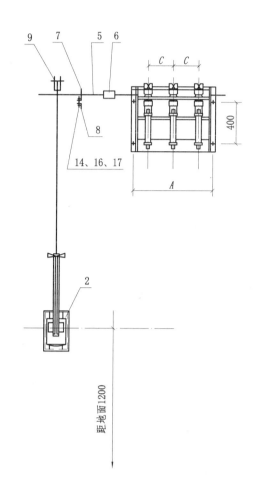

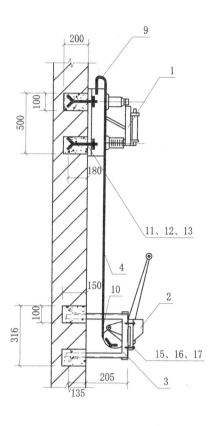

注：（1）弯形拐臂（零件9）也可用图2-2-5-36上的直叉形接头代替。
　　（2）轴（零件5）延长需增加轴承（零件7）时，两个轴承间的距离不超过1000mm。
　　（3）操动机构也可安装在负荷开关的左侧。
　　（4）负荷开关配用CS8-5手动操动机构上时，图2-2-5-36上零件1的螺纹直径M16应改为M12。

相中心距/mm	安装尺寸/mm	
	A	C
150	464	150
210	584	210

明 细 表

序号	名 称	型号及规格	单位	数量	备注
1	负荷开关	FKRN-12	台	1	
2	手动操动机构	CS8-5	台	1	
3	操动机构安装支架		个	1	
4	拉杆	$\phi 20$	根	1	长度由工程设计决定
5	轴	$\phi 30$	根	1	
6	轴连接套		根	1	
7	轴承		根	1	
8	轴承支架		根	1	
9	轴臂及弯形拐臂		副	1	弯形拐臂随开关成套供应
10	螺杆		个	1	
11	开尾螺栓	M16×220	个	6	
12	螺母	M16	个	6	
13	垫圈	16	个	6	
14	螺栓	M10×35	个	2	
15	螺栓	M10×30	个	4	
16	螺母	M10	个	6	
17	垫圈	10	个	12	

第二章　室内变配电装置	第五节 高压电器安装工艺
图号　　2-2-5-20	图名　FKRN-12负荷开关在墙上安装图

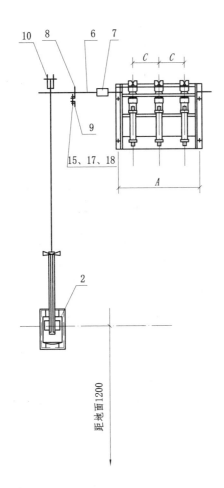

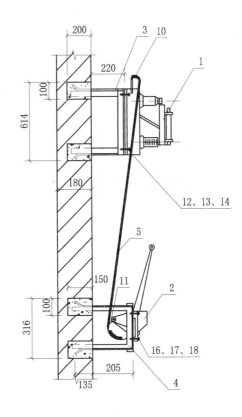

注：（1）弯形拐臂（零件10）也可用图2-2-5-36上的直叉形接头代替。
　　（2）轴（零件6）延长需增加轴承（零件8）时，两个轴承间的距离
　　　　不超过1000mm。
　　（3）操动机构也可安装在负荷开关的左侧。
　　（4）负荷开关配用CS8-5手动操动机构上时，图2-2-5-36上零件1的
　　　　螺纹直径M16应改为M12。

相中心距/mm	安装尺寸/mm	
	A	C
150	464	150
210	584	210

明 细 表

序号	名称	型号及规格	单位	数量	备注
1	负荷开关	FKRN-12	台	1	
2	手动操动机构	CS8-5	台	1	
3	负荷开关安装支架		个	1	
4	操动机构安装支架			1	
5	拉杆	φ20	根	1	长度由工程设计
6	轴	φ30	根	1	决定
7	轴连接套		根	1	
8	轴承		根	1	
9	轴承支架		根	1	
10	轴臂及弯形拐臂		副	1	弯形拐臂随开关成套供应
11	螺杆		个	1	
12	螺栓	M16×40	个	6	
13	螺母	M16	个	6	
14	垫圈	16	个	12	
15	螺栓	M10×35	个	2	
16	螺栓	M10×30	个	4	
17	螺母	M10	个	6	
18	垫圈	10	个	12	

第二章　室内变配电装置		第五节　高压电器安装工艺	
图号	2-2-5-21	图名	FKRN-12负荷开关在墙上支架上安装图

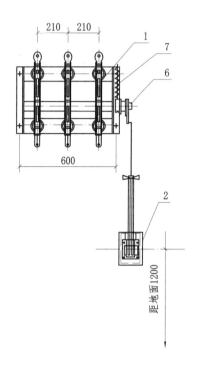

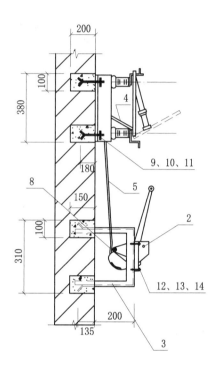

注：操动机构也可安装在负荷开关的右侧。

明 细 表

序号	名称	型号及规格	单位	数量	备注
1	负荷开关	FN7-10	台	1	
2	手动操动机构	CS6-1	台	1	
3	操动机构安装支架		个	1	
4	拉杆		根	1	长度由工程设计决定
5	焊接钢管		根	1	
6	转轴		根	1	
7	弹簧储能机构		个	1	
8	螺杆		个	1	
9	开尾螺栓	M16×220	个	4	
10	螺母	M16	个	4	
11	垫圈	16	个	4	
12	螺栓	M10×30	个	4	
13	螺母	M10	个	6	
14	垫圈	10	个	12	

第二章　室内变配电装置		第五节　高压电器安装工艺
图号	2-2-5-22	图名　FN7-10负荷开关在墙上安装图

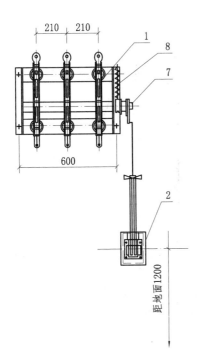

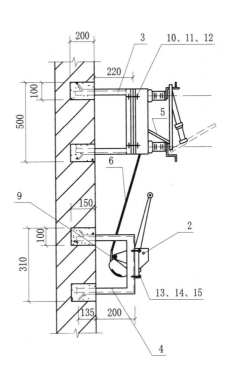

注：操动机构也可安装在负荷开关的右侧。

明 细 表

序号	名称	型号及规格	单位	数量	备注
1	负荷开关	FN7-10	台	1	
2	手动操动机构	CS6-1	台	1	
3	负荷开关安装支架		个	1	
4	操动机构安装支架		个	1	
5	拉杆		根	1	长度由工程设计决定
6	焊接钢管		根	1	
7	转轴		根	1	
8	弹簧储能机构		个	1	
9	螺杆		个	1	
10	螺栓	M16×40	个	4	
11	螺母	M16	个	4	
12	垫圈	16	个	4	
13	螺栓	M10×30	个	4	
14	螺母	M10	个	6	
15	垫圈	10	个	12	

第二章　室内变配电装置		第五节　高压电器安装工艺
图号	2-2-5-23	图名　FN7-10负荷开关在墙上支架上安装图

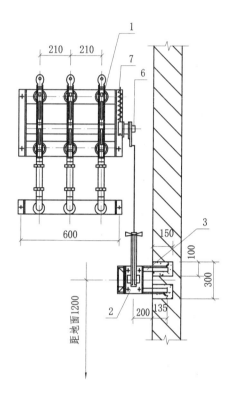

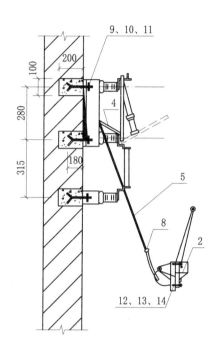

注：操动机构也可安装在负荷开关的右侧。

明 细 表

序号	名称	型号及规格	单位	数量	备注
1	负荷开关	FN7-10R	台	1	
2	手动操动机构	CS6-1	台	1	
3	操动机构安装支架		个	1	
4	拉杆		根	1	长度由工程设计决定
5	焊接钢管		根	1	
6	转轴		根	1	
7	弹簧储能机构		个	1	
8	螺杆		个	1	
9	开尾螺栓	M16×220	个	6	
10	螺母	M16	个	6	
11	垫圈	16	个	6	
12	螺栓	M10×30	个	4	
13	螺母	M10	个	6	
14	垫圈	10	个	12	

第二章 室内变配电装置		第五节 高压电器安装工艺	
图号	2-2-5-24	图名	FN7-10R负荷开关在墙上安装图（侧墙操作）

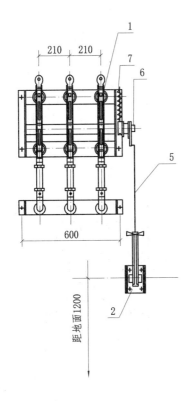

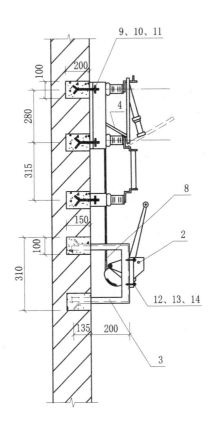

注：操动机构也可安装在负荷开关的右侧。

明 细 表

序号	名称	型号及规格	单位	数量	备注
1	负荷开关	FN7-10R	台	1	
2	手动操动机构	CS6-1	台	1	
3	操动机构安装支架		个	1	
4	拉杆		根	1	长度由工程设计决定
5	焊接钢管		根	1	
6	转轴		根	1	
7	弹簧储能机构		个	1	
8	螺杆		个	1	
9	开尾螺栓	M16×220	个	6	
10	螺母	M16	个	6	
11	垫圈	16	个	6	
12	螺栓	M10×30	个	4	
13	螺母	M10	个	6	
14	垫圈	10	个	12	

第二章　室内变配电装置		第五节　高压电器安装工艺
图号	2-2-5-25	图名　FN7-10R负荷开关在墙上安装图

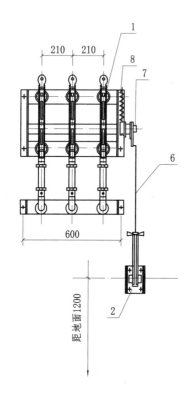

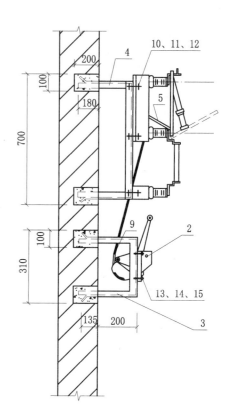

注：操动机构也可安装在负荷开关的右侧。

明 细 表

序号	名称	型号及规格	单位	数量	备注
1	负荷开关	FN7-10R	台	1	
2	手动操动机构	CS6-1	台	1	
3	操动机构安装支架		个	1	
4	负荷开关安装支架		个	1	
5	拉杆		根	1	长度由工程设计决定
6	焊接钢管		根	1	
7	转轴		根	1	
8	弹簧储能机构		个	1	
9	螺杆		个	1	
10	螺栓	M16×40	个	6	
11	螺母	M16	个	6	
12	垫圈	16	个	12	
13	螺栓	M10×30	个	4	
14	螺母	M10	个	6	
15	垫圈	10	个	12	

第二章　室内变配电装置	第五节　高压电器安装工艺
图号　2-2-5-26	图名　FN7-10R负荷开关在墙上支架上安装图

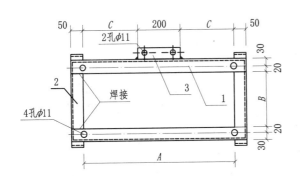
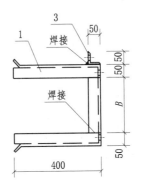
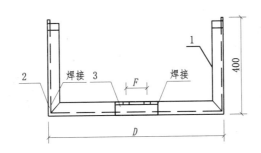
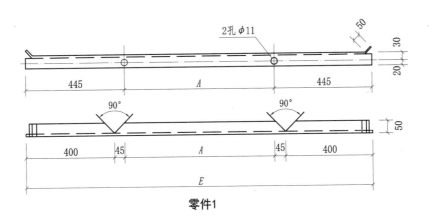

零件1

隔离开关型号	尺寸/mm					
	A	B	C	D	E	φ
GN2-10/2000	910	306	355	1010	1800	18
GN2-10/3000	966	440	383	1066	1856	18
GN19-10/400、630	700	160	250	800	1690	24×14
GN19-10/1000、1250	700	200	250	800	1690	28×18

明 细 表

序号	名称	型号及规格	单位	数量
1	角钢	∟50×5，ℓ=E （见尺寸表）	根	2
2	角钢	∟50×5，ℓ=B （见尺寸表）	根	2
3	角钢	∟50×5，ℓ=200	根	1

第二章 室内变配电装置	第五节 高压电器安装工艺
图号 2-2-5-27	图名 GN2、GN19隔离开关在墙上的安装支架加工图

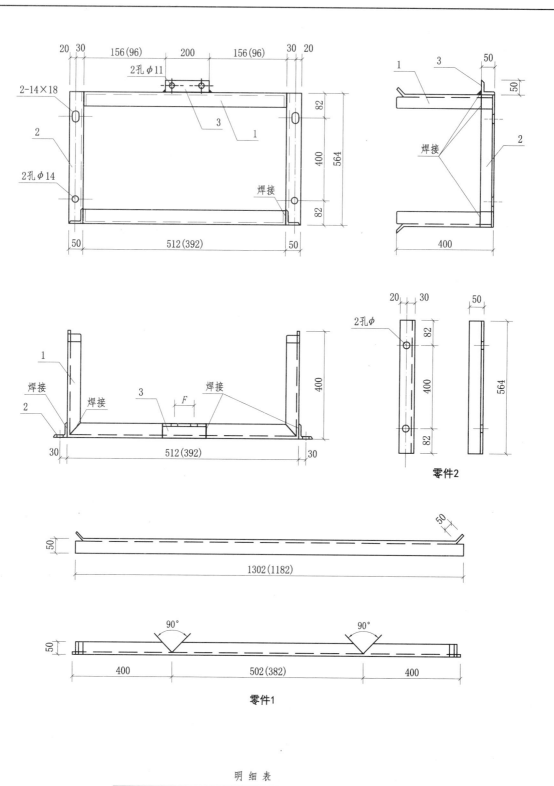

零件2

零件1

明 细 表

序号	名 称	型号及规格	单位	数量
1	角 钢	∟50×5，ℓ=1302（1182）	根	2
2	角 钢	∟50×5，ℓ=564	根	2
3	角 钢	∟50×5，ℓ=200	根	1

注：括号内的数值适用于FK（R）N-12型负荷开关相中心距
　　为150mm时。

第二章　室内变配电装置	第五节　高压电器安装工艺
图号　2-2-5-28	图名　FK（R）N-12负荷开关在墙上的安装支架加工图

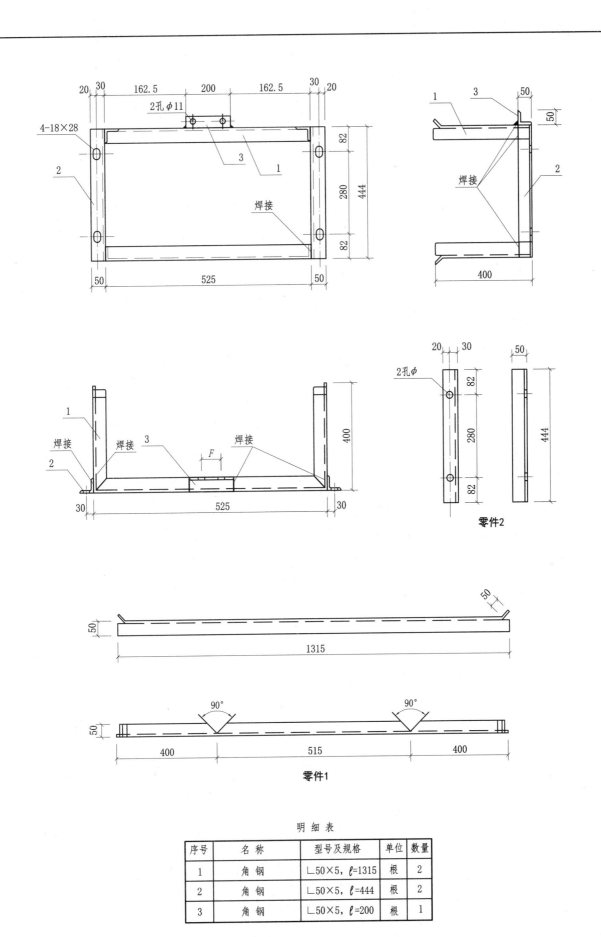

明 细 表

序号	名 称	型号及规格	单位	数量
1	角 钢	∟50×5, ℓ=1315	根	2
2	角 钢	∟50×5, ℓ=444	根	2
3	角 钢	∟50×5, ℓ=200	根	1

第二章　室内变配电装置	第五节　高压电器安装工艺
图号　2-2-5-29	图名　FN7-10负荷开关在墙上的安装支架加工图

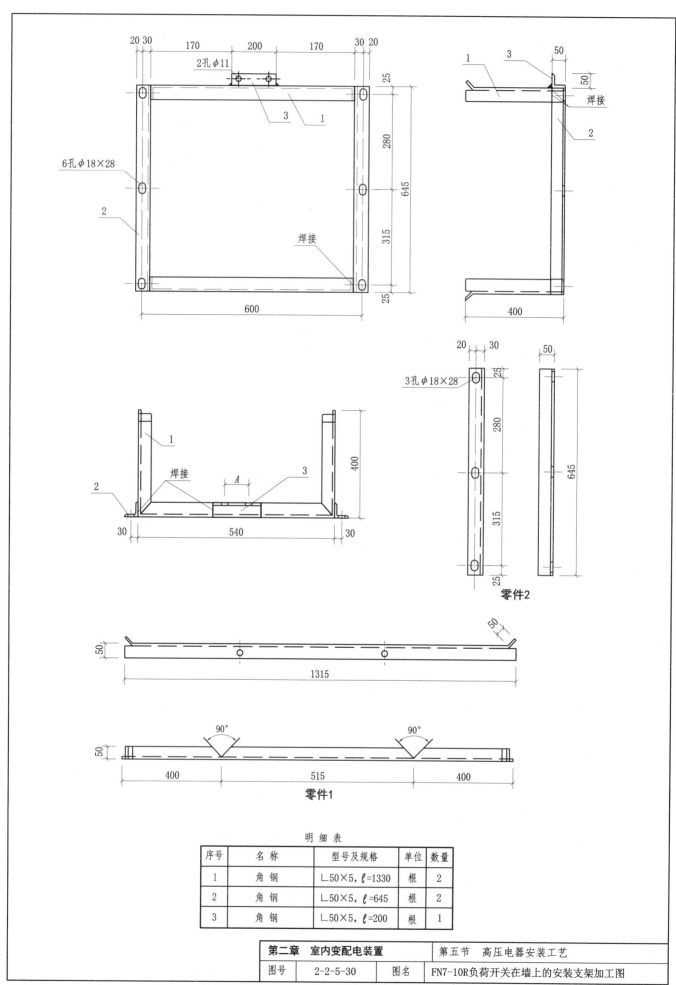

零件2

零件1

明 细 表

序号	名 称	型号及规格	单位	数量
1	角 钢	∟50×5，ℓ=1330	根	2
2	角 钢	∟50×5，ℓ=645	根	2
3	角 钢	∟50×5，ℓ=200	根	1

第二章　室内变配电装置		第五节　高压电器安装工艺
图号	2-2-5-30	图名　FN7-10R负荷开关在墙上的安装支架加工图

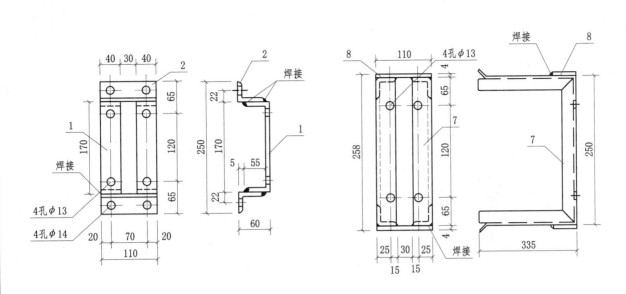

CS6-1（T）手动操作机构用

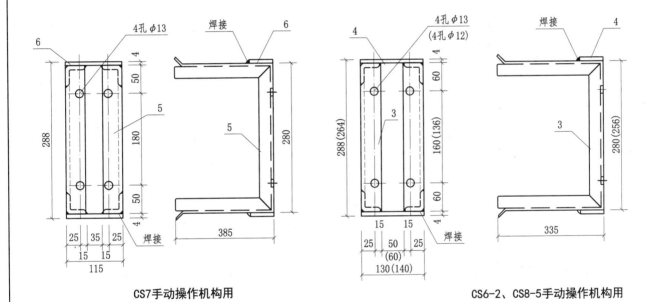

CS7手动操作机构用　　　　　　　　　　　　　CS6-2、CS8-5手动操作机构用

明 细 表

序号	名称	型号及规格	单位	数量
1	扁钢	—40×4, ℓ=272	根	2
2	角钢	∟40×4, ℓ=110	根	2
3	角钢	∟40×4, ℓ=950（926）	根	2
4	扁钢	—40×4, ℓ=130（140）	根	2
5	角钢	∟40×4, ℓ=1042	根	2
6	扁钢	—40×4, ℓ=115	根	2
7	角钢	∟40×4, ℓ=920	根	2
8	扁钢	—40×4, ℓ=110	根	2

注：括号内的数值适用于CS8-5。

第二章　室内变配电装置		第五节　高压电器安装工艺
图号	2-2-5-31	图名
		CS6-1(T)、CS6-2、CS7、CS8-5手动操动机构在墙上的安装支架加工图

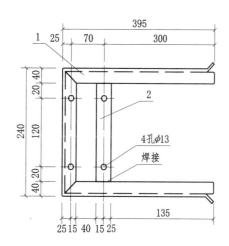
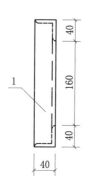

CS6-1(T)手动操作机构用

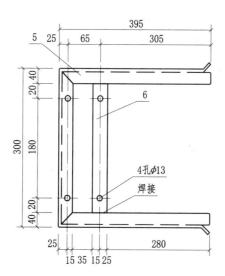
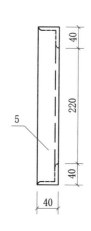

CS7手动操作机构用

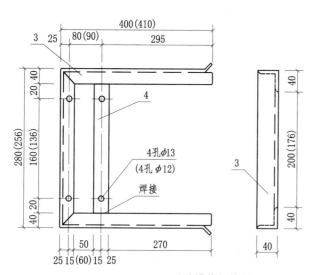

CS6-2、CS8-5手动操作机构用

明 细 表

序号	名称	型号及规格	单位	数量
1	角钢	∟40×4, ℓ=1022	根	2
2	扁钢	—40×4, ℓ=160	根	1
3	角钢	∟40×4, ℓ=1080(1076)	根	2
4	扁钢	—40×4, ℓ=200(176)	根	1
5	角钢	∟40×4, ℓ=1082	根	2
6	扁钢	—40×4, ℓ=220	根	1

注:括号内的数值适用于CS8-5。

第二章 室内变配电装置	第五节 高压电器安装工艺
图号 2-2-5-32	图名 CS6-1(T)、CS6-2、CS7、CS8-5手动操动机构在侧墙上的安装支架加工图

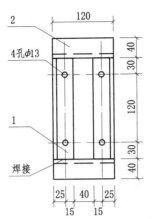
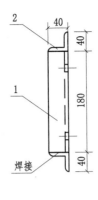

CS6-1(T)手动操作机构用

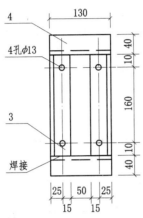
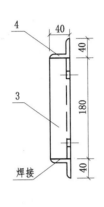

CS6-2手动操作机构用

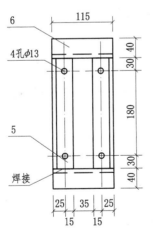
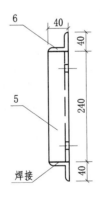

CS7手动操作机构用

明 细 表

序号	名称	型号及规格	单位	数量
1	角钢	∟40×4, ℓ=180	根	2
2	角钢	∟40×4, ℓ=120	根	2
3	角钢	∟40×4, ℓ=180	根	2
4	角钢	∟40×4, ℓ=130	根	2
5	角钢	∟40×4, ℓ=240	根	2
6	角钢	∟40×4, ℓ=115	根	2

第二章 室内变配电装置		第五节 高压电器安装工艺
图号	2-2-5-33	图名	CS6-1(T)、CS6-2、CS7手动操动机构 在后墙上的安装支架加工图

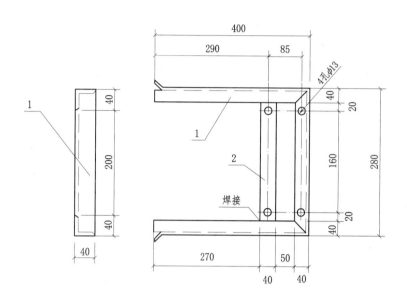

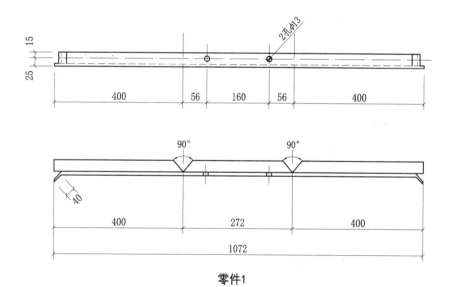

零件1

明 细 表

序号	名 称	型号及规格	单位	数量
1	角 钢	∟40×4，ℓ=1072	根	1
2	扁 钢	—40×4，ℓ=200	根	1

第二章 室内变配电装置		第五节 高压电器安装工艺
图号	2-2-5-34	图名	CS4、CS4-T手动操动机构在墙上的安装支架加工图

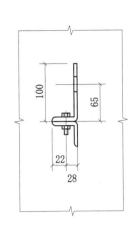

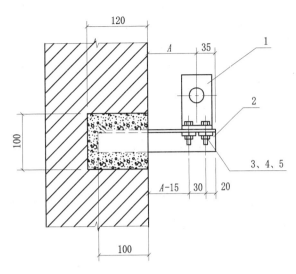

隔离开关及负荷开关轴承在墙上安装

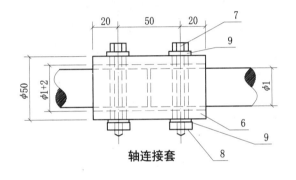

轴连接套

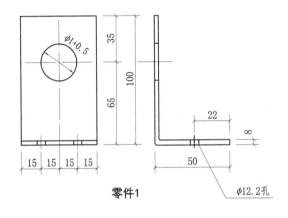

零件1

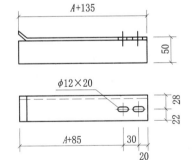

零件2

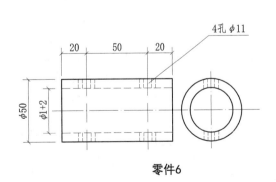

零件6

明 细 表

序号	名 称	型号及规格	单位	数量
1	轴承	钢板 150×60×8	块	1
2	轴承支架	∟50×5, ℓ=A+135	根	1
3	螺栓	M10×35	个	2
4	螺母	M10	个	2
5	垫圈	10	个	2
6	轴连接套	ϕ50, ℓ=90	根	1
7	螺钉	M10×35	个	2
8	螺母	M10	个	2
9	垫圈	10	个	4

第二章 室内变配电装置		第五节 高压电器安装工艺	
图号	2-2-5-35	图名	隔离开关及负荷开关安装部件轴承及轴连接套

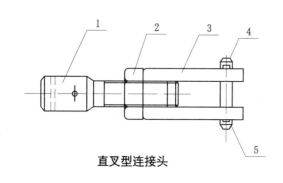

直叉型连接头

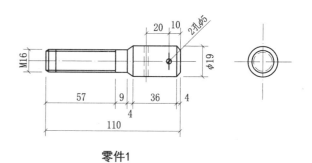

零件1

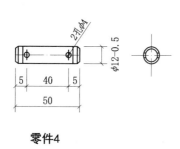

零件4

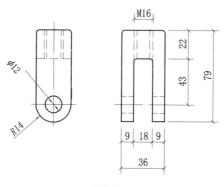

零件3

注：图中尺寸φ1为隔离开关或负荷开关轴
的直径，按产品实际尺寸而定。

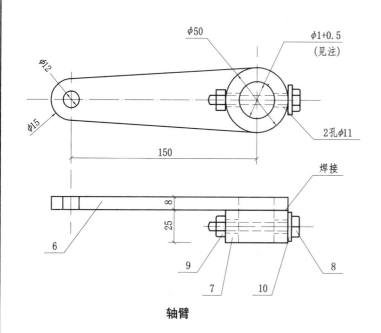

轴臂

明 细 表

序号	名 称	型号及规格	单位	数量
1	螺 杆	$\phi 19, \ell=110$	个	1
2	螺 母	M16	个	1
3	拉杆套	$\ell=80$	个	1
4	带孔销	12×50	个	1
5	开口销	3×25	个	2
6	轴 臂	钢板厚8	个	1
7	固定轴套	$\phi 50, \ell=25$	个	1
8	螺 钉	M10×70	个	1
9	螺 母	M10	个	1
10	垫 圈	10	个	2

第二章　室内变配电装置		第五节　高压电器安装工艺
图号	2-2-5-36	图名
		隔离开关及负荷开关安装部件直叉型连接头及轴臂

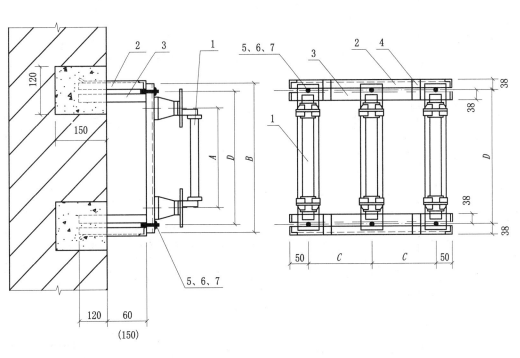

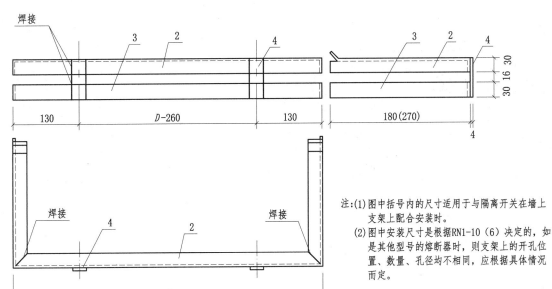

注:(1)图中括号内的尺寸适用于与隔离开关在墙上
支架上配合安装时。
(2)图中安装尺寸是根据RN1-10（6）决定的，如
是其他型号的熔断器时，则支架上的开孔位
置、数量、孔径均不相同，应根据具体情况
而定。

高压熔断器		尺寸/mm					
型号规格	额定电压/kV	A	a	B	C	D	E
RN1-6/2～20	6	320	500	550	220	540	900 (1080)
RN1-6/30～75	6	370	500	550	220	540	900 (1080)
RN1-6/100～200	6	470	600	650	220	540	900 (1080)
RN1-6/300	6	370	500	550	300	700	1060 (1240)
RN1-10/2～20	10	420	600	650	250	600	960 (1140)
RN1-10/30～50	10	470	600	650	250	600	960 (1140)
RN1-10/75～100	10	470	600	650	250	600	960 (1140)
RN1-10/150～200	10	470	600	650	330	760	1120 (1300)
XRNT1-10/40(DIN)	10	359	400	450	250	600	960 (1140)
XRNT1-10/100(DIN)	10	359	400	450	250	600	960 (1140)
XRNT1-10/125(DIN)	10	359	400	450	250	600	960 (1140)

明 细 表

序号	名 称	型号及规格	单位	数量
1	户内式高压熔断器	RN1-10(6)、XRNT1-10	个	3
2	角钢	∟30×4,ℓ=E	根	2
3	扁钢	—30×4,ℓ=E	根	2
4	扁钢	—30×4,ℓ=76	根	4
5	螺栓	M12×30	个	6
6	螺母	M12	个	6
7	垫圈	12	个	12

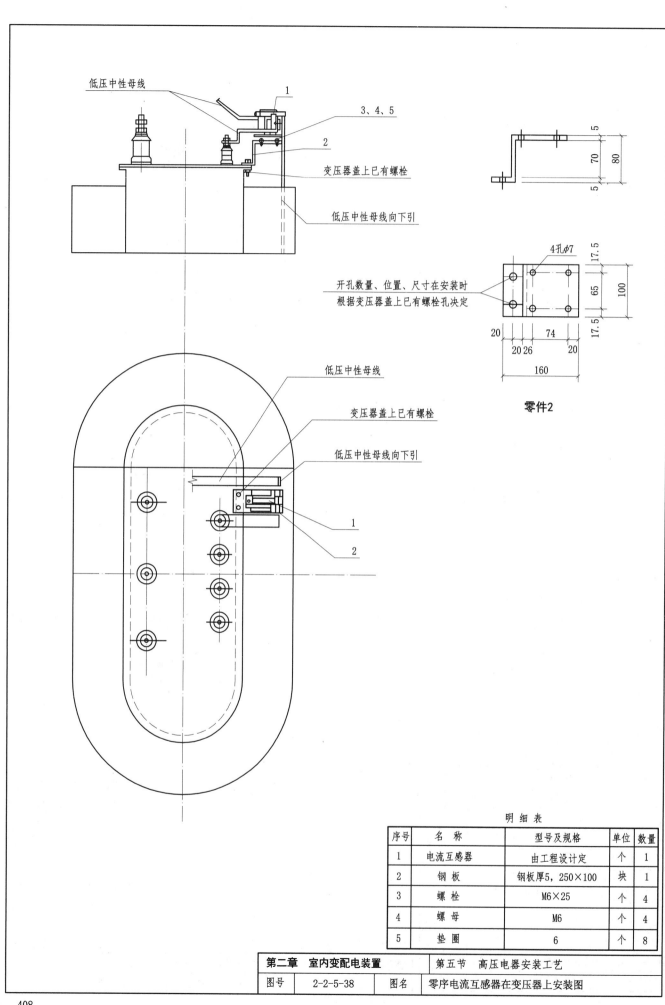

低压中性母线

1

3、4、5

2

变压器盖上已有螺栓

低压中性母线向下引

4孔φ7

开孔数量、位置、尺寸在安装时
根据变压器盖上已有螺栓孔决定

零件2

低压中性母线

变压器盖上已有螺栓

低压中性母线向下引

1

2

明　细　表

序号	名　称	型号及规格	单位	数量
1	电流互感器	由工程设计设定	个	1
2	钢　板	钢板厚5，250×100	块	1
3	螺栓	M6×25	个	4
4	螺母	M6	个	4
5	垫圈	6	个	8

第二章　室内变配电装置	第五节　高压电器安装工艺
图号　2-2-5-38	图名　零序电流互感器在变压器上安装图

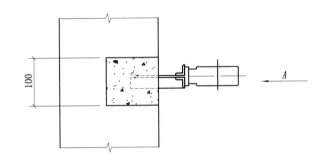

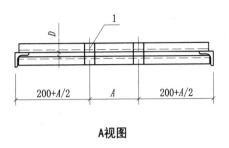

A视图

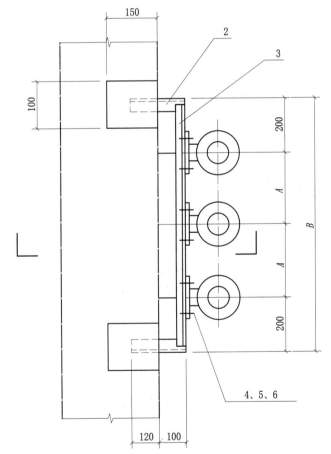

注：(1) 本系列支架用于安装下列型号电流互感器：LMZ₁-0.5、
LMZJ₁-0.5、LMZB₁-0.5。
(2) 支架型式1～2用于安装一次电流小于1000A的电流互感器。
支架型式3～4用于安装一次电流不小于1000A的电流互感器。
(3) 支架的连接采用沿表面贴角焊接。

支架型式	尺寸/mm		
	A	B	D
1	250	900	10
2	350	1100	
3	250	900	12
4	350	1100	

明 细 表

序号	名 称	型号及规格	单位	数量
1	扁 钢	30×4，ℓ=80	根	2
2	角钢支臂	∟50×5，ℓ=220	根	2
3	固定互感器用角钢	∟30×4，ℓ=B-30	根	2
4	螺 栓	M(D-2)×50	个	6
5	螺 母	M(D-2)	个	6
6	垫 圈	D-2	个	12

第二章 室内变配电装置	第五节 高压电器安装工艺
图号 2-2-5-39	图名 低压电流互感器在墙上的安装支架加工图

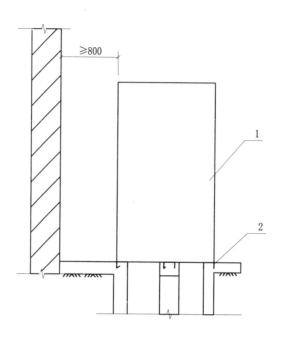

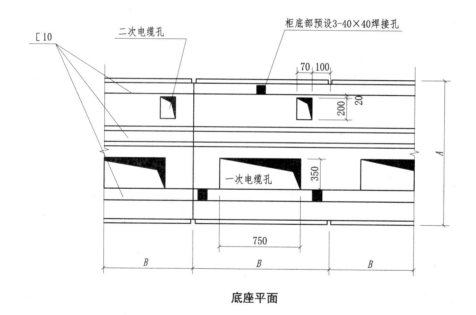

底座平面

注：（1）底座槽钢应在土建施工基础时预先埋入，应保持底座槽钢平整。
　　（2）安装时将高压开关柜与底座槽钢点焊固定。
　　（3）高压开关柜下面基础的形式和电缆沟由工程设计决定。
　　（4）A为柜厚，B为柜宽，具体尺寸视所选厂家而定。

明 细 表

序号	名　称	型号及规格	单位	数量
1	高压开关柜		台	
2	底座槽钢	[10	根	2

第二章　室内变配电装置		第五节　高压电器安装工艺
图号	2-2-5-40	图名　高压开关柜在地坪上安装工艺图（焊接固定）

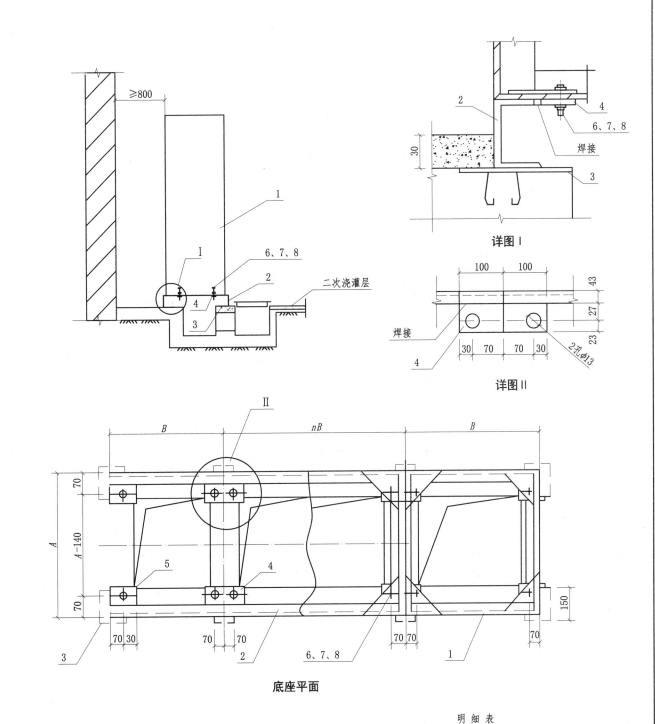

详图 I

详图 II

底座平面

注：(1) 底板（零件3）应在土建施工基础时预先埋入。
(2) 安装时，先将扁钢（零件4和5）与底座槽钢（零件2）焊接，再将底座槽钢与底板焊接，底座槽钢表面应保持平整，然后将高压开关柜与底座槽钢用螺栓固定。
(3) 高压开关柜下面基础的形式和电缆沟由工程设计决定。
(4) B为开关柜柜宽，A为开关柜的厚度。

明 细 表

序号	名 称	型号及规格	单位	数量	备 注
1	高压开关柜		台		数量见工程设计
2	底座槽钢	[10	根	2	长度见工程设计
3	底板	钢板厚5，150×100	块		数量见工程设计
4	扁钢	—50×5，ℓ=200+C	条		
5	扁钢	—50×5，ℓ=100	块		4 用于两端的开关柜
6	螺栓	M10(M16)×35	个		
7	螺母	M10(M16)	个		数量见工程设计
8	垫圈	10(16)	个		

第二章 室内变配电装置		第五节 高压电器安装工艺
图号	2-2-5-41	图名 高压开关柜在地坪上安装工艺图（螺栓固定）

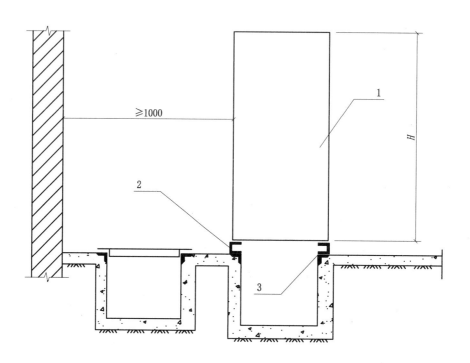

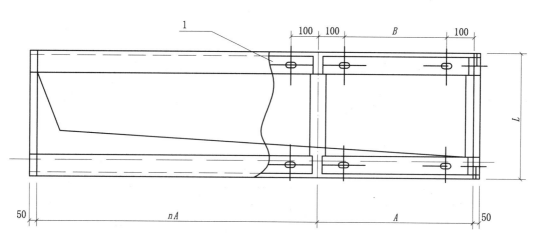

底座平面

注：(1) 底座角钢应在土建施工基础时预先埋入。底座角钢应保持平整。
　　(2) 低压开关柜与底座角钢采用沿周边断续焊接固定。
　　(3) 低压开关柜下面基础的形式和电缆沟由工程设计决定。
　　(4) A、L分别为柜宽、柜厚，H为开关柜的高度。

明　细　表

序号	名　称	规　格	单位	数量	备注
1	低压开关柜		台		数量长度由工程设计决定
2	底座槽钢	⌷8	根	2	
3	底座角钢	∟63×5	根	2	

第二章　室内变配电装置	第五节　高压电器安装工艺
图号　2-2-5-42	图名　低压开关柜、控制屏、保护屏、直流屏及低压静电电容器柜在地坪上安装工艺图（焊接固定）

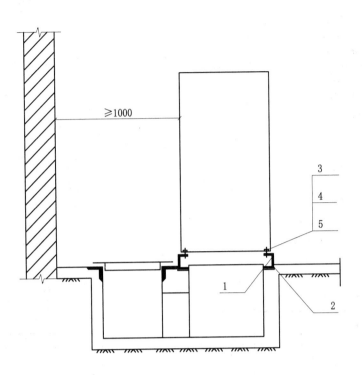

屏柜安装图

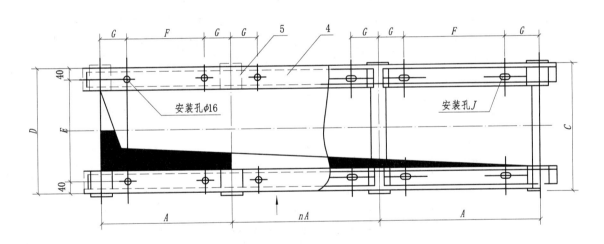

底座平面

注：(1) 底板（零件2）应在土建施工基础时预先埋入。
　　(2) 安装时，先将底座槽钢（零件1）与底板（零件2）焊接，保持底座槽钢平整，然后将柜屏与底座槽钢用螺栓固定。
　　(3) 柜屏下面基础的形式和电缆沟由工程设计决定。
　　(4) A、D分别为柜屏宽和厚。
　　(5) 底座槽钢型号由工程设计定。

明 细 表

序号	名 称	规 格	单位	数量	备注
1	底座槽钢		根	2	长度见工程设计
2	底板	钢板厚5，100×100	块		
3	螺栓	M12×35	个		数量见工程设计
4	螺母	M12	个		
5	垫圈	12	个		

第二章 室内变配电装置	第五节 高压电器安装工艺	
图号	2-2-5-43	图名	低压开关柜、控制屏、保护屏、直流屏及低压静电电容器柜在地坪上安装工艺图（螺栓固定）

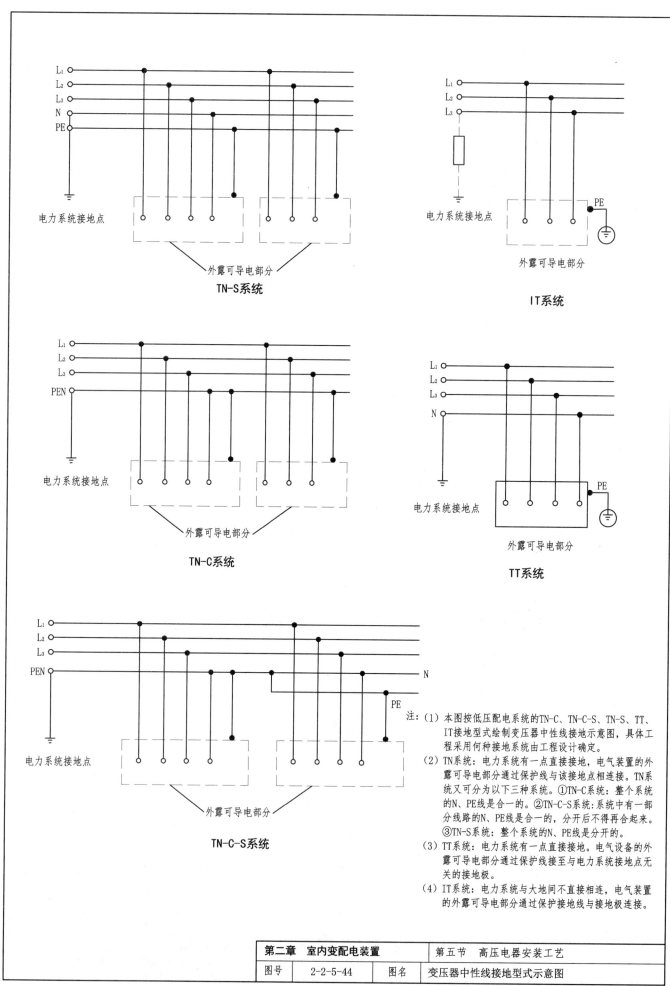

TN-S系统

IT系统

TN-C系统

TT系统

TN-C-S系统

注:(1)本图按低压配电系统的TN-C、TN-C-S、TN-S、TT、IT接地型式绘制变压器中性线接地示意图,具体工程采用何种接地系统由工程设计确定。
(2)TN系统:电力系统有一点直接接地,电气装置的外露可导电部分通过保护线与该接地点相连接。TN系统又分为以下三种系统。①TN-C系统:整个系统的N、PE线是合一的。②TN-C-S系统:系统中有一部分线路的N、PE线是合一的,分开后不得再合起来。③TN-S系统:整个系统的N、PE线是分开的。
(3)TT系统:电力系统有一点直接接地。电气设备的外露可导电部分通过保护线接至与电力系统接地点无关的接地极。
(4)IT系统:电力系统与大地间不直接相连,电气装置的外露可导电部分通过保护接地线与接地极连接。

第二章 室内变配电装置	第五节 高压电器安装工艺	
图号	2-2-5-44	图名	变压器中性线接地型式示意图

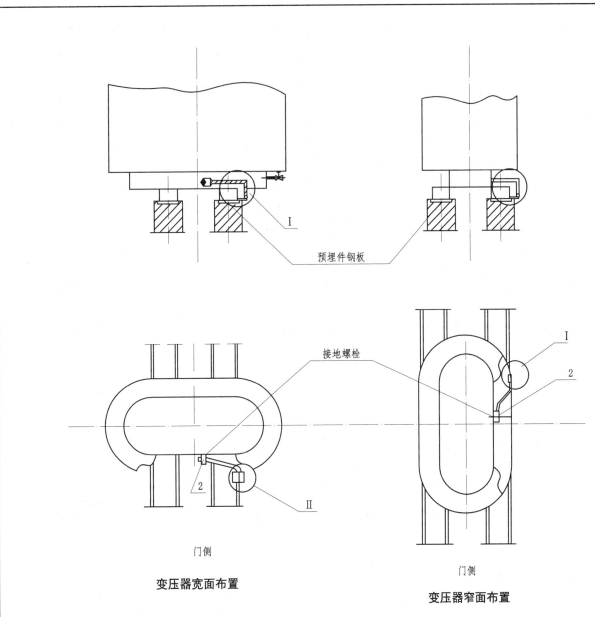

预埋件钢板

接地螺栓

门侧

变压器宽面布置

门侧

变压器窄面布置

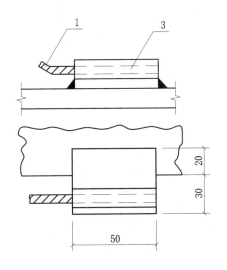

详图Ⅱ

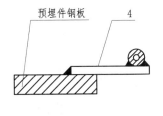

预埋件钢板

详图Ⅰ

注：(1) 裸铜软绞线（零件1）在接线端子（零件2）
       及钢套管（零件3）内应灌锡夹紧。
    (2) 钢套管（零件3）用厚2的钢板卷制成。
    (3) 钢套管与连接板（零件4）的连接、连接板
       与基础内预埋件钢板的连接均采用沿周边
       搭角、焊接。

明 细 表

序号	名　称	型号及规格	单位	数量	备　注
1	裸铜软绞线	TRJ-3.16mm², l=800	根	1	
2	铜接线端子	DT-16	个	1	见图2-2-5-46
3	钢套管	—50×31×2	个	1	
4	连接板	—50×50×5	块	1	

第二章　室内变配电装置	第五节　高压电器安装工艺
图号　2-2-5-45	图名　变压器接地点做法

接线端子型号	线芯截面/mm²		外形尺寸/mm								
	普通型	软线	B	D	d	L Ⅰ	L Ⅱ	L₁ Ⅰ	L₁ Ⅱ	φ	L₂
DL-10	—		15	9	4.5	55		30		4.5	20
DL-16	—		16	10	5.5	65		35		6.5	22
DL-25	—		19	12	7	70		35		6.5	25
DL-35	—		21	14	8	75		42		8.5	25
DL-50	—		23	16	9	80		42		8.5	27
DL-70	—		27	18	11.5	95		50		10.5	31
DL-95	—		30	21	13.5	100		50		10.5	34
DL-120	—		34	23	15	110		55		13	37
DL-150	—		36	25	16.5	115		55		13	40
DL-185	—		40	27	18.5	125		60		13	43
DL-240	—		45	31	21	130		60		13	46
DL-300	—		50	34	23	150		70		—	49
DL-400	—		55	38	26	155		70		—	52
DT-10	10	—	14	8	4.5	38	—	16	—	4.5	16
DT-16	16	16	14	9	6	42	56	18	32	6.5	18
DT-25	25	20	15	10	7	46	62	18	34	6.5	18
DT-35	35	25	15	11	8	50	66	20	36	6.5	23
DT-50	50	35	18	13	10	54	72	22	40	8.5	23
DT-70	70	50	21	15	11	62	80	24	42	10.5	28
DT-95	95	70	25	18	13	66	86	26	46	10.5	28
DT-120	120	95	28	20	15	76	96	28	48	13	35
DT-150	150	120	30	23	17	80	102	30	52	13	35
DT-185	185	150	34	25	19	92	114	32	54	13	42
DT-240	240	185	40	27	21	96	118	36	56	13	42
DT-300	300	240	43	30	23	106	128	38	60	17	50
DT-400	400	300	49	34	26	110	134	40	64	17	50
DTL-10	10		14	9	4.5	70		30		6.5	24
DTL-16	16		16	10	5.5	78		35		8.5	24
DTL-25	25		16	12	7	78		35		8.5	24
DTL-35	35		22	14	8	92		42		10.5	28
DTL-50	50		22	16	9.5	92		42		10.5	28
DTL-70	70		28	18	11.5	110		50		10.5	34
DTL-95	95		28	21	13.5	110		50		10.5	34
DTL-120	120		34	23	15	124		55		12.5	38
DTL-150	150		34	25	16.5	124		55		12.5	38
DTL-185	185		40	27	18.5	140		60		12.5	44
DTL-240	240		40	31	21	140		60		12.5	44

行标题：铝接线端子（DL），铜接线端子（DT），铜铝接线端子（DTL）

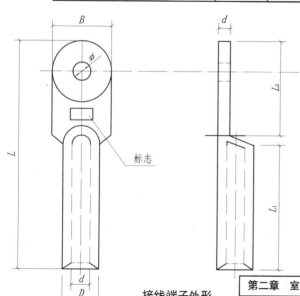

接线端子外形

注：(1) 接线端子是作为局部压接法连接电线电缆线芯的接线端子，供电线电缆的线芯引出与其他电气设备相连接。
(2) 接线端子的型号规格及尺寸数据摘自中国电力出版社1998年第二版《工厂电气设备手册》。
(3) L₁、L₂中的Ⅰ为压一个坑，用于一般场所，Ⅱ为压两个坑，用于电流较大或承受拉力较高的场所。

第二章 室内变配电装置	第五节 高压电器安装工艺
图号 2-2-5-46	图名 接线端子材质和外形尺寸

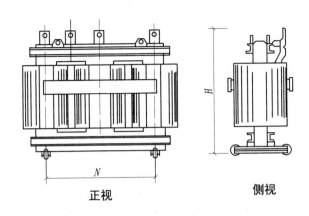

正视

侧视

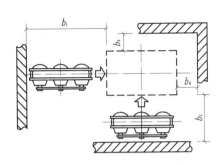

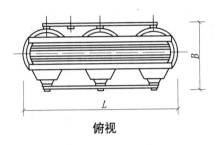

俯视

部位	周围 条件	最小距离 /mm
b_1	有导轨 无导轨	2600 2000
b_2	有导轨 无导轨	2200 1200
b_3	距墙	1100
b_4	距墙	600

干式变压器规格、尺寸表

型号	容量 /kVA	损耗/W		阻抗 电压 /%	外形尺寸/mm				总质量 /kg
		空载	短路		长L	宽B	高H	轮距N	
SCL₁ Dyn11 Yyno	200	830	2350	4	1120	545	1150	760	1020
	250	980	2750		1245	590	1200	820	1160
	315	1150	3250		1295	615	1235	820	1320
	400	1400	3950		1330	640	1290	940	1480
	500	1600	4850		1445	665	1355	960	1810
	630	1800	5650		1495	690	1485	1020	2090
	800	2100	6200	6	1550	690	1530	1050	2270
	1000	2400	7300		1610	725	1665	1090	2920
	1250	2900	8700		1760	810	1800	1180	3230
	1600	3400	10500		1850	850	1905	1250	4070
	2000	4700	12700		2035	850	1975	1420	5140
	2500	5800	15400		2090	1300	2590	1550	6300
SC Dyn11 Yyno	200	600/550	2600	4/6	1030/1120	720	1200/1170	550	830/880
	250	790/620	2700/3100		1110/1120	720	1180/1250	550	1010/1000
	315	840/750	3250/3300		1140/1210	870	1290/1370	660	1180/1240
	400	950/850	3600/4000		1210	870	1300/1550	660	1450/1460
	500	1200	4000/5600		1660/1360	870	1470/1360	660	1700/1670
	630	1500/1400	6200/7400		1750/1960	870	1605/1390	660	2000/1890
	800	1900/1500	9000/8950		1960	1085	1690	820	2450/2300
	1000	2200/2000	9900/9100		1960/2050	1085	1820/1650	820	2800/2750
	1250	2300	11300	6	2185	1085	1770	820	3250
	1600	2800	13700		2225	1085	2000	820	4210
	2000	3500	16300		2395	1085	1920	820	4840
	2500	3700	18800		2570	1085	2210	820	5780

第二章 室内变配电装置		第五节 高压电器安装工艺
图号	2-2-5-47	图名 干式变压器安装、维修最小环境距离图

干式变压器容量/kVA

规格 外形尺寸/mm		200	250	315	400	500	630	800	1000	1250	1600
网型	长L	1450	1650			1970					2300
网型	宽B	1120	1180			1300					1430
网型	高H	1550	1800			2020					2400
网型	参考质量/kg	1080	1275	1390	1740	1795	2090	2640	3075	3580	4890
箱型	长L	1400	1470	1600		1820	2200	2280	2280	2120	2181
箱型	宽B	960	820	1100		1100	1240	1341	1240	1400	1420
箱型	高H	1460	1550	1740		1980	1950	2110	2424	2300	2860
箱型	参考质量/kg	1080	1275	1600		2850	3400	3710	4140	4842	5794
箱型有机械通风	长L							2460	2550	2600	2710
箱型有机械通风	宽B							1930	1970	1992	1980
箱型有机械通风	高H							2565	2570	2820	2870
箱型有机械通风	参考质量/kg							3680	4270	4940	5905

410

一、室外变压器安装型式分类

常规室外变压器安装型式最常见的是在电杆上设变压器台，俗称"杆上变台"，可以用汉语拼音字母，表示为"GT"。一般来说，环境允许的中小城镇居民区和工厂的生活区，当变压器容量在315kVA及以下时，宜设杆上变压器台。

场地和环境许可，负荷较大的工业企业的车间和站房，郊区，当变压器容量在400kVA及以上时，宜设落地式变压器台。也可用汉语拼音字母简单表示为"DT"（地台），地台既可以专门直接在地面砌成，也可以将配电房的屋顶作为"DT"使用。

改革开放以来，引进一种俗称"箱迹"的户外安装方式，从欧州引进的称为"欧式箱变"，从美国引进的称为"美式箱变"。经过几十年的消化吸收和结合我国实际，已成为我国的一种户外变压器的新型安装方式，称为预装式变电站。可用汉语拼音字母"YB"表示"预变"。

预装式变电站是经过型式试验、用于降压输送电能的设备，它包括装在壳体内的变压器、低压和高压开关设备等。它具有成套性强、体积小占地少、安装方便、投资省、建设周期短等一系列优点。当前国内主流产品可归纳成组合共箱式（ZGS）、预装型（YB）、紧凑型（DXB）、普通型（ZBW）、智能型（XBZ1）五种，所执行的产品标准为：

（1）GB/T 17467—2010《高压/低压预装式变电站》。

（2）JB/T 10217—2000《组合式变压器》。

（3）DL/T 537—2002《高压/低压预装箱式变电站选用导则》。

第三章 常规室外变配电装置			第一节 常规室外变压器安装形式
图号	2-3-1-1	图名	说明（一）

本图集中，三种型式变电所配电变压器容量范围分别定为：

YB 型　50～1250kVA

DT 型　400～1250kVA

GT 型　30～315kVA

二、落地式和杆上变台设备材料选择

（1）配电变压器。选用 S9，亦可选 S10、S11 与 S12（卷铁芯），SH11 与 SH12（非晶合金铁芯）等普通型双绕组无励磁调压变压器。对 DT1 方案则选用上述各序列变压器所对应的全密封型。

（2）高压隔离开关。采用 GW4－15G 型。

（3）跌落式熔断器。选用可开断小电流、分合负荷电流的新型 PRWG1－12F（W）熔断器。工程设计中按第 192 页选择其熔管、熔丝的额定电流。当需要 200A 熔管时可用 HRW11－10F/200 或 NCX 型。

（4）断路器。用 LW3－12/400－6.3 型六氟化硫杆上断路器，工程设计中应根据需要就电流互感器的变化及是否加装失压脱扣、微机控制器向供货厂家提出要求。

（5）交流无间隙氧化锌避雷器。

1）10（6）kV 侧选用合成绝缘复合外套型 YH5WS－17/50（10/30）。均系配电型。也可用合成绝缘 Y5WS 型，或 TB1－10（A）型脱挂式避雷器装置。当采用脱挂式时，不再用带电装卸线夹或第 141 页方式。

2）0.4kV 侧选用 Y3W－0.28/1.3。

（6）低压熔断器式刀开关。选用 HRW1 型，三单极共横担装设。

（7）无功补偿装置。TBBZ－0.4/100 小型无功自动补偿装置，每台容量 15～60kvar。由微机无功自动控制器、金属化膜电容器、自动空气断路器、专用接触器组成。装置备有抱箍，用户可自行装设在杆上。

（8）低压配电箱。根据工程需要，参照 186、187 页选用 WBX（T）系列配电箱。

（9）高低压引线。高压引线 DT 类采用 TJ 型铜绞线，GT 类采用 JKV 铜芯绝缘电线。当有需要或缘于连续性而采用架空绝缘线路方式时，可按国家标准设计图集施工。悬式绝缘子沿用 XP－70、XP－70C，亦可用 FXBW 型合成绝缘子、XWP1 型防污绝缘子。耐张线夹选用铝合金 NLL 型，接续件尽可能采用节能金具。

低压出线：DT 类用硬铜母线架设，为适应各种可能接地方式，其中性母线改用支柱绝缘子撑起；GT 类采用绝缘线。自变压器低压接线柱引至低压配电箱或上杆的导线规格、导管管径及自配电箱馈出的各分路导线规格，由工程设计据实选定。

（10）电杆。采用 ϕ170 或 ϕ190 环形钢筋混凝土电杆（GB 396）或环形预应力混凝土电杆（GB 4623）。

第三章　常规室外变配电装置			第一节　常规室外变压器安装形式
图号	2-3-1-2	图名	说明（二）

三、杆变和台变使用条件

(1) 在 DT、GT 类配置中，S9 等普通型变压器不应设置在有腐蚀性气体场所或有火灾危险和耐火等级为四级的建筑物旁。在粉尘较多的场所，宜使用全密封型变压器。

(2) 架空进线的终端杆与变压器台电杆距离不大于 25m，且应作松弛应力处理。

(3) 围栏内，变压器台周围地坪，用混凝土抹平，并留排水坡度。

(4) 由于各厂产品高度不尽相同，DT 类变压器基础的高度需保证高压套管带电部分对地不低于 2.7m。

(5) 油浸变压器安装，若厂家未预置，应使顶盖沿气体继电器方向有 1%～1.5% 的升高坡度，变压器应有防滑落的措施。

四、安全要求

(1) 变压器高低压侧均装有氧化锌避雷器。

(2) 油浸式变压器：800kVA 及以上应装设气体继电器；1000kVA 及以上应设带远传信号接点的温度计。

(3) 变压器中性点、高低压避雷器、各开关电器的底座和操作机构、电流互感器、箱、缆、担、保护管等都必须可靠接地。公共接地网接地电阻不大于 4Ω，接地装置敷设按 03D501-4 图集实施。

(4) 变压器台应按规定喷涂或悬挂醒目的安全标志牌、名称牌。

(5) 杆上及地上变压器台的所有高压引线均用多股绝缘导线（低压可用绝缘线或裸母线），所有金属构件均需热镀锌。

(6) 地上变压器台的高度需根据当地水位情况而定，一般情况下为高出地面 500mm。变压器台用砖砌成并用水泥砂浆抹面。台上设扁钢或槽钢变压器轨道。

(7) 杆上、地上变压器台周围应在明显部位悬挂警告标牌。

(8) 跌开式熔断器安装倾斜角度为 15°～30°，相同距离根据当地有关部门规定确定。

(9) 变压器台应装设阀型避雷器，其接地线应与变压器外壳及中性线连接，并共同接触。

(10) 杆上变压器安装后须用 $\phi 4$ 镀锌铁线缠绕 5 圈以上，地上变压器台应设止轮器。

(11) 地上变压器台周围应装设遮栏，高度不低于 1.7m，并与变压器保持一定距离。

(12) 瓷绝缘等级和配置，应根据当地环境污秽情况及电网运行情况调整。

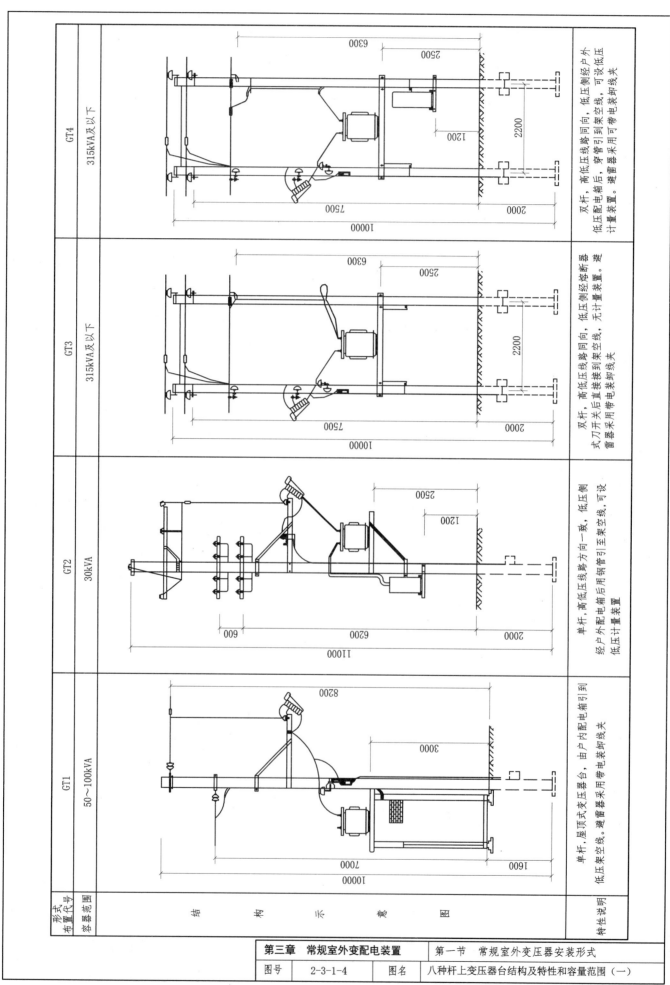

形式代号	GT1	GT2	GT3	GT4
布置范围 容器范围	50～100kVA	30kVA	315kVA及以下	315kVA及以下
结 构 示 意 图				
特性说明	单杆,屋顶式变压器台,由户内配电箱引到低压架空线。避雷器采用带电表卸线夹	单杆,高低压线路方向一致,低压侧经户外配电箱后用钢管引至架空线,低压计量装置	双杆,高低压线路同向,低压侧经刀开关后直接接到架空线,无计量装置。避雷器采用带电表卸线夹	双杆,高低压线路同向,低压侧经户外低压配电箱后,穿管引到架空线,可设低压计量装置。避雷器采用带电表卸线夹

图号	2-3-1-4	图名	八种杆上变压器台结构及特性和容量范围(一)

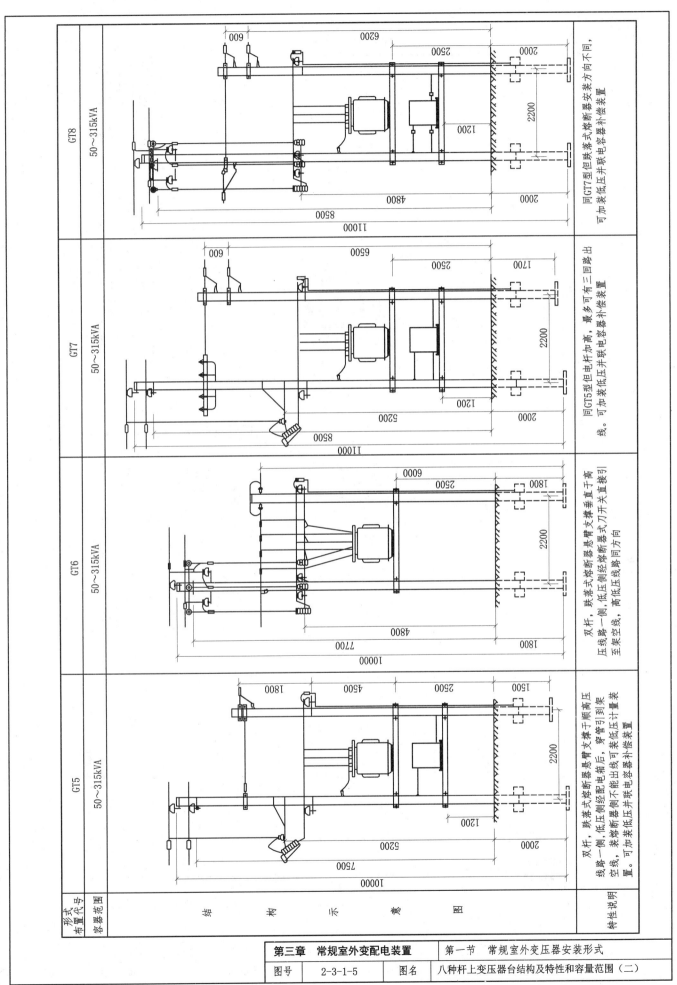

形式代号 布置范围	容量范围	结　构　示　意　图	特性说明
GT5	50～315kVA		双杆，跌落式熔断器悬臂支撑于顺高压 线路一侧，低压侧经配电箱后，穿管引到量架 空线，表熔断器侧不能出线可装低压计量装 置，可加装低压并联电容器补偿装置
GT6	50～315kVA		双杆，跌落式熔断器悬臂支撑垂直于高 压线路一侧，低压侧经熔断器式刀开关直接引 至架空线，高低压线路同方向
GT7	50～315kVA		同GT5型但电杆经加高，最多可有三回路出 线。可加装低压并联电容器补偿装置
GT8	50～315kVA		同GT7型但联跌落式熔断器安装方向不同， 可加装低压并联电容器补偿装置

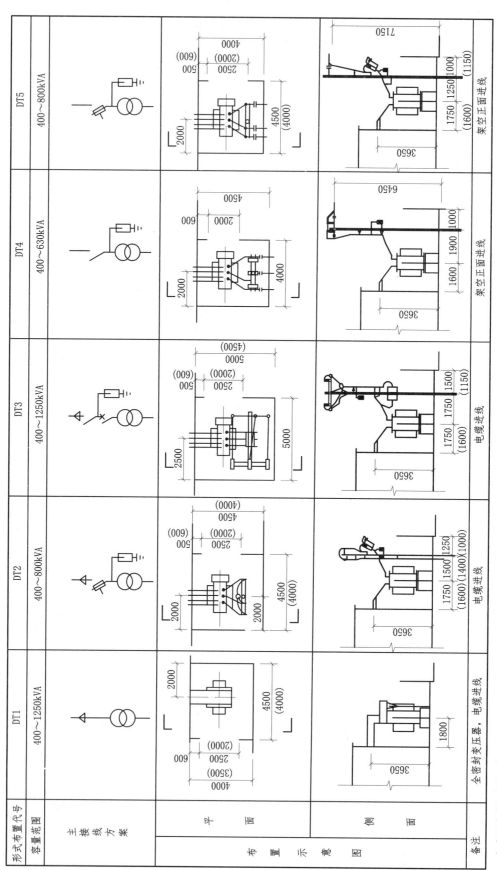

形式布置代号	DT1	DT2	DT3	DT4	DT5
容量范围	400~1250kVA	400~800kVA	400~1250kVA	400~630kVA	400~800kVA
主接线方案					
布置示意图 平面					
布置示意图 侧面					
备注	全密封变压器，电缆进线	电缆进线	电缆进线	架空正面进线	架空正面进线

注：括号内的尺寸用于容量为630kVA及以下的变压器。

图号	2-3-1-6	图名	九种落地式变台容量范围主接线方案和布置示意图（一）

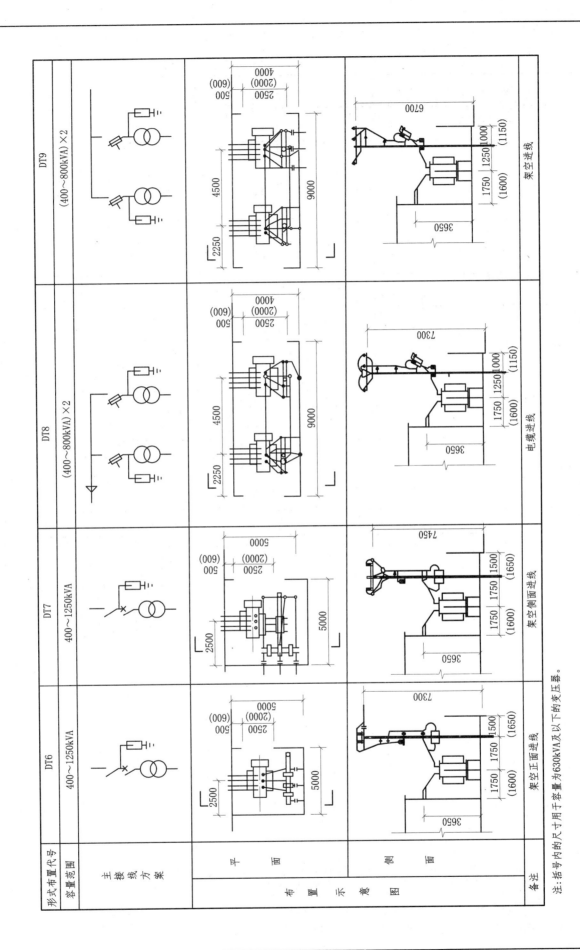

形式布置代号	DT6	DT7	DT8	DT9
容量范围	400~1250kVA	400~1250kVA	(400~800kVA)×2	(400~800kVA)×2
主接线方案				
布置示意图 平面				
布置示意图 侧面	架空正面进线	架空侧面进线	电缆进线	架空进线
备注				

注：括号内的尺寸用于容量为630kVA及以下的变压器。

落地式变压器台器件选择表

变压器容量/kVA			400	500	630	800	1000	1250	备注
变压器阻抗电压/%			4		4.5		4.5(5.5)		
变压器额定电流/A	高压	10kV	23.1	28.9	36.4	46.2	57.7	72.2	计算值
		6kV	38.5	48.1	60.6	77	96.2	120.3	计算值
	低压	0.4kV	577.4	721.6	909.3	1154.7	1443	1804	计算值
跌落式熔断器额定电流/A	熔管/熔体	10kV	100/50	100/50	100/75	200/100			
		6kV	100/75	100/100	200/100	200/150			
低压母线规格	TMY-	相	50×5	63×6.3	80×6.3	100×6.3	100×8	125×10	
		中	40×4 (50×5)	40×5 63×6.3	40×6.3 80×6.3	50×6.3 100×6.3	80×6.3 (100×8)	63×10 (125×10)	
母线固定金具	MWP-	相	101	101	102	103	103	104	
		中	101	101	101	101	102	101	

杆上变压器台熔断丝选择表

变压器容量/kVA		30		50		63		80		100		125		160		200		250		315	
高压侧额定电压/kV		10	6	10	6	10	6	10	6	10	6	10	6	10	6	10	6	10	6	10	6
额定电流/A	高压	1.7	2.9	2.9	4.8	3.6	6.1	4.6	7.7	5.8	9.6	7.2	12	9.2	15.4	11.5	19.2	14.4	24	18.2	30.3
	低压	43.3		72.2		91		115.5		144.3		180.4		231		289		361		455	
高压熔丝额定电流/A		10		10		10		10	15	10	15	15	20	15	30	20	30	30	40	30	50

氧化锌避雷器选择表

额定电压/kV	10	6	0.4/0.23
型号规格	YH5WS-17/50 Y5W-17/50 TB1-10(A)	YH5WS-10/30 Y5W-16/30	Y3W-0.28/1.3

注：(1) 当跌落式熔断器熔管需用200A规格时，可选用HRW11-10F/200或NCX型。
　　(2) TB1-10A为带氧化锌避雷器的脱挂式避雷装置，由广东从化电力局、鸿盛机电公司研制。
　　(3) 对Dyn11结线的变压器，当用电以大容量单相负荷为主，或谐波电流较大，或以气体放电灯为主时，低压中性母线可取括号内规格（与相线等截面）。

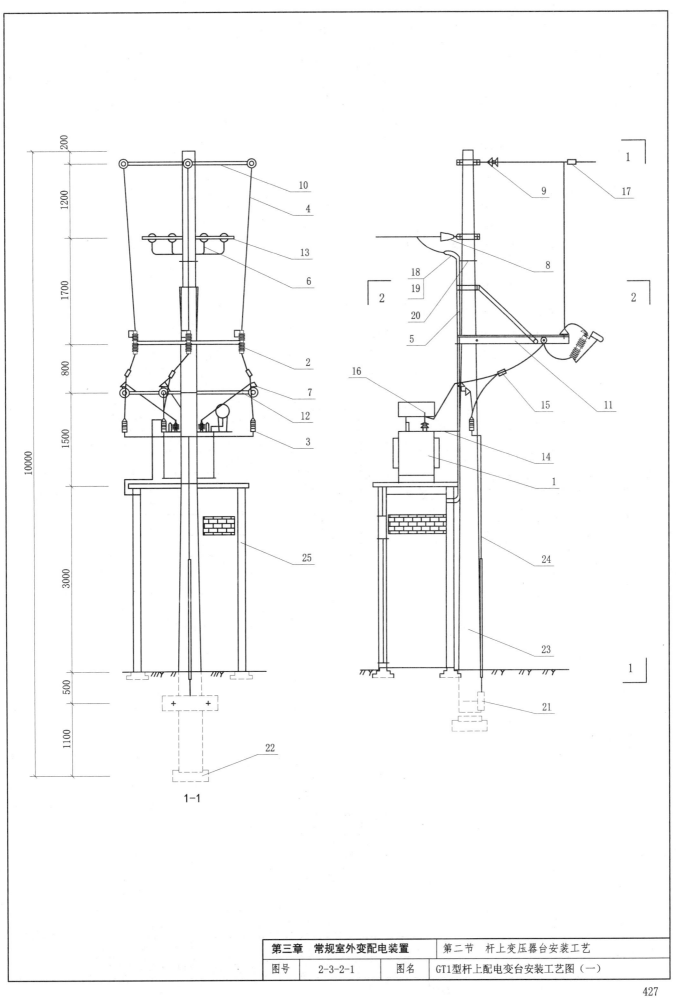

1-1

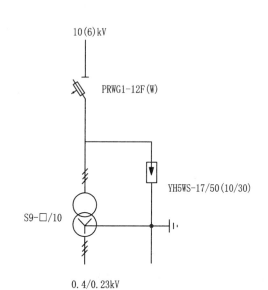

10(6)kV

PRWG1-12F(W)

YH5WS-17/50(10/30)

S9-□/10

0.4/0.23kV

注:(1)本图适用于农电、郊区。
　　(2)配电房、配电箱(柜)由工程设计确定。

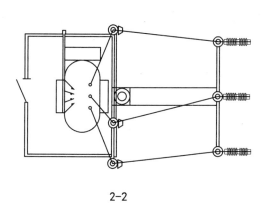

2-2

设 备 材 料 表

编号	名　称	型号及规格	单位	数量	备　注
1	电力变压器	S9-□/10,10(6)/0.4kV	台	1	50～100kVA
2	跌落式熔断器	PRWG1-12F(W)	个	3	方式二
3	氧化锌避雷器	YH5WS-17/50(10/30)	个	3	括号内用于6kV电压
4	高压引下线	JKV-25	m	18	
5	低压引出线	BV-500-□	m	30	
6	中性线	BV-500-□	个	10	
7	高压针式绝缘子	P-15T(P-10T)	个	9	括号内用于6kV电压
8	低压蝶式绝缘子	ED-1	个	4	
9	耐张绝缘子串		串	3	
10	高压终端横担	∟63×6,l=2200	副	1	
11	跌落式熔断器支架(一)		副	1	
12	避雷器横担	∟70×7,l=2200	根	1	
13	低压终端横担(一)	∟63×6,l=1500	副	1	
14	镀锌铁线	ϕ4.0	m	12	将变压器系于电杆
15	带电拆卸线夹	YZ-1,镀锡	个	3	
16	铜接线端子	DT-□	个	24	其中DT-25,12个
17	并沟线夹	JBTL-1	个	7	
18	穿线导管	DN-□	m	10	
19	防水弯头	DN-□	个	2	
20	钢管固定件		个	3	
21	卡盘	KP10	个	1	
22	底盘	DP8	个	1	
23	电杆	ϕ170或ϕ190,10m	根	1	
24	接地装置		处	1	
25	配电房		座	1	高3m
26	配电箱(柜)		台	1	

第三章　常规室外变配电装置		第二节　杆上变压器台安装工艺
图号	2-3-2-2	图名 GT1型杆上配电变台安装工艺图(二)

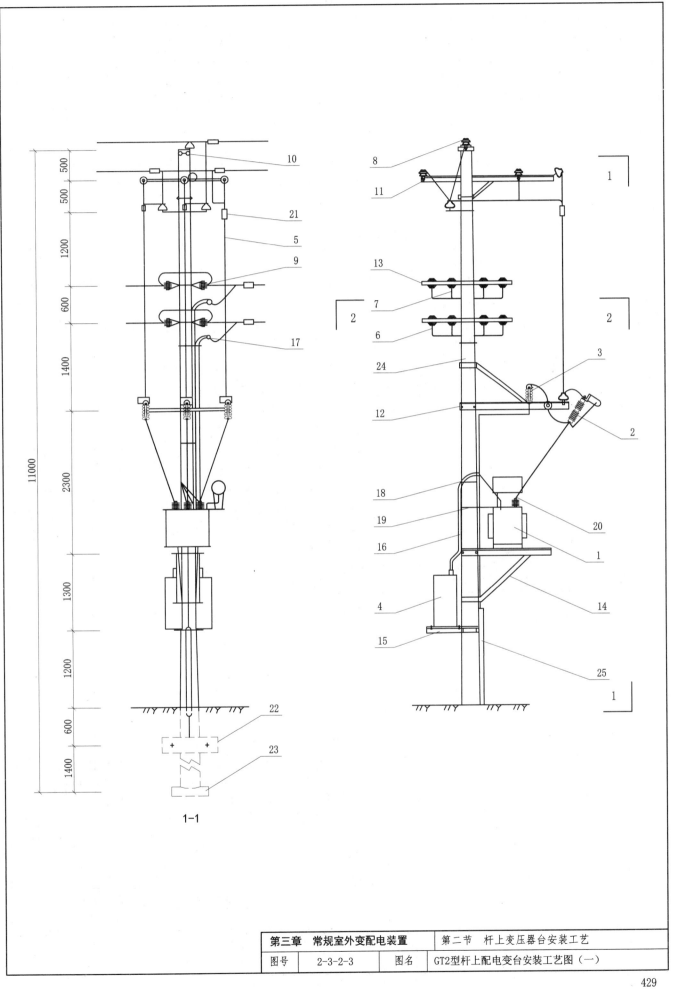

1-1

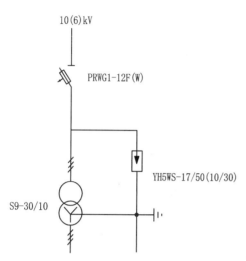

10(6)kV

PRWG1-12F(W)

YH5WS-17/50(10/30)

S9-30/10

0.4/0.23kV

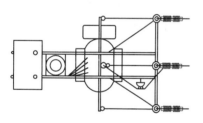

2-2

设 备 材 料 表

编号	名 称	型号及规格	单位	数量	备 注
1	电力变压器	S9-30/10	台	1	10(6)/0.4kV
2	跌落式熔断器	PRWG1-12F(W)	个	3	100/10A方式二
3	氧化锌避雷器	YH5WS-17/50(10/30)	个	3	括号内用于6kV电压
4	低压配电箱	WBX(T)-1A	个	1	
5	高压引下线	JKV-25	m	36	
6	低压引出线	BV-500-16	m	36	
7	中性线	BV-500-16	m	13	
8	高压针式绝缘子	P-15T(P-10T)	副	11	括号内用于6kV电压
9	低压蝶式绝缘子	ED-1	副	16	
10	杆顶支座抱箍（二）		副	1	
11	高压线引下装置		副	1	
12	熔断器避雷器支架		副	1	
13	低压终端横担（二）	∟63×6,l=1500	副	2	
14	单杆变压器台架		副	1	
15	配电箱固定支架		副	1	
16	电线导管	DN32, δ=3.25镀锌	m	13	
17	防水弯头	Dg32	个	3	
18	钢管固定件		个	3	
19	镀锌铁线	φ4.0	m	10	将变压器系于电杆
20	铜接线端子	DT-□	个	36	其中DT-25,12个
21	并沟线夹	JBTL-1，JQT-1	个	18	其中JBTL-1,12个
22	卡盘	KP10	个	1	
23	底盘	DP8	个	1	
24	电杆	φ170或φ190, 11m	根	1	
25	接地装置		处	1	

第三章　常规室外变配电装置		第二节　杆上变压器台安装工艺
图号	2-3-2-4	图名
		GT2型杆上配电变台安装工艺图（二）

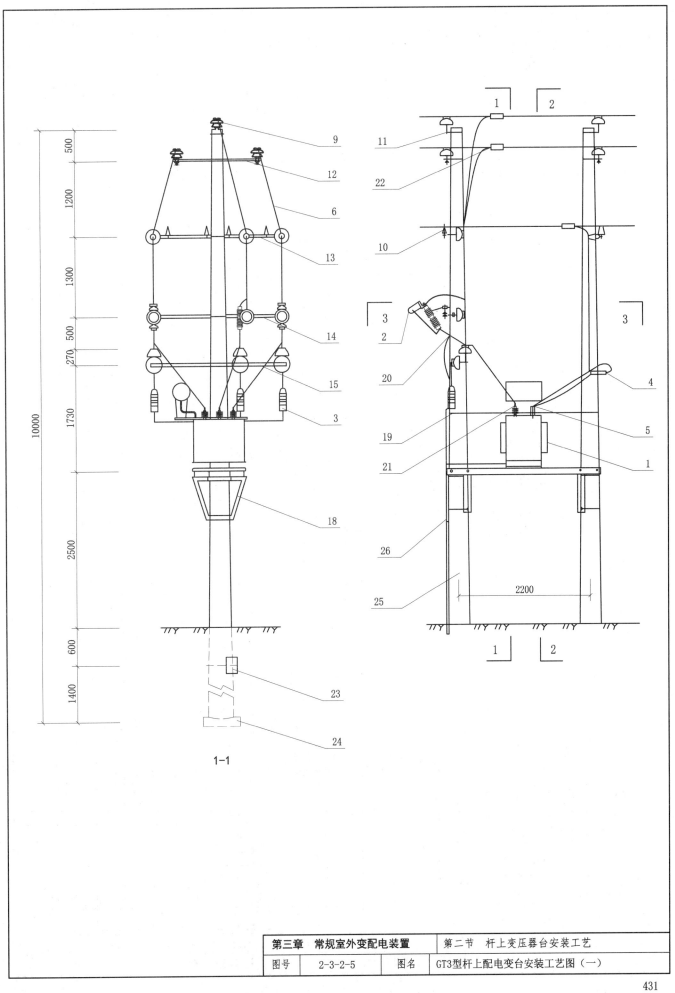

1-1

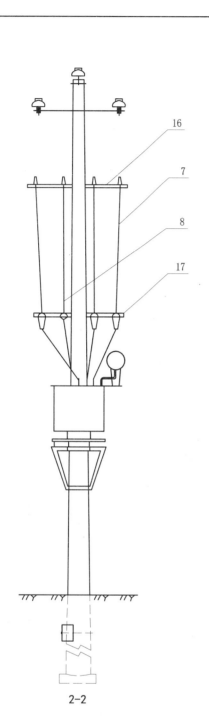

2-2

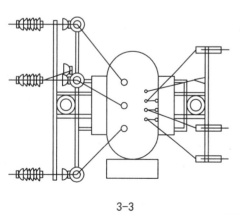

3-3

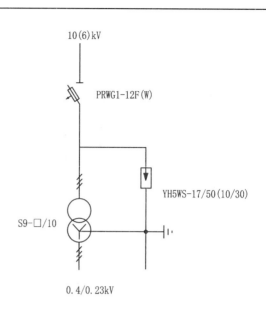

编号	名　　称	型号及规格	单位	数量	备　注
1	电力变压器	S9-□/10	台	1	50～315kVA
2	跌落式熔断器	PRWG1-12F(W)	个	3	方式二
3	氧化锌避雷器	WS-17/50(10/30)	个	3	括号内用于6kV电压
4	低压刀熔开关	HRW1-400～600/1	个	3	方式一
5	低压避雷器	Y3W1-0.28/1.3	个	3	
6	高压引下线	JKV-25	m	21	
7	低压引出线	BV-500-□	m	15	
8	中性线	BV-500-□	m	5	
9	高压针式绝缘子	P-15T(P-10T)	个	18	括号内用于6kV电压
10	低压针式绝缘子	PD-1T	个	16	
11	杆顶支座抱箍（二）		副	2	
12	高压直线横担（二）	∟63×6,l=1500	根	2	
13	高低压引线横担	∟70×7,l=2200	根	1	
14	跌落式熔断器横担	∟70×7,l=2200	根	1	
15	避雷器横担	∟70×7,l=2200	根	1	
16	低压直线横担（二）	∟63×6,l=1700	根	1	
17	低压刀熔开关横担	∟63×6,l=1500	根	1	
18	变压器台架（一）		副	1	
19	镀锌铁线	ϕ4.0	m	20	将变压器系于电杆
20	带电拆卸线夹	YZ-1，镀锡	个	3	
21	铜接线端子	DT-□	个	22	其中DT-25,12个
22	并沟线夹	JBTL-□	个	7	
23	卡盘	KP10	个	2	
24	底盘	DP8	个	2	
25	电杆	ϕ170或ϕ190，10m	根	2	
26	接地装置		处	1	

设 备 材 料 表

第三章 常规室外变配电装置	第二节 杆上变压器台安装工艺
图号　　2-3-2-6	图名　　GT3型杆上配电变台安装工艺图（二）

432

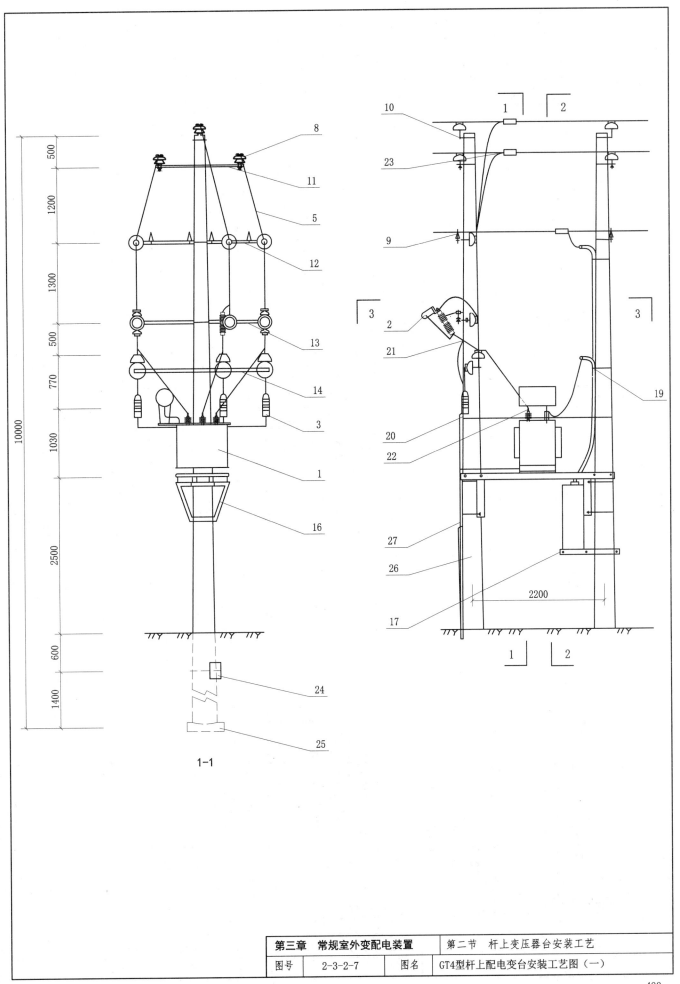

1-1

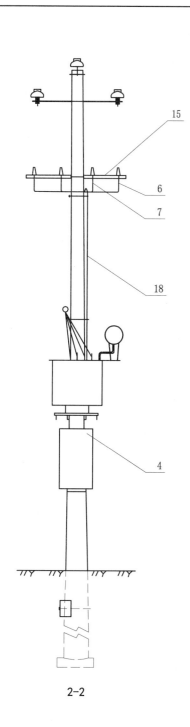

2-2

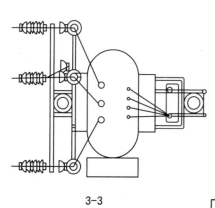

3-3

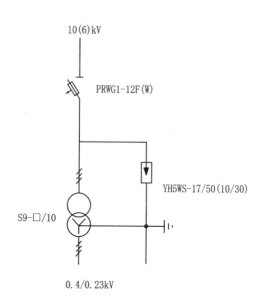

10(6)kV

PRWG1-12F(W)

YH5WS-17/50(10/30)

S9-□/10

0.4/0.23kV

设 备 材 料 表

编号	名 称	型号及规格	单位	数量	备 注
1	电力变压器	S9-□/10	台	1	50～315kVA
2	跌落式熔断器	PRWG1-12F(W)	个	3	方式二
3	氧化锌避雷器	YH5WS-17/50(10/30)	个	3	括号内用于6kV电压
4	低压配电箱	WBX(T)-1A	个	1	
5	高压引下线	JKV-25	m	21	
6	低压引出线	BV-500-□	m	15	
7	中性线	BV-500-□	m	5	
8	高压针式绝缘子	P-15T(P-10T)	个	18	括号内用于6kV电压
9	低压针式绝缘子	PD-1T	个	8	
10	杆顶支座抱箍（二）		副	2	
11	高压直线横担（二）	∟63×6,l=1500	根	2	
12	高低压引线横担	∟70×7,l=2200	根	1	
13	跌落式熔断器横担	∟70×7,l=2200	根	1	
14	避雷器横担	∟70×7,l=2200	根	1	
15	低压直线横担（二）	∟63×6,l=1700	根	1	
16	变压器台架（一）		副	1	
17	配电箱固定支架		副	1	
18	电线导管	工程决定	m	8	镀锌附防水弯头2个
19	钢管固定件		副	3	
20	镀锌铁线	φ4.0	m	20	将变压器系于电杆
21	带电拆卸线夹	YZ-1，镀锡	个	3	
22	铜接线端子	DT-□	个	28	其中DT-25,12个
23	并沟线夹	JBTL-□	个	7	
24	卡盘	KP10	个	2	
25	底盘	DP8	个	2	
26	电杆	φ170或φ190,10m	根	2	
27	接地装置		处	1	

第三章 常规室外变配电装置		第二节 杆上变压器台安装工艺	
图号	2-3-2-8	图名	GT4型杆上配电变台安装工艺图（二）

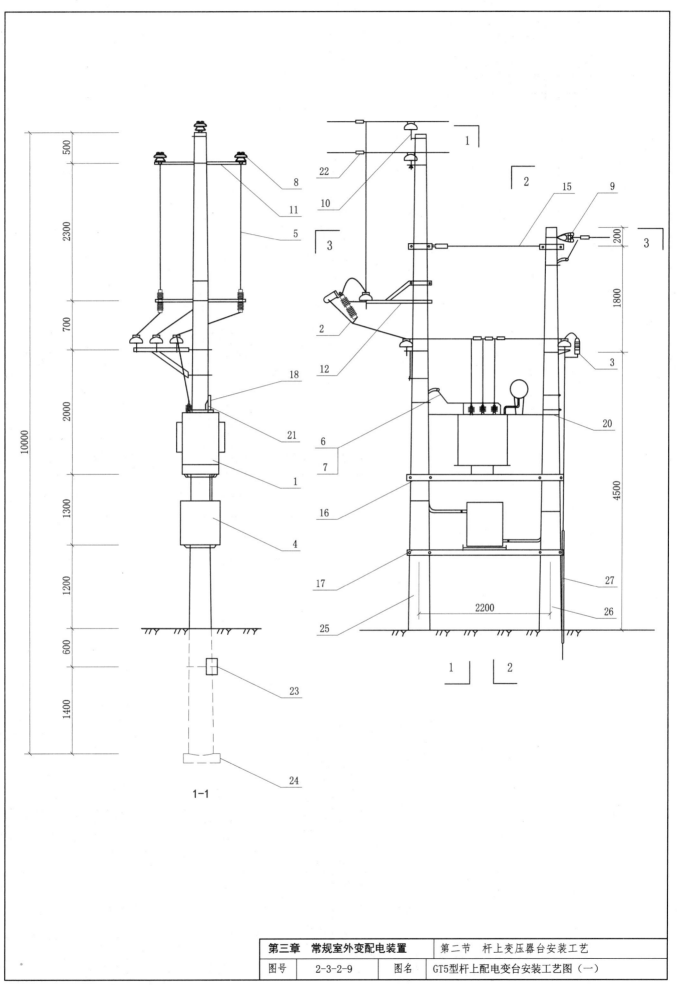

1-1

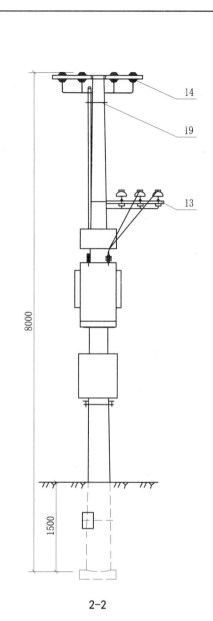

8000

1500

2-2

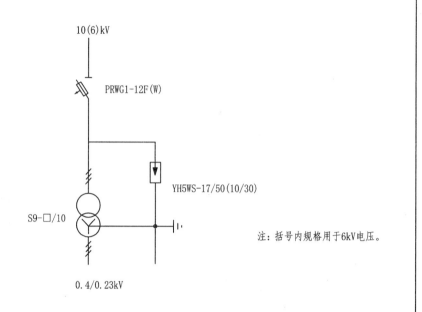

10(6)kV

PRWG1-12F(W)

S9-□/10

YH5WS-17/50(10/30)

0.4/0.23kV

注：括号内规格用于6kV电压。

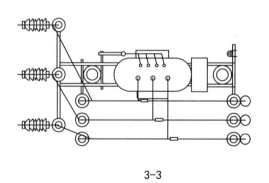

3-3

设 备 材 料 表

编号	名 称	型号及规格	单位	数量	备 注
1	电力变压器	S9-□/10	台	1	50～315kVA
2	跌落式熔断器	PRWG1-12F(W)	个	3	方式二
3	氧化锌避雷器	YH5WS-17/50(10/30)	个	3	方式二
4	低压配电箱	WBX(T)-1A	个	1	
5	高压引下线	JKV-25	m	30	
6	低压引出线		m	21	
7	中性线		m	7	
8	高压针式绝缘子	P-15T(P-10T)	个	12	
9	低压蝶式绝缘子	ED-1	个	4	
10	杆顶支座抱箍（二）		副	1	
11	高压直线横担（二）	∟63×6,l=1500	根	1	
12	跌落式熔断器支架（一）		副	1	
13	避雷器及母线支架		根	2	
14	低压终端横担（一）	∟63×6,l=1500	副	1	
15	水平拉紧装置		副	1	
16	变压器台架（一）		副	1	
17	配电箱固定支架		副	1	
18	电线导管	工程决定	m	8	镀锌附防水弯头2个
19	钢管固定件		个	5	
20	镀锌铁线	φ4.0	m	30	将变压器系于电杆
21	接线端子	DT-□	个	28	其中DT-25,12个
22	并沟线夹	JBTL-□，JQT-1	个	13	其中JQT-1,6个
23	卡盘	KP10	个	2	
24	底盘	DP8	个	2	
25	电杆	φ170或φ190,10m	根	1	
26	电杆	φ170或φ190,8m	根	1	
27	接地装置		处	1	

第三章　常规室外变配电装置		第二节　杆上变压器台安装工艺
图号	2-3-2-10	图名

图名：GT5型杆上配电变台安装工艺图（二）

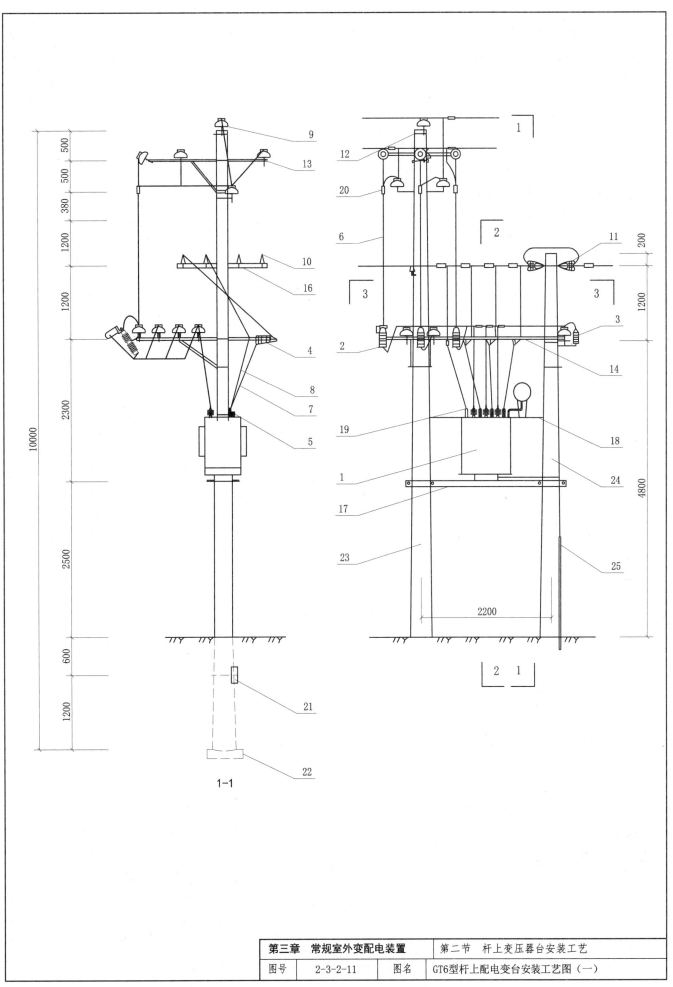

1-1

| 图号 | 2-3-2-11 | 图名 | GT6型杆上配电变台安装工艺图（一） |

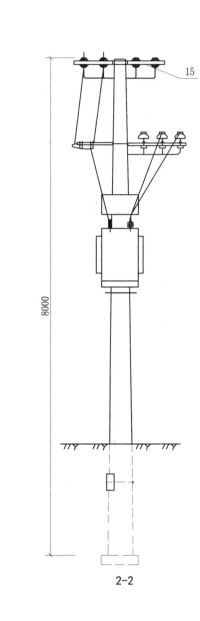

2-2

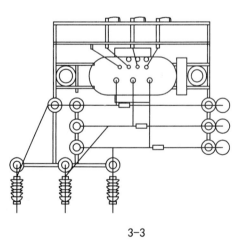

3-3

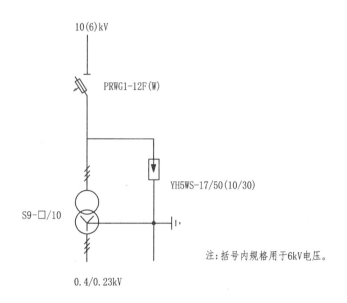

注：括号内规格用于6kV电压。

设 备 材 料 表

编号	名 称	型号及规格	单位	数量	备 注
1	电力变压器	S9-□/10	台	1	50～315kVA
2	跌落式熔断器	PRWG1-12F（W）	个	3	方式二
3	氧化锌避雷器	YH5WS-17/50（10/30）	个	3	方式二
4	低压刀熔开关	HRW1-400～600/1	个	3	方式二
5	低压避雷器	Y3W1-0.28/1.3	个	3	
6	高压引下线	JKV-25	m	33	
7	低压引出线	BV-500-□	m	20	
8	中性线	BV-500-□	m	7	
9	高压针式绝缘子	P-15T（P-10T）	个	18	
10	低压针式绝缘子	PD-1T	个	8	
11	低压蝶式绝缘子	ED-1	个	8	
12	杆顶支座抱箍（二）		副	1	
13	高压线引下装置		副	1	
14	熔断器及刀熔开关支架		副	1	
15	低压终端横担（二）	∟63×6，l=1500	副	2	
16	低压直线横担（一）	∟63×6，l=1500	根	1	
17	变压器台架（二）		副	1	
18	镀锌铁线	ϕ4.0	m	20	将变压器系于电杆
19	铜接线端子	DT-□	个	16	其中DT-25，12个
20	并沟线夹	JBTL-□，JQT-□	个	15	其中JQT-1，8个
21	卡盘	KP10	个	2	
22	底盘	DP8	个	2	
23	电杆	ϕ170或ϕ190，10m	根	1	
24	电杆	ϕ170或ϕ190，8m	根	1	
25	接地装置		处	1	

第三章	常规室外变配电装置		第二节 杆上变压器台安装工艺	
图号	2-3-2-12	图名	GT6型杆上配电变台安装工艺图（二）	

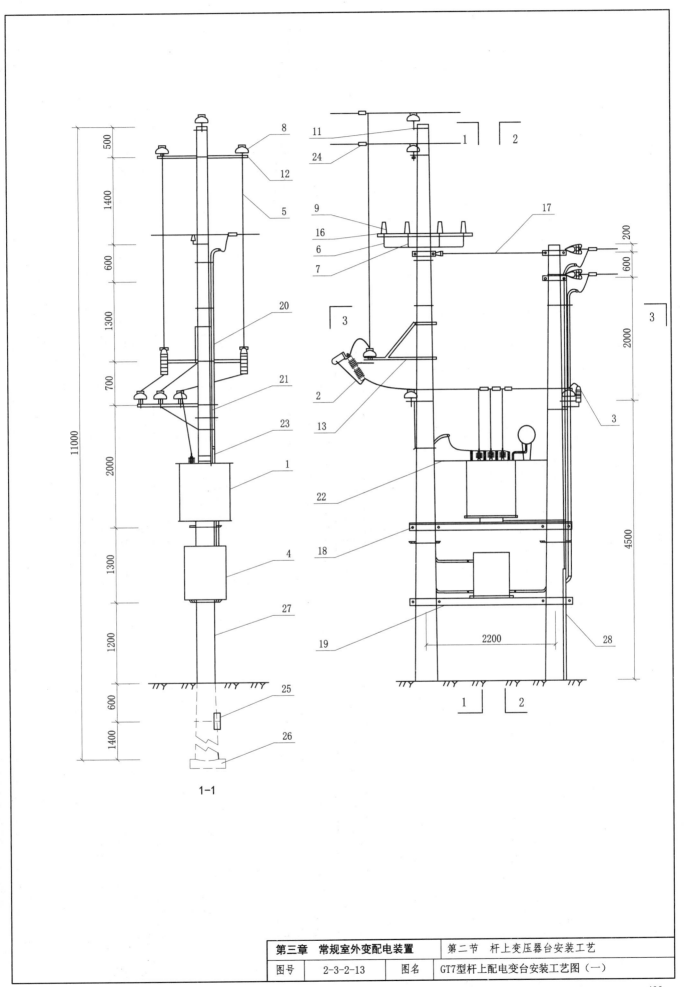

1-1

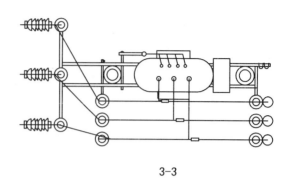

3-3

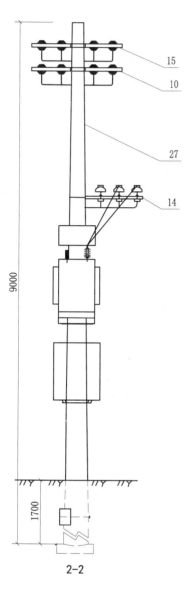

2-2

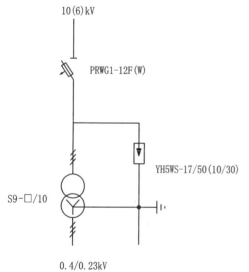

10(6)kV

PRWG1-12F(W)

YH5WS-17/50(10/30)

S9-□/10

0.4/0.23kV

注:括号内规格用于6kV电压。

设备材料表

编号	名　　称	型号及规格	单位	数量	备　注
1	电力变压器	S9-□/10	台	1	50～315kVA
2	跌落式熔断器	PRWG1-12F(W)	个	3	方式二
3	氧化锌避雷器	YH5WS-17/50(10/30)	个	3	方式二
4	低压配电箱	WBX(T)-1A	个	1	
5	高压引下线	JKV-25	m	30	
6	低压引出线	BV-500-□	m	60	
7	中性线	BV-500-□	m	15	
8	高压针式绝缘子	P-15T(P-10T)	个	12	
9	低压针式绝缘子	PD-1T	个	4	
10	低压蝶式绝缘子	ED-1	个	8	
11	杆顶支座抱箍(二)		副	1	
12	高压直线横担	∟63×6,l=1500	根	1	
13	跌落式熔断器支架(一)		副	1	
14	避雷器及母线支架	∟63×6,l=1300	根	2	
15	低压终端横担(一)	∟63×6,l=1500	副	2	
16	低压直线横担(一)	∟63×6,l=1500	根	1	
17	水平拉紧装置		副	1	
18	变压器台架(二)		副	1	
19	配电箱固定支架		副	1	
20	电线导管	工程决定	m	23	镀锌附防水弯头5个
21	钢管固定件		个	8	
22	镀锌铁线	ϕ4.0	m	20	将变压器系于电杆
23	铜接线端子	DT-□	个	28	其中DT-25,12个
24	并沟线夹	JBTL-□,JQT-1	个	20	其中JQT-1,6个
25	卡盘	KP10	个	2	
26	底盘	DP8	个	2	
27	电杆	ϕ170或ϕ190,11m、9m	根	2	11m、9m各一根
28	接地装置		处	1	

第三章　常规室外变配电装置		第二节　杆上变压器台安装工艺
图号	2-3-2-14	图名 　GT7型杆上配电变台安装工艺图（二）

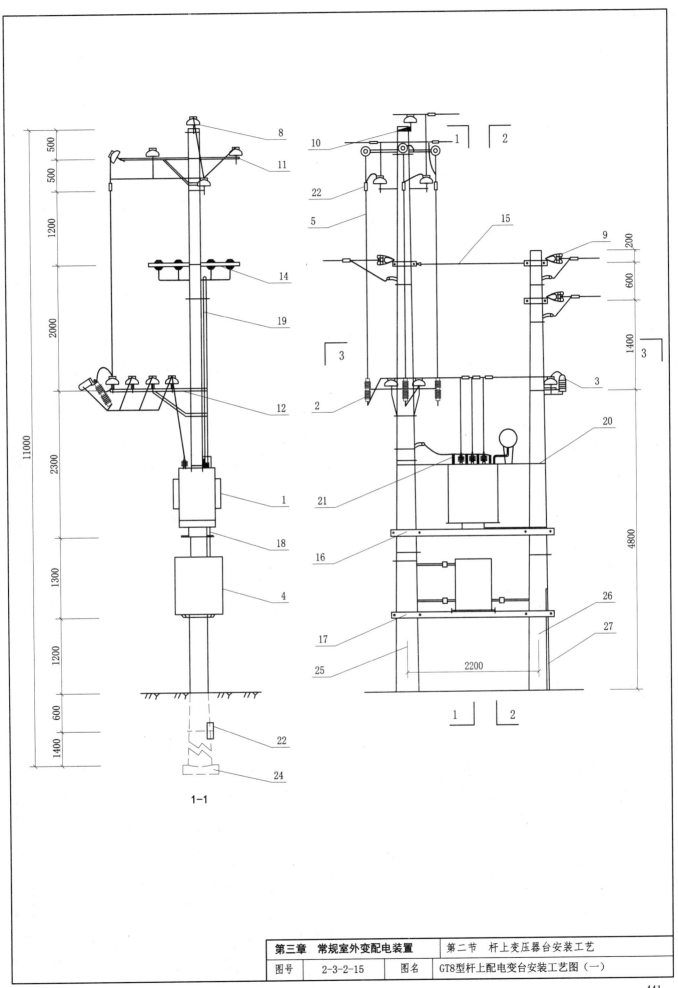

1-1

441

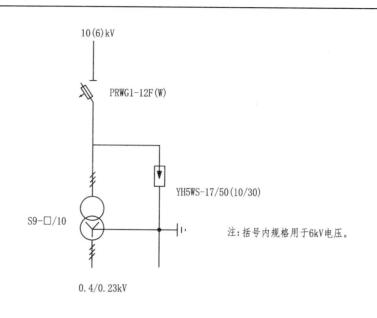

10(6)kV

PRWG1-12F(W)

S9-□/10

YH5WS-17/50(10/30)

注:括号内规格用于6kV电压。

0.4/0.23kV

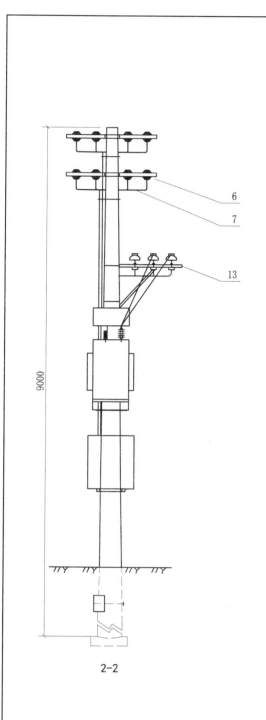

2-2

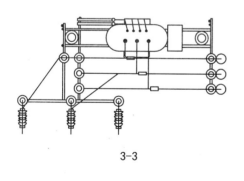

3-3

设 备 材 料 表

编号	名　称	型号及规格	单位	数量	备　注
1	电力变压器	S9-□/10	台	1	50～315kVA
2	跌落式熔断器	PRWG1-12F(W)	个	3	方式二
3	氧化锌避雷器	YH5WS-17/50(10/30)	个	3	方式二
4	低压配电箱	WBX(T)-1A	个	1	
5	高压引下线	JKV-25	m	33	
6	低压引出线	BV-500-□	m	50	
7	中性线	BV-500-□	m	16	
8	高压针式绝缘子	P-15T(P-10T)	个	18	
9	低压蝶式绝缘子	ED-1	个	12	
10	杆顶支座抱箍（二）		副	1	
11	高压线引下装置		副	1	
12	跌落式熔断器支架（二）		副	1	
13	避雷器及母线支架	∟63×6,l=1300	根	1	
14	低压终端横担（一）	∟63×6,l=1500	副	3	
15	水平拉紧装置		副	1	
16	变压器台架（二）		副	1	
17	配电箱固定支架		副	1	
18	电线导管	工程决定	m	21	镀锌附防水弯头4个
19	钢管固定件		个	9	
20	镀锌铁线	ϕ4.0	m	20	将变压器系于电杆
21	铜接线端子	DT-□	个	28	其中DT-25,12个
22	并沟线夹	JBTL-□，JQT-□	个	22	其中JQT-1,6个
23	卡盘	KP10	个	2	
24	底盘	DP8	个	2	
25	电杆	ϕ170或ϕ190，11m	根	1	
26	电杆	ϕ170或ϕ190，9m	根	1	
27	接地装置		处	1	

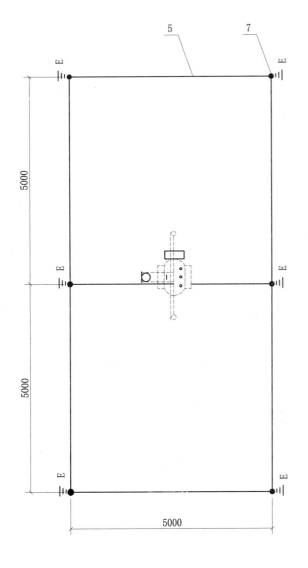

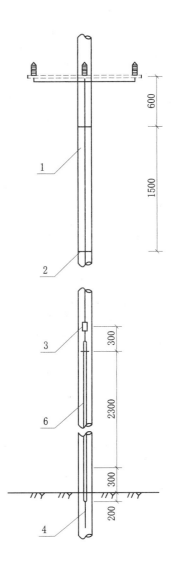

注：(1) 接地电阻值要求不大于4Ω。

(2) 杆上不带电的金属件及设备均须接地；接地引下
线尽量利用杆上抱箍加以固定，但固定点不得超
过1.5m，否则用3.0镀锌铁线绑于电杆上。

(3) 接地体埋深不宜小于0.6m，作法见接地装置安装
标准图集。

(4) 当地形受限制时接地极布置可适当调整，但仍宜
敷成闭合环形。

设 备 材 料 表

编号	名　称	型号及规格	单位	数量	备　注
1	接地引下线	GJ-50	m		数量由工程决定
2	镀锌铁线	ϕ3.0	m		数量由工程决定
3	并沟线夹	JB-1	个	2	
4	接地线	ϕ8圆钢	m		数量由工程决定
5	连接线	—40×4	m		数量由工程决定
6	PVC硬质管	DN32, δ=2.5, ℓ=2600	根	1	
7	接地体	∟50×5, ℓ=2500	根		数量由工程决定

第三章　常规室外变配电装置		第二节　杆上变压器台安装工艺
图号	2-3-2-17	图名　杆上配电变台接地装置做法示例

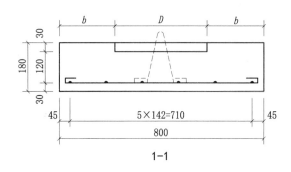

1—1

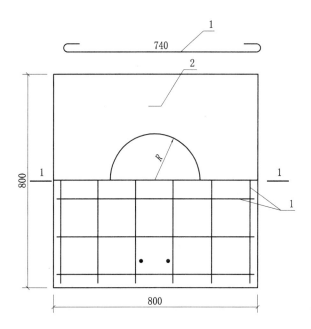

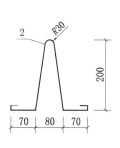

注: (1) 吊环与钢筋钩好后扎牢。
    (2) 底盘强度: 极限下压力234.22kN。

尺 寸 表

型号	D	R	b	适用主杆根径
DP8-1	310	155	245	257~290
DP8-2	360	180	220	303~337
DP8-3	410	205	195	350~390

材 料 表

序号	名称	规格	长度/mm	单位	数量	质量/kg 单件	质量/kg 小计	质量/kg 合计	备注
1	钢筋	φ8	840	根	12	0.33	4.0	4.3	
2	吊环	φ6	650	个	2	0.14	0.3		
3	混凝土	C20		m³	0.11	部件总质量		275	

第三章　常规室外变配电装置	第二节　杆上变压器台安装工艺
图号　2-3-2-18	图名　钢筋混凝土电杆基础DP8底盘加工制造图

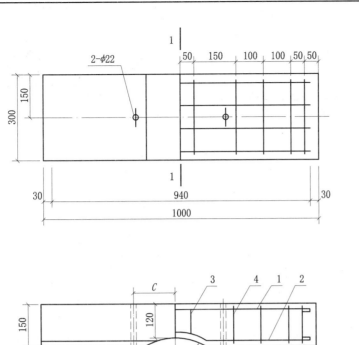

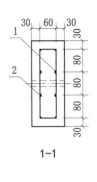

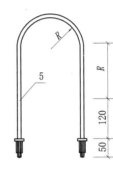

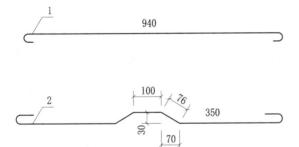

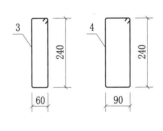

注：卡盘的极限抗弯矩为5.49kN·m，极限土抗力为33.7kN。

尺 寸 表

型号	R	b	c	卡盘处主杆直径
KP10-1	140	413	149	243~276
KP10-2	160	407	169	289~321
KP10-3	185	385	194	333~369

材 料 表

序号	名称	规格	单位	数量	质量/kg 单件	质量/kg 小计	质量/kg 合计
1	主钢筋	$\phi10, \ell=1070$	根	4	0.66	2.6	
2	主钢筋	$\phi10, \ell=1082$	根	4	0.67	2.7	
3	箍筋	$\phi6, \ell=700$	根	2	0.16	0.3	9.2-1
4	箍筋	$\phi6, \ell=760$	根	8	0.17	1.4	9.4-2
5	U形抱箍	$\phi18$带帽，$\ell=\begin{cases}1060\text{-}1\\1160\text{-}2\\1290\text{-}3\end{cases}$	副	1	2.2-1 / 2.4-2 / 2.7-3	2.2 / 2.4 / 2.7	9.7-3
6	混凝土	C20	m³	0.045			113

第三章　常规室外变配电装置	第二节　杆上变压器台安装工艺
图号　2-3-2-19	图名　钢筋混凝土电杆基础KP10卡盘加工制造图

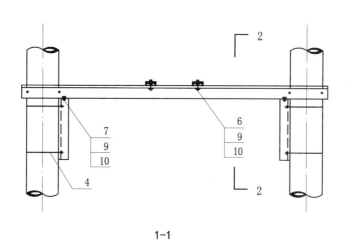

1-1

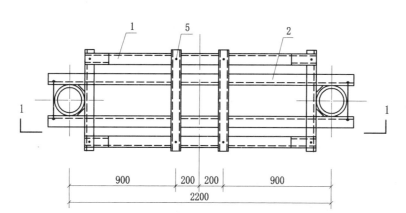

900 200 200 900

2200

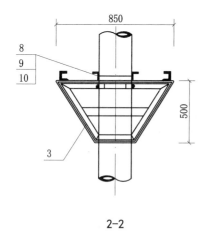

2-2

注:变压器容量在200kVA及以上者采用一型材料,在
160kVA及以下者采用二型材料。

材 料 表

编号	名 称	规 格	单位	数量		备 注
				一型	二型	
1	外横梁	∟90×8, ℓ=2070	根	2		
		∟75×8, ℓ=2070	根		2	
2	内横梁	∟90×8, ℓ=2720	根	2		
		∟75×8, ℓ=2720	根		2	
3	托架		副	2	2	
4	U形抱箍		副	4	4	
5	垫块	[8×43, ℓ=900	根	2	2	
6	螺栓	M20×65	个	4	4	
7	螺栓	M20×45	个	4	4	
8	螺栓	M20×320	个	4	4	
9	螺母	M20	个	12	12	
10	垫圈	20	个	24	24	

第三章 常规室外变配电装置		第二节 杆上变压器台安装工艺
图号	2-3-2-20	图名 杆上配变台架(角钢横梁)组装工艺图

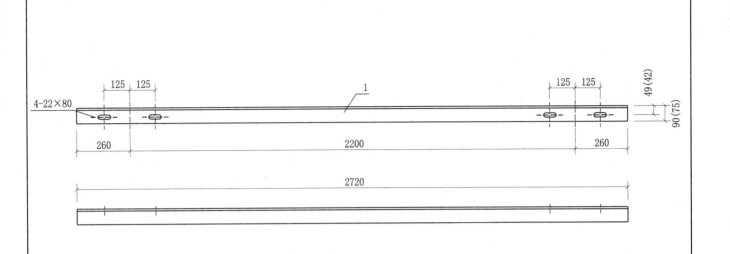

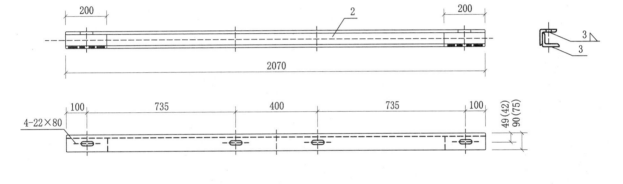

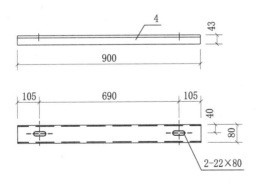

注:(1)全部零件热镀锌。
(2)当角钢为∟75×8时，开孔定位尺寸采用括号内数据。

材 料 表

编号	名称	规格	单位	数量		备注
				一型	二型	
1	内横梁	∟90×8，ℓ=2720	根	1		
		∟75×8，ℓ=2720	根		1	
2	外横梁	∟90×8，ℓ=2720	根	1		
		∟75×8，ℓ=2720	根		1	
3	角钢	∟80×8，ℓ=200	根	1		
		∟63×8，ℓ=200	根		1	
4	垫块	[80×43，ℓ=900	根	1	1	

第三章 常规室外变配电装置	第二节 杆上变压器台安装工艺
图号　2-3-2-21	图名　杆上配变台架（角钢横梁）内外横梁垫块制造图

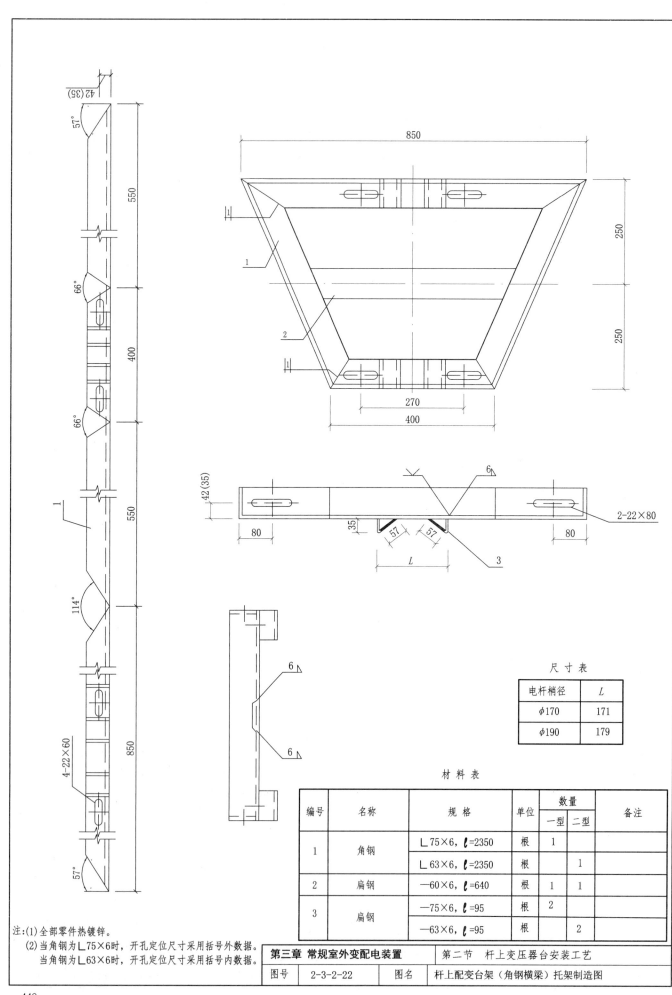

尺 寸 表

电杆梢径	L
φ170	171
φ190	179

材 料 表

编号	名称	规 格	单位	数量		备注
				一型	二型	
1	角钢	∟75×6, ℓ=2350	根	1		
		∟63×6, ℓ=2350	根		1	
2	扁钢	—60×6, ℓ=640	根	1	1	
3	扁钢	—75×6, ℓ=95	根	2		
		—63×6, ℓ=95	根		2	

注:(1)全部零件热镀锌。
　　(2)当角钢为∟75×6时,开孔定位尺寸采用括号外数据。
　　　当角钢为∟63×6时,开孔定位尺寸采用括号内数据。

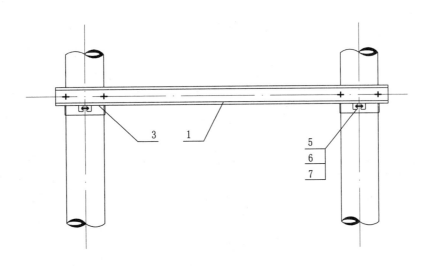

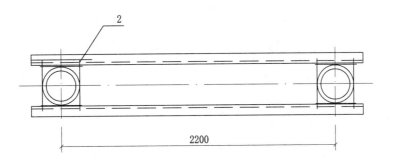

2200

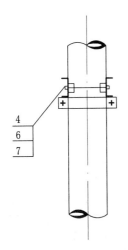

材 料 表

编号	名称	规格	单位	数量		备注
				一型	二型	
1	横梁	[140×58×6 ℓ=2720	根	2		
		[120×53×5.5 ℓ=2720	根		2	
2	M形抱铁		个	4	4	
3	台架支持抱箍		副	2	2	
4	螺栓	M20×320	个	4	4	
5	螺栓	M20×50	个	4	4	
6	螺母	M20	个	8	8	
7	垫圈	20	个	16	16	

注:变压器容量在200kVA及以上采用一型材料,
在160kVA及以下采用二型材料。

第三章 常规室外变配电装置	第二节 杆上变压器台安装工艺
图号　2-3-2-23　　图名	杆上配变台架（槽钢横梁）组装工艺图

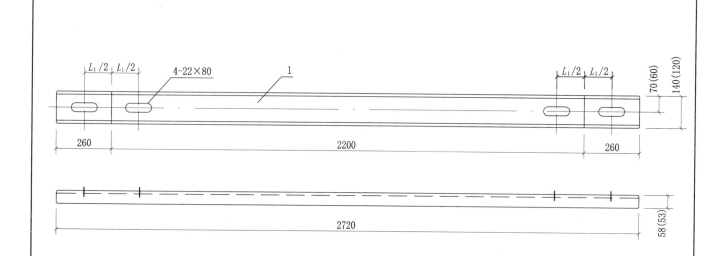

横梁

台架支持抱箍

注：全部热镀锌。

材料表

编号	名称	规 格	单位	数量	备注
1	槽钢	[140×58×6，ℓ=2720	根	1	
		[120×53×5.5，ℓ=2720			
2	扁钢	—65×8，L_2	块	2	
3	扁钢	—65×8，ℓ=75	块	4	

尺寸表

电杆规格		D	L_1	L_2
梢径	杆高			
$\phi170$	10m	240	310	477
	8m	220	290	446
$\phi190$	10m	260	330	508
	8m	240	310	477

第三章 常规室外变配电装置	第二节 杆上变压器台安装工艺
图号 2-3-2-24	图名 杆上配变台架（槽钢横梁）横梁及支持抱箍制造图

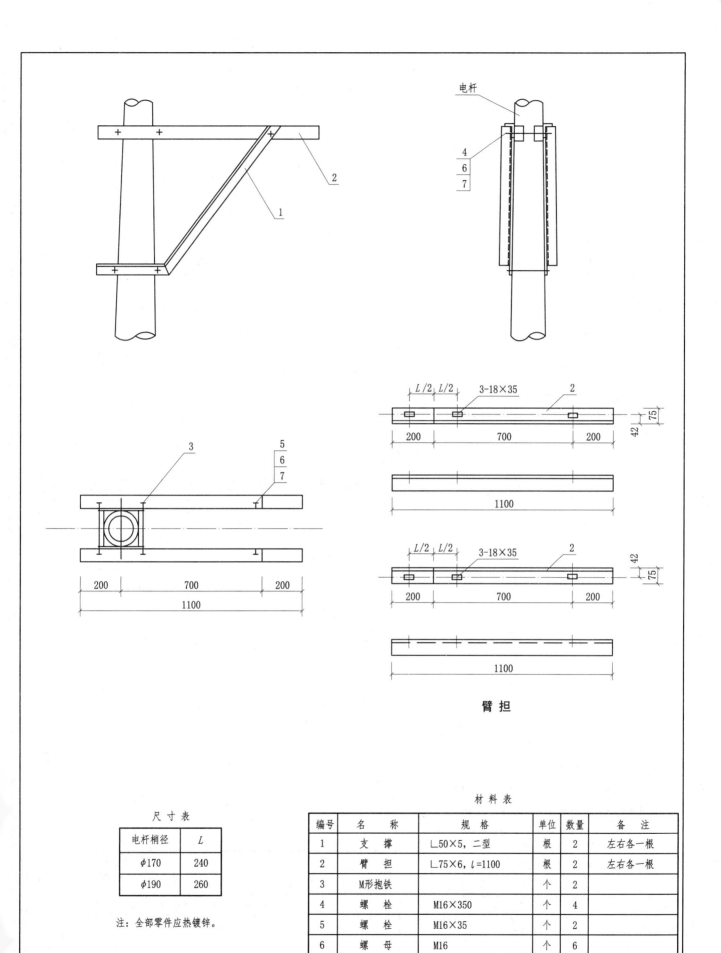

臂 担

尺 寸 表

电杆梢径	L
$\phi170$	240
$\phi190$	260

注：全部零件应热镀锌。

材 料 表

编号	名 称	规 格	单位	数量	备 注
1	支 撑	∟50×5，二型	根	2	左右各一根
2	臂 担	∟75×6，l=1100	根	2	左右各一根
3	M形抱铁		个	2	
4	螺 栓	M16×350	个	4	
5	螺 栓	M16×35	个	2	
6	螺 母	M16	个	6	
7	垫 圈	16	个	12	

第三章 常规室外变配电装置	第二节 杆上变压器台安装工艺

图号	2-3-2-25	图名	单杆杆上配变台架组装工艺图

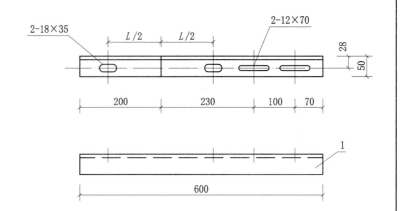

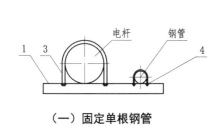

（一）固定单根钢管

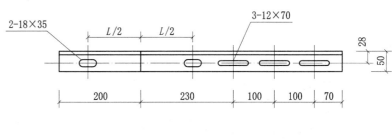

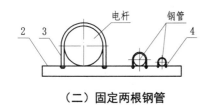

（二）固定两根钢管

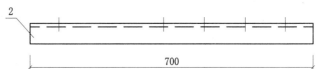

尺 寸 表

角钢距杆顶		L
φ170	φ190	
1.5m以内	—	200
1.5～3.0m	1.5m以内	220
3.0～4.5m	1.5～3.0m	240
4.5～6.0m	3.0～4.5m	260
—	4.5～6.0m	280

注：全部零件应热镀锌。

材 料 表

编号	名 称	规 格	单位	数量		备 注
				（一）	（二）	
1	角 钢	∟50×5, l=600	根	1		
2	角 钢	∟50×5, l=700	根		1	
3	U形抱箍	φ16	副	1	1	
4	U形螺栓	φ10	副	1	2	带垫帽

第三章 常规室外变配电装置	第二节 杆上变压器台安装工艺
图号　2-3-2-26	图名　将钢管固定在电杆上的做法图

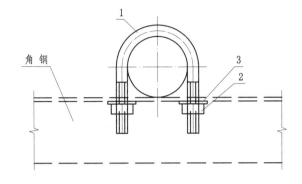

角钢

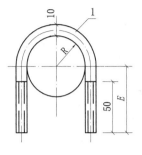

钢管

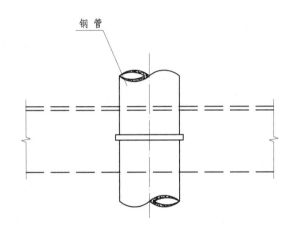

尺寸表

序号	管径	R	E	L
1	25	17	52	173
2	32	21	56	194
3	40	24	59	209
4	50	30	65	240
5	70	38	73	281
6	80	44	79	312
7	100	57	92	379
8	125	70	105	446

注：螺栓应热镀锌。

材料表

编号	名　称	规　　格	单位	数量	备　注
1	圆　钢	$\phi 10$，L长度见上表	根	1	
2	螺　母	M10	个	2	
3	垫　圈	10	个	2	

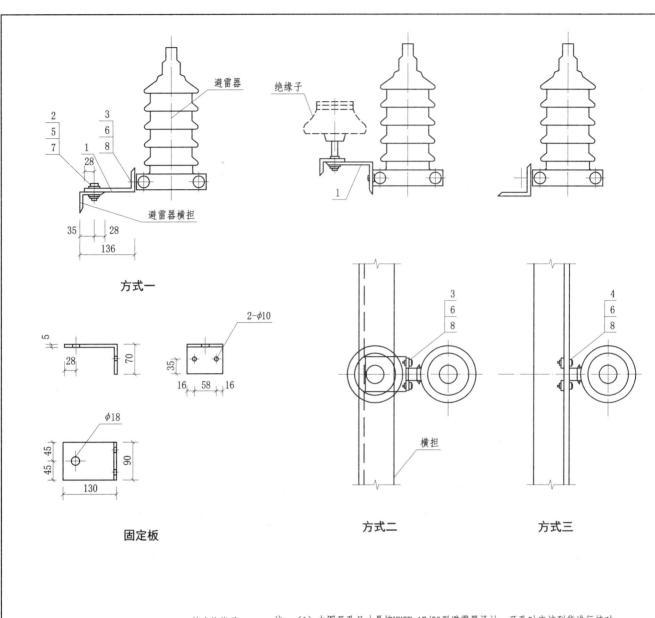

方式一

固定板

方式二

方式三

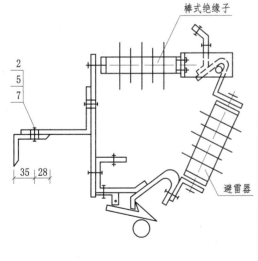

方式四

注：（1）本图开孔尺寸是按HY5W-17/50型避雷器设计，开孔时应该到货进行核对。
　　（2）方式四采用TB1-10A脱挂式避雷装置。
　　（3）全部零件应热镀锌。

材 料 表

编号	名　称	规　格	单位	数量				备　注
				一	二	三	四	
1	固定板	—90×5, l=200	块	1	1			
2	螺　栓	M16×50	个	1			1	
3	螺　栓	M8×30	个	2	2			
4	螺　栓	M8×35	个				2	
5	螺　母	M16	个	1			1	
6	螺　母	M8	个	2	2	2		
7	垫　圈	16	个	2			2	
8	垫　圈	8	个	4	4	4		

第三章　常规室外变配电装置	第三节 杆上变台配套配电设备安装工艺	
图号	2-3-3-1	图名
10(6)kV避雷器安装工艺图（一）		

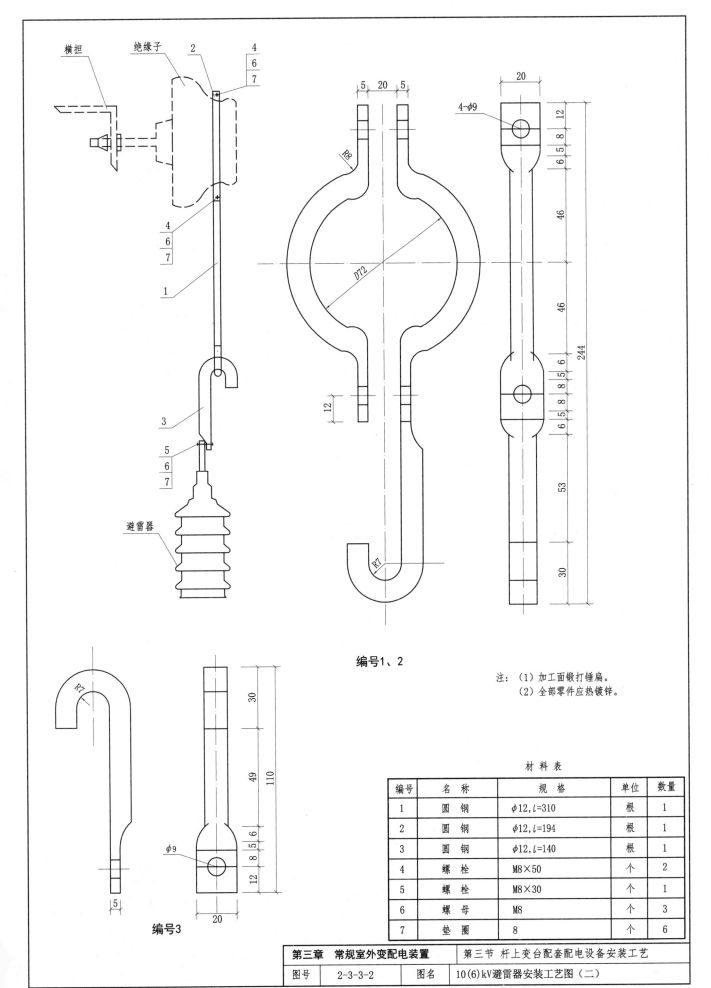

横担 绝缘子

2

避雷器

编号1、2

注：（1）加工面锻打锤扁。
　　（2）全部零件应热镀锌。

编号3

材 料 表

编号	名　称	规　格	单位	数量
1	圆 钢	$\phi 12, l=310$	根	1
2	圆 钢	$\phi 12, l=194$	根	1
3	圆 钢	$\phi 12, l=140$	根	1
4	螺 栓	M8×50	个	2
5	螺 栓	M8×30	个	1
6	螺 母	M8	个	3
7	垫 圈	8	个	6

第三章　常规室外变配电装置	第三节 杆上变台配套配电设备安装工艺
图号　　2-3-3-2　　图名	10(6)kV避雷器安装工艺图（二）

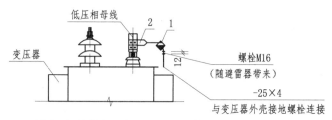

I型用于变压器容量在500kVA及以上

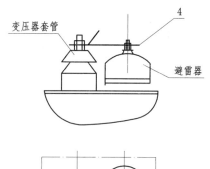

III型用于变压器容量315kVA及以下

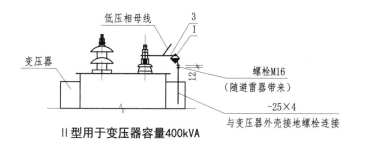

II型用于变压器容量400kVA

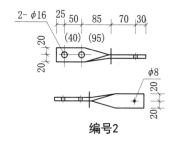

编号2

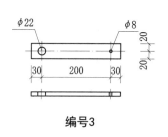

编号3

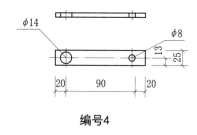

编号4

注：（1）全部零件应热镀锌。
　　（2）括号内的尺寸用于容量为630kVA及以下的变压器。

材料表

| 编号 | 名　称 | 规　　格 | 单位 | 数量 | | | 备　注 |
				I型	II型	III型	
1	低压避雷器	Y3W-0.28/1.3	个	3	3	3	所列为一台变压器安装所需的数量
2	吊板	—40×4，l=260	块	3			
3	吊板	—40×4，l=260	块		3		
4	吊板	—25×4，l=130	块			3	

第三章　常规室外变配电装置	第三节　杆上变台配套配电设备安装工艺
图号　2-3-3-3	图名　低压避雷器在变压器上安装工艺图

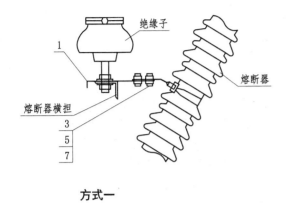

方式一

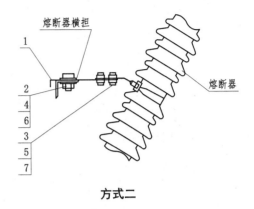

方式二

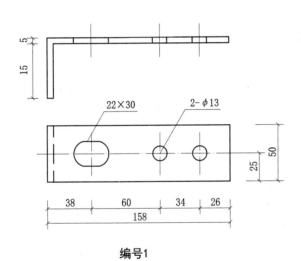

编号1

注：零件加工后镀锌。

材 料 表

编号	名 称	规 格	单位	数量	
				方式一	方式二
1	固定板	—50×173，δ=5	个	1	1
2	螺 栓	M16×45	个		1
3	螺 栓	M12×35	个	2	2
4	螺 母	M16	个		1
5	螺 母	M12	个	2	2
6	垫 圈	16	个		2
7	垫 圈	12	个	4	4

第三章　常规室外变配电装置	第三节 杆上变台配套配电设备安装工艺
图号　2-3-3-4	图名　跌落式熔断器安装工艺图

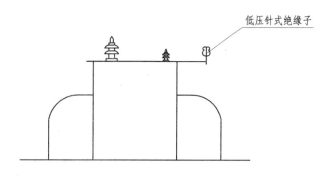

低压针式绝缘子

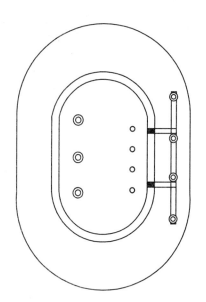

注：（1）L尺寸要大于520，以箱盖上固定螺栓间中心尺寸为准。
　　（2）φd比箱盖上固定螺栓直径大2。
　　（3）角钢应热镀锌。

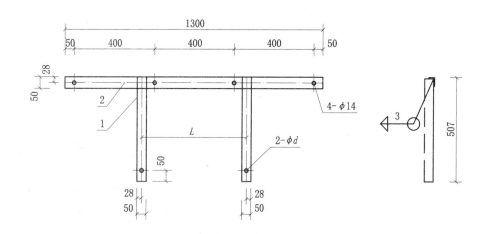

材　料　表

编号	名　称	规　格	单位	数量
1	角　钢	∟50×5, l=500	根	2
2	角　钢	∟50×5, l=1300	根	1

第三章　常规室外变配电装置		第三节　杆上变台配套配电设备安装工艺
图号	2-3-3-5	图名
		变压器上低压出线架加工及安装工艺图

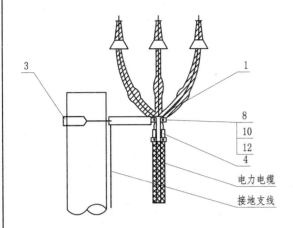

（一）电缆终端盒（头）安装

电缆终端盒规格选择表

名　　称	规　　格			
电缆终端盒	WDC WDH	WDZ	WD-232	WDZ-233
电力电缆 /mm² 10kV	16～95	16～95	16～50	70～95
6kV			16～70	95

热缩电缆终端头规格选择表

名　　称	规　　格			
电缆头	ST-34	ST-35	ST-36	ST-37
电力电缆 /mm² 10kV	－	25～35	50～70	95～150
6kV	25～35	50～95	120～185	240

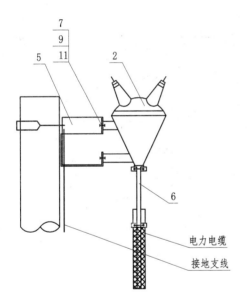

（二）电缆终端盒安装

材　料　表

编号	名　称	规　格	单位	数量		备　注
				（一）	（二）	
1	电缆终端头	干包、交联聚乙烯	个	1		
	电缆终端盒	WDC、WDH				
2	电缆终端盒	WDZ、WD	个		1	
3	U形抱箍		副	1		
4	固定支架（一）		个	1		
5	固定支架（二）		个		1	
6	加固抱箍		个		1	用WD型时取消
7	螺栓	M16×50	个		3	
8	螺栓	M10×40	个	4		
9	螺母	M16	个		3	
10	螺母	M10	个	4		
11	垫圈	16	个		6	
12	垫圈	10	个	8		

第三章　常规室外变配电装置	第三节 杆上变台配套配电设备安装工艺
图号　2-3-3-6	图名　电缆终端盒（头）在杆上的安装工艺图

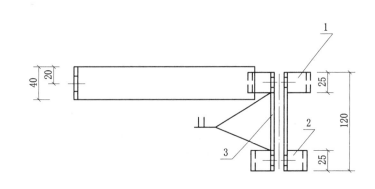

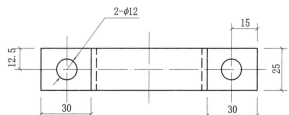

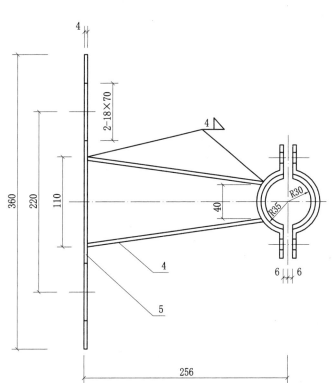

组装图

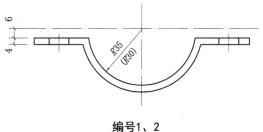

编号1、2

注：(1) 全部零件应热镀锌。
    (2) 本固定支架适用于WDC、WDH电缆终端盒及塑料、橡皮、交联聚乙烯绝缘电缆干包式终端头，电缆截面16～95m²，当电缆较小时应包上橡皮垫，卡紧抱箍。
    (3) 括号内尺寸用于编号2。

材 料 表

编号	名　　称	规　　格	单位	数量
1	抱　箍	—25×4×163	块	2
2	抱　箍	—25×4×144	块	2
3	连　板	—25×4×70	块	4
4	撑　铁	—40×4×230	块	2
5	扁　钢	—40×4×360	块	1

第三章　常规室外变配电装置	第三节　杆上变台配套配电设备安装工艺
图号　2-3-3-7	图名　电缆终端盒（头）固定支架（一）

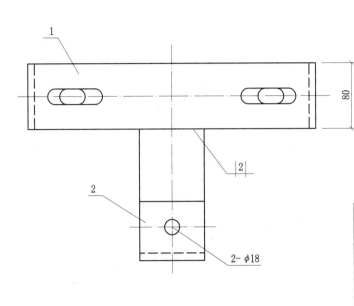

固定支架安装尺寸表

电缆终端盒型号	额定电压 /kV	电缆标称截面 /mm²	A	B
WDZ	6、10	16～95	220	160
WD-232	6	10～70	250	125
	10	16～50		
WD-233	6	95		173
	10	70～95		

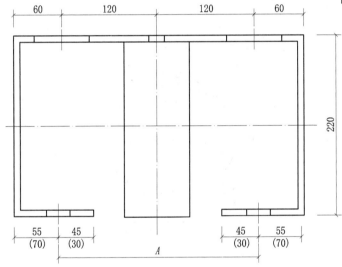

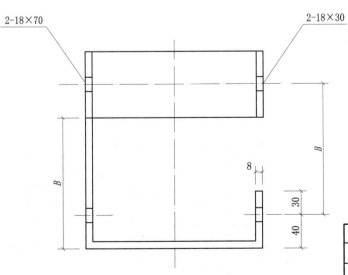

注：(1) 全部零件应热镀锌。
　　(2) 本固定支架适应WDZ、WD电缆终端盒。
　　　　当为WDZ、$A=220$时，取括号内数据。

材　料　表

编号	名　称	规　格	单位	数量
1	扁钢	—80×8×1000	块	1
2	扁钢	—80×8×(290+B)	块	1

第三章　常规室外变配电装置	第三节 杆上变台配套配电设备安装工艺
图号　　2-3-3-8	图名　　电缆终端盒（头）固定支架（二）

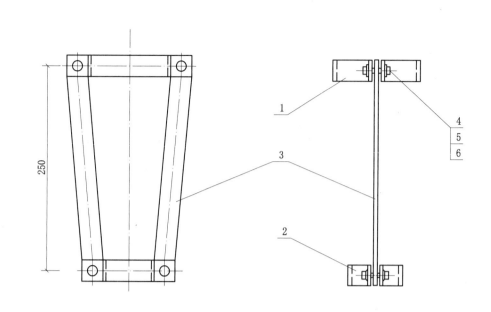

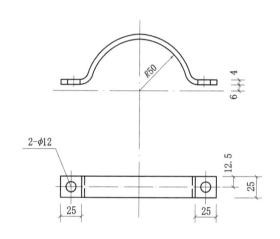

编号1

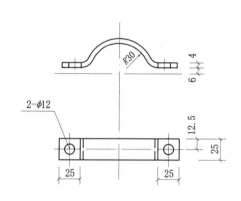

编号2

注：全部零件应热镀锌。

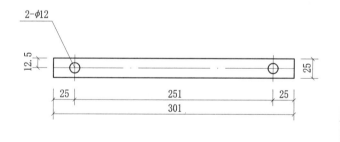

编号3

材料表

编号	名　称	规　格	单位	数量
1	扁　钢	—25×4×195	个	2
2	扁　钢	—25×4×133	个	2
3	撑　铁	—25×4×301	根	2
4	螺　栓	M10×30	个	4
5	螺　母	M10	个	4
6	垫　圈	10	个	8

第三章　常规室外变配电装置		第三节　杆上变台配套配电设备安装工艺
图号	2-3-3-9	图名
		电缆终端盒（头）加固抱箍制造图

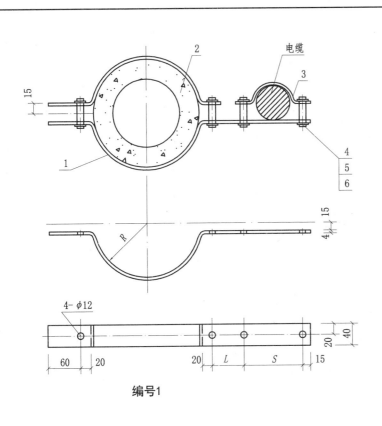

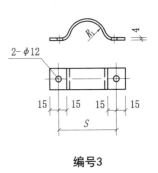

编号3

编号1

注：（1）全部零件应热镀锌。
　　（2）L_1、L_2、L_3各尺寸均根据
　　　　工程需要决定。

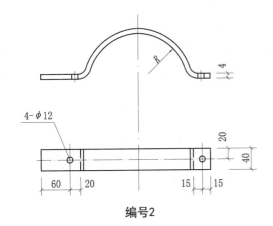

编号2

材 料 表

编号	名 称	规 格	单位	数量
1	扁 钢	—40×4×L_1	块	1
2	扁 钢	—40×4×L_2	块	1
3	扁 钢	—40×4×L_3	块	1
4	螺 栓	M10×60	个	4
5	螺 母	M10	个	4
6	垫 圈	10	个	8

各型号抱箍尺寸及适用范围

型号		I_1	I_2	I_3	I_4	II_1	II_2	II_3	II_4	II_5	II_6	II_7	III_1	III_2	III_3	III_4	III_5	III_6	III_7	III_8
L		210				60							45							
R_1/S		按所保护电缆外径确定																		
R		100	110	120	130	100	110	120	130	140	150	160	110	120	130	140	150	160	170	180
抱箍与杆顶距离	φ170	1.5~3.0m	3.0~4.5m	4.5~6.0m		1.5~3.0m	3.0~4.5m	4.5~6.0m	6.0~7.5m	7.5~9.0m	9.0~10.5m			3.0~4.5m	4.5~6.0m	6.0~7.5m	7.5~9.0m	9.0~10.5m		
	φ190	1.5~3.0m	3.0~4.5m	4.5~6.0m		1.5~3.0m	3.0~4.5m	4.5~6.0m	6.0~7.5m	7.5~9.0m	9.0~10.5m				4.5~6.0m	6.0~7.5m	7.5~9.0m	9.0~10.5m	10.0~12.0m	12.0~13.5m

第三章 常规室外变配电装置	第三节 杆上变台配套配电设备安装工艺
图号 2-3-3-10	图名 电缆在杆上的固定抱箍加工制造图

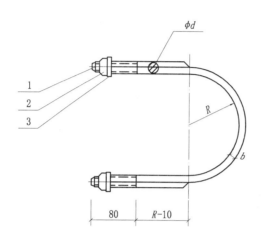

注：（1）零件应热镀锌。
（2）半圆弧间锻打锤扁。

各型号抱箍尺寸及适用范围

材 料 表

编号	名 称	规 格	单位	数量
1	圆 钢	$\phi d \times L$	根	1
2	螺 母	M16	个	2
3	垫 圈	16	个	2

型号	ϕd	a	b	R	下料长 L	电杆梢径及距杆顶距离	
						$\phi 170$	$\phi 190$
I				90	605	1.5m以内	
II				100	660	1.5～3.0m	1.5m以内
III	$\phi 16$	33.5	6	110	710	3.0～4.5m	1.5～3.0m
IV				120	760	4.5～6.0m	3.0～4.5m
V				130	810		4.5～6.0m

第三章 常规室外变配电装置	第三节 杆上变台配套配电设备安装工艺
图号 2-3-3-11	图名 电缆头（盒）在杆上固定U形抱箍加工图

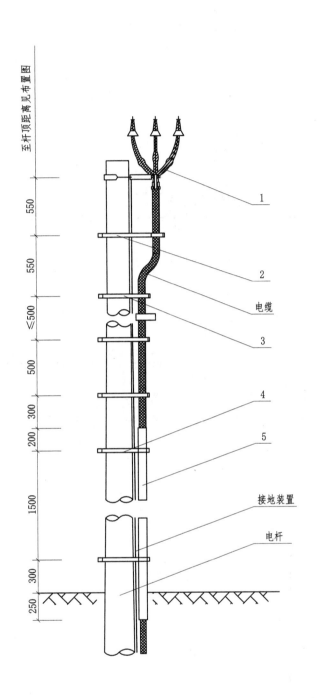

材 料 表

编号	名 称	规 格	单位	数量
1	电缆终端盒（头）	工程决定	副	1
2	电缆固定抱箍	I 型	副	1
3	电缆固定抱箍	II 型	副	
4	电缆固定抱箍	III型	副	2
5	电缆导管	DN80，δ=4，l=2250	根	1

第三章 常规室外变配电装置		第三节 杆上变台配套配电设备安装工艺
图号	2-3-3-12	图名	电缆及其附件在杆上的安装工艺图

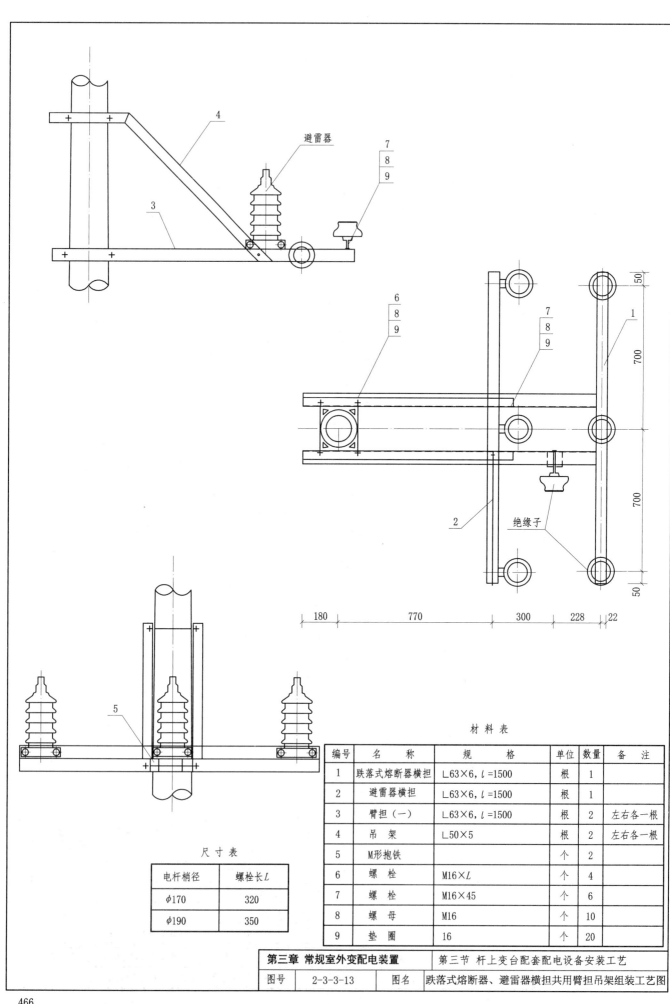

避雷器

绝缘子

尺寸表

电杆梢径	螺栓长 L
$\phi170$	320
$\phi190$	350

材料表

编号	名　称	规　格	单位	数量	备　注
1	跌落式熔断器横担	L63×6, l=1500	根	1	
2	避雷器横担	L63×6, l=1500	根	1	
3	臂担（一）	L63×6, l=1500	根	2	左右各一根
4	吊架	L50×5	根	2	左右各一根
5	M形抱铁		个	2	
6	螺栓	M16×L	个	4	
7	螺栓	M16×45	个	6	
8	螺母	M16	个	10	
9	垫圈	16	个	20	

第三章 常规室外变配电装置	第三节 杆上变台配套配电设备安装工艺
图号　　2-3-3-13	图名　跌落式熔断器、避雷器横担共用臂担吊架组装工艺图

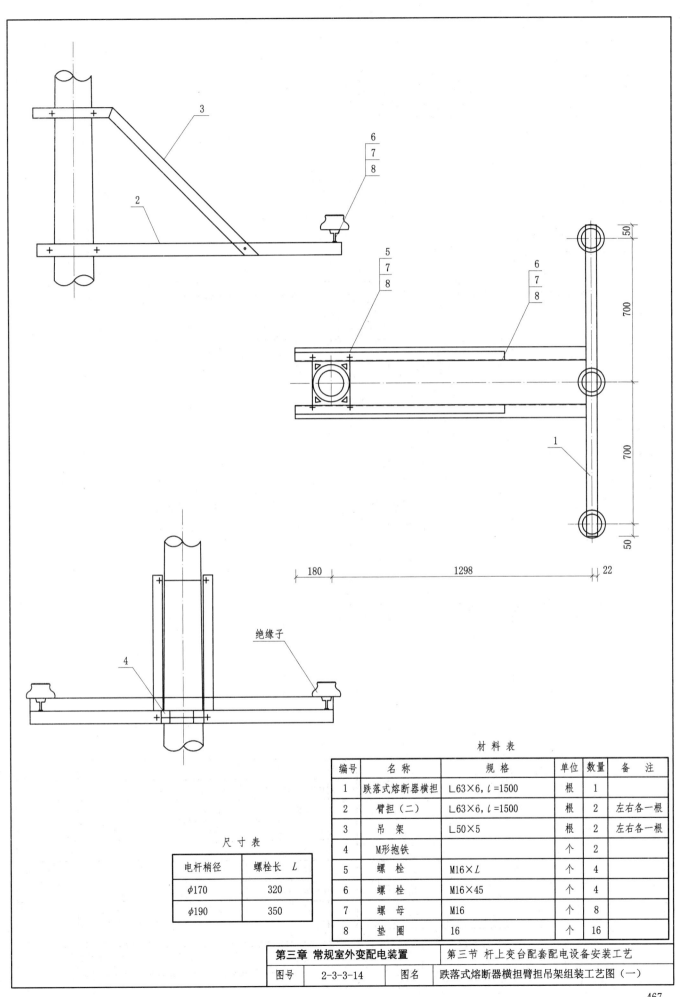

绝缘子

材 料 表

编号	名 称	规 格	单位	数量	备 注
1	跌落式熔断器横担	L63×6, l=1500	根	1	
2	臂担（二）	L63×6, l=1500	根	2	左右各一根
3	吊 架	L50×5	根	2	左右各一根
4	M形抱铁		个	2	
5	螺 栓	M16×L	个	4	
6	螺 栓	M16×45	个	4	
7	螺 母	M16	个	8	
8	垫 圈	16	个	16	

尺 寸 表

电杆梢径	螺栓长 L
ϕ170	320
ϕ190	350

第三章 常规室外变配电装置	第三节 杆上变台配套配电设备安装工艺
图号 2-3-3-14	图名 跌落式熔断器横担臂担吊架组装工艺图（一）

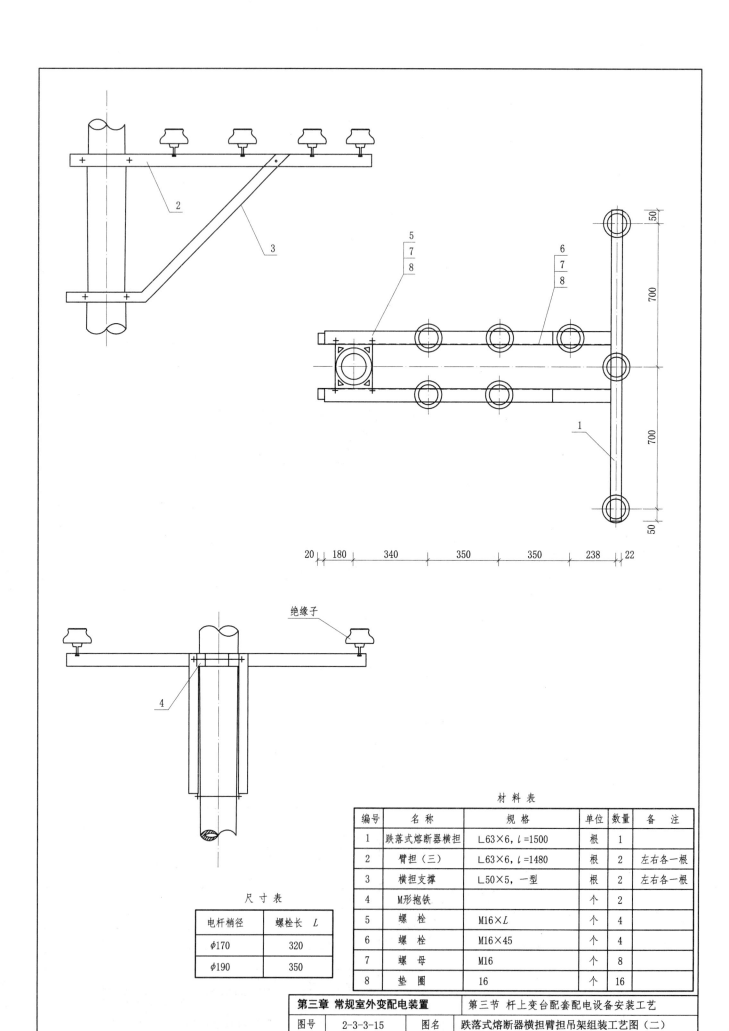

尺寸表

电杆梢径	螺栓长 L
$\phi170$	320
$\phi190$	350

材料表

编号	名 称	规 格	单位	数量	备 注
1	跌落式熔断器横担	L63×6，l=1500	根	1	
2	臂担（三）	L63×6，l=1480	根	2	左右各一根
3	横担支撑	L50×5，一型	根	2	左右各一根
4	M形抱铁		个	2	
5	螺 栓	M16×L	个	4	
6	螺 栓	M16×45	个	4	
7	螺 母	M16	个	8	
8	垫 圈	16	个	16	

第三章 常规室外变配电装置	第三节 杆上变台配套配电设备安装工艺
图号　2-3-3-15	图名　跌落式熔断器横担臂担吊架组装工艺图（二）

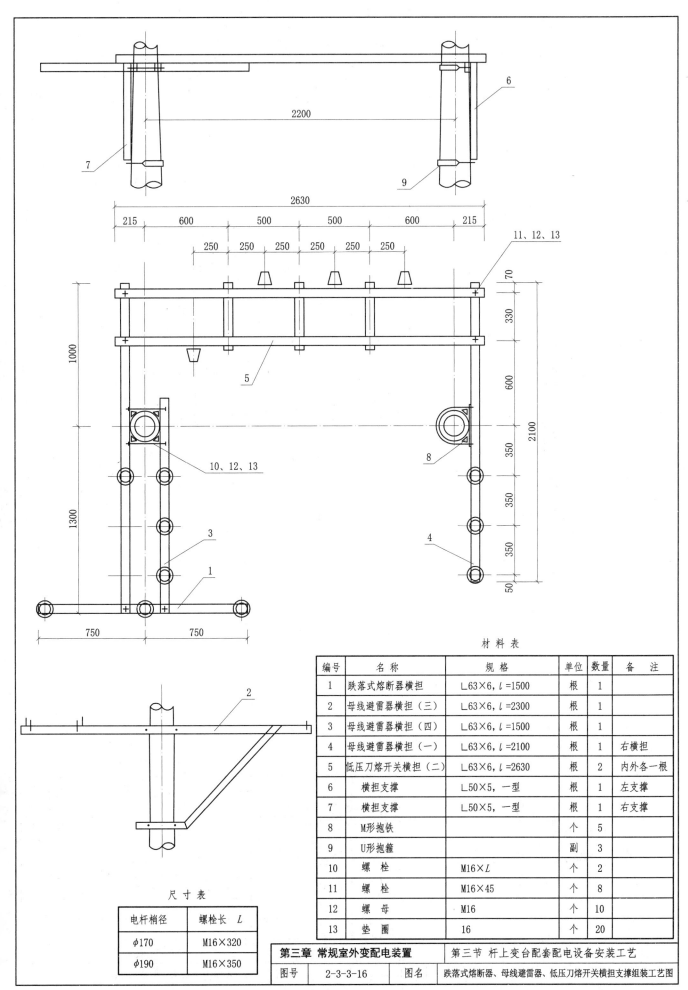

		材 料 表			
编号	名 称	规 格	单位	数量	备 注
1	跌落式熔断器横担	L63×6，l =1500	根	1	
2	母线避雷器横担（三）	L63×6，l =2300	根	1	
3	母线避雷器横担（四）	L63×6，l =1500	根	1	
4	母线避雷器横担（一）	L63×6，l =2100	根	1	右横担
5	低压刀熔开关横担（二）	L63×6，l =2630	根	2	内外各一根
6	横担支撑	L50×5，一型	根	1	左支撑
7	横担支撑	L50×5，一型	根	1	右支撑
8	M形抱铁		个	5	
9	U形抱箍		副	3	
10	螺 栓	M16×L	个	2	
11	螺 栓	M16×45	个	8	
12	螺 母	M16	个	10	
13	垫 圈	16	个	20	

尺 寸 表

电杆梢径	螺栓长 L
φ170	M16×320
φ190	M16×350

第三章 常规室外变配电装置	第三节 杆上变台配套配电设备安装工艺
图号 2-3-3-16	图名 跌落式熔断器、母线避雷器、低压刀熔开关横担支撑组装工艺图

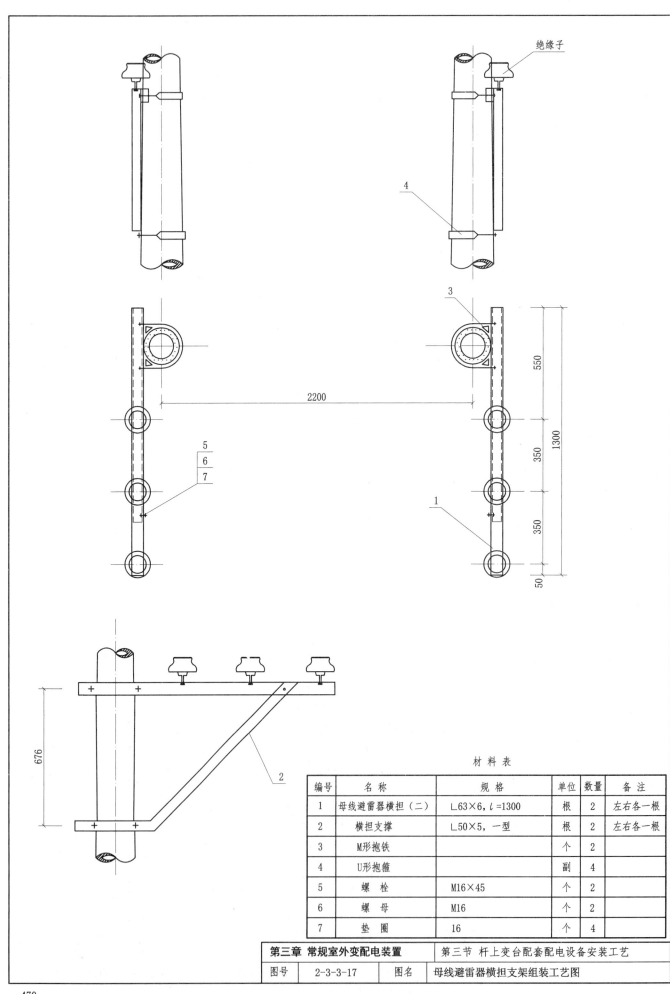

绝缘子

材 料 表

编号	名 称	规 格	单位	数量	备 注
1	母线避雷器横担（二）	∟63×6，l=1300	根	2	左右各一根
2	横担支撑	∟50×5，一型	根	2	左右各一根
3	M形抱铁		个	2	
4	U形抱箍		副	4	
5	螺 栓	M16×45	个	2	
6	螺 母	M16	个	2	
7	垫 圈	16	个	4	

第三章 常规室外变配电装置	第三节 杆上变台配套配电设备安装工艺	
图号	2-3-3-17	图名	母线避雷器横担支架组装工艺图

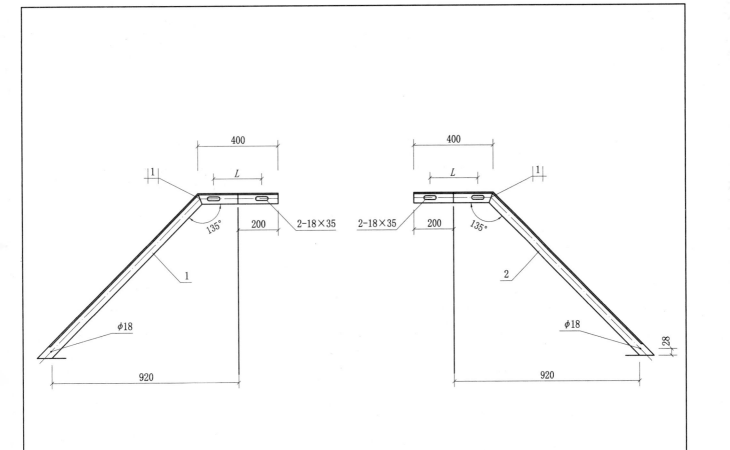

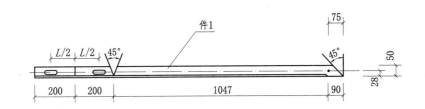

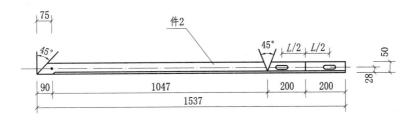

注：加工后热镀锌。

尺寸表

电杆梢径	L
φ170	240
φ190	260

材料表

编号	名　称	规　格	单位	数量
1	左吊架	L50×5, l=1537	根	1
2	右吊架	L50×5, l=1537	根	1

第三章 常规室外变配电装置	第三节 杆上变台配套配电设备安装工艺		
图号	2-3-3-18	图名	左右吊架加工制造图

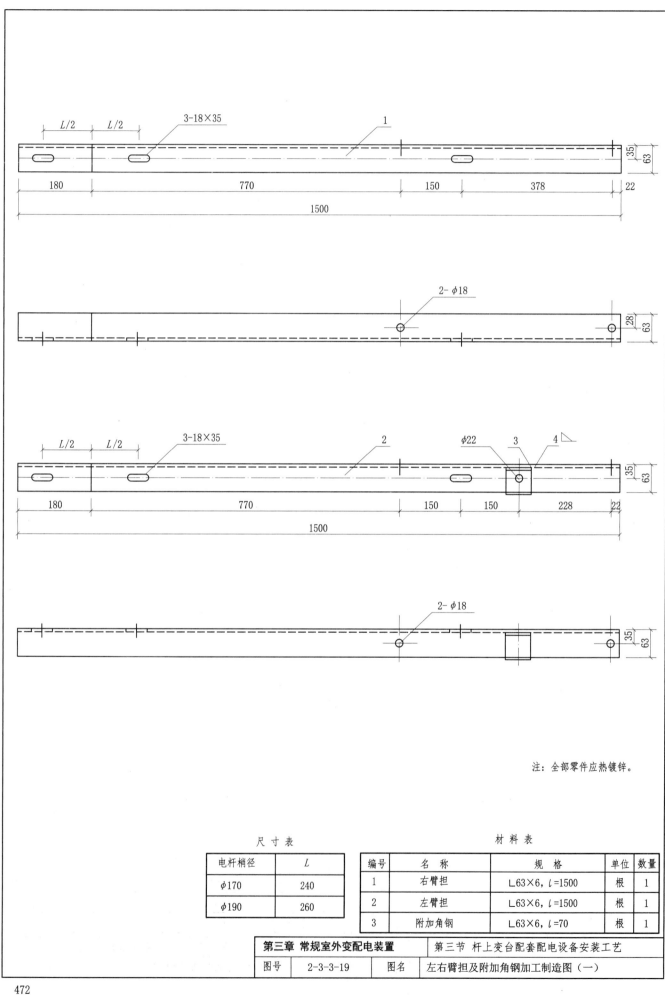

尺 寸 表	
电杆梢径	L
φ170	240
φ190	260

材 料 表

编号	名 称	规 格	单位	数量
1	右臂担	L 63×6, l=1500	根	1
2	左臂担	L 63×6, l=1500	根	1
3	附加角钢	L 63×6, l=70	根	1

注：全部零件应热镀锌。

第三章 常规室外变配电装置	第三节 杆上变台配套配电设备安装工艺
图号　2-3-3-19	图名　左右臂担及附加角钢加工制造图（一）

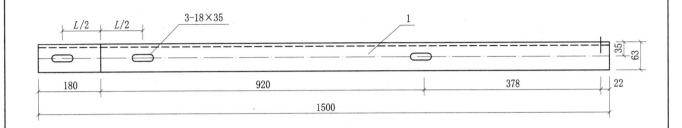

3-18×35

L/2 L/2

180 920 378 22

1500

35
63

φ18

28
63

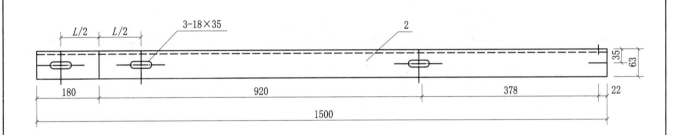

3-18×35

L/2 L/2

2

180 920 378 22

1500

35
63

φ18

35
63

注：全部零件应热镀锌。

尺　寸　表

电杆梢径	L
φ170	240
φ190	260

材　料　表

编号	名　称	规　格	单位	数量
1	右臂担	L63×6, l=1500	根	1
2	左臂担	L63×6, l=1500	根	1

第三章 常规室外变配电装置	第三节 杆上变台配套配电设备安装工艺
图号　2-3-3-20	图名　左右臂担及附加角钢加工制造图（二）

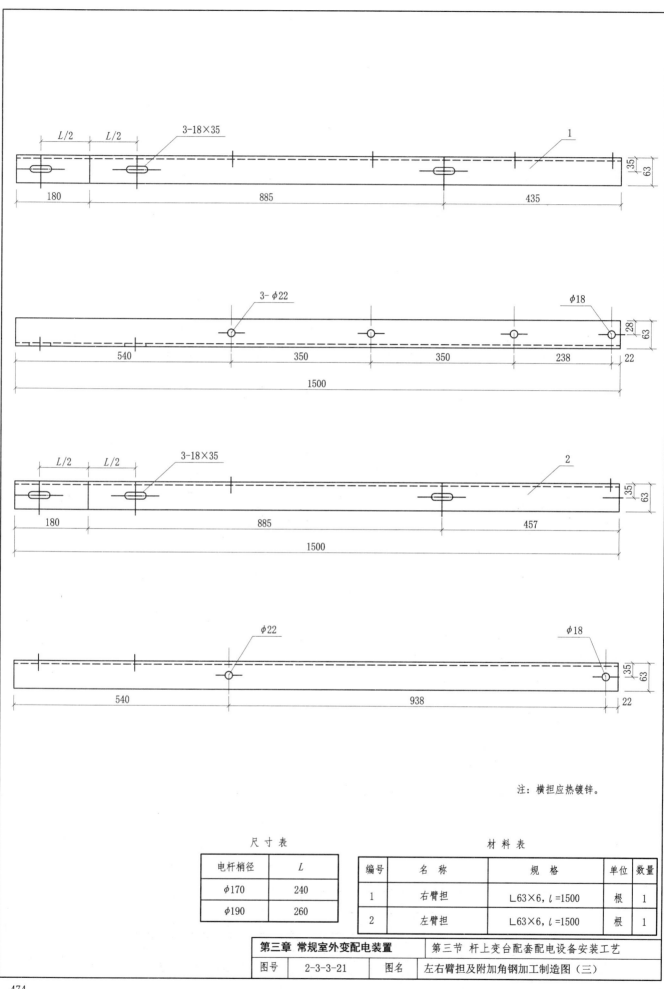

注：横担应热镀锌。

<table>
<tr><td colspan="2" align="center">尺 寸 表</td></tr>
<tr><td align="center">电杆梢径</td><td align="center">L</td></tr>
<tr><td align="center">φ170</td><td align="center">240</td></tr>
<tr><td align="center">φ190</td><td align="center">260</td></tr>
</table>

材 料 表

编号	名 称	规 格	单位	数量
1	右臂担	L63×6, l=1500	根	1
2	左臂担	L63×6, l=1500	根	1

第三章 常规室外变配电装置	第三节 杆上变台配套配电设备安装工艺
图号　　2-3-3-21	图名　　左右臂担及附加角钢加工制造图（三）

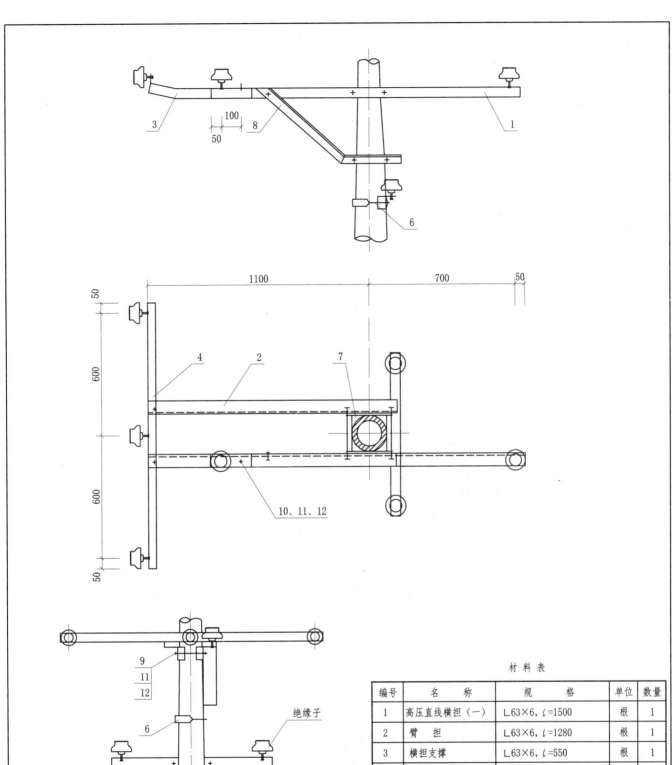

材料表

编号	名 称	规 格	单位	数量
1	高压直线横担（一）	L63×6, l=1500	根	1
2	臂 担	L63×6, l=1280	根	1
3	横担支撑	L63×6, l=550	根	1
4	高压引下线横担（一）	L50×5, l=1300	根	1
5	高压引下线横担（二）	L63×6, l=800	根	1
6	U形抱箍		副	2
7	M形抱铁		个	3
8	单支撑	L50×5	根	1
9	螺 栓	M16×L	个	2
10	螺 栓	M16×45	个	3
11	螺 母	M16	个	7
12	垫 圈	16	个	10

尺 寸 表

电杆梢径	螺栓规格 L
φ170	M16×320
φ190	M16×350

第三章 常规室外变配电装置	第三节 杆上变台配套配电设备安装工艺
图号 　2-3-3-22	图名 　高压引下装置组装工艺图

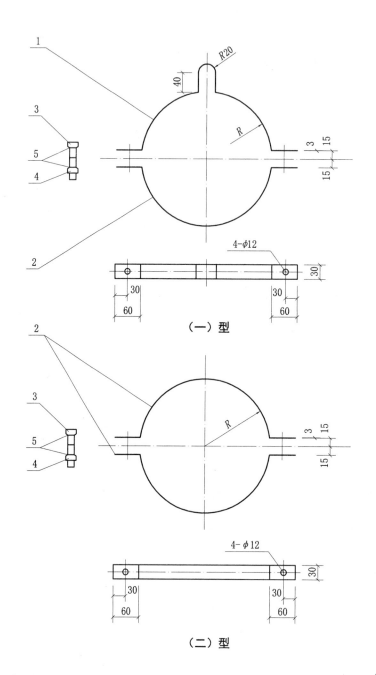

（一）型

4-φ12

（二）型

注：加工后热镀锌。

引下线抱箍尺寸表

型号	下料长 L_1	下料长 L_2	R	抱箍距杆顶	
				$\phi170$	$\phi190$
I₁	443	380	90	1.5m以内	—
I₂	473	410	100	1.5～3.0m以内	1.5m以内
I₃	503	440	110	3.0～4.5m以内	1.5～3.0m以内
I₄	538	475	120	—	3.0～4.5m以内
II₁	598	535	140	4.5～6.0m以内	—
II₂	628	565	150	6.0～7.5m以内	4.5～6.0m以内
II₃	663	600	160	7.5～9.0m以内	6.0～7.5m以内
II₄	693	630	170	—	7.5～9.0m以内

材 料 表

编号	名 称	规 格	单位	数量	
				（一）	（二）
1	扁钢	—30×3×L₁	块	1	
2	扁钢	—30×3×L₂	块	1	2
3	螺栓	M10×70	个	2	2
4	螺母	M10	个	2	2
5	垫圈	10	个	4	4

第三章 常规室外变配电装置	第三节 杆上变台配套配电设备安装工艺
图号 　2-3-3-23	图名 　接地引下线抱箍加工制造图

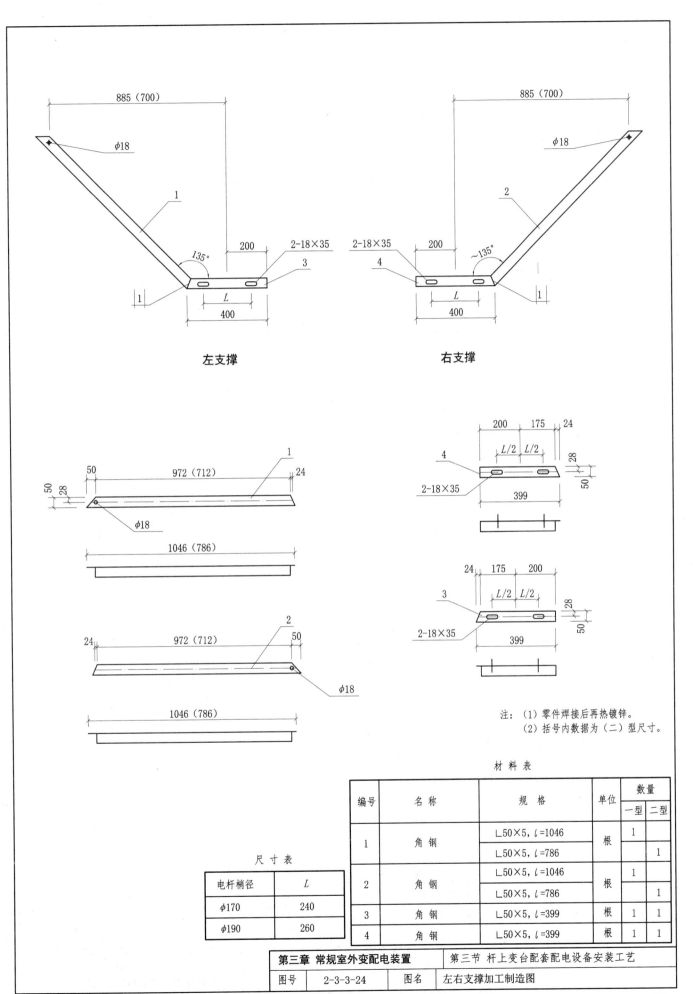

左支撑

右支撑

注: (1) 零件焊接后再热镀锌。
　　(2) 括号内数据为 (二) 型尺寸。

材 料 表

编号	名 称	规 格	单位	数量	
				一型	二型
1	角 钢	L50×5, l=1046	根	1	
		L50×5, l=786			1
2	角 钢	L50×5, l=1046	根	1	
		L50×5, l=786			1
3	角 钢	L50×5, l=399	根	1	1
4	角 钢	L50×5, l=399	根	1	1

尺 寸 表

电杆梢径	L
φ170	240
φ190	260

第三章 常规室外变配电装置	第三节 杆上变台配套配电设备安装工艺
图号　　2-3-3-24	图名　　左右支撑加工制造图

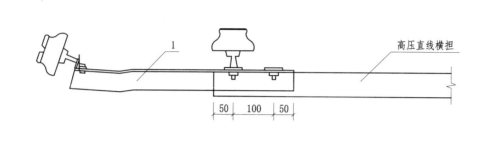

高压直线横担

50 | 100 | 50

1

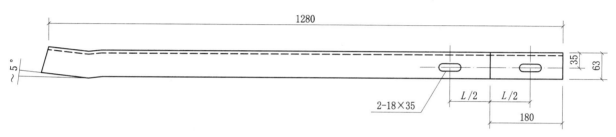

1280

~5°

2-18×35

L/2 | L/2

180

35 | 63

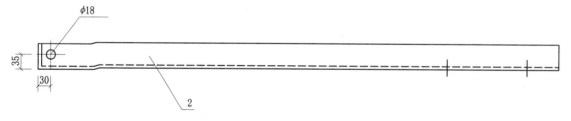

φ18

35

30

2

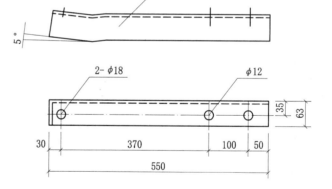

1

5°

2-φ18

φ12

35 | 63

30 | 370 | 100 | 50

550

注：各零件均热镀锌。

尺 寸 表

电杆梢径	L
φ170	200
φ190	220

材 料 表

编号	名 称	规 格	单位	数量
1	横担支撑	L63×6, l=550	根	1
2	悬 臂	L63×6, l=1280	根	1

第三章 常规室外变配电装置	第三节 杆上变台配套配电设备安装工艺
图号　2-3-3-25	图名　高压引下线横担支撑及臂担加工制造图

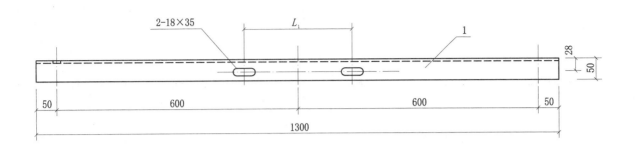

（一）型

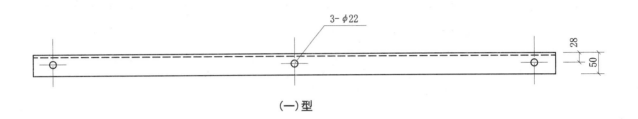

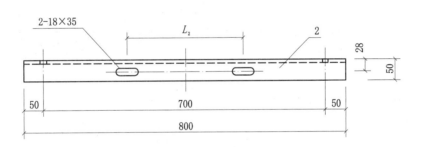

（二）型

注：各零件均热镀锌。

尺　寸　表

电杆梢径	L_1	L_2
$\phi170$	268	200
$\phi190$	288	220

材　料　表

编号	名　称	规　格	单位	数量	
				（一）	（二）
1	角　钢	L50×5，l =1300	根	1	
2	角　钢	L50×5，l =800	根		1

第三章　常规室外变配电装置	第三节　杆上变台配套配电设备安装工艺
图号　2-3-3-26	图名　（一）型与（二）型高压引下线横担加工制造图

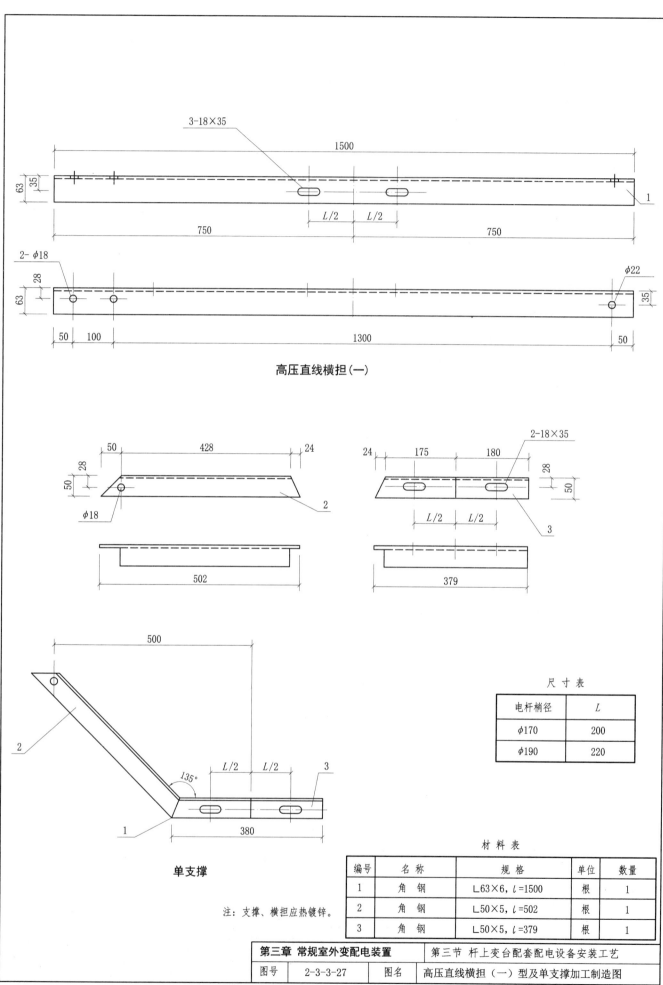

高压直线横担(一)

单支撑

注：支撑、横担应热镀锌。

尺 寸 表

电杆梢径	L
φ170	200
φ190	220

材 料 表

编号	名 称	规 格	单位	数量
1	角 钢	L63×6, l=1500	根	1
2	角 钢	L50×5, l=502	根	1
3	角 钢	L50×5, l=379	根	1

第三章 常规室外变配电装置	第三节 杆上变台配套配电设备安装工艺
图号 2-3-3-27	图名 高压直线横担（一）型及单支撑加工制造图

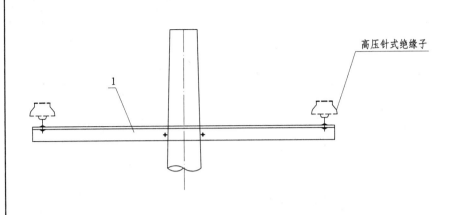

高压针式绝缘子

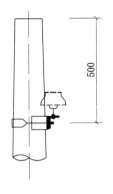

500

1

高压直线横担组装图

3　2

50　700　700　50

电杆梢径	L
$\phi170$	200
$\phi190$	220

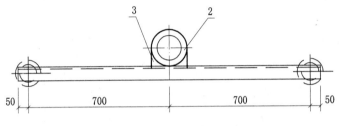

$L/2$ $L/2$　2-18×35

35
63

750

注:横担应热镀锌。

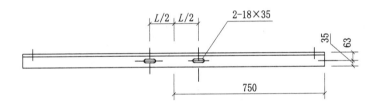

2-$\phi22$

35
63

50　700　700　50

1500

高压直线横担制造图（二）

材料表

编号	名 称	规 格	单位	数量
1	高压直线横担（二）	∟63×6，l=1500	根	1
2	U形抱箍		副	1
3	M形抱铁		个	1

第三章　常规室外变配电装置	第三节　杆上变台配套配电设备安装工艺
图号　　2-3-3-28	图名　高压直线横担（二）型加工制造及组装图

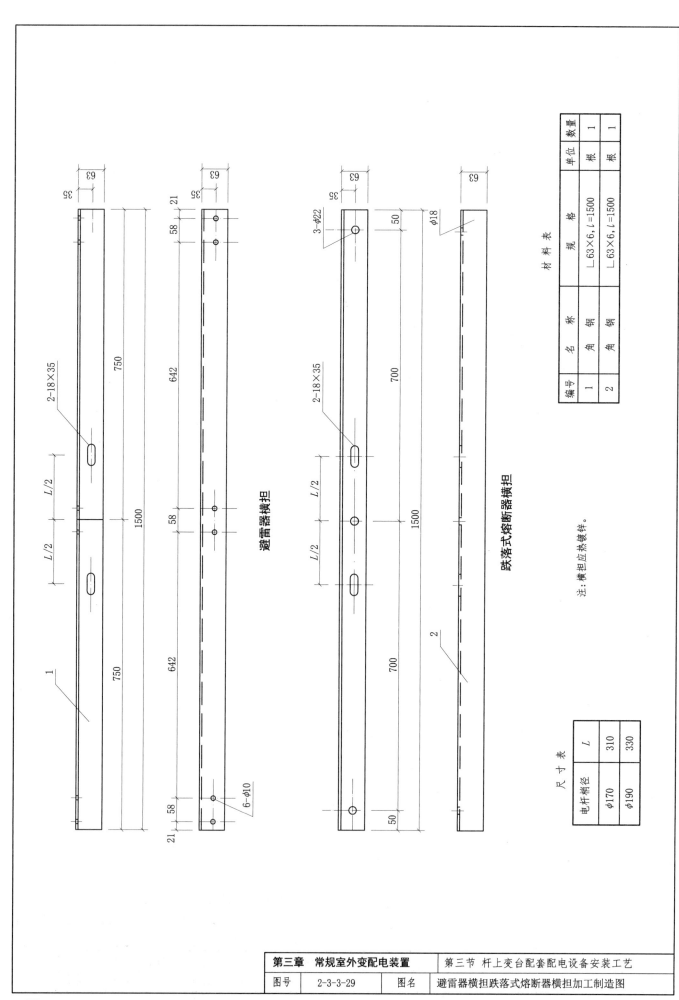

避雷器横担

跌落式熔断器横担

注:横担应热镀锌。

材 料 表

编号	名 称	规 格	单位	数量
1	角 钢	L63×6,l=1500	根	1
2	角 钢	L63×6,l=1500	根	1

尺 寸 表

电杆梢径	L
φ170	310
φ190	330

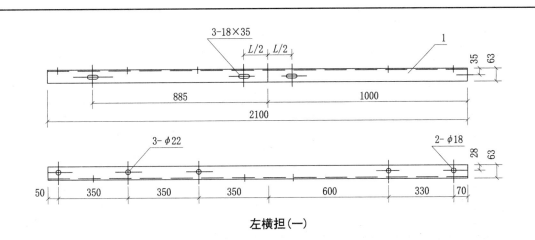

左横担(一)

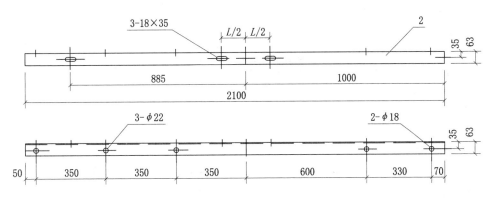

右横担(一)

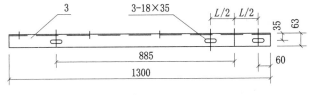

左横担(二)

尺寸表

电杆梢径	L
φ170	240
φ190	260

注:横担应热镀锌。

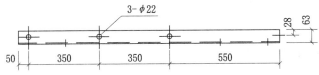

右横担(二)

材料表

编号	名称	规格	单位	数量
1	角钢	L63×6, l=2100	根	1
2	角钢	L63×6, l=2100	根	1
3	角钢	L63×6, l=1300	根	1
4	角钢	L63×6, l=1300	根	1

第三章 常规室外变配电装置	第三节 杆上变台配套配电设备安装工艺
图号 2-3-3-30	图名 母线避雷器横担加工制造图(一)、制造图(二)

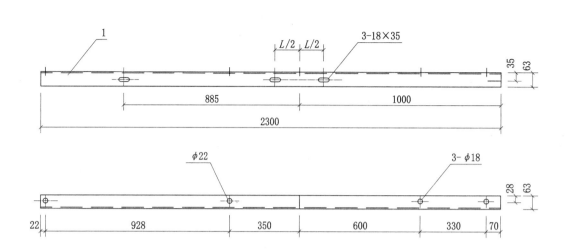

母线避雷器横担（三）

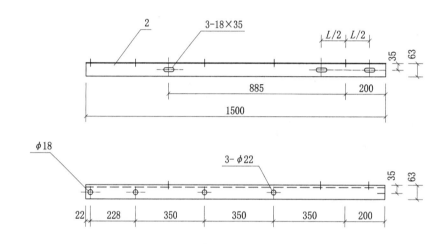

母线避雷器横担（四）

尺 寸 表

电杆梢径	L
φ170	240
φ190	260

注:横担应热镀锌。

材 料 表

编号	名 称	规 格	单位	数量
1	角 钢	∟63×6, l=2300	根	1
2	角 钢	∟63×6, l=1500	根	1

第三章 常规室外变配电装置	第三节 杆上变台配套配电设备安装工艺
图号 2-3-3-31	图名 母线避雷器横担加工制造图(三)、制造图(四)

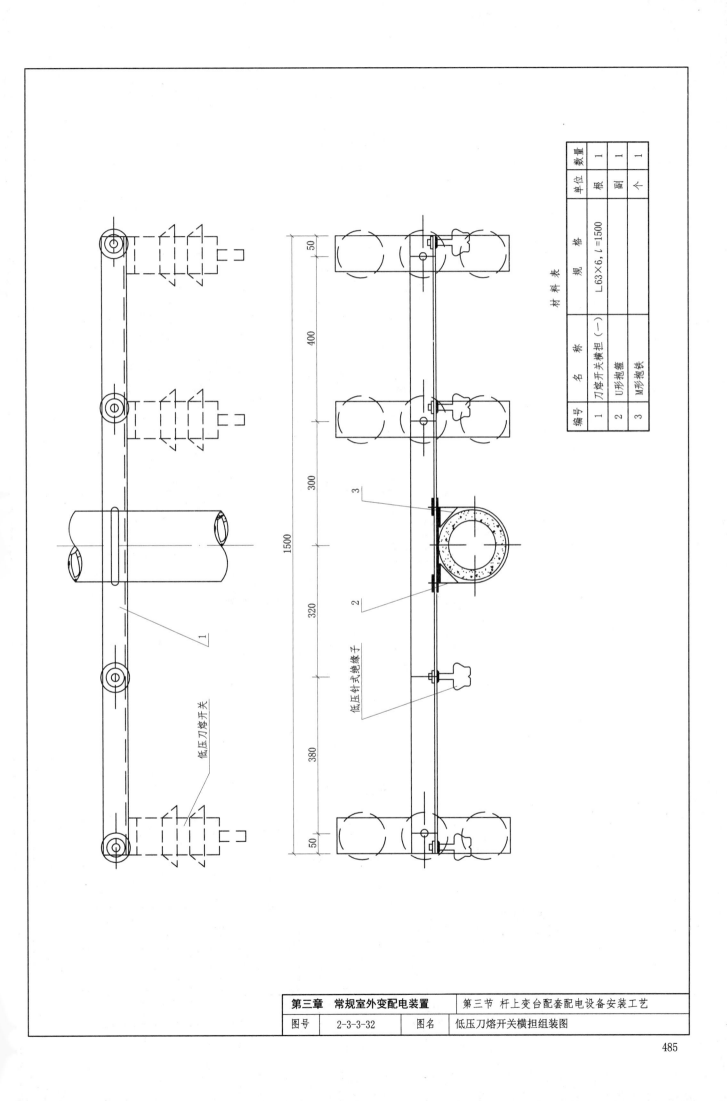

材料表

编号	名 称	规 格	单位	数量
1	刀熔开关横担（一）	L63×6, l=1.500	根	1
2	U形抱箍		副	1
3	M形抱铁		个	1

低压刀熔开关

低压针式绝缘子

图号	2-3-3-32	图名	低压刀熔开关横担组装图

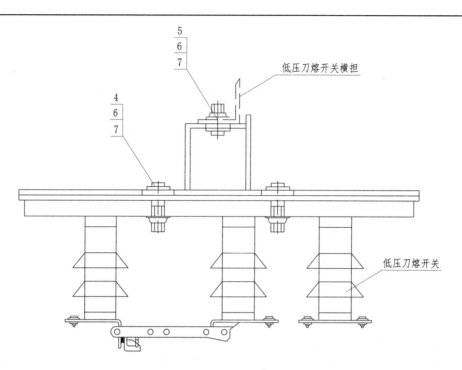

低压刀熔开关横担

低压刀熔开关

低压刀熔开关安装

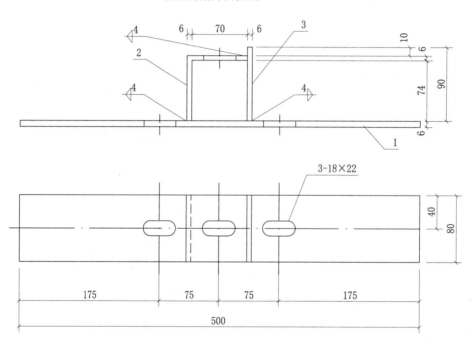

扁钢固定支架

材 料 表

编号	名　称	规　格	单位	数量
1	扁　钢	—80×6，l=500	根	1
2	扁　钢	—80×6，l=150	根	1
3	扁　钢	—80×6，l=90	根	1
4	螺　栓	M16×60	个	2
5	螺　栓	M16×35	个	1
6	螺　母	M16	个	3
7	垫　圈	16	个	6

注：（1）固定角钢应热镀锌。
　　（2）本图只适用于HRW1型户外低压熔断器式刀开关。

第三章　常规室外变配电装置	第三节　杆上变台配套配电设备安装工艺
图号　2-3-3-33	图名　低压刀熔开关扁钢固定支架加工安装图

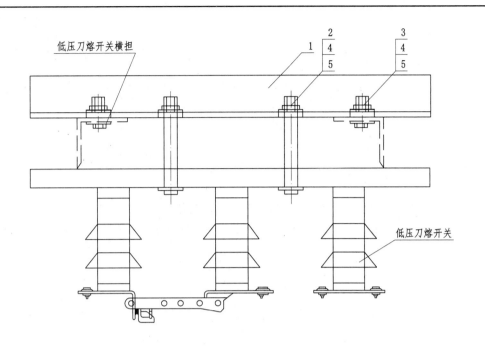

低压刀熔开关安装

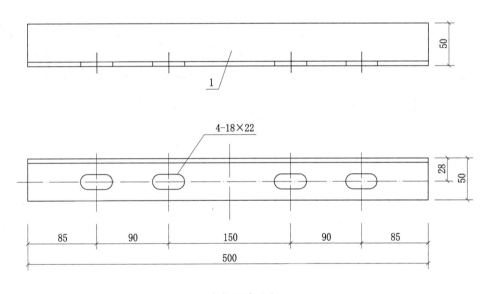

角钢固定支架

注:(1)固定角钢应热镀锌。
   (2)本图只适用于HRW1型户外低压熔断器式刀开关。

材 料 表

编号	名　称	规　　格	单位	数量
1	角　钢	L50×5, l=500	块	1
2	螺　栓	M16×130	个	2
3	螺　栓	M16×35	个	2
4	螺　母	M16	个	4
5	垫　圈	16	个	8

第三章　常规室外变配电装置	第三节 杆上变台配套配电设备安装工艺
图号 2-3-3-34	图名 低压刀熔开关角钢固定支架加工安装图

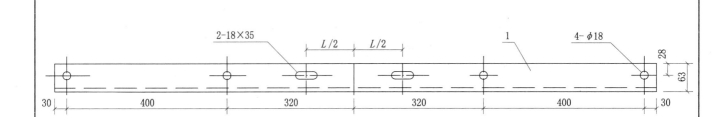

2-18×35   L/2   L/2   1   4- φ18

30   400   320   320   400   30

28   63

3- φ18

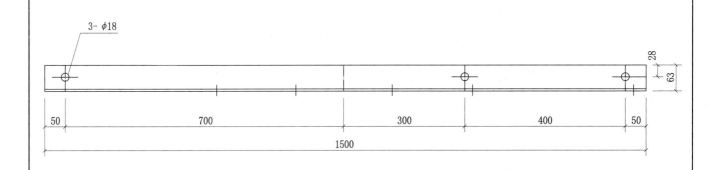

28   63

50   700   300   400   50

1500

尺 寸 表

电杆梢径	L
φ170	240
φ190	260

注：加工后热镀锌。

材 料 表

编号	名　称	规　格	单位	数量
1	角　钢	∟63×6, l=1500	块	1

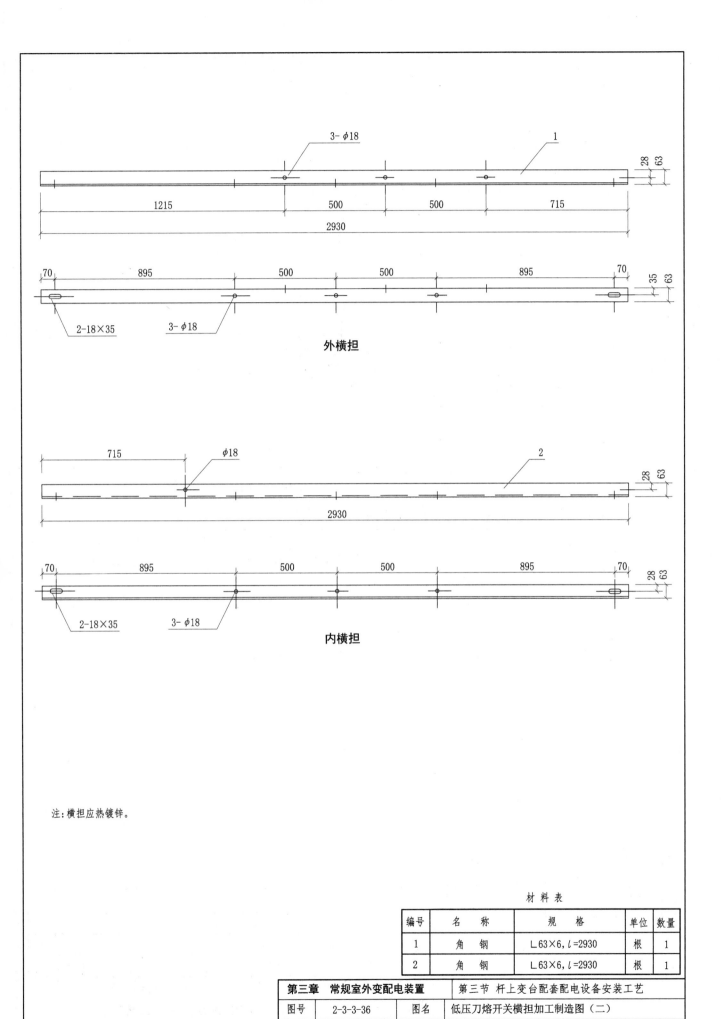

3-φ18

1

28
63

1215   500   500   715

2930

70   895   500   500   895   70

35
63

2-18×35   3-φ18

外横担

715   φ18

2

28
63

2930

70   895   500   500   895   70

28
63

2-18×35   3-φ18

内横担

注:横担应热镀锌。

材 料 表

编号	名　称	规　格	单位	数量
1	角　钢	∟63×6, l=2930	根	1
2	角　钢	∟63×6, l=2930	根	1

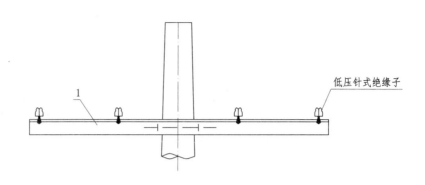

低压针式绝缘子

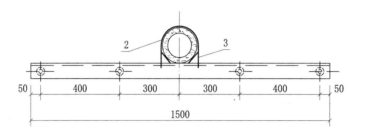

| 50 | 400 | 300 | 300 | 400 | 50 |

1500

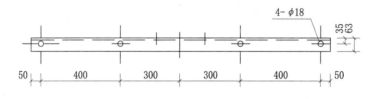

4-φ18

35
63

| 50 | 400 | 300 | 300 | 400 | 50 |

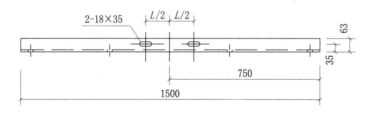

2-18×35

L/2 L/2

63

35

750

1500

尺 寸 表

电杆梢径	L
	直线横担（一）
φ170	220
φ190	240

注:横担应热镀锌。

材 料 表

编号	名　　　称	规　　　格	单位	数量
1	低压直线横担（一）	L63×6，l=1500	根	1
2	U形抱箍		副	1
3	M形抱铁		个	1

第三章　常规室外变配电装置	第三节　杆上变台配套配电设备安装工艺
图号　　2-3-3-37	图名　　低压直线横担加工制造及组装图（一）

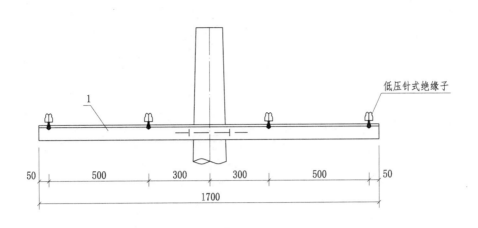

低压针式绝缘子

1

| 50 | 500 | 300 | 300 | 500 | 50 |

1700

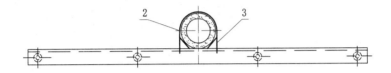

2   3

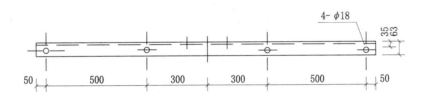

4-ϕ18

35
63

| 50 | 500 | 300 | 300 | 500 | 50 |

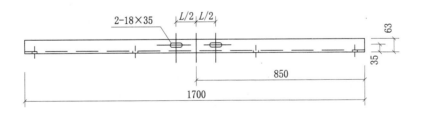

2-18×35   L/2 L/2

63
35

850

1700

尺寸表

电杆梢径	L
ϕ170	200
ϕ190	220

注：横担应热镀锌。

材料表

编号	名 称	规 格	单位	数量
1	低压直线横担（二）	L63×6,l=1700	根	1
2	U形抱箍		副	1
3	M形抱铁		个	1

第三章　常规室外变配电装置	第三节　杆上变台配套配电设备安装工艺
图号　　2-3-3-38	图名　低压直线横担加工制造及组装图（二）

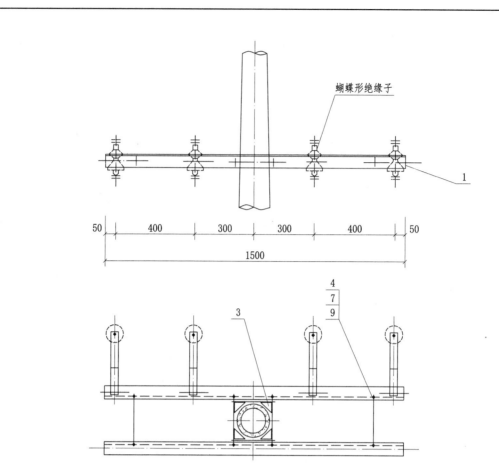

蝴蝶形绝缘子

1

| 50 | 400 | 300 | 300 | 400 | 50 |

1500

4
7
9

3

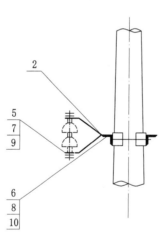

2

5
7
9

6
8
10

尺 寸 表

电杆梢径	螺栓长 L
$\phi 170$	240
$\phi 190$	260

材 料 表

编号	名 称	规 格	单位	数量
1	低压终端横担	L63×6, l=1500	根	2
2	铁拉板	—40×4×270	块	8
3	M形抱铁		个	2
4	螺 栓	M16×L	个	4
5	螺 栓	M16×130	个	4
6	螺 栓	M12×50	个	4
7	螺 母	M16	个	8
8	螺 母	M12	个	4
9	垫 圈	16	个	16
10	垫 圈	12	个	8

第三章 常规室外变配电装置	第三节 杆上变台配套配电设备安装工艺
图号　2-3-3-39	图名　低压终端横担组装图（一）

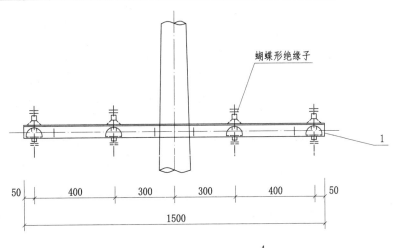

蝴蝶形绝缘子

1

| | 50 | 400 | 300 | 300 | 400 | 50 | |

1500

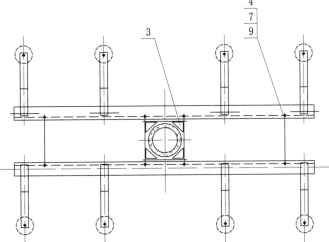

$\dfrac{4}{7}$
$\dfrac{9}{}$

3

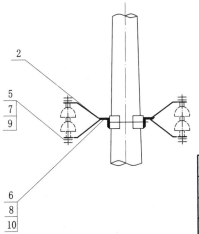

2

$\dfrac{5}{7}$
$\dfrac{9}{}$

$\dfrac{6}{8}$
$\dfrac{10}{}$

尺 寸 表

电杆梢径	L
φ170	260
φ190	280

材 料 表

编号	名　称	规　格	单位	数量
1	低压终端横担	L63×6, l=1500	根	2
2	铁拉板	—40×4×270	块	16
3	M形抱铁		个	2
4	螺　栓	M16×L	个	4
5	螺　栓	M16×130	个	8
6	螺　栓	M12×50	个	8
7	螺　母	M16	个	12
8	螺　母	M12	个	8
9	垫　圈	16	个	24
10	垫　圈	12	个	16

第三章　常规室外变配电装置	第三节 杆上变台配套配电设备安装工艺
图号　　2-3-3-40	图名　　低压终端横担组装图（二）

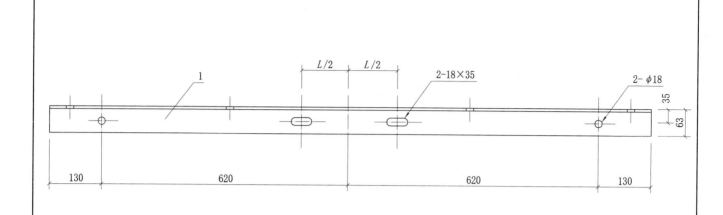

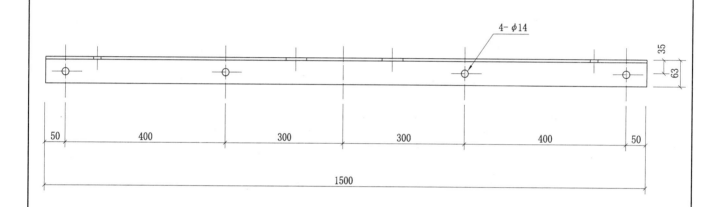

尺 寸 表

电杆梢径	L
φ170	220
φ190	240

注:横担应热镀锌。

材 料 表

序号	名 称	规 格	单位	数量
1	角 钢	L63×6, l=1500	块	1

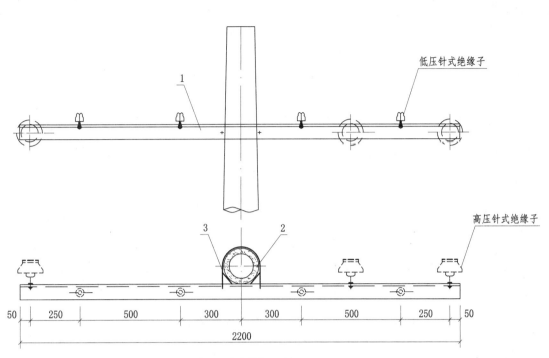

低压针式绝缘子

高压针式绝缘子

高低压引线横担组装图

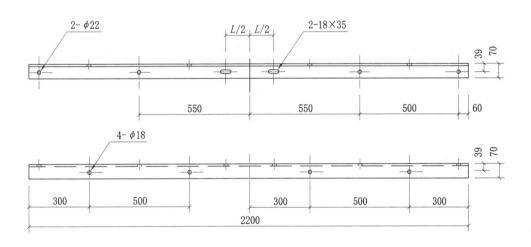

高低压引线横担加工制造图

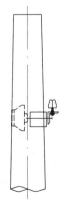

注：横担应热镀锌。

尺寸表

电杆梢径	L
φ170	220
φ190	240

材料表

编号	名 称	规 格	单位	数量
1	高压直线横担（二）	∟70×7, l=2200	根	1
2	U形抱箍		副	1
3	M形抱铁		个	1

第三章　常规室外变配电装置	第三节　杆上变台配套配电设备安装工艺
图号 2-3-3-42	图名 高低压引线横担加工制造及组装图

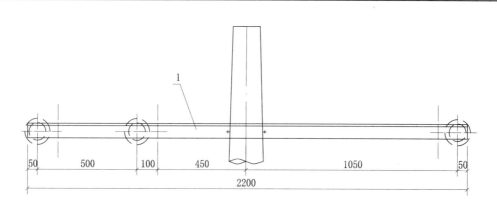

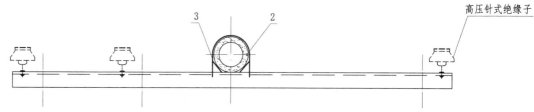

高压针式绝缘子

跌落式熔断器横担组装图

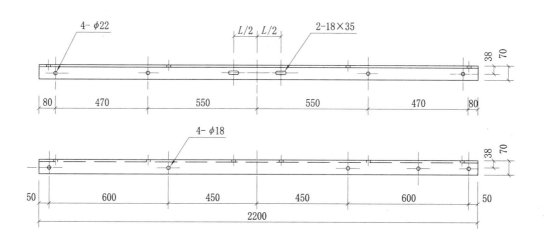

跌落式熔断器横担加工制造图

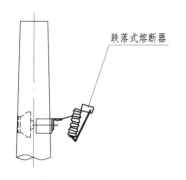

跌落式熔断器

尺 寸 表

电杆梢径	L
$\phi170$	220
$\phi190$	240

注:横担应热镀锌。

材 料 表

编号	名 称	规 格	单位	数量
1	跌落式熔断器横担	L70×7, l=2200	根	1
2	U形抱箍		副	1
3	M形抱铁		个	1

第三章 常规室外变配电装置	第三节 杆上变台配套配电设备安装工艺
图号 2-3-3-43	图名 跌落式熔断器横担加工制造及组装图

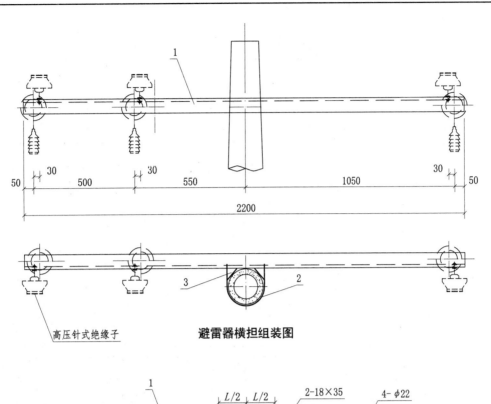

高压针式绝缘子

避雷器横担组装图

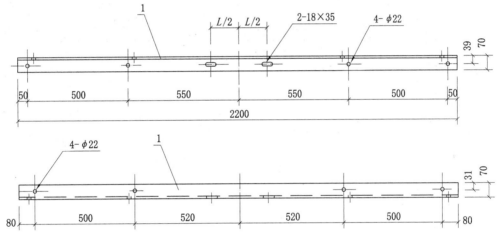

避雷器横担加工制造图

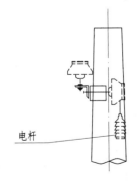

电杆

尺 寸 表

电杆梢径	L
$\phi170$	240
$\phi190$	260

注:横担应热镀锌。

材 料 表

编号	名　　　称	规　　格	单位	数量
1	高压直线横担(二)	L70×7, l=2200	根	1
2	U形抱箍		副	1
3	M形抱铁		个	1

第三章　常规室外变配电装置	第三节 杆上变台配套配电设备安装工艺	
图号	2-3-3-44	图名　避雷器横担加工制造及组装图

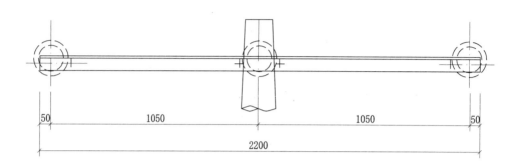

50　　　1050　　　1050　　　50

2200

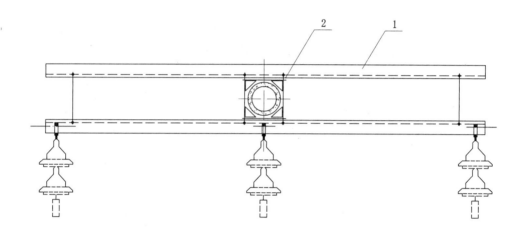

2

1

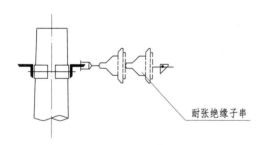

耐张绝缘子串

材　料　表

编号	名　　称	规　　格	单位	数量
1	高压终端横担	L63×6，l=2200	副	1
2	M形抱铁		个	2

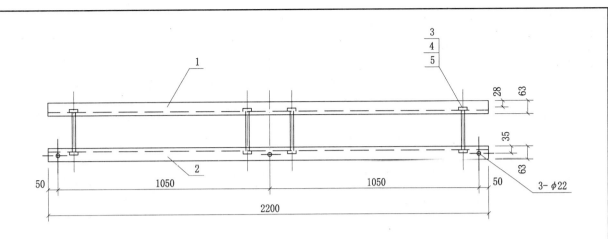

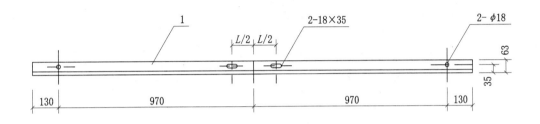

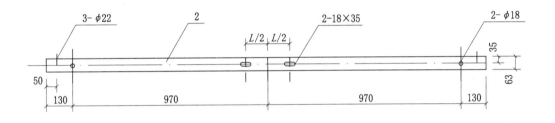

尺 寸 表

电杆梢径	L	螺栓长 L_1
$\phi170$	200	240
$\phi190$	220	260

注:横担应热镀锌。

材 料 表

编号	名 称	规 格	单位	数量
1	角 钢	∟63×6, l=2200	根	1
2	角 钢	∟63×6, l=2200	根	1
3	螺 栓	M16×L_1	个	4
4	螺 母	M16	个	4
5	垫 圈	16	个	8

第三章　常规室外变配电装置	第三节 杆上变台配套配电设备安装工艺
图号　2-3-3-46	图名　高压终端横担加工制造图

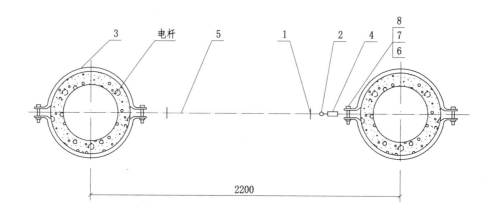

2200

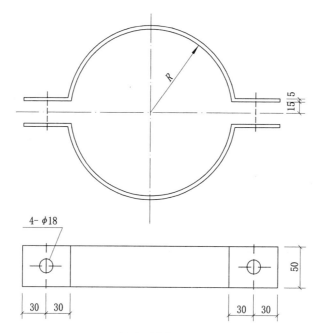

编号3制造图

抱箍尺寸表

抱铁距杆顶		R	ℓ
φ170	φ190		
1.5m以内		90	385
1.5～3.0m	1.5m以内	100	415
	1.5～3.0m	110	445

注:部件加工后热镀锌。

材料表

编号	名　称	规　格	单位	数量
1	钢线卡子	JK-1	个	2
2	钢索套环	GT0.4	个	2
3	拉线抱箍	—50×5×ℓ	副	2
4	UT型线夹	NUT-1	个	1
5	钢绞线	GJ-35	m	3.5
6	螺栓	M16×90	个	4
7	螺母	M16	个	4
8	垫圈	16	个	8

第三章　常规室外变配电装置	第三节 杆上变台配套配电设备安装工艺
图号　2-3-3-47	图名　水平拉紧装置组装工艺图

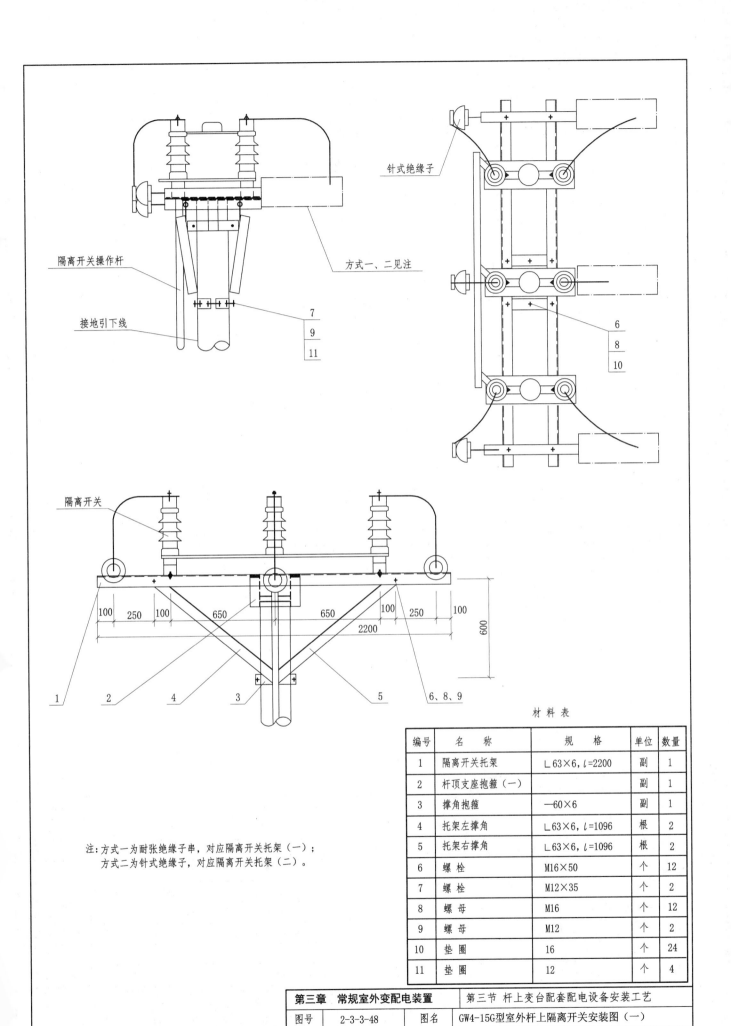

针式绝缘子

隔离开关操作杆

接地引下线

方式一、二见注

7
9
11

6
8
10

隔离开关

100 250 100   650   650   100 250 100
              2200   600

1   2   4   3   5   6、8、9

注：方式一为耐张绝缘子串，对应隔离开关托架（一）；
方式二为针式绝缘子，对应隔离开关托架（二）。

材 料 表

编号	名　　称	规　　格	单位	数量
1	隔离开关托架	∟63×6, l=2200	副	1
2	杆顶支座抱箍（一）		副	1
3	撑角抱箍	—60×6	副	1
4	托架左撑角	∟63×6, l=1096	根	2
5	托架右撑角	∟63×6, l=1096	根	2
6	螺　栓	M16×50	个	12
7	螺　栓	M12×35	个	2
8	螺　母	M16	个	12
9	螺　母	M12	个	2
10	垫　圈	16	个	24
11	垫　圈	12	个	4

第三章 常规室外变配电装置	第三节 杆上变台配套配电设备安装工艺
图号　2-3-3-48	图名　GW4-15G型室外杆上隔离开关安装图（一）

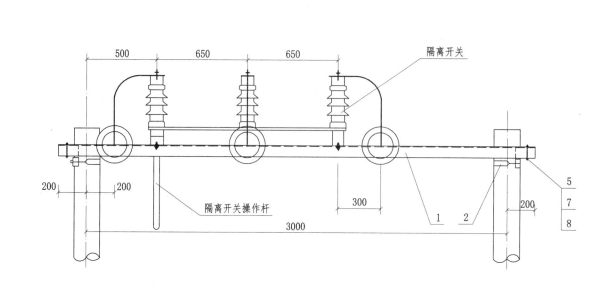

隔离开关

隔离开关操作杆

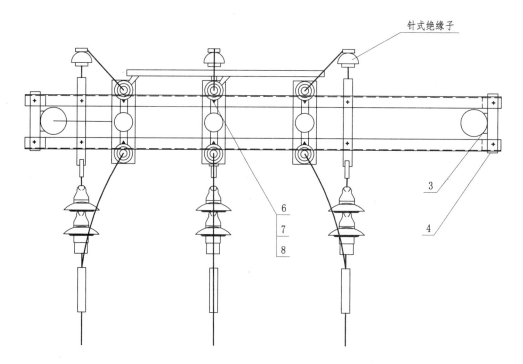

针式绝缘子

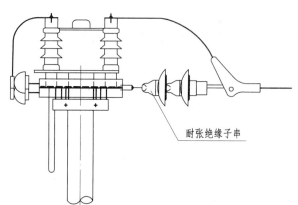

耐张绝缘子串

材 料 表

编号	名 称	规 格	单位	数量
1	隔离开关托架（三）	∟75×6，l=3400	副	1
2	U形抱箍		副	2
3	M形抱铁		个	2
4	托架横担	∟75×6，l=400	根	2
5	螺 栓	M16×110	个	4
6	螺 栓	M16×50	个	6
7	螺 母	M16	个	10
8	垫 圈	16	个	20

第三章　常规室外变配电装置	第三节 杆上变台配套配电设备安装工艺
图号　2-3-3-49	图名　GW4-15G型室外杆上隔离开关安装图（二）

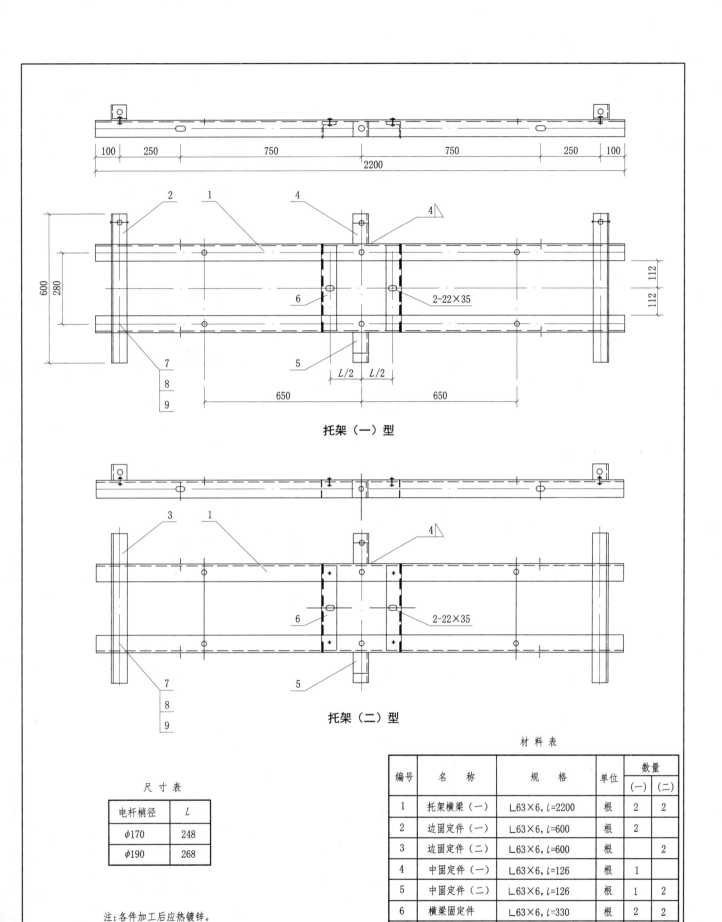

托架（一）型

托架（二）型

尺寸表

电杆梢径	L
φ170	248
φ190	268

注：各件加工后应热镀锌。

材料表

编号	名　称	规　格	单位	数量	
				（一）	（二）
1	托架横梁（一）	L63×6，l=2200	根	2	2
2	边固定件（一）	L63×6，l=600	根	2	
3	边固定件（二）	L63×6，l=600	根		2
4	中固定件（一）	L63×6，l=126	根	1	
5	中固定件（二）	L63×6，l=126	根	1	2
6	横梁固定件	L63×6，l=330	根	2	2
7	螺栓	M16×50	个	8	8
8	螺母	M16	个	8	8
9	垫圈	16	个	16	16

第三章　常规室外变配电装置	第三节 杆上变台配套配电设备安装工艺
图号　2-3-3-50	图名　隔离开关托架(一)型和(二)型加工制造组装工艺图

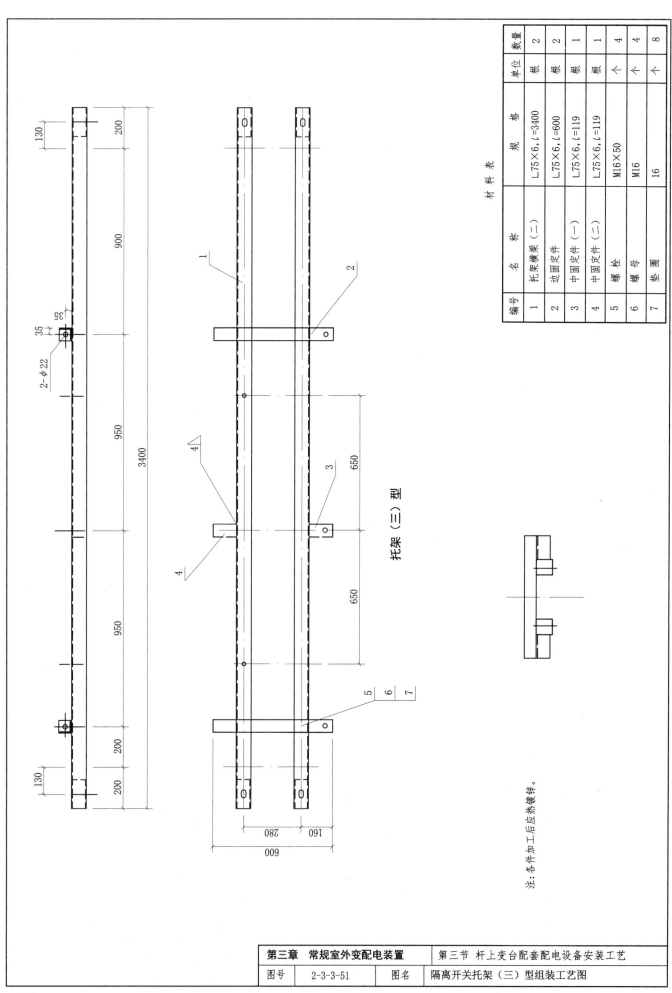

托架（三）型

材 料 表

编号	名 称	规 格	单位	数量
1	托架横梁（二）	L75×6, l=3400	根	2
2	边固定件	L75×6, l=600	根	2
3	中间定件（一）	L75×6, l=119	根	1
4	中间定件（二）	L75×6, l=119	根	1
5	螺栓	M16×50	个	4
6	螺母	M16	个	4
7	垫圈	16	个	8

注：各件加工后应热镀锌。

第三章 常规室外变配电装置	第三节 杆上变台配套配电设备安装工艺
图号 2-3-3-51	图名 隔离开关托架（三）型组装工艺图

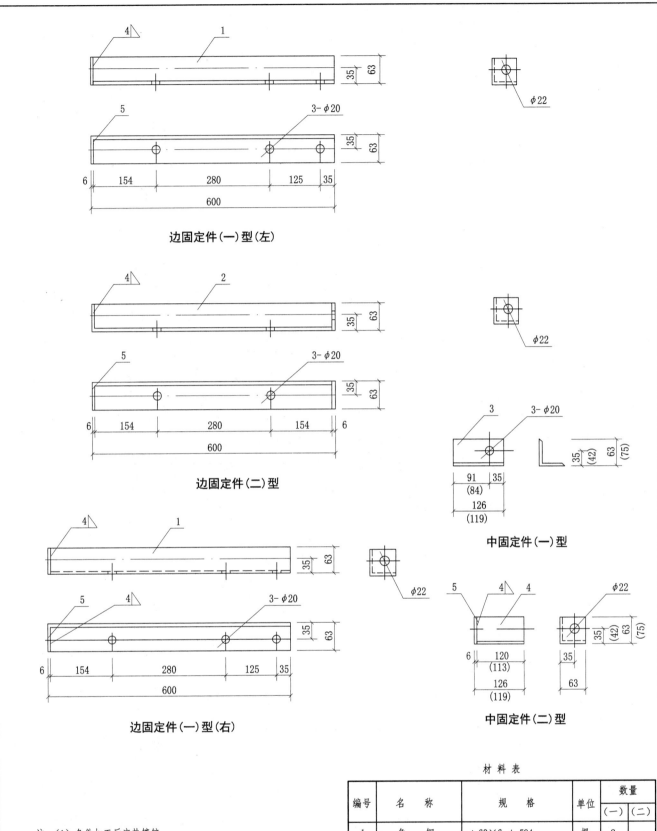

边固定件(一)型(左)

边固定件(二)型

边固定件(一)型(右)

中固定件(一)型

中固定件(二)型

注：(1) 各件加工后应热镀锌。
(2) 本图适用于隔离开关托架（一）、（二）、（三）。
当为（三）型时，用括号内数字。

材 料 表

编号	名 称	规 格	单位	数量	
				(一)	(二)
1	角 钢	L63×6, l=594	根	2	
2	角 钢	L63×6, l=588	根		2
3	角 钢	L63×6, l=126	根	1	
4	角 钢	L63×6, l=120	根	1	2
5	钢 板	-63×6, δ=6	块	3	6

第三章 常规室外变配电装置	第三节 杆上变台配套配电设备安装工艺
图号 2-3-3-52	图名 隔离开关托架上绝缘子固定件(一)型、(二)型加工制造图

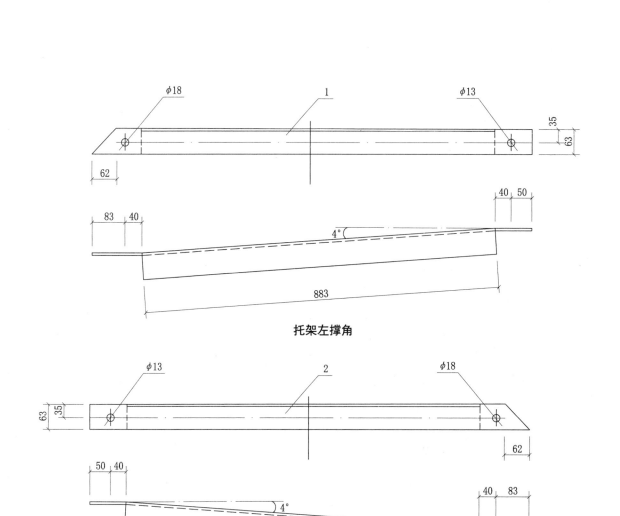

托架左撑角

托架右撑角

注:各件加工后应热镀锌。

材 料 表

编号	名 称	规 格	单位	数量
1	角 钢	L 63×6,l=1096	根	1
2	角 钢	L 63×6,l=1096	根	1

第三章 常规室外变配电装置	第三节 杆上变台配套配电设备安装工艺
图号 2-3-3-53	图名 隔离开关托架撑角加工制造图

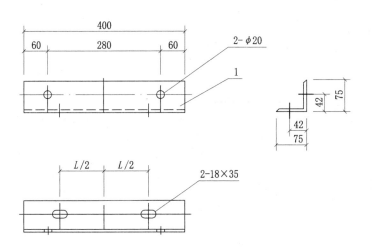

隔离开关托架横担

注：各件加工后应热镀锌。

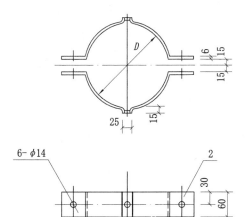

撑角抱箍

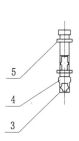

撑角抱箍尺寸

型 号	D 值	下 料 长 l	适应电杆梢径
1	180	410	φ170
2	200	445	φ190

尺寸表

电杆梢径	L
φ170	200
φ190	220

材 料 表

编号	名 称	规 格	单位	数量
1	角 钢	∟75×6, l=400	根	1
2	扁 钢	—60×6×l	根	2
3	螺 栓	M12×70	个	2
4	螺 母	M12	个	2
5	垫 圈	12	个	4

第三章　常规室外变配电装置		第三节　杆上变台配套配电设备安装工艺
图号	2-3-3-54	图名　隔离开关托架横担、撑角抱箍加工制造图

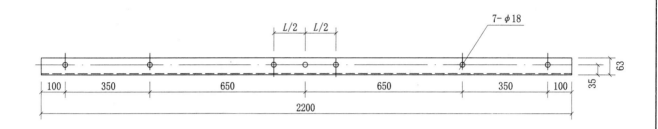

尺 寸 表

电杆梢径	L
φ170	248
φ190	268

注:各件加工后应热镀锌。

材 料 表

编号	名 称	规 格	单位	数量
1	角 钢	L63×6, l=2200	根	1

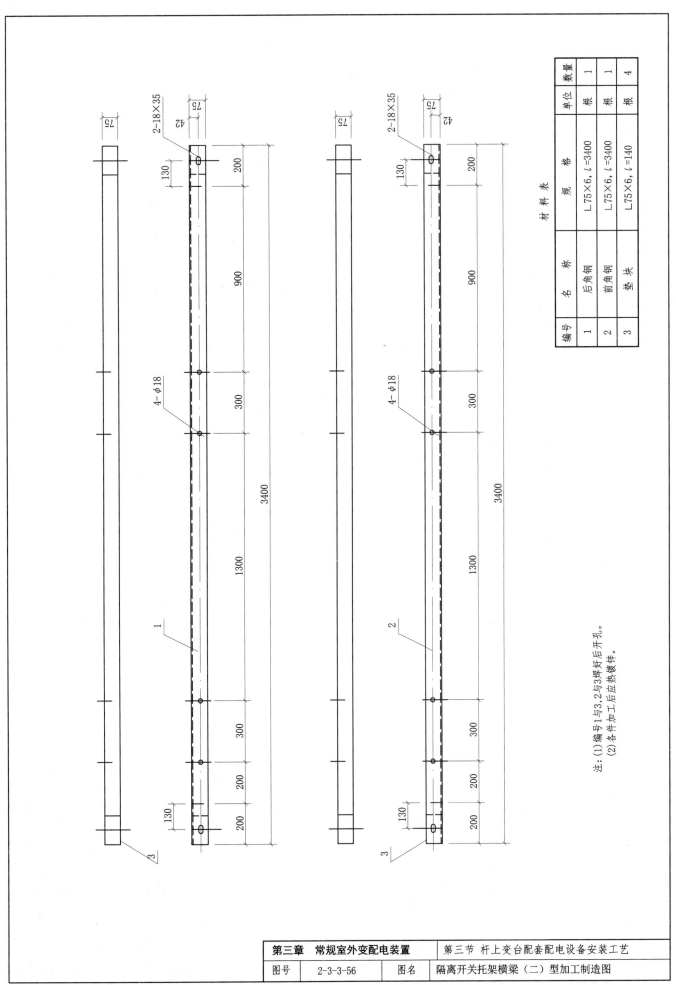

编号	名 称	规 格	单位	数量
1	后角钢	L75×6, l=3400	根	1
2	前角钢	L75×6, l=3400	根	1
3	垫 块	L75×6, l=140	根	4

材 料 表

注：(1) 编号1与3,2与3焊好后开孔。
(2) 各件加工后应热镀锌。

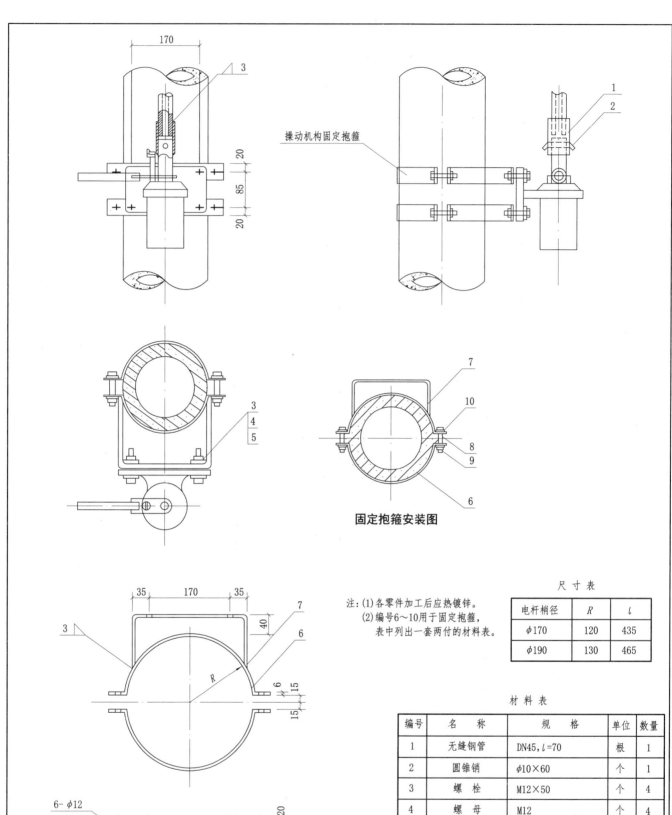

操动机构固定抱箍

固定抱箍安装图

固定抱箍制造图

注：(1) 各零件加工后应热镀锌。
　　(2) 编号6～10用于固定抱箍，
　　　　表中列出一套两付的材料表。

尺 寸 表

电杆梢径	R	l
φ170	120	435
φ190	130	465

材 料 表

编号	名　称	规　格	单位	数量
1	无缝钢管	DN45, l=70	根	1
2	圆锥销	φ10×60	个	1
3	螺栓	M12×50	个	4
4	螺母	M12	个	4
5	垫圈	12	个	8
6	扁钢	—40×6×l	块	2
7	扁钢	—40×6, l=400	块	1
8	螺栓	M10×70	个	2
9	螺母	M10	个	2
10	垫圈	10	个	4

第三章　常规室外变配电装置	第三节　杆上变台配套配电设备安装工艺
图号　2-3-3-57	图名　CS11G操动机构固定抱箍加工安装图及操动机构安装图（一）

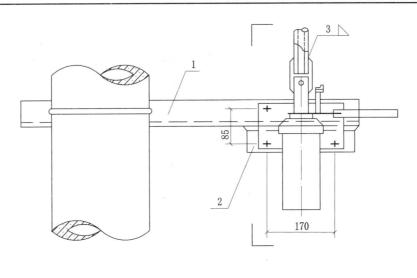

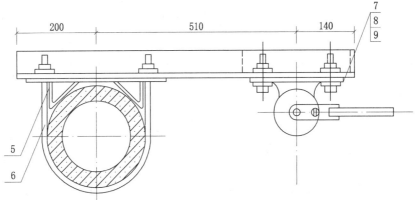

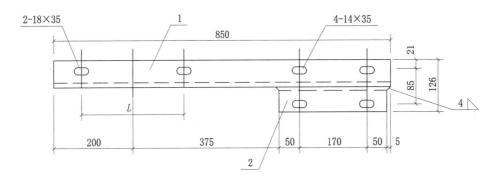

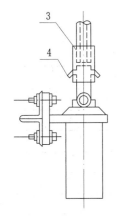

尺寸及型号表

电杆梢径	L	M形抱铁及 U形抱箍型号
φ170	260	Ⅳ
φ190	280	Ⅴ

注：各零件加工后应热镀锌。

材 料 表

编号	名 称	规 格	单位	数量
1	角 钢	L63×6，l=850	根	1
2	角 钢	L63×6，l=270	根	1
3	无缝钢管	DN45，l=70	根	1
4	圆锥销	φ10×60	个	1
5	M形抱铁	见尺寸及型号表	个	1
6	U形抱箍	见尺寸及型号表	副	1
7	螺 栓	M12×50	个	4
8	螺 母	M12	个	4
9	垫 圈	12	个	8

第三章　常规室外变配电装置	第三节　杆上变台配套配电设备安装工艺
图号　2-3-3-58	图名　CS11G操动机构固定抱箍加工安装图及操动机构安装图（二）

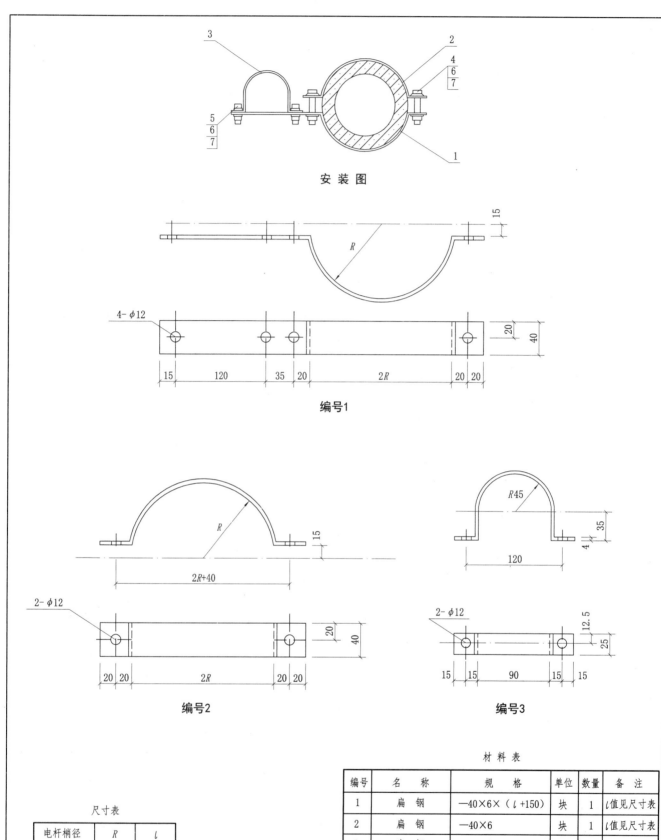

安 装 图

编号1

编号2

编号3

尺寸表

电杆梢径	R	l
$\phi170$	90	340
$\phi190$	100	370

注:各零件加工后应热镀锌。

材 料 表

编号	名 称	规 格	单位	数量	备 注
1	扁 钢	—40×6×(l+150)	块	1	l值见尺寸表
2	扁 钢	—40×6	块	1	l值见尺寸表
3	扁 钢	—25×4×275	块	1	
4	螺 栓	M10×70	个	2	
5	螺 栓	M10×50	个	2	
6	螺 母		个	4	
7	垫 圈	10	个	8	

第三章 常规室外变配电装置	第三节 杆上变台配套配电设备安装工艺
图号 2-3-3-59	图名 隔离开关操作杆限位卡箍(扁钢制作)加工方法和安装工艺图

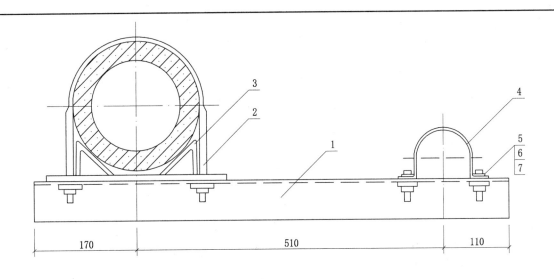

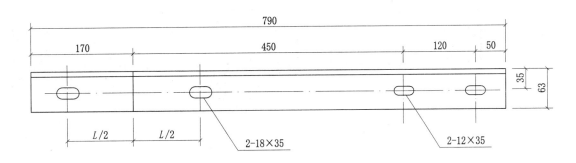

编号1

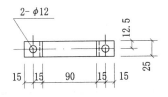

2-ϕ12

2-12×35

2-18×35

尺寸及型号表

电杆梢径	L	M形抱铁及U形抱箍型号
ϕ170	220	I
ϕ190	240	II

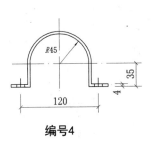

编号4

注:各零件加工后应热镀锌。

材料表

编号	名 称	规 格	单位	数量
1	角 钢	L63×6, l=790	根	1
2	U形抱箍	见尺寸及型号表	副	1
3	M形抱铁	见尺寸及型号表	个	2
4	操作杆卡箍	-25×4×275	个	1
5	螺 栓	M10×50	个	2
6	螺 母	M10	个	2
7	垫 圈	10	个	4

第三章 常规室外变配电装置	第三节 杆上变台配套配电设备安装工艺
图号 2-3-3-60 图名	隔离开关操作杆限位卡箍用U形抱箍安装工艺图

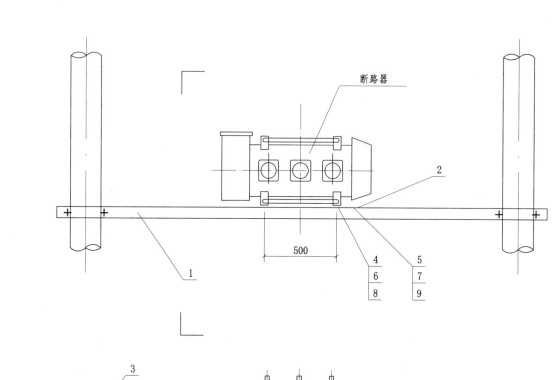

断路器

500

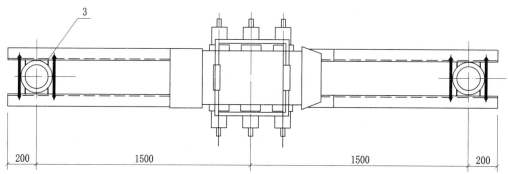

200　　　1500　　　　1500　　200

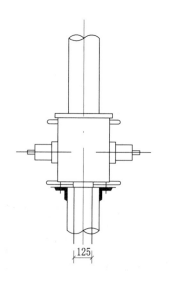

125

材　料　表

编号	名　称	规　格	单位	数量
1	断路器横担	∟75×6, l=3400	副	1
2	固定板		副	1
3	M形抱铁		个	4
4	螺　栓	M12×40	个	4
5	螺　栓	M16×40	个	4
6	螺　母	M12	个	4
7	螺　母	M16	个	4
8	垫　圈	12	个	8
9	垫　圈	16	个	8

第三章　常规室外变配电装置		第三节　杆上变台配套配电设备安装工艺	
图号	2-3-3-61	图名	六氟化硫柱上断路器在杆上横担安装工艺图

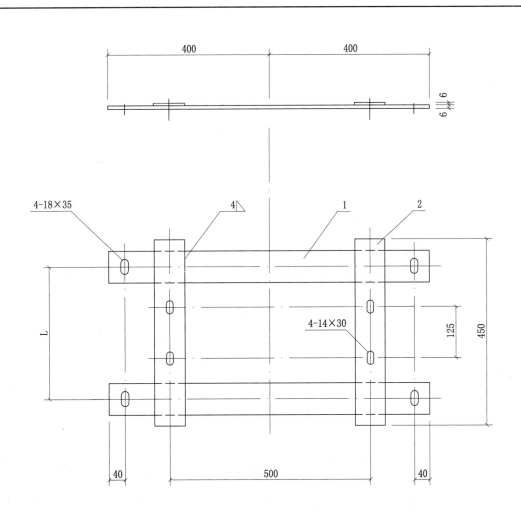

尺寸表

电杆梢径	L
$\phi170$	300
$\phi190$	320

注:各零件加工后应热镀锌。

材 料 表

编号	名　称	规　格	单位	数量
1	扁　钢	$-75\times6, l=800$	块	2
2	扁　钢	$-75\times6, l=450$	块	2

第三章　常规室外变配电装置	第三节 杆上变台配套配电设备安装工艺
图号　2-3-3-62	图名　六氟化硫柱上断路器固定板加工制造图

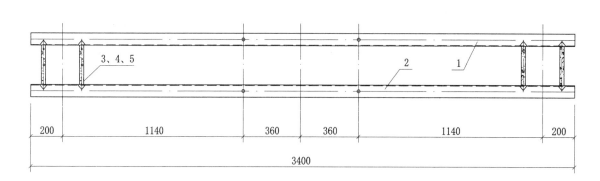

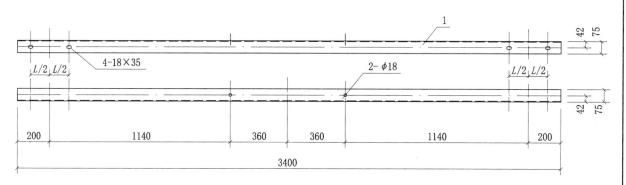

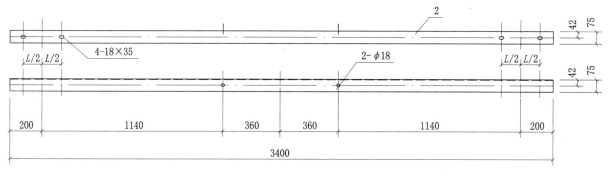

尺寸表

电杆梢径	L	螺栓长
$\phi170$	220	270
$\phi190$	240	290

注:各零件加工后应热镀锌。

材 料 表

编号	名 称	规 格	单位	数量
1	角 钢	L75×6，l=3400	根	1
2	角 钢	L75×6，l=3400	根	1
3	螺 栓	M16 长度见上表	个	4
4	螺 母	M16	个	4
5	垫 圈	16	个	8

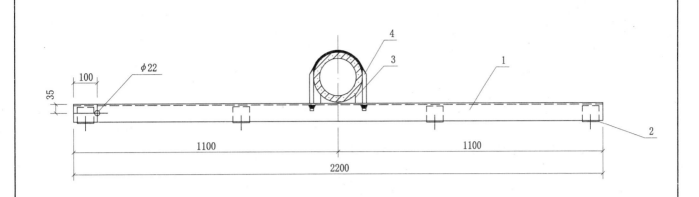

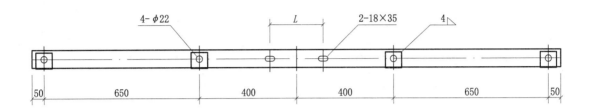

尺寸及型号表

电杆梢径	L	M形抱铁及U形抱箍型号
$\phi 170$	200	Ⅰ
$\phi 190$	220	Ⅱ

注:各零件加工后应热镀锌。

材 料 表

编号	名 称	规 格	单位	数量
1	角 钢	L63×6, l=2200	根	1
2	角 钢	L63×6, l=70	根	4
3	M形抱铁	见上表	个	1
4	U形抱箍	见上表	副	1

第三章　常规室外变配电装置	第三节　杆上变台配套配电设备安装工艺
图号　2-3-3-64	图名　单杆单横担组装工艺图（一）

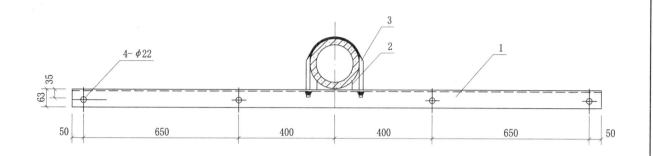

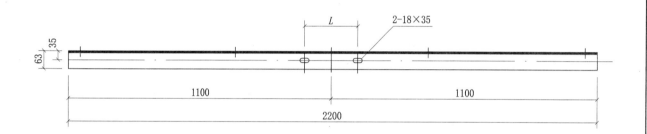

注:各零件加工后应热镀锌。

尺寸及型号表

电杆梢径及距杆顶距离		L	M形抱铁及 U形抱箍型号
φ170	φ190		
1.5m以内		200	Ⅰ
1.5～3.0m	1.5m以内	220	Ⅱ
3.0～4.5m	1.5～3.0m	240	Ⅲ
	3.0～4.5m	260	Ⅳ

材　料　表

编号	名　　称	规　格	单位	数量
1	角　钢	∟63×6, l=2200	根	1
2	M形抱铁	见上表	个	1
3	U形抱箍	见上表	副	1

第三章　常规室外变配电装置	第三节　杆上变台配套配电设备安装工艺
图号　　2-3-3-65	图名　　单杆单横担组装工艺图（二）

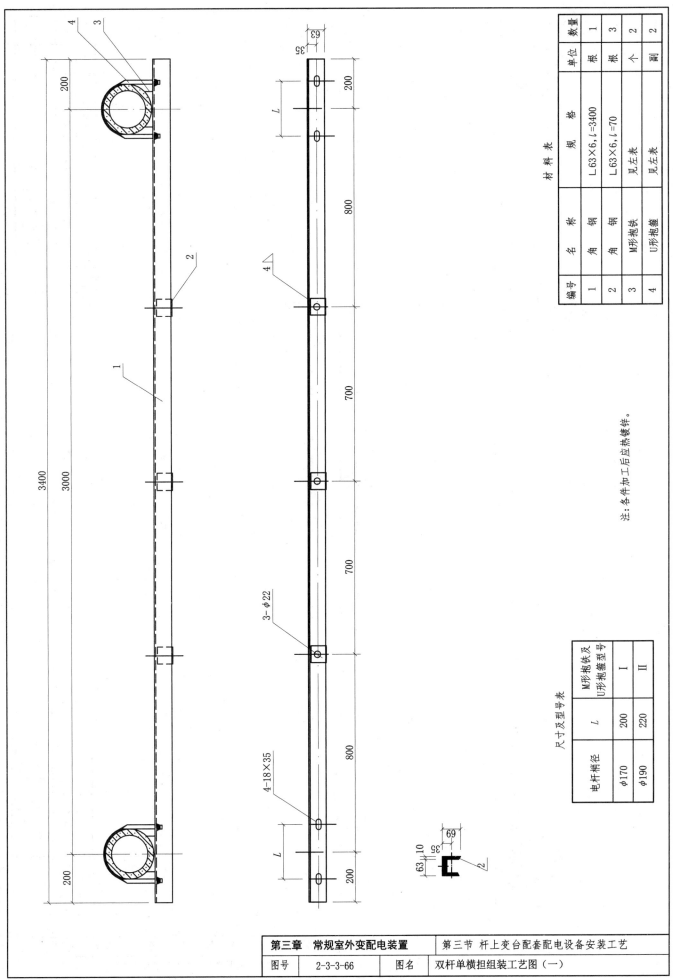

材 料 表

编号	名 称	规 格	单位	数量
1	角钢	L63×6, l=3400	根	1
2	角钢	L63×6, l=70	根	3
3	M形抱铁	见左表	个	2
4	U形抱箍	见左表	副	2

注：各件加工后应热镀锌。

尺寸及型号表

电杆梢径	L	M形抱铁及U形抱箍型号
φ170	200	I
φ190	220	II

图号	2-3-3-66	图名	双杆单横担组装工艺图（一）

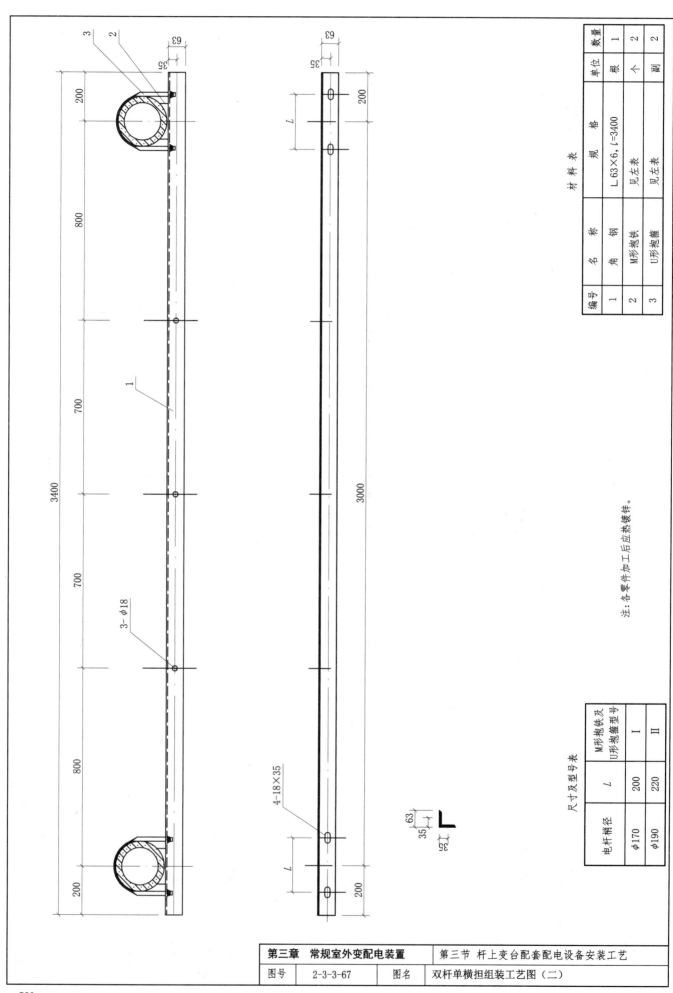

材 料 表

编号	名 称	规 格	单位	数量
1	角 钢	L 63×6，*l*=3400	根	1
2	M形抱铁	见左表	个	2
3	U形抱箍	见左表	副	2

注：各零件加工后应热镀锌。

尺寸及型号表

电杆梢径	*L*	M形抱铁及 U形抱箍型号
∮170	200	Ⅰ
∮190	220	Ⅱ

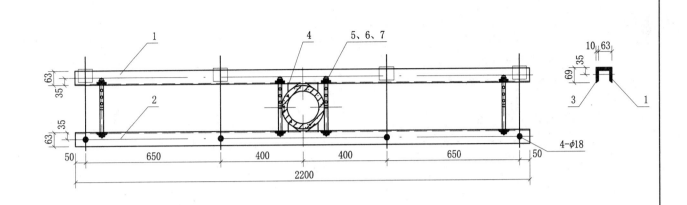

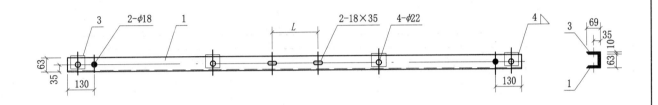

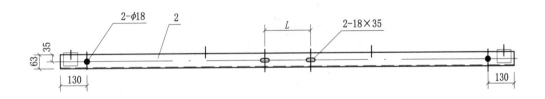

尺寸及型号表

电杆梢径	L	螺栓长	M形抱铁型号
φ170	220	260	II
φ190	240	280	III

注：各零件加工后应热镀锌。

材 料 表

编号	名　称	型号及规格	单位	数量
1	角 钢	L63×6, l=2200	根	1
2	角 钢	L63×6, l=2200	根	1
3	角 钢	L63×6, l=70	根	4
4	M形抱铁	见上表	个	2
5	螺 栓	M16 长度见上表	个	4
6	螺 母	M16	个	4
7	垫 圈	16	个	8

第三章 常规室外变配电装置	第三节 杆上变台配套配电设备安装工艺
图号　2-3-3-68	图名　单杆双横担组装工艺图（一）

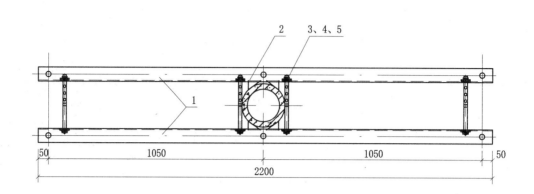

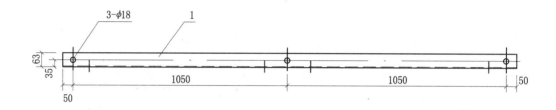

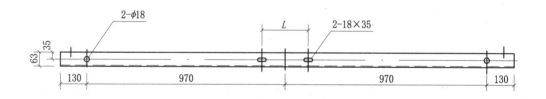

尺寸及型号表

电杆梢径	L	螺栓长	M形抱铁型号
φ170	200	240	Ⅰ
φ190	220	260	Ⅱ

注：各零件加工后应热镀锌。

材 料 表

编号	名　称	型号及规格	单位	数量
1	角钢	∟63×6, l=2200	根	2
2	M形抱铁	见上表	个	2
3	螺栓	M16 长度见上表	个	4
4	螺母	M16	个	4
5	垫圈	16	个	8

第三章　常规室外变配电装置		第三节　杆上变台配套配电设备安装工艺
图号	2-3-3-69	图名
		单杆双横担组装工艺图（二）

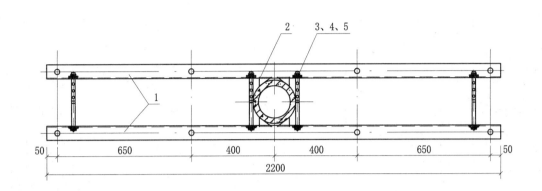

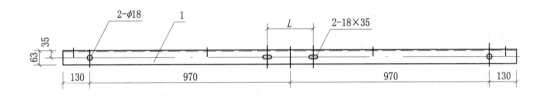

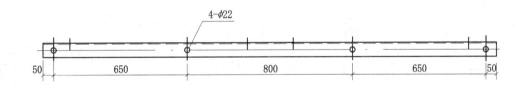

尺寸及型号表

电杆梢径	L	螺栓长	M形抱铁型号
$\phi170$	240	280	III
$\phi190$	260	300	IV

注：各零件加工后应热镀锌。

材 料 表

编号	名 称	型号及规格	单位	数量
1	角 钢	∟63×6，l=2200	根	2
2	M形抱铁	见上表	个	2
3	螺 栓	M16 长度见上表	个	4
4	螺 母	M16	个	4
5	垫 圈	16	个	8

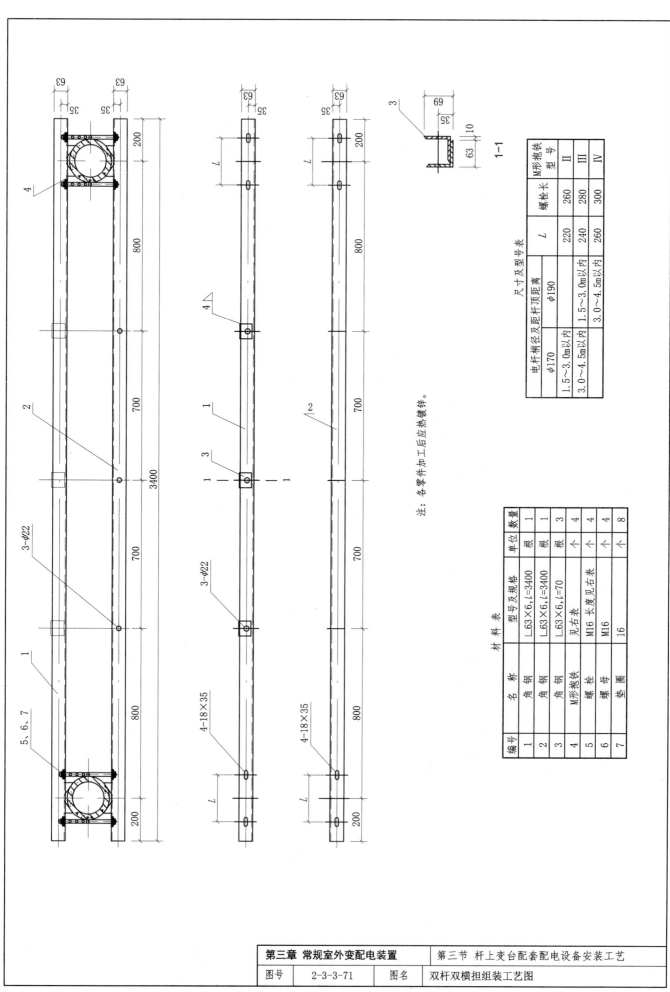

注：各零件加工后应热镀锌。

尺寸及型号表

电杆梢径及距杆顶距离		φ170	φ190	L	螺栓长	M形抱铁型号
		1.5～3.0m以内	1.5～3.0m以内	220	260	II
		3.0～4.5m以内	1.5～3.0m以内	240	280	III
			3.0～4.5m以内	260	300	IV

材 料 表

编号	名 称	型号及规格	单位	数量
1	角钢	L63×6, l=3400	根	1
2	角钢	L63×6, l=3400	根	1
3	角钢	L63×6, l=70	根	3
4	M形抱铁	见右表	个	4
5	螺栓	M16 长度见右表	个	4
6	螺母	M16	个	4
7	垫圈	16	个	8

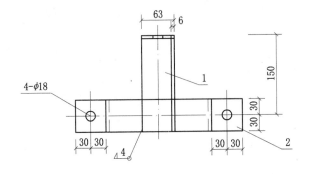

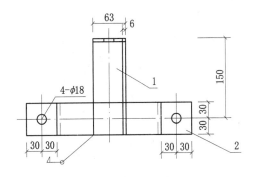

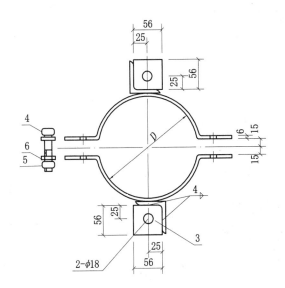

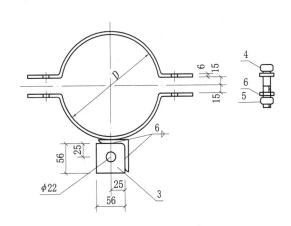

杆顶支座抱箍（一）型制造图　　　　　杆顶支座抱箍（二）型制造图

尺 寸 表

电杆梢径	D	下料长 L
φ170	172	370
φ190	192	400

注：加工后热镀锌。

材 料 表

编号	名　称	型号及规格	单位	数　量	
				（一）	（二）
1	角钢	∟63×6,l=180	根	2	1
2	扁钢	—63×6×L	块	2	2
3	扁钢	—56×6,l=56	块	2	1
4	螺栓	M16×70	个	2	2
5	螺母	M16	个	2	2
6	垫圈	16	个	4	4

第三章 常规室外变配电装置		第三节 杆上变台配套配电设备安装工艺
图号	2-3-3-72	图名	杆顶支座抱箍制造组装图

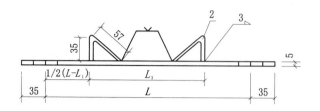

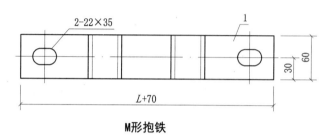

M形抱铁

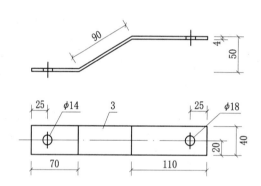

铁拉板制造图

材 料 表

编号	名　称	规　格	单位	数量
1	扁钢	—60×5×(L+70)	块	1
2	扁钢	—60×5×95	块	2
3	扁钢	—40×4×270	块	1

注：加工后热镀锌。

尺 寸 表

型号	抱铁距杆顶		L_1	L
	φ170	φ190		
Ⅰ	1.5m以内		139	200
Ⅱ	1.5～3.0m	1.5m以内	145	220
Ⅲ	3.0～4.5m	1.5～3.0m	151	240
Ⅳ	4.5～6.0m	3.0～4.5m	157	260
Ⅴ		4.5～6.0m	163	280
Ⅵ		6.0～7.0m	169	300

第三章　常规室外变配电装置		第三节　杆上变台配套配电设备安装工艺
图号	2-3-3-73	图名　M形抱铁及铁拉板制造图

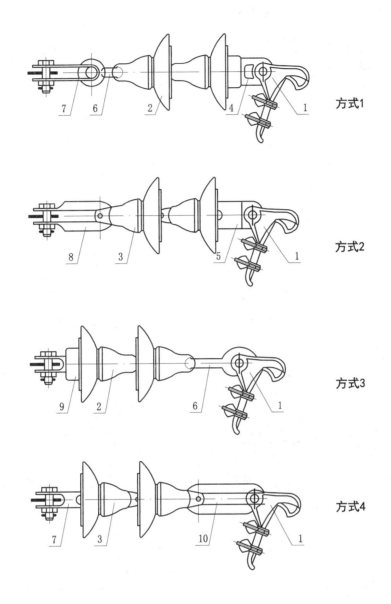

方式1

方式2

方式3

方式4

耐张线夹选择表

型　号	适用导线直径/mm	适用导线范围/mm²	
		LJ	LGJ
NLL-16	5.1～11.5	16～70	16～50
NLL-19	7.5～15.75	35～150	35～95
NLL-22	8.16～18.9	50～210	35～120
NLL-29	11.4～21.66	95～240	70～240

注：（1）悬式绝缘子也可以用FXBW、XWP₁（防污型）。
　　（2）选用球型或槽型由工程设计决定。
　　（3）方式3、4适用于需要倒挂的场合。

材　料　表

编号	名称	型号及规格	单位	各方式数量			
				1	2	3	4
1	耐张线夹	NLL型	个	1	1	1	1
2	盘形悬式绝缘子	XP-70	个	2	-	2	-
3	盘形悬式绝缘子	XP-70C	个	-	2	-	2
4	碗头挂板	W-70A	个	1	-	-	-
5	平行挂板	P-70	个	-	1	-	-
6	球头挂环	Q-70	个	1	-	1	-
7	直角挂板	Z-70	个	1	-	-	1
8	U形挂环	U-70	个	-	1	-	-
9	碗头挂板	WS-70	个	-	-	1	-
10	延长环	PH-70	个	-	-	-	1
11	钳包线	1×10	kg	0.2	0.2	0.2	0.2

第三章　常规室外变配电装置		第三节　杆上变台配套配电设备安装工艺
图号	2-3-3-74	图名　耐张绝缘子串组装图

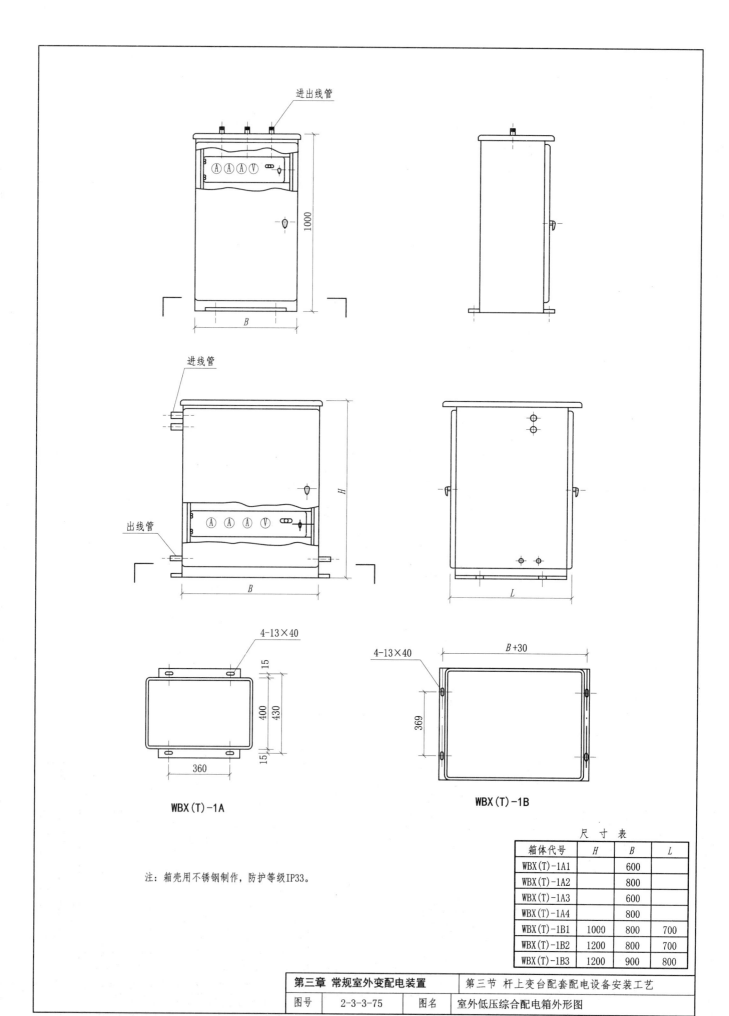

进出线管

进线管

出线管

4-13×40

15
400
430
15

360

WBX(T)-1A

4-13×40

369

B+30

WBX(T)-1B

注：箱壳用不锈钢制作，防护等级IP33。

尺　寸　表

箱体代号	H	B	L
WBX(T)-1A1		600	
WBX(T)-1A2		800	
WBX(T)-1A3		600	
WBX(T)-1A4		800	
WBX(T)-1B1	1000	800	700
WBX(T)-1B2	1200	800	700
WBX(T)-1B3	1200	900	800

第三章　常规室外变配电装置	第三节　杆上变台配套配电设备安装工艺		
图号	2-3-3-75	图名	室外低压综合配电箱外形图

方案编号	WBX(T)-1A1		WBX(T)-1A2		WBX(T)-1A3		WBX(T)-1A4	
一次线路方案								
适用变压器容量	30~50kVA		63~125kVA		30~50kVA		63~125kVA	
箱体代号	WBX(T)-1A1		WBX(T)-1A2		WBX(T)-1A3		WBX(T)-1A4	
箱体外形尺寸	1000×600×400		1000×800×400		1000×600×400		1000×800×400	
电器元件名称	型号及规格	数量	型号及规格	数量	型号及规格	数量	型号及规格	数量
刀开关	HH11-100/3	1			HD11-200/38	1	HD11-200/39	1
负荷开关			HH11-100/3	2				
熔断器					D220-200/□	1	D220-200/□	1
断路器							D220-100/□	1
交流接触器								
接触器指示灯								
避雷器	Y3W-0.28/1.3	3	Y3W-0.28/1.3	3	Y3W-0.28/1.3	3	Y3W-0.28/1.3	3
电流互感器	LMZJ1-0.5 100/5	3	LMZJ1-0.5 200/5 LMZJ1-0.5 100/5	3 3	LMZJ1-0.5 100/5	3	LMZJ1-0.5 200/5 LMZJ1-0.5 100/5	3 3
电流表	62T51-A 100/5A	3	62T51-A 200/5A	3	62T51-A 100/5A	3	62T51-A 200/5A	3
有功电能表	DT862a 380/220V 100/5A	1	DT862a 380/220V 200/5A	1	DT862a 380/220V 100/5A	1	DT862a 380/220V 200/5A	1
无功电能表								
电压表	62T51-V 0~450V	1	62T51-V 0~450V	1	62T51-V 0~450V	1	62T51-V 0~450V	1
电压转换开关	LW12-16/54102T	1	LW12-16/54102T	1	LW12-16/54102T	1	LW12-16/54102T	1
放电指示灯								

第三章 常规室外变配电装置		第三节 杆上变台配套配电设备安装工艺
图号	2-3-3-76	图名 室外低压综合配电箱线路方案和电器元件（一）

注：
(1) 带（T）的保温型箱，在周围环境温度高于-40℃时应能保证箱内电能表正常工作。
(2) 电流互感器变比可根据工程需要加以变更。
(3) 放电指示灯只有在杆上表有低压并联电容器或工程需要时才安设。

方案编号	WBX(T)-1B1 型号及规格	数量	WBX(T)-1B2 型号及规格	数量	WBX(T)-1B3 型号及规格	数量
一次线路方案	（接线图）		（接线图）		（接线图）	
适用变压器容量	160~250kVA		160~250kVA		200~315kVA	
箱体代号	WBX(T)-1B1		WBX(T)-1B2		WBX(T)-1B3	
箱体外形尺寸	1000×800×700		1200×800×700		1200×900×800	
电器元件名称	型号及规格	数量	型号及规格	数量	型号及规格	数量
刀开关	HD11-400/39	1	HD11-400/39	1	HD11-600/39	1
负荷开关						
熔断器					NT2 400/□	6
断路器	DZ20-200/□	2	DZ20-200/□	1	DZ20-100/□	1
断路器			DZ20-100/□	2		
交流接触器	CJ20-250/3	2			CJ20-250/3	2
交流接触器指示灯	AD11-25/41-1G，~380V 绿色	3			AD11-25/41-1G，~380V 绿色	2
避雷器	Y3W-0.28/1.3	3	Y3W-0.28/1.3	3	Y3W-0.28/1.3	3
电流互感器	LMZJ1-0.5 400/5	3	LMZJ1-0.5 400/5	3	LMZJ1-0.5 600/5	3
电流互感器	LMZJ1-0.5 200/5	3	LMZJ1-0.5 200/5	3	LMZJ1-0.5 200/5	3
电流互感器			LMZJ1-0.5 100/5	3	LMZJ1-0.5 100/5	3
电流表	62T51-A 400A/5A	3	62T51-A 400A/5A	3	62T51-A 600A/5A	3
有功电能表	DT862a 380V/220V 400A/5A	1	DT862a 380V/220V 400A/5A	1	DT862a 380V/220V 600A/5A	1
无功电能表			DX864a 380V/220V 400A/5A	1	DX864a 380V/220V 600A/5A	1
电压表	62T51-V 0~450V	1	62T51-V 0~450V	1	62T51-V 0~450V	1
电压转换开关	LW12-16/54102T	1	LW12-16/54102T	1	LW12-16/54102T	1
放电指示灯			AD11-25/41-1G，380V 黄绿红色	3	AD11-25/41-1G，380V 黄绿红色	3

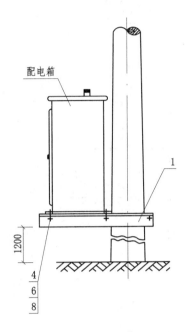

配电箱

1200

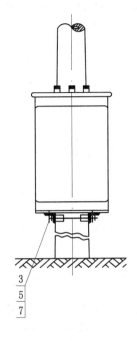

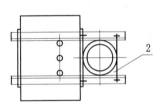

2

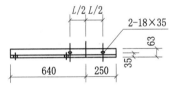

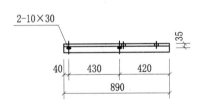

尺 寸 表

电杆梢径	L
φ170	280
φ190	300

材 料 表

编号	名 称	型号及规格	单位	数量
1	角钢支架	∟63×6,l=890	根	2
2	M形抱铁		个	2
3	螺栓	M16×350	个	2
4	螺栓	M10×50	个	4
5	螺母	M16	个	2
6	螺母	M10	个	4
7	垫圈	16	个	4
8	垫圈	10	个	8

注：(1) 进出线管头与钢管连接处要用活接头密封接好，不用的进线口要密封防水。
　　(2) 本图的安装孔尺寸仅适用于WBX(T)-1A1、1A2配电箱。
　　(3) 零件应热镀锌。

第三章 常规室外变配电装置	第三节 杆上变台配套配电设备安装工艺
图号　2-3-3-78	图名　室外低压综合配电箱安装工艺图（一）

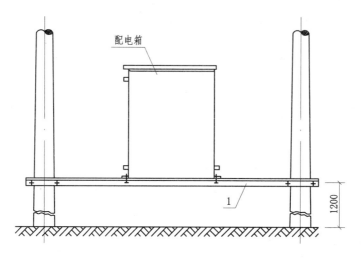
配电箱

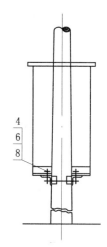

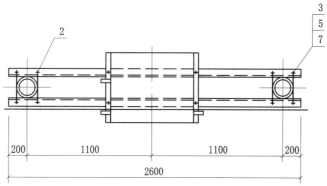

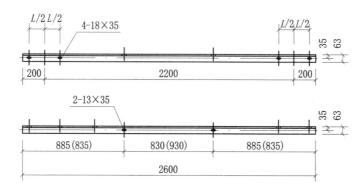

尺 寸 表

电杆梢径	L
φ170	280
φ190	300

材 料 表

编号	名 称	型号及规格	单位	数量
1	角钢支架	∟63×6, l=2600	根	2
2	M形抱铁		个	4
3	螺栓	M16×350	个	4
4	螺栓	M10×50	个	4
5	螺母	M16	个	4
6	螺母	M10	个	4
7	垫圈	16	个	8
8	垫圈	10	个	8

注：(1) 进出线管头与钢管连接处要用活接头密封接好，不用的进线口要密封防水。
　　(2) 零件应热镀锌。
　　(3) 本图安装孔尺寸仅适用于WBX(T)-1B1、WBX(T)-1B2配电箱。括号内尺
　　　　寸适用于WBX(T)-1B3型，如采用其他型配电箱时，应按实际情况决定。

第三章　常规室外变配电装置	第三节　杆上变台配套配电设备安装工艺
图号　2-3-3-79	图名　室外低压综合配电箱安装工艺图（二）

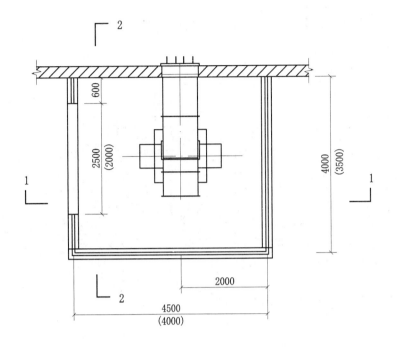

平面图

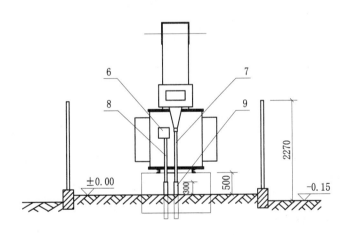

1-1

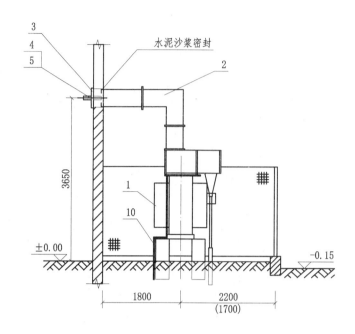

2-2

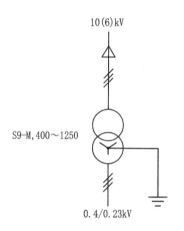

注：（1）高压电缆盒应灌满电缆胶加以密封，用于包电
　　　缆终端头时，应用油浸黄麻将封口密封。
　　（2）括号内尺寸用于容量为630kVA及以下的变压器。
　　（3）低压母线敷设，也可采用密集型母线槽方式。

设 备 材 料 表

编号	名　称	型号及规格	单位	数量	备注
1	变压器	S9-M,400～1250/10	台	1	
2	密封式母线罩		套	1	厂家配套
3	穿墙隔板（二）		副	1	
4	低压母线	TMY-□	m	12	
5	中性母线	TMY-□	m	4	
6	端子箱	工程决定	个	1	用于800kVA及以上
7	高压电缆		m		工程决定
8	控制电缆	工程决定	m		用于800kVA及以上
9	电缆导管	DN□	根	1	工程决定
10	接地装置		处	1	

第三章　常规室外变配电装置	第四节　落地式变压器台安装工艺
图号　2-3-4-2	图名　DT1型落地式配电变台电气概略图和安装工艺图（二）

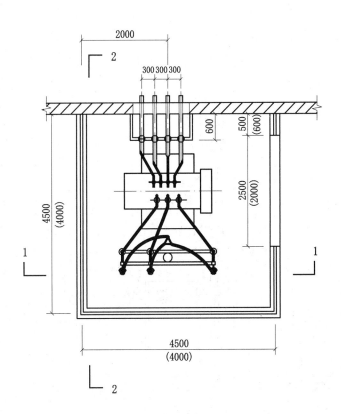

平面图

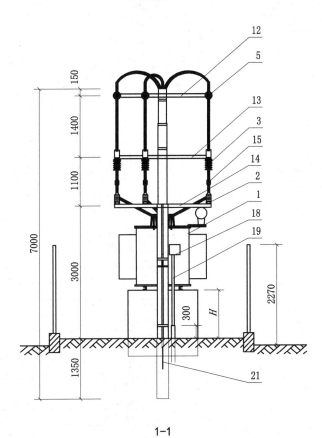

1—1

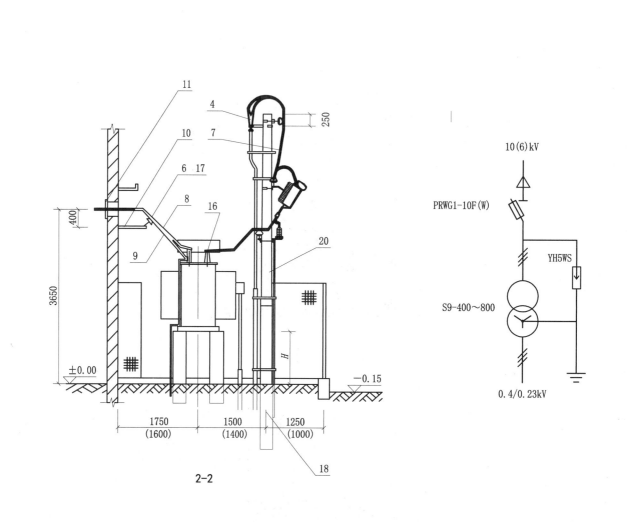

2—2

注：括号内尺寸用于容量为630kVA及以下的变压器。

设 备 材 料 表

编号	名称	型号及规格	单位	数量	备注
1	变压器	S9-400～800/10	台	1	
2	氧化锌避雷器	YH5WS-17/50(10/30)	个	3	括号内用于6kV电压
3	跌落式熔断器	PRWG1-10F(W)，□/ □A	个	3	方式一
4	电缆及其附件	工程决定	组	1	
5	针式绝缘子	P-15(10)T	个	9	括号内用于6kV电压
6	支柱绝缘子	ZPA-6	个	4	
7	高压引线	TJ-35	m	15	
8	低压母线	TMY-□	m	10	
9	中性母线	TMY-□	m	3	
10	低压母线支架		副	1	
11	穿墙隔板（一）		副	1	
12	单横担（一）	∟63×6,l=2200	根	1	
13	单横担（二）	∟63×6,l=2200	根	1	
14	双横担（三）	2∟63×6,l=2200	副	1	
15	黄铜线夹	JQT-1	个	12	
16	铜接线端子	DT-35	个	12	
17	母线固定金具	MWP-□	副	4	
18	端子箱	工程决定	个	1	仅用于800kVA
19	控制电缆	工程决定	m		仅用于800kVA
20	电杆	φ170，7m	根	1	
21	接地装置		处	1	

第三章 常规室外变配电装置		第四节 落地式变压器台安装工艺
图号	2-3-4-4	图名
		DT2型落地式配电变台电气概略图和安装工艺图（二）

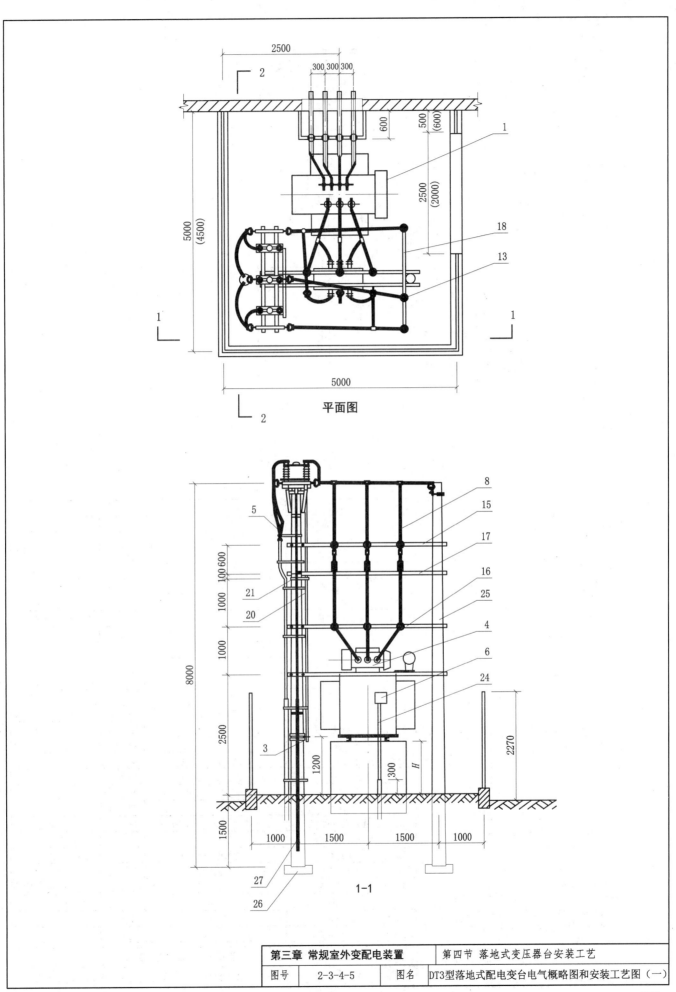

平面图

1-1

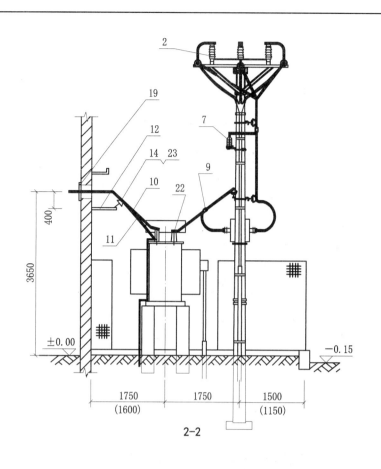

2-2

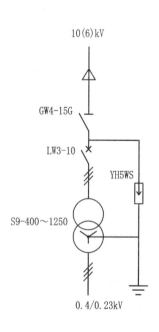

10(6)kV

GW4-15G

LW3-10

YH5WS

S9-400～1250

0.4/0.23kV

注：（1）基础高H见图2-3-5-3。
（2）括号内尺寸用于容量为630kVA及以下的变压器。
（3）SF₆断路器：如用户需要，可加装失压脱扣器，
配微机控制器，电流互感器变比、单或双次级由
工程设计定定。

设 备 材 料 表

编号	名称	型号及规格	单位	数量	备注
1	变压器	S9-400～1250/10	台	1	
2	隔离开关	GW4-15G/200	台	1	方式一
3	操动机构	CS11G	台	1	
4	SF₆断路器	LW3-10/400-6.3	台	1	
5	电缆及其附件	工程决定	组	1	
6	端子箱		个	1	用于800kVA及以上
7	氧化锌避雷器	YH5WS-17/50(10/30)	个	3	括号内用于6kV电压
8	高压引线	TJ-35	m	30	
9	黄铜线夹	JQT-1	个	18	
10	低压母线	TMY-□	m	9	
11	中性母线	TMY-□	m	3	
12	低压母线支架		副	1	
13	针式绝缘子	P-15(10)T	个	18	括号内用于6kV电压
14	支柱绝缘子	ZPA-6	个	4	
15	双杆单横担（一）	L 63×6,l=3400	副	1	
16	双杆双横担	2L 63×6,l=3400	副	1	
17	双杆单横担（二）	L 63×6,l=3400	副	1	
18	单横担（二）	L 63×6,l=2200	根	1	
19	穿墙隔板（一）		副	1	
20	隔离开关操作杆	DN25,δ=3.25,l=5500	根	1	镀锌钢管
21	操作杆限位卡箍（一）		副	1	
22	接线端子	DT-35 DT-□	个	18	其中DT-35 15个
23	母线固定金具	MWP-□	副	4	
24	控制电缆	工程决定	m		用于800kVA及以上
25	电杆	φ170,8m	根	2	
26	底盘	DP8	个	2	
27	接地装置		处	1	

第三章 常规室外变配电装置		第四节 落地式变压器台安装工艺	
图号	2-3-4-6	图名	DT3型落地式配电变台电气概略图和安装工艺图（二）

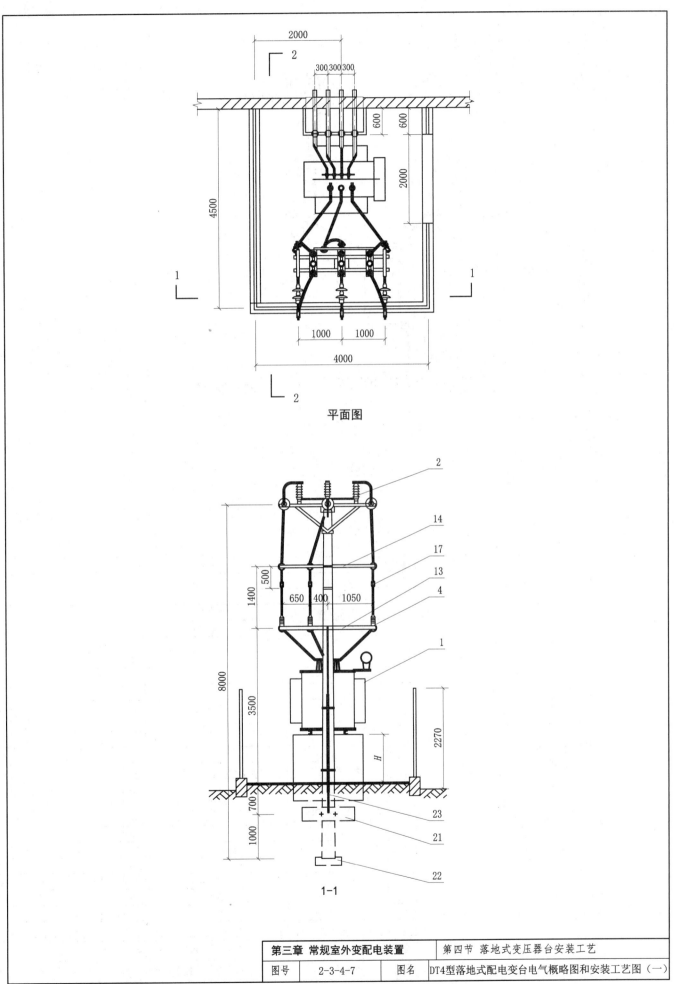

平面图

1—1

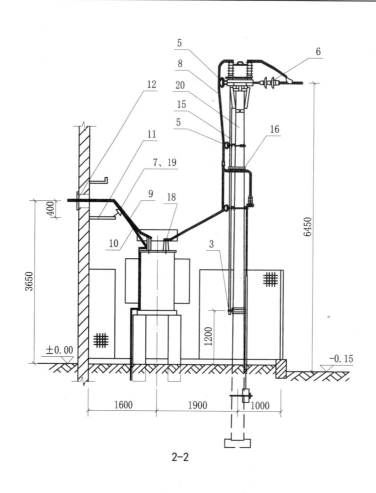

2-2

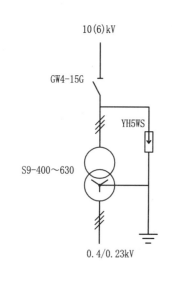

10(6)kV

GW4-15G

YH5WS

S9-400～630

0.4/0.23kV

注：基础高H见图2-3-5-3。

设 备 材 料 表

编号	名称	型号及规格	单位	数量	备注
1	变压器	S9-400～630/10	台	1	
2	隔离开关	GW4-15G/200	台	1	方式一
3	操动机构	CS11G	台	1	
4	氧化锌避雷器	YH5WS-17/50(10/30)	个	3	括号内用于6kV电压
5	针式绝缘子	P-15(10)T	个	9	括号内用于6kV电压
6	耐张绝缘子串		组	3	
7	支柱绝缘子	ZPA-6	个	4	
8	高压引线	TJ-35	m	20	
9	低压母线	TMY-□	m	9	
10	中性母线	TMY-□	m	3	
11	低压母线支架		副	1	
12	穿墙隔板（一）		副	1	
13	双横担（一）	2∟63×6, l=2200	副	1	
14	单横担（一）	∟63×6, l=2200	根	1	
15	隔离开关操作杆	DN25,δ=3.25, l=5300	根	1	镀锌钢管
16	操作杆限位卡箍（一）		副	1	
17	黄铜线夹	JQT-1	个	6	
18	接线端子	DT-35 DTL-□	个	12	其中DT-35 9个
19	母线固定金具	MWP-□	副	4	
20	电杆	φ170,8m	根	1	
21	卡盘	KP-10	个	1	
22	底盘	DP-8	个	1	
23	接地装置		处	1	

第三章 常规室外变配电装置	第四节 落地式变压器台安装工艺
图号　2-3-4-8	图名　DT4型落地式配电变台电气概略图和安装工艺图（二）

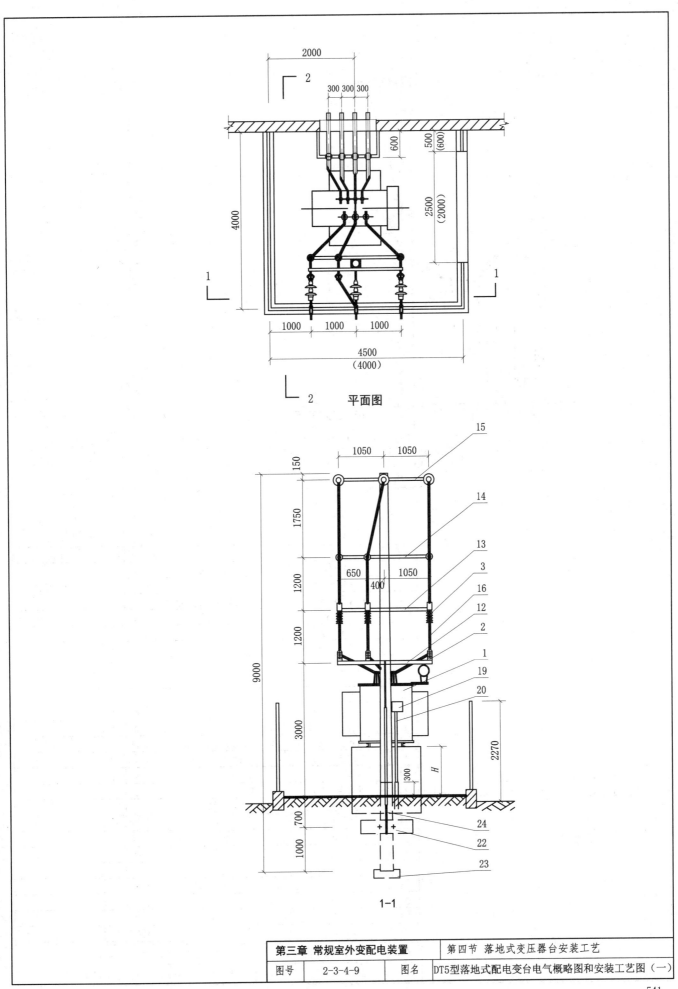

平面图

1-1

| 图号 | 2-3-4-9 | 图名 | DT5型落地式配电变台电气概略图和安装工艺图（一） |

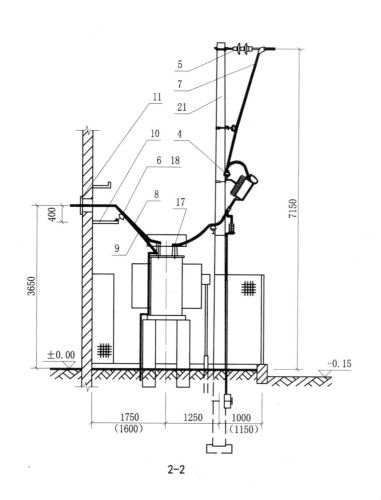

2-2

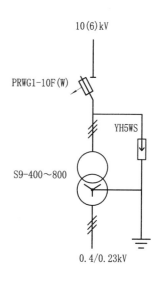

注：（1）基础高H见图2-3-5-3。
（2）括号内尺寸用于容量为630kVA及以下的变压器。

设 备 材 料 表

编号	名称	型号及规格	单位	数量	备注
1	变压器	S9-400~800/10	台	1	
2	氧化锌避雷器	YH5WS-17/50（10/30）	个	3	括号内用于6kV电压
3	跌落式熔断器	PRWG1-10F(W)，□/□A	个	3	方式一
4	针式绝缘子	P-15(10)T	个	9	括号内用于6kV电压
5	耐张绝缘子串		组	3	
6	支柱绝缘子	ZPA-6	个	4	
7	高压引线	TJ-35	m	25	
8	低压母线	TMY-□	m	12	
9	中性母线	TMY-□	m	4	
10	低压母线支架		副	1	
11	穿墙隔板（一）		副	1	
12	双横担（三）	2∟63×6，l=2200	副	1	
13	单横担（二）	∟63×6，l=2200	根	1	
14	单横担（一）	∟63×6，l=2200	根	1	
15	双横担（二）	2∟63×6，l=2200	副	1	
16	并沟线夹	JQT-1，JBTL-1	个	12	各6个
17	接线端子	DT-35	个	12	
18	母线固定金具	MWP-□	副	4	
19	端子箱	工程决定	个	1	仅用于800kVA
20	控制电缆	工程决定	m		仅用于800kVA
21	电杆	φ170(190) 9m	根	1	
22	卡盘	KP10	个	1	
23	底盘	DP8	个	1	
24	接地装置		处	1	

第三章 常规室外变配电装置		第四节 落地式变压器台安装工艺
图号	2-3-4-10	图名	DT5型落地式配电变台电气概略图和安装工艺图（二）

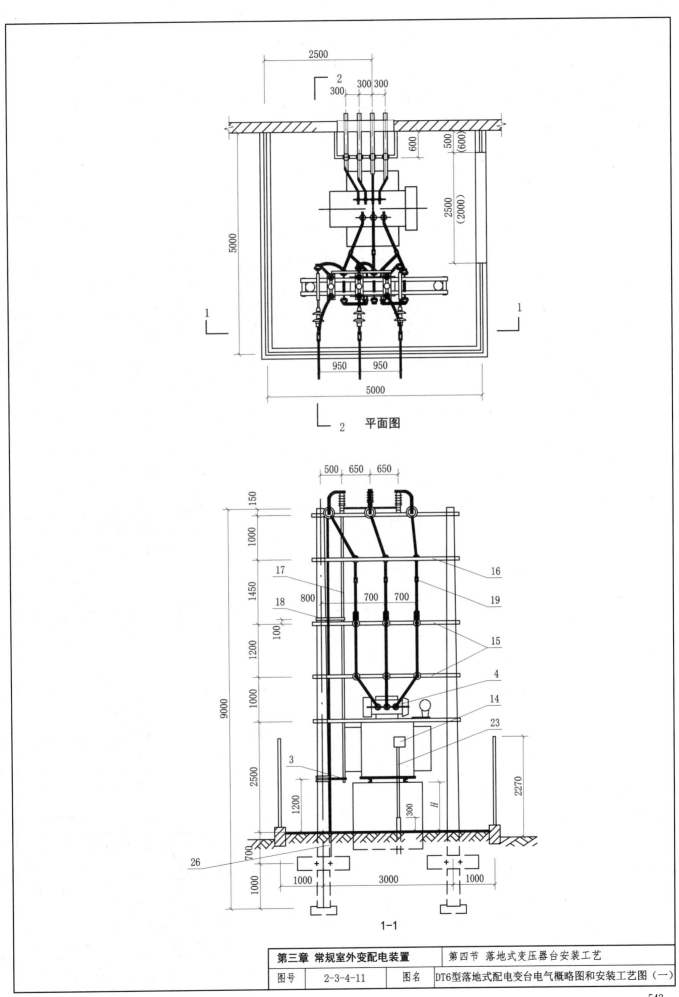

平面图

1-1

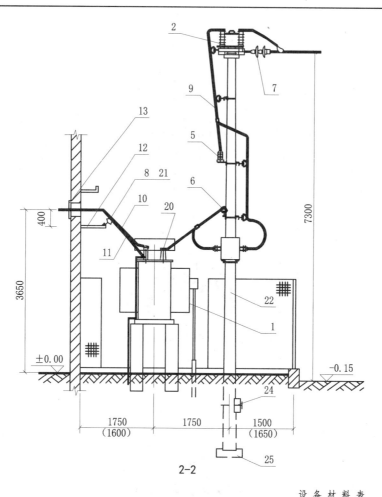

2-2

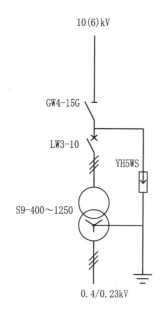

10(6)kV

GW4-15G

LW3-10

YH5WS

S9-400~1250

0.4/0.23kV

注：（1）基础高H见图2-3-5-3。
（2）括号内尺寸用于容量为630kVA及以下的变压器。
（3）SF₆断路器：如用户需要，可加装失压脱扣器，配微机控制器，电流互感器变比、单或双次级由工程设计定。

设 备 材 料 表

编号	名称	型号及规格	单位	数量	备注
1	变压器	S9-400~1250/10	台	1	
2	隔离开关	GW4-15G/200	台	1	
3	操动机构	CS11G	台	1	
4	SF₆断路器	LW3-10/400-6.3	台	1	
5	氧化锌避雷器	YH5WS-17/50(10/30)	个	3	括号内用于6kV电压
6	针式绝缘子	P-15(10)T	个	15	括号内用于6kV电压
7	耐张绝缘子串		组	3	
8	支柱绝缘子	ZPA-6	个	4	
9	高原引线	TJ-35	m	30	
10	低压母线	TMY-□	m	9	
11	低压中性母线	TMY-□	m	3	
12	低压母线支架		副	1	
13	穿墙隔板（一）		副	1	
14	端子箱		个	1	用于800kVA及以上
15	双杆双横担	2∟63×6,l=3400	副	2	
16	双杆单横担（一）	∟63×6,l=3400	根	1	
17	隔离开关操作杆	DN25,δ=3.25,l=6200	根	1	镀锌钢管
18	操作杆限位卡箍（二）		副	1	
19	黄铜线夹	JQT-1	个	12	
20	接线端子	DT-35 DTL-□	个	18	其中DT-35 15个
21	母线固定金具	MWP-□	副	3	
22	电杆	φ170,(φ190) 9m	根	2	
23	控制电缆	工程决定	m		用于800kVA及以上
24	卡盘	KP10	个	2	
25	底盘	DP8	个	2	
26	接地装置		处	1	

第三章 常规室外变配电装置	第四节 落地式变压器台安装工艺
图号 2-3-4-12	图名 DT6型落地式配电变台电气概略图和安装工艺图（二）

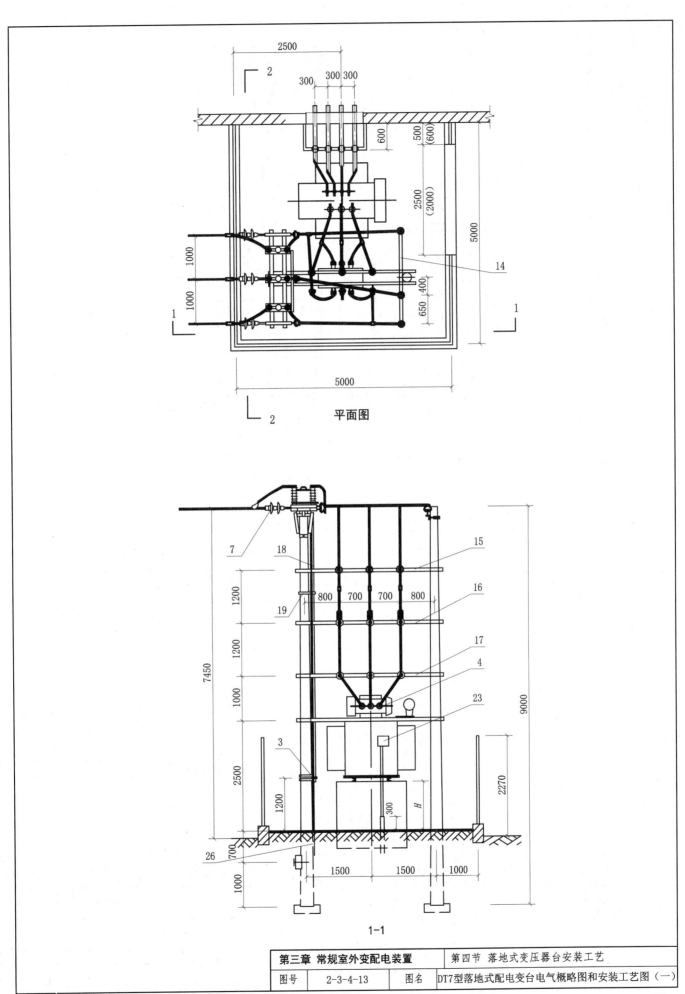

2500

2

300 300 300

600

500
(600)

2500
(2000)

5000

1000

1000

400

650

14

1

1

2

5000

平面图

7

18

15

1200

800 700 700 800

19

16

1200

17

7450

1000

4

23

3

2500

1200

300

9000

2270

26

700

1500 1500 1000

1000

1-1

图号	2-3-4-13	图名	DT7型落地式配电变台电气概略图和安装工艺图（一）

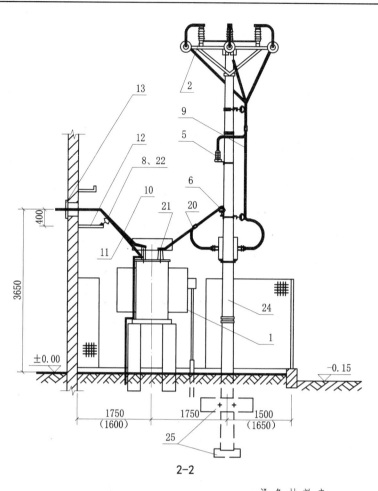

2—2

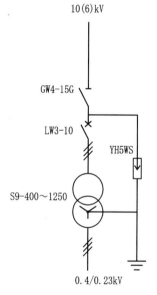

10(6)kV

GW4-15G

LW3-10

YH5WS

S9-400~1250

0.4/0.23kV

注：（1）基础高H见图2-3-5-3。
（2）括号内尺寸用于容量为630kVA及以下的变压器。
（3）SF₆断路器：如用户需要，可加装失压脱扣器，
　　配微机控制器，电流互感器变比、单或双次级
　　由工程设计定。
（4）控制电缆（用于800kVA及以上）工程决定。

设 备 材 料 表

编号	名称	型号及规格	单位	数量	备注
1	变压器	S9-400~1250/10	台	1	
2	隔离开关	GW4-15G/200	台	1	
3	操动机构	CS11G	台	1	
4	SF₆断路器	LW3-10/400-6.3	台	1	
5	氧化锌避雷器	YH5WS-17/50(10/30)	个	3	括号内用于6kV电压
6	针式绝缘子	P-15(10)T	个	15	括号内用于6kV电压
7	耐张绝缘子串		组	3	
8	支柱绝缘子	ZPA-6	个	4	
9	高压引线	TJ-35	m	30	
10	低压母线	TMY-□	m	9	
11	低压中性母线	TMY-□	m	3	
12	低压母线支架		副	1	
13	穿墙隔板（一）		副	1	
14	单横担（二）	∟63×6, l=2200	根	1	
15	双杆单横担（一）	∟63×6, l=3400	根	1	
16	双杆单横担（二）	∟63×6, l=3400	根	1	
17	双杆双横担	2∟63×6, l=3400	副	1	
18	隔离开关操作杆	DN25,δ=3.25, l=6200	根	1	镀锌钢管
19	操作杆限位卡箍（一）		副	1	
20	黄铜线夹	JQT-1	个	12	
21	接线端子	DT-35 DTL-□	个	18	其中DT-35 15个
22	母线固定金具	MWP-□	副	4	
23	端子箱		个	1	用于800kVA及以上
24	电杆	φ170,(φ190) 9m	根	2	
25	卡盘、底盘	KP10、DP8	个	1/2	
26	接地装置		处	1	

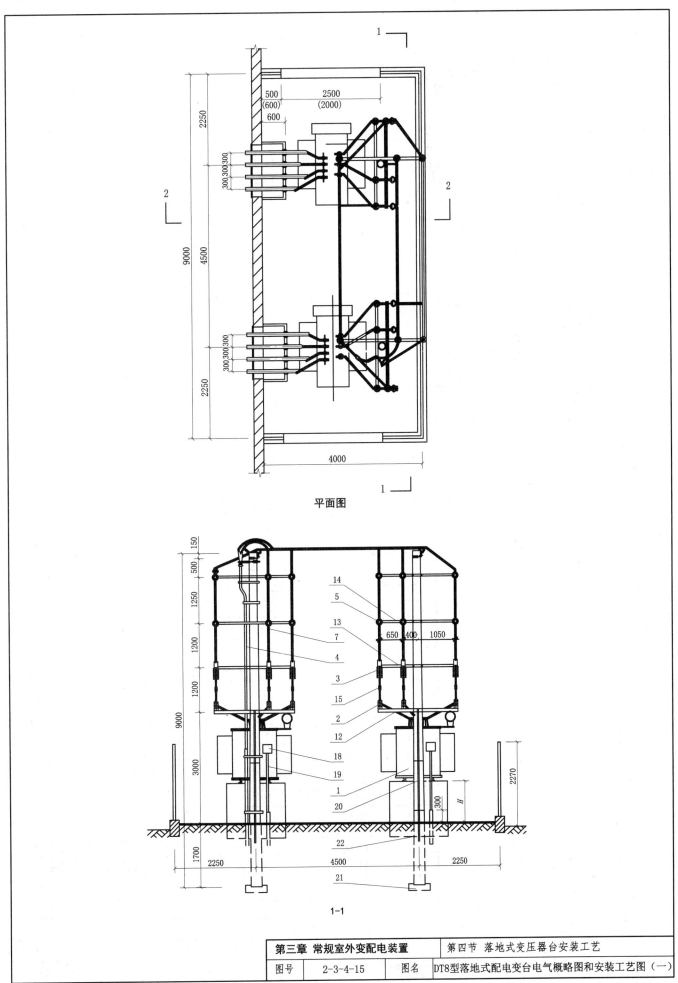

平面图

1-1

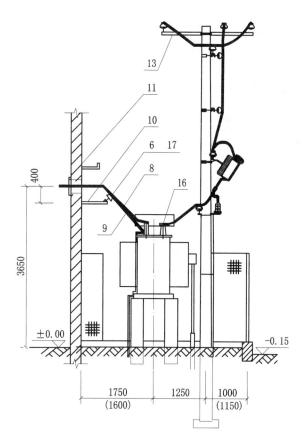

2-2

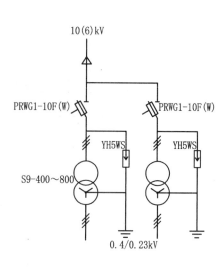

10(6)kV

PRWG1-10F(W)   PRWG1-10F(W)

YH5WS   YH5WS

S9-400~800

0.4/0.23kV

注: (1) 基础高H见图2-3-5-3。
(2) 括号内尺寸用于容量为630kVA及以下的变压器。

设备材料表

编号	名 称	型号及规格	单位	数量	备 注
1	变压器	S9-400~800/10	台	2	
2	氧化锌避雷器	YH5WS-17/50(10/30)	个	6	括号内用于6kV电压
3	跌落式熔断器	PRWG1-10F(W), □/□ A	个	6	方式一
4	电缆及其附件	工程决定	组	1	
5	针式绝缘子	P-15(10)T	个	31	括号内用于6kV电压
6	支柱绝缘子	ZPA-6	个	8	
7	高压引线	TJ-35	m	40	
8	低压母线	TMY-□	m	18	
9	中性母线	TMY-□	m	6	
10	低压母线支架		副	2	
11	穿墙隔板（一）		副	2	
12	双横担（三）	2∟63×6, l=2200	副	2	
13	单横担（二）	∟63×6, l=2200	根	4	
14	单横担（一）	∟63×6, l=2200	根	4	
15	黄铜线夹	JQT-1	个	30	
16	接线端子	DT-35	个	24	
17	母线固定金具	MWP-□	副	8	
18	端子箱	工程决定	个	2	仅用于800kVA
19	控制电缆	工程决定	m		仅用于800kVA
20	电杆	φ170(φ190), 9m	根	2	
21	底盘	DP8	个	2	
22	接地装置		处	1	

第三章 常规室外变配电装置	第四节 落地式变压器台安装工艺
图号　2-3-4-16	图名　DT8型落地式配电变台电气概略图和安装工艺图（二）

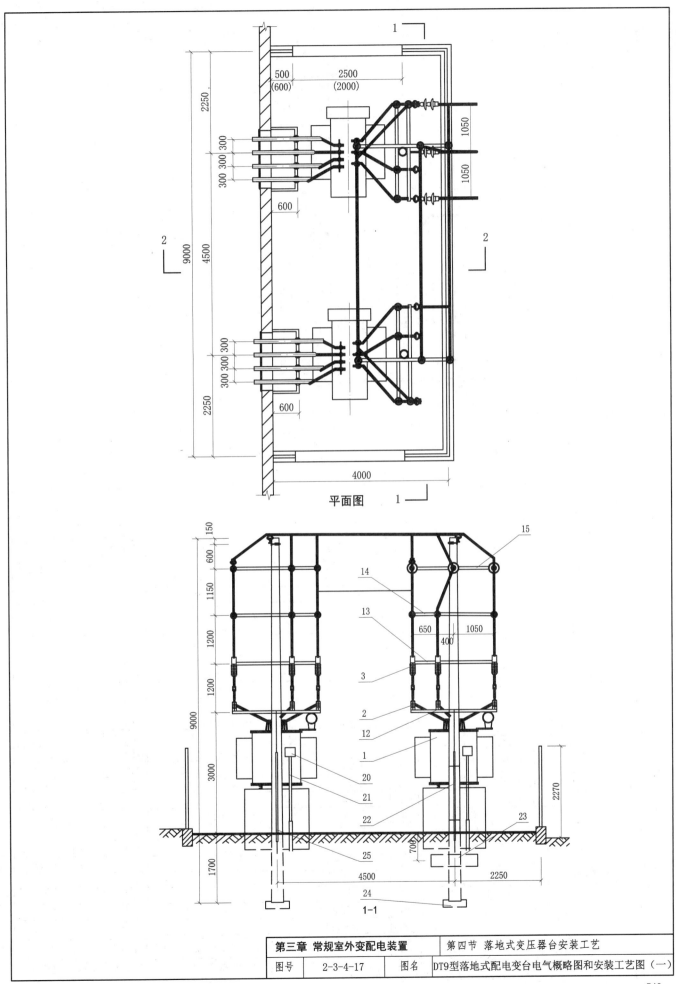

平面图

1-1

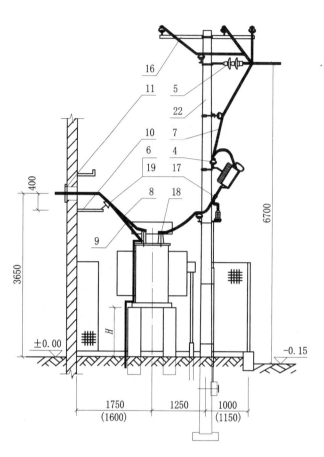

2-2

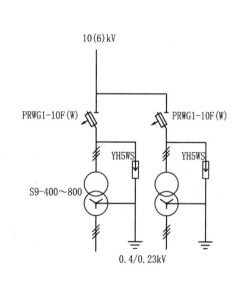

10(6) kV

PRWG1-10F(W)   PRWG1-10F(W)

YH5WS   YH5WS

S9-400~800

0.4/0.23kV

注：(1) 基础高H见图2-3-5-3。
    (2) 括号内尺寸用于容量为630kVA及以下的变压器。

设 备 材 料 表

编号	名 称	型号及规格	单位	数量	备注
1	变压器	S9-400~800/10	台	2	
2	氧化锌避雷器	YH5WS-17/50(10/30)	个	6	括号内用于6kV电压
3	跌落式熔断器	PRWG1-10F(W)，□/□ A	个	6	方式一
4	针式绝缘子	P-15(10)T	个	29	括号内用于6kV电压
5	耐张绝缘子串		组	3	
6	支柱绝缘子	ZPA-6	个	8	
7	高压引线	TJ-35	m	60	
8	低压母线	TMY-□	m	18	
9	中性母线	TMY-□	m	6	
10	低压母线支架		副	2	
11	穿墙隔板（一）		副	2	
12	双横担（三）	2∟63×6，l=2200	副	2	
13	单横担（二）	∟63×6，l=2200	根	2	
14	单横担（一）	∟63×6，l=2200	根	2	
15	双横担（二）	2∟63×6，l=2200	副	1	
16	单横担（二）	∟63×6，l=2200	根	3	
17	并沟线夹	JQT-1，JBTL-1	个	30	其中TQT-1,24个
18	接线端子	DT-35	个	24	
19	母线固定金具	MWP-□	副	8	
20	端子箱		个	2	仅用于800kVA
21	控制电缆	工程决定	m		仅用于800kVA
22	电杆	φ170(φ190)，9m	根	2	
23	卡盘	KP10	个	1	
24	底盘	DP8	个	2	
25	接地装置		处	1	

第三章 常规室外变配电装置		第四节 落地式变压器台安装工艺
图号	2-3-4-18	图名 DT9型落地式配电变台电气概略图和安装工艺图（二）

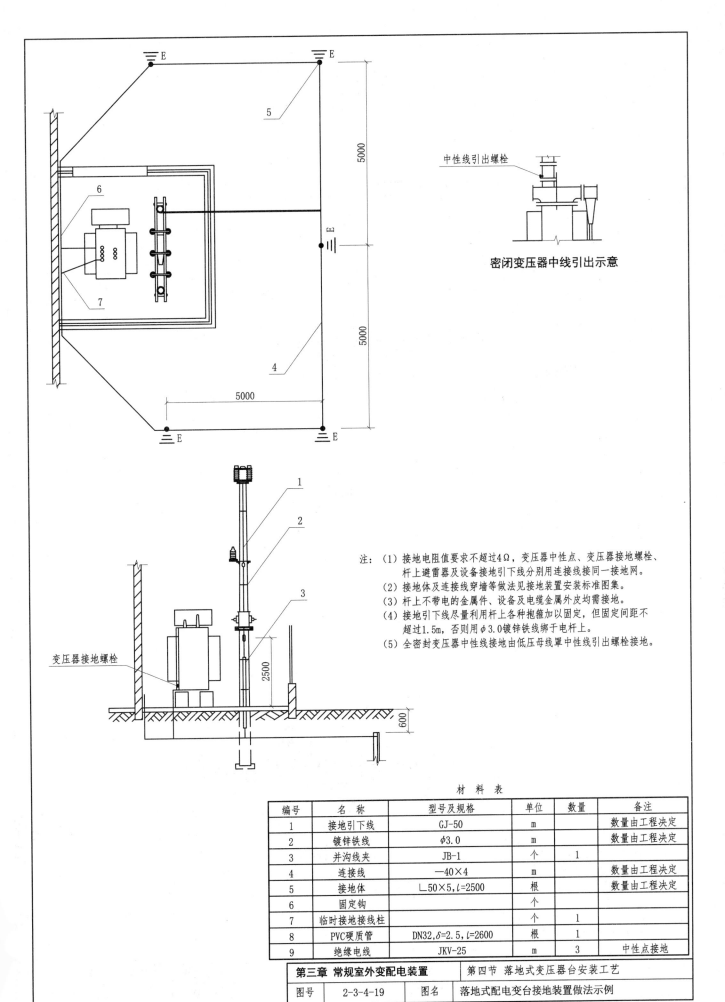

密闭变压器中线引出示意

中性线引出螺栓

变压器接地螺栓

注：(1) 接地电阻值要求不超过4Ω，变压器中性点、变压器接地螺栓、
        杆上避雷器及设备接地引下线分别用连接线接同一接地网。
    (2) 接地体及连接线穿墙等做法见接地装置安装标准图集。
    (3) 杆上不带电的金属件、设备及电缆金属外皮均需接地。
    (4) 接地引下线尽量利用杆上各种抱箍加以固定，但固定间距不
        超过1.5m，否则用φ3.0镀锌铁线绑于电杆上。
    (5) 全密封变压器中性线接地由低压母线罩中性线引出螺栓接地。

材 料 表

编号	名 称	型号及规格	单位	数量	备注
1	接地引下线	GJ-50	m		数量由工程决定
2	镀锌铁线	φ3.0	m		数量由工程决定
3	并沟线夹	JB-1	个	1	
4	连接线	—40×4	m		数量由工程决定
5	接地体	∟50×5, l=2500	根		数量由工程决定
6	固定钩		个		
7	临时接地接线柱		个	1	
8	PVC硬质管	DN32,δ=2.5, l=2600	根	1	
9	绝缘电线	JKV-25	m	3	中性点接地

第三章 常规室外变配电装置	第四节 落地式变压器台安装工艺
图号　2-3-4-19	图名　落地式配电变台接地装置做法示例

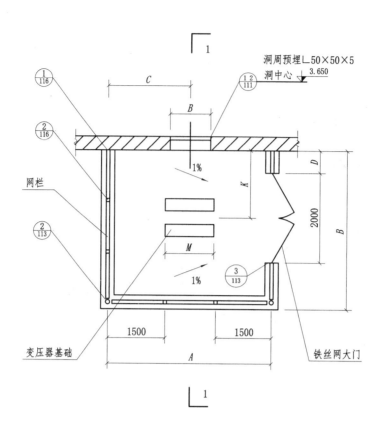

平面图

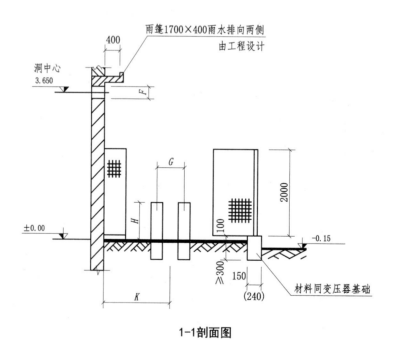

1-1剖面图

注：网栏内地面面层为1：2水泥砂浆20厚。

第三章 常规室外变配电装置	第五节 落地式变台配套配电设备安装工艺
图号 2-3-5-1	图名 室外落地式配电变台及周围建筑三视图（一）

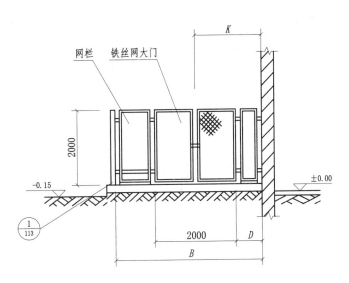

立面图

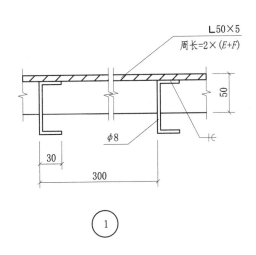

①

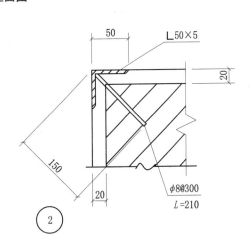

②

网栏及留洞尺寸表

变电所形式	尺寸/mm				800kVA及以上 / 630kVA及以下		
	A	B	C	D	E	F	K
DT1	4500	4000	2000	600	860	400	1850
	4000	3500			620	260	1600
DT2	4500	4500	2000	500	1300	300	1750
	4000	4000		600	1300		1600
DT3	5000	5000	2500	500	1300	300	1750
		4500		600	1300		1600
DT4	4000	4500	2000	600	1300	300	1600
DT5	4500	4000	2000	500	1300	300	1750
	4000			600	1300		1600
DT6、DT7	5000	5000	2500	500	1300	300	1750
				600	1300		1600
DT8、DT9	9000	4000	2250	500	1300	300	1750
				600	1300		1600

第三章 常规室外变配电装置	第五节 落地式变台配套配电设备安装工艺
图号　2-3-5-2	图名　室外落地式配电变台及周围建筑三视图（二）

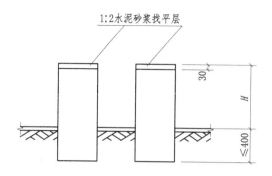

1:2水泥砂浆找平层

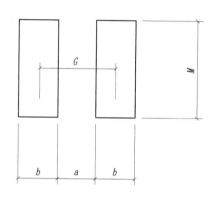

变压器基础

注：（1）基础采用M5混合砂浆砌MU10砖或M5混合砂浆砌MU20块石。
（2）基础须落在老土上。

变压器基础尺寸表

尺寸/mm		变压器容量/kVA					
		400	500	630	800	1000	1250
H		1400	1400	1300	1000	900	800
M		1200	1200	1600	1600	1600	1600
G		660	660	660/820	820	820	820
$\frac{b}{a}$	混凝土	300	300	300	300	300	300
		360	360	360/520	520	520	520
	砖	370	370	370	370	370	370
		290	290	290/450	450	450	450
	200号块石	400	400	400	400	400	400
		260	260	260/420	420	420	420

第三章 常规室外变配电装置	第五节 落地式变台配套配电设备安装工艺
图号　2-3-5-3	图名　室外落地式配电变台变压器基础做法

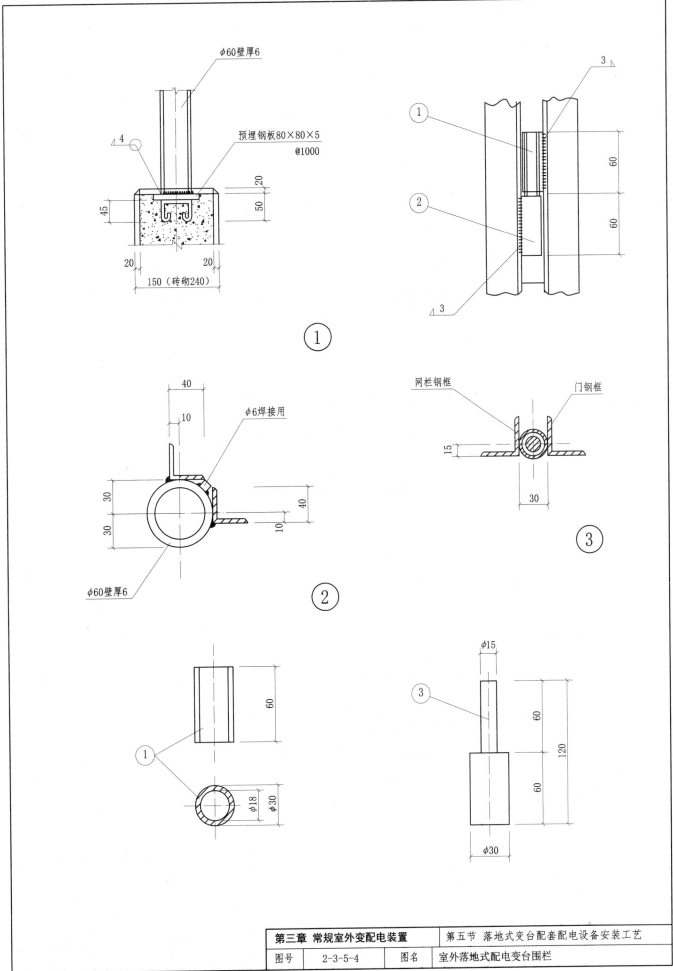

φ60壁厚6

预埋钢板80×80×5
@1000

⊿4

20
50
45
20　150（砖砌240）　20

①

φ6焊接用

40
10

30
30

40
10

φ60壁厚6

②

①

60

φ18
φ30

③

⊿3

①
②

⊿3

60
60

网栏钢框　门钢框

15
30

③

③

φ15

60
120
60

φ30

| 图号 | 2-3-5-4 | 图名 | 室外落地式配电变台围栏 |

(1) 本图以下各页为落地式变压器台镀锌铁丝网围墙大门。门的尺寸分为二类如下:

编号	宽度/mm	高度/mm
M-20	2000	2000
M-25	2500	2000

(2) 角钢骨架采用∟40×4。

(3) 镀锌铁丝网有自编及成品两种供施工时选用。铁丝网规格为10号镀锌铁丝(ϕ3.4mm),网孔为40mm。

(4) 角钢骨架间的焊缝厚度为3mm,五金零件的焊缝厚度为5mm,所有焊缝均采用电弧焊。

(5) 在安装门扇时应先检查预埋件的位置是否正确,上下铰链中心须保证在同一铅垂线上。

(6) 焊接构件经检验合格后,即刷红丹一道,门扇安装完毕后刷银灰色调合漆二遍,上下铰链摩擦部分涂润滑油。

(7) 根据材料供应情况也可采用钢管骨架,钢管采用外径为42mm,壁厚为3.5mm的焊接钢管。如图1所示,其他构件除固定用扁钢-3×45×30改为-3×30×30外均为相同材料。钢管骨架的门扇所用铰链,锁扣的五金零件焊接处应加工为圆弧形。

(8) 采用成品铁丝网时,材料表中扁钢-3×16数量和质量须增加一倍。

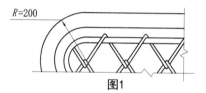

图1

材 料 表

序号	构件名称	M-20		M-25	
		数量	质量/kg	数量	质量/kg
1	门框∟40×4	11.8m	28.54	12.80m	30.96
2	固定用扁钢—3×45×30	24个	0.75	24个	0.75
3	铁丝网边框—3×16	11.58m	4.40	12.58m	4.78
4	铰链		0.608		0.608
5	锁扣		0.537		0.537
6	电气设备标志		0.135		0.135
7	"高压危险"标志	1块		1块	
8	总计		34.97		37.77

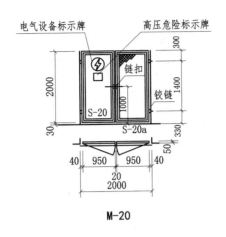

M-20

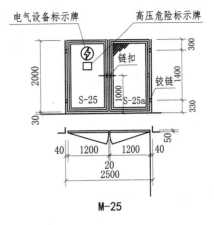

M-25

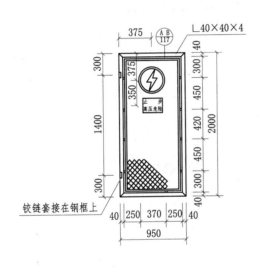

S-20

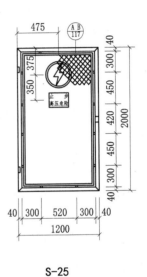

S-25

门扇立面图

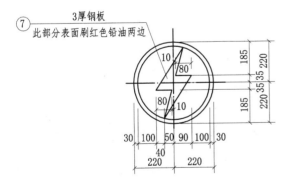

"电气设备"标志大样

注:(1) 门扇系向外开启。
(2) 门下角编号为基本扇编号,在一侧门扇上方及网栏立面的上方应焊有"电气设备"标志及紧固"止步,高压危险!"标志牌。
(3) 钢框上的铰链锁扣等零件,应按门型立面所标位置安装。

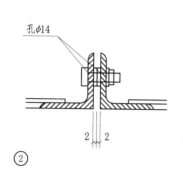

孔φ14

②

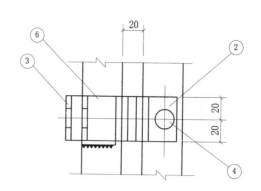

20

⑥

③

②

④

20 20

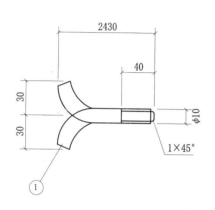

2430

40

30

30

φ10

1×45°

①

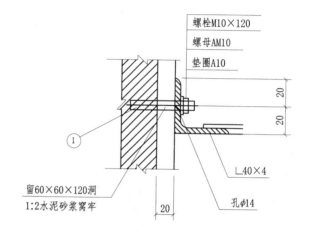

螺栓M10×120
螺母AM10
垫圈A10

20

20

①

留60×60×120洞
1:2水泥砂浆窝牢

L40×4

孔φ14

20

① 安装节点

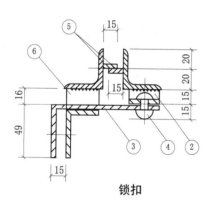

5

15

⑥

20 20

16

15

15 15

49

15

③ ④ ②

锁扣

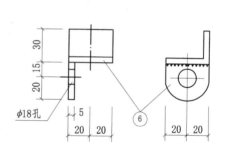

30

15

20 15

⑥

φ18孔

5

20 20

20 20

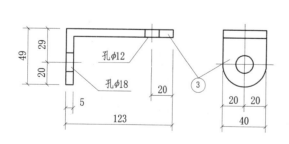

49

29

20

孔φ12

孔φ18

5

123

20

③

40

20 20

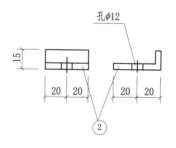

孔φ12

15

20 20

20 20

②

注：(1)角钢L40×4均为地锚固定。
　　(2)材料表见图2-3-5-8。

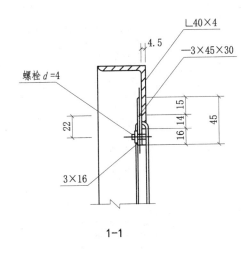

1-1

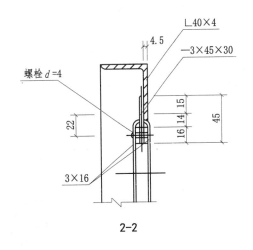

2-2

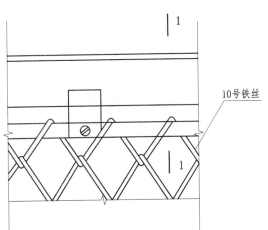

10号铁丝

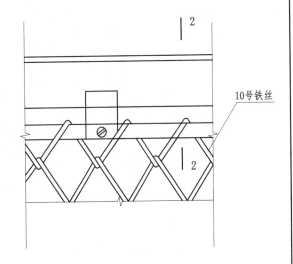

10号铁丝

Ⓐ 角钢与自编铁丝网安装详图

Ⓑ 角钢与成品铁丝网安装详图

材 料 表

名称	零件号	材料规格	数量	质量/kg
预埋件	①	螺栓M10×120	4	
		螺母AM10	4	
		垫圈A10	8	
锁扣	②	—5×40	1	0.010
	③	—5×40×167	1	0.267
	④	转轴φ10	1	0.020
	⑤	铁碰头—5×40×15	2	0.050
	⑥	—40×28×49	4	0.188
		总计		0.535
标示牌	⑦	3厚钢板	1	0.135
	⑧	市购	1	
		总计		1.205

第三章 常规室外变配电装置　　　　第五节 落地式变台配套配电设备安装工艺

图号	2-3-5-8	图名	室外落地式配电变台镀锌铁丝网围栏大门做法（四）

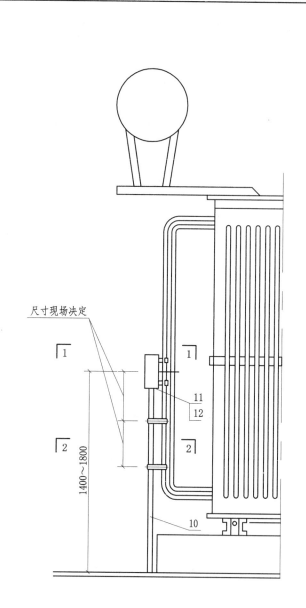

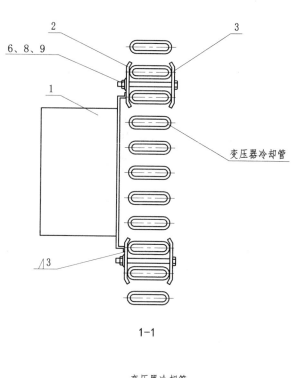

1-1

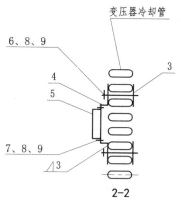

2-2

尺寸现场决定

1400～1800

注:(1)由气体继电器、温度信号计引出的控制
电缆由箱底引入端子箱。
(2)端子箱在变压器上的具体位置,根据现
场情况确定。

变压器冷却管

材 料 表

编号	名 称	型号及规格	单位	数量	备 注
1	端子箱		个	1	
2	扁钢管卡	—30×4, l≈300	个	4	长度现场定
3	扁钢管卡	—30×4, l≈200	个	8	长度现场定
4	扁钢管卡	—30×4, l≈600	个	2	长度现场定
5	扁钢管卡	—30×4, l≈300	个	2	长度现场定
6	螺栓	M8×90	个	8	
7	螺栓	M8×25	个	4	
8	螺母	M8	个	12	
9	垫圈	8	个	12	
10	镀锌钢管	DN25, δ=3.25	根	3	长度现场定
11	内外螺母	Dg25×15	个	3	
12	锁紧螺母	Dg25	个	3	

第三章 常规室外变配电装置	第五节 落地式变台配套配电设备安装工艺
图号 2-3-5-9	图名 变压器端子箱安装图

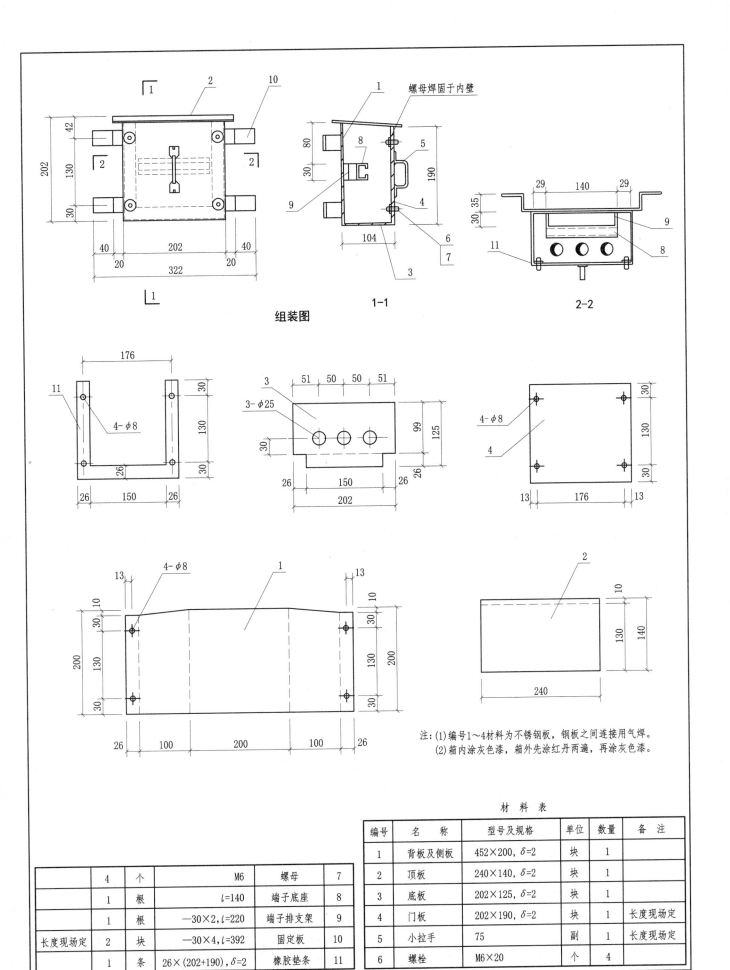

组装图

1-1

2-2

注:(1)编号1～4材料为不锈钢板,钢板之间连接用气焊。
(2)箱内涂灰色漆,箱外先涂红丹两遍,再涂灰色漆。

材 料 表

编号	名 称	型号及规格	单位	数量	备 注
1	背板及侧板	452×200,δ=2	块	1	
2	顶板	240×140,δ=2	块	1	
3	底板	202×125,δ=2	块	1	
4	门板	202×190,δ=2	块	1	长度现场定
5	小拉手	75	副	1	长度现场定
6	螺栓	M6×20	个	4	

4	个	M6	螺母	7
1	根	l=140	端子底座	8
1	根	—30×2,l=220	端子排支架	9
2	块	—30×4,l=392	固定板	10
1	条	26×(202+190),δ=2	橡胶垫条	11

长度现场定 (备注对应编号10)

第三章 常规室外变配电装置	第五节 落地式变台配套配电设备安装工艺
图号 2-3-5-10	图名 变压器端子箱加工制造图

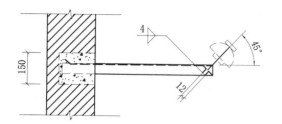

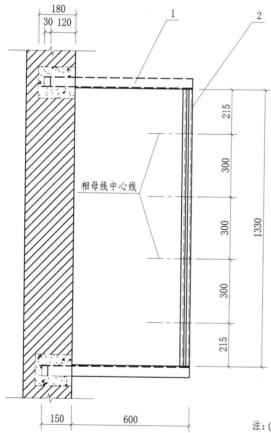

相母线中心线

注：(1)支柱绝缘子在支架上采用螺栓固定。
　　　母线上相应开孔φ12，紧固件规格为：
　　　螺栓M10×60，螺母M10，垫圈10。
　　(2)全部构件应热镀锌或刷防腐漆两遍。

材　料　表

编号	名　　称	型号及规格	单位	数量	备　注
1	角钢支臂	∟50×5, l=750	根	2	
2	固定绝缘子用角钢	∟30×4, l=1330	根	2	

第三章　常规室外变配电装置	第五节　落地式变台配套配电设备安装工艺
图号　　2-3-5-11	图名　　低压母线支架

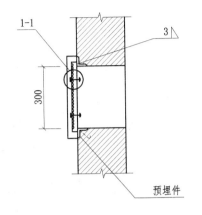

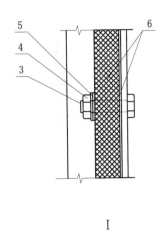

I

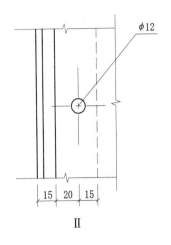

II

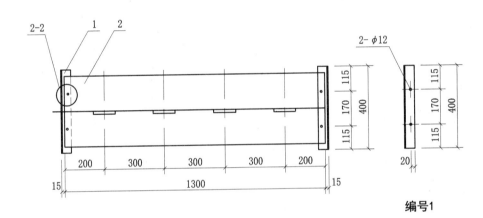

编号1

注：(1)墙洞尺寸1300×300四周预埋∟50×5角钢。
　　(2)角钢（零件1）与洞口预埋件的固定采用焊接。
　　(3)金属构件刷防腐漆两遍。

材 料 表

编号	名　称	型号及规格	单位	数量	备　注
1	角钢	∟50×5,l=400	根	2	
2	石棉水泥板（一）	厚20	块	2	上下各1块
3	螺栓	M10×45	个	4	
4	螺母	M10	个	4	
5	垫圈	10	个	4	
6	橡胶石棉垫圈	厚2，外径22，内径10.5	个	8	

第三章　常规室外变配电装置	第五节　落地式变台配套配电设备安装工艺
图号　　2-3-5-12	图名　　低压母线穿墙板安装（一）

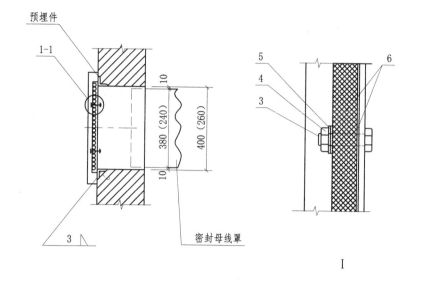

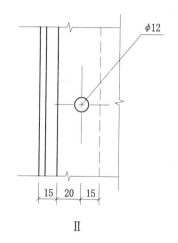

预埋件

1—1

密封母线罩

Ⅰ

Ⅱ

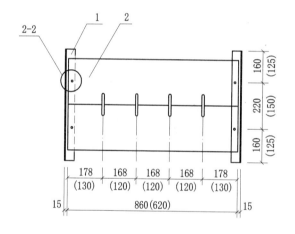

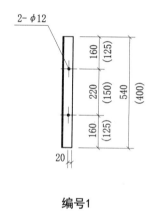

编号1

注：(1) 墙洞尺寸860×400(620×260)四周预埋∟50×5角钢。
　　(2) 括号内尺寸用于630kVA及以下容量的变压器。
　　(3) 角钢（零件1）与洞口预埋件的固定采用焊接。
　　(4) 金属构件刷防腐漆两遍。

材 料 表

编号	名　称	型号及规格	单位	数量	备　注
1	角钢	∟50×5, l=400	根	2	
2	石棉水泥板（二）	厚20	块	2	
3	螺栓	M10×45	个	4	
4	螺母	M10	个	4	
5	垫圈	10	个	4	
6	橡胶石棉垫圈	厚2，外径22，内径10.5	个	8	

第三章　常规室外变配电装置	第五节　落地式变台配套配电设备安装工艺
图号　　2-3-5-13	图名　　低压母线穿墙板安装（二）

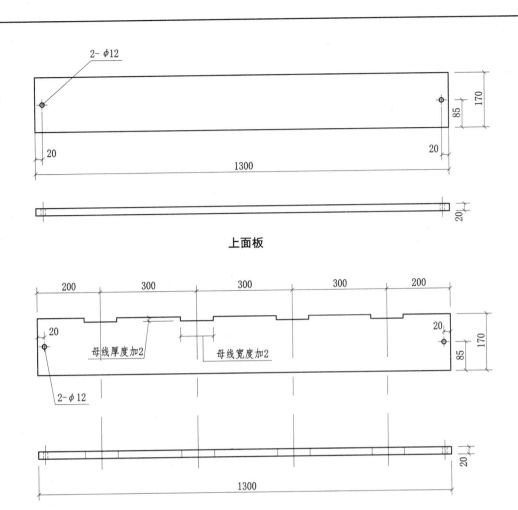

上面板

下面板

形式（一）

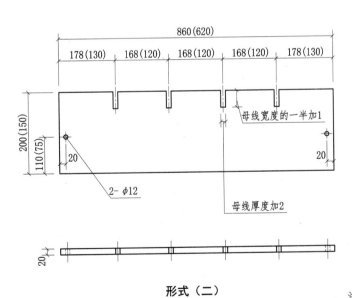

形式（二）

注：(1)石棉水泥板必须先烘干，然后放在变压器油
　　　或绝缘漆中浸透取出后再烘干。
　　(2)括号内尺寸用于630kVA及以下容量的变压器。

第三章　常规室外变配电装置		第五节　落地式变台配套配电设备安装工艺
图号	2-3-5-14	图名
		低压母线穿墙用石棉水泥板的两种形式